国家出版基金资助项目

现代数学中的著名定理纵横谈丛书

丛书主编　王梓坤

FOURIER EXPANSION

Fourier展式

刘培杰数学工作室 编译

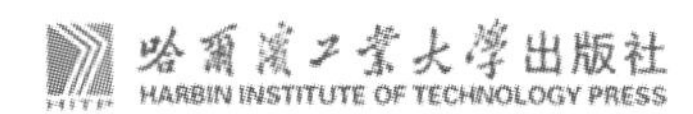

内容简介

本书全面深刻地叙述了傅里叶展式的理论，针对傅里叶展式给出了相关的定义、使用范围以及推广等. 本书包括：傅里叶三角级数，正交系，傅里叶三角级数的收敛性，系数递减的三角级数、某些级数求和法，三角函数系的完整性、傅里叶级数的运算，傅里叶三角级数定和法，二重三角级数、傅里叶积分，贝塞尔函数，贝塞尔函数作成的傅里叶级数，解决若干数学物理问题的特征函数法，应用等.

本书适合高等学校师生研读.

图书在版编目（CIP）数据

Fourier 展式/刘培杰数学工作室编译. ——哈尔滨：哈尔滨工业大学出版社，2017.6

（现代数学中的著名定理纵横谈丛书）

ISBN 978-7-5603-6488-9

Ⅰ.①F… Ⅱ.①刘…… Ⅲ.①傅里叶级数
Ⅳ①O174.21

中国版本图书馆 CIP 数据核字（2017）第 042295 号

策划编辑　刘培杰　张永芹
责任编辑　王勇钢
封面设计　孙茵艾
出版发行　哈尔滨工业大学出版社
社　　址　哈尔滨市南岗区复华四道街 10 号　邮编 150006
传　　真　0451-86414749
网　　址　http://hitpress.hit.edu.cn
印　　刷　牡丹江邮电印务有限公司
开　　本　787mm×960mm　1/16　印张 42　字数 450 千字
版　　次　2017 年 6 月第 1 版　2017 年 6 月第 1 次印刷
书　　号　ISBN 978-7-5603-6488-9
定　　价　158.00 元

⊙

读书的乐趣

你最喜爱什么——书籍.

你经常去哪里——书店.

你最大的乐趣是什么——读书.

这是友人提出的问题和我的回答.真的,我这一辈子算是和书籍,特别是好书结下了不解之缘.有人说,读书要费那么大的劲,又发不了财,读它做什么?我却至今不悔,不仅不悔,反而情趣越来越浓.想当年,我也曾爱打球,也曾爱下棋,对操琴也有兴趣,还登台伴奏过.但后来却都一一断交,"终身不复鼓琴".那原因便是怕花费时间,玩物丧志,误了我的大事——求学.这当然过激了一些.剩下来唯有读书一事,自幼至今,无日少废,谓之书痴也可,谓之书橱也可,管它呢,人各有志,不可相强.我的一生大志,便是教书,而当教师,不多读书是不行的.

读好书是一种乐趣,一种情操;一种向全世界古往今来的伟人和名人求教的方法，一种和他们展开讨论的方式；一封出席各种活动、体验各种生活、结识各种人物的邀请信；一张迈进科学宫殿和未知世界的入场券；一股改造自己、丰富自己的强大力量.书籍是全人类有史以来共同创造的财富，是永不枯竭的智慧的源泉.失意时读书，可以使人重整旗鼓；得意时读书，可以使人头脑清醒；疑难时读书，可以得到解答或启示；年轻人读书，可明奋进之道；年老人读书，能知健神之理.浩浩乎！洋洋乎！如临大海，或波涛汹涌，或清风微拂，取之不尽，用之不竭.吾于读书，无疑义矣，三日不读，则头脑麻木，心摇摇无主.

潜能需要激发

我和书籍结缘，开始于一次非常偶然的机会.大概是八九岁吧，家里穷得揭不开锅，我每天从早到晚都要去田园里帮工.一天，偶然从旧木柜阴湿的角落里，找到一本蜡光纸的小书，自然很破了.屋内光线暗淡，又是黄昏时分，只好拿到大门外去看.封面已经脱落，扉页上写的是《薛仁贵征东》.管它呢，且往下看.第一回的标题已忘记，只是那首开卷诗不知为什么至今仍记忆犹新：

日出遥遥一点红，飘飘四海影无踪.

三岁孩童千两价，保主跨海去征东.

第一句指山东，二、三两句分别点出薛仁贵（雪、人贵）.那时识字很少，半看半猜，居然引起了我极大的兴趣，同时也教我认识了许多生字.这是我有生以来独立看的第一本书.尝到甜头以后，我便千方百计去找书，向小朋友借，到亲友家找，居然断断续续看了《薛丁山征西》《彭公案》《二度梅》等，樊梨花便成了我心中的女英雄.我真入迷了.从此,放牛也罢,车水也罢,我总要带一本书,还练出了边走田间小路边读书的本领,读得津津有味,不知人间别有他事.

当我们安静下来回想往事时,往往会发现一些偶然的小事却影响了自己的一生.如果不是找到那本《薛仁贵征东》,我的好学心也许激发不起来.我这一生,也许会走另一条路.人的潜能,好比一座汽油库,星星之火,可以使它雷声隆隆、光照天地;但若少了这粒火星,它便会成为一潭死水,永归沉寂.

抄,总抄得起

好不容易上了中学,做完功课还有点时间,便常光顾图书馆.好书借了实在舍不得还,但买不到也买不起,便下决心动手抄书.抄,总抄得起.我抄过林语堂写的《高级英文法》,抄过英文的《英文典大全》,还抄过《孙子兵法》,这本书实在爱得狠了,竟一口气抄了两份.人们虽知抄书之苦,未知抄书之益,抄完毫末俱见,一览无余,胜读十遍.

始于精于一,返于精于博

关于康有为的教学法,他的弟子梁启超说:"康先生之教,专标专精、涉猎二条,无专精则不能成,无涉猎则不能通也."可见康有为强烈要求学生把专精和广博(即"涉猎")相结合.

在先后次序上,我认为要从精于一开始.首先应集中精力学好专业,并在专业的科研中做出成绩,然后逐步扩大领域,力求多方面的精.年轻时,我曾精读杜布(J. L. Doob)的《随机过程论》,哈尔莫斯(P. R. Halmos)的《测度论》等世界数学名著,使我终身受益.简言之,即"始于精于一,返于精于博".正如中国革命一样,必须先有一块根据地,站稳后再开创几块,最后连成一片.

丰富我文采,澡雪我精神

辛苦了一周,人相当疲劳了,每到星期六,我便到旧书店走走,这已成为生活中的一部分,多年如此.一次,偶然看到一套《纲鉴易知录》,编者之一便是选编《古文观止》的吴楚材.这部书提纲挈领地讲中国历史,上自盘古氏,直到明末,记事简明,文字古雅,又富于故事性,便把这部书从头到尾读了一遍.从此启发了我读史书的兴趣.

我爱读中国的古典小说,例如《三国演义》和《东周列国志》.我常对人说,这两部书简直是世界上政治阴谋诡计大全.即以近年来极时髦的人质问题(伊朗人质、劫机人质等),这些书中早就有了,秦始皇的父亲便是受害者,堪称"人质之父".

《庄子》超尘绝俗,不屑于名利.其中"秋水""解牛"诸篇,诚绝唱也.《论语》束身严谨,勇于面世,"己所不欲,勿施于人",有长者之风.司马迁的《报任少卿书》,读之我心两伤,既伤少卿,又伤司马;我不知道少卿是否收到这封信,希望有人做点研究.我也爱读鲁迅的杂文,果戈理、梅里美的小说.我非常敬重文天祥、秋瑾的人品,常记他们的诗句:"人生自古谁无死,留取丹心照汗青""休言女子非英物,夜夜龙泉壁上鸣".唐诗、宋词、《西厢记》《牡丹亭》,丰富我文采,澡雪我精神,其中精粹,实是人间神品.

读了邓拓的《燕山夜话》,既叹服其广博,也使我动了写《科学发现纵横谈》的心.不料这本小册子竟给我招来了上千封鼓励信.以后人们便写出了许许多多的“纵横谈”.

从学生时代起,我就喜读方法论方面的论著.我想,做什么事情都要讲究方法,追求效率、效果和效益,方法好能事半而功倍.我很留心一些著名科学家、文学家写的心得体会和经验.我曾惊讶为什么巴尔扎克在51年短短的一生中能写出上百本书,并从他的传记中去寻找答案.文史哲和科学的海洋无边无际,先哲们的明智之光沐浴着人们的心灵,我衷心感谢他们的恩惠.

读书的另一面

以上我谈了读书的好处,现在要回过头来说说事情的另一面.

读书要选择.世上有各种各样的书:有的不值一看,有的只值看20分钟,有的可看5年,有的可保存一辈子,有的将永远不朽.即使是不朽的超级名著,由于我们的精力与时间有限,也必须加以选择.决不要看坏书,对一般书,要学会速读.

读书要多思考.应该想想,作者说得对吗?完全吗?适合今天的情况吗?从书本中迅速获得效果的好办法是有的放矢地读书,带着问题去读,或偏重某一方面去读.这时我们的思维处于主动寻找的地位,就像猎人追找猎物一样主动,很快就能找到答案,或者发现书中的问题.

有的书浏览即止,有的要读出声来,有的要心头记住,有的要笔头记录.对重要的专业书或名著,要勤做笔记,“不动笔墨不读书”.动脑加动手,手脑并用,既可加深理解,又可避忘备查,特别是自己的灵感,更要及时抓住.清代章学诚在《文史通义》中说:“札记之功必不可少,如不札记,则无穷妙绪如雨珠落大海矣.”

许多大事业、大作品,都是长期积累和短期突击相结合的产物.涓涓不息,将成江河;无此涓涓,何来江河?

爱好读书是许多伟人的共同特性,不仅学者专家如此,一些大政治家、大军事家也如此.曹操、康熙、拿破仑、毛泽东都是手不释卷,嗜书如命的人.他们的巨大成就与毕生刻苦自学密切相关.

王梓坤

目录

第0章 引言

日本的数学起步晚于中国，但后来居上.不仅是在菲尔兹奖得主人数上远超中国，而且国际影响力也令中国望尘莫及.从早年的高木贞治、广中平祐、森重文到伊腾清、小平邦彦及百科全书式的人物宫岗洋一及新近解决ABC猜想（传闻）的望月新一都为我国读者所熟知.本书先从一道20世纪日本新潟大学的研究生试题谈起.

【试题1】（新潟大学1979）周期2π的逐段连续函数$f(x)$的傅里叶级数为

$$f(x) \sim \frac{a_0}{2} + \sum_{n=1}^{\infty}(a_n \cos nx + b_n \sin nx)$$

(1) 证明：$\frac{1}{\pi}\int_{-\pi}^{\pi}\{f(x)\}^2\mathrm{d}x=\frac{a_0^2}{2}+\sum_{n=1}^{\infty}(a_n^2+b_n^2)$.

(2) 对于给定周期 2π 的函数 $f(x)=x^2(-\pi\leqslant x\leqslant\pi)$，利用(1)求 $\sum_{n=1}^{\infty}\frac{1}{n^4}$ 之值.

解答　(1) 因为 $f(x)$ 是平方可积的，所以利用许瓦兹(Schwarz)不等式，得

$$\left|\int_{-\pi}^{\pi}\left\{f(x)-\frac{a_0}{2}-\sum_{n=1}^{N}(a_n\cos nx+b_n\sin nx)\right\}f(x)\mathrm{d}x\right|$$

$$\to 0\quad (N\to\infty)$$

因此

$$\frac{1}{\pi}\int_{-\pi}^{\pi}\{f(x)\}^2\mathrm{d}x=\frac{a_0}{2\pi}\int_{-\pi}^{\pi}f(x)\mathrm{d}x+$$

$$\sum_{n=1}^{\infty}\left\{\frac{a_n}{\pi}\int_{-\pi}^{\pi}f(x)\cos nx\,\mathrm{d}x-\frac{b_n}{\pi}\int_{-\pi}^{\pi}f(x)\sin nx\,\mathrm{d}x\right\}$$

$$=\frac{a_0^2}{2}+\sum_{n=1}^{\infty}(a_n^2+b_n^2)$$

(2) $f(x)$ 为偶函数，且是逐段光滑的连续函数，所以

$$b_n=0,a_0=\frac{2}{\pi}\int_0^{\pi}x^2\,\mathrm{d}x=\frac{2\pi^2}{3}$$

$$a_n=\frac{2}{\pi}\int_0^{\pi}x^2\cos nx\,\mathrm{d}x$$

$$=\frac{2}{\pi}\left\{\left[\frac{x^2\sin nx}{n}\right]_0^{\pi}-\frac{2}{n}\int_0^{\pi}x\sin nx\,\mathrm{d}x\right\}$$

$$=(-1)^n\frac{4}{n^2}$$

$$f(x)=\frac{4\pi^2}{3}+4\sum_{n=1}^{\infty}(-1)^n\frac{\cos nx}{n^2}$$

利用(1),得

$$\frac{1}{2}\left(\frac{2\pi^2}{3}\right)^2+\sum_{n=1}^{\infty}(-1)^{2n}\frac{4^2}{n^4}=\frac{1}{\pi}\int_{-\pi}^{\pi}(x^2)^2\mathrm{d}x=\frac{2\pi^4}{5}$$

所以

$$\sum_{n=1}^{\infty}\frac{1}{n^4}=\frac{\pi^4}{90}$$

注:称(1)的等式为帕塞伐尔(Parseval)等式.

这个试题内容很基本,它是关于傅里叶级数的一个基本性质.如果将此问题放到中国它也就是一道普通的课后习题.可以类比的是在我国举办的大学生数学夏令营中也有一道类似题目,不过难度可大多了,而且出现了像紧集、调和函数、全纯函数之类的数学名词,对普通大学生会有一点陌生感.当然对优秀学生不在话下,下面是第二届的一道试题.

【试题2】　设 $f(\theta)$ 是 $\mathbf{R}$ 上周期为 2π 的连续函数,且

$$f(\theta)\sim\frac{a_0}{2}+\sum_{n=1}^{\infty}(a_n\cos n\theta+b_n\sin n\theta)$$

试证:

(1) $u_n=\dfrac{a_0}{2}+\sum\limits_{k=1}^{n}r^k(a_k\cos k\theta+b_k\sin k\theta)$ 在单位圆盘

$$D=\{z\in\mathbf{C}\mid |z|<1\}$$

内的紧子集上一致收敛于一个调和函数 $u(x,y)$,其中 $z=r\mathrm{e}^{\mathrm{i}\theta}=x+\mathrm{i}y$;

(2) $\iint_D(u_x^2+u_y^2)\mathrm{d}x\mathrm{d}y=\pi\sum\limits_{n=1}^{\infty}n(a_n^2+b_n^2)$.

证明　由傅里叶级数之定义可知

$$a_k=\frac{1}{\pi}\int_{-\pi}^{\pi}f(\theta)\cos k\theta\,\mathrm{d}\theta\quad(n=0,1,\cdots)$$

$$b_k=\frac{1}{\pi}\int_{-\pi}^{\pi}f(\theta)\sin k\theta\,\mathrm{d}\theta\quad(n=1,2,\cdots)$$

所以

$$c_k=a_k-\sqrt{-1}\,b_k=\frac{1}{\pi}\int_{-\pi}^{\pi}f(\theta)\mathrm{e}^{-k\theta\sqrt{-1}}\,\mathrm{d}\theta$$

因此

$$|c_k|\leqslant\frac{1}{\pi}\int_{-\pi}^{\pi}|f(\theta)|\,\mathrm{d}\theta<M$$

其中 M 为正常数.

另一方面,令

$$z=x+\sqrt{-1}\,y=r\mathrm{e}^{\mathrm{i}\theta}$$

$$g(z)=\frac{1}{2}a_0+\sum_{k=1}^{\infty}c_kz^k$$

则

$$|g(z)|\leqslant\frac{1}{2}|a_0|+M\sum_{k=1}^{\infty}|z|^k$$

因此任取 $0<r_0<1$,$|z|\leqslant r_0$ 时 $g(z)$ 为全纯函数. 所以记 $z=r\mathrm{e}^{\mathrm{i}\theta}$,$0\leqslant r\leqslant r_0$ 时有

$$\begin{aligned}\mathrm{Re}\left(\frac{1}{2}a_0+\sum_{k=1}^{\infty}c_kz^k\right)&=\frac{1}{2}a_0+\sum_{k=1}^{\infty}\mathrm{Re}(c_kr^k\mathrm{e}^{k\theta\sqrt{-1}})\\&=\frac{1}{2}a_0+\sum_{k=1}^{\infty}(a_kr^k\cos k\theta+b_kr^k\sin k\theta)\end{aligned}$$

为调和函数. 所以 u_n 在 D 的紧子集上一致地收敛于调和函数 $\mathrm{Re}\,g(z)=u(x,y)$.

令 $$x=r\cos\theta,y=r\sin\theta$$

所以

$$\mathrm{d}x\mathrm{d}y=\det\begin{pmatrix}\dfrac{\partial x}{\partial r} & \dfrac{\partial x}{\partial \theta}\\ \dfrac{\partial y}{\partial r} & \dfrac{\partial y}{\partial \theta}\end{pmatrix}\mathrm{d}r\mathrm{d}\theta=r\mathrm{d}r\mathrm{d}\theta$$

$$\frac{\partial u}{\partial x}=\frac{1}{2}\ \frac{\partial}{\partial x}(g(z)+\overline{g(z)})=\frac{1}{2}\left(\frac{\partial g(z)}{\partial z}+\overline{\frac{\partial g(z)}{\partial z}}\right)$$

$$\frac{\partial u}{\partial y}=\frac{1}{2}\ \frac{\partial}{\partial y}(g(z)+\overline{g(z)})=\frac{1}{2}\left(\sqrt{-1}\ \frac{\partial g(z)}{\partial z}-\sqrt{-1}\ \overline{\frac{\partial g(z)}{\partial z}}\right)$$

因此

$$\begin{aligned}\left(\frac{\partial u}{\partial x}\right)^2+\left(\frac{\partial u}{\partial y}\right)^2&=\frac{1}{4}(g'^2+\overline{g'^2}+2g'\ \overline{g'})-\\&\quad\frac{1}{4}(g'^2+\overline{g'}^2-2g'\ \overline{g'})\\&=|\ g'\ |^2\end{aligned}$$

于是

$$\begin{aligned}\iint_D(u_x^2+u_y^2)\mathrm{d}x\mathrm{d}y&=\iint_D\left|\frac{\mathrm{d}g(z)}{\mathrm{d}z}\right|^2\mathrm{d}x\mathrm{d}y\\&=\iint_D\left|\sum_{k=1}^{\infty}kc_kz^{k-1}\right|^2\mathrm{d}x\mathrm{d}y\end{aligned}$$

今取 $j\neq k$，有

$$\begin{aligned}\iint_D z^j\bar{z}^k\mathrm{d}x\mathrm{d}y&=\int_0^1 r\mathrm{d}r\int_0^{2\pi}r^{j+k}\mathrm{e}^{(j-k)\theta\sqrt{-1}}\mathrm{d}\theta\\&=\left(\frac{1}{j+k+2}r^{j+k+2}\Big|_0^1\right)\cdot\\&\quad\frac{1}{(j-k)\sqrt{-1}}\mathrm{e}^{(j-k)\sqrt{-1}\theta}\Big|_0^{2\pi}=0\end{aligned}$$

又

$$\iint_D|\ z^j\ |^2\mathrm{d}x\mathrm{d}y=\int_0^1 r^{2j+1}\mathrm{d}r\int_0^{2\pi}\mathrm{d}\theta=\frac{2\pi}{2j+2}=\frac{\pi}{j+1}$$

所以

Fourier 展式

$$\iint_D (u_x^2+u_y^2)\mathrm{d}x\mathrm{d}y=\sum_{k=1}^{\infty}k^2\mid c_k\mid^2\frac{\pi}{k}$$

$$=\pi\sum_{k=1}^{\infty}k\mid c_k\mid^2$$

$$=\pi\sum_{k=1}^{\infty}k(a_k^2+b_k^2)$$

证毕.

傅里叶级数是大学数学中的重要组成部分,也是世界各国大学研究生入学必考内容,以日本为例:

【试题 3】 已知 $f(x)=x^2$,在 $0\leqslant x<2\pi$ 上有定义,且以 2π 为周期.

(1) 求 $f(x)$ 的傅里叶级数.(早稻田大学 1975)

(2) 利用(1) 的结果求级数 $\sum\limits_{n=1}^{\infty}\frac{1}{n^2}$ 之和.(东北大学 1978,电气通信大学 1975)

(3) 利用(1) 的结果求级数 $\sum\limits_{n=1}^{\infty}\frac{(-1)^{n+1}}{n^2}$ 之和.(大阪大学 1981)

解答 (1) 因为 $f(x)$ 的周期为 2π,所以其傅里叶系数是

$$a_0=\frac{1}{\pi}\int_{-\pi}^{\pi}f(x)\mathrm{d}x=\frac{1}{\pi}\int_0^{2\pi}x^2\mathrm{d}x=\frac{8\pi^2}{3}$$

$$a_n=\frac{1}{\pi}\int_{-\pi}^{\pi}f(x)\cos nx\,\mathrm{d}x=\frac{1}{\pi}\int_0^{2\pi}x^2\cos nx\,\mathrm{d}x$$

$$=\frac{1}{n\pi}\left(4\pi^2-\frac{2}{n}\right)\int_0^{2\pi}x\cos x\,\mathrm{d}x=-\frac{4\pi}{n}$$

因此

$$f(x)\sim\frac{4\pi^2}{3}+4\sum_{n=1}^{\infty}\left(\frac{\cos nx}{n^2}-\frac{\pi\sin nx}{n}\right)$$

(2) 因为 $f(x)$ 是逐段光滑的不连续函数，所以在不连续点 $x=2\pi$ 处

$$\begin{aligned}&\frac{f(2\pi-0)+f(2\pi+0)}{2}\\&=2\pi^2=\frac{4\pi^2}{3}+4\sum_{n=1}^{\infty}\left(\frac{\cos 2\pi n}{n^2}-\frac{\pi\sin 2\pi n}{n}\right)\\&=\frac{4\pi^2}{3}+4\sum_{n=1}^{\infty}\frac{1}{n^2}\end{aligned}$$

因此，$\sum\limits_{n=1}^{\infty}\frac{1}{n^2}=\frac{\pi^2}{6}$.

(3) 在 $f(x)$ 的连续点 $x=\pi(f(\pi+0)=f(\pi-0)=f(\pi))$ 处

$$\begin{aligned}f(\pi)=\pi^2&=\frac{4\pi^2}{3}+4\sum_{n=1}^{\infty}\left(\frac{\cos n\pi}{n^2}-\frac{\pi\sin n\pi}{n}\right)\\&=\frac{4\pi^2}{3}+4\sum_{n=1}^{\infty}\frac{(-1)^n}{n^2}\end{aligned}$$

因此，$\sum\limits_{n=1}^{\infty}\frac{(-1)^{n+1}}{n^2}=\frac{\pi^2}{12}$.

【试题 4】 （庆应义塾大学 1980）当给定函数

$$f(x)=\begin{cases}\frac{\pi}{2}\left(1-\frac{x}{\pi}\right) & (0<x\leqslant\pi)\\ 0 & (x=0)\\ -f(-x) & (-\pi\leqslant x<0)\end{cases}$$

时，希望用三次的三角多项式

$$T(x)=\frac{1}{2}a_0+\sum_{k=1}^{3}(a_k\cos kx+b_k\sin kx)$$

以下述的意义近似 $f(x)$

$$d(f,T)=\left\{\frac{1}{\pi}\int_{-\pi}^{\pi}|f(x)-T(x)|^2\mathrm{d}x\right\}^{\frac{1}{2}}$$

试回答下列各题：

(1) 问应如何选取 $T(x)$ 时，得到最好的近似，试求系数 a_k, b_k 及 $T(x)$.

(2) 试求(1) 中的 $d(f,T)$ 之值.

解答 (1) 由

$$d^2(f,T)=\frac{1}{\pi}\int_{-\pi}^{\pi}\{f(x)\}^2\mathrm{d}x-\frac{2}{\pi}\int_{-\pi}^{\pi}f(x)T(x)\mathrm{d}x+\frac{1}{\pi}\int_{-\pi}^{\pi}\{T(x)\}^2\mathrm{d}x$$

令

$$a'_k=\frac{1}{\pi}\int_{-\pi}^{\pi}f(x)\cos kx\,\mathrm{d}x$$

$$b'_l=\frac{1}{\pi}\int_{-\pi}^{\pi}f(x)\sin lx\,\mathrm{d}x$$

$$(k=0,1,2,3;l=1,2,3)$$

则得

$$\frac{1}{\pi}\int_{-\pi}^{\pi}f(x)T(x)\mathrm{d}x=\frac{a_0a'_0}{2}+\sum_{k=1}^{3}(a_ka'_k+b_kb'_k)$$

并且

$$\begin{aligned}\frac{1}{\pi}\int_{-\pi}^{\pi}\{T(x)\}^2\mathrm{d}x&=\sum_{1\leqslant k,l\leqslant 3}\frac{a_kb_l}{\pi}\int_{-\pi}^{\pi}\cos kx\sin lx\,\mathrm{d}x+\\&\quad\frac{a_0^2}{4\pi}\int_{-\pi}^{\pi}\mathrm{d}x+\sum_{0\leqslant l\leqslant 3}\frac{a_0b_l}{2\pi}\int_{-\pi}^{\pi}\sin lx\,\mathrm{d}x\\&=\sum_{k=1}^{3}(a_k^2+b_k^2)+\frac{a_0^2}{2}\end{aligned}$$

所以

$$d^2(f,T)=\frac{1}{\pi}\int_{-\pi}^{\pi}\{f(x)\}^2\mathrm{d}x-\left\{\frac{a'^2_0}{2}+\sum_{k=1}^{3}(a'^2_k+b'^2_k)\right\}+$$

$$\frac{(a_0-a'_0)^2}{2}+\sum_{k=1}^{3}\{(a_k-a'_k)^2+(b_k-b'_k)^2\}$$

因此，给出了 $a_k=a'_k, b_l=b'_l (k=0,1,2,3; l=1,2,3)$ 的 $T(X)$ 为最好的近似. 这时，$f(x)$ 是奇函数，所以 $a_k=0, b_l=\frac{2}{\pi}\int_0^{\pi}\frac{\pi}{2}(1-\frac{x}{\pi})\sin lx\,dx=\frac{1}{l}$. 所以

$$T(x)=\sin x+\frac{1}{2}\sin 2x+\frac{1}{3}\sin 3x$$

(2) $\frac{1}{\pi}\int_{-\pi}^{\pi}\{f(x)\}^2dx=\frac{2}{\pi}\int_0^{\pi}\frac{\pi^2}{4}(1-\frac{x}{\pi})^2dx=\frac{\pi^2}{6}$.
因此，根据(1)，得

$$d(f,T)=\sqrt{\frac{\pi^2}{6}-(1+\frac{1}{4}+\frac{1}{9})}=\frac{\sqrt{6\pi^2-49}}{6}$$

【试题5】 (东京大学1977) 当 $-1<r<1$ 时，设 $f_n(x)=\sum_{m=1}^{n}r^m\cos mx$ 为已知的函数列，试求 $\lim_{n\to\infty}f_n(x)$. 并利用此结果求定积分

$$\int_0^{\pi}\frac{\cos kx}{1-2r\cos x+r^2}dx \quad (k=0,1,2,\cdots)$$

之值.

解答 令 $z=re^{iz}(-1<r<1)$，则得 $\sum_{m=1}^{\infty}z^m$ 收敛，且

$$\frac{1}{2}+\sum_{m=1}^{\infty}r^m(\cos mx+i\sin mx)$$
$$=\frac{1}{2}+\sum_{m=1}^{\infty}z^m=\frac{1}{2}+\frac{z}{1-z}$$
$$=\frac{1+2ir\sin x-r^2}{2(1-2r\cos x+r^2)}$$

所以

$$\lim_{n\to\infty} f_n(x)=\frac{r\cos x-r^2}{1-2r\cos x+r^2}$$

并且

$$\frac{2}{1-r^2}\left(\frac{1}{2}+\sum_{m=1}^{\infty} r^m \cos mx\right)=\frac{1}{1-2r\cos x+r^2}$$

因此,研究右边的傅里叶系数,可得

$$\frac{2}{\pi}\int_0^{\pi} \frac{\cos kx}{1-2r\cos x+r^2}\mathrm{d}x=\frac{2r^k}{1-r^2} \quad (k=0,1,2,\cdots)$$

所以

$$\int_0^{\pi} \frac{\cos kx}{1-2r\cos x+r^2}\mathrm{d}x=\frac{\pi r^k}{1-r^2} \quad (k=0,1,2,\cdots)$$

此解答发表在哈尔滨工业大学出版社出版的一本书上,为了使读者更好地了解此竞赛产生的背景及当时的一些细节.我们在下面转录王元院士为该书所写的一个序(王元,2006年11月):

在由中国科学院数学研究所两位研究员主持编写的《全国大学生数学夏令营数学竞赛试题及解答》一书正式出版之际,编者及哈尔滨工业大学出版社要我写几句话,这引起了我对20年前往事的一些回忆.

我是1984年2月18日被正式任命为数学研究所所长的,于1988年卸任.我们的领导班子实际上由4个人组成:副所长杨乐,党委书记前后有吴云,孙耿,李文林,另外王光寅亦参与重大事情的讨论与决定.集体决定的事情由我

出面宣布,领导班子很团结.那时,虽然“文化大革命”已结束了多年,但“左”的影响仍在.科研工作怎么恢复?如何搞?这是摆在所领导面前的首要任务.按理讲,数学所应该办成一个面向国内外的开放型研究所.这个想法很自然地成为所领导的共识.实际上,世界上的数学所,基本上都是开放型的.1952年,数学所建所时就是开放型的.20世纪60年代,更招收了大批国内进修教师.现在所谓开放只是恢复一下过去的做法而已.数学所领导班子的想法得到科学院领导,特别是时任院长周光召的大力支持,科学院给数学所增拨了经费支持开放.这样,数学所就正式对外开放了.

作为数学所的开放举措有如下措施:其一为面向全国高校,招收一批进修教师.这一举措在1958年曾实行过,我们所为高校培养了一批数学骨干.另一举措为每年举办一项数学中心年.第一年(1985)就是由我主持的“代数解析数论年”.可惜这个方向未能在我国长期开展下去.再一个举措就是举办“全国大学生数学夏令营”,着力于培养年轻数学家.这项工作得到了高校的热烈欢迎.数学所的同事也热情参与.通过夏令营,参加者听了学术普及报告,参观了首都的名胜古迹.最重要的是参加数学竞赛.夏令营的整个气氛是火热的.时间虽然只有一周,我知道这些学生普遍对数学所产生了深厚的感情，他们自己也有自豪感，这确实使年轻人终生难忘啊！

但为什么搞了几年就停止了呢？我想主要原因也许是到了1996年，全国的改革开放程度已大幅度地提高了．可供交流的地方与活动也逐步加多了．特别是对国外的交流也由几个大城市与著名研究所、高校拓展至一些中小城市与普通高校．这就是说我国数学研究逐步由少数中心向多个中心转化．当然数学所的领导作用与中心作用亦会逐渐改变．在这样的形势下，夏令营的任务，甚至整个所的开放形式也可以告一段落了，因此夏令营很自然地结束了，大家并不感到突然．

夏令营的重点当然是数学竞赛，感谢许以超与陆柱家是“有心人”，为我们留下了一份完整的材料，包括参加者个人与单位名单，试题与解答及优胜者．可惜当时学术报告的资料，一点没能留下．我记得我在好几届都作过学术报告，现在连报告题目都想不起来了．这就更显出这本书的宝贵了．我认为其真正价值在于其史料性质，从中可以看到一个研究所从被“四人帮”破坏得体无完肤到走上改革开放的康庄大道路途中的一段．回顾过去，我们更珍惜来之不易的今天和明天．

其实在该书正式出版之前还有一个内部发行的小

册子.当时印了很多直到今天都没有卖完,在这个小册子中著名数学家杨乐也写了序,也附于后算是对那个美好时代的怀念.

20世纪70年代末期以来,我国实行改革开放政策,数学研究与教育工作有了迅速发展.一批优秀的青年人才成长起来,然而其中不少人在海外发展,显露身手.近几年来,国内经济转轨,数学等基础研究对青年人的吸引力减小,我国数学界仍然面临着培养和造就一大批优秀的青年数学人才的重要任务.

优秀的数学人才应该有较全面的数学基础与训练,有扎实的功底;对所从事的学科与相关领域有较全面的了解与掌握;有广阔的视野与远大的目标,并逐步形成自己的学术思想与风格.一般说来,具备了这些素质的学者才可能做出高水平的研究工作,在国际上有关领域中发挥影响.

为了造就青年人才,中国科学院数学研究所一直认真做好培养硕士生、博士生和博士后的工作.从1987年开始,数学所又采取一项重大举措:每年举办全国数学系大学生的夏令营.我们约请国内一些主要大学的数学系选送高年级的优秀学生,会聚到北京,度过一周的夏令营.在夏令营期间,组织高水平的学者为同学们作学术报告,介绍一些学科领域的发展与动态;

举行座谈会，讨论与回答同学们普遍关心的问题等.此外，还组织同学们游览首都的名胜古迹.

数学所不少同志参与了每年对夏令营测试的命题、阅卷与评分等项工作.现在，许以超和陆柱家两位教授对历届夏令营的测试题目及其解答作了编辑与整理加工，印成此书，奉献给读者.我们衷心希望它对于全国的大学生、研究生学习数学有所帮助.

如果把这本书作为一本题解，就失去了它应有的意义.在参考这本书时，希望同学们要勤于动脑，使思路更加活跃，将学习引向深入，把学习与研究逐步结合起来.同时又希望同学们勤于动手，做做比课堂上稍许困难一些的问题，自己认真推导、演算，逐步增强功力.

8 年来，数学所举办的大学生夏令营得到了各大学数学系的热情支持与帮助.近两年，华晨集团十分关心这项活动，赞助了全部费用，仰融总裁及华晨集团主要领导还莅临了颁奖仪式.对此，我们表示衷心的感谢.

另外感谢徐叔贤教授和范同春先生组织了本书的出版，感谢朱世学先生为本书提供有关档案材料.而本书之打印工作，得力于王婷小姐，在此也表示衷心的感谢.

最后，让我们祝愿优秀的青年人才不断涌现！

要全面了解傅里叶级数，先要了解一下一般级数的历史.在追溯历史方面俄罗斯数学家写的著作做得较好.霍凡斯基曾专门写了一个级数的简略历史.

级数的一般理论具有悠久的历史，随着微积分的产生就开始了.以后，级数收敛性的研究、近似求和、余项估计与改进收敛性等方法，在很多数学家的著作中得到了发展.现在甚至仅仅要列举出关于级数计算问题及其各种应用的所有文献也是很困难的.应当指出，欧拉、亚贝尔、达朗贝尔、高斯、罗巴契夫斯基、柯西、泰勒、库莫尔、切比雪夫、爱尔马可夫、布加也夫、马尔可夫、克雷洛夫以及其他数学家在这个领域内做了很多重要的研究.我们在这里只能简略地讲讲这些研究中的某些东西.

欧拉在其 *Institutiones calculi differentialis*（发表于 1755 年，彼得堡）中研究了幂级数变换的各个方法，其目的是把这些方法用到各种计算上去.这些变换后来在数学文献中统称为幂级数的欧拉变换.

19 世纪初，开始了级数全部理论的修改，柯西于 1821 年首先提出了收敛与发散级数间的严格界限.这无论对于级数整个理论在以后的发展，还是对于级数计算的各种方法的改进都具有重大的意义.在俄罗斯的数学家中，从事于研究级数收敛性及其余项估计工作的，首先应当是伟大的几何学家罗巴契夫斯基.罗氏在他的《代数》(发表于 1834 年）中以级数通项展成二进小数为基础，给出了级数收敛性的原始判别法.罗氏判别法的证明方法，也能求出收敛级数和的相应估计式.

罗氏在他的一些著作中,曾把这个方法用来证明各种级数的收敛性与余项的估计式.[①]

1837 年,库莫尔提出了一个研究正项级数收敛性的一般方案.他把这个方案归纳为一般的收敛判别法,由它的特殊情况得到达朗贝尔判别法,拉布判别法及其他判别法.这个方案对于某些定型的级数也可以建立其余项的估计式.以后,库莫尔又得到了可以用来改进收敛性的级数变换.

相当有趣的是切比雪夫关于级数求和、余项估计及改进收敛性等研究,这些成果发表于 19 世纪 50 ~ 70 年代.切比雪夫的这些研究,与解决数论领域内的重要问题有关.他发表过以下著作:《不超过已知数的质数个数》《质数》《几个级数的短评》《卡塔兰公式推广以及由它得到的算术公式》《数项级数的一个变换》.

爱尔马可夫在 1872 年得到了正项级数收敛性的一个极有效的判别法,叙述如下:

级数 $\sum_{n=0}^{\infty} a(n)$ 在 $\lim_{n\to\infty}\frac{e^{n}a(e^{n})}{a(n)}<1$ 时收敛,在这极限大于 1 时发散.

这样写时,爱尔马可夫判别法可以代替伯尔特昂对数判别法的无限数列.1892 年,爱尔马可夫研究过幂级数的一个变换,其目的也是改进这些级数的收敛

① 在龙兹和兹莫罗维奇的著作中,罗氏收敛判别法被推广到一个较广的级数类.

性.

布加也夫在 1888 年推出了下面有趣的定理:

若 $\delta(x)$ 是正的可微函数,且随着 x 而增加,则级数 $\sum_{n=0}^{\infty} a(n)$ 与 $\sum_{n=0}^{\infty} \delta'(n)a[\delta(n)]$ 是共轭级数,亦即,两个级数或者同时收敛,或者同时发散.

如此,对于级数 $\sum_{n=0}^{\infty} \delta'(n)a[\delta(n)]$ 应用任何判别法,就得到原级数 $\sum_{n=0}^{\infty} a(n)$ 的某个收敛判别法,由这个共轭定理,选取不同的函数 $\delta(n)$,就能推导出无数多个不同的收敛判别法.

特别是,布加也夫指出过,达朗贝尔判别法在应用到共轭级数 $\sum_{n=0}^{\infty} \delta'(n)a[\delta(n)]$ 时,就得到上述的爱尔马可夫判别法.

马尔可夫在 1889 年,提出了一个能够改进级数收敛性的级数变换. 后来,马尔可夫又在更一般的形式中研究过这个变换. 马尔可夫法的基础是在于把级数通项展成新级数,且改变求和次序. 幂级数的欧拉变换,也能从马尔可夫变换的特殊情况而得到. [①]

克雷洛夫在 1912 年,研究出了傅里叶级数收敛性的有效改进法,这个方法在解决数学物理各种边值问题时有着广泛的应用. 傅里叶级数的系数 $a\left(\frac{1}{n}\right)$ 假定

---

① 欧拉、库莫尔及马尔可夫等变换,在罗曼诺夫斯基与克诺普的书中有着很好的叙述.

为$\frac{1}{n}$的解析函数，其中 n 是求和的附标，且

$$\lim_{n\to\infty} a\left(\frac{1}{n}\right)=0$$

改进傅里叶级数收敛性的克雷洛夫法如下：把原级数分成两个级数，其中一个收敛很慢，但容易求和，而另一个一般说来不能用有限形式求和，但是却收敛很快.

问题在于，若要使所给函数 $f(x)$ 的傅里叶级数收敛很快，必须要求函数 $f(x)$ 及其前若干阶导数连续. 在很多情况下，从 $f(x)$ 分离出具有与 $f(x)$ 相同不连续点和跃度的初等函数以后，函数 $f(x)$ 就能满足这个条件. 在确定了函数的不连续点和跃度后，实际上作出上述初等函数是不难的.

克雷洛夫成功地把他的傅里叶级数收敛性改进法用来解决许多应用问题. 例如，梁的弯曲和振动问题. 这样问题在计算稳固性时有很大意义. 以改进傅里叶级数收敛性为基础的克雷洛夫思想是大有成果的，且可以作为以后在这个方向研究的基础.

在 1932 ~ 1933 年间，马里也夫对于函数值或其一个导数值在周期的终端和始端并不相等的非周期函数的展开式，提出了关于这样的展开式的迅速收敛的三角级数求法. 它与克雷洛夫法不同的是，马里也夫法并不要求从原来展开式分离出收敛很慢的部分，而是直接化为收敛很快的级数. 1934 年，康托罗维奇发表了在近似计算广义积分与解决某些奇异微分与积分方程时的奇异性分离法，他发展了克雷洛夫思想，并把它

用到其他问题上去.用来解决边值问题时,在康托罗维奇和克雷洛夫所著的《研究高等分析近似方法》一书中,这个方法有着详细的叙述.也还得指出格林贝格的著作,这些著作与解决某些边值问题所得到的级数收敛性的改进法有关.

1936年,有人利用克雷洛夫关于分离傅里叶级数收敛很慢部分的思想,不仅对傅里叶级数提出了一个收敛性改进法,而且这方法对按勒让得多项式、切比雪夫多项式、柏塞尔函数等特殊函数展开的确定级数类也适合.后来,在解决带有奇异系数的线性常微分方程类时,克雷洛夫思想指出了某些边值问题的解决.

不仅在数学物理问题中,而且在工程实际中,与级数收敛性改进和余项估计的有关问题正在起着日益增长的作用.

对傅里叶级数的简介有许多版本,笔者认为最简洁最本质的莫过于《美国数学月刊》前主编哈尔莫斯所做的介绍.

傅里叶级数发现在收敛之先是一个历史的不幸(引致差不多二百年精力的浪费).傅里叶级数是许多古典和现代分析课题的一个不可或缺的部分.在抽象理论和具体应用中都很重要.它出现在拓扑群和算子论中;它源自弦震动和导热问题.

傅里叶级数的最古典形式是处理直线$(-\infty,+\infty)$上,周期为2π且在$[0,2\pi]$上可积的数值函数(最好令其为复数值).这样的函数f的傅里叶级数是

Fourier 展式

$$\sum_{n=-\infty}^{+\infty} a_n e^{inx}$$

其中

$$a_n = \frac{1}{2\pi}\int_0^{2\pi} f(x) e^{-inx}\, dx$$

(由于 $e^{inx} = \cos nx + i\sin nx$,因此可用 sin 和 cos 来表达傅里叶级数. 这种实的形式在几何上较直观,但上述给出的复指数形式在代数上较易操作).

三角多项式(实或复的形式)是大家熟悉的且容易计算. 若能用这些多项式的极限来表达更艰深的函数显然是有利无害的,因此很自然期望函数 f 的傅里叶级数的"和"会"等于"f. 无论如何,总希望知道哪一类函数满足此要求. 往日希望的答案是好的函数有好的级数. 这门数学的历史很大部分是受这希望所大力左右.

当极限开始为人所理解时,"和"与"等于"是解释为点点收敛的意思. 更有用和更富成果的弱收敛与对应于一范数收敛的概念,只在数学界无法再自囿于点态的研究方向时才出现.

什么是好的函数呢? 可微是够好的了而连续却不足. 存在连续函数的傅里叶级数,它在一点上,实际在许多点上发散. 若收敛性由 Cesàro 平均的意义下的可加性所代替,则费歇耳(Fejér)定理指出:在这意义下每一连续函数 f 的傅里叶级数点点收敛于 f. 今天这一类定理已相对地变得容易了,许多教科书都提到这课题.

可积函数又怎样坏呢? 答案: 坏透了.

Kolomogorov 证明若只要求 $f\in L^1[0,2\pi]$(即 f 在 $[0,2\pi]$ 上可积),则 f 的傅里叶级数可以几乎处处发散(1923),或甚至几乎处处发散(1926).

这方向最大的问题由 Lusin 提出:若 $f\in L^2[0,2\pi]$(注意指数1为2所代替),则 f 的傅里叶级数是否几乎处处收敛于 f 呢? 过了五十年仍无法回答这问题.无数次证明答案是肯定的努力都失败后,就引致20世纪50年代和60年代行家的公开官方信仰:答案必然是否定.

然而,答案却是肯定.第一个证明由 Carleson 给出(1966).Carleson 的成就的一个杰出之处是他没有用到未知的技巧,他只不过把已有的用得更好而已.他用一种你推我拉的巧妙办法来选择子区间.就好像 Carleson 有足够的气力把大家的 ε 用 ε^2 来代替一样,他成功了.

更为深入和详尽的介绍是 Enrique A. González-Velasco 发表在《美国数学月刊》上一篇名为《数学分析中的纽带——傅里叶级数》[①] 的文章.

> 引言:拿破仑·波拿巴远征埃及发生在1798年夏,远征军于7月1日到达,次日巧取亚历山大.早在3月27日综合科技大学的年轻教授傅里叶(1768—1830)收到内务大臣无确定

---

① 原题:Connections in Mathematical Analysis: the Case of Fourier Series. 译自:The American Mathematical Monthly,99:5(1992),427-441.

期限的通知：

公民，当前情况特别需要你的才智和热情，执行指挥部已安排你为公众服务，应做好准备，接到第一号命令出发.

这样傅里叶参加了远征队的艺术与科学委员会，这或许与自由思想不是完全可调和的. 7 月 24 日军队占领开罗，8 月 20 日拿破仑命令在开罗成立埃及研究院以促进埃及的科学进步，在 8 月 25 日举行的第一次会议上，傅里叶被任命为常务秘书.

经几次军事交战，1801 年 8 月 30 日法国屈服于侵入的英国军队并被迫从埃及撤离. 傅里叶回到法国仍在综合科技大学，但十分短暂. 1802 年 2 月，拿破仑任命他为在法国阿尔卑斯的 Isère 研究所的长官. 就在这个 Grenoble 城，傅里叶重新致力于我们将谈到的研究.

傅里叶的埃及之行对他的健康留下终生的病根，这影响他的研究方向. 在亚历山大被围期间，以及从埃及到阿尔卑斯气候的突然改变，他患了风湿病受到折磨. 事实是：他住在过热的房间，即使在炎热的夏天也穿着过量的衣服，以及他对热的偏好扩展到对物体热传导、从辐射的热损失到热交换等各方面的研究. 后来正是热学上，他集中了他的主要研究精力.

1807 年 12 月 21 日研究结果作为论文（*Mémoire sur la prapgation de la chaleur*）第

一次提交给 Iustitut de France，它没有完全被接受. 评判委员会对此公布一份从未有过的报告. 1808 年或 1809 年傅里叶应邀去巴黎访问，亲身受到批评. 它们主要来自拉普拉斯与拉格朗日，谈到两个主要方面：热传导方面的傅里叶推导以及他使用三角函数的级数，即现在众所周知的傅里叶级数. 傅里叶对这些异议作出答复，为了解决问题并建议对热传导问题建立公开的竞争，对最好的工作 Institut 给予奖励. 拉普拉斯（他后来成为傅里叶工作的支持者）可能是将此建议付诸实施起作用的人，在 1811 年确实将这个主题选为获奖论文. 另一个包含拉格朗日与拉普拉斯的委员会只审理两个项目，1812 年 1 月 6 日奖予傅里叶的 *Théorie du mouvement de la chaleur daus les corps solides*，但委员会的报告表示某种保留.

作者得出他的方程的方法并没有免除困难，而且他对于积分他们所作的分析在普遍性与严密性方面都还有某些遗漏.

傅里叶表示抗议但无效，而且他的新著和以前一样当时未能在 Institut 发表，最后他被说明，1822 年将有关热研究的大部分文章收集在不朽著作 *Thèorie analytique de lachaleur*.

毫无疑问，现在这本著作是 19 世纪数学物理上最大胆创新和最有影响的一部. 傅里叶讨论热问题所用的方法是真正的先驱，因为他运用了尚未真正建立的概念. 当别人还在讨论连续函数时,他已在研究不连续函数;当积分还处于简单地作为反导数时,他已用积分作为面积;在收敛定义之前,他已谈到函数级数的收敛. 在1811年他获奖论文结尾时,他甚至积分一个在一点取值为 ∞ 而其他均为 0 的"函数". 这种方法在像电磁学、音响学、空气动力学等其他学科证明是富有成果的. 傅里叶的研究在应用上的成功,使得有必要修改函数的定义,引入收敛的定义,重新检查积分的概念以及一致连续与一致收敛的概念,它也诱导集论的发现,它也是引导测度论思想的背景并包含广义函数论的萌芽,在下面的各节,我们将考察由傅里叶工作所引起的古典分析中这些重要方面的发展.

收敛与一致收敛:傅里叶早期研究的一个问题是由传导材料制成的细棒. 为方便起见,假定长度为 π,置于 x 轴上,两个端点为 $x=0$ 及 $x=\pi$. 若时刻 t 时,点 x 处的温度为 $u(x,t)$,傅里叶得出 $u(x,t)$ 满足方程

$$u_t = ku_{xx} \tag{1}$$

其中 k 为正的常数,如果在两端点对 $t\geqslant 0$ 保持温度为 0,并且棒的初始温度分布为已知函数 f,我们必须在条件 $u(0,t)=u(\pi,t)=0, t\geqslant 0$ 及 $u(x,0)=f(x), 0\leqslant x\leqslant \pi$ 之下求解(1). 傅里叶发现对任何正整数 n 及任何实常数 C_n,函数 $C_n e^{-n^2kt}\sin nx$ 是(1)的解,它在两端点处为

0,任意多个这种函数之和也是解,但这些和无需满足初始条件,因为 f 可能不是正弦函数的和. 于是傅里叶提出无穷和

$$u(x,t)=\sum_{n=1}^{\infty}C_n\mathrm{e}^{-n^2kt}\sin nx \tag{2}$$

并试图求 C_n 使得

$$u(x,0)=\sum_{n=1}^{\infty}C_n\sin nx=f(x) \tag{3}$$

如果假设(3) 成立,将(2) 中各项乘以 $\sin mx$,并且假设所得表达式可以逐项积分,那么不难得到

$$C_n=\frac{2}{\pi}\int_0^{\pi}f(x)\sin nx\,\mathrm{d}x \tag{4}$$

式(3) 中的级数是一般包含余弦函数项级数即通常傅里叶级数的特殊形式.

三角函数无穷和可以表示任意函数的思想被数学界所拒绝,其主要障碍是当时函数的概念. 数学家常用的函数是由开根、对数等解析表达式给出的,他们诘问:$f(x)=\mathrm{e}^x$ 能够是$[-\pi,\pi]$ 上正弦无穷级数之和吗? 这个函数不是周期的,而正弦函数,因而正弦函数级数之和是周期的. 遗憾的是他们未能认识到:它与周期函数可以在有界区间上相重合. 傅里叶给出许多例子,将式(3) 的加项取得越多其和与 f 越接近,其中 C_n 由已知的 f 算得,但众多的例子并不是(3) 收敛的证明. 19 世纪初数学家面临的问题是收敛性还没有定义. 可以肯定:这个概念依某种含糊方式存在，但数学用等式与不等式讨论量以及比较量的大小借助于不等式对级数的部分和与整体和进行比较，这就是所需要收敛性的定义. 沿着这一方向，最早的收敛定义是傅里叶在他的1811年获奖论文（1822年收入在著作中）里给出的，他谈到级数的收敛性.

这是必要的：当我们不断地增加项数时，它的值应越来越趋于一个固定的极限，它们之差仅是一个小于任意给定的量. 这个极限就是级数的值.

在他的“小于任何给定的量”里已经蕴含着利用不等式. 更准确和有影响的收敛定义是柯西（1789—1857）给出的. 他最早理解严密在分析中的重要性，在极限与连续的定义中最早使用不等式. 我们永远无法知道傅里叶较早的定义是否有助于体现他自己的想法. 一旦持有极限的精确定义，在1821年 *Cour d'analyse de l'Ecole Royale Polytechnique* 中柯西写着：

设 $s_n = u_0 + u_1 + u_2 + \cdots + u_{n-1}$ 为（所考虑级数的）前 n 项之和，n 为任一自然数，如果当 n 增大时，和 s_n 趋于某个极限 s，则级数称为收敛，而该极限称为级数的和.

这实质上是现代的定义了. 更值得提出，柯西并不限于叙述这个定义，他给出了检验收敛的定理：柯西准则与根检法、比检法. 泊松于1820年，柯西于1823年，自然傅里叶毕生都试

图证明傅里叶级数的收敛性.他没有成功,但留下对最后完成的人有价值的证明草稿.

1822 年西普鲁士青年狄利克雷(1805—1859)来巴黎学习数学,在那里他与傅里叶相识,傅里叶鼓励他完成收敛性的证明,这是在狄利克雷能够这样做之前的某个时期.1829 年狄利克雷已是柏林大学教授,他发表了论文,题为 *Sur la convergence des series trigonométriques qui servent a représenter une fouction arbitraire eutre des limites données* 将傅里叶证明草稿中的一个三角恒等式换成他自己的一个,成功地给出收敛的充分条件:如果 f 为逐段连续且仅有有限个极大与极小,则它的傅里叶级数在每一点 x 处收敛于 f 的左、右极限的平均值.

狄利克雷定理与较早的柯西的一个定理有明显的矛盾.柯西在他的分析学一书中写着:连续函数的收敛级数之和是连续的.早在 1826 年阿贝尔已指出这个定理是错的,而 1829 年狄利克雷定理说得更清楚.这并不是要指明柯西著作中的缺点,而是因为联系到一个重要的发现.可能在狄利克雷的暗示下,他的学生 Phillip Ludwig von Seidel(1821—1896) 于 1847 年作过研究.他的报告是:若 $\sum_{n=1}^{\infty} u_n(x)$ 是一个连续函数的收敛级数,其和为 $f(x)$.I 是这些函数的

定义域中的一个区间，并且对给定的 $\varepsilon>0$，N 是对 I 中一切 x 满足

$$\left|\sum_{n=N+1}^{\infty}u_n(x)\right|<\varepsilon$$

的最小正整数，如果 $\varepsilon\to 0$ 时有 $N\to\infty$，则称级数 $\sum_{n=1}^{\infty}u_n(x)$ 在 I 上是任意慢收敛的. 利用这一1821年的柯西还没有的新概念，Seidel 能够证明如果在任一区间上，收敛不是任意慢的，柯西定理成立. 但是他没有追踪下去，他没有认识到他已提出了一类新的有影响的收敛性.

这一不同类型收敛性的思想并不完全是新的，1838年 Christof Gudermann(1798—1852)已提到同样速率的一类收敛性，这是现代一致收敛概念的先驱，但他忽略了它的重要性，如同后来从 Seidel 漏网一样. 这留给了 Gudermann 的学生、现代数学天才之一魏尔斯特拉斯(1815—1897). 作为 Bonn 大学的学生他对讲课不热衷，于1839年去 Münster 听 Gudermann 的课. Gudermann 对魏尔斯特拉斯的研究很有影响，很可能在 Münster 他们讨论过收敛的新概念. 魏尔斯特拉斯从未完成博士学位，而在1841年成为 Gymnasium 教师. 在他的任期内(直到1854年)，完成了大量第一流研究结果的手稿，遗憾地未曾发表. 在1841年的一篇手稿他提及一致收敛性——

gleichmässige Convergenz——这一事实证实他可能从Gudermann那里学到了有关的想法.魏尔斯特拉斯多方面的成就使他在1856年取得柏林大学的席位,在那里他常常讨论一致收敛性.他的定义对多元函数都有效,采用其一元情形,他的定义是:

无穷级数$\sum_{v=0}^{\infty}u_v$在收敛域的子集B上一致收敛,如果给定任意小的正数δ,可找到数m使得当$n\geqslant m$的每个n及B中每个变量的值,和$\sum_{v=n}^{\infty}u_v$的绝对值小于δ.

魏尔斯特拉斯的重要贡献还在于认识到一致收敛的用处,以及具体化成了关于函数项级数逐项积分与逐项求导的定理.

函数的概念:关于函数概念的持久争论开始于1747年,当时巴黎的达朗贝尔(1717—1783)发表了关于弦振动的研究,设一根弦最初置于x轴,两端处于$x=0$及$x=a$,将弦移动一下然后放开,若t时位于x处它的垂直位移为$u(n,t)$,达朗贝尔证明,$u(x,t)$满足方程

$$u_{tt}=c^2u_{xx} \tag{5}$$

其中c为常数,他还指出:如果初始位移由已知函数f给定,那么在任一时刻$t\geqslant 0$时点x的位移为

$$u(x,t)=\frac{1}{2}[\tilde{f}(x+ct)+\tilde{f}(x-ct)]$$

其中 $\tilde{f}$ 是 f 在 $\mathbf{R}$ 上以周期为 $2a$ 的奇周期开拓. 显见为使 u 满足(5) f 必须有二阶导数，但欧拉(1707—1783)拒绝它的可导性. 他在 1748 年柏林写的一篇文章里允许具有不连续导数的函数作为比二阶可导函数一个更好的可弹弦的模型. 达朗贝尔不接受这种函数，这一分歧开始了他们之间生动的数学争论. 事实是欧拉的假设表示了新的东西，因为那时函数的概念是解析表达式或公式. 实际上，这正是欧拉的一本极有影响和后半世纪分析学标准教科书《无穷小分析引论》出版那年，欧拉在第四段定义一个变量的函数为：

由变量与数依任何方式作出的任一解析表示式

而后就在同一年，弦振动问题使他认识到这一定义要适合应用数学的需要是太过狭隘了.

达朗贝尔解完全地描述了弦的运动，由它规定了每一时刻弦上每一点的位置. 在数学上这是非常好的，但这个现象的音乐描述在什么地方呢？振动在哪里呢？这个解并不显示对 t 的周期性. 是欧拉阐明了弦的运动关于时间是周期的，并且是由各个振动组成. 事实上在 1748 年他写下仅当 f 为正弦函数的和时，有

$$u(x,t)=\sum c_n \sin\frac{n\pi}{a}x\cos\frac{n\pi}{a}t \qquad (6)$$

但没有指明是有限和还是无穷和. 在读过达朗贝尔与欧拉的文章之后, Basel 的伯努利(1700—1782) 决定发表自己在1753年的看法. 或许这里由于欧拉现在所叙述的是他已经知道的事而存在激怒的因素. 在一篇更早的文章里伯努利已经叙述过弦运动是各个振动的叠加. 在有点戏耍地批评达朗贝尔与欧拉之后——他称前者为抽象的伟大数学家, 他断言这个形状可用正弦函数的无穷级数表示, 特别当 $t=0$ 时

$$f(x)=\sum_{n=1}^{\infty} c_n \sin \frac{n\pi}{a}x \tag{7}$$

如果接受这个方程, 那么与(6) 联合起来可得到弦振动问题解的下述表示

$$u(x,t)=\sum_{n=1}^{\infty} c_n \sin \frac{n\pi}{a}x \cos \frac{n\pi}{a}t$$

尽管伯努利并没有写出这个式子, 但今天称它为伯努利解, 它清楚地指明弦的运动关于时间是周期的. 伯努利是单独从物理上考虑建立方程(7) 的, 没有提供任何数学理由. 欧拉在同一年立即宣称拒绝接受. 事实上, (7) 的右端为周期函数而 f 不需要. 此外, 与欧拉早先的 f 不需要在每一点可导的想法相符合, 他拒绝(7) 是因为右边的正弦函数是可导的. 达朗贝尔也发表攻击伯努利的文章, 他不屈服, 他说他有无穷多个系数可选得均使等式成立. 这一切就开创了1770年的狂热争论, 双方谁也不肯让步. 傅

里叶关于热传导的研究,实际上解决了这一争论:正弦无穷级数可以是处处不可导的函数.

与此有关,欧拉对函数较宽概念显示出对作为公式的函数的优越性, 在 1755 年 *Institutiones calculi differentialis* 中欧拉给出如下的新定义:

如果某些量与其他的量有关,当后者改变时前者也随之而变,则称它们为后者的函数.但是它不是最后定论,一方面它是含糊的,缺乏柯西分析学教程的出版所要求的严密性.另外,它不是完全可接受的.确定得胜之日是傅里叶的工作,他使用不连续函数和傅里叶断言的狄利克雷证明:一个三角级数可以收敛于这类函数.从此以后,不再折回到函数的纯分析概念.傅里叶本人试图给出新定义如下:

函数 $f(x)$ 表示一个完全任意的函数,即给定一系列值,按共同规律或不按共同规律,对于在 O 与任意大的 X 之间的一切 x 值作出回答.撇开完全任意的形容词不谈(它是什么意思呢)?从傅里叶工作很清楚知道,他从未有过不连续点个数多于有限个的函数的想法.

狄利克雷也没有做到,但他后来认识到:他的收敛定理的一般化应允许具有无穷多个间断点的可积函数.如果这诱导他去研究函数的一般定义的话,那么他必须放弃他与之矛盾的许多断言, 他从未叙述这种定义. 后来在

1847—1849年,狄利克雷在柏林大学有幸遇到一个极有才能的年轻学生,黎曼(1820—1866)从Göttingen大学转到柏林,在这里狄利克雷是他所爱戴的老师并有助于黎曼的研究兴趣,我们不知道在黎曼回到Göttingen之前(他于1851年在那里获得博士学位)他们有否讨论过函数的概念.事实是在他的论文开头,我们就读到:

如果设z为可以取一切实数的变量,对于它的每个值对应到未定量w的唯一值,那么称w是z的函数…….这个定义在函数的两个变量之间没有指定任何固定的法则,因为在一特殊区间上定义之后,它可以完全任意地拓展到区间之外.

这就是傅里叶已经说过的没有共同规则,并且函数在$[-\pi,\pi]$之外如何拓展毫无关系.但黎曼定义得更严密一点,对每一个自变量的值,我们有函数的唯一值的对应.简单地说,这是第一个函数的一般而现代的定义.它结束了错误观念的时代.事实上人们曾相信:当函数由解析式表达时,每个连续函数有导数但未必有积分.实际上相反的结论是真的:并不是每个连续函数都有导数,但它们都有积分,这是另一个论题.

积分:在18世纪积分的真正概念是反导数.莱布尼茨很早已将积分定义作和,但他的思想在某一时期未引起人们重视.这涉及无穷个无穷小量的和怎么办?傅里叶改变一下,他用来处理的函数不是由解析式而是由曲线及曲线段给出的,并且发现反导数是不切实际的.代替它的结论是:不论 f 是否连续,式(4)确定的常数 c_n 可以看作是 $f(x)$ 图像下方从 0 到 π 之间的面积,对应于积分作为面积的这一解释,柯西在 1823 年著作 *Resunè des lecons donnés à l'Ecole Royale Polytechnique sur le calcul infinitesimal* 中给出如下的定义(我们改用现代的记法):如果 f 在 $[a,b]$ 上连续,点 x_0, x_1,…,x_n 满足

$$a=x_0<x_1<\cdots<x_n=b$$

当 $n\to\infty$ 时,对每个 i 有 $x_i-x_{i-1}\to 0$,则

$$\int_a^b f=\lim_{n\to\infty}\sum_{i=1}^{n} f(x_{i-1})(x_i-x_{i-1}) \qquad (8)$$

然后柯西能够证明——不是精确的,因为他缺乏一致连续的概念——这个极限存在.还要指出,如果 f 是按段连续的,它仍是可积的.因为 $[a,b]$ 可以分成有限多子区间,在每个子区间上 f 是连续的.在每个子区间上积分可以相加.显见柯西所述定积分的定义归功于傅里叶.

这个定义足以证明狄利克雷收敛定理.事实上,狄利克雷限制函数的不连续点个数为有限个,使函数可积.为了将定理推广到有无穷多个不连续点,只需保证函数可积.他需要的可积

性条件这一点，柯西定义恰恰没有提供．狄利克雷从未达到积分一个具有无穷多间断点的函数的目的，但黎曼成功了，他从狄利克雷那里熟知这一论题．1854 年为谋求在 Göttingen 的 Privatdozent 位置，他写了 Habilitationsschrift，按狄利克雷建议为 *über die Darstellbarkeite einer Funhtion durch eine trigonometrische Reiche*．在文中将柯西定义中式(8) 的 $f(x_{i-1})$ 代以 $f(t_i)$，其中 t_i 是子区间 $[x_{i-1}, x_i]$ 中的任一点，并去掉了对 f 连续性的要求．他得到：如果当 $n \to \infty$ 时对每个 i，$x_i - x_{i-1} \to 0$，极限

$$\lim_{n\to\infty}\sum_{i=1}^{n} f(t_i)(x_i - x_{i-1}) \tag{9}$$

存在，则 f 是可积的．其次他给出了积分存在的一个定理，并指出这一定义的广泛应用，举出了具有无限多个间断点的可积函数的例．

当然并不是每个函数都是可积的，例如在 1829 年文章之结束处，狄利克雷指出，若 c，d 为常数，当 x 为有理数时 $f(x)=c$；当 x 为无理数时 $f(x)=d$，则确定 f 的傅里叶系数 c_n 的积分都无意义．事实上式(9) 的和当每个 t_i 为有理数其值为 c，当每个 t_i 为无理数时其值为 d，所以极限不存在．但这是怪异的函数，是否可积并不重要．在一段时间里黎曼的积分定义似乎是最一般的富于想象的．实际上在它的应用中马上驱走了这一错误想法．

集论：在假定级数收敛且可以逐项求积条件下，式(3)的系数就可得到．这是可能的吗？魏尔斯特拉斯的一个定理说，如果收敛是一致的，则它是可以的，于是要问：何时傅里叶级数的收敛是一致的？我们并不是提出一个纯理论的问题，因为应用的需要要求回答它．例如为了使(2)是前面提出的问题的解，它必须对 $t\geqslant 0$ 及 $0\leqslant x\leqslant \pi$ 连续．如果(2)是一致收敛的，则正如阿贝尔在不知道使用一致收敛时所指出，它是连续的．但特别在 $t=0$，(2)的收敛必须是一致的，即(3)中的傅里叶级数必须是一致的．再次提出何时傅里叶级数是一致收敛的？Halle 大学的海涅(1821—1881)也向自己提出这个问题，1870 年他证明：如果函数在 $[-\pi,\pi]$ 上满足狄利克雷条件，则其傅里叶级数在 $[-\pi,\pi]$ 去掉不连续点处的任意小邻域后的集上是一致收敛的．

黎曼在他的积分一文里，也考虑了 $[-\pi,\pi]$ 上通常形式的三角级数

$$\frac{1}{2}a_0+\sum_{n=1}^{\infty}(a_n\cos nx+b_n\sin nx) \qquad (10)$$

它的系数不必是某一函数的傅里叶系数．使(10)收敛于同一个函数，原则上系数可有许多种选择．如果(10)是一致收敛的话，则据逐项积分表明系数必定是该和的傅里叶系数，而不能有多种选择．这样海涅提出第二个问题：如何

能减弱一致收敛的假设使得系数是唯一的?他发现:如果(10)在$[-\pi,\pi]$去掉有限个点的任意小邻域后的子集上为一致收敛,则系数是唯一的.

应当注意,海涅尽管从地理上远离了柏林的魏尔斯特拉斯世界但还有使用一致收敛性.他曾是魏尔斯特拉斯的学生,并且可能在离开柏林之前或者听到来自柏林的有关一致收敛的新消息.1869年康托(1845—1918)成为Halle大学的Privatdozent,不论怎样,海涅鼓励康托去进一步研究(10)中系数的唯一性问题.康托开始完全着迷于一致收敛性概念,不久有了结果,但必须假定(10)在每一点收敛.后来在1871年他允许(10)可在有限个点处发散,而仍有系数唯一的结论.但康托很有抱负,他要做的是允许(10)有无穷多个点发散情形得出同一结论.这应该是怎样的一类无穷点集呢?1872年康托发现为了作出这样的集,首先要发展实数理论,完成这一步之后,他定义了极限点的概念.

给定点集P,如果在点p的每一邻域内,不论多么小,总存在P的无穷多点,则称p为集P的极限点.

所谓p的邻域康托指的是包含p的一个开区间,然后他把P的全体极限点作为一个集,定义作P的导集P',P'的导集是P的二阶导集

P''，以此类推，直到 P 的 k 阶导集 $P^{(k)}$，它是 $P^{(k-1)}$ 的导集. 接着他证明了最一般的唯一性定理：如果对 $[-\pi,\pi]$ 中的 x，除了使某个 k，$P^{(k)}$ 为空集的子集 P 外，式(10) 均为 0，则它的所有系数均为 0.

从三角级数问题得到启示，他已为后来建立受人称赞而又有争议的集论打下了基础.

测度论的积分：一条途径是 1870 年康托通过研究使(10) 不为零而仍有 $a_n = b_n = 0$ 结论的点集走向集论的第一步. 另一途径是 1870 年汉克尔(1839—1873) 通过研究可积函数不连续点的点集走向集论第一步. Tübingen 的教授汉克尔曾是黎曼在 Göttingen 的学生，正在寻找可积的充分必要条件. 鉴于黎曼的高度不连续的可积函数例子，汉克尔打算用函数不连续点集来刻画可积性，并定义 f 在点 x_0 的跃度为一切数 $\sigma > 0$ 的最大者 —— 即上确界 —— 它满足：在任一包含 x_0 的区间内存在 x 使 $|f(x) - f(x_0)| > \sigma$. 如果以 S_σ 表示 f 的跃度大于 σ 的点集，汉克尔断言：有界函数可积当且仅当对每个 $\sigma > 0$，S_σ 可被包含在总长度任意小的有限个区间之和中，我们把这一事实称为 S_σ 有容度为零. 另一方面，如果集不能如此包含它，称它是有正容度的，以这一结果汉克尔着手用集论方法研究积分.

但与这些思想的发展相反，汉克尔犯了一

个错误并叙述了一个错误的定理. 首先他定义了分散的集——按现代属于康托的术语是无处稠密的集——如果集中任何两点之间有在不含集中点的区间;后来他错误地以为,容度为零的集当且仅当它是分散的. 他还叙述过:一个有界函数为可积当且仅当对每个 $\sigma > 0$,集 S_σ 是分散的. 牛津的史密斯(1826—1883) 仔细地读了汉克尔的文章,发现有错,并于 1875 年给出构造具正容度的无处稠密集的几种方法. 不难看出,如果 S 是一个含于区间 I 内的正容度无处稠密集,且令 S 上 $f \equiv 1$,在 $I - S$ 上,$f \equiv 0$,则 f 是不可积的.

以后,在 1881 年在 Pisa 的大学生沃尔泰拉(1860—1940) 用正容度的无处稠密集作出[0,1] 上的函数 f 使得 f' 在每一点存在且有界,但它不是可积的. 因此 f' 在反导数意义下总有积分,但它可以没有黎曼意义下的积分. 于是可以说黎曼的定义开始表示出某种不平静的苗头,此外众所周知至少在 1875 年,对可积函数到交换求极限与求积并不总是可能的.

所有这一切表明积分的定义必须加以回顾,鉴于汉克尔的借助容度为零的集的刻画,新的方式必定是集论的,在约当(1838—1922) 作了一些准备之后,由勒贝格(1875—1941) 在 1902 年 Sorbonne 的博士论文里完成了,后来又扩展为一本书. 他介绍了集的测度论,并以此为基础,推广了黎曼的定积分,消除了上面提到的缺点.

广义函数论:在 1811 年论文里,傅里叶考虑无穷长的理想棒的热传导,它的初始温度是已知函数 f. 此时不可能有级数解,他代之以一个积分解,为了满足初始条件,当 $t=0$ 时,它必须等于 f. 按现代记号得出积分方程

$$f(x)=\int_{-\infty}^{+\infty}\hat{f}(\omega)\mathrm{e}^{\mathrm{i}\omega x}\,\mathrm{d}\omega \tag{11}$$

必须求解未知函数 $\hat{f}$,其解为

$$\hat{f}(\omega)=\frac{1}{2\pi}\int_{-\infty}^{+\infty}f(x)\mathrm{e}^{-\mathrm{i}\omega x}\,\mathrm{d}x \tag{12}$$

傅里叶的证明不严密但是很有趣,因为它包含进一步发现的萌芽. 下面来作一番研究:如果将(12) 代入式(11) 的右端,变换积分顺序并化简,得到

$$\begin{aligned}&\int_{-\infty}^{+\infty}f(s)\left(\frac{1}{\pi}\int_{0}^{+\infty}\cos\omega(x-s)\,\mathrm{d}\omega\right)\mathrm{d}s=\\&\int_{-\infty}^{+\infty}f(s)\,\frac{1}{\pi}\lim_{p\to\infty}\frac{\sin p(x-s)}{x-s}\mathrm{d}s\end{aligned} \tag{13}$$

然后傅里叶说右端等于

$$\int_{-\infty}^{+\infty}f(s)\,\frac{\sin p(x-s)}{\pi(x-s)}\mathrm{d}s \tag{14}$$

其中 $p=\infty$. 让我们说:若 $p>0$ 为固定的很大的数,(14) 是(11) 右端的近似值. 事实上,p 很大时,$\sin p(x-s)$ 在每个区间 $\left[x+\frac{k\pi}{p},x+\frac{(k+2)\pi}{p}\right]$ 上经历完全的振动,其中 k 为任何整数,且对

$k \neq -1$，$\dfrac{f(s)}{x-s}$ 接近于常数，在余下的区间 $f(s) \approx f(x)$，从而

$$\begin{aligned}
&\int_{-\infty}^{+\infty} f(s)\frac{\sin p(x-s)}{\pi(x-s)}\mathrm{d}s \\
&\approx f(x)\int_{x-\frac{\pi}{p}}^{x+\frac{\pi}{p}} \frac{\sin p(x-s)}{\pi(x-s)}\mathrm{d}s \\
&= f(x)\int_{-\frac{\pi}{p}}^{\frac{\pi}{p}} \frac{\sin pu}{\pi u}\mathrm{d}u
\end{aligned}$$

与上面一样，在实数的其余区间上，右端中商的积分是可以忽略的，可以

$$\begin{aligned}
&\int_{-\infty}^{+\infty} f(s)\frac{\sin p(x-s)}{\pi(x-s)}\mathrm{d}s \\
&\approx f(x)\int_{-\infty}^{+\infty} \frac{\sin pu}{\pi u}\mathrm{d}u \\
&= \frac{f(x)}{\pi}\int_{-\infty}^{+\infty} f(s)\frac{\sin t}{t}\mathrm{d}t \\
&= f(x) \qquad (15)
\end{aligned}$$

但是傅里叶在他的论证中保持 $p=\infty$. 这似乎要我们相信存在由下式

$$\delta(x) = \lim_{p\to\infty}\frac{\sin px}{\pi x}$$

定义的函数 δ，并且满足式(15) 建议的

$$\int_{-\infty}^{+\infty} f(s)\delta(x-s)\mathrm{d}s = f(x) \qquad (16)$$

(15) 还建议 δ 在全实轴上的积分为 1，而导出 (15) 的论证表明：在任何不包含原点的区间上，它的积分是零. 简言之，不在原点 $\delta \equiv 0$，而 $\delta(0)=\infty$.

当然这样的函数是不存在的.但在应用上是有的.例如 Cambridge 的格林(1793—1841)于 1828 年在 *An essay on the application of mathematical analysis to the theories of electricity and magnetism* 文中,考虑在包含原点的有界空间区域内,解方程

$$u_{xx}+u_{yy}+u_{zz}=f \tag{17}$$

问题,其中 u 是已知电荷分布为 f 的电势,他指出,如果能先对在原点有一点电荷——无穷的电荷密度——解出的话,就可以解上述问题.我们可说存在 $\mathbf{R}^3$ 中的 δ 函数具有上述所希望的性质(当然积分是 3 维的).特别由于对不在原点处 $\delta\equiv 0$,且 $\delta(0)=\infty$,我们可将格林所说重述如下:(17) 的解可从

$$u_{xx}+u_{yy}+u_{zz}=\delta \tag{18}$$

的解得出.事实上设 u^δ 是(18) 的解.将(16) 左边的 π 的函数记作 $f*\delta$.类似地定义 $f*u^\delta$,即得被积函数 δ 代以 u^δ.于是 $u=f*u^\delta$ 是(17) 的解,因为如果在积分记号下允许求导的话,有

$$\begin{aligned}u_{xx}+u_{yy}+u_{zz}&=f*(u^\delta_{xx}+u^\delta_{yy}+u^\delta_{zz})\\&=f*\delta=f\end{aligned}$$

最后一个等式正是(16).

有希望思想的作用不能被低估.在 1945—1948 年期间,许瓦兹(1915— 2002) 像以前傅里叶做过一样,在 Grenoble 孤立地研究,将这个 δ 以及类似"函数"发展成完全严密

的和有用的理论，他称之为广义函数，出版了他的两卷著作 *Théorie des distributions*.

结束语：回到 1811 年，由于委员会反对他的论文的失望，傅里叶回到远离巴黎的 Grenoble，因为他没有权力和影响，他的获奖论文也未能在 Institut 发表. 而新的政治事件改变了他的命运，反拿破仑的欧洲联盟 1814 年 4 月 11 日迫使拿破仑无条件退位，恢复路易斯十八的个人君主政体. 傅里叶继续在新政体下任 Isère 的长官，这是出于他的外交手腕. 但在次年 3 月之前，他听到拿破仑已从流放地 Elba 回来的消息，担心他暂时效忠王权的后果逃到 Lyons，但当他到那里时，拿破仑已忘却他的忘恩负义的行动，任命他为 Rhŏne 的长官. 5 月 17 日在这一位置上退职，从拿破仑得到养老金 6 000 法郎，最后傅里叶回到巴黎. 1815 年 6 月 18 日 在滑铁卢战役中新的联盟军打败了拿破仑，他被永远囚禁在 St Helena 岛，君主政体没有给傅里叶养老金，他分文无着. 由于朋友和从前在 Ecole Polytechnique 的学生 Chabrol de Volvic 伯爵的帮助，他得到 Seine 研究所统计处主任的职位，这使他永久回到巴黎并摆脱了事务.

经过他的大量的坚决的主张，首先是发表获奖论文，最后刊于 Mémoire de l'Academie Royale des Sciences de l'Institnt de France 的

卷 4(1824) 与卷 5(1826). 在此之前, 1816 年 5 月科学院要选两名新委员. 傅里叶为自己利益精力旺盛地到处游说, 经几轮投票他列居第二位. 君主痛恨他在拿破仑第二期间的活动, 拒绝认可. 1817 年再次出现正常的空缺, 在 5 月 12 日选举中, 傅里叶在 55 票中获 47 票. 君主无可奈何只好予以承认.

傅里叶的科学立场已不再有任何可怀疑的了. 1822 年他的 Théorie analytique de la chaleur 在巴黎出版, 同年 11 月 18 日他成为科学院数学部常务秘书, 他的晚年标记着荣誉与恶劣的健康. 1826 年他给法国科学院常务秘书 Anger 信中已经说到"看到生命复原的彼岸". 再加上终年不离的风湿病, 发展到如果不站着呼吸就特别短促和剧烈, 作为应变办法, 他发明了一个外形像个盒子, 有孔可以伸出手臂和头的奇特装置, 带着它继续工作. 1830 年 5 月 16 日下午 4 时, 因心脏病发作旋即逝世.

傅里叶三角级数

第1章

§1 周期函数

对于 x 的一切值都确定的函数 $f(x)$，在下列情况下叫作周期函数：如果存在着常数 $T \neq 0$，不管 x 是什么，都有

$$f(x+T)=f(x) \tag{1.1}$$

具有这样性质的数 T，叫作函数 $f(x)$ 的周期. 最熟知的周期函数是 $\sin x$，$\cos x$，$\tan x$，…. 许多数学在物理和工程问题的应用中，都是必须要和周期函数打交道的.

周期是 T 的函数的和、差、积、商显然也是具有同一周期的周期函数.

如果对于 x 值的任一个区间 $[a, a+T]$ 作出周期函数 $y=f(x)$ 的图形，那么将所作图形按周期重复下去，就得到这函数的全部图形(图 1).

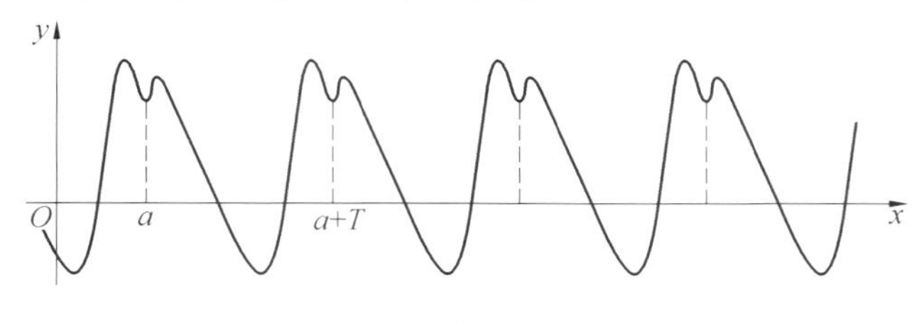

图 1

如果 T 是函数 $f(x)$ 的周期，那么 $2T, 3T, 4T, \cdots$ 也都是周期，这从周期函数的图形或从下面这一串等式

$$f(x)=f(x+T)=f(x+2T)=f(x+3T)=\cdots$$

可以立刻看出来，而这一串等式，则是重复引用条件(1.1)得来的. 由这条件还可得到

$$f(x-T)=f[(x-T)+T]=f(x)$$

这就是说数 $-T$ 也是周期. 因此 $-2T, -3T, -4T, \cdots$ 也都是周期. 这样一来，如果 T 是周期，那么所有形如 kT 的数，其中 k 是正的或负的整数，也都是周期. 今后我们规定 $T>0$.

对于周期是 T 的任意函数 $f(x)$ 我们指出下面这个性质：

如果 $f(x)$ 在某个长度是 T 的区间上可积，那么它在任何另一个同长的区间上也可积，而且积分的值不变，即对于任意的 a, b 有

$$\int_a^{a+T} f(x)\,\mathrm{d}x=\int_b^{b+T} f(x)\,\mathrm{d}x \tag{1.2}$$

把积分解释为面积，这性质就不难推出. 实际上，

积分是由曲线 $y=f(x)$，两端的纵坐标线，Ox 轴四者所围成的面积来表示的，Ox 轴上方的面积冠以“+”号，Ox 轴下方的面积冠以“-”号. 在上述情形，由于 $f(x)$ 有周期性，式(1.2)中的两个积分对应的面积是一样的(图2).

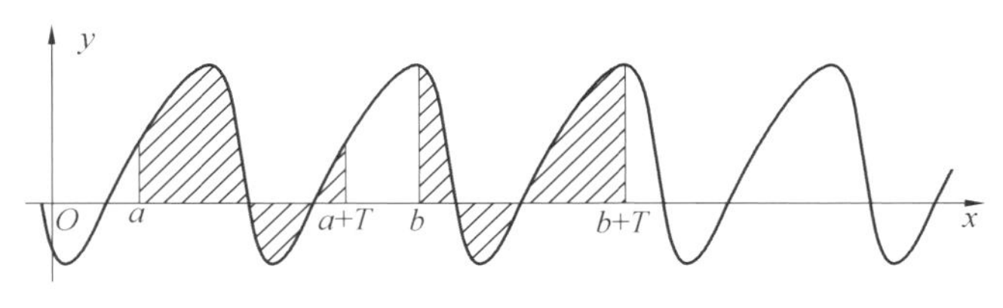

图 2

今后，当我们说周期为 T 的函数是可积时，就是指它在长为 T 的区间上是可积的，也就意味着它在任意有限区间上是可积的，这不难由上面建立的性质推出.

§2　谐　量

最简单，同时在应用上也是十分重要的周期函数是 $y=A\sin(\omega x+\varphi)$，其中，$A,\omega,\varphi$ 是常量. 这个函数叫作具有振幅 $|A|$，频率 ω，初相 φ 的谐量. 这谐量的周期是 $T=\frac{2\pi}{\omega}$. 实际上，对于任意的 x，我们有

$$A\sin\left[\omega\left(x+\frac{2\pi}{\omega}\right)+\varphi\right]=A\sin[(\omega x+\varphi)+2\pi]$$
$$=A\sin(\omega x+\varphi)$$

“振幅”“频率”“初相”这些名称的来源，是和下面关于简单振动，即谐振动的力学问题联系着的.

设质量为 m 的质点 M，受力 $\boldsymbol{F}$ 的作用，沿直线运动，力与点 M 到定点 O 的距离 s 成正比，方向朝着 O（图 3）. 和通常一样，规定：在 O 的右边，$s>0$；在 O 的左边，$s<0$，即和寻常一样地给直线一个正向，这样我们便得 $F=-ks$，其中 k 是比例系数，$k>0$. 于是

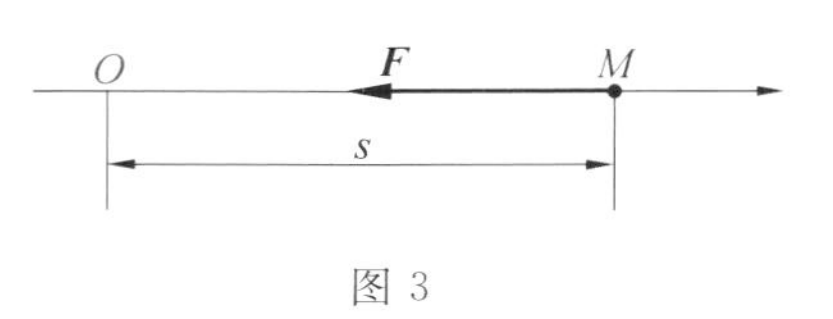

图 3

$$m\frac{\mathrm{d}^2 s}{\mathrm{d}t^2}=-ks$$

或

$$\frac{\mathrm{d}^2 s}{\mathrm{d}t^2}+\omega^2 s=0$$

其中 $\omega^2=\frac{k}{m}$，即 $\omega=\sqrt{\frac{k}{m}}$.

函数 $s=A\sin(\omega t+\varphi)$，其中 A 和 φ 是常数，是所得微分方程的解（运动开始时，即 $t=0$ 时，若已知点 M 的位置和速率，这些常数便可算出）. 我们便得到了谐量. 这样一来，s 便是时间 t 的周期函数，以 $T=\frac{2\pi}{\omega}$ 为周期. 这表示，在上述的力作用下，点 M 作振动.

振幅 $|A|$ 是点 M 点 O 的最大距离. 数量 $\frac{1}{T}$ 是单位时间中的振动次数. 由此得到"频率"的名称. 数量 φ—— 初相 —— 指出点 M 在开始运动时的位置，因为当 $t=0$ 时，我们有 $s_0=A\sin\varphi$.

再回到谐量 $y=A\sin(\omega x+\varphi)$ 来. 它的图形是什么样子的呢？我们可以规定 $\omega>0$，因为要不是这样，负号可以提到 sin 号的外面. 在最简单的情形，$A=1$，

$\omega=1,\varphi=0$，我们得到函数 $y=\sin x$，即通常的正弦函数(图4(a))．当 $A=1,\omega=1,\varphi=\frac{\pi}{2}$，得到余弦函数 $y=\cos x$，它的图形可以将正弦函数 $y=\sin x$ 向左移动 $\frac{\pi}{2}$ 而得到．

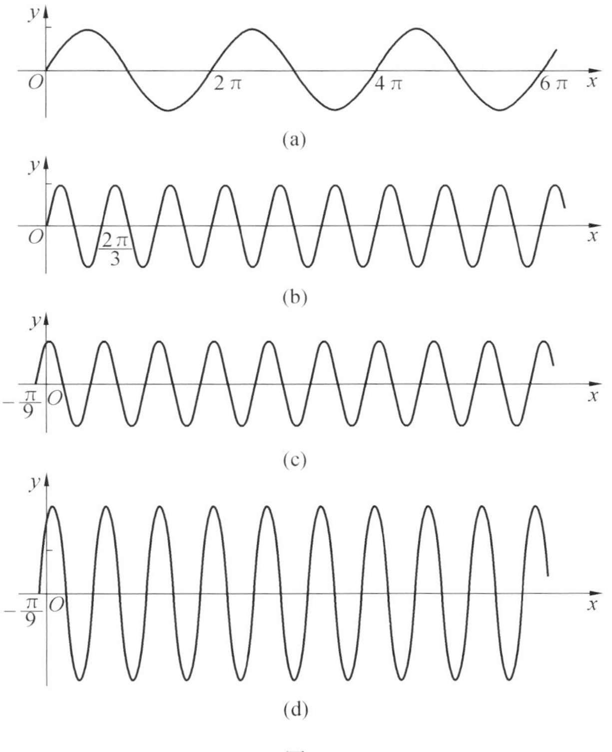

图4

考察谐量 $y=\sin\omega x$，并设 $\omega x=z$，便有 $y=\sin z$．我们便得到通常的正弦函数，不过 $x=\frac{z}{\omega}$．因此谐量

$y=\sin\omega x$ 的图形可以将通常正弦函数的图形，在横坐标方向变形而得到. 当 $\omega>1$ 时，变形成为均匀地压缩 ω 倍；而 $\omega<1$ 时，伸展$\frac{1}{\omega}$ 倍. 图 4(b) 表示周期为 $T=\frac{2\pi}{3}$ 的谐量 $y=\sin 3x$.

又考察谐量 $y=\sin(\omega x+\varphi)$，并设 $\omega x+\varphi=\omega z$. 谐量 $y=\sin\omega z$ 的图形是我们已经知道了的. 但是 $x=z-\frac{\varphi}{\omega}$. 因此，谐量 $y=\sin(\omega x+\varphi)$ 的图形，可以由谐量 $y=\sin\omega x$ 的图形，沿横轴移动$-\frac{\varphi}{\omega}$而得到. 图 4(c) 表示周期为 $T=\frac{2\pi}{3}$，初相等 $\varphi=\frac{\pi}{3}$ 的谐量 $y=\sin\left(3x+\frac{\pi}{3}\right)$.

最后，谐量 $y=A\sin(\omega x+\varphi)$ 的图形，可以由谐量 $y=\sin(\omega x+\varphi)$ 的图形，将所有纵坐标乘 A 而得到. 图 4(d) 表示谐量 $y=2\sin\left(3x+\frac{\pi}{3}\right)$.

总结上述：所有谐量 $y=A\sin(\omega x+\varphi)$ 的图形，都可以由通常正弦函数的图形，沿坐标轴作均匀压缩（或伸展）和沿 Ox 轴移动而得到.

利用已知的三角公式，我们可以写出

$$A\sin(\omega x+\varphi)=A(\cos\omega x\sin\varphi+\sin\omega x\cos\varphi)$$

设

$$a=A\sin\varphi, b=A\cos\varphi \tag{2.1}$$

则所有谐量可以表成

$$a\cos\omega x+b\sin\omega x \tag{2.2}$$

的形状.

反之,所有形如(2.2)的函数都有谐量.要证明这一点,我们只要从方程(2.1)求出 A 和 φ

$$A=\sqrt{a^2+b^2}$$

$$\sin\varphi=\frac{a}{A}=\frac{a}{\sqrt{a^2+b^2}}$$

$$\cos\varphi=\frac{b}{A}=\frac{b}{\sqrt{a^2+b^2}}$$

由此不难把 φ 求出来.

今后对于谐量,都采用像(2.2)那种形状的写法.用这种写法,图 4(c) 所表示的谐量 $y=2\sin(3x+\frac{\pi}{3})$ 便是

$$2\sin(3x+\frac{\pi}{3})=\sqrt{3}\cos 3x+\sin 3x$$

我们最好用下面的方法,也在(2.2)里显明地写出周期 T.

设 $T=2l$,则由等式 $T=\frac{2\pi}{\omega}$ 有

$$\omega=\frac{2\pi}{T}=\frac{\pi}{l}$$

因此,周期 $T=2l$ 的阶量可以写成

$$a\cos\frac{\pi x}{l}+b\sin\frac{\pi x}{l}\qquad(2.3)$$

§3　三角多项式和三角级数

命 $T=2l$,考察频率为 $\omega_k=\frac{\pi k}{l}$,周期为 $T_k=\frac{2\pi}{\omega_k}=$

$\frac{2l}{k}$ 的谐量

$$a_k \cos \frac{\pi k x}{l} + b_k \sin \frac{\pi k x}{l} \quad (k=1,2,\cdots) \quad (3.1)$$

因为 $T=2l=kT_k$,立刻知道 $T=2l$ 是所有谐量(3.1)的周期(因为周期乘上一个整数,还是周期,参看§1).因此,所有形如

$$s_n(x)=A+\sum_{k=1}^{n}\left(a_k \cos \frac{\pi k x}{l}+b_k \sin \frac{\pi k x}{l}\right)$$

的和式,其中 $A=$常数,由于它是周期为 $2l$ 的函数的和式,也是具有同一周期的函数(加上一个常数显然不影响周期性,而且常数可以看成周期为任何的函数).函数 $s_n(x)$ 叫作 n 阶三角多项式(周期是 $2l$).

三角多项式虽然是由一些谐量所构成,但是这种函数比起简单的谐量一般地是要复杂得多.我们可以给常数 $A,a_1,b_1,a_2,b_2,\cdots,a_n,b_n$ 一些数值,使函数 $y=s_n(x)$ 的图形根本不像简单谐量那种又平滑又对称的图形.图 5 表示三角多项式

$$y=\sin x+\frac{1}{2}\sin 2x+\frac{1}{4}\sin 3x$$

的图形.无穷三角级数的和式

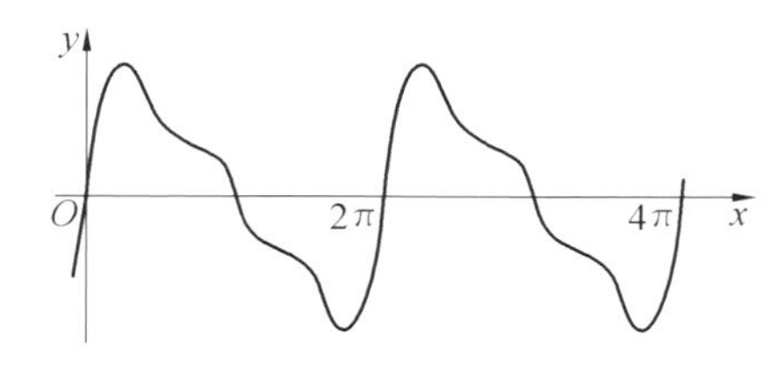

图 5

$$A+\sum_{k=1}^{\infty}\left(a_k\cos\frac{\pi kx}{l}+b_k\sin\frac{\pi kx}{l}\right)$$

（如果收敛）也表示周期是 $2l$ 的函数. 这种三角级数和式所表的函数的性质更是多种多样了. 于是问题就来了：是不是所有具有周期 $T=2l$ 的给定函数，都可能表达成三角级数的和呢？

我们将会见到，对于很广泛的一类函数，这种表示的确是可能的.

设 $f(x)$ 属于这类函数. 就是说，$f(x)$ 可以展成谐量的和式，亦即结构极简单的函数的和式. 函数 $y=f(x)$ 的图形，可由谐量的图形"相加"而得到. 如果把每个谐量看成简谐振动，而把 $f(x)$ 作为复合振动的标记，那么后者就分解为一些个别的谐振动的和.

但是不要以为三角级数只可用到振动现象上面去. 根本不是这样的. 三角级数的概念，在研究许多别样性质的现象时，还是很有用的.

如果

$$f(x)=A+\sum_{k=1}^{\infty}\left(a_k\cos\frac{\pi kx}{l}+b_k\sin\frac{\pi kx}{l}\right)\quad(3.2)$$

那么，命 $\frac{\pi x}{l}=t$ 或 $x=\frac{tl}{\pi}$，并以 $\varphi(t)=f\left(\frac{tl}{\pi}\right)$，便可得

$$\varphi(t)=A+\sum_{k=1}^{\infty}(a_k\cos kt+b_k\sin kt)\quad(3.3)$$

这级数的各个谐量有共同的周期 2π. 因此，如果对于周期是 $2l$ 的函数，展式(3.2)成立，那么对于周期是 2π 的函数 $\varphi(t)=f\left(\frac{tl}{\pi}\right)$，展式(3.3)成立. 反过来的结论，显然也是正确的. 这是说，如果对于周期是 2π 的函数 $\varphi(t)$，展式(3.3)成立，那么对于周期是 $2l$ 的函数

$f(x)=\varphi\left(\frac{\pi x}{l}\right)$,展式(3.2)也成立.

这样一来,只要对于具有"标准"周期 2π 的函数,会解决展成三角级数的问题就够了.这时的级数看起来是简单些.因此我们只要建立关于形如(3.3)的级数的理论,并将最终结果翻译成一般级数(3.2)的言辞.

§4　术语的明确说明、可积性、函数项级数

让我们来明确说明一些微积分学里的术语,并回忆一下那里面的一些知识.我们说 $f(x)$ 在区间$[a,b]$上是可积时,是指积分

$$\int_a^b f(x)\mathrm{d}x \tag{4.1}$$

在初等意义下存在而言.因此,我们的可积函数 $f(x)$,或许是连续的,或许是在区间$[a,b]$上有有限个间断点,而在间断点的近旁,函数可能是有界的,也可能是无界的.

函数 $f(x)$ 在区间$[a,b]$上叫作绝对可积的,如果函数 $|f(x)|$ 在这区间上是可积的.在积分学教程里证明过:如果积分

$$\int_a^b |f(x)|\mathrm{d}x$$

存在,那么积分(4.1)一定是存在的.反过来不一定对.又如果 $f(x)$ 是绝对可积的,而 $\varphi(x)$ 是有界可积函数,那么乘积 $f(x)\varphi(x)$ 是绝对可积的.

我们提出下面的重要命题：

设 $f(x)$ 在$[a,b]$上连续，在有限个点 $x_1,x_2,\cdots,x_m(a<x_1<x_2<\cdots<x_m<b)$ 处没有导数，且 $f'(x)$ 在区间$[a,b]$可积. 那么

$$f(b)-f(a)=\int_a^b f'(x)\mathrm{d}x \tag{4.2}$$

在积分学的教程里，通常是就 $f'(x)$ 处处存在的情况来证明这个公式的. 因此我们要按现在所考虑的情况来进行证明.

对于足够小的 $h>0$，有

$$f(x_1-h)-f(a)=\int_a^{x_1-h} f'(x)\mathrm{d}x$$

$$f(x_{k+1}-h)-f(x_k+h)$$
$$=\int_{x_k+h}^{x_{k+1}-h} f'(x)\mathrm{d}x \quad (k=1,2,\cdots,m-1)$$

$$f(b)-f(x_m+h)=\int_{x_m+h}^{b} f'(x)\mathrm{d}x$$

这是因为在每一个区间$[a,x_1-h]$，$[x_1+h,x_2-h]$，$\cdots$，$[x_{m-1}+h,x_m-h]$，$[x_m+h,b]$上 $f'(x)$ 是到处存在的. 当 $h\to 0$ 时，有

$$f(x_1)-f(a)=\int_a^{x_1} f'(x)\mathrm{d}x$$

$$f(x_{k+1})-f(x_k)$$
$$=\int_{x_k}^{x_{k+1}} f'(x)\mathrm{d}x \quad (k=1,2,\cdots,m-1)$$

$$f(b)-f(x_m)=\int_{x_m}^{b} f'(x)\mathrm{d}x$$

要得到(4.2)，只要将这些等式合并就可以了.

由上面所证得的结果，我们就可以用下面的方法来推广分部积分的公式：

设 $f(x)$ 和 $\varphi(x)$ 是在 $[a,b]$ 上连续的函数，可能在有限多个点处没有导数，并设 $f'(x)$ 和 $\varphi'(x)$ 绝对可积①. 那么

$$\int_a^b f(x)\varphi'(x)\mathrm{d}x = [f(x)\varphi(x)]_{x=a}^{x=b} - \int_a^b f'(x)\varphi(x)\mathrm{d}x \tag{4.2'}$$

实际上，函数

$$[f(x)\varphi(x)]' = f(x)\varphi'(x) + f'(x)\varphi(x)$$

是可积的，因为右边每一项是有界函数和绝对可积函数的乘积，因此是可积的（而且是绝对可积的）函数. 因此由公式(4.2)得

$$[f(x)\varphi(x)]_{x=a}^{x=b} = \int_a^b [f(x)\varphi'(x) + f'(x)\varphi(x)]\mathrm{d}x$$

由此马上推出等式(4.2′).

我们知道，如果函数 $f_1(x), f_2(x), \cdots, f_n(x)$ 在 $[a,b]$ 上可积，那么它的和也可积，而且

$$\int_a^b \left[\sum_{k=1}^n f_k(x)\right]\mathrm{d}x = \sum_{k=1}^n \int_a^b f_k(x)\mathrm{d}x \tag{4.3}$$

现在考察函数项无穷级数

$$f_1(x) + f_2(x) + \cdots + f_k(x) + \cdots = \sum_{k=1}^{\infty} f_k(x) \tag{4.4}$$

它叫作对于 x 的已给值是收敛的，如果它的部分和

$$s_n(x) = \sum_{k=1}^n f_k(x) \quad (n = 1, 2, \cdots)$$

① 不必要求两个导数都绝对可积，只要要求其中一个绝对可积就够了. 今后要求第一个绝对可积.

有有限的极限

$$s(x)=\lim_{n\to\infty}s_n(x)$$

这时 $s(x)$ 叫作级数的和,而且显然是 x 的函数. 如果级数对于区间$[a,b]$的一切 x 都是收敛的,那么它的和 $s(x)$ 确定在$[a,b]$上.

对于在区间$[a,b]$上收敛的可积函数的组成的级数,公式(4.3)可以推广吗? 也就是说,公式

$$\int_a^b\left[\sum_{k=1}^{\infty}f_k(x)\right]\mathrm{d}x=\int_a^b s(x)\mathrm{d}x=\sum_{k=1}^{\infty}\int_a^b f_k(x)\mathrm{d}x \tag{4.5}$$

成立吗(问题是,逐项积分是否可能)? 事实上是不尽然的,即使可积函数项的级数,甚至连续函数项的级数,也可以具有不可积的和的. 对于级数可否逐项微分这事也有类似的问题. 我们单提出上述运算可以适用的一类重要的函数项级数.

级数(4.4)叫作在区间$[a,b]$上均匀收敛,以此如果对于一切正数 ε,就存在着数 N,使对于所有 $\geqslant N$ 的 n,以及所有在区间$[a,b]$的 x,不等式

$$|s(x)-s_n(x)|\leqslant\varepsilon \tag{4.6}$$

都成立.

如果我们考察函数 $y=s(x)$(级数的和)和 $y=s_n(x)$(级数的部分和)的图形,那么均匀收敛的性质就表示:对于足够大的指标 n,以及所有的 x,级数的和与对应的部分和两者的图形,彼此相距小于一个预先给定的 ε,这就是说,这两图形(对于所有的 x)均匀地靠近(图6).

并不是每一个在某区间上收敛的级数都是均匀收

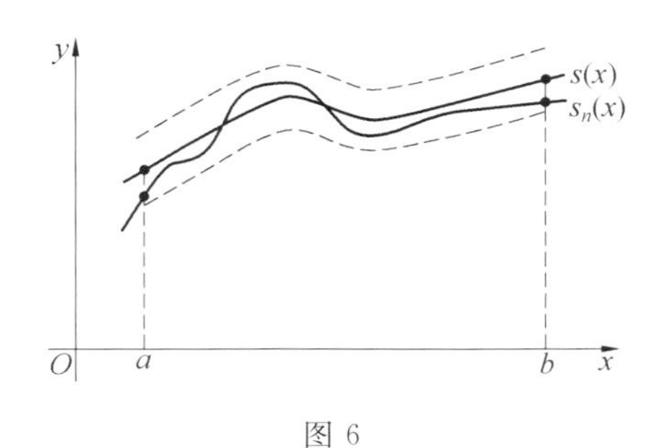

图 6

敛的.有一个关于判别函数项级数是否均匀收敛的极有用而简单的准则:

如果正项级数

$$u_1+u_2+\cdots+u_k+\cdots$$

收敛,而且对于从某值起的所有 k,不管 x 在区间$[a,b]$取什么值,都有$|f_k(x)|\leqslant u_k$,那么级数(4.3)在区间$[a,b]$上均匀收敛(而且绝对收敛).

下面的重要定理是成立的:

1. 如果级数(4.4)的每一项在$[a,b]$上连续,而且级数在这区间上均匀收敛,那么:

(1) 级数的和是连续函数;

(2) 级数可以逐项积分,即,对于它,公式(4.5)是正确的.

2. 如果级数(4.4)收敛,它的各项可微分,而且级数

$$f'_1(x)+f'_2(x)+\cdots+f'_k(x)+\cdots=\sum_{k=1}^{\infty}f'_k(x)$$

在$[a,b]$上均匀收敛,那么

$$\Big(\sum_{k=1}^{\infty}f_k(x)\Big)'=s'(x)=\sum_{k=1}^{\infty}f'_k(x)$$

亦即级数(4.4)可以逐项微分.

§5　基本三角函数系、正弦余弦的正交性、函数系

$$1,\cos x,\sin x,\cos 2x,\sin 2x,\cdots,\cos nx,\sin nx,\cdots \tag{5.1}$$

叫作基本三角函数系.所有这些函数都有共同的周期 2π(虽然 $\cos nx$ 和 $\sin nx$ 有更小的周期$\frac{2\pi}{n}$).我们来建立几个辅助公式.

对于任意整数 $n\neq 0$,有

$$\begin{cases}\displaystyle\int_{-\pi}^{\pi}\cos nx\,\mathrm{d}x=\left[\frac{\sin nx}{n}\right]_{x=-\pi}^{x=\pi}=0\\ \displaystyle\int_{-\pi}^{\pi}\sin nx\,\mathrm{d}x=\left[-\frac{\cos nx}{n}\right]_{x=-\pi}^{x=\pi}=0\end{cases}\tag{5.2}$$

$$\begin{cases}\displaystyle\int_{-\pi}^{\pi}\cos^2 nx\,\mathrm{d}x=\int_{-\pi}^{\pi}\frac{1+\cos 2nx}{2}\mathrm{d}x=\pi\\ \displaystyle\int_{-\pi}^{\pi}\sin^2 nx\,\mathrm{d}x=\int_{-\pi}^{\pi}\frac{1-\cos 2nx}{2}\mathrm{d}x=\pi\end{cases}\tag{5.3}$$

由已知的三角公式

$$\cos\alpha\cos\beta=\frac{1}{2}[\cos(\alpha+\beta)+\cos(\alpha-\beta)]$$

$$\sin\alpha\sin\beta=\frac{1}{2}[\cos(\alpha-\beta)-\cos(\alpha+\beta)]$$

可知:对于任意整数 n 和 m,$n\neq m$,有

$$\begin{cases} \int_{-\pi}^{\pi} \cos nx \cos mx \, \mathrm{d}x \\ = \frac{1}{2}\int_{-\pi}^{\pi} [\cos(n+m)x + \cos(n-m)x] \mathrm{d}x = 0 \\ \int_{-\pi}^{\pi} \sin nx \sin mx \, \mathrm{d}x \\ = \frac{1}{2}\int_{-\pi}^{\pi} [\cos(n-m)x - \cos(n+m)x] \mathrm{d}x = 0 \end{cases} \tag{5.4}$$

最后,由公式

$$\sin \alpha \cos \beta = \frac{1}{2}[\sin(\alpha+\beta) + \sin(\alpha-\beta)]$$

可知:对于任意整数 n 和 m,有

$$\begin{aligned} &\int_{-\pi}^{\pi} \sin nx \cos mx \, \mathrm{d}x \\ =& \frac{1}{2}\int_{-\pi}^{\pi} [\sin(n+m)x + \sin(n-m)x] \mathrm{d}x = 0 \end{aligned} \tag{5.5}$$

等式(5.2),(5.4),(5.5)指出:函数系(5.1)中任意两个相异函数的乘积,在区间$[-\pi,\pi]$上所取的积分等于零.

我们说两个函数 $\varphi(x)$ 和 $\psi(x)$ 在区间$[a,b]$上是正交的,如果

$$\int_a^b \varphi(x)\psi(x) \mathrm{d}x = 0$$①

采用这个定义,我们便可以说,函数系(5.1)的各

① 几何上正交是指垂直的意思.不要以为函数正交性的概念相当于图形上有垂直性的什么类似的东西,虽然这概念和适当地推广后的垂直概念是相近的.

函数在区间$[-\pi,\pi]$上两两正交，简言之，系(5.1)在$[-\pi,\pi]$上正交.

我们知道，周期函数在长度等于周期的任意区间上的积分取不变的值(§1). 因此公式(5.2)～(5.5)不但对于区间$[-\pi,\pi]$成立，而且对于任意区间$[a,a+2\pi]$也成立. 所以系(5.1)在所有这样的区间上正交.

§6　周期是2π的函数的傅里叶级数

设对于周期是2π的函数$f(x)$，展式

$$f(x)=\frac{a_0}{2}+\sum_{k=1}^{\infty}(a_k\cos kx+b_k\sin kx)\quad(6.1)$$

成立. 这里常数项记成$\frac{a_0}{2}$是为了以后公式的划一. 我们提出怎样就给定的函数$f(x)$来计算系数$a_0,a_k,b_k(k=1,2,\cdots)$的问题. 为此，我们作这样的假定：级数(6.1)以及就要得到的级数都可以逐项积分，即，这些级数之和的积分等于其各项积分的和(也就假定了函数$f(x)$的可积性). 将等式(6.1)由$-\pi$积到π，得

$$\int_{-\pi}^{\pi}f(x)\mathrm{d}x$$

$$=\frac{a_0}{2}\int_{-\pi}^{\pi}\mathrm{d}x+\sum_{k=1}^{\infty}\left(a_k\int_{-\pi}^{\pi}\cos kx\,\mathrm{d}x+b_k\int_{-\pi}^{\pi}\sin kx\,\mathrm{d}x\right)$$

由于(5.2)，总和符号下一切积分等于零. 因此

$$\int_{-\pi}^{\pi}f(x)\mathrm{d}x=\pi a_0\quad(6.2)$$

将等式(6.1)两边用$\cos nx$来乘，再把结果积分，取同

样积分限,便得

$$\int_{-\pi}^{\pi} f(x)\cos nx\,\mathrm{d}x=\frac{a_0}{2}\int_{-\pi}^{\pi}\cos nx\,\mathrm{d}x+$$

$$\sum_{k=1}^{\infty}\left(a_k\int_{-\pi}^{\pi}\cos kx\cos nx\,\mathrm{d}x+b_k\int_{-\pi}^{\pi}\sin kx\cos nx\,\mathrm{d}x\right)$$

根据(5.2),右边第一个积分等于零.因为系(5.1)中各函数两两正交,所以总和符号下面的一切积分,除了一个以外,也都等于零.只剩下积分

$$\int_{-\pi}^{\pi}\cos^2 nx\,\mathrm{d}x=\pi$$

了(参看(5.3)),它是 a_n 的系数.于是

$$\int_{-\pi}^{\pi} f(x)\cos nx\,\mathrm{d}x=a_n\pi \tag{6.3}$$

用同样的方法可求出

$$\int_{-\pi}^{\pi} f(x)\sin nx\,\mathrm{d}x=b_n\pi \tag{6.4}$$

由式(6.2)～(6.4),得

$$a_n=\frac{1}{\pi}\int_{-\pi}^{\pi} f(x)\cos nx\,\mathrm{d}x\quad (n=0,1,2,\cdots)$$

$$b_n=\frac{1}{\pi}\int_{-\pi}^{\pi} f(x)\sin nx\,\mathrm{d}x\quad (n=1,2,\cdots) \tag{6.5}$$

这样一来,如果 $f(x)$ 是可积的,且可以展开成三角级数,并且这级数的和乘上 $\cos nx$ 或乘上 $\sin nx$ $(n=1,2,\cdots)$ 后,所得的级数都是可以逐项积分的,那么系数 a_n 和 b_n 便可以从公式(6.5)算出.

现在设给出某个周期是 2π 的可积函数,我们要把这函数表成三角级数的和式.如果这表示是可能的(并满足上述可逐项积分的要求),那么根据以上所说,系数 a_n 和 b_n 就必须由公式(6.5)得到.因此要找以 $f(x)$

为和的三角级数，自然首先就要注意到系数由公式(6.5)算出的那个级数，再看一看它是否具有我们所需要的这个性质.以后我们将看到有广泛的一类函数是这样的.

由公式(6.5)算出的系数 a_n 和 b_n 叫作函数 $f(x)$ 的傅里叶系数，而有这样系数的三角级数叫作它的傅里叶级数.顺便提起，在公式(6.5)里，被积函数是以 2π 为周期的函数.因此积分区间可以换成长为 2π 的任意其他区间(参看 §1)，而除了公式(6.5)，还可得到

$$a_n=\frac{1}{\pi}\int_a^{a+2\pi}f(x)\cos nx\,\mathrm{d}x\quad(n=0,1,2,\cdots)$$

$$b_n=\frac{1}{\pi}\int_a^{a+2\pi}f(x)\sin nx\,\mathrm{d}x\quad(n=1,2,\cdots)\tag{6.6}$$

根据上述，自然就要特别注意傅里叶级数.如果只是作出函数 $f(x)$ 的傅里叶级数，而先不去考虑它是否收敛到 $f(x)$ 的问题，那么我们写成

$$f(x)\sim\frac{a_0}{2}+\sum_{n=1}^{\infty}(a_n\cos nx+b_n\sin nx)$$

这样写法只表示函数 $f(x)$ 对应于右边所写的傅里叶级数.当我们能证明，也只有当我们能证明，级数收敛而且它的和等于 $f(x)$ 时，符号“～”才能换成符号“=”.

由以上的推理，不难得到下面这个常常很有用的定理：

定理 1　如果把周期是 2π 的函数 $f(x)$ 展成某个

在全部 Ox 轴上①均匀收敛的三角级数，那么这级数便是 $f(x)$ 的傅里叶级数.

事实上，设等式(6.1) 对于 $f(x)$ 成立，并设其中的级数是均匀收敛的. 根据 §4 所提到的定理 1，$f(x)$ 是连续的并且可以逐项积分的. 等式(6.2) 于是成立.

考察等式

$$f(x)\cos nx = \frac{a_0}{2}\cos nx + \sum_{k=1}^{\infty}(a_k\cos kx\cos nx + b_k\sin kx\cos nx) \tag{6.7}$$

我们来证明右边的级数是均匀收敛的.

命

$$s_m(x) = \frac{a_0}{2} + \sum_{k=1}^{m}(a_k\cos kx + b_k\sin kx)$$

设 ε 是任意正数. 若级数(6.1) 均匀收敛，则存在着数 N，对于所有的 $m \geqslant N$，都有

$$|f(x) - s_m(x)| \leqslant \varepsilon$$

乘积 $s_m(x)\cos nx$ 显然是级数(6.7) 的第 m 个部分和.

因此，由于关系式

$$|f(x)\cos nx - s_m(x)\cos nx| = |f(x) - s_m(x)||\cos nx| \leqslant \varepsilon$$

对于所有的 $m \geqslant N$ 是成立的，于是便得到级数(6.7) 的均匀收敛性.

在这样的情况下，这级数可以逐项积分，而积分的结果就给出了等式(6.3). 同样地可以证明(6.4). 这时

① 由于 $f(x)$ 有周期性，可以只要求它在$[-\pi,\pi]$上均匀收敛，以此来代替在全部 Ox 轴上均匀收敛的要求.

决定系数 a_n,b_n 的公式(6.5)就证明了.这就表示,级数(6.1)是 $f(x)$ 的傅里叶级数.

现代有关傅里叶级数的理论可以证明以下更广的命题,由于证明复杂,我们不打算证了.

定理 2　如果周期是 2π 的绝对可积函数 $f(x)$ 可展成某个三角级数,可能除去有限个值(对于一个周期来讲)以外,它到处收敛到 $f(x)$,那么这级数是 $f(x)$ 的傅里叶级数.

这个定理肯定了上面说过的道理:要找一个三角级数,使它的和是已给函数,首先就必须找傅里叶级数.

§7　在长度为 2π 的区间上给出的函数的傅里叶级数

在应用上,常常遇到要把一个只在区间 $[-\pi,\pi]$ 上给出的函数 $f(x)$ 展成三角级数的问题.因此这里就不提 $f(x)$ 的周期性.尽管如此,这一点也不防碍我们把它的傅里叶级数写下来,因为在公式(6.5)中只出现区间 $[-\pi,\pi]$.同时,要是把 $f(x)$ 由区间 $[-\pi,\pi]$ 按周期延续到 Ox 轴上,便得到一个周期函数,在 $[-\pi,\pi]$ 上它和 $f(x)$ 相同,而且它的傅里叶级数和 $f(x)$ 的傅里叶级数是一样的.同时,如果 $f(x)$ 的傅里叶级数收敛到它本身,那么级数的和,因为它是周期函数,便给出了 $f(x)$ 由区间 $[-\pi,\pi]$ 周期延续到全部 Ox 上后的函数.

这样一来，说到在$[-\pi,\pi]$上给出的那个 $f(x)$ 的傅里叶级数，无异于说到 $f(x)$ 经周期延续到 Ox 轴上后所得那个函数的傅里叶级数. 由此可知，我们只要对于周期函数的傅里叶级数来作出收敛准则便够了.

关于上面所讲把 $f(x)$ 由区间$[-\pi,\pi]$周期延续到 Ox 轴上这一点，提出下面的注意事项是适宜的.

如果 $f(-\pi)=f(\pi)$，那么周期延续是不会遇到任何困难的(图 7(a)). 并且，要是 $f(x)$ 在区间$[-\pi,\pi]$上连续，那么由它延续出来的函数在整个 Ox 轴上也是连续的.

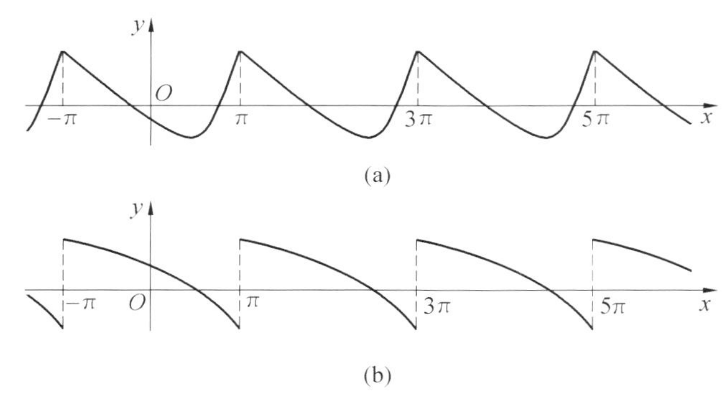

图 7

但若 $f(-\pi)\neq f(\pi)$，那么不改变 $f(-\pi)$ 和 $f(\pi)$ 的数值，就不可能实现所需要的延续，因为根据周期性的意义，$f(-\pi)$ 应该和 $f(\pi)$ 一样的. 我们可以用两个方法来躲开这个困难：其一，根本不去考虑 $f(x)$ 在 $x=-\pi$ 和 $x=\pi$ 处的值，因而使函数在这些值处是不定义的，结果也就使 $f(x)$ 的周期延续，在所有像$(2k+1)\pi(k=0,\pm1,\pm2,\cdots)$ 的 x 值处不定义；其二，按照我们的方便来改变函数 $f(x)$ 在$x=-\pi$，$x=\pi$ 处的

值,使它们相等.要紧的是:不管用哪种方法,傅里叶系数和原来的一样.实际上,在有限个点处改变函数的数值,甚至于函数在这些点处不定义,都不会影响积分的数值,特别说来,不会影响(6.5)内决定傅里叶系数的积分的数值.这样一来,不管我们是否按上面所说来改变 $f(x)$,它的傅里叶级数是不变动的.

必须注意,当 $f(x)$ 在区间 $[-\pi,\pi]$ 上连续,且 $f(-\pi)\neq f(\pi)$ 时,不管怎样变动在 $x=-\pi$ 和 $x=\pi$ 处的函数值,$f(x)$ 在全部 Ox 轴上的周期延续,在 $x=(2k+1)\pi(k=0,\pm 1,\pm 2,\cdots)$ 的点处是间断的(参看图7(b)).当 $f(-\pi)\neq f(\pi)$ 时,在这些点处,傅里叶级数收敛到什么值呢?这个特殊问题,以后再去解决.

现在设 $f(x)$ 定义在长度为 2π 的任意区间 $[a,a+2\pi]$ 上,要求把它展成三角级数.用公式(6.6)来计算傅里叶级数.和上面一样,我们得出这样的结论:函数 $f(x)$ 和把它在 Ox 轴上作周期延续所得出的函数两者,它们的傅里叶级数说起来是一样的.并且在区间 $[a,a+2\pi]$ 连续的函数 $f(x)$,在 $f(a)\neq f(a+2\pi)$ 的情况下,它所延续出来的函数,在形如 $x=a+2k\pi(k=0,\pm 1,\pm 2,\cdots)$ 的点处不连续.

§8　函数在一点处的左右极限、第一种间断点

我们引进记号

$$\lim_{\substack{x\to x_0\\ x<x_0}} f(x)=f(x_0-0)$$

$$\lim_{\substack{x \to x_0 \\ x > x_0}} f(x) = f(x_0 + 0)$$

(如果这些极限存在而且有限). 这些极限中的第一个叫作 $f(x)$ 在点 x_0 处的左极限,第二个叫作 $f(x)$ 在点 x_0 处的右极限. 在连续点处,根据连续性的定义,这些极限存在,而且

$$f(x_0 - 0) = f(x_0) = f(x_0 + 0) \tag{8.1}$$

若 x_0 是函数 $f(x)$ 的间断点,则左右极限(二者或其中之一)有时存在,有时不存在. 如果两个极限都存在,则说点 x_0 是函数 $f(x)$ 的第一种间断点. 如果有一个极限不存在,则点 x_0 叫作第二种间断点. 我们只讨论第一种间断点. 如果 x_0 是这样的点,那么数值

$$\delta = f(x_0 + 0) - f(x_0 - 0) \tag{8.2}$$

叫作函数 $f(x)$ 在点 x_0 处的跃度.

为说明所说的事,举例如下. 设

$$f(x) = \begin{cases} -x^3, & \text{当 } x < 1 \\ 0, & \text{当 } x = 1 \\ \sqrt{x}, & \text{当 } x > 1 \end{cases} \tag{8.3}$$

图 8 表示这函数的图形.

$x = 1$ 时的函数值用个小圈子表示. 当 $x = 1$ 时,左右极限显然是

$$f(1 - 0) = -1, f(1 + 0) = 1$$

因此我们得到函数的跃度

$$\delta = f(1 + 0) - f(1 - 0) = 2$$

这完全是和跃度这个词的直观体会相符合的 —— 参看图 8.

第一种间断点是会出现的,例如,把连续在区间 $[-\pi, \pi]$ 的函数 $f(x)$ 由这区间按周期延续到全部 Ox

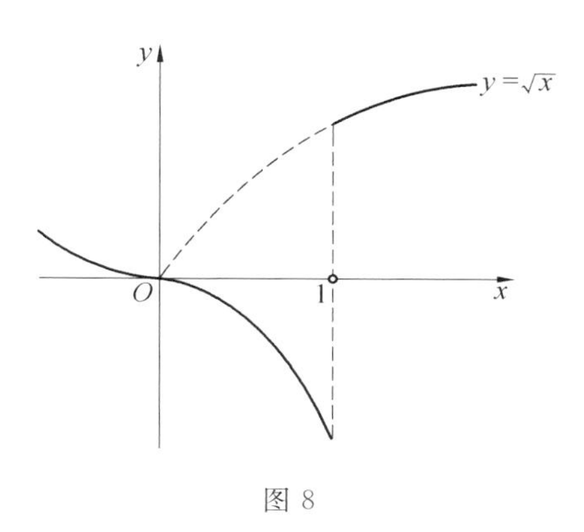

图 8

轴上，在 $f(-\pi) \neq f(\pi)$ 的情况下，它就出现了（参看图 7(b)）. 同时所有跃度都等于

$$\delta = f(-\pi) - f(\pi)$$

§9　滑溜函数和逐段滑溜函数

函数 $f(x)$ 叫作在区间 $[a,b]$ 上滑溜的，如果它在这区间具有连续的导数. 用几何术语来说，这表示当切线沿着曲线 $y=f(x)$ 移动时，它的方向连续地改变而没有跳跃（图 9(a)）. 于是滑溜函数的图形是以无角点的平滑曲线来表示的.

我们说连续函数 $f(x)$ 在区间 $[a,b]$ 上逐段滑溜，如果这区间可以分成有限个子区间，在每一个 $f(x)$ 上是滑溜的. 逐段滑溜函数的图形因此是一根连续曲线，可能有有限个角点（参看图 9(b)）. 我们今后把滑溜函数看成逐段滑溜函数的特例.

我们说不连续函数 $f(x)$ 在区间 $[a,b]$ 上逐段滑

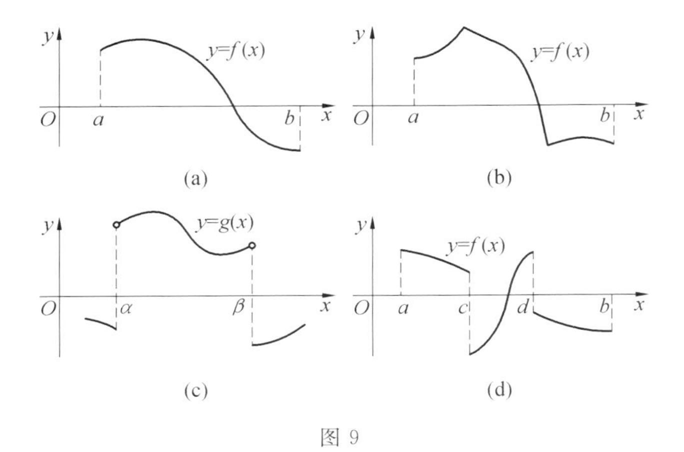

图 9

溜，如果：(1) 在这区间上它只有有限个第一种间断点；(2) 在区间$[a,b]$上为间断点所分成的每一个子区间$[\alpha,\beta]$上，连续函数

$$g(x)=\begin{cases} f(\alpha+0), & 当\ x=\alpha \\ f(x), & 当\ \alpha<x<\beta \\ f(\beta-0), & 当\ x=\beta \end{cases} \quad (9.1)$$

是逐段滑溜的.

函数 $g(x)$ 在 $\alpha\leqslant x\leqslant\beta$ 确定. 当 $\alpha<x<\beta$，它是连续函数 $f(x)$，当 $x=\alpha$ 及 $x=\beta$ 时，补上使函数能保持连续的两个值. 在图 9(c) 上，这些值用小圈子表示. 必须注意，函数 $f(x)$ 本身在 $\alpha\leqslant x\leqslant\beta$ 考虑时(不在 $f(x)$ 连续的区间 $\alpha<x<\beta$ 考虑)，它可能是不连续的.

图 9(d) 表示具有两个间断点 c 和 d 的逐段滑溜函数. 这两个间断点把区间$[a,b]$分成三个子区间$[a,c]$，$[c,d]$，$[d,b]$，在每一个子区间上，函数 $f(x)$ 在端点处按照(9.1)“修正”后，是连续而逐段滑溜的.

对于一切 x 都定义的函数 $f(x)$，连续的或不连续的都在内，叫作逐段滑溜的，如果在每一个长度为有限的区间上，它是逐段滑溜的. 特别说来，如果周期函数在一个周期上逐段滑溜，那么它就是逐段滑溜的.

一切逐段滑溜的函数 $f(x)$（连续的或是不连续的），除去角点和间断点（在所有这些点处 $f'(x)$ 不存在），处处是有界的，是具有有界导函数的，并且，像原来的函数一样，这导函数只能有第一种间断点.

§10　傅里叶级数收敛准则

我们将作出最常用的傅里叶级数收敛准则，这准则的证明留到第 3 章.

周期是 2π 的逐段滑溜（连续或不连续）函数 $f(x)$ 的傅里叶级数对于 x 一切的值都收敛，并且它的和在每个连续点处等于 $f(x)$，在每个间断点处，等于 $\dfrac{f(x+0)+f(x-0)}{2}$（左右极限的算术中值）（图 10）.

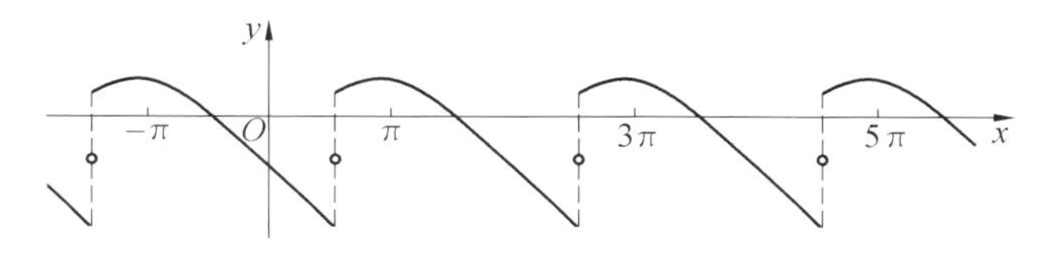

图 10

若 $f(x)$ 处处连续，则级数绝对收敛且均匀收敛.

设函数 $f(x)$，只在 $[-\pi,\pi]$ 上给出，在这区间上逐段滑溜而且在端点处连续. 在 §7 我们提起过，

$f(x)$ 的傅里叶级数和将 $f(x)$ 在 Ox 轴按周期延续所得函数的傅里叶级数是一致的.但是这样的周期延续,显然会得出在全部 Ox 轴上逐段滑溜的函数 $f(x)$.因此根据我们所作的准则,便知傅里叶级数处处收敛.特别说来,在我们所注意的区间$[-\pi,\pi]$上收敛,并且当 $-\pi<x<\pi$ 时,级数在连续点处收敛到 $f(x)$,在间断点处收敛到$\frac{f(x+0)+f(x-0)}{2}$.但在区间$[-\pi,\pi]$的端点怎么样呢?

有两种情况可能:

(1)$f(-\pi)=f(\pi)$.这时周期延续显然会得出在点 $-\pi$ 和 π 处(一般说来,在一切形如 $x=(2k+1)\pi$ $(k=0,\pm1,\pm2,\cdots)$ 的点处)连续的函数.因此由我们的准则可知,级数收敛到 $f(x)$.

(2)$f(-\pi)\neq f(\pi)$.这时周期延续得出在点 $-\pi$ 和 π 处(一般说来,在一切形如 $x=(2k+1)\pi(k=0,\pm1,\pm2,\cdots)$ 的点处)不连续的函数,同时对于延续了的 $f(x)$ 显然有

$$f(-\pi-0)=f(\pi),f(-\pi+0)=f(-\pi)$$

$$f(\pi+0)=f(-\pi),f(\pi-0)=f(\pi)$$

(图 11).因此当 $x=-\pi$ 和 $x=\pi$ 时,级数收敛到

$$\left.\begin{array}{l}\dfrac{f(-\pi+0)+f(-\pi-0)}{2}\\[2ex]\dfrac{f(\pi+0)+f(\pi-0)}{2}\end{array}\right\}=\frac{f(-\pi+0)+f(\pi)}{2}$$

这样一来,对于在区间$[-\pi,\pi]$确定,而当 $x=-\pi$ 和 $x=\pi$ 时连续的函数 $f(x)$ 来讲:当 $f(-\pi)=f(\pi)$ 时,傅里叶级数在这些点处,和在函数其他连续

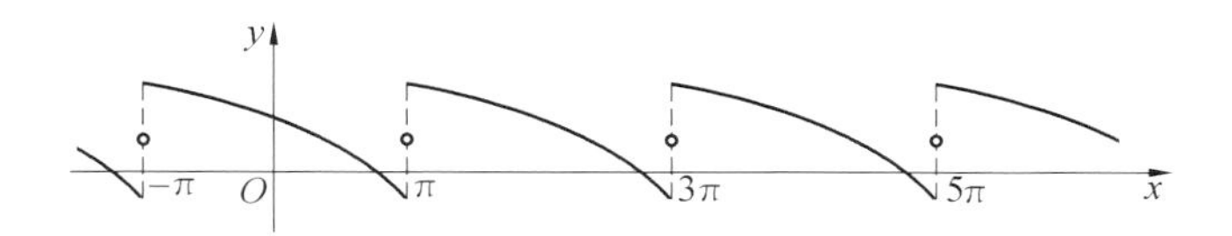

图 11

点处一样，收敛到函数本身；但若 $f(-\pi) \neq f(\pi)$，当 $x=-\pi$ 和 $x=\pi$ 时，级数显然不能收敛到 $f(x)$. 因此在后一种情况下，提出将 $f(x)$ 展成傅里叶级数的问题，不能在 $-\pi \leqslant x \leqslant \pi$ 有意义，而只在 $-\pi < x < \pi$ 有意义.

对于在区间 $[a, a+2\pi]$ 给出的函数，其中 a 是任意数，它的傅里叶级数可以进行同样的讨论.

可是，当读者去解每一个具体问题时，要是作出函数的周期延续的图形（建议读者都这样做），并回想着上面所讲的准则，那么关于傅里叶级数在区间端点处的性能就立即了然了.

§11　奇函数和偶函数

设 $f(x)$ 在全部 Ox 轴上，或在某区间上给出，关于坐标原点成对称.

如果对于每个 x 都有

$$f(-x)=f(x)$$

我们就说 $f(x)$ 是偶函数. 由这定义可知，一切偶函数 $y=f(x)$ 的图形，关于 Oy 轴成对称（图 12(a)）. 把积分解释为面积，就知道当函数为偶时，对于任意的 l（只要 $f(x)$ 在区间 $[-l, l]$ 有定义和可积），有

$$\int_{-l}^{l} f(x)\mathrm{d}x = 2\int_{0}^{l} f(x)\mathrm{d}x \qquad (11.1)$$

如果对于每个 x 都有

$$f(-x) = -f(x)$$

我们说 $f(x)$ 是奇函数.特别说来,对于奇函数有

$$f(-0) = -f(0)$$

因此 $f(0)=0$.所有奇函数 $y=f(x)$ 的图形都关于点 O 成对称(参看图 12(b)).当函数为奇时,对于任意的 l(只要 $f(x)$ 在区间$[-l,l]$有定义和可积),有

$$\int_{-l}^{l} f(x)\mathrm{d}x = 0 \qquad (11.2)$$

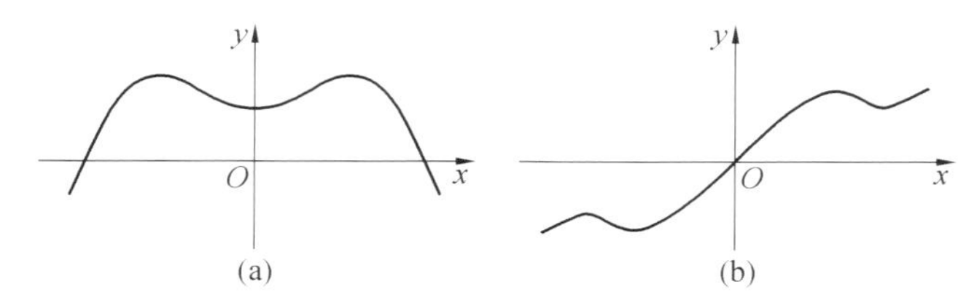

图 12

由奇函数和偶函数的定义,不难知道:

(1) 两个奇函数或两个偶函数的乘积是偶函数;

(2) 奇函数和偶函数的乘积是奇函数.

实际上,如果 $\varphi(x)$ 和 $\psi(x)$ 是偶函数,那么对于 $f(x)=\varphi(x)\psi(x)$,我们有

$$f(-x)=\varphi(-x)\psi(-x)=\varphi(x)\psi(x)=f(x)$$

若 $\varphi(x)$ 和 $\psi(x)$ 是奇函数,则

$$\begin{aligned} f(-x) &= \varphi(-x)\psi(-x) = [-\varphi(x)][-\psi(x)] \\ &= \varphi(x)\psi(x) = f(x) \end{aligned}$$

于是性质(1)就证明了.

设 $\varphi(x)$ 是偶函数,$\psi(x)$ 是奇函数.那么

$$f(-x)=\varphi(-x)\psi(-x)=\varphi(x)[-\psi(x)]$$
$$=-\varphi(x)\psi(x)=-f(x)$$

于是性质(2)也证明了.

§12　余弦级数和正弦级数

设 $f(x)$ 是偶函数,在区间$[-\pi,\pi]$上给出(或是偶的周期函数).

$\cos nx(n=0,1,2,\cdots)$ 显然是偶函数,于是由 §11 的性质(1)可知函数 $f(x)\cos nx$ 是偶的.函数 $\sin nx(n=1,2,\cdots)$ 是奇的,因此由 §11 的性质(2)可知函数 $f(x)\sin nx$ 是奇的.

于是由式(6.5),(11.1),(11.2),可以得到偶函数 $f(x)$ 的傅里叶系数

$$\begin{cases} a_n=\dfrac{1}{\pi}\displaystyle\int_{-\pi}^{\pi}f(x)\cos nx\,\mathrm{d}x \\ \quad=\dfrac{2}{\pi}\displaystyle\int_{0}^{\pi}f(x)\cos nx\,\mathrm{d}x \quad (n=0,1,2,\cdots) \\ b_n=\dfrac{1}{\pi}\displaystyle\int_{-\pi}^{\pi}f(x)\sin nx\,\mathrm{d}x=0 \quad (n=1,2,\cdots) \end{cases} \tag{12.1}$$

所以偶函数的傅里叶级数只包含余弦,即

$$f(x)\sim\frac{a_0}{2}+\sum_{n=1}^{\infty}a_n\cos nx$$

同时系数 a_n 按公式(12.1)来计算.

现在设 $f(x)$ 是奇函数,在区间$[-\pi,\pi]$上给出(或是奇的周期函数).$\cos nx(n=0,1,2,\cdots)$ 是偶函数.因此由 §11 的性质(2)可知函数 $f(x)\cos nx$ 是奇

的. 又函数 $\sin nx\ (n=1,2,\cdots)$ 是奇的,所以由 §11 的性质(1) 可知函数 $f(x)\sin nx$ 是偶的.

于是由式(6.5),(11.1),(11.2) 求得奇函数 $f(x)$ 的傅里叶系数

$$\begin{cases} a_n = \dfrac{1}{\pi}\displaystyle\int_{-\pi}^{\pi} f(x)\cos nx\,\mathrm{d}x = 0 \quad (n=0,1,2,\cdots) \\ b_n = \dfrac{1}{\pi}\displaystyle\int_{-\pi}^{\pi} f(x)\sin nx\,\mathrm{d}x \\ \quad = \dfrac{2}{\pi}\displaystyle\int_{0}^{\pi} f(x)\sin nx\,\mathrm{d}x \quad (n=1,2,\cdots) \end{cases} \tag{12.2}$$

于是奇函数的傅里叶级数只含正弦,即

$$f(x) \sim \sum_{n=1}^{\infty} b_n \sin nx$$

其中 b_n 按公式(12.2) 来计算. 既然奇函数的傅里叶级数只包含正弦,所以当 $x=-\pi, x=0, x=\pi$(一般说来,$x=k\pi$) 时,不管在这些点处 $f(x)$ 的值是什么,显然级数总是收敛到零的.

把一个在区间$[0,\pi]$ 给出的,而且在其上绝对可积的函数 $f(x)$,展成余弦级数或正弦级数的问题,是经常要遇到的.

我们可以用下述方法讨论,怎样把 $f(x)$ 展成余弦级数. 把 $f(x)$ 由区间$[0,\pi]$ 用偶的方式延续到区间$[-\pi,0]$ 上(图 13(a)). 于是对于函数的偶式“延续”,所有前面的讨论都是正确的,因此傅里叶系数可以由公式

$$a_n = \frac{2}{\pi}\int_{0}^{\pi} f(x)\cos nx\,\mathrm{d}x \quad (n=0,1,2,\cdots)$$

$$b_n = 0 \quad (n=1,2,\cdots) \tag{12.3}$$

算出.在这些公式里,$f(x)$ 的值只在$[0,\pi]$上确定.因此在实际计算上,事实上可以无须实施所说的偶式延续的.

如果我们要把 $f(x)$ 展成正弦级数,我们便把它由区间$[0,\pi]$用奇的方式延续到区间$[-\pi,0]$上(图13(b)).同时按照奇函数的意义,便应取 $f(0)=0$.上面的结论也可以用到函数的奇式"延续"上,因此对于傅里叶系数,下面公式成立

$$a_0=0,a_n=0$$

$$b_n=\frac{2}{\pi}\int_0^{\pi}f(x)\sin nx\,\mathrm{d}x\quad(n=1,2,\cdots)\qquad(12.4)$$

由于这里 $f(x)$ 有在$[0,\pi]$上的值出现,因此,像在余弦级数的情形一样,函数 $f(x)$ 由区间$[0,\pi]$在区间$[-\pi,0]$上的延续,实际上可以无须实施的.

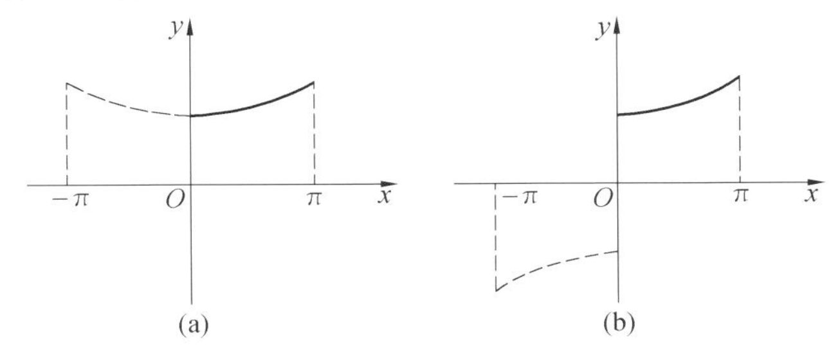

图 13

不过,使用 §10 中的收敛准则时,要想避免错误,函数 $f(x)$ 和它在区间$[-\pi,0]$上偶式或奇式延续的一个草图,还是必要的,并且还要后者在 Ox 轴上的周期延续(周期是 2π)的一个草图.这个草图帮助我们分析延续后的函数的特性,这对于运用上述的准则是必需的.

§13 展成傅里叶级数的例子

例 1 $f(x)=x^2$,当 $-\pi\leqslant x\leqslant\pi$. $f(x)$ 是偶函数. 图 14 显示 $f(x)$ 和它的周期延续的图形. 延续了的函数是连续且逐段滑溜的.

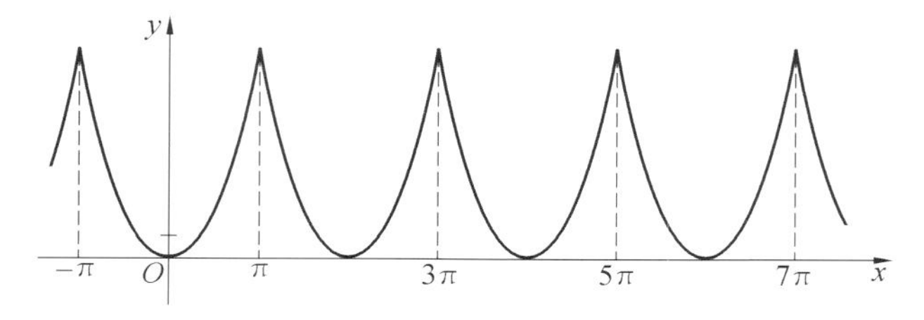

图 14

因此由 §10 的准则可知,傅里叶级数在$[-\pi,\pi]$处处收敛到 $f(x)=x^2$,而在$[-\pi,\pi]$之外收敛到这函数的周期延续. 此时的收敛性是绝对的而且均匀的. 计算一下便得

$$a_0=\frac{2}{\pi}\int_0^\pi x^2\,\mathrm{d}x=\frac{2}{\pi}\left[\frac{x^3}{3}\right]_{x=0}^{x=\pi}=\frac{2\pi^2}{3}$$

用分部积分法还可求出

$$\begin{aligned}a_n&=\frac{2}{\pi}\int_0^\pi x^2\cos nx\,\mathrm{d}x=-\frac{4}{\pi n}\int_0^\pi x\sin nx\,\mathrm{d}x\\&=\frac{4}{\pi n^2}[x\cos nx]_{x=0}^{x=\pi}-\frac{4}{\pi n^2}\int_0^\pi\cos nx\,\mathrm{d}x\\&=\frac{4}{n^2}\cos n\pi=(-1)^n\frac{4}{n^2}\end{aligned}$$

$b_n=0(n=1,2,\cdots)$,因为 $f(x)$ 是偶的. 所以当 $-\pi\leqslant x\leqslant\pi$ 时

$$x^2=\frac{\pi^2}{3}-4\left(\cos x-\frac{\cos 2x}{2^2}+\frac{\cos 3x}{3^2}-\cdots\right) \tag{13.1}$$

例2　$f(x)=|x|$，当$-\pi\leqslant x\leqslant\pi$，$f(x)$是偶函数．图15显示它和它的周期延续的图形．周期延续之后的函数是连续并且逐段滑溜的．应用§10的准则．因此傅里叶级数在$[-\pi,\pi]$处处收敛到$f(x)=|x|$，而在这区间之外收敛到它的周期延续．收敛性是绝对的和均匀的．

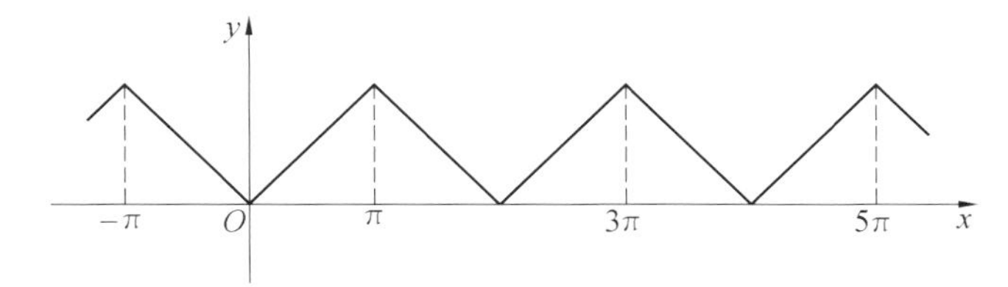

图15

因为当$x>0$时，$|x|=x$，所以

$$a_0=\frac{2}{\pi}\int_0^{\pi}x\,\mathrm{d}x=\frac{2}{\pi}\left[\frac{x^2}{2}\right]_{x=0}^{x=\pi}=\pi$$

$$\begin{aligned}a_n&=\frac{2}{\pi}\int_0^{\pi}x\cos nx\,\mathrm{d}x=-\frac{2}{\pi n}\int_0^{\pi}\sin nx\,\mathrm{d}x\\&=\frac{2}{\pi n^2}[\cos nx]_{x=0}^{x=\pi}=\frac{2}{\pi n^2}[\cos n\pi-1]\\&=\frac{2}{\pi n^2}[(-1)^n-1]\end{aligned}$$

由此可知，当n是偶数时，$a_n=0$；当n是奇数时，$a_n=-\frac{4}{\pi n^2}$．

最后，$b_n=0(n=1,2,\cdots)$，因为$f(x)$是偶的．于是，当$-\pi\leqslant x\leqslant\pi$时

$$|x|=\frac{\pi}{2}-\frac{4}{\pi}\left(\cos x+\frac{\cos 3x}{3^2}+\frac{\cos 5x}{5^2}+\cdots\right) \tag{13.2}$$

例 3 $f(x)=|\sin x|$. 这个函数对于一切 x 都有定义,而且是连续逐段滑溜的偶函数. 图 16 显示它的图形. 应用 § 10 的准则,便知函数 $f(x)=|\sin x|$ 和它的傅里叶级数处处相等,而后者是绝对收敛而又均匀收敛的.

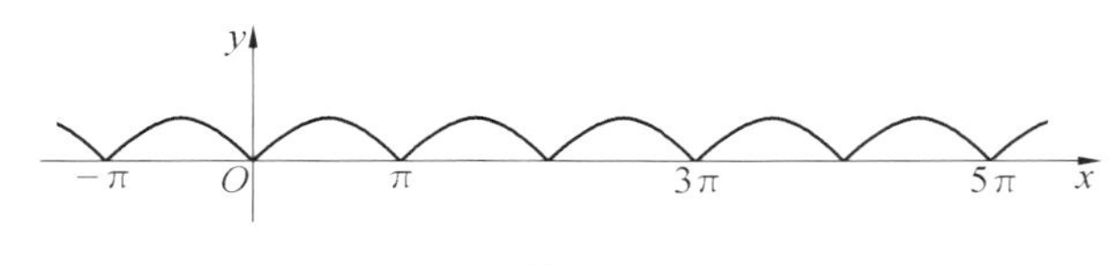

图 16

因为当 $0\leqslant x\leqslant\pi$ 时, $|\sin x|=\sin x$,所以

$$a_0=\frac{2}{\pi}\int_0^{\pi}\sin x\mathrm{d}x=\frac{4}{\pi}$$

又当 $n\neq 1$ 时,有

$$\begin{aligned}a_n&=\frac{2}{\pi}\int_0^{\pi}\sin x\cos nx\,\mathrm{d}x\\&=\frac{1}{\pi}\int_0^{\pi}[\sin(n+1)x-\sin(n-1)x]\mathrm{d}x\\&=-\frac{1}{\pi}\left[\frac{\cos(n+1)x}{n+1}-\frac{\cos(n-1)x}{n-1}\right]_{x=0}^{x=\pi}\\&=-\frac{1}{\pi}\left[\frac{(-1)^{n+1}-1}{n+1}-\frac{(-1)^{n-1}-1}{n-1}\right]\\&=-2\,\frac{(-1)^n+1}{\pi(n^2-1)}\end{aligned}$$

当 $n=1$ 时,则有

$$a_1=\frac{2}{\pi}\int_0^{\pi}\sin x\cos x\,\mathrm{d}x=\frac{1}{\pi}\int_0^{\pi}\sin 2x\,\mathrm{d}x=0$$

又因 $f(x)$ 是偶函数,故 $b_n=0(n=1,2,\cdots)$.

这样一来,对于一切 x 有

$$|\sin x|=\frac{2}{\pi}-\frac{4}{\pi}\left(\frac{\cos 2x}{3}+\frac{\cos 4x}{15}+\frac{\cos 6x}{35}+\cdots\right)$$

例 4　$f(x)=x$,当 $-\pi<x<\pi$. $f(x)$ 是奇函数. 图 17 显示它和它的周期延续的图形. 延续了的函数是逐段滑溜的,而且在形如 $x=(2k+1)\pi(k=0,\pm 1,\pm 2,\cdots)$ 的点处是不连续的. 应用 §10 的准则,可知傅里叶级数在间断点处收敛到零.

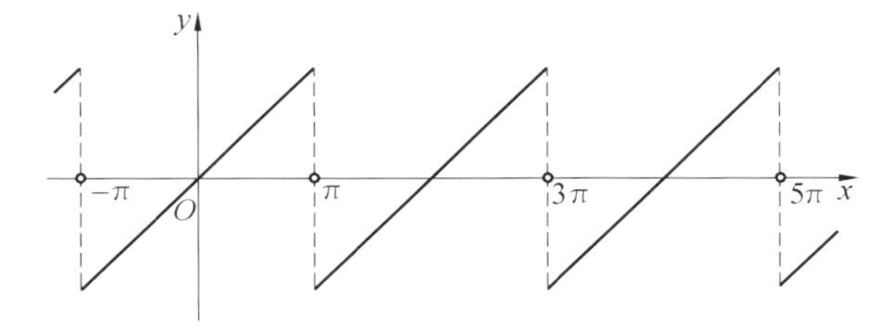

图 17

由于 $f(x)$ 是奇的,故有

$$a_n=0\quad(n=0,1,2,\cdots)$$

$$\begin{aligned}b_n&=\frac{2}{\pi}\int_0^{\pi}x\sin nx\,\mathrm{d}x\\&=-\frac{2}{\pi n}[x\cos nx]_{x=0}^{x=\pi}+\frac{2}{\pi n}\int_0^{\pi}\cos nx\,\mathrm{d}x\\&=-\frac{2}{n}\cos n\pi=\frac{2}{n}(-1)^{n+1}\end{aligned}$$

因此,当 $-\pi<x<\pi$ 时

$$x=2\left(\sin x-\frac{\sin 2x}{2}+\frac{\sin 3x}{3}-\cdots\right)\quad(13.3)$$

例 5　把 $f(x)=1(0<x<\pi)$ 展成正弦级数. $f(x)$ 在区间$[-\pi,0]$上的偶式延续当 $x=0$ 时产生间

断. 图 18 显示 $f(x)$ 和它在 $[-\pi,0]$ 上的偶式延续,以及接着所作在全部 Ox 轴上的周期延续的图形. 把 § 10 的准则应用到函数的这种"延续"上,便知傅里叶级数当 $0<x<\pi$ 时收敛到 $f(x)=1$,在这区间以外收敛到图 18 所示的函数,并且在形如 $x=k\pi(k=0,\pm 1,\pm 2,\cdots)$ 的点处级数的和等于零.

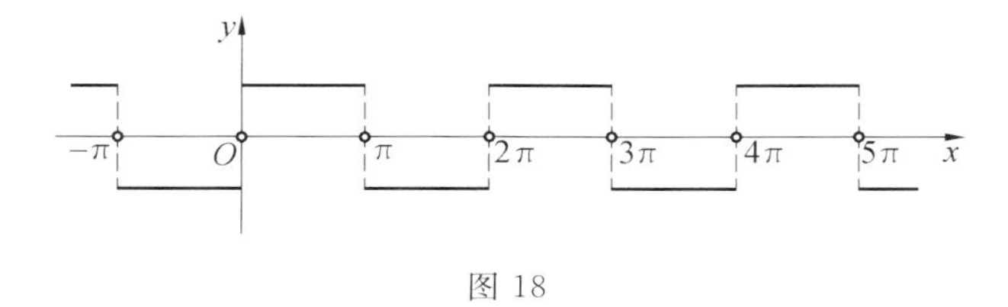

图 18

又

$$a_n=0\quad(n=0,1,2,\cdots)$$

$$b_n=\frac{2}{\pi}\int_0^{\pi}\sin nx\,\mathrm{d}x=\frac{2}{\pi n}[-\cos nx]_{x=0}^{x=\pi}$$

$$=\frac{2}{\pi n}[1-(-1)^n]$$

于是,当 $0<x<\pi$ 时

$$1=\frac{4}{\pi}\left(\sin x+\frac{\sin 3x}{3}+\frac{\sin 5x}{5}+\cdots\right)\quad(13.4)$$

例 6 把函数 $f(x)=0,0<x<2\pi$,展成傅里叶级数. 这问题的外表好像例 4,不过要是作出 $f(x)$ 的周期延续的图形,我们立刻看到它们之间的区别(图 19). 应用 § 10 的准则到函数的延续上. 在间断点处级数收敛到左右极限的算术均值,即收敛到 π. 函数 $f(x)$ 不是偶函数或奇函数

$$a_0=\frac{1}{\pi}\int_0^{2\pi}x\,\mathrm{d}x=\frac{1}{\pi}\left[\frac{x^2}{2}\right]_{x=0}^{x=2\pi}=2\pi$$

$$a_n=\frac{1}{\pi}\int_0^{2\pi}x\cos nx\,\mathrm{d}x=\frac{1}{\pi n}[x\sin nx]_{x=0}^{x=2\pi}-$$

$$\frac{1}{\pi n}\int_0^{2\pi}\sin nx\,\mathrm{d}x=0\quad(n=1,2,\cdots)$$

$$b_n=\frac{1}{\pi}\int_0^{2\pi}\sin nx\,\mathrm{d}x$$

$$=-\frac{1}{\pi n}[x\cos nx]_{x=0}^{x=2\pi}+\frac{1}{\pi n}\int_0^{2\pi}\cos nx\,\mathrm{d}x$$

$$=-\frac{2}{n}$$

因此当 $0<x<2\pi$ 时

$$x=\pi-2\left(\sin x+\frac{\sin 2x}{2}+\frac{\sin 3x}{3}+\cdots\right)\tag{13.5}$$

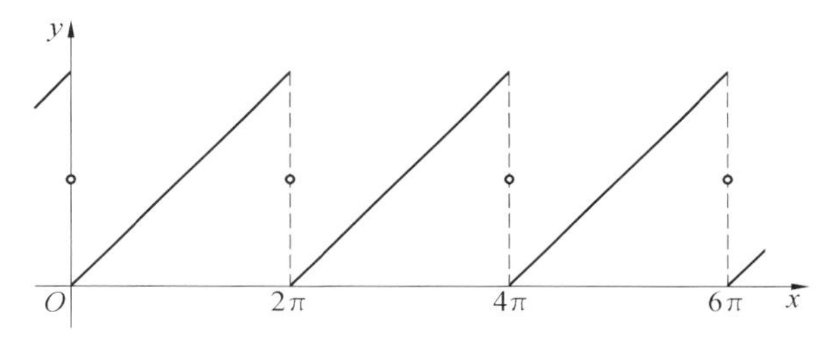

图 19

例 7　把函数 $f(x)=x^2$，$0<x<2\pi$，展成傅里叶级数. 这问题好像例 1，但是函数周期延续的图形立刻曾指出它们的差别来（图 20）. 应用 §10 的准则到函数的延续上. 在间断点处级数收敛到左右极限的算术均值，即收敛到 $2\pi^2$. 函数 $f(x)$ 不是偶函数或奇函数

$$a_0=\frac{1}{\pi}\int_0^{2\pi}x^2\,\mathrm{d}x=\frac{1}{\pi}\left[\frac{x^3}{3}\right]_{x=0}^{x=2\pi}=\frac{8\pi^2}{3}$$

$$a_n=\frac{1}{\pi}\int_0^{2\pi}x^2\cos nx\,\mathrm{d}x=-\frac{2}{\pi n}\int_0^{2\pi}x\sin nx\,\mathrm{d}x$$

$$=\frac{1}{\pi n^2}\left[x\cos nx\right]_{x=0}^{x=2\pi}-\frac{2}{\pi n^2}\int_0^{2\pi}\cos nx=\frac{4}{n^2}$$

$$b_n=\frac{1}{\pi}\int_0^{2\pi}x^2\sin nx\,\mathrm{d}x$$

$$=-\frac{1}{\pi n}\left[x^2\cos nx\right]_{x=0}^{x=2\pi}+\frac{2}{\pi n}\int_0^{2\pi}x\cos nx\,\mathrm{d}x$$

$$=-\frac{4\pi}{n}-\frac{2}{\pi n^2}\int_0^{2\pi}\sin nx\,\mathrm{d}x=-\frac{4\pi}{n}$$

因此，当 $0<x<2\pi$ 时

$$x^2=\frac{4\pi^2}{3}+4\left(\cos x-\pi\sin x+\frac{\cos 2x}{2^2}-\frac{\pi\sin 2x}{2}+\cdots+\frac{\cos nx}{n^2}-\frac{\pi\sin nx}{n}+\cdots\right)$$

$$=\frac{4\pi^2}{3}+4\sum_{n=1}^{\infty}\left(\frac{\cos nx}{n^2}-\frac{\pi\sin nx}{n}\right)$$

$$=\frac{4\pi^2}{3}+4\sum_{n=1}^{\infty}\frac{\cos nx}{n^2}-4\pi\sum_{n=1}^{\infty}\frac{\sin nx}{n}\tag{13.6}$$

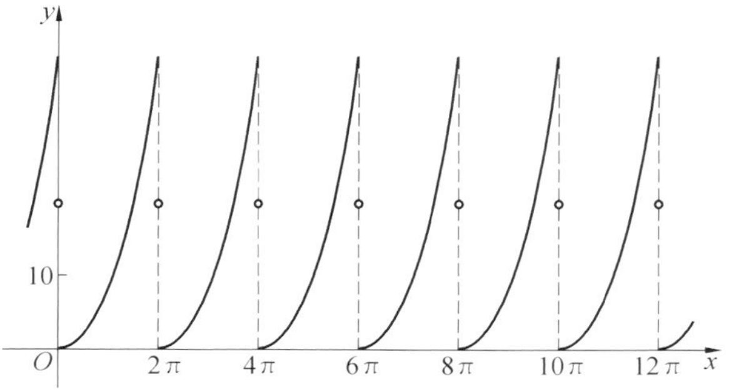

图 20

例 8 展开函数 $f(x)=Ax^2+Bx+C$，$-\pi<x<\pi$ 为傅里叶级数，其中，A，B，C 是常数. $f(x)$ 的图形是抛物线. 由于周期延续的结果，可以得到连续的或

是不连续的函数，要看怎样选择 A,B,C 的值来决定. 图 21 显示对于 A,B,C 某些固定值的周期延续. 我们可以由相应的公式计算傅里叶系数，但是在这里不必这样做，因为我们可以利用函数 x^2 和 $x(-\pi < x < \pi)$ 已经知道的展式(例 1 和例 4). 这就给出：当 $-\pi < x < \pi$ 时

$$Ax^2 + Bx + C = \frac{A\pi^2}{3} + C + 4A\sum_{n=1}^{\infty}(-1)^n\frac{\cos nx}{n^2} - 2B\sum_{n=1}^{\infty}(-1)^n\frac{\sin nx}{n}$$

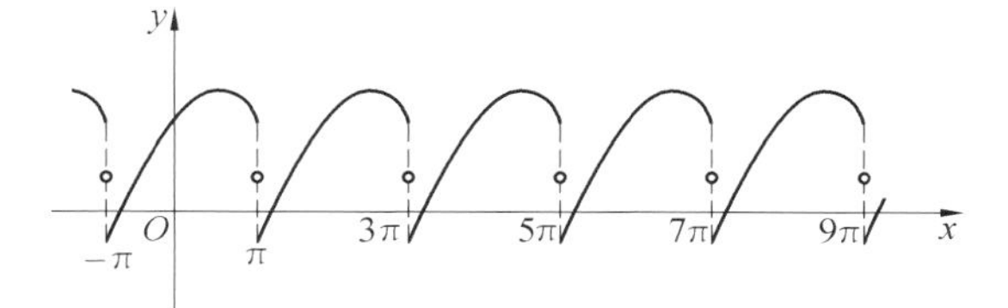

图 21

例 9　展开函数 $f(x) = Ax^2 + Bx + C, 0 < x < 2\pi$. 图 22 表示 $f(x)$ 的周期延续(对于某些个选择好的常数 A,B,C). 利用函数 x^2 和 $x(0 < x < 2\pi)$ 已知的展式(例 6 和例 7)，我们得到，当 $0 < x < 2\pi$ 时

$$Ax^2 + Bx + C = \frac{4A\pi^2}{3} + B\pi + C + 4A\sum_{n=1}^{\infty}\frac{\cos nx}{n^2} - (4\pi A - 2B)\sum_{n=1}^{\infty}\frac{\sin nx}{n}$$

由以上各例可以求出某些个重要的三数的和的数值. 由(13.5)立刻知道，当 $0 < x < 2\pi$ 时，有

$$\sum_{n=1}^{\infty}\frac{\sin nx}{n} = \frac{\pi - x}{2} \tag{13.7}$$

由(13.5)和(13.6)化出：当 $0 < x < 2\pi$ 时

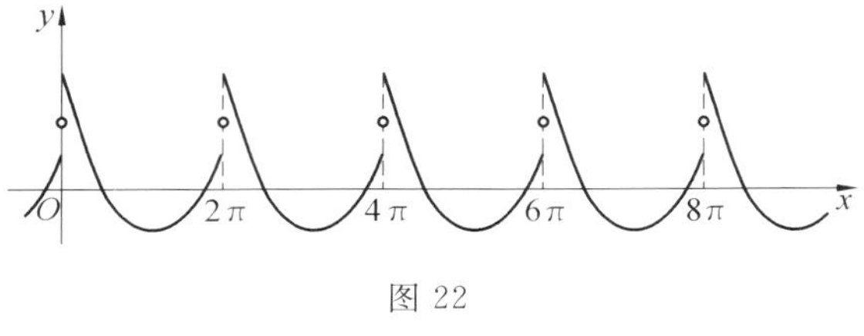

图 22

$$\sum_{n=1}^{\infty}\frac{\cos nx}{n^2}=\frac{3x^2-6\pi x+2\pi^2}{12} \tag{13.8}$$

由于左边的级数通项的绝对值不超过$\frac{1}{n^2}$，所以级数是均匀收敛的，这就是说它的和对于一切 x 是连续的(参看 §4). 因此等式(13.8) 不但对于 $0<x<2\pi$，而且对于 $0\leqslant x\leqslant 2\pi$ 是成立的.

由(13.3) 求得，当 $-\pi<x<\pi$ 时

$$\sum_{n=1}^{\infty}(-1)^{n+1}\frac{\sin nx}{n}=\frac{x}{2} \tag{13.9}$$

由(13.1) 求得，当 $-\pi\leqslant x\leqslant\pi$ 时

$$\sum_{n=1}^{\infty}(-1)^{n+1}\frac{\cos nx}{n^2}=\frac{\pi^2-3x^2}{12} \tag{13.10}$$

由(13.4) 求得，当 $0<x<\pi$ 时

$$\sum_{n=0}^{\infty}\frac{\sin(2n+1)x}{2n+1}=\frac{\pi}{4} \tag{13.11}$$

由(13.2) 求得，当 $0\leqslant x\leqslant\pi$ 时

$$\sum_{n=0}^{\infty}\frac{\cos(2n+1)x}{(2n+1)^2}=\frac{\pi^2-2\pi x}{8} \tag{13.12}$$

由等式(13.7) 减去等式(13.11) 后得出，当 $0<x<\pi$ 时

$$\sum_{n=1}^{\infty}\frac{\sin 2nx}{2n}=\frac{\pi-2x}{4} \tag{13.13}$$

而由等式(13.8) 与(13.12) 相减的结果得出，当 $0\leqslant$

$x \leqslant \pi$ 时

$$\sum_{n=1}^{\infty} \frac{\cos 2nx}{(2n)^2} = \frac{6x^2 - 6\pi x + \pi^2}{24} \tag{13.14}$$

从已经建立了的等式,又可得到一些数项级数和的表式.

如是,当 $x=0$ 时,由(13.8)和(13.10)得到

$$\frac{\pi^2}{6} = 1 + \frac{1}{2^2} + \frac{1}{3^2} + \frac{1}{4^2} + \cdots$$

$$\frac{\pi^2}{12} = 1 - \frac{1}{2^2} + \frac{1}{3^2} - \frac{1}{4^2} + \cdots$$

当 $x=\frac{\pi}{2}$,等式(13.11)给出了

$$\frac{\pi}{4} = 1 - \frac{1}{3} + \frac{1}{5} - \frac{1}{7} + \cdots$$

§14　傅里叶级数的复数形式

设函数 $f(x)$ 在区间$[-\pi,\pi]$上可积,我们作出它的傅里叶级数

$$f(x) \sim \frac{a_0}{2} + \sum_{n=1}^{\infty} (a_n \cos nx + b_n \sin nx) \tag{14.1}$$

$$\begin{cases} a_n = \dfrac{1}{\pi}\displaystyle\int_{-\pi}^{\pi} f(x)\cos nx\,\mathrm{d}x & (n=0,1,2,\cdots) \\ b_n = \dfrac{1}{\pi}\displaystyle\int_{-\pi}^{\pi} f(x)\sin nx\,\mathrm{d}x & (n=1,2,\cdots) \end{cases} \tag{14.2}$$

利用已知的欧拉恒等式

$$e^{i\varphi}=\cos\varphi+i\sin\varphi$$

它是联系三角函数和指数函数的.

由这恒等式不难得到

$$\cos\varphi=\frac{e^{i\varphi}+e^{-i\varphi}}{2},\sin\varphi=\frac{e^{i\varphi}-e^{-i\varphi}}{2i}$$

因此我们可以写出

$$\cos nx=\frac{e^{inx}+e^{-inx}}{2}$$

$$\sin nx=\frac{e^{inx}-e^{-inx}}{2i}=i\frac{-e^{inx}+e^{-inx}}{2}$$

代入式(14.1)得

$$f(x)\sim\frac{a_0}{2}+\sum_{n=1}^{\infty}\left(\frac{a_n-ib_n}{2}e^{inx}+\frac{a_n+ib_n}{2}e^{-inx}\right) \tag{14.3}$$

若设

$$c_0=\frac{a_0}{2},c_n=\frac{a_n-ib_n}{2},c_{-n}=\frac{a_n+ib_n}{2}\quad(n=1,2,\cdots) \tag{14.4}$$

则级数(14.3)的,也就是级数(14.1)的第 m 部分和可以写成

$$s_m(x)=c_0+\sum_{n=1}^{m}(c_ne^{inx}+c_{-n}e^{-inx})=\sum_{n=-m}^{m}c_ne^{inx} \tag{14.5}$$

因此就可以写出

$$f(x)\sim\sum_{n=-\infty}^{+\infty}c_ne^{inx} \tag{14.6}$$

这是 $f(x)$ 的傅里叶级数的复数形状. 级数(14.6)收敛的意义,必须了解为:当 $m\to\infty$ 时,(14.5)的对称和的极限存在.

公式(14.4)所定的系数 c_n 叫作函数 $f(x)$ 的复数傅里叶系数.对于这些系数,关系式

$$c_n=\frac{1}{2\pi}\int_{-\pi}^{\pi}f(x)\mathrm{e}^{-\mathrm{i}nx}\,\mathrm{d}x\quad(n=0,\pm 1,\pm 2,\cdots)\tag{14.7}$$

是成立的.

实际上,由欧拉恒等式和公式(14.4)可知,对于正的指标有

$$\begin{aligned}&\frac{1}{2\pi}\int_{-\pi}^{\pi}f(x)\mathrm{e}^{-\mathrm{i}nx}\,\mathrm{d}x\\&=\frac{1}{2\pi}\left[\int_{-\pi}^{\pi}f(x)\cos nx\,\mathrm{d}x-\mathrm{i}\int_{-\pi}^{\pi}f(x)\sin nx\,\mathrm{d}x\right]\\&=\frac{1}{2}(a_n-\mathrm{i}b_n)=c_n\end{aligned}$$

而对于负的指标有

$$\begin{aligned}&\frac{1}{2\pi}\int_{-\pi}^{\pi}f(x)\mathrm{e}^{\mathrm{i}nx}\,\mathrm{d}x\\&=\frac{1}{2\pi}\left[\int_{-\pi}^{\pi}f(x)\cos nx\,\mathrm{d}x+\mathrm{i}\int_{-\pi}^{\pi}f(x)\sin nx\,\mathrm{d}x\right]\\&=\frac{1}{2}(a_n+\mathrm{i}b_n)=c_{-n}\end{aligned}$$

值得注意:对于实函数 $f(x)$,系数 c_n 和 c_{-n} 是共轭复数.这由(14.4)就立刻可以知道.

顺便注意,如果在(14.6)那里,假定把"～"号换成"="号,并假定逐项积分是可以做的,那么公式(14.7)就能像公式(14.2)一样立刻可以得到(参看§6).实际上,将等式

$$f(x)=\sum_{k=-\infty}^{+\infty}c_k\mathrm{e}^{\mathrm{i}kx}$$

两边乘上 $\mathrm{e}^{-\mathrm{i}nx}$,并且在$[-\pi,\pi]$上积分(在右边是逐项

积分),便求得

$$\int_{-\pi}^{\pi} f(x)e^{-inx}\,dx = 2\pi c_n \tag{14.8}$$

这是因为,当 $k \neq n$(参看 §5)

$$c_k = \int_{-\pi}^{\pi} e^{i(k-n)x}\,dx$$

$$= \int_{-\pi}^{\pi} [\cos(k-n)x + i\sin(k-n)x]\,dx = 0$$

即右边各个积分,除了 $k=n$ 外,都等于零,而 $k=n$ 时则成 $2\pi c_n$. 公式(14.7)便立即由(14.8)得到.

§15 周期是 $2l$ 的函数

如果要把周期是 $2l$ 的函数 $f(x)$ 展成三角级数,就可以设 $x=\frac{lt}{\pi}$ 而得以 2π 为周期的函数 $\varphi(t)=f\left(\frac{lt}{\pi}\right)$(参看 §3). 对于 $\varphi(t)$,我们可以作傅里叶级数

$$\varphi(t) \sim \frac{a_0}{2} + \sum_{n=1}^{\infty}(a_n\cos nt + b_n\sin nt) \tag{15.1}$$

其中

$$a_n = \frac{1}{\pi}\int_{-\pi}^{\pi}\varphi(t)\cos nt\,dt = \frac{1}{\pi}\int_{-\pi}^{\pi} f\left(\frac{lt}{\pi}\right)\cos nt\,dt$$

$$(n=0,1,2,\cdots)$$

$$b_n = \frac{1}{\pi}\int_{-\pi}^{\pi}\varphi(t)\sin nt\,dt = \frac{1}{\pi}\int_{-\pi}^{\pi} f\left(\frac{lt}{\pi}\right)\sin nt\,dt$$

$$(n=1,2,\cdots)$$

改回到旧的变量 x,即命 $t=\frac{\pi x}{l}$,便得

$$f(x) \sim \frac{a_0}{2} + \sum_{n=1}^{\infty}\left(a_n \cos \frac{\pi n x}{l} + b_n \sin \frac{\pi n x}{l}\right) \tag{15.2}$$

其中

$$\begin{cases} a_n = \dfrac{1}{l}\displaystyle\int_{-l}^{l} f(x)\cos \dfrac{\pi n x}{l}\mathrm{d}x \quad (n=0,1,2,\cdots) \\ b_n = \dfrac{1}{l}\displaystyle\int_{-l}^{l} f(x)\sin \dfrac{\pi n x}{l}\mathrm{d}x \quad (n=1,2,\cdots) \end{cases} \tag{15.3}$$

这里的系数(15.3)叫作 $f(x)$ 的傅里叶系数,而级数(15.2)叫作 $f(x)$ 的傅里叶级数.

如果(15.1)成为等式,那么(15.2)也变为等式,反过来也对.

形如(15.2)的级数的理论,可以直接由形如

$$1, \cos \frac{\pi x}{l}, \sin \frac{\pi x}{l}, \cdots, \cos \frac{\pi n x}{l}, \sin \frac{\pi n x}{l}, \cdots \tag{15.4}$$

的函数系出发来建立,就像我们对于基本三角函数系(15.1)所做的一样.系(15.4)是由具有共同周期 $2l$ 的函数构成的,不难验证,在一切长度为 $2l$ 的区间上,它是正交的. §6,§7,§10,§12,§14 的推演,可以照样地用到系(15.4)上面来,于是获得类似于这些节里所得到的结果(把 π 换成 l).

也可获得下列结果,对于周期是 $2l$ 的函数 $f(x)$ 的考察,可以换为对于只在区间 $[-l,l]$ 上给出的函数的考察(或考察在长度是 $2l$ 的任意一个区间上给出的函数,不过这时要把(15.3)中的积分限相应地改换一下),并且这样函数的傅里叶级数和它在 Ox 轴上的周

期延续的傅里叶级数是一样的. 把周期 2π 换成周期 $2l$ 后, §10 的收敛准则仍然有效.

在偶函数 $f(x)$ 的情形, 公式(15.3) 采取

$$a_n=\frac{2}{l}\int_0^l f(x)\cos\frac{\pi nx}{l}\mathrm{d}x \quad (n=0,1,2,\cdots)$$

$$b_n=0 \quad (n=1,2,\cdots) \tag{15.5}$$

的形式, 而在奇函数 $f(x)$ 的情形, 则采取

$$a_n=0 \quad (n=0,1,2,\cdots)$$

$$b_n=\frac{2}{l}\int_0^l f(x)\sin\frac{\pi nx}{l}\mathrm{d}x \quad (n=1,2,\cdots) \tag{15.6}$$

的形式.

像在 §12 一样, 可以利用这结果去把只在区间 $[0,l]$ 上给出的函数展成余弦或正弦级数(要分别地用函数在区间 $[-l,0]$ 上的偶式延续或是奇式延续).

级数(15.2) 的复数形式可以写成

$$f(x)\sim\sum_{n=-\infty}^{+\infty}c_n\mathrm{e}^{-\frac{\mathrm{i}\pi nx}{l}}$$

其中

$$c_n=\frac{1}{2l}\int_{-l}^{l}f(x)\mathrm{e}^{-\frac{\mathrm{i}\pi nx}{l}}\mathrm{d}x$$

$$(n=0,\pm1,\pm2,\cdots)$$

或

$$c_0=\frac{a_0}{2},c_n=\frac{a_n-\mathrm{i}b_n}{2},c_{-n}=\frac{a_n+\mathrm{i}b_n}{2} \quad (n=1,2,\cdots)$$

例 1 展开由等式

$$f(x)=\begin{cases}\cos\frac{\pi x}{l}, & \text{当 } 0\leqslant x\leqslant\frac{l}{2}\\ 0, & \text{当 } \frac{l}{2}<x<l\end{cases}$$

确定的函数 $f(x)$ 为余弦级数.

$f(x)$ 和它在区间$[-l,0]$上的偶式延续,以及跟随着的周期延续(周期为 $2l$)—— 它们的图形显示在图 23 上.

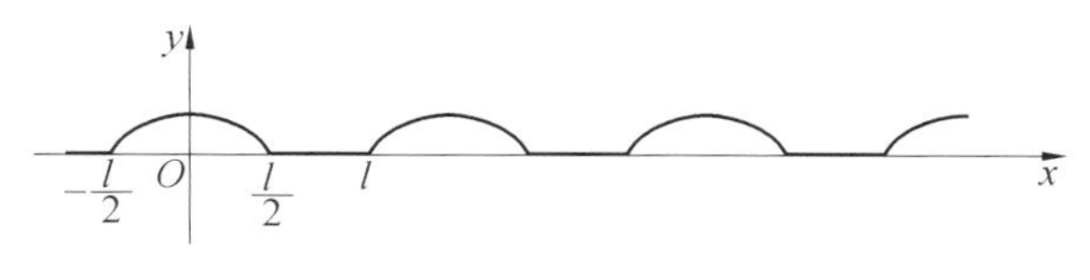

图 23

收敛准则显然是处处可以应用的. 当 $\frac{l}{2}<x\leqslant l$ 时, $f(x)=0$, 所以

$$a_0=\frac{2}{l}\int_0^l f(x)\mathrm{d}x=\frac{2}{l}\int_0^{\frac{l}{2}}\cos\frac{\pi x}{l}\mathrm{d}x=\frac{2}{\pi}$$

$$a_n=\frac{2}{l}\int_0^l f(x)\cos\frac{\pi nx}{l}\mathrm{d}x=\frac{2}{l}\int_0^{\frac{l}{2}}\cos\frac{\pi x}{l}\cos\frac{\pi nx}{l}\mathrm{d}x$$

这里用代换 $\frac{\pi x}{l}=t$ 是合适的. 我们得到

$$\begin{aligned}a_n&=\frac{2}{\pi}\int_0^{\frac{\pi}{2}}\cos t\cos nt\,\mathrm{d}t\\&=\frac{1}{\pi}\int_0^{\frac{\pi}{2}}[\cos(n+1)t+\cos(n-1)t]\mathrm{d}t\end{aligned}$$

由此得

$$a_1=\frac{1}{\pi}\int_0^{\frac{\pi}{2}}(\cos 2t+1)\mathrm{d}t=\frac{1}{\pi}\left[\frac{\sin 2t}{2}+t\right]_{t=0}^{t=\frac{\pi}{2}}=\frac{1}{2}$$

$$a_n=\frac{1}{\pi}\left[\frac{\sin(n+1)t}{n+1}+\frac{\sin(n-1)t}{n-1}\right]_{t=0}^{t=\frac{\pi}{2}}\quad(n>1)$$

于是对于奇的 $n>1$, 有

$$a_n=0$$

对于偶的 n, 有

$$a_n = -\frac{2(-1)^{\frac{n}{2}}}{\pi(n^2-1)}, b_n = 0 \quad (n=1,2,\cdots)$$

这样一来,便有

$$\frac{1}{\pi} + \frac{1}{2}\cos\frac{\pi x}{l} - \frac{2}{\pi}\sum_{n=1}^{\infty}\frac{(-1)^n}{4n^2-1}\cos\frac{2\pi n x}{l}$$

$$= \begin{cases} \cos\frac{\pi x}{l}, & 0 \leqslant x \leqslant \frac{l}{2} \\ 0, & \frac{l}{2} < x \leqslant l \end{cases}$$

在全部 Ox 轴上,级数收敛到图 23 所示的函数.

例 2 展开由等式

$$f(x) = \begin{cases} x, & 0 \leqslant x \leqslant \frac{l}{2} \\ l - x, & \frac{l}{2} < x \leqslant l \end{cases}$$

确定的函数 $f(x)$ 为余弦级数.

$f(x)$ 及其在线段$[-l,0]$上的奇式延续的图形,以及它在全部 Ox 轴上的周期延续(以 $2l$ 为周期)的图形见图 24.

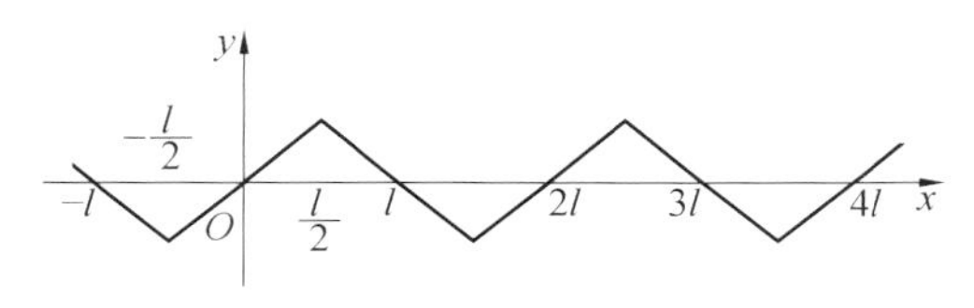

图 24

收敛准则是处处可以应用的

$$a_n = 0 \quad (n=0,1,2,\cdots)$$

$$b_n = \frac{2}{l}\int_0^l f(x)\sin\frac{\pi n x}{l}\mathrm{d}x$$

$$=\frac{2}{l}\int_0^{\frac{l}{2}} x\sin\frac{\pi n x}{l}\mathrm{d}x+\frac{2}{l}\int_{\frac{l}{2}}^{l}(l-x)\sin\frac{\pi n x}{l}\mathrm{d}x$$

$(n=1,2,\cdots)$

命$\frac{\pi x}{l}=t$,则

$$b_n=\frac{2l}{\pi^2}\int_0^{\frac{\pi}{2}} t\sin nt\,\mathrm{d}t+\frac{2l}{\pi^2}\int_{\frac{\pi}{2}}^{\pi}(\pi-t)\sin nt\,\mathrm{d}t$$

$$=\frac{2l}{\pi^2}\left[-\frac{t\cos nt}{n}\right]_{t=0}^{t=\frac{\pi}{2}}+\frac{2l}{\pi^2 n}\int_0^{\frac{\pi}{2}}\cos nt\,\mathrm{d}t+\frac{2l}{\pi^2}\left[-\frac{(\pi-t)\cos nt}{n}\right]_{t=\frac{\pi}{2}}^{t=\pi}-\frac{2l}{\pi^2 n}\int_{\frac{\pi}{2}}^{\pi}\cos nt\,\mathrm{d}t$$

$$=\frac{4l}{\pi^2 n^2}\sin\frac{\pi n}{2}$$

所以

$$\frac{4l}{\pi^2}\left(\sin\frac{\pi x}{l}-\frac{\sin\frac{3\pi x}{l}}{3^2}+\frac{\sin\frac{5\pi x}{l}}{5^2}-\cdots\right)$$

$$=\begin{cases}x, & 当\ 0\leqslant x\leqslant\frac{l}{2}\\ l-x, & 当\ \frac{l}{2}<x\leqslant l\end{cases}$$

在全部 Ox 轴上,级数收敛到图 24 所示的函数.

第 1 章思考题

1. 展开函数 $f(x)=\mathrm{e}^{ax}$, $-\pi<x<\pi$, $a=$常数, $a\neq 0$,为傅里叶级数.

答

$$\mathrm{e}^{ax}=\frac{\mathrm{e}^{a\pi}-\mathrm{e}^{-a\pi}}{\pi}\left[\frac{1}{2a}+\sum_{n=1}^{\infty}\frac{(-1)^n}{n^2+a^2}(a\cos nx-n\sin nx)\right]$$

$$(-\pi < x < \pi)$$

2. 展开函数 $f(x)=\cos ax$，$-\pi \leqslant x \leqslant \pi$，为傅里叶级数($a$ 不是整数).

答

$$\cos ax = \frac{2}{\pi}\sin ax\left[\frac{1}{2a} + \sum_{n=1}^{\infty}(-1)^n \frac{a\cos nx}{a^2-n^2}\right]$$

$$(-\pi \leqslant x \leqslant \pi)$$

3. 展开函数 $f(x)=\sin ax$，$-\pi < x < \pi$，为傅里叶级数(a 不是整数).

答

$$\sin ax = \frac{2}{\pi}\sin a\pi \sum_{n=1}^{\infty}(-1)^n \frac{n\sin nx}{a^2-n^2}$$

$$(-\pi < x < \pi)$$

4. 利用 §15 例 2 的展式证明

$$\frac{1}{\sin z} = \frac{1}{z} + \sum_{n=1}^{\infty}(-1)^n\left[\frac{1}{z-n\pi} + \frac{1}{z+n\pi}\right]$$

$$\cot z = \frac{1}{z} + \sum_{n=1}^{\infty}\left[\frac{1}{z-n\pi} + \frac{1}{z+n\pi}\right]$$

其中 z 是任意数，但非 π 的整数倍.

5. 利用 §15 例 1 的展式，展开函数

$$f_1(x) = \operatorname{ch} ax = \frac{e^{ax}+e^{-ax}}{2} \quad (\text{双曲余弦}, -\pi \leqslant x \leqslant \pi)$$

及函数

$$f_2(x) = \operatorname{sh} ax = \frac{e^{ax}-e^{-ax}}{2} \quad (\text{双曲正弦}, -\pi < x < \pi)$$

为傅里叶级数.

答

$$\operatorname{ch} ax = \frac{2}{\pi}\operatorname{sh} a\pi\left[\frac{1}{2a} + \sum_{n=1}^{\infty}(-1)^n \frac{a}{n^2+a^2}\cos nx\right]$$

$$(-\pi \leqslant x \leqslant \pi)$$

$$\operatorname{sh} ax = \frac{2}{\pi} \operatorname{sh} a\pi \sum_{n=1}^{\infty} (-1)^{n-1} \frac{n}{n^2 + a^2} \sin nx$$

$$(-\pi < x < \pi)$$

6. 按余弦把函数 $f(x)=\sin ax$，$0 \leqslant x \leqslant \pi$（$a$ 不是整数），展成傅里叶级数.

答

$$\sin ax = \frac{1 - \cos a\pi}{\pi} \left[1 + 2a \sum_{n=1}^{\infty} \frac{\cos 2nx}{a^2 - 4n^2} \right] +$$

$$2a \frac{1 + \cos a\pi}{x} \sum_{n=0}^{\infty} \frac{\cos(2n+1)x}{a^2 - (2n+1)^2}$$

$$(0 \leqslant x \leqslant \pi)$$

当 a 是整数时怎样？

7. 在 $-\pi < x < \pi$，把由条件

$$f(x) = \begin{cases} 0, & \text{当} -\pi < x < \pi \\ x, & \text{当 } 0 \leqslant x \leqslant \pi \end{cases}$$

给出的函数，展成傅里叶级数.

答

$$a_0 = \frac{\pi}{2}, a_n = \frac{\cos n\pi - 1}{n^2 \pi}, b_n = (-1)^{n-1} \frac{1}{n}$$

$$f(x) = \frac{\pi}{4} - \frac{2}{\pi} \cos x + \sin x - \frac{\sin 2x}{2} - \frac{2}{9\pi} \cos 3x +$$

$$\frac{\sin 3x}{3} - \frac{\sin 4x}{4} + \cdots \quad (-\pi < x < \pi)$$

8. 按余弦展开由条件

$$f(x) = \begin{cases} 1, & \text{当 } 0 \leqslant x \leqslant h \\ 0, & \text{当 } h < x \leqslant \pi \end{cases}$$

给出的函数为傅里叶级数.

答

$$f(x)=\frac{2h}{\pi}\left[\frac{1}{2}+\sum_{n=1}^{\infty}\frac{\sin nh}{nh}\cos nx\right]\quad(0\leqslant x\leqslant\pi)$$

但除去 $x=h$,这时级数和等于$\frac{1}{2}$(为什么?).

9. 同样地展开

$$f(x)=\begin{cases}1-\frac{x}{2h}, & 0\leqslant x\leqslant 2h\\ 0, & 2h<x\leqslant\pi\end{cases}$$

答

$$f(x)=\frac{2h}{\pi}\left[\frac{1}{2}+\sum_{n=1}^{\infty}\left(\frac{\sin nh}{nh}\right)^{2}\cos nx\right]\quad(0\leqslant x\leqslant\pi)$$

10. 按正弦把由等式

$$f(x)=\begin{cases}\sin\frac{\pi x}{l}, & 0\leqslant x<\frac{l}{2}\\ 0, & \frac{1}{2}<x\leqslant l\end{cases}$$

确定的函数 $f(x)$ 展成傅里叶级数.

答

$$f(x)=\frac{1}{2}\sin\frac{\pi x}{l}-\frac{4}{\pi}\sum_{n=1}^{\infty}\frac{(-1)^{n}n}{4n^{2}-1}\sin\frac{2\pi nx}{l}\quad(0\leqslant x\leqslant l)$$

但除去 $x=\frac{l}{2}$,这时级数的和等于$\frac{1}{2}$.

11. 按正弦展开由等式

$$f(x)=\begin{cases}\sin\frac{\pi x}{l}, & \text{当 } 0\leqslant x<\frac{l}{2}\\ -\sin\frac{\pi x}{l}, & \text{当 } \frac{l}{2}<x\leqslant l\end{cases}$$

所确定的函数 $f(x)$ 为傅里叶级数.

答

$$f(x) = -\frac{4}{\pi}\sum_{n=2}^{\infty}\frac{n\cos\frac{n\pi}{2}}{n^2-1}\sin\frac{\pi n x}{l}$$

$$= \frac{4}{\pi}\left(\frac{2}{3}\sin\frac{2\pi x}{l} - \frac{4}{15}\sin\frac{4\pi x}{l} + \frac{6}{35}\sin\frac{6\pi x}{l} - \cdots\right)$$

$0 \leqslant x \leqslant l$,但除去 $x = \frac{l}{2}$,此时级数和等于 0.

12. 展开周期函数

$$f(x) = \left|\cos\frac{\pi x}{l}\right| \quad l = 常数, l > 0$$

为傅里叶级数.

答

$$f(x) = \frac{4}{\pi}\left[\frac{1}{2} + \sum_{n=1}^{\infty}(-1)^{n+1}\frac{\cos\frac{2\pi n x}{l}}{4n^2-1}\right]$$

正交系

第2章

§1　定义、标准系

无穷个实函数

$$\varphi_0(x),\varphi_1(x),\varphi_2(x),\cdots,\varphi_n(x),\cdots \tag{1.1}$$

叫作在区间$[a,b]$$(a<b)$上正交的，如果

$$\int_a^b \varphi_n(x)\varphi_m(x)\mathrm{d}x=0$$

$$(n\neq m,n=0,1,2,\cdots;m=0,1,2,\cdots) \tag{1.2}$$

我们同时假定

$$\int_a^b \varphi_n^2(x)\mathrm{d}x\neq 0\quad (n=0,1,2,\cdots) \tag{1.3}$$

条件(1.2)表示系(1.1)的各函数两两正交. 由条件(1.3)可知这系中没有一个函数是恒等于零的.

我们已经讨论过正交系的特例：基本的三角函数系

$$1,\cos x,\sin x,\cdots,\cos nx,\sin nx,\cdots \quad (1.4)$$

在任一个长度是 2π 的区间上正交，一般的三角函数系

$$1,\cos\frac{\pi x}{l},\sin\frac{\pi x}{l},\cdots,\cos\frac{\pi nx}{l},\sin\frac{\pi nx}{l},\cdots \quad (1.5)$$

在任一个长度是 $2l$ 的区间上正交（参看第1章，§5，§15）.

系(1.1)叫作标准化，如果

$$\int_a^b \varphi_n^2(x)\mathrm{d}x=1 \quad (n=0,1,2,\cdots)$$

一切正交系都可以标准化. 这就是说：我们总可以挑选常数 $\mu_0,\mu_1,\cdots,\mu_n,\cdots$ 使

$$\mu_0\varphi_0(x),\mu_1\varphi_1(x),\cdots,\mu_n\varphi_n(x),\cdots$$

（这系显然还是正交的）成为标准的. 实际上，设

$$\int_a^b \varphi_n^2(x)\mathrm{d}x=v_n^2 \quad (n=0,1,2,\cdots)$$

$$\mu_n=\frac{1}{v_n}$$

于是

$$\int_a^b \mu_n^2\varphi_n^2(x)\mathrm{d}x=\frac{1}{v_n^2}\int_a^b \varphi_n^2(x)\mathrm{d}x=1 \quad (n=0,1,2,\cdots)$$

量 v_n 叫作函数 $\varphi_n(x)$ 的范数，并用符号 $\|\varphi_n\|$ 表示. 如是

$$\|\varphi_n\|=\sqrt{\int_a^b \varphi_n^2(x)\mathrm{d}x} \quad (n=0,1,2,\cdots)$$

若系(1.1)是标准的，显然有

$$\|\varphi_n\|=1 \quad (n=0,1,2,\cdots)$$

§2　按已知正交族展开的傅里叶级数

现在实质上是重复第1章 §6 的论断.设 $f(x)$ 在区间$[a,b]$上给出,并且可以表成正交系(1.1)的函数项级数的和,也就是在$[a,b]$上处处有

$$f(x)=c_0\varphi_0(x)+c_1\varphi_1(x)+\cdots+c_n\varphi_n(x)+\cdots \tag{2.1}$$

其中,$c_0,c_1,\cdots,c_n,\cdots$ 是常数.我们的任务是计算这些常数.为此,设级数

$$\begin{aligned}f(x)\varphi_n(x)=&\ c_0\varphi_0(x)\varphi_n(x)+c_1\varphi_1(x)\varphi_n(x)+\cdots+\\&c_{n-1}\varphi_{n-1}(x)\varphi_n(x)+c_n\varphi_n^2(x)+\\&c_{n+1}\varphi_{n+1}(x)\varphi_n(x)+\cdots\\&(n=0,1,2,\cdots)\end{aligned} \tag{2.2}$$

(这是将等式(2.1)乘上 $\varphi_n(x)$ 的结果)在区间$[a,b]$上可以逐项积分.由(2.2)可知,这样积分后得

$$\int_a^b f(x)\varphi_n(x)\mathrm{d}x=c_n\int_a^b\varphi_n^2(x)\mathrm{d}x\quad(n=0,1,2,\cdots)$$

因此

$$c_n=\frac{\int_a^b f(x)\varphi_n(x)\mathrm{d}x}{\int_a^b\varphi_n^2(x)\mathrm{d}x}=\frac{\int_a^b f(x)\varphi_n(x)\mathrm{d}x}{\|\varphi_n\|^2}\quad(n=0,1,2,\cdots) \tag{2.3}$$

现在打算把在区间$[a,b]$上给出的函数 $f(x)$ 按系(1.1)的各函数展成级数,虽然我们事先并不知道这样的展开是不是可能的.如果这样的展开是可能的话(并且如上所说的逐项积分也是可能的话),那么根

据上述,必定得到公式(2.3).因此为了要找我们所需要的函数 $f(x)$ 的展式,自然就先要考察系数由公式(2.3)给出的级数,然后看这级数是否收敛到 $f(x)$.

由公式(2.3)算出的系数叫作函数 $f(x)$ 按系(1.1)的傅里叶系数,而对应的级数叫作按这系的傅里叶级数.

如果系(1.1)是标准的,那么傅里叶系数的公式,就具有特别简单的形状

$$c_n=\int_a^b f(x)\varphi_n(x)\mathrm{d}x \quad (n=0,1,2,\cdots) \tag{2.4}$$

在未确定傅里叶级数的确收敛到 $f(x)$ 以前,我们先写出

$$f(x)\sim c_0\varphi_0(x)+c_1\varphi_1(x)+\cdots+c_n\varphi_n(x)+\cdots$$

不过应当注意,即使在傅里叶级数发散的情况下(这种情况有时真会出现的),它也会具有一些特别的性质的.关于这一点,以后再说.

如果系(1.1)各函数连续,而且(2.1)右边的级数均匀收敛,那么就不难证明级数(2.2)均匀收敛,因而可以逐项积分(参看第1章 §6 定理1的证明).由此立刻得到

定理　如果系(1.1)各函数连续,等式(2.1)对于 $f(x)$ 成立,并且右边的级数均匀收敛,那么这级数是 $f(x)$ 的傅里叶级数.

§3　最简单正交系的例子

除了已经提到过的正交系(1.4),(1.5)以外,下

面再指出一些.

Ⅰ.系

$$1, \cos x, \cos 2x, \cdots, \cos nx, \cdots$$

在区间$[0,\pi]$正交.

实际上

$$\int_0^{\pi} \cos nx \, \mathrm{d}x = \left[\frac{\sin nx}{n}\right]_{x=0}^{x=\pi} = 0 \quad (n=1,2,\cdots) \tag{3.1}$$

这就是说,函数 $\cos nx$ 和 1 是正交的.又

$$\begin{aligned} & \int_0^{\pi} \cos nx \cos mx \, \mathrm{d}x \\ = & \frac{1}{2}\int_0^{\pi} [\cos(n+m)x + \cos(n-m)x] \mathrm{d}x \\ = & \frac{1}{2}\int_0^{\pi} \cos(n+m)x \mathrm{d}x + \\ & \frac{1}{2}\int_0^{\pi} \cos(n-m)x \mathrm{d}x = 0 \quad (n \neq m) \end{aligned}$$

这是由(3.1)得来的.因此就证明了系 Ⅰ 的正交性.

对于按系 Ⅰ 的傅里叶级数,我们保留第1章所采取的写法,即写成

$$f(x) \sim \frac{a_0}{2} + a_1 \cos x + a_2 \cos 2x + \cdots + a_n \cos nx + \cdots$$

将公式(2.3)应用到这种记法的傅里叶系数,便有

$$\frac{a_0}{2} = \frac{\int_0^{\pi} f(x) \mathrm{d}x}{\int_0^{\pi} 1 \cdot \mathrm{d}x} = \frac{1}{\pi}\int_0^{\pi} f(x) \mathrm{d}x$$

$$a_n = \frac{\int_0^{\pi} f(x)\cos nx\,dx}{\int_0^{\pi} \cos^2 nx\,dx} \quad (n=1,2,\cdots)$$

但是

$$\int_0^{\pi} \cos^2 nx\,dx = \int_0^{\pi} \frac{1+\cos 2nx}{2}dx = \frac{\pi}{2}$$

因此可以写成

$$a_n = \frac{2}{\pi}\int_0^{\pi} f(x)\cos nx\,dx \quad (n=0,1,2,\cdots)$$

这公式和第 1 章对于余弦级数所得的公式(12.3)，实际上是一样的.

Ⅱ. 系

$$\sin x, \sin 2x, \cdots, \sin nx, \cdots$$

在$[0,\pi]$上正交.

实际上，当 $n \neq m$ 时(参看(3.1))

$$\int_0^{\pi} \sin nx \sin mx\,dx$$

$$= \frac{1}{2}\int_0^{\pi} [\cos(n-m)x - \cos(n+m)x]dx = 0$$

按系 Ⅱ 的傅里叶级数，和前面情况一样，照第 1 章的写法，便是

$$f(x) \sim b_1 \sin x + b_2 \sin 2x + \cdots + b_n \sin nx + \cdots$$

于是由(2.3)可知

$$b_n = \frac{\int_0^{\pi} f(x)\sin nx\,dx}{\int_0^{\pi} \sin^2 nx\,dx} \quad (n=1,2,\cdots)$$

因为

$$\int_0^{\pi} \sin^2 nx\,dx = \int_0^{\pi} \frac{1-\cos 2nx}{2}dx = \frac{\pi}{2}$$

所以

$$b_n = \frac{2}{\pi}\int_0^{\pi} f(x)\sin nx\,\mathrm{d}x \quad (n=1,2,\cdots)$$

也就是得到第 1 章对于正弦级数的公式(12.4),这是很早就可以想得到的.

Ⅲ.系

$$\sin x, \sin 3x, \sin 5x, \cdots, \sin(2n+1)x, \cdots$$

在 $\left[0,\frac{\pi}{2}\right]$ 上正交.

实际上,对于 $n \neq m, n=0,1,2,\cdots, m=0,1,2,\cdots$,有

$$\begin{aligned}
&\int_0^{\frac{\pi}{2}} \sin(2n+1)x\sin(2m+1)x\,\mathrm{d}x \\
&= \frac{1}{2}\int_0^{\frac{\pi}{2}} [\cos 2(n-m)x - \cos 2(n+m+1)x]\mathrm{d}x \\
&= \frac{1}{2}\left[\frac{\sin 2(n-m)x}{2(n-m)}\right]_{x=0}^{x=\frac{\pi}{2}} - \\
&\quad \frac{1}{2}\left[\frac{\sin 2(n+m+1)x}{2(n+m+1)}\right]_{x=0}^{x=\frac{\pi}{2}} = 0
\end{aligned}$$

由傅里叶系数的公式(2.3)可得

$$c_n = \frac{\int_0^{\frac{\pi}{2}} f(x)\sin(2n+1)x\,\mathrm{d}x}{\int_0^{\frac{\pi}{2}} \sin^2(2n+1)x\,\mathrm{d}x} \quad (n=0,1,2,\cdots)$$

但是

$$\int_0^{\frac{\pi}{2}} \sin^2(2n+1)x\,\mathrm{d}x = \int_0^{\frac{\pi}{2}} \frac{1-\cos(4n+2)}{2}\mathrm{d}x = \frac{\pi}{4}$$

因此

$$c_n = \frac{4}{\pi}\int_0^{\frac{\pi}{2}} f(x)\sin(2n+1)x\,\mathrm{d}x \quad (n=0,1,2,\cdots)$$

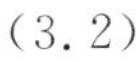
(3.2)

我们要注意，由基本三角函数系出发，可以得到在区间$\left[0,\frac{\pi}{2}\right]$上确定的函数 $f(x)$ 按系 Ⅲ 的展式，正如在第 1 章 §12 里，将在区间$[0,\pi]$上确定的函数，借助于在区间$[-\pi,0]$上的偶式延续或奇式延续，展成余弦级数或正弦级数一样.

为此，我们要推广函数奇偶性的概念. 设函数 $f(x)$ 确定于 Ox 轴上对称于点 $x=l$ 的某个区间上，或是确定于全部 Ox 轴上. 我们说 $f(x)$ 关于 $x=l$ 是偶式的，如果对于每一个 h，有

$$f(l-h)=f(l+h)$$

这就是说，函数 $y=f(x)$ 的图形关于直线 $x=l$ 成对称(图 25).

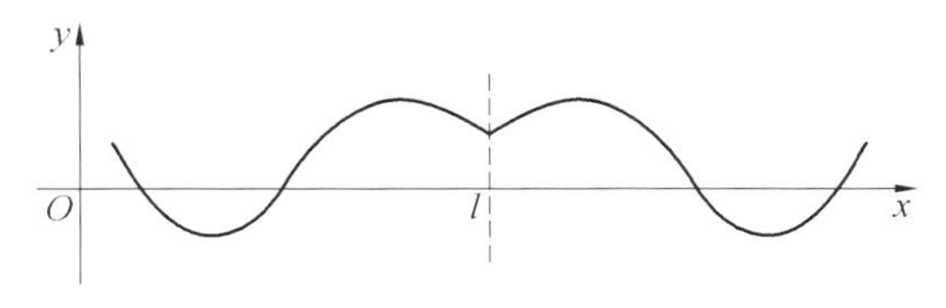

图 25

对于关于 $x=l$ 是偶式的函数，显然有

$$\int_{l-a}^{l+a} f(x)\mathrm{d}x=2\int_{l-a}^{l} f(x)\mathrm{d}x$$

特别说来(当 $a=l$)

$$\int_{0}^{2l} f(x)\mathrm{d}x=2\int_{0}^{l} f(x)\mathrm{d}x \tag{3.3}$$

我们说 $f(x)$ 关于 $x=l$ 是奇式的，如果对于每一个 h，有

$$f(l-h)=-f(l+h)$$

这就是说，函数 $y=f(x)$ 的图形关于点$(l,0)$成对称

(图 26). 对于关于 $x=l$ 是奇式的函数,显然有

$$\int_{l-a}^{l+a} f(x)\,\mathrm{d}x = 0$$

也有

$$\int_{0}^{2l} f(x)\,\mathrm{d}x = 0$$

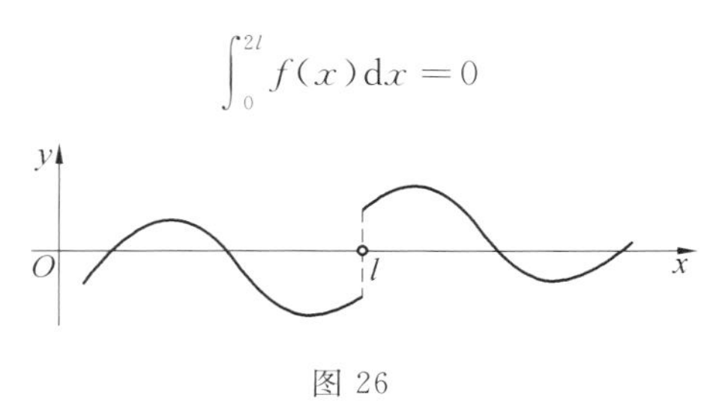

图 26

关于就 $x=l$ 来说的偶函数或奇函数,两个偶函数或两个奇函数的乘积是偶函数,而偶函数和奇函数的乘积是奇函数. 这一点的证明,和第 1 章 §11 所证的,本质上没有什么不同.

现在设 $f(x)$ 定义于区间 $\left[0,\frac{\pi}{2}\right]$ 上. 在区间 $\left[\frac{\pi}{2},\pi\right]$ 上对它作偶式延续(图 27). 我们便得到确定在区间 $[0,\pi]$ 上的函数 $g(x)$,它在 $\left[0,\frac{\pi}{2}\right]$ 上和 $f(x)$ 是一致的. 我们把函数 $g(x)$ 展成正弦级数(这相当于在区间 $[-\pi,0]$ 上作 $g(x)$ 的奇式延续 —— 参看第 1 章 §12). 我们得到

$$b_n = \frac{2}{\pi}\int_0^{\pi} g(x)\sin nx\,\mathrm{d}x \quad (n=1,2,\cdots) \tag{3.4}$$

现在注意,系 III 的各函数是关于 $x=\frac{\pi}{2}$ 的偶函数. 实际上,当 $n=0,1,2,\cdots$ 时,有

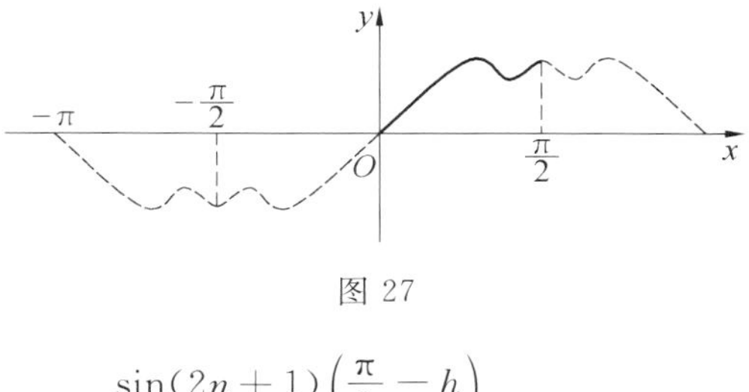

图 27

$$\sin(2n+1)\left(\frac{\pi}{2}-h\right)$$

$$=\sin(2n+1)\frac{\pi}{2}\cos(2n+1)h-$$

$$\cos(2n+1)\frac{\pi}{2}\sin(2n+1)h$$

$$=\sin(2n+1)\frac{\pi}{2}\cos(2n+1)h+$$

$$\cos(2n+1)\frac{\pi}{2}\sin(2n+1)h$$

$$=\sin(2n+1)\left(\frac{\pi}{2}+h\right)$$

这是因为

$$\cos(2n+1)\frac{\pi}{2}=0$$

因此，由于函数 $g(x)$ 和 $\sin(2n+1)x$ 关于 $x=\frac{\pi}{2}$ 是偶的，从(3.3)和(3.4)可以得到

$$b_{2n+1}=\frac{2}{\pi}\int_0^{\pi}g(x)\sin(2n+1)x\,\mathrm{d}x$$

$$=\frac{4}{\pi}\int_0^{\frac{\pi}{2}}f(x)\sin(2n+1)x\,\mathrm{d}x$$

$$(n=0,1,2,\cdots)$$

另一方面，函数 $\sin 2nx\ (n=1,2,\cdots)$ 关于 $x=\frac{\pi}{2}$

是奇的,这是因为

$$\begin{aligned}\sin 2n\left(\frac{\pi}{2}-h\right) &= \sin \pi n\cos 2nh - \cos \pi n\sin 2nh \\ &= -(\sin \pi n\cos 2nh + \\ &\quad \cos \pi n\sin 2nh) \\ &= -\sin 2n\left(\frac{\pi}{2}+h\right)\end{aligned}$$

因此乘积 $g(x)\sin 2nx\ (n=1,2,\cdots)$ 是关于 $x=\frac{\pi}{2}$ 的奇函数. 所以

$$b_{2n}=\frac{2}{\pi}\int_0^{\pi} g(x)\sin 2nx\,\mathrm{d}x=0 \quad (n=1,2,\cdots)$$

这样一来,函数 $g(x)$ 也就是 $f(x)$,展成正弦级数时,一切偶系数等于零,而奇系数则由公式(3.4)给出,这是和(3.2)一样的.

我们作这冗长的讨论,是为了使第 1 章 §10 对于周期 2π 的函数所作的收敛准则,可以应用到按系 Ⅲ 的级数上来. 由我们的推演可知,这准则一定可以用到由下述方法所得到的函数上的: 先将 $f(x)$ 在区间 $\left[\frac{\pi}{2},\pi\right]$ 作偶式延续,然后将所得函数在区间$[-\pi,0]$上作奇式延续(图 27 显示函数 $y=f(x)$ 以及所提到的两回延续的图形),最后再将所得结果在 Ox 轴上作周期延续(按周期 2π).

Ⅳ. 系

$$1,\cos\frac{\pi x}{l},\cos\frac{2\pi x}{l},\cdots,\cos\frac{n\pi x}{l},\cdots$$

在区间$[0,l]$上是正交的.

Ⅴ.系

$$\sin\frac{\pi x}{l},\sin\frac{2\pi x}{l},\cdots,\sin\frac{n\pi x}{l},\cdots$$

在区间$[0,l]$上是正交的.

实际上,在每系中的每一对函数乘积的积分,用代换$\frac{\pi x}{l}=t$后,就可化为系 Ⅰ 和 Ⅱ 中对应乘积的积分.

用这样办法,可以得到傅里叶系数的公式(15.5)和(15.6),而这是我们在第1章,§15已经找出来的.

Ⅵ.系

$$\sin\frac{\pi x}{2l},\sin\frac{3\pi x}{2l},\sin\frac{5\pi x}{2l},\cdots,\sin\frac{(2n+1)\pi x}{2l},\cdots$$

在区间$[0,l]$上正交.

实际上,用代换$\frac{\pi x}{2l}=t$便可得到

$$\int_0^l \sin\frac{(2n+1)\pi x}{2l}\sin\frac{(2m+1)\pi x}{2l}\mathrm{d}x$$

$$=\frac{2l}{\pi}\int_0^{\frac{\pi}{2}}\sin(2n+1)t\sin(2m+1)t\mathrm{d}t=0\quad(n\neq m)$$

这就归结到系 Ⅲ 各函数正交的问题.

我们求得按系 Ⅵ 的傅里叶系数

$$c_n=\frac{\int_0^l f(x)\sin\frac{(2n+1)\pi x}{2l}\mathrm{d}x}{\int_0^l \sin^2\frac{(2n+1)\pi x}{2l}\mathrm{d}x}$$

$$=\frac{2}{l}\int_0^l f(x)\sin\frac{(2n+1)\pi x}{2l}\mathrm{d}x$$

还有,如果我们要把在区间$[0,l]$上确定的函数$f(x)$展成按系 Ⅵ 的傅里叶级数,那么用代换$\frac{\pi x}{2l}=t$便

可以把问题化成：把确定于 $\left[0,\frac{\pi}{2}\right]$ 上的函数 $\varphi(t)=f\left(\frac{2lt}{\pi}\right)$ 展成按系 Ⅲ 的级数，由此把变量 x 还原，便可以回到所求按系 Ⅵ 的级数.

由此可知，第 1 章 §10 的收敛准则，既然可以应用到按系 Ⅲ 的级数，就会应用到按系 Ⅳ 的级数（而这种情况，在应用上是常常遇到的）.

以后我们将会遇到一些正交系，它们是由性质比三角函数还要复杂的函数所组成的（贝塞尔函数等）.

§4　平方可积函数、布尼雅柯夫斯基不等式

我们说，确定于区间$[a,b]$上的函数 $f(x)$ 是平方可积函数，如果它本身和它的平方在$[a,b]$上是可积的. 一切有界可积函数当然是平方可积函数. 至于无界可积函数，这就不一定了. 实际上，积分

$$\int_0^1 \frac{\mathrm{d}x}{\sqrt{x}}$$

是存在的，但积分

$$\int_0^1 \frac{\mathrm{d}x}{x}$$

却不存在.

设 $\varphi(x)$ 和 $\psi(x)$ 在$[a,b]$$(a<b)$ 上确定，并且是平方可积的函数. 我们首先注意，由初等的不等式

$$|\varphi\psi|\leqslant\frac{1}{2}(\varphi^2+\psi^2)$$

可以推出函数 $|\varphi\psi|$ 的可积性①. 现在考察关系式

$$\int_a^b(\varphi+\lambda\psi)^2\mathrm{d}x=\int_a^b\varphi^2\mathrm{d}x+2\lambda\int_a^b\varphi\psi\mathrm{d}x+\lambda^2\int_a^b\psi^2\mathrm{d}x\geqslant 0$$

其中 λ 是任意常数. 又命

$$\int_a^b\varphi^2\mathrm{d}x=A,\int_a^b\varphi\psi\mathrm{d}x=B,\int_a^b\psi^2\mathrm{d}x=C$$

于是对于任意的 λ，有

$$A+2B\lambda+C\lambda^2\geqslant 0$$

所以二次三项式

$$\mu=A+2B\lambda+C\lambda^2$$

的图形是位于 $O\lambda$ 轴上部的抛物线，也可能是和这轴相切的抛物线(图 28).

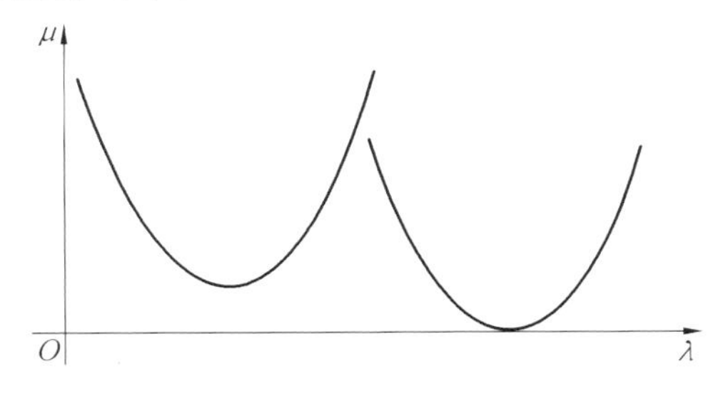

图 28

由此可知，我们这个三项式不会有相异实根(因为否则图形就会和 $O\lambda$ 轴交于两点). 因此对于三项式的判别式当然有

$$B^2-AC\leqslant 0$$

或

① 由此顺便得到一个结论：平方可积函数一定是绝对可积的(反过来不一定对). 要想证明这一点，只要在我们的推演中命 $\psi(x)=1$ 就可以了.

$$B^2 \leqslant AC$$

回到我们的记号，便得

$$\left(\int_a^b \varphi\psi \mathrm{d}x\right)^2 \leqslant \int_a^b \varphi^2 \mathrm{d}x \cdot \int_a^b \psi^2 \mathrm{d}x \tag{4.1}$$

我们得到了一个非常有用的不等式，叫作布尼雅柯夫斯基不等式.

建立了这个不等式以后，便可以知道，任意有限多个平方可积函数的和，也是平方可积的. 实际上，对于两个函数，有

$$\int_a^b (\varphi + \psi)^2 \mathrm{d}x = \int_a^b \varphi^2 \mathrm{d}x + 2\int_a^b \varphi\psi \mathrm{d}x + \int_a^b \psi^2 \mathrm{d}x$$

由两项推到任意多项是不费力的.

§5　平方偏差、它的最小值

设 $f(x)$ 是确定于区间 $[a,b]$ 上的任意一个平方可积函数. 考察按系(1.1)的 n 阶多项式

$$\sigma_n(x) = \gamma_0\varphi_0(x) + \gamma_1\varphi_1(x) + \cdots + \gamma_n\varphi_n(x) \tag{5.1}$$

其中，$\gamma_0, \gamma_1, \cdots, \gamma_n$ 是常数. 由于我们对于系(1.1)的假设，一切的 $\varphi_n(x)$ 是平方可积的函数(参看(1.3)). 因此多项式 $\sigma_n(x)$ 以及差式 $f(x) - \sigma_n(x)$ $(n = 0, 1, 2, \cdots)$ 也是平方可积函数.

考察

$$\delta_n = \int_a^b [f(x) - \sigma_n(x)]^2 \mathrm{d}x \tag{5.2}$$

这个量，我们称它为多项式 $\sigma_n(x)$ 对于函数 $f(x)$ 的平

方偏差.

我们可以用种种不同的方法，来估计多项式 $\sigma_n(x)$ 对于函数 $f(x)$ 的偏差. 在傅里叶级数的理论上，采用平方偏差来估计偏差是特别方便的.

我们提出这样的问题：当 n 给定，怎样挑选系数 $\gamma_0,\gamma_1,\cdots,\gamma_n$ 才能使平方偏差 δ_n 为最小？

由(5.2)可知

$$\delta_n=\int_a^b f^2(x)\mathrm{d}x-2\int_a^b f(x)\sigma_n(x)\mathrm{d}x+\int_a^b \sigma_n^2(x)\mathrm{d}x \tag{5.3}$$

由(5.1)有

$$\int_a^b f(x)\sigma_n(x)\mathrm{d}x=\sum_{k=0}^n \gamma_k\int_a^b f(x)\varphi_k(x)\mathrm{d}x$$

但是根据(2.3)，有

$$\int_a^b f(x)\varphi_k(x)\mathrm{d}x=c_k\|\varphi_k\|^2\quad(k=0,1,2,\cdots)$$

其中 c_k 是函数 $f(x)$ 的傅里叶系数，因此

$$\int_a^b f(x)\sigma_n(x)\mathrm{d}x=\sum_{k=0}^n \gamma_k c_k\|\varphi_k\|^2 \tag{5.4}$$

又

$$\begin{aligned}\int_a^b \sigma_n^2(x)\mathrm{d}x&=\int_a^b\Big(\sum_{k=0}^n\gamma_k\varphi_k(x)\Big)^2\mathrm{d}x\\&=\int_a^b\Big(\sum_{k=0}^n\gamma_k^2\varphi_k^2(x)+\\&\qquad 2\sum_{p\neq q}\gamma_p\gamma_q\varphi_p(x)\varphi_q(x)\Big)\mathrm{d}x\\&=\sum_{k=0}^n\gamma_k^2\int_a^b\varphi_k^2(x)\mathrm{d}x+\\&\qquad 2\sum_{p\neq q}\gamma_p\gamma_q\int_a^b\varphi_p(x)\varphi_q(x)\mathrm{d}x\end{aligned}$$

最后的和式包括所有不相等的，而又不超过 n 的一切可能下标 p，q 的各项. 由于系(1.1)的正交性，这和式等于零. 于是

$$\int_a^b \sigma_n^2(x)\mathrm{d}x = \sum_{k=0}^{n} \gamma_k^2 \| \varphi_k \|^2 \tag{5.5}$$

把(5.4)和(5.5)代到(5.3)，就有

$$\begin{aligned}\delta_n &= \int_a^b f^2(x)\mathrm{d}x - 2\sum_{k=0}^{n} \gamma_k c_k \| \varphi_k \|^2 + \sum_{k=0}^{n} \gamma_k^2 \| \varphi_k \|^2 \\ &= \int_a^b f^2(x)\mathrm{d}x + \sum_{k=0}^{n} (c_k - \gamma_k)^2 \| \varphi_k \|^2 - \\ &\quad \sum_{k=0}^{n} c_k^2 \| \varphi_k \|^2\end{aligned}$$

如果

$$\sum_{k=0}^{n} (c_k - \gamma_k)^2 \| \varphi_k \|^2 = 0$$

量 δ_n 显然是最小. 这和条件

$$\gamma_k = c_k \quad (k = 0, 1, 2, \cdots, n)$$

相当. 这样一来，当多项式(5.1)的系数是傅里叶系数时，平方偏差是最小. 把这最小偏差记成 Δ_n，便有

$$\begin{aligned}\Delta_n &= \int_a^b \left[f(x) - \sum_{k=0}^{n} c_k \varphi_k(x) \right]^2 \mathrm{d}x \\ &= \int_a^b f^2(x)\mathrm{d}x - \sum_{k=0}^{n} c_k^2 \| \varphi_k \|^2\end{aligned} \tag{5.6}$$

这表达式指出：当 n 增大时，正的量 Δ_n 只能减小，即 n 越大时，傅里叶级数的部分和就越准确地近似表示函数 $f(x)$(以平方偏差作为误差).

§6　贝塞尔不等式和它的推论

因为 $\Delta_n \geqslant 0$,故由(5.6)得

$$\int_a^b f^2(x)\mathrm{d}x \geqslant \sum_{k=0}^{n} c_k^2 \| \varphi_k \|^2$$

在这不等式中,n 是任意的.n 增大时,右边的和式只能增大.因此这和式,由于它是为常量(左边积分)所界,当 $n \to \infty$ 时,有有限的极限,即,级数

$$\sum_{k=0}^{\infty} c_k^2 \| \varphi_k \|^2$$

收敛,且

$$\int_a^b f^2(x)\mathrm{d}x \geqslant \sum_{k=0}^{\infty} c_k^2 \| \varphi_k \|^2 \tag{6.1}$$

我们便得到很重要的贝塞尔不等式.根据右边级数的收敛性,立刻得到

$$\lim_{n \to \infty} c_n \| \varphi_n \| = 0 \tag{6.2}$$

如果系(1.1)是标准的,那么贝塞尔不等式就成为

$$\int_a^b f^2(x)\mathrm{d}x \geqslant \sum_{k=0}^{\infty} c_k^2$$

的形状,因此傅里叶系数平方所成的级数收敛.

由(6.2)可知,对于标准系有

$$\lim_{n \to \infty} c_n = 0$$

即傅里叶系数当 $n \to \infty$ 时趋于零.

§7 完备系、在均值意义下的收敛性

系(1.1)叫作完备的,如果对于任意一个平方可积函数 $f(x)$,等式

$$\int_a^b f^2(x)\mathrm{d}x = \sum_{k=0}^{\infty} c_k^2 \parallel \varphi_k \parallel^2 \tag{7.1}$$

(而不是贝塞尔不等式)成立.好像前面一样,这里的 $c_k(k=0,1,2,\cdots)$ 是函数 $f(x)$ 的傅里叶系数.等式(7.1)叫作系(1.1)的完备条件.

我们立刻可以看出完备条件的一些简单的推论:

定理 1 设 $f(x)$ 和 $F(x)$ 都是平方可积函数,且

$$f(x) \sim c_0\varphi_0(x) + c_1\varphi_1(x) + \cdots$$

$$F(x) \sim C_0\varphi_0(x) + C_1\varphi_1(x) + \cdots$$

又系(1.1)是完备的.那么

$$\int_a^b f(x)F(x)\mathrm{d}x = \sum_{k=0}^{\infty} c_k C_k \parallel \varphi_k \parallel^2 \tag{7.2}$$

实际上,和式 $f(x)+F(x)$ 与差式 $f(x)-F(x)$ 都是平方可积函数,而且第一个函数的傅里叶系数是 c_k+C_k,第二个的是 c_k-C_k.根据完备条件,有

$$\int_a^b [f(x)+F(x)]^2\mathrm{d}x = \sum_{k=0}^{\infty}(c_k+C_k)^2 \parallel \varphi_k \parallel^2$$

$$\int_a^b [f(x)-F(x)]^2\mathrm{d}x = \sum_{k=0}^{\infty}(c_k-C_k)^2 \parallel \varphi_k \parallel^2$$

由此相减后便得

$$4\int_a^b f(x)F(x)\mathrm{d}x = \sum_{k=0}^{\infty} 4c_k C_k \parallel \varphi_k \parallel^2$$

这便证明了等式(7.2).

下面的命题会引到重要的结论.

定理2　系(1.1)为完备系的充分及必要条件是:对于任意一个平方可积函数 $f(x)$,下面的等式都成立

$$\lim_{n\to\infty}\int_a^b\left[f(x)-\sum_{k=0}^{n}c_k\varphi_k(x)\right]^2\mathrm{d}x=0 \tag{7.3}$$

实际上,完备条件相当于这样的条件

$$\lim_{n\to\infty}\left[\int_a^b f^2(x)\mathrm{d}x-\sum_{k=0}^{n}c_k^2\|\varphi_k\|^2\right]=0$$

现在只要看看等式(5.6)就可以知道这定理是成立的了.

当等式(7.3)满足时,我们说傅里叶级数在均值意义下收敛到 $f(x)$. 因此定理2便可以有新的说法:

系(1.1)为完备系的充分及必要条件是:任意一个平方可积函数 $f(x)$ 的傅里叶级数在均值意义下收敛到这函数本身.

必须注意,即使系(1.1)是完备的,傅里叶级数也不一定(按通常意义)收敛到原来构成级数的函数. 可是我们已经证明过,对于完备系,在均值意义下的收敛是必然的(这里所指的是平方可积函数).

特别说来,刚才所说的事可应用到三角函数系(它的完备性将在第5章 §2 证明).

这点说明指出了在均值意义下收敛的重要性,而且可以让我们把这种收敛看成普通收敛的推广. 如果我们证明了傅里叶级数在均值意义下收敛到唯一的函数,那么这推广就完全对了,而实际上(依照一定的说法)正是这样.

实际上,设(7.3)和

$$\lim_{n\to\infty}\int_a^b \left[F(x)-\sum_{k=0}^{n} c_k\varphi_k(x)\right]^2 \mathrm{d}x=0 \quad (7.4)$$

都成立.

利用初等不等式

$$(a+b)^2 \leqslant 2(a^2+b^2)$$

可得

$$0 \leqslant \int_a^b [F(x)-f(x)]^2 \mathrm{d}x$$

$$=\int_a^b \left[\left(F(x)-\sum_{k=10}^{n} c_k\varphi_k(x)\right)+\left(\sum_{k=0}^{n} c_k\varphi_k(x)-f(x)\right)\right]^2 \mathrm{d}x$$

$$\leqslant 2\int_a^b \left[F(x)-\sum_{k=0}^{n} c_k\varphi_k(x)\right]^2 \mathrm{d}x + 2\int_a^b \left[f(x)-\sum_{k=0}^{n} c_k\varphi_k(x)\right]^2 \mathrm{d}x$$

因此由(7.3)和(7.4)有

$$\int_a^b [F(x)-f(x)]^2 \mathrm{d}x = 0$$

由于被积函数是正的,所以在它的连续点处有

$$F(x)=f(x)$$

可是间断点的个数是有限的.这样一来,函数$F(x)$和$f(x)$可能除开有限多个点以外,是处处一样的.这样的两个函数,在傅里叶级数论里不必加以区别,因为在个别点处的函数值是不影响傅里叶级数的性能的(因为傅里叶系数是用积分表示,而积分是可以不管有限个点处的函数值的).

根据上面所说的,我们可以作出这样的结论:

定理3 如果系(1.1)是完备的,那么所有平方可

积函数 $f(x)$(顶多除开在有限个点处的值外)完全由它的傅里叶级数的确定,无论级数是否收敛.

这必须了解为:不会有一个函数,和已给函数有实质上的不同(即,不同之处多过有限个点),而可以有相同的傅里叶级数.

§8　完备系最重要的性质

现在我们来建立一些很重要的命题.

定理1　如果系(1.1)是完备的,那么不会有不恒等于零的连续函数 $f(x)$ 存在,和系中一切函数正交.

实际上,$f(x)$ 正交于系中各个函数这一件事,意味着它的一切傅里叶系数全部为零.于是由完备性条件(7.1)可知

$$\int_a^b f^2(x)\mathrm{d}x = 0$$

由此根据 $f(x)$ 的连续性得

$$f(x) \equiv 0$$

定理2　如果系(1.1)是完备的,系中各函数是连续的,而且连续函数 $f(x)$ 的傅里叶级数均匀收敛,那么级数的和重合于 $f(x)$.

实际上,命

$$f(x) \sim c_0\varphi_0(x) + c_1\varphi_1(x) + \cdots + c_n\varphi_n(x) + \cdots$$

设

$$s(x) = c_0\varphi_0(x) + c_1\varphi_1(x) + \cdots + c_n\varphi_n(x) + \cdots \tag{8.1}$$

由于系(1.1)中各函数是连续的,级数是均匀收敛的,

所以级数和是连续的,即函数 $s(x)$ 连续.

由 §2 的定理可知,级数(8.1) 是 $s(x)$ 的傅里叶级数.

这样一来,连续函数 $f(x)$ 和 $s(x)$ 具有同一个傅里叶级数. 于是由 §7 的定理 3 可知

$$f(x) \equiv s(x)$$

又由(8.1) 得

$$f(x) = c_0\varphi_0(x) + c_1\varphi_1(x) + \cdots + c_n\varphi_n(x) + \cdots$$

定理3 如果系(1.1) 是完备的,那么每一个平方可积函数的傅里叶级数,不管它收敛与否,是可以逐项积分的.

换句话说,如果

$$f(x) \sim c_0\varphi_0(x) + c_1\varphi_1(x) + \cdots + c_n\varphi_n(x) + \cdots$$

那么

$$\begin{aligned}\int_{x_1}^{x_2} f(x)\mathrm{d}x = c_0\int_{x_1}^{x_2}\varphi_0(x)\mathrm{d}x + \\ c_1\int_{x_1}^{x_2}\varphi_1(x)\mathrm{d}x + \cdots + c_n\int_{x_1}^{x_2}\varphi_n(x)\mathrm{d}x\end{aligned} \tag{8.2}$$

其中,x_1,x_2 是区间$[a,b]$ 的任意两点.

实际上,为确定起见,设 $x_1 < x_2$,我们得到

$$\begin{aligned}&\left|\int_{x_1}^{x_2} f(x)\mathrm{d}x - \sum_{k=0}^{n} c_k\int_{x_1}^{x_2}\varphi_k(x)\mathrm{d}x\right| \\ \leqslant &\int_{x_1}^{x_2}\left|f(x) - \sum_{k=0}^{n} c_k\varphi_k(x)\right|\mathrm{d}x \\ \leqslant &\int_a^b\left|f(x) - \sum_{k=0}^{n} c_k\varphi_k(x)\right|\mathrm{d}x \\ \leqslant &\sqrt{\int_a^b\left[f(x) - \sum_{k=0}^{n} c_k\varphi_k(x)\right]^2\mathrm{d}x \cdot \int_a^b 1 \cdot \mathrm{d}x}\end{aligned} \tag{8.3}$$

(利用布尼雅柯夫斯基不等式 —— 参考 §4).

由 §7 定理2可知,(8.3)最后一式当 $n\to\infty$ 时趋于零. 因此

$$\lim_{n\to\infty}\left[\int_{x_1}^{x_2} f(x)\mathrm{d}x-\sum_{k=0}^{n}c_k\int_{x_1}^{x_2}\varphi_k(x)\mathrm{d}x\right]=0$$

这相当于等式(8.2).

§9　完备系的判别准则

由于完备系概念的重要,给出一个尽可能简单的准则是适宜的. 下面给出一个很方便的准则.

如果对于连续于 $[a,b]$ 上的一切函数 $F(x)$,不管 $\varepsilon>0$ 是什么数,都存在着多项式

$$\sigma_n(x)=\gamma_0\varphi_0(x)+\gamma_1\varphi_1(x)+\cdots+\gamma_n\varphi_n(x)$$

使

$$\int_a^b[F(x)-\sigma_n(x)]^2\mathrm{d}x\leqslant\varepsilon \tag{9.1}$$

那么系(1.1)是完备的.

实际上,首先要注意,对于一切平方可积函数 $f(x)$,都存在着连续函数 $f(x)$,使

$$\int_a^b[f(x)-F(x)]^2\mathrm{d}x\leqslant\varepsilon \tag{9.2}$$

这件事在几何上是够明显的. 不过对于还不完全清楚这一点的读者,我们还是作下面的证明.

函数 $f(x)$ 只可以有有限个间断点. 特别说来,它只可以有有限个点,在其近旁函数是无界的. 每个这样的点可以包含在很小的区间内,使函数 f^2 在这些区间

上的积分的和小于$\frac{\varepsilon}{4}$. 取辅助函数 $\Phi(x)$,在上述各区间外等于 $f(x)$,在区间内等于零. $\Phi(x)$ 是有界的,只可以有有限个间断点,而且

$$\int_a^b [f(x)-\Phi(x)]^2 \mathrm{d}x \leqslant \frac{\varepsilon}{4} \tag{9.3}$$

函数 $\Phi(x)$ 的每一个间断点,也包含在小的区间内,使诸区间长度的和 l 满足条件

$$4M^2 l \leqslant \frac{\varepsilon}{4}$$

这里 M 是大于区间 $a \leqslant x \leqslant b$ 上的 $\Phi(x)$ 的一个数.

最后,考察一个连续函数 $F(x)$,在刚才提到的各区间外等于 $\Phi(x)$,在每个这样的区间内是线性的(图29). 显然

$$\int_a^b [\Phi(x)-F(x)]^2 \mathrm{d}x \leqslant 4M^2 l \leqslant \frac{\varepsilon}{4} \tag{9.4}$$

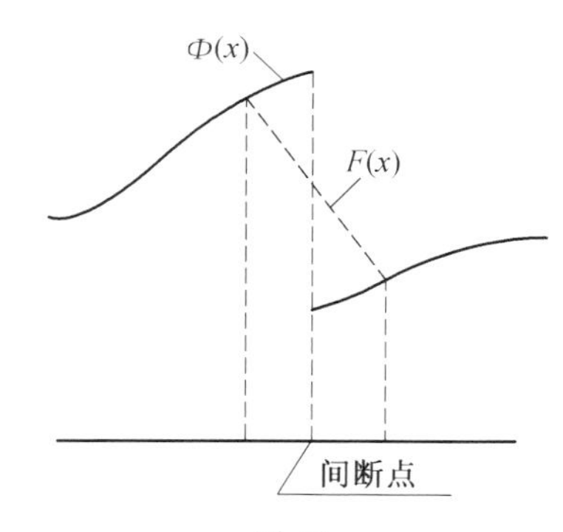

图 29

从(9.3) 和(9.4),由于初等不等式

$$(a+b)^2 \leqslant 2(a^2+b^2) \tag{9.5}$$

我们得到

$$
\begin{aligned}
&\int_a^b [f(x)-F(x)]^2\,\mathrm{d}x \\
=&\int_a^b [(f(x)-\Phi(x))+(\Phi(x)-F(x))]^2\,\mathrm{d}x \\
\leqslant& 2\int_a^b [f(x)-\Phi(x)]^2\,\mathrm{d}x+2\int_a^b [\Phi(x)-F(x)]^2\,\mathrm{d}x \\
\leqslant& \varepsilon
\end{aligned}
$$

这证明了函数 $F(x)$ 满足条件(9.2).

为了证明完备性，考察能使等式(9.1)成立的多项式 $\sigma_n(x)$. 使用不等式(9.5)，便有

$$
\begin{aligned}
&\int_a^b [f(x)-\sigma_n(x)]^2\,\mathrm{d}x \\
=&\int_a^b [(f(x)-F(x))+(F(x)-\sigma_n(x))]^2\,\mathrm{d}x \\
\leqslant& 2\int_a^b [f(x)-F(x)]^2\,\mathrm{d}x+ \\
&2\int_a^b [F(x)-\sigma_n(x)]^2\,\mathrm{d}x\leqslant 4\varepsilon
\end{aligned}
\tag{9.6}
$$

现在要想到，具有傅里叶系数的多项式给出的偏差最小(参看 §5).

因此由(9.6)有

$$
\int_a^b \Big[f(x)-\sum_{k=1}^n c_k\varphi_k(x)\Big]^2\,\mathrm{d}x\leqslant 4\varepsilon
$$

由此用(5.6)得

$$
0\leqslant\int_a^b f^2(x)\,\mathrm{d}x-\sum_{k=1}^n c_k^2\,\|\varphi_k\|^2\leqslant 4\varepsilon
$$

这就是说

$$
0\leqslant\int_a^b f^2(x)\,\mathrm{d}x-\sum_{k=1}^\infty c_k^2\,\|\varphi_k\|^2\leqslant 4\varepsilon
$$

因为 ε 是任意的，我们便得到(7.1)，系(1.1)的完备性

也就证明了.

§10　与矢量类比

设在空间给了三个互相垂直(正交)的矢量 $\boldsymbol{i},\boldsymbol{j},\boldsymbol{k}$,长为任意.如果我们要把已给矢量 $\boldsymbol{r}$ 展成形如

$$\boldsymbol{r}=a\boldsymbol{i}+b\boldsymbol{j}+c\boldsymbol{k} \tag{10.1}$$

的和式,也就是要计算纯量系数 a,b,c,那么就这样来做:

将等式(10.1)两边先和 $\boldsymbol{i}$,再和 $\boldsymbol{j}$,最后和 $\boldsymbol{k}$ 取纯积.由于这些矢量是互相正交的,于是就有

$$(\boldsymbol{r},\boldsymbol{i})=a\mid\boldsymbol{i}\mid^2$$

$$(\boldsymbol{r},\boldsymbol{j})=b\mid\boldsymbol{j}\mid^2$$

$$(\boldsymbol{r},\boldsymbol{k})=c\mid\boldsymbol{k}\mid^2$$

由此

$$a=\frac{(\boldsymbol{r},\boldsymbol{i})}{\mid\boldsymbol{i}\mid^2},b=\frac{(\boldsymbol{r},\boldsymbol{j})}{\mid\boldsymbol{j}\mid^2},c=\frac{(\boldsymbol{r},\boldsymbol{k})}{\mid\boldsymbol{k}\mid^2} \tag{10.2}$$

绝对值的符号表示矢量长.现在,假如说,知道展式(10.1)而要算矢量 $\boldsymbol{r}$ 的长,我们就把等式(10.1)和 $\boldsymbol{r}$ 取纯积.结果得到

$$\mid\boldsymbol{r}\mid^2=a(\boldsymbol{r},\boldsymbol{i})+b(\boldsymbol{r},\boldsymbol{j})+c(\boldsymbol{r},\boldsymbol{k})$$

利用等式(10.2)又得

$$\mid\boldsymbol{r}\mid^2=a^2\mid\boldsymbol{i}\mid^2+b^2\mid\boldsymbol{j}\mid^2+c^2\mid\boldsymbol{k}\mid^2 \tag{10.3}$$

数值 $a\mid\boldsymbol{i}\mid,b\mid\boldsymbol{j}\mid,c\mid\boldsymbol{k}\mid$ 表示矢量 $\boldsymbol{r}$ 在矢量 $\boldsymbol{i},\boldsymbol{j},\boldsymbol{k}$ 的方向上的投影.因此等式(10.3)就是矢量长度的平方,用矢量投影来表达的式子.

现在除了矢量 $\boldsymbol{r}$ 以外,如果我们再考察矢量

$$\boldsymbol{R}=A\boldsymbol{i}+B\boldsymbol{j}+C\boldsymbol{k} \tag{10.4}$$

并取 $\boldsymbol{r},\boldsymbol{R}$ 的纯积，那么由(10.1) 和(10.4) 便有

$$(\boldsymbol{r},\boldsymbol{R})=aA\mid\boldsymbol{i}\mid^2+bB\mid\boldsymbol{j}\mid^2+cC\mid\boldsymbol{k}\mid^2 \tag{10.5}$$

读者要是细心地熟悉了本章的内容，立刻就会看出傅里叶级数的讨论和刚才关于矢量的讨论之间有一些类似的地方.

实际上，在区间$[a,b]$ 确定的每一个平方可积函数，我们同意把它看成广义矢量. 广义矢量的纯积由等式

$$(\varphi,\psi)=\int_a^b\varphi(x)\psi(x)\mathrm{d}x$$

定义. 于是

$$\|\varphi\|^2=\int_a^b\varphi^2(x)\mathrm{d}x=(\varphi,\varphi)$$

正交系

$$\varphi_0(x),\varphi_1(x),\cdots,\varphi_n(x),\cdots \tag{10.6}$$

可以看成正交矢量系，这和我们纯积的定义是完全符合的. 如果要把给出的平方可积函数 $f(x)$ 表成关于系(10.6) 的级数

$$f(x)\sim c_0\varphi_0(x)+c_1\varphi_1(x)+\cdots+c_n\varphi_n(x)+\cdots$$

那么应用那引出关系式(10.2) 的推演，可以引出等式

$$c_k=\frac{(f,\varphi_n)}{\|\varphi_n\|^2}\quad(n=0,1,2,\cdots)$$

我们看出这就是傅里叶系数的公式(参看(2.3)). 这和我们在 §2 所作的是一样的.

读者当然知道完备条件(7.1) 是公式(10.3) 的推广；而等式(7.2) 是公式(10.5) 的推广.

顺便说说“完备”这一术语.

因为在三维空间中,任意的矢 $\boldsymbol{r}$ 可以表成(10.1)的形状,即表成矢量 $\boldsymbol{i},\boldsymbol{j},\boldsymbol{k}$ 的线性组合,所以这三矢量所成的系,自然就要叫作完备系.

要是我们企图把三维空间矢量 $\boldsymbol{r}$ 表成不是三个互相正交的矢量的线性组合,而是,比方说,这样的两个,$\boldsymbol{i}$ 和 $\boldsymbol{j}$,情况就不同了.在一般情况下,我们就不能达到

$$\boldsymbol{r}=a\boldsymbol{i}+b\boldsymbol{j}$$

这样的等式,并且由(10.2)得出的系数 a 和 b 显然满足不等式

$$|\boldsymbol{r}|^2\geqslant a^2|\boldsymbol{i}|^2+b^2|\boldsymbol{j}|^2 \tag{10.7}$$

(等号只是当矢量 $\boldsymbol{r}$ 在矢量 $\boldsymbol{i}$ 和 $\boldsymbol{j}$ 的平面上时才出现).

这样一来,要用两个正交矢量来表示空间的矢量是不够的,因此我们说两个正交矢量所成的系是不完备的.

对于展成傅里叶级数,也有类似的看法.如果系(10.6)满足条件(7.1),那么它就具有这样“足够”的函数——我们用“完备系”的语句来表示这件事——使一切平方可积函数,都可以用它的傅里叶级数来表示(在均值收敛的意义下).

要是系(10.6)不满足条件(7.1),我们就说它不是完备的.可以证明,对于每一个非完备系,总会有平方可积的函数,它的傅里叶级数在均值意义下,不收敛到这个函数.

读者不难看出贝塞尔不等式(6.1)是可以跟不等式(10.7)相类比的.

标准系(10.6)的情况,相当于矢量 $\boldsymbol{i},\boldsymbol{j},\boldsymbol{k}$ 是单位

矢量的情况，在这两种情况下，无论就函数系或是就矢量系来说，所有公式都简化了.于是公式(10.2)就有

$$a=(\boldsymbol{r},\boldsymbol{i}),b=(\boldsymbol{r},\boldsymbol{j}),c=(\boldsymbol{r},\boldsymbol{k})$$

的形状(这里的a,b,c分别地与矢量$\boldsymbol{r}$在$\boldsymbol{i},\boldsymbol{j},\boldsymbol{k}$上的投影重合).而傅里叶系数的公式成为这样

$$c_n=(f,\varphi_n)\quad(n=0,1,2,\cdots)$$

读者虽然对于有n个互相正交矢量的n维空间，知道的并不多；而且虽然从n个互相正交的矢量，不管n多么大，过渡到无穷多个正交的矢量(正交函数系看成矢量系)，还不仅仅是数量上的改变，而是有了质的突变，因为这时要考察的不是普通的和式而是级数以及均值意义下的收敛性，但尽管如此，我们所讲的类比还是很自然的.

傅里叶三角级数的收敛性

第3章

§1 贝塞尔不等式和它的推论

对于基本三角函数系

$$1,\cos x,\sin x,\cdots,\cos nx,\sin nx,\cdots \tag{1.1}$$

我们有

$$\|1\|=\sqrt{\int_{-\pi}^{\pi}1\cdot \mathrm{d}x}=\sqrt{2\pi}$$

$$\|\cos nx\|=\sqrt{\int_{-\pi}^{\pi}\cos^2 nx\,\mathrm{d}x}=\sqrt{\pi}$$

$$(n=1,2,\cdots)$$

$$\|\sin nx\|=\sqrt{\int_{-\pi}^{\pi}\sin^2 nx\,\mathrm{d}x}=\sqrt{\pi}$$

$$(n=1,2,\cdots)$$

设 $f(x)$ 是平方可积函数，在区间$[-\pi,\pi]$上给出. 应用于系(1.1)，贝塞尔不等式(参看第2章§6)便具有

$$\int_{-\pi}^{\pi} f^2(x)\mathrm{d}x \geqslant \left(\frac{a_0}{2}\right)^2 \cdot \|1\|^2 +$$

$$\sum_{n=1}^{\infty}(a_n^2 \|\cos nx\|^2 + b_n^2 \|\sin nx\|^2)$$

的形状，或

$$\int_{-\pi}^{\pi} f^2(x)\mathrm{d}x \geqslant \left(\frac{a_0}{2}\right)^2 \cdot 2\pi + \sum_{n=1}^{\infty}(a_n^2 + b_n^2) \cdot \pi$$

由此

$$\frac{1}{\pi}\int_{-\pi}^{\pi} f^2(x)\mathrm{d}x \geqslant \frac{a_0^2}{2} + \sum_{n=1}^{\infty}(a_n^2 + b_n^2) \quad (1.2)$$

在基本三角函数系的情况，贝塞尔不等式照理正该写成这样子. 实际上等式是成立的，这以后再证明(参看第5章 §3). 目前只需有建立了的不等式(1.2)就够了.

这不等式本身就肯定了右边级数是收敛的. 因此有下面的定理.

定理　任意平方可积函数的傅里叶系数平方所成的级数一定是收敛级数.

值得注意，对于一切其他一类的函数(即平方不可积的函数)，傅里叶系数平方所成级数一定是发散的. 这一点我们不证明了.

§2　三角积分 $\int_a^b f(x)\cos nx\,\mathrm{d}x$ 和 $\int_a^b f(x)\sin nx\,\mathrm{d}x$，当 $n\to\infty$ 时的极限

由上述定理立刻得到，对于任意平方可积函数

$$\lim_{n\to\infty} a_n = \lim_{n\to\infty} b_n = 0 \quad (2.1)$$

(因为收敛级数的公项,当 $n \to \infty$ 时一定趋于零的).
但因

$$a_n = \frac{1}{\pi}\int_{-\pi}^{\pi} f(x)\cos nx\,\mathrm{d}x$$

$$b_n = \frac{1}{\pi}\int_{-\pi}^{\pi} f(x)\sin nx\,\mathrm{d}x$$

所以

$$\lim_{n\to\infty}\int_{-\pi}^{\pi} f(x)\cos nx\,\mathrm{d}x = \lim_{n\to\infty}\int_{-\pi}^{\pi} f(x)\sin nx\,\mathrm{d}x = 0 \tag{2.2}$$

由此可知,不管什么区间$[a,b]$都有

$$\lim_{n\to\infty}\int_{a}^{b} f(x)\cos nx\,\mathrm{d}x = \lim_{n\to\infty}\int_{a}^{b} f(x)\sin nx\,\mathrm{d}x = 0 \tag{2.3}$$

(我们暂时假定 $f(x)$ 是平方可积函数,这要求是以后可以去掉的).

实际上,先设 $a < b \leqslant a + 2\pi$,即 $b - a \leqslant 2\pi$,并设当 $a \leqslant x \leqslant b$ 时,$g(x) = f(x)$;当 $b \leqslant x < a + 2\pi$ 时,$g(x) = 0$. 函数 $g(x)$ 在区间$[a, a+2\pi]$上显然是平方可积的. 将它在 Ox 轴上作周期延续(周期为 2π),则由周期函数的性质,有

$$\int_{a}^{a+2\pi} g(x)\cos nx\,\mathrm{d}x = \int_{-\pi}^{\pi} g(x)\cos nx\,\mathrm{d}x$$

因此,根据(2.2)

$$\lim_{n\to\infty}\int_{a}^{a+2\pi} g(x)\cos nx\,\mathrm{d}x = \lim_{n\to\infty}\int_{-\pi}^{\pi} g(x)\cos nx\,\mathrm{d}x = 0$$

另一方面，由函数 $g(x)$ 的定义可知

$$\int_{a}^{a+2\pi} g(x)\cos nx\,\mathrm{d}x=\int_{a}^{b} f(x)\cos nx\,\mathrm{d}x$$

因此

$$\lim_{n\to\infty}\int_{a}^{b} f(x)\cos nx\,\mathrm{d}x=0$$

对于(2.3)中的第二个积分，讨论是一样的.

如果 $b-a>2\pi$，那么区间 $[a,b]$ 可以分成有限个长度不超过 2π 的子区间，在每个子区间，等式(2.3)的性质已证明过了. 于是这性质在整个区间上也是有的.

现在我们去掉 $f(x)$ 是平方可积函数的要求.

不仅如此，我们还要去掉 n 是整数的要求.

为此，我们需要两个预备定理，从几何上看来，这是很明显的.

预备定理1　设 $f(x)$ 在区间 $[a,b]$ 上连续. 对于一切 $\varepsilon>0$，都存在着连续而逐段滑溜的函数 $f(x)$，使得对于一切 $x(a\leqslant x\leqslant b)$，都有

$$|f(x)-g(x)|\leqslant\varepsilon \tag{2.4}$$

证　用点

$$a=x_0<x_1<x_2<\cdots<x_m=b$$

把区间 $[a,b]$ 分成子区间，并且取如下的一个连续函数作为 $g(x)$

$$g(x_k)=f(x_k)\quad(k=0,1,2,\cdots,m)$$

又在每一个区间 $[x_{k-1},x_k](k=1,2,\cdots,m)$ 上，它是线性的. 函数 $y=g(x)$ 的图形是一折线，顶点在曲线 $y=f(x)$ 上(图30). $g(x)$ 显然是逐段滑溜的.

因为 $f(x)$ 连续，所以由 $[a,b]$ 所分出的子区间可以取成这样小，使对于 $[a,b]$ 上任意的 x，式(2.4)都

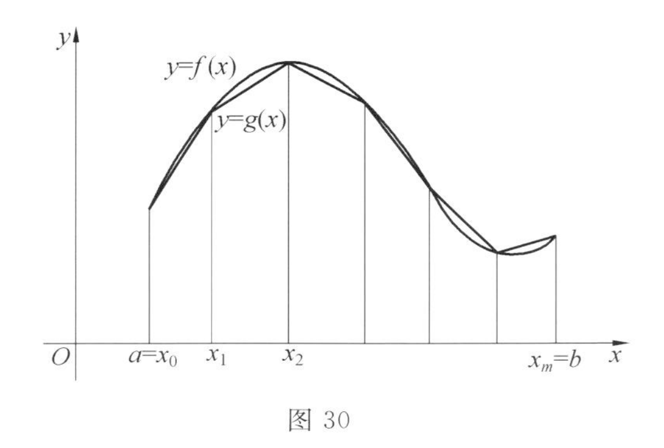

图 30

成立.

预备定理 2 设 $f(x)$ 在区间$[a,b]$上绝对可积.对于一切的 $\varepsilon>0$,都存在着连续而逐段滑溜的函数 $g(x)$,使

$$\int_a^b|f(x)-g(x)|\mathrm{d}x\leqslant\varepsilon\tag{2.5}$$

证[①] 函数 $f(x)$ 只可以有限个间断点,特别说来,只可以有有限个点,在其近旁函数是无界的.我们把每一个这样的点,包含在如此小的区间内,使函数 $|f(x)|$ 在这些区间上的积分和不超过$\frac{\varepsilon}{3}$.

设 $\Phi(x)$ 是一个辅助函数,在上述各区间外等于 $f(x)$,在这些区间内等于零.$\Phi(x)$ 是有界的,只可以有有限个间断点,而且显然有

$$\int_a^b|f(x)-\Phi(x)|\mathrm{d}x\leqslant\frac{\varepsilon}{3}\tag{2.6}$$

我们也把函数 $\Phi(x)$ 的每一个间断点,包含在如

① 现在引用的证明和第 2 章公式(9.2)的证明所根据的思想是一样的.

此小的区间内,使这些区间长度的和 l 满足条件

$$2Ml \leqslant \frac{\varepsilon}{3}$$

其中 M 是任意的一个数,大于 $a \leqslant x \leqslant b$ 上的 $|\Phi(x)|$.

考察如下的一个函数:它在刚才所论那些区间外面等于 $\Phi(x)$,在各该区间内是线性的连续函数 $F(x)$(参考第 2 章,图 29).显然

$$\int_a^b |\Phi(x) - F(x)| \mathrm{d}x \leqslant 2Ml \leqslant \frac{\varepsilon}{3} \quad (2.7)$$

最后,根据预备定理 1,存在着逐段滑溜的连续函数 $g(x)$,使

$$|F(x) - g(x)| \leqslant \frac{\varepsilon}{3(b-a)} \quad (a \leqslant x \leqslant b)$$

于是

$$\int_a^b |F(x) - g(x)| \mathrm{d}x \leqslant \frac{\varepsilon}{3} \quad (2.8)$$

由式(2.6),(2.7),(2.8)有

$$\begin{aligned}
&\int_a^b |f(x) - g(x)| \mathrm{d}x \\
=&\int_a^b |[f(x) - \Phi(x)] + [\Phi(x) - F(x)] + \\
&[F(x) - g(x)]| \mathrm{d}x \\
\leqslant&\int_a^b |f(x) - \Phi(x)| \mathrm{d}x + \\
&\int_a^b |\Phi(x) - F(x)| \mathrm{d}x + \int_a^b |F(x) - g(x)| \mathrm{d}x \\
\leqslant&\varepsilon
\end{aligned}$$

这就是要证明的.

附注　如果 $f(x)$ 是绝对可积的周期函数,那么 $g(x)$ 可以取成周期函数.

定理 对于任意绝对可积函数

$$\lim_{m\to\infty}\int_a^b f(x)\cos mx\,\mathrm{d}x = \lim_{m\to\infty}\int_a^b f(x)\sin mx\,\mathrm{d}x = 0 \tag{2.9}$$

而且不必假定 m 是整数.

证 设 ε 是任意小的正数.根据预备定理 2,存在着连续而逐段滑溜的函数 $g(x)$,使

$$\int_a^b |f(x)-g(x)|\,\mathrm{d}x \leqslant \frac{\varepsilon}{2} \tag{2.10}$$

考察

$$\begin{aligned}&\left|\int_a^b f(x)\cos mx\,\mathrm{d}x\right|\\ =&\left|\int_a^b [f(x)-g(x)]\cos mx\,\mathrm{d}x + \int_a^b g(x)\cos mx\,\mathrm{d}x\right|\\ \leqslant&\int_a^b |f(x)-g(x)|\,\mathrm{d}x + \left|\int_a^b g(x)\cos mx\,\mathrm{d}x\right|\end{aligned} \tag{2.11}$$

用分部积分法得

$$\int_a^b g(x)\cos mx\,\mathrm{d}x = \frac{1}{m}[g(x)\sin mx]_{x=a}^{x=b} - \frac{1}{m}\int_a^b g'(x)\sin mx\,\mathrm{d}x$$

方括弧内的式子和右边的积分显然有界.因此对于一切足够大的 m,有

$$\left|\int_a^b g(x)\cos mx\,\mathrm{d}x\right| \leqslant \frac{\varepsilon}{2} \tag{2.12}$$

由式(2.10),(2.12),(2.11)可知对于一切足够

大的 m,有

$$\left|\int_a^b f(x)\cos mx\,\mathrm{d}x\right|\leqslant \varepsilon$$

即

$$\lim_{m\to\infty}\int_a^b f(x)\cos mx\,\mathrm{d}x=0$$

对于式(2.9)的第二个积分,讨论是一样的.定理证完.

如果我们回到傅里叶系数的公式,由证得的定理便得出推论:

任意绝对可积函数的傅里叶系数,当 $n\to\infty$ 时趋于零.

本节开始时,我们对于平方可积函数证明了这个性质,现在又推广到任意绝对可积函数.应当注意,去掉函数绝对可积的条件,当 $n\to\infty$ 时,傅里叶系数就可能不会趋于零.

§3　余弦和式的公式、辅助积分

现在来证

$$\frac{1}{2}+\cos u+\cos 2u+\cdots+\cos nu=\frac{\sin\left(n+\frac{1}{2}\right)u}{2\sin\frac{u}{2}} \tag{3.1}$$

为此,把左边和式记作 S.显然有

$$2S\sin\frac{u}{2}=\sin\frac{u}{2}+2\cos u\sin\frac{u}{2}+$$

$$2\cos 2u\sin\frac{u}{2}+\cdots+$$

$$2\cos nu\sin\frac{u}{2}$$

把公式

$$2\cos\alpha\sin\beta=\sin(\alpha+\beta)-\sin(\alpha-\beta)$$

用到上式右边的每个乘积，有

$$\begin{aligned}2S\sin\frac{u}{2}&=\sin\frac{u}{2}+\left(\sin\frac{3}{2}u-\sin\frac{u}{2}\right)+\\&\quad\left(\sin\frac{5}{2}u-\sin\frac{3}{2}u\right)+\cdots+\\&\quad\left(\sin\left(n+\frac{1}{2}\right)u-\sin\left(n-\frac{1}{2}\right)u\right)\\&=\sin\left(n+\frac{1}{2}\right)u\end{aligned}$$

由此得

$$S=\frac{\sin\left(n+\frac{1}{2}\right)u}{2\sin\frac{u}{2}}$$

这就是要证明的.

我们还要建立两个辅助公式. 将等式(3.1)在区间$[-\pi,\pi]$上取积分，并将结果用π来除，无论n是什么数，都有

$$1=\frac{1}{\pi}\int_{-\pi}^{\pi}\frac{\sin\left(n+\frac{1}{2}\right)u}{2\sin\frac{u}{2}}\mathrm{d}u \tag{3.2}$$

(因为余弦函数的积分是零).

不难知道，式(3.2)中的被积函数是偶函数(把u换号时，分子分母都换号，因此比值不变). 因此

$$\frac{1}{\pi}\int_{0}^{\pi}\frac{\sin\left(n+\frac{1}{2}\right)u}{2\sin\frac{u}{2}}\mathrm{d}u=\frac{1}{\pi}\int_{-\pi}^{0}\frac{\sin\left(n+\frac{1}{2}\right)u}{2\sin\frac{u}{2}}\mathrm{d}u=\frac{1}{2}\tag{3.3}$$

§4　傅里叶级数部分和的积分公式

设 $f(x)$ 有周期 2π，且

$$f(x)\sim\frac{a_0}{2}+\sum_{k=1}^{\infty}(a_k\cos kx+b_k\sin kx)$$

设

$$s_n(x)=\frac{a_0}{2}+\sum_{k=1}^{n}(a_k\cos kx+b_k\sin kx)$$

把傅里叶系数的公式代进去，便得

$$\begin{aligned}s_n(x)=&\frac{1}{2\pi}\int_{-\pi}^{\pi}f(x)\mathrm{d}t+\\&\frac{1}{\pi}\sum_{k=1}^{n}\left[\int_{-\pi}^{\pi}f(t)\cos kt\,\mathrm{d}t\cdot\cos kx+\right.\\&\left.\int_{-\pi}^{\pi}f(t)\sin kt\,\mathrm{d}t\cdot\sin kx\right]\\=&\frac{1}{\pi}\int_{-\pi}^{\pi}f(t)[\frac{1}{2}+\\&\sum_{k=1}^{n}(\cos kt\cos kx+\\&\sin kt\sin kx)]\mathrm{d}t\\=&\frac{1}{\pi}\int_{-\pi}^{\pi}f(t)\left[\frac{1}{2}+\sum_{k=1}^{n}\cos k(t-x)\right]\mathrm{d}t\end{aligned}$$

应用公式(3.1)，又得

$$s_n(x)=\frac{1}{\pi}\int_{-\pi}^{\pi}f(t)\cdot\frac{\sin\left[\left(n+\frac{1}{2}\right)(t-x)\right]}{2\sin\frac{t-x}{2}}\mathrm{d}t$$

在积分里进行变量置换，命 $t-x=u$，得

$$s_n(x)=\frac{1}{\pi}\int_{-\pi-x}^{\pi-x}f(x+u)\frac{\sin\left(n+\frac{1}{2}\right)u}{2\sin\frac{u}{2}}\mathrm{d}u$$

函数 $f(x+u)$ 和 $\frac{\sin\left(n+\frac{1}{2}\right)u}{2\sin\frac{u}{2}}$ 对于变量 u 有周期 2π（和等式(3.1) 比较），而区间 $[-\pi-x,\pi-x]$ 的长度是 2π. 因此在这区间的积分和在区间 $[-\pi,\pi]$ 的积分一样（比较第 1 章 §1），因此我们得到

$$s_n(x)=\frac{1}{\pi}\int_{-\pi}^{\pi}f(x+u)\frac{\sin\left(n+\frac{1}{2}\right)u}{2\sin\frac{u}{2}}\mathrm{d}u \quad (4.1)$$

傅里叶级数部分和这个积分公式，使我们能够建立保证级数收敛到 $f(x)$ 的条件.

§5 左右导数

设函数 $f(x)$ 在点 x 处在右方连续，即 $f(x+0)=f(x)$. 我们说 $f(x)$ 在点 x 处有右导数，如果极限

$$\lim_{\substack{u\to 0\\ u>0}}\frac{f(x+u)-f(x)}{u}=f'_{+}(x) \qquad (5.1)$$

存在而且是有限的.

如果 $f(x)$ 在点 x 处在左方连续，即 $f(x-0)=f(x)$，且极限

$$\lim_{\substack{u\to 0\\ u<0}}\frac{f(x+u)-f(x)}{u}=f'_-(x)\qquad(5.2)$$

是存在而且是有限的，我们说 $f(x)$ 在点 x 处有左导数.

当 $f'_+(x)=f'_-(x)$ 的时候，函数 $f(x)$ 在点 x 处显然有通常的导数，数值等于左右导数的共同值，也就是曲线 $y=f(x)$ 在横坐标为 x 的点处有切线.

当 $f'_+(x)\neq f'_-(x)$，且二者都存在的时候，曲线 $y=f(x)$ 就发生“屈折”，我们可以说它有左右切线（在图 31 上用箭头指出）. 现在设 x 是第一类间断点. 那么，如果极限（代替式(5.1)）

$$\lim_{\substack{u\to 0\\ u>0}}\frac{f(x+u)-f(x+0)}{u}=f'_+(x)\qquad(5.3)$$

存在而有限，我们也说 $f(x)$ 在点 x 处有右导数. 如果极限（代替式(5.2)）

$$\lim_{\substack{u\to 0\\ u<0}}\frac{f(x+u)-f(x-0)}{u}=f'_-(x)\qquad(5.4)$$

存在而有限，我们说它在点 x 处有左导数.

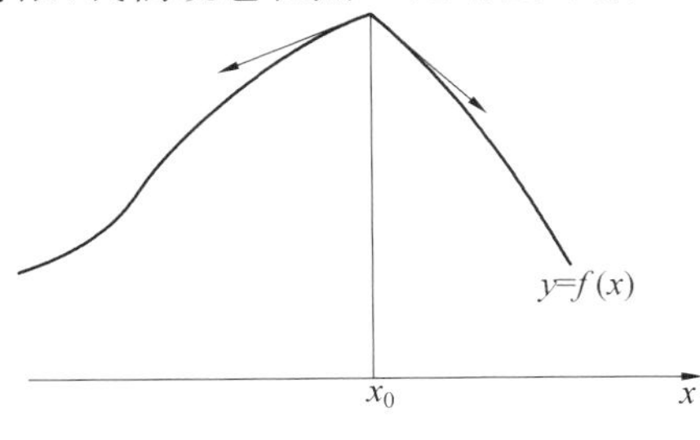

图 31

右导数在间断点 $x=x_0$ 处存在，相当于函数 $y=f_+(x)$ 的图线在 $x=x_0$ 处的切线存在，这个函数当 $x>x_0$ 时和 $f(x)$ 一致，当 $x=x_0$ 时等于 $f(x_0+0)$（因此函数 $f_+(x)$ 只当 $x\geqslant x_0$ 时确定）. 同样，左导数当 $x=x_0$ 时存在，相当于函数 $y=f_-(x)$ 的图线在 $x=x_0$ 处的切线存在，这个函数当 $x<x_0$ 时和 $f(x)$ 一致，当 $x=x_0$ 时等于 $f(x_0-0)$（函数 $f_-(x)$ 只对 $x\leqslant x_0$ 确定）.

函数

$$f(x)=\begin{cases}-x^3, & \text{当 } x<1\\ 0, & \text{当 } x=0\\ \sqrt{x}, & \text{当 } x>1\end{cases}$$

的图线如图 32 所示，点 $x=1$ 是间断点. 显然有

$$f_+(x)=\sqrt{x}, \text{当 } x\geqslant 1$$

$$f_-(x)=-x^3, \text{当 } x\leqslant 1$$

因此

$$f'_+(x)=\left(\frac{1}{2\sqrt{x}}\right)_{x=1}=\frac{1}{2}$$

$$f'_-(x)=(-3x^2)_{x=1}=-3$$

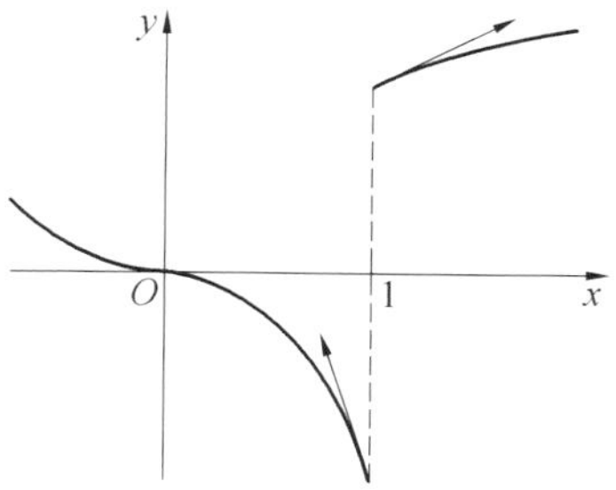

图 32

对应的切线在图里用箭头表示.

§6　在函数连续点处傅里叶级数收敛的充分条件

我们来证明:绝对可积的函数 $f(x)$,周期为 2π 并在该周期上具有左右导数,它的傅里叶级数在每个连续点处收敛而且和就是 $f(x)$ 自己. 特别说来,在 $f(x)$ 每个可微分的点处,这也是成立的.

设 x 是函数 $f(x)$ 的一个连续点,左右导数都存在. 我们要证明

$$\lim_{n\to\infty} s_n(x) = f(x)$$

根据式(4.1),这相当于等式

$$\lim_{n\to\infty}\frac{1}{\pi}\int_{-\pi}^{\pi} f(x+u)\frac{\sin\left(n+\frac{1}{2}\right)u}{2\sin\frac{u}{2}}\mathrm{d}u = f(x) \tag{6.1}$$

由式(3.2)有

$$f(x) = \frac{1}{\pi}\int_{-\pi}^{\pi} f(x)\frac{\sin\left(n+\frac{1}{2}\right)u}{2\sin\frac{u}{2}}\mathrm{d}u$$

因此式(6.1)可以改写成

$$\lim_{n\to\infty}\frac{1}{\pi}\int_{-\pi}^{\pi}[f(x+u)-f(x)]\frac{\sin\left(n+\frac{1}{2}\right)u}{2\sin\frac{u}{2}}\mathrm{d}u = 0 \tag{6.2}$$

于是问题就归结到这个等式的证明了. 首先来证明函

数

$$\varphi(u)=\frac{f(x+u)-f(x)}{2\sin\frac{u}{2}}$$
$$=\frac{f(x+u)-f(x)}{u}\cdot\frac{u}{2\sin\frac{u}{2}} \tag{6.3}$$

(x 固定)是绝对可积的.

因为 $f(x)$ 在点 x 处具有左右导数,所以比值

$$\frac{f(x+u)-f(x)}{u} \tag{6.4}$$

当 $u\to 0$ 时是有界的. 换句话说,存在着数 $\delta>0$,当 $-\delta\leqslant u\leqslant\delta$ 时

$$\left|\frac{f(x+u)-f(x)}{u}\right|\leqslant M=\text{常数}$$

因为当 $u\neq 0$ 时,这个比值只能在 $f(x+u)$ 不连续的地方有间断点(由于 $f(x)$ 是绝对可积的,函数 $f(x+u)$ 是绝对可积的,因而只能有有限个间断点),所以比值本身在$[-\delta,\delta]$ 是绝对可积的.

在区间$[-\delta,\delta]$ 以外,比值(6.4) 是绝对可积函数 $f(x+u)-f(x)$ 与有界函数$\frac{1}{u}$ 的乘积(因为由 $|u|\geqslant\delta$,有$\left|\frac{1}{u}\right|\leqslant\frac{1}{\delta}$),因此是绝对可积函数.

这样一来,比值(6.4) 在区间$[-\delta,\delta]$ 内部和外部都是绝对可积函数. 因此在区间$[-\pi,\pi]$ 上,也就有绝对可积的性质.

另一方面,函数

$$\frac{u}{2\sin\frac{u}{2}} \tag{6.5}$$

当 $u \neq 0$ 时连续,且当 $u \to 0$ 时趋于 1[①].

因此它是有界连续函数(只当 $u=0$ 时不确定).

这样一来,$\varphi(u)$(参看(6.3))是绝对可积函数(6.4)和有界函数(6.5)的乘积,因而本身也是绝对可积的.

但是

$$\int_{-\pi}^{\pi}[f(x+u)-f(x)]\frac{\sin\left(n+\frac{1}{2}\right)u}{2\sin\frac{u}{2}}\mathrm{d}u$$

$$=\int_{-\pi}^{\pi}\varphi(u)\sin\left(n+\frac{1}{2}\right)u\mathrm{d}u$$

因此根据(2.9),等式(6.2)便成立了.

§7　在函数间断点处傅里叶级数收敛的充分条件

我们来证明:绝对可积的函数 $f(x)$,周期为 2π,并在其上具有左右导数,那么它的傅里叶级数在每一个间断点处收敛,它的和是$\dfrac{f(x+0)+f(x-0)}{2}$.

根据式(4.1),我们必须证明等式

$$\lim_{n\to\infty}\frac{1}{\pi}\int_{-\pi}^{\pi}f(x+u)\frac{\sin\left(n+\frac{1}{2}\right)u}{2\sin\frac{u}{2}}\mathrm{d}u$$

---

① 这是由熟知的等式 $\lim\limits_{\alpha\to 0}\dfrac{\sin\alpha}{\alpha}=1$ 而来的.

$$=\frac{f(x+0)+f(x-0)}{2}$$

要这样，只需证明等式

$$\lim_{n\to\infty}\frac{1}{\pi}\int_{0}^{\pi}f(x+u)\frac{\sin\left(n+\frac{1}{2}\right)u}{2\sin\frac{u}{2}}\mathrm{d}u=\frac{f(x+0)}{2} \tag{7.1}$$

$$\lim_{n\to\infty}\frac{1}{\pi}\int_{-\pi}^{0}f(x+u)\frac{\sin\left(n+\frac{1}{2}\right)u}{2\sin\frac{u}{2}}\mathrm{d}u=\frac{f(x-0)}{2} \tag{7.2}$$

我们只限于证明(7.1)，因为对于(7.2)的推演，并没有什么本质上的不同.

由式(3.3)，有

$$\frac{f(x+0)}{2}=\frac{1}{\pi}\int_{0}^{\pi}f(x+0)\frac{\sin\left(n+\frac{1}{2}\right)u}{2\sin\frac{u}{2}}\mathrm{d}u$$

因此，代替式(7.1)，我们要证明等式

$$\lim_{n\to\infty}\frac{1}{\pi}\int_{0}^{\pi}[f(x+u)-f(x+0)]\frac{\sin\left(n+\frac{1}{2}\right)u}{2\sin\frac{u}{2}}\mathrm{d}u=0 \tag{7.3}$$

首先来证明变量 u 的函数

$$\varphi(u)=\frac{f(x+u)-f(x+0)}{2\sin\frac{u}{2}}$$

$$=\frac{f(x+u)-f(x+0)}{u}\frac{u}{2\sin\frac{u}{2}}$$

在区间$[0,\pi]$上是绝对可积的.

因为$f(x)$在点x处有右导数,所以比值

$$\frac{f(x+u)-f(x+0)}{u}\quad(u>0)\qquad(7.4)$$

当$u\to0$时是有界的[①].因此(好像在§6的比值(6.4)一样)可以得到绝对收敛的结论.由于函数$\frac{u}{2\sin\frac{u}{2}}$是有界的,所以函数$\varphi(u)$在$[0,\pi]$上是绝对可积的.但是

$$\int_0^\pi[f(x+u)-f(x+0)]\frac{\sin\left(n+\frac{1}{2}\right)u}{2\sin\frac{u}{2}}\mathrm{d}u$$

$$=\int_0^\pi\varphi(u)\sin\left(n+\frac{1}{2}\right)u\mathrm{d}u$$

要得到(7.3),只要用(2.9)就行了.

§8　在§6,§7建立的充分条件的推广

分析一下§6,§7内所进行的证明,便可以归结

---

① 证明式(7.2)时,我们应考察

$$\frac{f(x+u)-f(x-0)}{u}\quad(u<0)$$

以代替式(7.4).

到以下的结论：在点 x 处左右导数之所以需要存在，仅仅是为了要肯定，在 §6(参看式(6.4) 等) 中的比式

$$\frac{f(x+u)-f(x)}{u} \tag{8.1}$$

和 §7 中(参看式(7.4) 等) 的比式

$$\begin{cases} \dfrac{f(x+u)-f(x+0)}{u} & (u>0) \\ \dfrac{f(x+u)-f(x-0)}{u} & (u<0) \end{cases} \tag{8.2}$$

都是绝对可积的，式中 x 固定，比式都看成 u 的函数.

因此，如果我们要求上述的绝对可积性(以替代左右导数存在这条件)，便得到普遍的收敛准则：

如果比式(8.1)是变量 u 的绝对可积函数，那么绝对可积函数 $f(x)$ 的傅里叶级数，在每个连续点处收敛到 $f(x)$；如果(8.2) 的两个比式绝对可积，那么在每个间断点处，收敛到$\dfrac{f(x+0)+f(x-0)}{2}$.

§9 逐段滑溜(连续或不连续) 函数的傅里叶级数的收敛

作为 §6，§7 的推论，我们有

定理 如果 $f(x)$ 是以 2π 为周期的绝对可积函数，在区间$[a,b]$ 上逐段滑溜，那么傅里叶级数对于适合条件 $a<x<b$ 的一切 x 都收敛，而且在连续点处，它的和是 $f(x)$，在间断点处，它的和是 $\dfrac{f(x+0)+f(x-0)}{2}$(对于 $x=a,x=b$ 两点，可能不

收敛).

实际上,由逐段滑溜函数概念的定义(参考第 1 章 §9),对于不是对应于角点或间断点的一切 $x(a < x < b)$, $f(x)$ 是可微的, 对于每个角点或间断点, $f(x)$ 具有左右导数. 因此剩下的事,就是应用 §6, §7 的准则了. 至于区间 $[a,b]$ 的端点,根据定理的条件,对于 $x=a$, 只是右导数存在,对于 $x=b$,只是左导数存在,因此 §6, §7 的准则不能应用.

如果区间 $[a,b]$ 的长度是 2π,则易知 $f(x)$ 在全部 Ox 轴是逐段滑溜的(由于 $f(x)$ 是周期函数). 这时傅里叶级数处处收敛. 这就证明了第 1 章 §10 中的准则的第一部分. 第二部分有关连续函数的绝对收敛性和均匀收敛性,将于下一节证明.

§10　周期是 2π 的连续逐段滑溜函数的傅里叶级数的绝对收敛性和均匀收敛性

设 $f(x)$ 是连续逐段滑溜函数,周期是 2π. 导数 $f'(x)$ 除在 $f(x)$ 的图线的角点外处处存在,而且有界.

因此由分部积分公式(由于第 1 章 §4,这是允许的)得

$$
\begin{aligned}
a_n &= \frac{1}{\pi}\int_{-\pi}^{\pi} f(x)\cos nx\,\mathrm{d}x \\
&= \frac{1}{\pi n}\left[f(x)\sin nx\right]_{x=-\pi}^{x=\pi} - \\
&\quad \frac{1}{\pi n}\int_{-\pi}^{\pi} f'(x)\sin nx\,\mathrm{d}x
\end{aligned}
$$

$$b_n=\frac{1}{\pi}\int_{-\pi}^{\pi}f(x)\sin nx\,\mathrm{d}x$$

$$=-\frac{1}{\pi n}\left[f(x)\cos nx\right]_{x=-\pi}^{x=\pi}+$$

$$\frac{1}{\pi n}\int_{-\pi}^{\pi}f'(x)\cos nx\,\mathrm{d}x$$

两式右边的第一项都变成了零. 命 a'_n, b'_n 表示函数 $f'(x)$ 的傅里叶系数,因此便有

$$a_n=-\frac{b'_n}{n}, b_n=\frac{a'_n}{n}\quad(n=1,2,\cdots)\qquad(10.1)$$

因为 $f'(x)$ 有界,也因而就是平方可积函数,所以由 §1 的定理,便知级数

$$\sum_{n=1}^{\infty}(a'^2_n+b'^2_n)\qquad(10.2)$$

收敛.

考察显明的关系式

$$\left(|a'_n|-\frac{1}{n}\right)^2=a'^2_n-\frac{2|a'_n|}{n}+\frac{1}{n^2}\geqslant 0$$

$$\left(|b'_n|-\frac{1}{n}\right)^2=b'^2_n-\frac{2|b'_n|}{n}+\frac{1}{n^2}\geqslant 0$$

可知

$$\frac{|a'_n|}{n}+\frac{|b'_n|}{n}\leqslant\frac{1}{2}(a'^2_n+b'^2_n)+\frac{1}{n^2}\quad(n=1,2,\cdots)$$

这里右边是收敛级数的公项,因此级数

$$\sum_{n=1}^{\infty}\left(\frac{|a'_n|}{n}+\frac{|b'_n|}{n}\right)$$

收敛.

由式(10.1) 于是有:

对于任意的连续逐段滑溜函数,级数

$$\sum_{n=1}^{\infty}(|a_n|+|b_n|) \tag{10.3}$$

收敛.

附注　级数(10.3)收敛的证明,只用过级数(10.2)的收敛性.而这件事,对于周期是 2π 的连续函数 $f(x)$ 来讲,当 $f'(x)$ 是平方可积时,总是成立的($f'(x)$ 只在个别的点[①]处不存在).因此级数(10.3)在此情况下的收敛性是成立的.

现在让我们另外来讲一桩极简单但极重要的事实.设给出三角级数

$$\frac{a_0}{2}+\sum_{n=1}^{\infty}(a_n\cos nx+b_n\sin nx) \tag{10.4}$$

(并未预先假定这级数是某个函数的傅里叶级数).则有

定理 1　如果级数

$$\sum_{n=1}^{\infty}(|a_n|+|b_n|) \tag{10.5}$$

收敛,那么级数(10.4)绝对收敛而且均匀收敛,因而有连续的和以它为傅里叶级数(参看第 1 章 §6 定理 1).

实际上

$$\begin{aligned}|a_n\cos nx+b_n\sin nx| &\leqslant |a_n\cos nx|+|b_n\sin nx| \\ &\leqslant |a_n|+|b_n|\end{aligned}$$

于是函数项级数(10.4)的各项的绝对值,不超过收敛数项级数(10.5)的对应项.这就肯定了我们所说的事(参看第 1 章 §4).

① 换句话说,$f'(x)$ 只在有限个点(对于每个周期)不存在.

从证明了的事情(并参看 §9)可得

定理 2 周期是 2π 的连续逐段滑溜函数 $f(x)$ 的傅里叶级数,绝对收敛且均匀收敛到这函数.

由此定理可知,周期是 2π 的连续逐段滑溜函数 $f(x)$,可以用它的傅里叶级数的部分和 $s_n(x)$(当 n 足够大)来近似表示(均匀收敛概念的实质就在于此!参看第 1 章 §4).

为了说明这点,考察在 $-\pi \leqslant x \leqslant \pi$ 与 $|x|$ 重合的连续逐段滑溜的周期函数 $f(x)$. 在第 1 章 §13 例 2 中,我们有

$$f(x)=\frac{\pi}{2}-\frac{4}{\pi}\left(\cos x+\frac{\cos 3x}{3^2}+\frac{\cos 5x}{5^2}+\cdots\right)$$

图 33 显示 $f(x)$ 和它的傅里叶级数的部分和

$$s_5(x)=\frac{\pi}{2}-\frac{4}{\pi}\left(\cos x+\frac{\cos 3x}{3^2}+\frac{\cos 5x}{5^2}\right)$$

的图线.

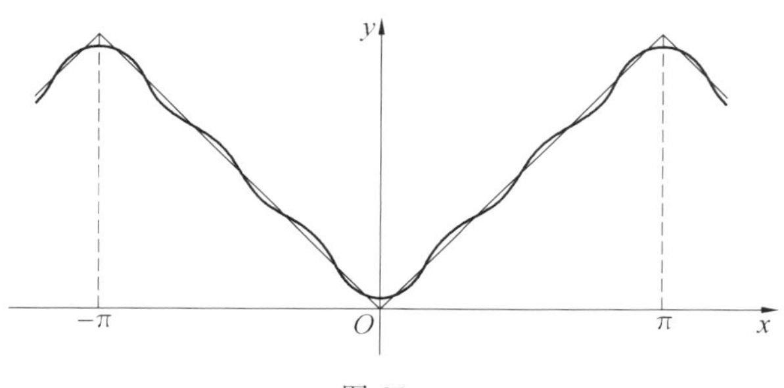

图 33

我们看出当 $n=5$ 时,两图形彼此相距很近.

前面的附注可以使我们把定理 2 作如下的推广:

周期是 2π 的连续函数 $f(x)$,如果导数平方可积(它只能在个别的一些点处不存在),它的傅里叶级数

绝对收敛且均匀收敛到 $f(x)$.

§11　周期是 2π 而具有绝对可积导数的连续函数的傅里叶级数的均匀收敛性

预备定理 1　设 $f(x)$ 是连续函数,周期是 2π,具有绝对可积的导数(后者只在个别的一些点处不存在),$\omega(u)(\alpha \leqslant u \leqslant \beta)$ 是具有连续导数的函数. 那么对于任意的数 $\varepsilon > 0$,只要 m(不一定是整数) 足够大,不等式

$$\left|\int_{\alpha}^{\beta} f(x+u)\omega(u)\sin mu\,\mathrm{d}u\right| \leqslant \varepsilon \tag{11.1}$$

必定成立.

证　分部积分,得

$$\begin{aligned}&\int_{\alpha}^{\beta} f(x+u)\omega(u)\sin mu\,\mathrm{d}u\\&=\frac{1}{m}[-f(x+u)\omega(u)\cos mu]_{u=\alpha}^{u=\beta}+\\&\quad\frac{1}{m}\int_{\alpha}^{\beta}[f(x+u)\omega(u)]'\cos mu\,\mathrm{d}u\end{aligned} \tag{11.2}$$

右边的方括弧显然有界. 又因

$$[f(x+u)\omega(u)]' = f'(x+u)\omega(u) + f(x+u)\omega'(u) \tag{11.3}$$

易知右边的积分有界. 实际上,$\omega(u)$ 和 $f(x+u)\omega'(u)$ 是有界的,因此它们的绝对值不超过某个常数 M. 但是由于(11.3),有

$$\begin{aligned}&\left|\int_{\alpha}^{\beta}[f(x+u)\omega(u)]'\cos mu\mathrm{d}u\right|\\ \leqslant\ & M\int_{\alpha}^{\beta}|f'(x+u)|\mathrm{d}u+M(\beta-\alpha)\\ \leqslant\ & M\int_{-\pi}^{\pi}|f'(u)|\mathrm{d}u+M(\beta-\alpha)=\text{常数}\end{aligned}$$

(我们用到函数 $f(x)$ 的周期性,也就是用到 $|f'(x)|$ 的周期性,并且假定 $\beta-\alpha\leqslant 2\pi$,这件事虽非主要,而今后用它也就够了).

因为式(11.2)中的方括弧和积分都是有界,所以(11.1)的成立是显然的.

预备定理 2 对于任意的 m 和 $-\pi\leqslant u\leqslant\pi$,积分

$$I=\int_{0}^{u}\frac{\sin mt}{2\sin\frac{t}{2}}\mathrm{d}t \qquad (11.4)$$

是有界的.

实际上

$$I=\int_{0}^{u}\frac{\sin mt}{t}\mathrm{d}t+\int_{0}^{u}\omega(t)\sin mt\mathrm{d}t \qquad (11.5)$$

其中

$$\omega(t)=\frac{1}{2\sin\frac{t}{2}}-\frac{1}{t}$$

应用洛必达法则可知 $\omega(t)$ 和 $\omega'(t)$ 是连续的(如果取 $\omega(0)=0$).

式(11.5)中的第二个积分显然是有界的. 在另一方面,设 $mt=x$,便有

$$\int_{0}^{u}\frac{\sin mt}{t}\mathrm{d}t=\int_{0}^{mu}\frac{\sin x}{x}\mathrm{d}x$$

而后一个积分,不难知道它不超过曲线 $y=\dfrac{\sin x}{x}$ 第一

拱的面积(图 34). 因之(11.5) 中的每一个积分都有界,因此积分 I 有界.

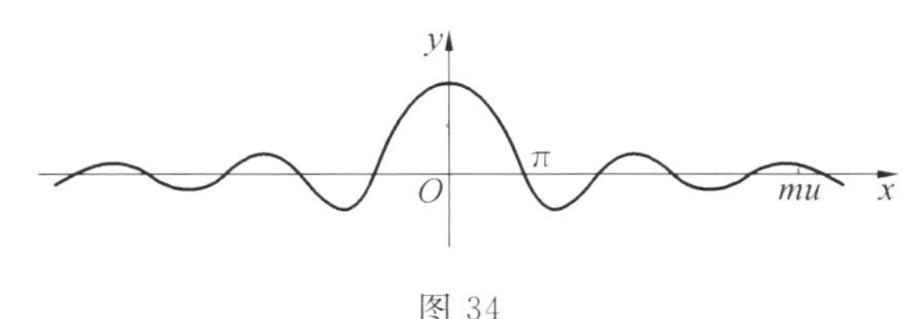

图 34

定理　如果周期是 2π 的连续函数 $f(x)$ 具有绝对可积函数(后者在个别的一些点处不存在),那么它的傅里叶级数对于一切的 x,均匀收敛到 $f(x)$.

证　考察已经在 §6 计算好的差式

$$s_n(x)-f(x)=\frac{1}{\pi}\int_{-\pi}^{\pi}[f(x+u)-f(x)]\frac{\sin mu}{2\sin\frac{u}{2}}\mathrm{d}u \tag{11.6}$$

其中设 $m=n+\frac{1}{2}$. 任意地给出数 $\varepsilon>0$. 设 δ 是 0 与 π 之间的数. 把出现在(11.6) 的积分,分成三个积分 I_1, I_2, I_3 分别地对应于区间 $[-\delta,\delta]$, $[\delta,\pi]$, $[-\pi,-\delta]$. 由分部积分得

$$I_1=\left[(f(x+u)-f(x))\cdot\int_0^u\frac{\sin mt}{2\sin\frac{t}{2}}\mathrm{d}t\right]_{u=-\delta}^{u=\delta}-\int_{-\delta}^{\delta}\left[f'(x+u)\cdot\int_0^u\frac{\sin mt}{2\sin\frac{t}{2}}\mathrm{d}t\right]\mathrm{d}u$$

我们就得到(根据 $\dfrac{\sin mt}{2\sin\frac{t}{2}}$ 是偶函数这一事实) 右边第一项的值

$$[(f(x+\delta)-f(x))+(f(x-\delta)-f(x))]\cdot\int_0^{\delta}\frac{\sin mt}{2\sin\frac{t}{2}}\mathrm{d}t$$

于是对于一切足够小的 δ，这一项的绝对值，显然不超过 $\frac{\varepsilon}{2}$（由于 $f(x)$ 连续，又根据预备定理 2，式中的积分是有界的）. 另一方面，由于预备定理 2，对于足够小的 δ，有

$$\left|\int_{-\delta}^{\delta}\left[f'(x+u)\cdot\int_0^{u}\frac{\sin mt}{2\sin\frac{t}{2}}\mathrm{d}t\right]\mathrm{d}u\right|$$

$$\leqslant M\cdot\int_{-\delta}^{\delta}|f'(x+u)|\mathrm{d}u$$

$$=M\cdot\int_{x-\delta}^{x+\delta}f'(t)\mathrm{d}t\leqslant\frac{\varepsilon}{2}$$

（M 是常量），这是因为积分

$$\int_{x-\delta}^{x+\delta}f'(t)\mathrm{d}t$$

是连续函数

$$\int_{x_0}^{x}f'(t)\mathrm{d}t$$

的增量（x_0 固定），随 δ 而变小[①].

既然如此，那么，不管 x 是什么，只要把 δ 选得足够小，就有

$$|I_1|\leqslant\varepsilon$$

其次，对于一切的 x，只要 n 足够大，又有

$$|I_2|\leqslant\left|\int_{\delta}^{\pi}f(x+u)\frac{\sin mu}{2\sin\frac{u}{2}}\mathrm{d}u\right|+$$

① 不失普遍性，可以限于 $-\pi\leqslant x\leqslant\pi$.

$$\left|\int_{\delta}^{\pi} f(x) \frac{\sin mu}{2\sin \frac{u}{2}} \mathrm{d}u\right| \leqslant \varepsilon$$

这是根据预备定理1,其中取 $\omega(u)=\dfrac{1}{2\sin \frac{u}{2}}$. 对于 I_3 可以得到类似的不等式. 于是对于一切 x,只要 n 足够大,就有

$$|s_n(x)-f(x)|=\frac{1}{\pi}|I_1+I_2+I_3|\leqslant \frac{3\varepsilon}{\pi}<\varepsilon$$

这就把定理证明了.

§12　§11 结果的推广

如果 $f(x)$ 不是在处处,而只在某个区间上,具有绝对可积的导数,那么傅里叶级数的收敛问题有什么特点呢? 我们来讨论这个问题.

首先把 §11 的预备定理1加以改善:

预备定理　设 $f(x)$ 是以 2π 为周期的绝对可积函数,$\omega(u)(\alpha\leqslant u\leqslant\beta)$ 是具有连续导数的函数. 那么不管 $\varepsilon>0$ 是什么数,只要 m 足够大(不一定是整数),不等式

$$\left|\int_{\alpha}^{\beta} f(x+u)\omega(u)\sin mu\,\mathrm{d}u\right|\leqslant \varepsilon \qquad (12.1)$$

对于一切的 x 都成立.

证　设 $|\omega(u)|\leqslant M$, M=常量. 取一个周期是 2π 的连续逐段滑溜函数 $g(x)$,使不等式

$$\int_{-\pi}^{\pi}|f(x)-g(x)|\,\mathrm{d}x\leqslant \frac{\varepsilon}{2M}$$

成立(参考 §2,预备定理 2 的附注). 那么

$$\left|\int_\alpha^\beta f(x+u)\omega(u)\sin mu\mathrm{d}u\right|$$

$$=\left|\int_\alpha^\beta [f(x+u)-g(x+u)]\omega(u)\sin mu\mathrm{d}u+\int_\alpha^\beta g(x+u)\omega(u)\sin mu\mathrm{d}u\right|$$

$$\leqslant\int_\alpha^\beta |[f(x+u)-g(x+u)]\omega(u)|\mathrm{d}u+\left|\int_\alpha^\beta g(x+u)\sin mu\mathrm{d}u\right| \tag{12.2}$$

如果 m 足够大,那么由于 §11 的预备定理 1,最后的积分不会超过 $\frac{\varepsilon}{2}$.

另一方面

$$\int_\alpha^\beta |[f(x+u)-g(x+u)]\omega(u)|\mathrm{d}u$$

$$\leqslant M\int_\alpha^\beta |f(x+u)-g(x+u)|\mathrm{d}u$$

$$\leqslant M\int_{-\pi}^\pi |f(x)-g(x)|\mathrm{d}x\leqslant\frac{\varepsilon}{2}$$

(它们用到差式 $f(x)-g(x)$ 的周期性,并且设 $\beta-\alpha\leqslant 2\pi$). 因此由式(12.2)便得(12.1).

定理 设 $f(x)$ 是以 2π 为周期的连续绝对可积函数,在某个区间 $[a,b]$ 上具有绝对可积导数(导数可能在个别的一些点处不存在). 那么傅里叶级数在整个区间 $[a+\delta,b-\delta]$ $(\delta>0)$ 上,均匀收敛到 $f(x)$.

证 如果区间的长度不小于 2π,那么不难理解,$f(x)$ 对于一切的 x 都连续,具有绝对可积的导数,而且由于 §11 中证明了的定理,$f(x)$ 的傅里叶级数在

全部 Ox 轴上均匀收敛到它自己. 剩下的事, 只是讨论区间 $[a,b]$ 的长度小于 2π 的情形.

我们来引进一个周期是 2π 的连续函数 $F(x)$: 当 $a\leqslant x\leqslant b$ 时, 它等于 $f(x)$, 当 $x=a+2\pi$ 时, 它等于 $f(a)$, 而且在区间 $[b,a+2\pi]$ 上, 它是线性的(图 35). 在区间 $[a,a+2\pi]$ 以外, $F(x)$ 的值可以利用周期延续得到. 不难知道, $F(x)$ 具有绝对可积的导数.

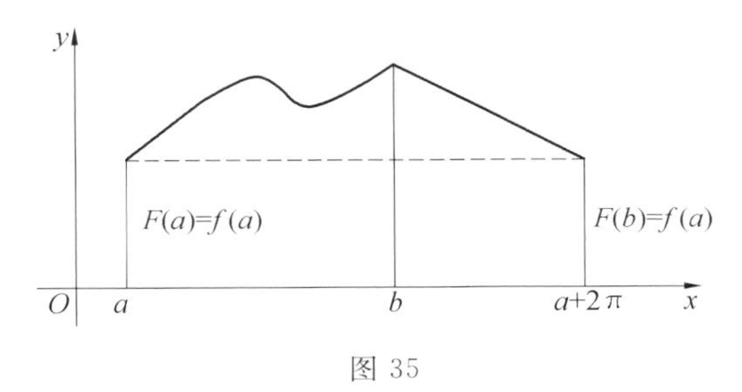

图 35

设 $\Phi(x)=f(x)-F(x)$. 这函数是绝对可积的, 而且当 $a\leqslant x\leqslant b$ 时

$$\Phi(x)=0$$

显然有

$$f(x)=F(x)+\Phi(x)$$

及

$$\begin{aligned} s_n(x)-f(x) &= \frac{1}{\pi}\int_{-\pi}^{\pi}[F(x+u)-F(x)]\frac{\sin mu}{2\sin\frac{u}{2}}\mathrm{d}u+ \\ &\quad \frac{1}{\pi}\int_{-\pi}^{\pi}[\Phi(x+u)-\Phi(x)]\frac{\sin mu}{2\sin\frac{u}{2}}\mathrm{d}u \\ &= I_1+I_2 \end{aligned} \tag{12.3}$$

其中设 $m=n+\frac{1}{2}$.

设任意地给出 $\varepsilon>0$. 由 §11 的定理可知 $F(x)$ 的傅里叶级数均匀收敛到它自己. 于是对于一切的 x,只要 n 足够大,有

$$|I_1|\leqslant\frac{\varepsilon}{2} \tag{12.4}$$

现在设 $a+\delta\leqslant x\leqslant b-\delta$,则 $\Phi(x)=0$,于是

$$I_2=\frac{1}{\pi}\int_{-\pi}^{\pi}\Phi(x+u)\frac{\sin mu}{2\sin\frac{u}{2}}\mathrm{d}u$$

如果 $-\delta\leqslant u\leqslant\delta$,那么对于所考虑 x 的值,有

$$a\leqslant x+u\leqslant b$$

因此

$$\Phi(x+u)=0$$

所以

$$I_2=\frac{1}{\pi}\int_{-\pi}^{-\delta}\Phi(x+u)\frac{\sin mu}{2\sin\frac{u}{2}}\mathrm{d}u+\int_{b}^{\pi}\Phi(x+u)\frac{\sin mu}{2\sin\frac{u}{2}}\mathrm{d}u$$

剩下的事便是把上面证过的预备定理,应用到这些积分的每一个来. 结果是:对于 $a+\delta\leqslant x\leqslant b-\delta$ 和一切足够大的 n,有

$$|I_2|\leqslant\frac{\varepsilon}{2} \tag{12.5}$$

由式(12.4),(12.5),(12.3)可知,只要 n 足够大,对于区间 $[a+\delta,b-\delta]$ 的一切 x 有

$$|s_n(x)-f(x)|\leqslant|I_1|+|I_2|\leqslant\varepsilon$$

这就把定理证明了.

附注 对于周期是 2π 的,绝对可积的,且在区间 $[a,b]$ 上连续逐段滑溜的函数 $f(x)$ 这一特殊情况,定理是成立的.

为了说明这定理，考察逐段滑溜的偶函数 $f(x)$：当 $0<x<\pi$ 时等于$\frac{\pi}{4}$；当 $-\pi<x<0$ 时等于 $-\frac{\pi}{4}$.

在第 1 章 §13 例 5，已证明当 $x \neq k\pi(k=0,\pm 1,\pm 2,\cdots)$ 时

$$f(x)=\sin x+\frac{\sin 3x}{3}+\frac{\sin 5x}{5}+\frac{\sin 7x}{7}+\cdots$$

而在 $x=k\pi$ 这些点处，$f(x)=0$.

图 36 显示 $f(x)$ 的傅里叶级数的部分和

$$s_1(x)=\sin x$$

$$s_3(x)=\sin x+\frac{\sin 3x}{3}$$

$$s_5(x)=\sin x+\frac{\sin 3x}{3}+\frac{\sin 5x}{5}$$

$$s_7(x)=\sin x+\frac{\sin 3x}{3}+\frac{\sin 5x}{5}+\frac{\sin 7x}{7}$$

的图线.

图线显示出，在区间 $[-\pi+\delta,-\delta]$ 和 $[\delta,\pi-\delta]$ $(\delta>0)$ 上（在这里 $f(x)$ 是滑溜的函数），部分和趋近到 $f(x)$ 时的均匀性. 要注意，δ 可以选得随便多么小（但是异于零）. 因此不难理解，要得到 $f(x)$ 的很好的（严格说来，有指定准确度的）近似式，就必须减小 δ，而增大部分和的指标.

§13　局部性原理

函数值在某个（即使是很小的）区间上的改变，可能引起傅里叶系数很大的改变. 但是，如果绝对可积函

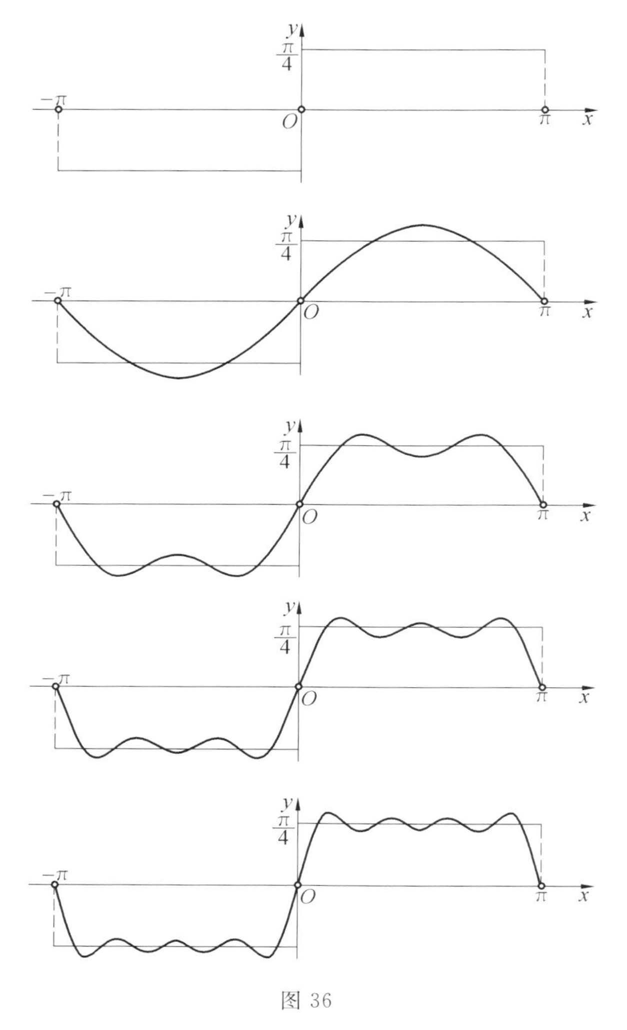

图 36

数 $f(x)$ 在点 x 处具有左右导数,或者在这点邻近连续而具有绝对可积导数,那么由 §6, §7, §12 可知,不管 $f(x)$ 的值在点 x 的某个邻域以外如何改变,它的傅

里叶级数总是保持收敛的. 这件事实是下述局部性原理的特例.

绝对可积函数 $f(x)$ 的傅里叶级数在点 x 处的性能,只取决于函数在此点随意小的邻域内的值.

这就是说:如果在点 x 处傅里叶级数收敛,那么在这点的某邻域(即使是很小的)外,不管怎样改变函数值(保持绝对可积),傅里叶级数总是保持收敛;又如果在点 x 处发散,则保持发散.

要证明这一点,我们使用部分和的积分公式(参考§4)

$$
\begin{aligned}
s_n(x) &= \frac{1}{\pi}\int_{-\pi}^{\pi} f(x+u)\,\frac{\sin mu}{2\sin\frac{u}{2}}\mathrm{d}u \\
&= \frac{1}{\pi}\int_{-\delta}^{\delta} f(x+u)\,\frac{\sin mu}{2\sin\frac{u}{2}}\mathrm{d}u + I_1 + I_2
\end{aligned}
$$

其中 $m=n+\frac{1}{2}$,δ 是任意小的正数,I_1,I_2 分别是在区间$[\delta,\pi]$和$[-\pi,-\delta]$上所取的积分.

在这些区间上,函数$\frac{1}{2\sin\frac{u}{2}}$连续(因为$|u|\geqslant\delta$),因此函数

$$
\varphi(u)=\frac{f(x+u)}{2\sin\frac{u}{2}}
$$

绝对可积. 于是由(2.9)可知,积分

$$
I_1=\frac{1}{\pi}\int_{\delta}^{\pi}\varphi(u)\sin mu\,\mathrm{d}u
$$

当 $n\to 0$ 时趋于零. I_2 也是一样. 这样一来,傅里叶级

数的部分和在点 x 处的极限存在与否，取决于积分

$$\frac{1}{\pi}\int_{-\delta}^{\delta} f(x+u)\frac{\sin mu}{2\sin\frac{u}{2}}\mathrm{d}u$$

当 $n\to\infty$ 时的极限性态，而在这积分中，只出现函数 $f(x)$ 在点 x 的邻域 $(x-\delta, x+\delta)$ 的值. 这就证明了局部性原理.

§14　无界函数展成傅里叶级数的例子

例 1　$f(x)=-\ln\left|2\sin\frac{x}{2}\right|$. 这是偶函数，而且当 $x=2k\pi(k=0,\pm 1,\pm 2,\cdots)$ 时变为无穷大. 先指出 $f(x)$ 具有周期 2π. 实际上

$$\left|2\sin\frac{x+2\pi}{2}\right|=\left|2\sin\left(\frac{x}{2}+\pi\right)\right|=\left|-2\sin\frac{x}{2}\right|$$
$$=\left|2\sin\frac{x}{2}\right|$$

因此

$$\ln\left|2\sin\frac{x+2\pi}{2}\right|=\ln\left|2\sin\frac{x}{2}\right|$$

这就证明了 $f(x)$ 的周期性.

图 37 显示 $f(x)$ 的图线.

要证明 $f(x)$ 可积，只要在区间 $\left[0,\frac{\pi}{3}\right]$ 证明这件事就可以了(参看 $f(x)$ 的图线). 显然有

$$-\int_{\varepsilon}^{\frac{\pi}{3}}\ln\left|2\sin\frac{x}{2}\right|\mathrm{d}x$$

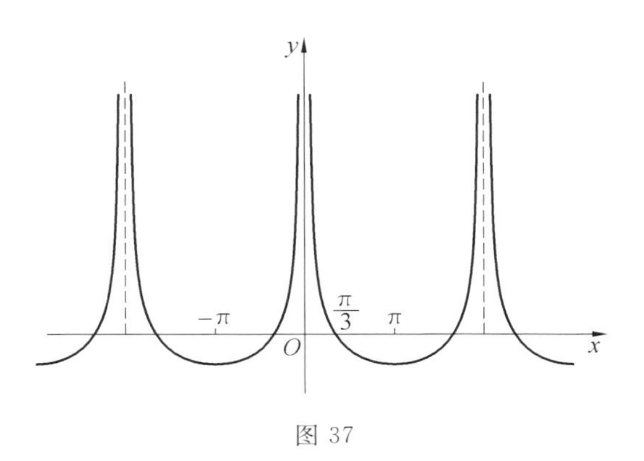

图 37

$$=-\int_{\varepsilon}^{\frac{\pi}{3}} \mathrm{In}\left(2\sin\frac{x}{2}\right)\mathrm{d}x$$

$$=-\left[x\ln\left(2\sin\frac{x}{2}\right)\right]_{x=\varepsilon}^{x=\frac{\pi}{3}}+\int_{\varepsilon}^{\frac{\pi}{3}}\frac{x\cos\frac{x}{2}}{2\sin\frac{x}{2}}\mathrm{d}x$$

$$=\varepsilon\ln\left(2\sin\frac{\varepsilon}{2}\right)+\int_{\varepsilon}^{\frac{\pi}{3}}\frac{x\cos\frac{x}{2}}{2\sin\frac{x}{2}}\mathrm{d}x$$

(绝对值的符号是可以去掉的，因为对于 $0<x<\pi$，$2\sin\frac{x}{2}>0$).

当 $\varepsilon\to 0$，量 $\varepsilon\ln\left(2\sin\frac{\varepsilon}{2}\right)$ 趋于零(由洛必达法则不难证明这一点)，而最后的积分趋于积分

$$\int_{0}^{\frac{\pi}{3}}\frac{x\cos\frac{x}{2}}{2\sin\frac{x}{2}}\mathrm{d}x$$

这积分显然是有意义的，因为被积函数是有界的(要知

道$\lim\limits_{x\to 0}\dfrac{x}{2\sin\dfrac{x}{2}}=1$).这样

$$\lim_{\varepsilon\to 0}\int_{\varepsilon}^{\frac{\pi}{3}}\ln\left|2\sin\frac{x}{2}\right|\mathrm{d}x$$

就存在了.这就表示 $f(x)$ 在区间 $\left[0,\dfrac{\pi}{3}\right]$ 上可积.由于 $f(x)$ 是在这区间上保号的(图 34),于是就得到绝对可积性.

由于 $f(x)$ 是偶函数

$$b_n=0\quad(n=1,2,\cdots)$$

$$a_n=-\frac{2}{\pi}\int_0^{\pi}\ln\left(2\sin\frac{x}{2}\right)\cos nx\,\mathrm{d}x\quad(n=0,1,2,\cdots)$$

首先计算积分

$$I=\int_0^{\pi}\ln\left(2\sin\frac{x}{2}\right)\mathrm{d}x=\int_0^{\pi}\left(\ln 2+\ln\sin\frac{x}{2}\right)\mathrm{d}x$$

$$=\pi\ln 2+\int_0^{\pi}\ln\sin\frac{x}{2}\mathrm{d}x$$

最后的积分记之为 Y,用代换 $x=2t$ 得

$$Y=2\int_0^{\frac{\pi}{2}}\ln\sin t\mathrm{d}t=2\int_0^{\frac{\pi}{2}}\ln\left(2\sin\frac{t}{2}\cos\frac{t}{2}\right)\mathrm{d}t$$

$$=\pi\ln 2+2\int_0^{\frac{\pi}{2}}\ln\sin\frac{t}{2}\mathrm{d}t+2\int_0^{\frac{\pi}{2}}\ln\cos\frac{t}{2}\mathrm{d}t$$

用代换 $t=\pi-u$,得

$$2\int_0^{\frac{\pi}{2}}\ln\cos\frac{t}{2}\mathrm{d}t=2\int_{\frac{\pi}{2}}^{\pi}\ln\sin\frac{u}{2}\mathrm{d}u=2\int_{\frac{\pi}{2}}^{\pi}\ln\sin\frac{t}{2}\mathrm{d}t$$

因此 $Y=\pi\ln 2+2Y$,即

$$Y=-\pi\ln 2$$

于是 $I=0$,即 $a_0=0$.

其次,用分部积分法得

$$a_n=-\frac{2}{\pi}\left\{\left[\frac{\ln\left(2\sin\frac{x}{2}\right)\sin nx}{n}\right]_{x=0}^{x=\pi}-\right.$$

$$\left.\frac{1}{n}\int_0^{\pi}\frac{\sin nx\cos\frac{x}{2}}{2\sin\frac{x}{2}}\mathrm{d}x\right\}$$

$$=\frac{1}{n\pi}\int_0^{\pi}\frac{\sin nx\cos\frac{x}{2}}{2\sin\frac{x}{2}}\mathrm{d}x$$

(大括弧里的第一项等于零,因为它是当 $x\to 0$ 时的不定形,不难用洛必达法则得出).又

$$\sin nx\cos\frac{x}{2}=\frac{1}{2}\left[\sin\left(n+\frac{1}{2}\right)x+\sin\left(n-\frac{1}{2}\right)x\right]$$

因此

$$a_n=\frac{1}{n\pi}\int_0^{\pi}\frac{\sin\left(n+\frac{1}{2}\right)x}{2\sin\frac{x}{2}}\mathrm{d}x+$$

$$\frac{1}{n\pi}\int_0^{\pi}\frac{\sin\left(n-\frac{1}{2}\right)x}{2\sin\frac{x}{2}}\mathrm{d}x$$

由此,根据 §3 的式(3.3)得

$$a_n=\frac{1}{n}\quad(n=1,2,\cdots)$$

因为当 $x\neq 2k\pi(k=0,\pm 1,\pm 2,\cdots)$ 时,函数 $f(x)$ 显然可微分,所以由 §6 求得,当 $x\neq 2k\pi(k=0,\pm 1,\pm 2,\cdots)$ 时

$$-\ln\left|2\sin\frac{x}{2}\right|=\cos x+\frac{\cos 2x}{2}+\frac{\cos 3x}{3}+\cdots \tag{14.1}$$

应当注意，当 $x=2k\pi$ 时，等式(14.1)两边都变成无穷大. 于是在这种意义下，等式(14.1)可以认为对于一切 x 都成立.

在式(14.1)，设 $x=\pi$，便得已知的等式

$$\ln 2=1-\frac{1}{2}+\frac{1}{3}-\frac{1}{4}+\cdots$$

例 2 $f(x)=\ln\left|2\cos\frac{x}{2}\right|$. 这是奇函数，而且当 $x=(2k+1)\pi(k=0,\pm 1,\pm 2,\cdots)$ 时，变为负无穷大. 命 $x=t-\pi$，得

$$\begin{aligned}\ln\left|2\cos\frac{x}{2}\right|&=\ln\left|2\cos\left(\frac{t}{2}-\frac{\pi}{2}\right)\right|\\&=\ln\left|2\sin\frac{t}{2}\right|\end{aligned}$$

即是说函数 $\ln\left|2\cos\frac{x}{2}\right|$ 的图线，可以把 $\ln\left|2\sin\frac{x}{2}\right|$ 的图线移动 π 单位而得到. 要得到 $f(x)$ 的傅里叶级数的展式，只要在展式(参看(14.1))

$$\ln\left|2\sin\frac{t}{2}\right|=-\cos t-\frac{\cos 2t}{2}-\frac{\cos 3t}{3}-\cdots$$

使用代换 $t=x+\pi$ 便可以了.

因此，当 $x\neq(2k+1)\pi(k=0,\pm 1,\pm 2,\cdots)$ 时，有

$$\ln\left|2\cos\frac{x}{2}\right|=\cos x-\frac{\cos 2x}{2}+\frac{\cos 3x}{3}-\cdots \tag{14.2}$$

又，由于 $x=(2k+1)\pi$ 时，等式(14.2)两边都变为负无穷大，所以这等式对于一切 x 都认为成立了.

§15　关于周期是 $2l$ 的函数的附注

由这一章起，关于周期是 $T=2l$ 的函数，展成三角级数的理论问题，我们今后不再讨论了，因为读者已经熟悉第 1,2 章的内容，不难由“标准”周期，过渡到任意周期.

系数递减的三角级数、某些级数求和法

第4章

§1 阿贝尔预备定理

这就是下面的预备定理，我们今后要用的.

设给出一个数项级数(实数项或复数项)

$$u_0 + u_1 + u_2 + \cdots + u_n + \cdots$$

它的部分和 σ_n 满足条件

$$|\sigma_n| \leqslant M \quad (M = \text{常数})$$

如果正数 $\alpha_0, \alpha_1, \alpha_2, \cdots, \alpha_n, \cdots$ 单调地趋于零，那么级数

$$\alpha_0 u_0 + \alpha_1 u_1 + \alpha_2 u_2 + \cdots + \alpha_n u_n + \cdots \tag{1.1}$$

收敛，而且它的和 s 适合不等式

$$|s| \leqslant M\alpha_0 \tag{1.2}$$

证　设

$$s_n = \alpha_0 u_0 + \alpha_1 u_1 + \cdots + \alpha_n u_n$$

因为 $u_0 = \sigma_0, u_n = \sigma_n - \sigma_{n-1} (n = 2, 3, \cdots)$，所以

$$s_n = \alpha_0 \sigma_0 + \alpha_1(\sigma_1 - \sigma_0) + \alpha_2(\sigma_2 - \sigma_1) + \cdots + \alpha_n(\sigma_n - \sigma_{n-1})$$

或

$$s_n = \sigma_0(\alpha_0 - \alpha_1) + \sigma_1(\alpha_1 - \alpha_2) + \cdots + \sigma_{n-1}(\alpha_{n-1} - \alpha_n) + \sigma_n \alpha_n$$

由此

$$s_n - \sigma_n \alpha_n = \sigma_0(\alpha_0 - \alpha_1) + \sigma_1(\alpha_1 - \alpha_2) + \cdots + \sigma_{n-1}(\alpha_{n-1} - \alpha_n) \tag{1.3}$$

考察级数

$$\sigma_0(\alpha_0 - \alpha_1) + \sigma_1(\alpha_1 - \alpha_2) + \cdots + \sigma_{n-1}(\alpha_{n-1} - \alpha_n) \tag{1.4}$$

这个级数是收敛的，因为它各项的绝对值，不超过下面非负项收敛级数的对应项

$$M(\alpha_0 - \alpha_1) + M(\alpha_1 - \alpha_2) + \cdots + M(\alpha_{n-1} - \alpha_n) + \cdots$$
$$= M(\alpha_0 - \alpha_1 + \alpha_1 - \alpha_2 + \cdots + \alpha_{n-1} - \alpha_n + \cdots) = M\alpha_0$$

等式(1.3)的右边是级数(1.4)的第 n 个部分和. 因此当 $n \to \infty$ 时，它趋于一个确定的极限，而且这极限的绝对值不超过 $M\alpha_0$ 这个数. 既然如此，当 $n \to \infty$ 时，等式(1.3)左边的极限就存在了，而且

$$\left| \lim_{n \to \infty} (s_n - \sigma_n \alpha_n) \right| \leqslant M\alpha_0$$

又因

$$| \sigma_n \alpha_n | \leqslant M\alpha_n$$

所以

$$\lim_{n \to \infty} \sigma_n \alpha_n = 0$$

因此极限

$$\lim_{n\to\infty} s_n = s$$

存在(这就是说,级数(1.1)收敛),而且 s 满足不等式(1.2).预备定理就证明了.

§2　正弦和式的公式、辅助不等式

我们来证明等式

$$\sin x + \sin 2x + \cdots + \sin nx = \frac{\cos\frac{x}{2} - \cos(n+\frac{1}{2})x}{2\sin\frac{x}{2}} \tag{2.1}$$

用 S 表示左边的和式.显然

$$2S\sin\frac{x}{2} = 2\sin x\sin\frac{x}{2} + 2\sin 2x\sin\frac{x}{2} + \cdots + 2\sin nx\sin\frac{x}{2}$$

利用公式

$$2\sin\alpha\sin\beta = \cos(\alpha-\beta) - \cos(\alpha+\beta)$$

就可得到

$$\begin{aligned}2S\sin\frac{x}{2} &= \left(\cos\frac{x}{2} - \cos\frac{3}{2}x\right) + \left(\cos\frac{3}{2}x - \cos\frac{5}{2}x\right) + \cdots + \\ &\quad \left(\cos(n-\frac{1}{2})x - \cos(n+\frac{1}{2})x\right) \\ &= \cos\frac{x}{2} - \cos(n+\frac{1}{2})x\end{aligned}$$

由此

$$S=\frac{\cos\frac{x}{2}-\cos(n+\frac{1}{2})x}{2\sin\frac{x}{2}}$$

这就证明了等式(2.1).

因为对于 $x\neq 2k\pi(k=0,\pm 1,\pm 2,\cdots)$,显然有

$$\left|\frac{\cos\frac{x}{2}-\cos(n+\frac{1}{2})x}{2\sin\frac{x}{2}}\right|\leqslant\frac{\left|\cos\frac{x}{2}\right|+\left|\cos(n+\frac{1}{2})x\right|}{\left|2\sin\frac{x}{2}\right|}$$

$$<\frac{1}{\left|\sin\frac{x}{2}\right|}$$

那么我们就得到不等式

$$\left|\sum_{k=1}^{n}\sin kx\right|\leqslant\frac{1}{\left|\sin\frac{x}{2}\right|}\tag{2.2}$$

$(x\neq 2k\pi(k=0,\pm 1,\pm 2,\cdots))$,这表示对于每个 x 的确定值,正弦和式有界(当 $x=2k\pi$ 时,和式显然等于零,也就是有界).

回顾公式(第 3 章 §3)

$$\frac{1}{2}+\cos x+\cos 2x+\cdots+\cos nx=\frac{\sin\left(n+\frac{1}{2}\right)x}{2\sin\frac{x}{2}}$$

就立刻可以得到:当 $x\neq 2k\pi(k=0,\pm 1,\pm 2,\cdots)$ 时

$$\left|\frac{1}{2}+\sum_{k=1}^{n}\cos kx\right|\leqslant\frac{1}{\left|2\sin\frac{x}{2}\right|}\tag{2.3}$$

$(x=2k\pi$ 时,和式的值显然是 $n+\frac{1}{2}$,因此不是有界的).

§3　系数单调递减的三角级数的收敛性

考察两个三角级数

$$\frac{a_0}{2}+\sum_{n=1}^{\infty}a_n\cos nx \tag{3.1}$$

$$\sum_{n=1}^{\infty}b_n\sin nx \tag{3.2}$$

事先甚至不假定它们是什么函数的傅里叶级数.

定理 1　如果系数 a_n,b_n 是正的,而非递增的数,且当 $n\to\infty$ 时趋于零,那么级数(3.1)同(3.2),对于任意的 x(级数(3.1)要除开 $x=2k\pi(k=0,\pm1,\pm2,\cdots)$)都收敛.

如果系数 a_n 和 b_n 所成的级数收敛,这定理可以由第 3 章 §10 证得. 对于一般情况,让我们考察级数

$$\frac{1}{2}+\cos x+\cos 2x+\cdots+\cos nx+\cdots \tag{3.3}$$

它的部分和 $\sigma_n(x)$ 对于每个 $\neq 2k\pi$ 的 x 都是有界的. 要证明定理中关于级数(3.1)部分,只要应用阿贝尔预备定理就可以了.

由于(2.2),关于级数(3.2)的推理也没有什么两样.

附注　如果系数非递增这一要求,不是对于一切的 n,而是由某个 n 起,所证的定理 1 当然还是对的,即使对于下面的定理也是一样. 特别说来,在前几个系数等于零的情况下,定理也是正确的. 于是级数

$$\sum_{n=2}^{\infty}\frac{\cos nx}{\ln n}$$

对于 $x \neq 2k\pi$ 是收敛的. 当 $x = 2k\pi$ 时,级数变为

$$\sum_{n=2}^{\infty} \frac{1}{\ln n}$$

因此是发散的.

我们来把定理 1 说的更确切些.

定理 2　如果系数 a_n, b_n 是非递增的正数,且当 $n \to \infty$ 时趋于零,那么级数(3.1) 和(3.2),在任意一个不含形如 $x = 2k\pi(k = 0, \pm 1, \pm 2, \cdots)$ 的点的区间 $[a, b]$ 上,是均匀收敛的.

实际上,如果系数 a_n, b_n 所成的级数收敛,那么由第 3 章 §10 可知,这收敛是均匀的. 在一般情况下,因为级数(3.1) 和(3.2) 的和式是周期函数,所以只要对于包含在区间$[0, 2\pi]$内的一切区间$[a, b]$证明这定理就够了. 对于这两个级数,定理的证明是一样的,所以我们只限于讨论级数(3.1).

设任意给出实数 $\varepsilon > 0$. 对于 $a \leqslant x \leqslant b$ 考察级数(3.1) 的余和

$$s(x) - s_n(x) = a_{n+1}\cos(n+1)x + a_{n+2}\cos(n+2)x + \cdots \tag{3.4}$$

并应用阿贝尔预备定理. 为此,设

$$\tau_m(x) = \sigma_{n+m}(x) - \sigma_n(x)$$

其中 $\sigma_n(x)$ 和 $\sigma_{n+m}(x)$ 是级数(3.3) 的部分和.

于是,由于(2.3)

$$|\tau_m(x)| \leqslant |\sigma_{n+m}(x)| + |\sigma_n(x)| \leqslant \frac{1}{\sin\frac{x}{2}}$$

因为 $0 < a \leqslant x \leqslant b < 2\pi$,所以

$$\sin\frac{x}{2} \geqslant \mu > 0$$

其中 μ 是 $\sin\frac{a}{2}$ 和 $\sin\frac{b}{2}$ 两数中较小的数(图 38).

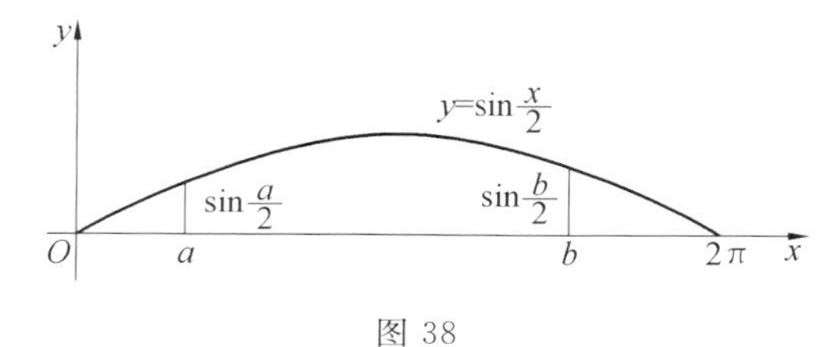

图 38

因此,设 $M=\frac{1}{\mu}$,则对于区间$[a,b]$的一切 x,有

$$|\tau_m(x)|\leqslant M=\text{常数}$$

这样一来, 对于 $a_{n+1},a_{n+2},\cdots,a_{n+m},\cdots$ 各数与级数(3.4),应用阿贝尔预备定理便得:对于区间$[a,b]$的任一个 x,有

$$|s(x)-s_n(x)|\leqslant Ma_{n+1}$$

因为当$n\to\infty$时,$a_n\to 0$,所以对于一切足够大的n,有

$$Ma_{n+1}\leqslant\varepsilon$$

换句话说,对于一切足够大的 n,以及对于区间$[a,b]$的任一个 x,不等式

$$|s(x)-s_n(x)|\leqslant\varepsilon$$

成立,这就表示级数(3.1)是均匀收敛的.

由定理 1,2 立刻可以得到:

定理 3 如果系数 a_n 和 b_n 是正的,非递增的,而且当 $n\to\infty$ 时趋于零,那么周期是 2π 的函数

$$f(x)=\frac{a_0}{2}+\sum_{n=1}^{\infty}a_n\cos nx$$

$$g(x)=\sum_{n=1}^{\infty}b_n\sin nx$$

对于一切 x,可能除开 $x=2k\pi(k=0,\pm1,\pm2,\cdots)$ 之

外，是连续的.

实际上，如果由系数 a_n 和 b_n 所成的级数收敛，那么由第 3 章 §10 就可得到这定理. 在一般情况下，任意点 $x_0 \neq 2k\pi$ 可以包在某个不含有形如 $x=2k\pi$ 的点的区间 $[a,b]$ 内，在这区间上级数的收敛性（由于定理 2）是均匀的，就是说它们的和是连续函数（参看第 1 章 §4）. 特别说来，它们在 $x=x_0$ 处连续. 因为 x_0 是任意一个异于形如 $2k\pi$ 的点，于是定理就得以证明了.

为了说明起见，可以考察我们已知的展式

$$f(x)=-\ln\left|2\sin\frac{x}{2}\right|=\sum_{n=1}^{\infty}\frac{\cos nx}{n}$$

$$g(x)=\frac{\pi-x}{2}=\sum_{n=1}^{\infty}\frac{\sin nx}{n}\quad(0<x<2\pi)$$

（参看第 3 章 §14 例 1 和第 1 章中等式(13.7)）. 图 37 显示 $f(x)$ 的图形，图 39 显示 $g(x)$ 和它的周期延续的图形.

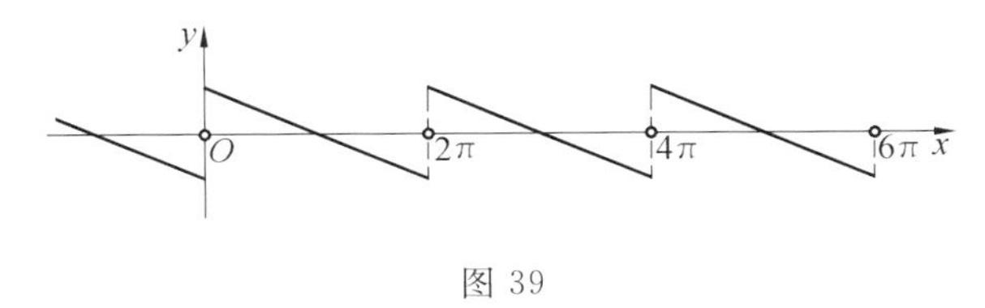

图 39

§4　§3 定理的一些推论

我们来指出 §3 所证定理的几个有用的推论.

定理 1　如果系数 a_n 及 b_n 是正的，非递增的，而且当 $n\to\infty$ 时趋于零，那么级数

$$\frac{a_0}{2}+\sum_{n=1}^{\infty}(-1)^n a_n \cos nx \qquad (4.1)$$

$$\sum_{n=1}^{\infty}(-1)^n b_n \sin nx \qquad (4.2)$$

具有下列的性质：

(1) 这两个级数对于一切 x 的值都是收敛的，但对于级数(4.1)可能要除去

$$x=(2k+1)\pi \quad (k=0,\pm 1,\pm 2,\cdots)$$

的值.

(2) 在不包含上述点子的整个区间$[a,b]$上，级数的收敛是均匀的.

(3) 除了上述各个点子 x 以外，级数的和式处处连续.

实际上，在(3.1)和(3.2)里，设 $x=t-\pi$，便得到级数

$$\begin{aligned}&\frac{a_0}{2}+\sum_{n=1}^{\infty}a_n\cos n(t-\pi)\\ =&\frac{a_0}{2}+\sum_{n=1}^{\infty}a_n[\cos n\pi\cos nt+\sin n\pi\sin nt]\\ =&\frac{a_0}{2}-a_1\cos t+a_2\cos 2t-a_3\cos 3t+\cdots\end{aligned}$$

$$\begin{aligned}\sum_{n=1}^{\infty}b_n\sin n(t-\pi)&=\sum_{n=1}^{\infty}b_n[\cos n\pi\sin nt-\sin n\pi\cos nt]\\ &=-b_1\sin t+b_2\sin 2t-b_3\sin 3t+\cdots\end{aligned}$$

我们得到了交错级数，对于交错级数 §3 里的定理 1,2,3 还是对的，只需添上以 $t=\pi+2k\pi=(2k+1)\pi$ 来代替点 $x=2k\pi$ 的这样一个附加条件. 由此得到定理 1.

如果在(4.1)和(4.2)里，把$(-1)^n$ 换成$(-1)^{n+1}$，

定理 1 显然还是对的.

我们已知的展式

$$\ln\left|2\cos\frac{x}{2}\right|=\cos x-\frac{\cos 2x}{2}+\frac{\cos 3x}{3}-\cdots$$

$$\frac{x}{2}=\sin x-\frac{\sin 2x}{2}+\frac{\sin 3x}{3}-\cdots\quad -\pi<x<\pi$$

可以用作定理 1 的例证(参考第 3 章 §14 的例 2 和第 1 章的等式(13.9)).

所证得的定理还可推广.

实际上,让我们考察像下面这样子的级数

$$\begin{cases}a_1\cos px+a_2\cos(p+m)x+a_3\cos(p+2m)x+\cdots+\\\qquad a_{n+1}\cos(p+nm)x+\cdots\\b_1\sin px+b_2\sin(p+m)x+b_3\sin(p+2m)x+\cdots+\\\qquad b_{n+1}\sin(p+nm)x+\cdots\end{cases}\tag{4.3}$$

其中 p 和 m 是任意实数,系数 a_n 和 b_n 是非递增的,而且趋于零的正数.

在这两个级数里,x 的系数造成以 m 为公差的等差级数.

下列两级数可以作为这种级数的例子

$$\cos x+\frac{\cos 5x}{2}+\frac{\cos 9x}{3}+\frac{\cos 13x}{4}+\cdots\tag{4.4}$$

(这里 $p=1,m=4$)

$$\frac{\sin 2x}{\ln 2}+\frac{\sin 5x}{\ln 3}+\frac{\sin 8x}{\ln 4}+\frac{\sin 11x}{\ln 5}+\cdots$$

(这里 $p=2,m=3$).

注意到

$$\cos(p+nm)x=\cos px\cos nmx-\sin px\sin nmx$$

$$\sin(p+nm)x=\sin px\cos nmx+\cos px\sin nmx$$

式(4.3)又可写成

$$\cos px\sum_{n=0}^{\infty}a_{n+1}\cos nmx-\sin px\sum_{n=0}^{\infty}a_{n+1}\sin nmx$$

$$\sin px\sum_{n=0}^{\infty}b_{n+1}\cos nmx+\cos px\sum_{n=0}^{\infty}a_{n+1}\sin nmx$$

要是在这里命 $mx=t$ 或 $x=\frac{t}{m}$,便可得到

$$\cos\frac{pt}{m}\sum_{n=0}^{\infty}a_{n+1}\cos nt-\sin\frac{pt}{m}\sum_{n=0}^{\infty}a_{n+1}\sin nt$$

$$\sin\frac{pt}{m}\sum_{n=0}^{\infty}b_{n+1}\cos nt-\cos\frac{pt}{m}\sum_{n=0}^{\infty}b_{n+1}\sin nt \quad (4.5)$$

把 §3 的定理 1,2,3 应用到这里出现的四个级数上去.由此可知,对于任意的 p:(1) 级数(4.5)是收敛的,而且对于一切的 t,可能除开了像 $t=2k\pi$ 的一些值外,具有连续的和式;(2) 在所有不含上述诸值的区间上,级数的收敛是均匀的.要是回到变量 x,便得:

定理 2 如果系数 a_n,b_n 是非递增的正数,当 $n\to\infty$ 时趋于零,那么级数(4.3)是收敛的,而且对于一切 x 的值,可能除去 $x=\frac{2k\pi}{m}(k=0,\pm1,\pm2,\cdots)$,级数具有连续的和式,而在不含所指出各点的一切区间上,级数的收敛是均匀的.

于是对于(4.4)中的第一个级数,所提出的"例外"值将是 $x=\frac{2k\pi}{4}=\frac{k\pi}{2}$,对于第二个则是 $x=\frac{2k\pi}{3}$.

用得到定理 2 类似的方法,可以得到:

定理 3 如果系数 a_n,b_n 是非递增的正数,当 $n\to\infty$ 时趋于零,那么像下面的级数

$$a_1\cos px - a_2\cos(p+m)x + a_3\cos(p+2m)x - \cdots$$
$$b_1\sin px - b_2\sin(p+m)x + b_3\sin(p+2m)x - \cdots$$

一定收敛，而且对于一切的 x，可能除开 $x=\dfrac{(2k+1)\pi}{m}(k=0,\pm1,\pm2,\cdots)$，具有连续的和式，而在不含上述诸值的一切区间上，级数的收敛是均匀的.

下面的命题在应用上常是有用的，我们只提出来，不加证明.

定理 4　在上面定理的条件下，如果级数

$$\sum_{n=1}^{\infty}\frac{a_n}{n},\sum_{n=1}^{\infty}\frac{b_n}{n}$$

收敛，那么对应的三角级数便确定一个绝对可积函数(因此就是它的傅里叶级数 —— 参看第 1 章 §6 定理 2).

§5　复变函数对于一些三角级数求和法的应用

设 $F(z)$ 是复变量 $z=x+\mathrm{i}y$ 的解析(可微分)函数，对于 $|z|\leqslant 1$ 没有奇点[①]. 在这条件下，对于 $|z|\leqslant 1$(即在复变平面上，以 O 为心的单位圆域上)，函数 $F(z)$ 可以展成幂级数

$$F(z)=c_0+c_1z+c_2z^2+\cdots+c_nz^n+\cdots \tag{5.1}$$

假定这级数的系数是实数. 设 $z=\mathrm{e}^{\mathrm{i}x}$. 这时等式 (5.1) 还是成立时，因为 $|\mathrm{e}^{\mathrm{i}x}|=|\cos x+\mathrm{i}\sin x|=$

① 点 z 叫作 $F(z)$ 的奇点，如复变平面上不存在以这点为圆心的圆(即使半径很小)，在其内 $F(z)$ 是解析的.

$\sqrt{\cos^2 x+\sin^2 x}=1$. 这样一来,对于任意的 x 便有

$$
\begin{aligned}
F(e^{ix}) &= c_0+c_1 e^{ix}+c_2 e^{i2x}+\cdots+c_n e^{inx}+\cdots \\
&= c_0+c_1(\cos x+\mathrm{i}\sin x)+ \\
&\quad c_2(\cos 2x+\mathrm{i}\sin 2x)+\cdots+ \\
&\quad c_n(\cos nx+\mathrm{i}\sin nx)+\cdots \\
&= (c_0+c_1\cos x+c_2\cos 2x+\cdots+ \\
&\quad c_n\cos nx+\cdots)+\mathrm{i}(c_1\sin x+ \\
&\quad c_2\sin 2x+\cdots+c_n\sin nx+\cdots)
\end{aligned}
\tag{5.2}
$$

把 $F(e^{ix})$ 的表达式是实虚两部分开,即把 $F(e^{ix})$ 表成

$$F(e^{ix})=f(x)+\mathrm{i}g(x)$$

的形状,其中 $f(x)$ 和 $g(x)$ 是实函数. 由(5.2)显然有

$$f(x)=c_0+c_1\cos x+c_2\cos 2x+\cdots+c_n\cos nx+\cdots$$

$$g(x)=c_1\sin x+c_2\sin 2x+\cdots+c_n\sin nx+\cdots$$

这些事实可以利用来得到一些三角级数的和式.

例 1 我们知道,对于一切的 z

$$e^z=1+z+\frac{z^2}{2!}+\cdots+\frac{z^n}{n!}+\cdots$$

于是由(5.2)可知

$$
\begin{aligned}
e^{ix} = &\left(1+\cos x+\frac{\cos 2x}{2!}+\cdots+\frac{\cos nx}{n!}+\cdots\right)+ \\
&\mathrm{i}\left(\sin x+\frac{\sin 2x}{2!}+\cdots+\frac{\sin nx}{n!}+\cdots\right)
\end{aligned}
$$

但是

$$
\begin{aligned}
e^{i\alpha} &= e^{\cos x+\mathrm{i}\sin x}=e^{\cos x}\cdot e^{\mathrm{i}\sin x} \\
&= e^{\cos x}[\cos(\sin x)+\mathrm{i}\sin(\sin x)]
\end{aligned}
$$

因此

$$e^{\cos x}\cos(\sin x)=1+\cos x+\frac{\cos 2x}{2!}+\cdots+\frac{\cos nx}{n!}+\cdots$$

$$e^{\cos x}\sin(\sin x)=\sin x+\frac{\sin 2x}{2!}+\cdots+\frac{\sin nx}{n!}+\cdots$$

在这个例里，我们从一个已给的复变函数出发，得到了实虚两部分的三角级数展开式．换句话说，我们用新方法（比较第1，3两章）解决了函数展成三角级数的问题．同时在这一节开始时所说的想法，在级数的情况下，能够用来解决给出三角级数求和的反面问题．

实际上，设给出收敛级数

$$c_0+c_1\cos x+c_2\cos 2x+\cdots+c_n\cos nx+\cdots$$

$$c_1\sin x+c_2\sin 2x+\cdots+c_n\sin nx+\cdots$$

用它们作成复数项级数

$$\begin{aligned}&(c_0+c_1\cos x+c_2\cos 2x+\cdots)+\\&\mathrm{i}(c_1\sin x+c_2\sin 2x+\cdots)\\=&c_0+c_1(\cos x+\mathrm{i}\sin x)+c_2(\cos 2x+\mathrm{i}\sin 2x)+\cdots\\=&c_0+c_1\mathrm{e}^{\mathrm{i}x}+c_2\mathrm{e}^{\mathrm{i}2x}+\cdots\end{aligned}$$

在这里把 $\mathrm{e}^{\mathrm{i}x}$ 记成 z，便得幂级数

$$c_0+c_1z+c_2z^2+\cdots$$

如果对于所考虑的 z 值，知道级数的和 $F(z)$，那么，设

$$F(\mathrm{e}^{\mathrm{i}x})=f(x)+\mathrm{i}g(x)$$

就显然有

$$f(x)=c_0+c_1\cos x+c_2\cos 2x+\cdots$$

$$g(x)=c_1\sin x+c_2\sin 2x+\cdots$$

例2　求下列级数的和

$$\begin{cases}1+\dfrac{\cos x}{p}+\dfrac{\cos 2x}{p^2}+\cdots+\dfrac{\cos nx}{p^n}+\cdots\\\dfrac{\sin x}{p}+\dfrac{\sin 2x}{p^2}+\cdots+\dfrac{\sin nx}{p^n}+\cdots\end{cases}\tag{5.3}$$

其中 p 是绝对值不大于1的实常数．

级数(5.3)对于一切的 x 收敛. 考察

$$\left(1+\frac{\cos x}{p}+\frac{\cos 2x}{p^2}+\cdots\right)+\mathrm{i}\left(\frac{\sin x}{p}+\frac{\sin 2x}{p^2}+\cdots\right)$$

$$=1+\frac{\mathrm{e}^{\mathrm{i}x}}{p}+\frac{\mathrm{e}^{2\mathrm{i}x}}{p^2}+\cdots$$

但是左边的级数是等比级数(对于 $\left|\frac{z}{p}\right|<1$ 收敛),故

$$1+\frac{z}{p}+\frac{z^2}{p^2}+\cdots=\frac{1}{1-\frac{z}{p}}=\frac{p}{p-z}=F(z)$$

所以

$$F(\mathrm{e}^{\mathrm{i}x})=\frac{p}{p-\mathrm{e}^{\mathrm{i}x}}$$

$$=\frac{p}{(p-\cos x)-\mathrm{i}\sin x}$$

$$=p\,\frac{(p-\cos x)+\mathrm{i}\sin x}{(p-\cos x)^2+\sin^2 x}$$

$$=p\,\frac{(p-\cos x)+\mathrm{i}\sin x}{p^2-2p\cos x+1}$$

而对于一切 x 我们得到

$$\frac{p(p-\cos x)}{p^2-2p\cos x+1}=1+\frac{\cos x}{p}+\frac{\cos 2x}{p^2}+\cdots+\frac{\cos nx}{p^n}+\cdots$$

$$\frac{p\sin x}{p^2-2p\cos x+1}=\frac{\sin x}{p}+\frac{\sin 2x}{p^2}+\cdots+\frac{\sin nx}{p^n}+\cdots$$

§6　§5 结果的严格讨论

§5 开始时，我们假设对于 $|z| \leqslant 1$，$F(z)$ 没有奇点. 现在假设只当 $|z| < 1$ 时，没有奇点，而当 $|z| = 1$ 时，即用几何的话来说，在以 O 为圆心的单位圆周 C 上，也有奇点，也有常点.

对于 $|z| < 1$，展式(5.1) 仍旧成立. 不但如此，在圆周 C 上的每一个常点处，只要(5.1) 右边的级数收敛，等式(5.1) 成立.

我们对于不知道这事的读者，引进一个证明. 我们需要

预备定理　设级数(实数项或复数项)

$$u_0 + u_1 + u_2 + \cdots + u_n + \cdots \tag{6.1}$$

收敛，则级数

$$u_0 + u_1 r + u_2 r^2 + \cdots + u_n r^n + \cdots \tag{6.2}$$

对于 $0 \leqslant r \leqslant 1$ 收敛，而且它的和 $\sigma(r)$ 在这区间上是连续的.

证　设

$$\sigma = u_0 + u_1 + u_2 + \cdots + u_n + \cdots$$

对于每一个 $\varepsilon > 0$，存在着指标 N，当 $n \geqslant N$ 时，有

$$|\sigma - \sigma_n| \leqslant \frac{\varepsilon}{2} \tag{6.3}$$

(σ_n 是级数(6.1) 的部分和). 考察级数(5.1) 的余和

$$R_n = \sigma - \sigma_n = u_{n+1} + u_{n+2} + \cdots \tag{6.4}$$

以及它的部分和

$$u_{n+1} + u_{n+2} + \cdots + u_{n+m} \quad (m = 1, 2, \cdots)$$

由于(6.3)，显然有

$$|u_{n+1}+u_{n+2}+\cdots+u_{n+m}|=|R_n-R_{n+m}|$$
$$\leqslant |R_n|+|R_{n+m}|\leqslant \varepsilon$$

这样，级数(6.4)的部分和，以及它的和，绝对值都被 ε 所界.

因为

$$r^{n+1},r^{n+2},\cdots$$

诸数的指数增大，而数值不增，而且对于每个 $r(0\leqslant r<1)$ 的值趋于零，所以把阿贝尔预备定理用到级数

$$R_n(r)=u_{n+1}r^{n+1}+u_{n+2}r^{n+2}+\cdots$$

上，就可以知道这个级数收敛，也就是级数(6.2)收敛，并可得不等式

$$|R_n(r)|\leqslant \varepsilon r^{n+1}\leqslant \varepsilon \quad (0\leqslant r<1)$$

命 $\sigma_n(r)$ 表示级数(6.2)的部分和，便得

$$|\sigma(r)-\sigma_n(r)|=|R_n(r)|\leqslant \varepsilon \tag{6.5}$$

$0\leqslant r<1$. 如果注意到 $\sigma(1)=\sigma$，$\sigma_n(1)=\sigma_n$，根据(6.3)就可肯定等式(6.5)在区间 $0\leqslant r\leqslant 1$ 上，处处成立. 这表示级数(6.2)在这区间上均匀收敛. 因此就引出函数 $\sigma(r)(0\leqslant r\leqslant 1)$ 的连续性. 预备定理就证明了.

要证明上述的命题，设级数

$$c_0+c_1z+c_2z^2+\cdots+c_nz^n+\cdots$$

在圆周 C 上的一点 z 处收敛. 由证得的预备定理可知，函数

$$c_0+c_1rz+c_2r^2z^2+\cdots+c_nr^nz^n+\cdots$$

对于 $r(0\leqslant r\leqslant 1)$ 连续，因此

$$\lim_{\substack{r\to 1\\ r<1}}F(rz)=\lim_{\substack{r\to 1\\ r<1}}(c_0+c_1rz+c_2r^2z^2+\cdots)$$
$$=c_0+c_1z+c_2z^2+\cdots \tag{6.6}$$

另一方面，因为点 z 是常点，所以 $F(z)$ 在这点处连续，因此

$$\lim_{\substack{r\to 1\\ r<1}} F(rz)=F(z) \tag{6.7}$$

这是因为当 $r\to 1$ 时，$rz\to z$.

比较式(6.6)和(6.7)，便得

$$F(z)=c_0+c_1z+c_2z^2+\cdots+c_nz^n+\cdots$$

这就是要证明的.

所证的事肯定了 §5 里，对于级数(5.1)在此收敛的常点 $z=\mathrm{e}^{\mathrm{i}x}$(这点在 C 上，因 $|\mathrm{e}^{\mathrm{i}x}|=1$)的结论的正确性.

为了说明以上各点，让我们看一些例子.

例 1　我们知道

$$\ln(1+z)=z-\frac{z^2}{2}+\frac{z^3}{3}-\frac{z^4}{4}+\cdots$$

$|z|<1$，并且除掉点 $z=-1$，即除掉 $z=\mathrm{e}^{(2k+1)\pi\mathrm{i}}$ 外，函数 $\ln(1+z)$ 在圆周 C 上的一切点处是解析的. 根据(5.2)，对于 $z=\mathrm{e}^{\mathrm{i}x}$(其中 $x\neq(2k+1)\pi$)有

$$\ln(1+\mathrm{e}^{\mathrm{i}x})=\left(\cos x-\frac{\cos 2x}{2}+\frac{\cos 3x}{3}-\cdots\right)+\mathrm{i}\left(\sin x-\frac{\sin 2x}{2}+\frac{\sin 3x}{3}-\cdots\right) \tag{6.8}$$

并且我们有权利这样来写这个等式，因为右边的级数，对于我们要考虑的 x，事实上是收敛的(参看 §4 定理 1).

另一方面，对于 $-\pi<x<\pi$，显然有

$$1+\mathrm{e}^{\mathrm{i}x}=(1+\cos x)+\mathrm{i}\sin x$$
$$=2\cos^2\frac{x}{2}+\mathrm{i}\cdot 2\sin\frac{x}{2}\cos\frac{x}{2}$$

$$= 2\cos\frac{x}{2}\left(\cos\frac{x}{2} + \mathrm{i}\sin\frac{x}{2}\right)$$

因此，对于 $-\pi < x < \pi$，有

$$\ln(1 + \mathrm{e}^{\mathrm{i}x}) = \ln 2\cos\frac{x}{2} + \mathrm{i}\,\frac{x}{2}$$ ①

于是由(6.8)可知，对于这些 x，有

$$\begin{cases} \ln\left(2\cos\dfrac{x}{2}\right) = \cos x - \dfrac{\cos 2x}{2} + \dfrac{\cos 3x}{3} - \cdots \\ \dfrac{x}{2} = \sin x - \dfrac{\sin 2x}{2} + \dfrac{\sin 3x}{3} - \cdots \end{cases} \tag{6.9}$$

我们便得到了已知的展式(参看第 3 章 §14 例 2 和第 1 章 §13 的式(13.9)).

用类似的方法，同样可以求出我们已经见过的下列展式：对于 $0 < x < 2\pi$

$$\begin{cases} -\ln\left(2\sin\dfrac{x}{2}\right) = \cos x + \dfrac{\cos 2x}{2} + \dfrac{\cos 3x}{3} + \cdots \\ \dfrac{\pi - x}{2} = \sin x + \dfrac{\sin 2x}{2} + \dfrac{\sin 3x}{3} + \cdots \end{cases} \tag{6.10}$$

这时要由函数

$$\ln\frac{1}{1-z} = -\ln(1-z) = z + \frac{z^2}{2} + \frac{z^3}{3} + \cdots \quad (z \neq 1)$$

出发，对于它，有

---

① 利用对数的已知性质：若 $z = \rho \mathrm{e}^{\mathrm{i}\theta}$，$-\pi < \theta < \pi$，则 $\ln z = \ln\rho + \mathrm{i}\theta$. 在这里的情况

$$\rho = 2\cos\frac{x}{2}, \theta = \frac{x}{2}$$

$$f(x)=-\ln 2\sin\frac{x}{2},g(x)=\frac{\pi-x}{2}\quad(0<x<2\pi)$$

可是从式(6.9),用代换 $x=t-\pi$,得到式(6.10)就简单得多了.

例 2　求级数

$$\frac{\cos 2x}{1\cdot 2}+\frac{\cos 3x}{2\cdot 3}+\cdots+\frac{\cos(n+1)x}{n(n+1)}+\cdots$$

$$\frac{\sin 2x}{1\cdot 2}+\frac{\sin 3x}{2\cdot 3}+\cdots+\frac{\sin(n+1)x}{n(n+1)}+\cdots$$

的和.

这两个级数对于一切的 x 都收敛.让我们考察

$$\left(\frac{\cos 2x}{1\cdot 2}+\frac{\cos 3x}{2\cdot 3}+\cdots\right)+\mathrm{i}\left(\frac{\sin 2x}{1\cdot 2}+\frac{\sin 3x}{2\cdot 3}+\cdots\right)$$

$$=\frac{\mathrm{e}^{2\mathrm{i}x}}{1\cdot 2}+\frac{\mathrm{e}^{3\mathrm{i}x}}{2\cdot 3}+\cdots+\frac{\mathrm{e}^{(n+1)\mathrm{i}x}}{n(n+1)}+\cdots$$

由恒等式

$$\frac{1}{n(n+1)}=\frac{1}{n}-\frac{1}{n+1}$$

可知,对于满足条件 $|z|\leqslant 1,z\neq 1$ 的一切 z,有(参看例 1)

$$\frac{z^2}{1\cdot 2}+\frac{z^3}{2\cdot 3}+\cdots+\frac{z^{n+1}}{n(n+1)}+\cdots$$

$$=\left(z^2+\frac{z^3}{2}+\cdots+\frac{z^{n+1}}{n}+\cdots\right)-$$

$$\left(\frac{z^2}{2}+\frac{z^3}{3}+\cdots+\frac{z^{n+1}}{n+1}+\cdots\right)$$

$$=-z\ln(1-z)+\ln(1-z)+z$$

$$=(1-z)\ln(1-z)+z=F(z)$$

因此,当 $0<x<2\pi$ 时,有(参看例 1)

$$F(\mathrm{e}^{\mathrm{i}x})=(1-\mathrm{e}^{\mathrm{i}x})\ln(1-\mathrm{e}^{\mathrm{i}x})+\mathrm{e}^{\mathrm{i}x}$$

$$=[(1-\cos x)-\mathrm{i}\sin x]\cdot\left(\ln 2\sin\frac{x}{2}-\mathrm{i}\,\frac{\pi-x}{2}\right)+(\cos x+\mathrm{i}\sin x)$$

$$=\left[(1-\cos x)\cdot\ln 2\sin\frac{x}{2}-\frac{\pi-x}{2}\sin x+\cos x\right]+\mathrm{i}\left[\frac{\pi-x}{2}(\cos x-1)-\sin x\cdot\ln 2\sin\frac{x}{2}+\sin x\right]$$

所以

$$(1-\cos x)\ln 2\sin\frac{x}{2}-\frac{\pi-x}{2}\sin x+\cos x=\frac{\cos 2x}{1\cdot 2}+\frac{\cos 3x}{2\cdot 3}+\cdots$$

$$\frac{\pi-x}{2}(\cos x-1)-\sin x\ln 2\sin\frac{x}{2}+\sin x=\frac{\sin 2x}{1\cdot 2}+\frac{\sin 3x}{2\cdot 3}+\cdots$$

第 4 章思考题

1. 下列级数对于 x 的什么值收敛?

(1) $\sum\limits_{n=1}^{\infty}\dfrac{\cos nx}{\sqrt{n}}$;

(2) $\sum\limits_{n=1}^{\infty}\dfrac{\sin nx}{\sqrt{n}}$;

(3) $\sum\limits_{n=1}^{\infty}\dfrac{\cos nx+\sin nx}{\sqrt{n}}$.

答:(1) $x\neq 2k\pi$;

(2) 对于一切的 x；

(3) $x \neq 2k\pi$.

2. 对于 x 的什么值，上题各级数的和是连续的？这些级数是平方可积函数的傅里叶级数吗？

答：(1) 对于一切的 x，除开 $x = 2k\pi$ 之外；

(2) 不.

3. 下列级数对于 x 的什么值收敛？

(1) $\sum\limits_{n=1}^{\infty}(-1)^n \dfrac{\cos nx}{n+\sqrt{n}}$；

(2) $\sum\limits_{n=2}^{\infty} \dfrac{\cos nx + (-1)^n \sin nx}{\ln n}$；

(3) $\sum\limits_{n=1}^{\infty} \dfrac{\sin 3nx}{n}$；

(4) $\sum\limits_{n=0}^{\infty}(-1)^{n+1} \dfrac{\cos(2n+3)x}{n+2}$.

答：(1)，(2) $x \neq (2k+1)\pi$；

(3) 对于一切的 x；

(4) $x \neq (2k+1)\dfrac{\pi}{2}$.

4. 上题各级数的和对于 x 的什么值是连续的？作出级数(3) 的和的图形.

答：(1)，(2) $x \neq (2k+1)\pi$；

(3) $x \neq \dfrac{2k\pi}{3}$；

(4) $x \neq (2k+1)\dfrac{\pi}{3}$.

5. 对于复变量 $z = x + \mathrm{i}y$，三角函数和双曲函数是由下列级数定义的

$$\sin z = z - \frac{z^3}{3!} + \frac{z^5}{5!} - \cdots$$

$$\cos z = 1 - \frac{z^2}{2!} + \frac{z^4}{4!} - \cdots$$

$$\mathrm{sh}\, z = z + \frac{z^3}{3!} + \frac{z^5}{5!} + \cdots \quad (双曲正弦)$$

$$\mathrm{ch}\, z = 1 + \frac{z^2}{2!} + \frac{z^4}{4!} + \cdots \quad (双曲余弦)$$

利用公式(它们对于复数 α 和 β 仍然成立)

$$\sin(\alpha+\beta) = \sin\alpha\cos\beta + \cos\alpha\sin\beta$$

$$\cos(\alpha+\beta) = \cos\alpha\cos\beta - \sin\alpha\sin\beta$$

证明

$$\begin{cases} \sin(\alpha+\beta\mathrm{i}) = \sin\alpha \cdot \mathrm{ch}\,\beta + \mathrm{i}\cos\alpha \cdot \mathrm{sh}\,\beta \\ \cos(\alpha+\beta\mathrm{i}) = \cos\alpha \cdot \mathrm{ch}\,\beta - \mathrm{i}\sin\alpha \cdot \mathrm{sh}\,\beta \end{cases} \quad (*)$$

6. 求下列级数的和:

(1) $\cos x - \frac{\cos 3x}{3!} + \frac{\cos 5x}{5!} + \cdots$;

(2) $\sin x - \frac{\sin 3x}{3!} + \frac{\sin 5x}{5!} + \cdots$.

提示: $F(z) = \sin z$. 利用(*)的第一个公式.

答: (1) $\sin(\cos x) \cdot \mathrm{ch}(\sin x)$;

(2) $\cos(\cos x) \cdot \mathrm{sh}(\sin x)$.

7. 求下列级数的和:

(1) $1 - \frac{\cos 2x}{2!} + \frac{\cos 4x}{4!} - \cdots$;

(2) $\frac{\sin 2x}{2!} - \frac{\sin 4x}{4!} + \frac{\sin 6x}{6!} - \cdots$.

提示: $F(z) = \cos z$. 利用(*)的第二个公式.

答: (1) $\cos(\cos x) \cdot \mathrm{ch}(\sin x)$;

(2) $\sin(\cos x) \cdot \mathrm{sh}(\sin x)$.

8. 求下列级数的和:

(1)$1+\frac{\cos x}{1\cdot 2}-\frac{\cos 2x}{2\cdot 3}+\frac{\cos 3x}{3\cdot 4}-\cdots$;

(2) $\frac{\sin x}{1\cdot 2}-\frac{\sin 2x}{2\cdot 3}+\frac{\sin 3x}{3\cdot 4}+\cdots$.

提示:利用 §6 例 2 的方法和同节例 1 的结果.

答:(1)$(1+\cos x)\cdot\ln 2\cos\frac{x}{2}+\frac{x}{2}\cdot\sin x$;

(2) $\frac{x}{2}\cdot(1+\cos x)-\sin x\cdot\ln 2\cos\frac{x}{2}(-\pi<x<\pi)$.

9.求下列级数的和:

(1) $\frac{\cos 2x}{3}-\frac{\cos 3x}{8}+\cdots+(-1)^n\frac{\cos nx}{n^2-1}+\cdots$;

(2) $\frac{\sin 2x}{3}-\frac{\sin 3x}{8}+\cdots+(-1)^n\frac{\sin nx}{n^2-1}+\cdots$.

提示:利用恒等式

$$\frac{1}{n^2-1}=\frac{1}{2}\left(\frac{1}{n-1}-\frac{1}{n+1}\right)$$

和 §6 例 1 的结果.

答:(1) $\frac{1}{2}-\frac{x}{2}\sin x-\frac{1}{4}\cos x$;

(2)$\sin x\cdot\ln 2\cos\frac{x}{2}-\frac{1}{4}\sin x(-\pi<x<\pi)$.

10.求下列级数的和:

(1) $\frac{2\cos 2x}{3}-\frac{3\cos 3x}{8}+\cdots+\frac{(-1)^n n\cos nx}{n^2-1}+\cdots$;

(2) $\frac{2\sin 2x}{3}-\frac{3\sin 3x}{8}+\cdots+\frac{(-1)^n n\sin nx}{n^2-1}+\cdots$.

提示:利用恒等式

$$\frac{n}{n^2-1}=\frac{1}{2}\left(\frac{1}{n-1}+\frac{1}{n+1}\right)$$

和 §6 例 1 的结果.

答:(1) $\cos x \cdot \ln 2\cos\frac{x}{2} - \frac{1}{4}\cos x - \frac{1}{2}$;

(2) $\frac{x}{2} \cdot \cos x + \frac{1}{4}\sin x \ (-\pi < x < \pi)$.

11. 求下列级数的和:

(1) $\frac{\cos x}{1+p} + \frac{\cos 2x}{2+p} + \cdots + \frac{\cos nx}{n+p} + \cdots$;

(2) $\frac{\sin x}{1+p} + \frac{\sin 2x}{2+p} + \cdots + \frac{\sin nx}{n+p} + \cdots$.

其中 p 是正整常数.

提示

$$F(z) = \frac{z}{1+p} + \frac{z^2}{2+p} + \cdots + \frac{z^n}{n+p} + \cdots$$
$$= \frac{1}{z^p}\left(\frac{z^{1+p}}{1+p} + \frac{z^{2+p}}{2+p} + \cdots + \frac{z^{n+p}}{n+p} + \cdots\right)$$
$$= \frac{1}{z^p}\left(-\ln(1-z) - \sum_{n=1}^{p}\frac{z^n}{n}\right)$$

再利用 §6 例 1 的结果.

答:(1) $\cos px\left(\ln 2\sin\frac{x}{2} + \sum_{n=1}^{p}\frac{\cos nx}{n}\right) + \sin px \cdot \left(\frac{\pi - x}{n} - \sum_{n=1}^{p}\frac{\sin nx}{n}\right)$;

(2) $\cos px\left(\frac{\pi - x}{n} - \sum_{n=1}^{p}\frac{\sin nx}{n}\right) + \sin px \cdot \left(\ln 2\sin\frac{x}{2} + \sum_{n=1}^{p}\frac{\cos nx}{n}\right) \ (0 < x < 2\pi)$.

三角函数系的完备性、傅里叶级数的运算

第5章

§1 用三角多项式近似表示函数

在第3章里面，对于周期是 2π 的连续函数(也有不连续的)，我们建立了能把它们表成三角和式的一些条件. 可是，会不会只是由于推演方法的不完备，而使我们对于任意的连续函数不能这样做呢？换句话说，会不会有更完备的推演，就可以使我们证明任意连续函数的傅里叶级数收敛于它自己呢？这样是不会的，因为连续函数具有发散的傅里叶级数是有例子的.

让我们走另外的路子，走函数近似表示的路子，便立刻会得到下面这个有名的结果.

定理 设 $f(x)$ 是周期为 2π 的连续函数. 那么，对于任意的 $\varepsilon>0$，存在着三角多项式

$$\sigma_n(x)=\alpha_0+\sum_{k=1}^{n}(\alpha_k\cos kx+\beta_k\sin kx) \quad (1.1)$$

对于任意的 x，都有

$$|f(x)-\sigma_n(x)|\leqslant\varepsilon$$

证 考察在区间$[-\pi,\pi]$上的函数 $y=f(x)$ 的图线. 把这个区间，用一些像

$$x_0=-\pi<x_1<x_2<\cdots<x_{m-1}<x_m=\pi$$

的点来分成子区间，并且做一个连续函数 $g(x)$，使 $g(x_k)=f(x_k)(k=0,1,2,\cdots,m)$，而在每个区间 $[x_{k-1},x_k]$ 上是线性函数. 函数 $y=g(x)$ 的图线是一根折线，顶点在曲线 $y=f(x)$ 上(图 40).

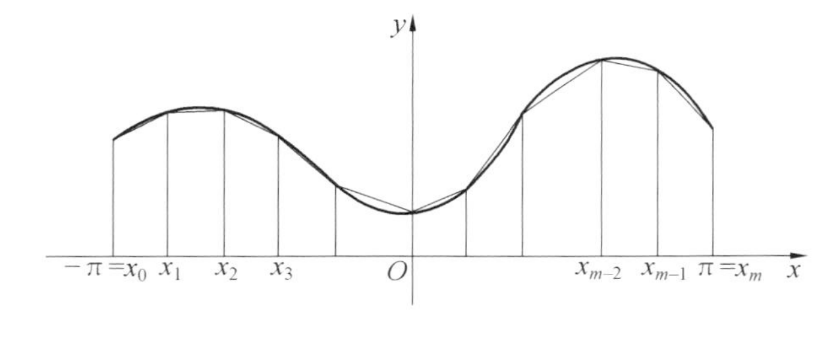

图 40

区间$[-\pi,\pi]$的各部分，可以分成如此之小，使区间$[-\pi,\pi]$的任意的 x 都适合不等式

$$|f(x)-g(x)|\leqslant\frac{\varepsilon}{2} \quad (1.2)$$

函数 $g(x)$ 可以按周期延续到全部 Ox 轴上. 于是条件(1.2)对于延续后的 $g(x)$，显然是成立的，并且

这函数在全部 Ox 轴上是连续而逐段滑溜的. 我们写出函数 $g(x)$ 的傅里叶级数. 根据第3章 §10 的定理2,这级数均匀收敛于 $g(x)$. 于是对于足够大的 n,有

$$|g(x)-\sigma_n(x)|\leqslant\frac{\varepsilon}{2}\qquad(1.3)$$

(x 是任意的),其中 $\sigma_n(x)$ 表示函数 $g(x)$ 的傅里叶级数的第 n 个部分和.

设 n 是使(1.3)成立的一个下标,由(1.2)和(1.3)可知,无论 x 是什么值,都有

$$\begin{aligned}|f(x)-\sigma_n(x)|&=|(f(x)-g(x))+(g(x)-\sigma_n(x))|\\&\leqslant|f(x)-g(x)|+|g(x)-\sigma_n(x)|\\&\leqslant\varepsilon\end{aligned}$$

这就证明了定理.

注意所证定理的一些推论:

推论1　如果 $f(x)$ 在区间 $[a,a+2\pi]$ 上连续,而且 $f(a)=f(a+2\pi)$,那么对于任意的 $\varepsilon>0$,存在着像(1.1)的三角多项式,对于区间 $[a,a+2\pi]$ 内的任意的 x,都有

$$|f(x)-\sigma_n(x)|\leqslant\varepsilon\qquad(1.4)$$

要证实这一点,只要把 $f(x)$ 按周期延续到全部 Ox 轴上(由于条件 $f(a)=f(a+2\pi)$,延续了之后还是连续的),并且把定理用到延续了的函数上面来.

推论2　如果 $f(x)$ 在一个长度小于 2π 的区间上连续,那么对于任意的 $\varepsilon>0$,存在着形如(1.1)的三角多项式,对于区间 $[a,b]$ 内的任意的 x,都有

$$|f(x)-\sigma_n(x)|\leqslant\varepsilon$$

实际上,把 $f(x)$ 由区间 $[a,b]$ 延续到区间 $[a,a+2\pi]$ 来,使函数的连续性得以保持,而且使等式 $f(a)=$

$f(a+2\pi)$ 对于延续了的函数成立.要做到这一点,只要,比方说,设 $f(a+2\pi)=f(a)$ 并在区间$[b,a+2\pi]$上取线性函数就可以了(图 41).对于这样延续了的函数,推论 1 就可应用,根据该推论,可知等式(1.4)对线段$[a,a+2\pi]$上的所有 x,特别是对于$[a,b]$上的所有 x,都成立.

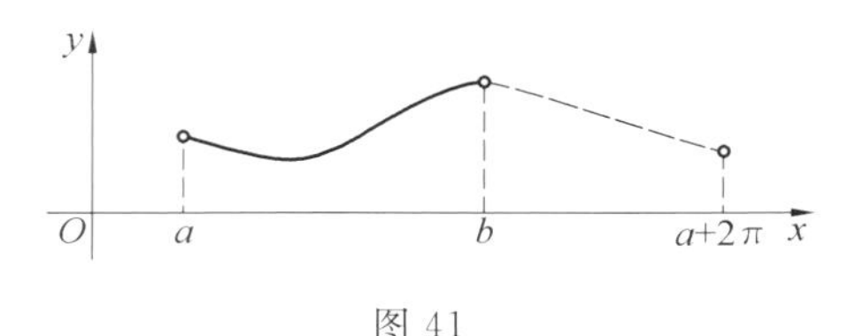

图 41

所证的事,可以简述如下:

在定理(或是它的推论)所规定的条件下,函数 $f(x)$ 可以用形如(1.1)的三角多项式均匀地近似表示,使它具有预先给定的任意准确度.

§2　三角函数系的完备性

由第 2 章 §9(函数系的完备性准则)可知,要证明三角函数系的完备性,只要证明,对于任意一个在$[-\pi,\pi]$上连续的函数 $f(x)$,不管 ε 是怎样的正数,都存在着三角多项式 $\sigma_n(x)$,使

$$\int_{-\pi}^{\pi}[f(x)-\sigma_n(x)]^2\,\mathrm{d}x\leqslant\varepsilon \qquad (2.1)$$

我们来证明这一点.如果 $f(-\pi)=f(\pi)$,那么由于 §1 定理的推论,便存在着三角多项式 $\sigma_n(x)$,无论 x 是什么,都能使

$$|f(x)-\sigma_n(x)|\leqslant\sqrt{\frac{\varepsilon}{2\pi}}$$

因此

$$\int_{-\pi}^{\pi}[f(x)-\sigma_n(x)]^2\mathrm{d}x\leqslant\int_{-\pi}^{\pi}\frac{\varepsilon}{2\pi}\mathrm{d}x=\varepsilon$$

这就是所要证明的.

现在设 $f(-\pi)\neq f(\pi)$. 命 M 为 $f(x)$ 在区间 $[-\pi,\pi]$ 上的最大值,挑选这样小的数 $h>0$,使条件

$$4M^2h\leqslant\frac{\varepsilon}{4}$$

满足. 设 $g(x)$ 是一个连续函数,在区间 $[-\pi,\pi-h]$ 上和 $f(x)$ 一致,当 $x=\pi$ 时等于 $f(-\pi)$,而且在区间 $[\pi-h,\pi]$ 上是线性的(这样造成的函数的图线类似于图41). 显然有 $|g(x)|\leqslant M$,因此

$$\begin{aligned}\int_{-\pi}^{\pi}[f(x)-g(x)]^2\mathrm{d}x&=\int_{\pi-h}^{\pi}[f(x)-g(x)]^2\mathrm{d}x\\&\leqslant\int_{\pi-h}^{\pi}4M^2\mathrm{d}x=4M^2h\leqslant\frac{\varepsilon}{4}\end{aligned}\tag{2.2}$$

另一方面,$g(x)$ 连续且在区间 $[-\pi,\pi]$ 的端点处取相等的值. 因此存在着三角多项式 $\sigma_n(x)$,使

$$\int_{-\pi}^{\pi}[g(x)-\sigma_n(x)]^2\mathrm{d}x\leqslant\frac{\varepsilon}{4}\tag{2.3}$$

于是由(2.2),(2.3),并由初等不等式

$$(a+b)^2\leqslant 2(a^2+b^2)$$

有

$$\begin{aligned}&\int_{-\pi}^{\pi}[f(x)-\sigma_n(x)]^2\mathrm{d}x\\=&\int_{-\pi}^{\pi}[(f(x)-g(x))+(g(x)-\sigma_n(x))]^2\mathrm{d}x\end{aligned}$$

$$\leqslant 2\int_{-\pi}^{\pi}[f(x)-g(x)]^2\mathrm{d}x+$$

$$2\int_{-\pi}^{\pi}[g(x)-\sigma_n(x)]^2\mathrm{d}x\leqslant\varepsilon$$

这就是要证明的.

§3　李雅普诺夫公式、三角函数系完备性的重要推论

由于三角函数系是完备的,贝塞尔不等式(第3章(1.2))就成为等式

$$\frac{1}{\pi}\int_{-\pi}^{\pi}f^2(x)\mathrm{d}x=\frac{a_0^2}{2}+\sum_{n=1}^{\infty}(a_n^2+b_n^2) \quad (3.1)$$

其中 $f(x)$ 是任意一个平方可积函数,a_n,b_n 是它的傅里叶系数.

公式(3.1)以 A. M. 李雅普诺夫命名,他第一次给出它的严格证明(对于有界函数).

记着

$$\|1\|=\sqrt{2\pi},\ \|\cos nx\|=\sqrt{\pi}$$

$$\|\sin nx\|=\sqrt{\pi} \quad (n=1,2,\cdots)$$

由第2章 §7 的定理1就可得出

定理1　设 $f(x)$ 和 $F(x)$ 是平方可积函数,在 $[-\pi,\pi]$ 上给出,又设

$$f(x)\sim\frac{a_0}{2}+\sum_{n=1}^{\infty}(a_n\cos nx+b_n\sin nx)$$

$$F(x)\sim\frac{A_0}{2}+\sum_{n=1}^{\infty}(A_n\cos nx+B_n\sin nx)$$

那么

$$\frac{1}{\pi}\int_{-\pi}^{\pi} f(x)F(x)\mathrm{d}x = \frac{a_0 A_0}{2} + \sum_{n=1}^{\infty}(a_n A_n + b_n B_n)$$

由第 2 章 §7 的定理 2，立刻可得

定理 2　任意平方可积函数的傅里叶三角级数在均值意义下收敛到函数自己，即

$$\lim_{n\to\infty}\int_{-\pi}^{\pi}\left[f(x) - \left(\frac{a_0}{2} + \sum_{k=1}^{n}(a_k\cos kx + b_k\sin kx)\right)\right]^2\mathrm{d}x = 0$$

这个定理比傅里叶三角级数寻常的收敛性更要值得注意，因为在 §1 我们已经说过，寻常的收敛性即使对于连续函数也不一定是有的. 在第 2 章 §7 我们证明过，傅里叶级数在均值意义下只可能收敛到一个函数（只相差有限个点处函数值的变动）. 由此可得

定理 3　任意一个平方可积函数完全由它的傅里叶级数所确定（只差在有限个点处的值），不管这级数收敛与否.

所谓确定，还不是说知道了函数的傅里叶级数就会知道实际上怎样去求得这个函数. 由傅里叶级数实际求函数的问题，下一章将会完全解决，在一些特殊的情况可以利用第 4 章 §5，§6 的方法去解决.

再注意一下三角函数系完备性的两个推论（参考第 2 章 §8 的定理 1，2）：

定理 4　不会有不恒等于零的连续函数存在，与三角函数系的一切函数成正交.

换句话说，不可能把不恒等于零的函数并入三角函数系，使扩大后的函数系是正交的.

定理 4 可以重新叙述成：

如果连续函数的一切傅里叶系数都等于零，那么函数恒等于零.

定理 5 如果连续函数 $f(x)$ 的傅里叶三角级数均匀收敛,那么它的和必定与 $f(x)$ 重合.

§4 用多项式逼近函数

作为 §1 那些结论极其简单的推论,我们得到下面的命题,它常常是很有用处的.

定理 设 $f(x)$ 是在区间 $[a,b]$ 上连续的函数.不管 $\varepsilon>0$ 是什么数,都存在着多项式

$$p_m(x)=c_0+c_1x+\cdots+c_mx^m$$

使在区间 $[a,b]$ 处处有

$$|f(x)-p_m(x)|\leqslant\varepsilon \qquad (4.1)$$

证 用变换

$$t=\pi\frac{x-a}{b-a} \qquad (4.2)$$

亦即用变换

$$x=\frac{b-a}{\pi}t+a$$

把 Ox 轴上任意长度的区间 $[a,b]$ 变为 Ot 轴上的区间 $[U,\pi]$(如果区间 $[a,b]$ 的长度小于 2π,这变换就不必做).设 $f\left(\frac{b-a}{\pi}t+a\right)=F(t)$,由于 §1 定理的推论 2,存在着三角多项式

$$\sigma_n(t)=\alpha_0+\sum_{k=1}^{n}(\alpha_k\cos kt+\beta_k\sin kt)$$

使在区间 $[0,\pi]$ 上处处有

$$|F(t)-\sigma_n(t)|\leqslant\frac{\varepsilon}{2}\qquad(4.3)$$

固定 n,选择正数 $\omega>0$ 如此的小,使条件

$$\omega\cdot\sum_{k=1}^{n}(|\alpha_k|+|\beta_k|)\leqslant\frac{\varepsilon}{2}\qquad(4.4)$$

得以适合.再者,我们已知道,对于任意的 z,有

$$\cos z=1-\frac{z^2}{2!}+\frac{z^4}{4!}-\cdots$$

$$\sin z=z-\frac{z^3}{3!}+\frac{z^5}{5!}-\cdots$$

而且这些级数在长度有限的一切区间上,收敛性是均匀的,特别在区间 $0\leqslant z\leqslant n\pi$ 也是一样.于是当 n 固定时,对于一切足够大的 l,不管 t 在区间 $[0,\pi]$ 的哪里,都有

$$\begin{cases}\left|\cos kt-\left(1-\dfrac{k^2t^2}{2!}+\dfrac{k^4t^4}{4!}-\cdots+(-1)^l\dfrac{k^{2l}t^{2l}}{(2l)!}\right)\right|\leqslant\omega\\\left|\sin kt-\left(kt-\dfrac{k^3t^3}{3!}+\dfrac{k^5t^5}{5!}-\cdots+(-1)^l\dfrac{k^{2l+1}t^{2l+1}}{(2l+1)!}\right)\right|\leqslant\omega\end{cases}\qquad(4.5)$$

$(k=1,2,\cdots,n)$,因为函数 $\cos kt$ 和 $\sin kt$,当 $k=1,2,\cdots,n$ 时,只有有限个——$2n$ 个,所以下标 l 总可以取成如此的小,使一切等式(4.5)同时成立.

命 $r_k(t)$ 和 $s_k(t)$ 分别表示不等式(4.5)中括弧内的 $2l$ 和 $2l+1$ 次多项式.于是对区间 $[0,\pi]$ 上任意的 t,有

$$\begin{cases}|\cos kt-r_k(t)|\leqslant\omega\\|\sin kt-s_k(t)|\leqslant\omega\end{cases}\qquad(4.6)$$

$(k=1,2,\cdots,n)$,考察和式

$$P_m(t)=\alpha_0+\sum_{k=1}^{n}\alpha_k\cdot r_k(t)+\beta_k\cdot s_k(t)$$

它是次数为 $m=2l+1$ 的多项式.

对于这多项式,由于(4.6)和(4.4),在区间$[0,\pi]$上处处有

$$
\begin{aligned}
|\sigma_n(t)-P_m(t)| &= \Big|\sum_{k=1}^{n}\alpha_k(\cos kt-r_k(t))+\\
&\qquad \beta_k(\sin kt-s_k(t))\Big|\\
&\leqslant \omega\sum_{k=1}^{n}(|\alpha_k|+|\beta_k|)\leqslant\frac{\varepsilon}{2}
\end{aligned}
$$

于是由(4.3)可知,在区间$[0,\pi]$上处处有

$$
\begin{aligned}
|F(t)-P_m(t)| &= |(F(t)-\sigma_n(t))+(\sigma_n(t)-P_m(t))|\\
&\leqslant |F(t)-\sigma_n(t)|+|\sigma_n(t)-P_m(t)|\\
&\leqslant \varepsilon_0
\end{aligned}
$$

用(4.2)变回到变量 x,便知在$[a,b]$上处处有

$$
\left|f(x)-P_m\left(\pi\frac{x-a}{b-a}\right)\right|\leqslant\varepsilon \tag{4.7}
$$

不难理解,函数

$$
P_m(x)=P_m\left(\pi\frac{x-a}{b-a}\right)
$$

也是 m 次的多项式.既然如此,不等式(4.7)便是不等式(4.1)的证明.于是定理证明.

§5　傅里叶级数的加减法、它与数字的乘法

两个函数的傅里叶级数为已知时,要得到函数和或函数差的傅里叶级数,只要把已知的级数,分别地相加或相减就可以了.实际上,设

$$\begin{cases} f(x) \sim \dfrac{a_0}{2} + \sum\limits_{n=1}^{\infty}(a_n \cos nx + b_n \sin nx) \\ F(x) \sim \dfrac{A_0}{2} + \sum\limits_{n=1}^{\infty}(A_n \cos nx + B_n \sin nx) \end{cases} \tag{5.1}$$

对于函数 $f(x) \pm F(x)$ 的傅里叶系数 α_n, β_n，便有

$$\alpha_n = \frac{1}{\pi}\int_{-\pi}^{\pi}(f(x) \pm F(x))\cos nx\,dx$$
$$= \frac{1}{\pi}\int_{-\pi}^{\pi} f(x)\cos nx\,dx \pm \frac{1}{\pi}\int_{-\pi}^{\pi} F(x)\sin nx\,dx$$
$$= a_n \pm A_n$$

同样有

$$\beta_n = b_n \pm B_n$$

这就证明了所说的事.

完全一样的可以证明，函数 $kf(x)$（k=常数）的傅里叶级数，是把 $f(x)$ 的傅里叶级数的所有各项乘上了 k 而得到的.

尽管这些定理很简单，它们却告诉我们一件极重要的事实 —— 虽然并未假设级数收敛，却可以对傅里叶级数进行运算，就好像它们是收敛级数那样，又好像已把“～”换成了“=”似的. 我们在下几段就会遇到这种现象.

§6　傅里叶级数乘法

如果知道了乘积 $f(x) \cdot F(x)$ 中各因子的傅里叶级数，怎样建立出乘积的傅里叶级数呢？要解答这问题,我们作如下的考虑.首先假设 $f(x)$ 和 $F(x)$ 是平方可积的函数,则乘积 $f(x)F(x)$ 显然是可积函数(参考第 2 章 §4).要注意:如果放弃对于 $f(x)$,$F(x)$ 的这样要求,乘积就有可能不可积,因而关于这乘积的傅里叶级数的问题,就变为无意义了.

再设关系式(5.1)对于 $f(x)$ 和 $F(x)$ 成立,且

$$f(x)F(x) \sim \frac{\alpha_0}{2} + \sum_{n=1}^{\infty}(\alpha_n \cos nx + \beta_n \sin nx)$$

我们的问题是:怎样用 a_n,b_n,A_n 和 B_n 来表示系数 α_n 和 β_n.

利用 §3 的定理 1,便可求得

$$\alpha_n = \frac{1}{\pi}\int_{-\pi}^{\pi} f(x)F(x)\mathrm{d}x = \frac{a_0 A_0}{2} + \sum_{n=1}^{\infty}(a_n A_n + b_n B_n) \tag{6.1}$$

要计算

$$\alpha_n = \frac{1}{\pi}\int_{-\pi}^{\pi} f(x)F(x)\cos nx\,\mathrm{d}x \tag{6.2}$$

只要知道函数 $F(x)\cos nx$ 的傅里叶系数,因为这时可把利用过的 §3 定理 1,再应用到乘积

$$f(x)F(x)\cos nx$$

上面去.我们来计算这些系数

$$\begin{aligned}&\frac{1}{\pi}\int_{-\pi}^{\pi} F(x)\cos nx \cdot \cos mx\,\mathrm{d}x \\ =&\frac{1}{2}\left[\frac{1}{\pi}\int_{-\pi}^{\pi} F(x)\cos(m+n)x\,\mathrm{d}x + \frac{1}{\pi}\int_{-\pi}^{\pi} F(x)\cos(m-n)x\,\mathrm{d}x\right]\end{aligned}$$

这就给出

$$\frac{1}{2}(A_{m+n} + A_{m-n}),\text{如果 } m \geqslant n$$

$$\frac{1}{2}(A_{n+m}+A_{n-m}),\text{如果 } m<n$$

要是假定

$$A_{-k}=A_k$$

便可写成

$$\frac{1}{\pi}\int_{-\pi}^{\pi}F(x)\cos nx\cdot\cos mx\,\mathrm{d}x=\frac{1}{2}(A_{m+n}+A_{m-n})$$

同样有

$$\begin{aligned}&\frac{1}{\pi}\int_{-\pi}^{\pi}F(x)\cos nx\sin mx\,\mathrm{d}x\\&=\frac{1}{2}\left[\frac{1}{\pi}\int_{-\pi}^{\pi}F(x)\sin(m+n)x\,\mathrm{d}x+\right.\\&\left.\quad\frac{1}{\pi}\int_{-\pi}^{\pi}F(x)\sin(m-n)x\,\mathrm{d}x\right]\\&=\frac{1}{2}(B_{m+n}+B_{m-n})\end{aligned}$$

其中设 $B_{-k}=-B_k$.

于是我们知道函数 $F(x)\cos nx$ 的傅里叶系数. 所以把 §3 的定理 1,应用到积分(6.2),便得

$$\begin{aligned}\alpha_n=\frac{a_0A_n}{2}+\frac{1}{2}\sum_{m=1}^{\infty}[&a_m(A_{m+n}+A_{m-n})+\\&b_m(B_{m+n}+B_{m-n})]\end{aligned}\tag{6.3}$$

完全一样地可求得

$$\begin{aligned}\beta_n=\frac{a_0B_n}{2}+\frac{1}{2}\sum_{m=1}^{\infty}[&a_m(B_{m+n}-B_{m-n})-\\&b_m(A_{m+n}-A_{m-n})]\end{aligned}\tag{6.4}$$

公式(6.1),(6.3),(6.4) 便给出了问题的解答.

注意这些公式可以将级数(5.1) 形式地乘开后得到(也就是把这些级数看成像是收敛一样,像是允许把它们乘开来似的[①]),然后把正余弦的乘积化成和差,再集合同类项.

§7 傅里叶级数的积分法

在应用上会遇到一种情形:只知傅里叶级数而不知函数本身.这就产生了下列问题:

(1) 知道周期为 2π 的函数 $f(x)$ 的傅里叶级数,要算出

$$\int_a^b f(x)\mathrm{d}x$$

其中$[a,b]$是任意区间.

(2) 知道函数 $f(x)$ 的傅里叶级数,求作函数

$$F(x)=\int_0^x f(x)\mathrm{d}x$$

的傅里叶级数.

作为第一个问题的解答,有

定理 1 如果绝对可积函数 $f(x)$ 由它自己的傅里叶级数给出

---

① 我们知道,收敛级数

$$s=u_1+u_2+\cdots+u_n+\cdots,\sigma=v_1+v_2+\cdots+v_n+\cdots$$

可以按公式

$$\begin{aligned}s\sigma &= u_1v_1+(u_1v_2+u_2v_1)+\cdots+\\ &\quad (u_1v_n+u_2v_{n-1}+\cdots+u_{n-1}v_2+u_nv_1)+\cdots\\ &= \sum_{n=1}^{\infty}(u_1v_n+u_2v_{n-1}+\cdots+u_{n-1}v_2+u_nv_1)\end{aligned}$$

乘开来,而且要是最后乘开的级数是收敛的,公式就是对的.如果所设级数都是绝对收敛的,公式就永远是对的.

$$f(x) \sim \frac{a_0}{2} + \sum_{n=1}^{\infty} (a_n \cos nx + b_n \sin nx) \quad (7.1)$$

那么积分

$$\int_a^b f(x) \mathrm{d}x$$

可以由(7.1)逐项积分求得，不管所得级数是否收敛，即

$$\int_a^b f(x) \mathrm{d}x$$

$$= \frac{a_0}{2}(b-a) + \sum_{n=1}^{\infty} \frac{a_n(\sin nb - \sin na) - b_n(\cos nb - \cos na)}{n} \quad (7.2)$$

如果 $f(x)$ 平方可积，那么所得定理便是第 2 章 §8 定理 3 的特例. 对于一般情形，我们考虑如下.

设

$$F(x) = \int_0^x \left[f(x) - \frac{a_0}{2} \right] \mathrm{d}x \quad (7.3)$$

这函数是连续的，具有绝对可积导函数(可能在有限个点处不存在)，而且

$$F(x+2\pi) = \int_0^x \left[f(x) - \frac{a_0}{2} \right] \mathrm{d}x + \int_x^{x+2\pi} \left[f(x) - \frac{a_0}{2} \right] \mathrm{d}x$$

$$= F(x) + \int_{-\pi}^{\pi} \left[f(x) - \frac{a_0}{2} \right] \mathrm{d}x$$

$$= F(x) + \int_{-\pi}^{\pi} f(x) \mathrm{d}x - \pi a_0 = F(x)$$

即 $F(x)$ 有周期 2π. 因此 $F(x)$ 可以展成傅里叶级数(第 3 章 §11)

$$F(x)=\frac{A_0}{2}+\sum_{n=1}^{\infty}(A_n\cos nx+B_n\sin nx)$$

当 $n\geqslant 1$ 时，分部积分给出

$$A_n=\frac{1}{\pi}\int_{-\pi}^{\pi}F(x)\cos nx\,\mathrm{d}x=\frac{1}{\pi}F(x)\frac{\sin nx}{n}\Big|_{x=-\pi}^{x=\pi}-\frac{1}{\pi n}\int_{-\pi}^{\pi}\left[f(x)-\frac{a_0}{2}\right]\sin nx\,\mathrm{d}x=-\frac{b_n}{n}$$

又类似地有

$$B_n=\frac{a_n}{n}$$

由是

$$F(x)=\frac{A_0}{2}+\sum_{n=1}^{\infty}\frac{a_n\sin nx-b_n\cos nx}{n}$$

由(7.3)便得

$$\int_0^x f(x)\mathrm{d}x=\frac{a_0x}{2}+\frac{A_0}{2}+\sum_{n=1}^{\infty}\frac{a_n\sin nx-b_n\cos nx}{n}\tag{7.4}$$

要得到(7.2)，只要在这里命 $x=b$，再命 $x=a$ 然后把结果相减.

作为第二个问题的解答，有

定理 2 设绝对可积函数 $f(x)$ 由它的傅里叶级数(不管收敛与否)给出

$$f(x)\sim\frac{a_0}{2}+\sum_{n=1}^{\infty}(a_n\cos nx+b_n\sin nx)$$

那么对于它的积分有如下列傅里叶级数的展式

$$\int_0^x f(x)\mathrm{d}x=\sum_{n=1}^{\infty}\frac{b_n}{n}+\sum_{n=1}^{\infty}\frac{-b_n\cos nx+(a_n+(-1)^{n+1}a_0)\sin nx}{n}$$

$$(-\pi < x < \pi) \tag{7.5}$$

要证明这定理，利用等式(7.4). 命 $x=0$，有

$$\frac{A_0}{2}=\sum_{n=1}^{\infty}\frac{b_n}{n} \tag{7.6}$$

另一方面，由于第 1 章式(13.9)，当 $-\pi < x < \pi$ 时

$$\frac{x}{2}=\sum_{n=1}^{\infty}(-1)^{n+1}\frac{\sin nx}{n} \tag{7.7}$$

把式(7.6)，(7.7)，代入式(7.4) 便得(7.5).

附注　我们证明了，对于一切绝对可积函数，级数

$$\sum_{n=1}^{\infty}\frac{b}{n}$$

是收敛的.

这结果有时是有用的，因为在某些场合下可以使我们能够把绝对可积函数的傅里叶级数和其他的三角级数区别开来. 例如处处收敛的级数

$$\sum_{n=2}^{\infty}\frac{\sin nx}{\ln n}$$

(第 4 章 §3) 显然不是绝对可积函数的傅里叶级数，因为

$$\sum_{n=2}^{\infty}\frac{1}{n\ln n}$$

是发散的.

注意定理 2 的一个重要特例.

定理 3　如果 $a_0=0$(其他条件同定理 2)，则对于一切 x[①]，有

---

① 如果我们考虑 $-\pi < x < \pi$，就好像在定理 2 一样，无须要求 $f(x)$ 的周期性. 如果我们考虑一切 x 的值，要式(7.8) 成立，就必须把 $f(x)$ 看作周期的.

$$\int_0^x f(x)\mathrm{d}x=\sum_{n=1}^{\infty}\frac{b_n}{n}+\sum_{n=1}^{\infty}\frac{-b_n\cos nx+a_n\sin nx}{n}$$

(7.8)

即，积分的傅里叶级数可以由 $f(x)$ 的傅里叶级数逐项积分得到.

只要把值 $a_0=0$ 往(7.5)里面一代，就可得到公式(7.8). 而对于一切 x 来说(不仅 $-\pi<x<\pi$，像在(7.5)似的)，公式的成立是由左边积分的周期性推出，而实际上它就是这样的，这可以由下式看出

$$\begin{aligned}\int_0^{x+2\pi} f(x)\mathrm{d}x&=\int_0^x f(x)\mathrm{d}x+\int_0^{x+2\pi} f(x)\mathrm{d}x\\&=\int_0^x f(x)\mathrm{d}x+\pi a_0\\&=\int_0^x f(x)\mathrm{d}x\end{aligned}$$

从无论什么样的已知三角展式，公式(7.8)都可以用来求许多新的展式. 例如，我们知道，对于 $-\pi<x<\pi$，有

$$\frac{x}{2}=\sin x-\frac{\sin 2x}{2}+\frac{\sin 3x}{3}-\cdots$$

对其积分，得

$$\begin{aligned}\frac{x^2}{4}&=\left(1-\frac{1}{2^2}+\frac{1}{3^2}-\cdots\right)-\\&\quad\left(\cos x-\frac{\cos 2x}{2^2}+\frac{\cos 3x}{3^2}-\cdots\right)\\&=C-\sum_{n=1}^{\infty}(-1)^{n+1}\frac{\cos nx}{n^2}\end{aligned}$$

$$C=\text{常数}$$

要找 C，只要把最后等式在区间$[-\pi,\pi]$施行积分. 因为左边的级数均匀收敛，所以逐项积分是允许的，于是

得

$$\int_{-\pi}^{\pi}\frac{x^2}{4}\mathrm{d}x=2\pi C-\sum_{n=1}^{\infty}(-1)^{n+1}\frac{1}{n^2}\int_{-\pi}^{\pi}\cos nx\,\mathrm{d}x=2\pi C$$

由是

$$C=\frac{1}{8\pi}\int_{-\pi}^{\pi}x^2\,\mathrm{d}x=\frac{\pi^2}{12}$$

因此

$$\frac{\pi^2}{12}-\frac{x^2}{4}=\sum_{n=1}^{\infty}(-1)^{n+1}\frac{\cos nx}{n^2}$$

(这展式在第 1 章 §13 已经得到过).

再积分一次

$$\int_0^x\left(\frac{\pi^2}{12}-\frac{x^2}{4}\right)\mathrm{d}x=\sum_{n=1}^{\infty}(-1)^{n+1}\frac{\sin nx}{n^3}$$

或

$$\frac{\pi^2}{12}x-\frac{x^3}{12}=\sum_{n=1}^{\infty}(-1)^{n+1}\frac{\sin nx}{n^3}$$

§8　傅里叶级数的微分法、周期是 2π 的连续函数的情形

定理 1　设 $f(x)$ 是周期为 2π 的连续函数，具有绝对可积的导函数(可能在个别点上不存在)[①]. 那么 $f'(x)$ 的傅里叶级数可以由函数 $f(x)$ 的傅里叶级数逐项微分而得到.

证　设

① 换句话说，$f'(x)$ 可能在(对于一个周期)有限个点处不存在.

$$f(x)=\frac{a_0}{2}+\sum_{n=1}^{\infty}(a_n\cos nx+b_n\sin nx)\quad(8.1)$$

这里的等号可以写下是由于第 3 章 §11. 命 a'_n 和 b'_n 表示 $f'(x)$ 的傅里叶系数. 首先知道

$$a'_0=\frac{1}{\pi}\int_{-\pi}^{\pi}f'(x)\mathrm{d}x=\frac{f(\pi)-f(-\pi)}{\pi}=0$$

其次,由分部积分得

$$a'_n=\frac{1}{\pi}\int_{-\pi}^{\pi}f'(x)\cos nx\,\mathrm{d}x=\frac{n}{\pi}[-f(x)\sin nx]_{x=-\pi}^{x=\pi}+\frac{n}{\pi}\int_{-\pi}^{\pi}f(x)\sin nx\,\mathrm{d}x=nb_n$$

$$b'_n=\frac{1}{\pi}\int_{-\pi}^{\pi}f'(x)\sin nx\,\mathrm{d}x=\frac{n}{\pi}[f(x)\cos nx]_{x=-\pi}^{x=\pi}-\frac{n}{\pi}\int_{-\pi}^{\pi}f(x)\cos nx\,\mathrm{d}x=-na_n$$

$$(8.2)$$

因此

$$f'(x)\sim\sum_{n=1}^{\infty}n(b_n\cos nx-a_n\sin nx)$$

而这是把(8.1)逐项微分所得的级数.

附注 在定理 1 的条件下,由(8.2)立刻得到

$$a_n=-\frac{b'_n}{n},b_n=\frac{a'_n}{n}\quad(8.3)$$

除此以外,因为绝对可积函数的傅里叶系数当 $n\to\infty$ 时趋于零(参看第 3 章 §2),所以可以写成

$$\lim_{n\to\infty}na_n=\lim_{n\to\infty}nb_n=0$$

即 a_n 和 b_n 是当 $n\to\infty$ 时较 $\frac{1}{n}$ 高阶的无穷小.

定理 2 设 $f(x)$ 是周期为 2π 的连续函数,具有 m 个导函数,而且 $(m-1)$ 个导函数都是连续的,而 m

阶导函数绝对可积(这 m 阶导函数可能在个别点处不存在). 那么:(1) 这 m 个导函数的傅里叶级数可以把 $f(x)$ 的傅里叶级数逐项微分而得到,并且所有这些级数,可能除开最后的一个外,都收敛到相应的导函数;(2) 对于函数 $f(x)$ 的傅里叶系数有如下的关系

$$\lim_{n\to\infty} n^m a_n = \lim_{n\to\infty} n^m b_n = 0 \tag{8.4}$$

要得到第一个结论的证明,只要把定理 1 应用 m 回. 一切这些由逐项微分得到的级数 —— 可能除去最后的一个 —— 收敛到相应的导函数这一事实,可以由这些导函数(到$(m-1)$ 阶) 的可微分性推出.

等式(8.4) 可以由重复地应用(8.3)m 次得到

$$a_n = -\frac{b'_n}{n} = -\frac{a''_n}{n^2} = \frac{b'''_n}{n^3} = \cdots = \frac{\alpha_n}{n^m}$$

$$b_n = \frac{a'_n}{n} = -\frac{b''_n}{n^2} = -\frac{a'''_n}{n^3} = \cdots = \frac{\beta_n}{n^m} \tag{8.5}$$

其中,$a'_n, a''_n, \cdots, b'_n, b''_n, \cdots$ 是函数 $f'(x), f''(x), \cdots$ 的傅里叶系数,而 α_n, β_n 表示函数 $f^{(m)}(x)$ 相应的傅里叶系数,除上应有的正负号. 因为 $f^{(m)}(x)$ 绝对可积,所以当 $n\to\infty$ 时,$\alpha_n\to 0, \beta_n\to 0$,于是得到(8.4).

附注　在定理2的条件下,$f(x)$ 的级数以及把它逐项微分得来的一切级数,可能除去最后的一个外,是均匀收敛的(由于第 3 章 §11).

下述命题在某种意义下是定理 2 之逆.

定理 3　设给出三角级数

$$\frac{a_0}{2} + \sum_{n=1}^{\infty} (a_n\cos nx + b_n\sin nx) \tag{8.6}$$

如果对于系数 a_n, b_n,关系式

$$|n^m a_n| \leqslant M, |n^m b_n| \leqslant M \quad (m \geqslant 2, M = \text{常数}) \tag{8.7}$$

是成立的，那么级数(8.6)的和是周期为 2π 的连续函数，具有 $(m-2)$ 个连续导函数，它们可以将级数(8.6)逐项微分得到.

证 命 $f(x)$ 表示级数(8.6)的和.

由于(8.7)，我们可以写出

$$f(x) = \frac{a_0}{2} + \sum \left(\frac{\alpha_n}{n^m} \cos nx + \frac{\beta_n}{n^m} \sin nx \right)$$

其中

$$|\alpha_n| \leqslant M, |\beta_m| \leqslant M, M = \text{常数}$$

如果我们形式地微分这级数，那么微分 k 次后的系数，绝对值不超过

$$\frac{M}{n^{m-k}}$$

由此可知，当 $k=1,2,\cdots,m-2$ 时，由系数的绝对值所成的级数是收敛的. 因此，由第 3 章 §10 定理 1 可知，当 $k=1,2,\cdots,m-2$ 时，把级数(8.6)逐项微分所成的级数是均匀收敛的. 于是由第 1 章 §4 可知，函数 $f(x)$ 可微分 $(m-2)$ 次(因而它是连续的)，它的各阶导函数是连续的，并且可知，逐项微分是允许的.

§9 傅里叶级数的微分法、函数在区间 $[-\pi,\pi]$ 上给出时的情形

定理 1 设连续函数 $f(x)$ 在区间 $[-\pi,\pi]$ 上给出，且具有绝对可积的导函数(它可能在个别的点处不

存在).

那么

$$f'(x) \sim \frac{c}{2} + \sum_{n=1}^{\infty} [(nb_n + (-1)^n c)\cos nx - na_n \sin nx] \tag{9.1}$$

其中 a_n 和 b_n 是函数 $f(x)$ 的傅里叶系数,而常数 c 由等式

$$c = \frac{1}{\pi}[f(\pi) - f(-\pi)] \tag{9.2}$$

确定.

证　设

$$f'(x) \sim \frac{a'_0}{2} + \sum_{n=1}^{\infty} (a'_n \cos nx + b'_n \sin nx)$$

由是

$$a'_0 = \frac{1}{\pi}\int_{-\pi}^{\pi} f'(x)\mathrm{d}x = \frac{1}{\pi}[f(\pi) - f(-\pi)]$$

显然

$$f'(x) - \frac{a'_0}{2} \sim \sum_{n=1}^{\infty} (a'_n \cos nx + b'_n \sin nx) \text{①} \tag{9.3}$$

函数

$$\int_0^x \left(f'(x) - \frac{a'_0}{2}\right)\mathrm{d}x = f(x) - \frac{a'_0 x}{2} - f(0) \tag{9.4}$$

---

① 显然(9.3)不是等式,但是由右边移项到左边总归是可以的,这可以计算一下出现在左边的函数傅里叶系数来检查.在这里,对于函数 $f'(x) - \frac{a'_0}{2}$,自由项等于零,而其他一切系数保持和 $f'(x)$ 的一样.

的傅里叶级数可以由级数(9.3)逐项积分得到(参看§7定理3).因此,反过来,级数(9.3)便可由函数(9.4)的级数逐项微分得到.但是

$$f(x)=\frac{a_0}{2}+\sum_{n=1}^{\infty}(a_n\cos nx+b_n\sin nx)$$

又由(7.7)有

$$f(x)-\frac{a'_0x}{2}-f(0)$$

$$=\frac{a_0}{2}-f(0)+\sum_{n=1}^{\infty}\left[a_n\cos nx+\left(b_n+\frac{(-1)^na'_0}{n}\right)\sin nx\right]$$

由是

$$f'(x)-\frac{a'_0}{2}\sim\sum_{n=1}^{\infty}[-na_n\sin nx+$$
$$(nb_n+(-1)^na'_0)\cos nx]$$

命 $c=a'_0$,便得(9.1).

推论 如果 $c=0$,即 $f(\pi)=f(-\pi)$,那么(9.1)给出

$$f'(x)\sim\sum_{n=1}^{\infty}n(b_n\cos nx-a_n\sin nx)$$

换句话说,$f(x)$ 的傅里叶级数可以逐项微分.这一点直接去看也很明显,因为当 $f(\pi)=f(-\pi)$ 时,在全部 Ox 轴上作周期延续,便可化成连续函数,然后应用§8定理1就完了.

附注 在未给出 $f(x)$ 本身,而只给它的傅里叶级数的情况下,定理1特别重要.要作 $f'(x)$ 的傅里叶级数,知道 $f(x)$ 的傅里叶级数就够了.此时用公式(9.2)来计算常数 c 是有困难的.如果注意到绝对可积函数的傅里叶系数当 $n\to\infty$ 时趋于零(参看第3章§2),就可避开(9.2)不用.因此由(9.1)有

$$\lim_{n\to\infty}[nb_n+(-1)^n c]=0$$

由此得

$$c=\lim_{n\to\infty}[(-1)^{n+1}nb_n]$$

这个极限的计算通常是不困难的.不难理解,说这极限存在,无异于说当 n 分别取偶值时和取奇值时,nb_n 的极限都存在,且绝对值相等,正负号相反.

定理 1 预先假定了 $f(x)$ 在$[-\pi,\pi]$上连续,且具有绝对可积的导函数.在应用上会遇到只知道 $f(x)$ 的傅里叶级数的情形.因此这时就提出了更复杂的问题:通过傅里叶级数去探求函数是否可微,和导函数是否可积;假如是的话,作出这导函数的傅里叶级数来.下面的定理常常有助于这种问题的解决.

定理 2　设给出级数

$$\frac{a_0}{2}+\sum_{n=1}^{\infty}(a_n\cos nx+b_n\sin nx) \tag{9.5}$$

如果级数

$$\frac{c}{2}+\sum_{n=1}^{\infty}[(nb_n+(-1)^n c)\cos nx-na_n\sin nx] \tag{9.6}$$

其中

$$c=\lim_{n\to\infty}[(-1)^{n+1}nb_n] \tag{9.7}$$

是某个绝对可积函数 $\varphi(x)$[①] 的傅里叶级数,那么级数(9.5)是函数 $f(x)=\int_0^x\varphi(x)\mathrm{d}x+\frac{a_0}{2}+\sum_{n=1}^{\infty}a_n$ 的傅里叶级数,连续于 $-\pi<x<\pi$,且收敛到这个函数,而且显

① 并未假定级数(9.6)收敛.

然在 $\varphi(x)$ 的一切连续点处有 $f'(x)=\varphi(x)$.

证 我们可以把 §7 的定理 2 应用到级数

$$\varphi(x) \sim \frac{c}{2} + \sum_{n=1}^{\infty}[(nb_n + (-1)^n c)\cos nx - na_n \sin nx]$$

上面来. 同时,当 $-\pi < x < \pi$ 时,有

$$\begin{aligned}
&\int_0^x \varphi(x)\,\mathrm{d}x \\
&= -\sum_{n=1}^{\infty} a_n + \sum_{n=1}^{\infty} \frac{na_n \cos nx + (nb_n + (-1)^n c + (-1)^{n+1} c)\sin nx}{n} \\
&= -\sum_{n=1}^{\infty} a_n + \sum_{n=1}^{\infty} (a_n \cos nx + b_n \sin nx)
\end{aligned}$$

或

$$\int_0^x \varphi(x)\,\mathrm{d}x + \sum_{n=1}^{\infty} a_n = \sum_{n=1}^{\infty} (a_n \cos nx + b_n \sin nx)$$

因此

$$\begin{aligned}
&\int_0^x \varphi(x)\,\mathrm{d}x + \frac{a_0}{2} + \sum_{n=1}^{\infty} a_n \\
&= \frac{a_0}{2} + \sum_{n=1}^{\infty} (a_n \cos nx + b_n \sin nx)
\end{aligned}$$

例 1 级数

$$\sum_{n=2}^{\infty} (-1)^n \frac{n \sin nx}{n^2 - 1}$$

是连续[①]且可微分于 $-\pi < x < \pi$ 的函数的傅里叶级数. 实际上,由公式(9.7)可以求得

$$c = \lim_{n\to\infty}\left(-\frac{n^2}{n^2-1}\right) = -1$$

作出级数(9.6)

---

① 关于级数和连续性的结论,可由第 4 章 §4 的定理 1 得出来.

$$-\frac{1}{2}+\cos x+\sum_{n=2}^{\infty}\left[(-1)^{n}\frac{n^{2}}{n^{2}-1}+(-1)^{n+1}\right]\cos nx$$

或

$$-\frac{1}{2}+\cos x+\sum_{n=2}^{\infty}(-1)^{n}\frac{\cos nx}{n^{2}-1}$$

这级数是绝对收敛和均匀收敛的(因为系数取绝对值所成的级数显然是收敛的)，因此具有连续的和 $\varphi(x)$ 以它为傅里叶级数(参看第 1 章 §6 定理 1).

由定理 2 有

$$f(x)=\int_{0}^{x}\varphi(x)\mathrm{d}x=\sum_{n=2}^{\infty}(-1)^{n}\frac{n\sin nx}{n^{2}-1}\quad(9.8)$$

及

$$f'(x)=\varphi(x)=-\frac{1}{2}+\cos x+\sum_{n=2}^{\infty}(-1)^{n}\frac{\cos nx}{n^{2}-1}\quad(9.9)$$

注意，微分傅里叶级数的问题有时凑巧可以化到求它的和是否可能的问题. 于是在所考虑的例子里，把定理 2 用到(9.9)，便有

$$f''(x)=-\sin x-\sum_{n=2}^{\infty}(-1)^{n}\frac{n\sin nx}{n^{2}-1}$$

因此

$$f''(x)=-\sin x-f(x)$$

或

$$f''(x)+f(x)=-\sin x$$

对于 $f(x)$ 解这微分方程可得

$$f(x)=c_{1}\cos x+c_{2}\sin x+\frac{x\cos x}{2}\quad(9.10)$$

我们来求 c_1 和 c_2. 命 $x=0$，得 $f(0)=c_1$.

由(9.8)可知 $f(0)=0$，所以 $c_1=0$. 要找 c_2，就微

分(9.10),并和(9.9)比较.这时,我们有

$$c_2\cos x+\frac{\cos x}{2}-\frac{x\sin x}{2}$$

$$=-\frac{1}{2}+\cos x+\sum_{n=2}^{\infty}(-1)^n\frac{\cos nx}{n^2-1}$$

当 $x=0$ 时,等式给出了

$$\begin{aligned}c_2&=\sum_{n=2}^{\infty}(-1)^n\frac{1}{n^2-1}\\&=\frac{1}{2}\sum_{n=2}^{\infty}(-1)^n\left(\frac{1}{n-1}-\frac{1}{n+1}\right)\\&=\frac{1}{2}\left[\left(1-\frac{1}{3}\right)-\left(\frac{1}{2}-\frac{1}{4}\right)+\right.\\&\quad\left.\left(\frac{1}{3}-\frac{1}{5}\right)-\left(\frac{1}{4}-\frac{1}{6}\right)+\cdots\right]\\&=\frac{1}{4}\end{aligned}$$

这样

$$f(x)=\frac{\sin x}{4}+\frac{x\cos x}{2}$$

再指出一个当函数由三角级数给出时判别函数是否可微分的有用准则.

定理 3 设给出级数

$$\frac{a_0}{2}+\sum_{n=1}^{\infty}(-1)^n(a_n\cos nx+b_n\sin nx)\tag{9.11}$$

其中,a_n,b_n 是正数.如果 na_n,nb_n 是非递增的(自某个 n 起),而且当 $n\to\infty$ 时趋于零,那么级数当 $-\pi<x<\pi$ 时收敛,具有可微分的和 $f(x)$,并且

$$f'(x)=\sum_{n=1}^{\infty}(-1)^n n(b_n\cos nx-a_n\sin nx)\tag{9.12}$$

即级数(9.11)可以逐项微分.

证　由定理的条件可知,系数 a_n 和 b_n 是非递增的,且当 $n \to \infty$ 时趋于零.由第 4 章 §4 定理 1 可知,级数(9.11)和(9.12)右边的级数在$[-\pi,\pi]$内部的一切区间$[a,b]$上均匀收敛.由此可知,当 $-\pi < x < \pi$ 时,级数(9.11)是可以逐项微分的,于是等式(9.12)就证明了.

例 2　级数

$$\sum_{n=2}^{\infty}(-1)^n \frac{\cos nx}{n\ln n}$$

在 $-\pi < x < \pi$ 有可微分的和函数 $f(x)$,且

$$f'(x) = -\sum_{n=2}^{\infty}(-1)^n \frac{\sin nx}{\ln n}$$

这事由定理 3 立刻可以得到.

§10　傅里叶级数的微分法、函数在区间$[0,\pi]$上给出时的情形

为作 §8 定理 1 的简单推论,我们有

定理 1　如果 $f(x)$ 在$[0,\pi]$上连续,具有绝对可积导函数(可能在个别点处不存在),且被展成只具余弦或只具正弦的傅里叶级数,那么,只具余弦的级数总是可以逐项微分的,而只具正弦的级数,要是 $f(0) = f(\pi) = 0$,这也是对的.

实际上,把函数延续到区间$[-\pi,0]$上 —— 对于余弦级数,作偶式延续;对于正弦级数,作奇式延续.在这两种情况下,都可化到在$[-\pi,\pi]$连续的函数,且在

区间的端点处取等值.因此,再把这函数按周期延续到全部 Ox 轴,就化成周期是 2π 的连续函数,具有绝对可积的导函数.剩下的事就只是用 §8 定理 1 了.

定理 2 设 $f(x)$ 在$[0,\pi]$上连续,具有绝对可导函数(可能在个别点处不存在),并被展成只含正弦的傅里叶级数

$$f(x)=\sum_{n=1}^{\infty}b_n\sin nx \quad (0<x<\pi)$$

那么

$$f'(x)\sim\frac{c}{2}+\sum_{n=1}^{\infty}[nb_n-d+(c+d)(-1)^n]\cos nx \tag{10.1}$$

其中

$$c=\frac{2}{\pi}[f(\pi)-f(0)],d=\frac{2}{\pi}f(0) \tag{10.2}$$

证 设

$$f'(x)\sim\frac{a'_0}{2}+\sum_{n=1}^{\infty}a'_n\cos nx$$

则

$$f'(x)-\frac{a'_0}{2}\sim\sum_{n=1}^{\infty}a'_n\cos nx \tag{10.3}$$

我们有过(参看第 1 章 §13 的式(13.9) 和(13.11))

$$\sum_{n=1}^{\infty}(-1)^{n+1}\frac{\sin nx}{n}=\frac{x}{2}$$

$$\sum_{k=0}^{\infty}\frac{\sin(2k+1)x}{2k+1}=\frac{\pi}{4}=\frac{1}{2}\sum_{n=1}^{\infty}(1-(-1)^n)\frac{\sin nx}{n} \quad (0<x<\pi) \tag{10.4}$$

因此

$$\int_0^x\left(f'(x)-\frac{a'_0}{2}\right)\mathrm{d}x=f(x)-\frac{a'_0x}{2}-f(0)$$

$$= \sum_{n=1}^{\infty} b_n \sin nx -$$

$$a'_0 \sum_{n=1}^{\infty} (-1)^{n+1} \frac{\sin nx}{n} -$$

$$\frac{2}{\pi} f(0) \sum_{n=1}^{\infty} (1-(-1)^n) \frac{\sin nx}{n}$$

$$= \sum_{n=1}^{\infty} \left[nb_n - \frac{2}{\pi} f(0) + \right.$$

$$\left. \left(a'_0 + \frac{2}{\pi} f(0)\right)(-1)^n \right] \frac{\sin nx}{n} \tag{10.5}$$

我们就得到了函数

$$\int_0^x \left(f'(x) - \frac{a'_0}{2}\right) \mathrm{d}x$$

的傅里叶级数.但是既然这级数可以由级数(10.3)逐项积分得到(参看§7),因此反过来级数(10.3)就可以由(10.5)逐项微分得到.

所以

$$f'(x) - \frac{a'_0}{2} \sim \sum_{n=1}^{\infty} \left[nb_n - \frac{2}{\pi} f(0) + \right.$$

$$\left. \left(a_0 + \frac{2}{\pi} f(0)\right)(-1)^n \right] \cos nx$$

命

$$c = a'_0 = \frac{2}{\pi} \int_0^{\pi} f'(x) \mathrm{d}x = \frac{2}{\pi} [f(\pi) - f(0)]$$

$$d = \frac{2}{\pi} f(0)$$

就可得(10.1)和(10.2).

推论　如果 $-d + (c+d)(-1)^n = 0 (n = 1, 2, \cdots)$,那么便可用

$$f'(x) \sim \sum_{n=1}^{\infty} nb_n \cos nx$$

来替代(10.1),即 $f'(x)$ 的傅里叶级数,只要把 $f(x)$ 的级数逐项微分就可得到.

这种情况相当于条件

$$f(0)=f(\pi)=0$$

正是我们在定理 1 考虑过的.实际上,对于偶数 n 立刻得 $c=0$.对于奇数 n,则得 $-2d=0$ 或 $d=0$.其余只要记起(10.2)便得.

附注 要确定常数 c 和 d,可以不用(10.2)而用公式

$$c=-\lim_{n\to\infty} nb_n \quad (n \text{ 是偶数})$$

$$d=\frac{1}{2}(\lim_{n\to\infty} nb_n - c) \quad (n \text{ 是奇数}) \qquad (10.6)$$

实际上,绝对可积函数 $f'(x)$ 的傅里叶系数当 $n\to\infty$ 时趋于零.因此对于偶数 n,由(10.1)可得

$$\lim_{n\to\infty}(nb_n + c)=0$$

由此得(10.6)的第一个公式.

对于奇数 n

$$\lim_{n\to\infty}(nb_n - c - 2d)=0$$

给出了(10.6)的第二个公式.

定理 1 和 2 都有逆定理.

定理 3 设给出了级数

$$\frac{a_0}{2}+\sum_{n=1}^{\infty} a_n \cos nx \qquad (10.7)$$

如果级数

$$-\sum_{n=1}^{\infty} na_n \sin nx$$ [①]

是某个绝对可积函数 $\varphi(x)$ 的傅里叶级数,那么级数(10.7)是函数 $f(x)=\int_0^x \varphi(x)\mathrm{d}x+\frac{a_0}{2}+\sum_{n=1}^{\infty} a_n$ 的傅里叶级数,在 $[0,\pi]$ 上连续[②],收敛到这个函数,而且在 $\varphi(x)$ 的一切连续点上,显然有 $f'(x)=\varphi(x)$.

这定理是 §9 定理 2 的简单推论.要证明它,只要命 $b_n=0, n=1,2,\cdots$ 就可以了.

定理 4　设给出了级数

$$\sum_{n=1}^{\infty} b_n \sin nx \tag{10.8}$$

如果极限(10.6)存在,且级数

$$\frac{c}{2}+\sum_{n=1}^{\infty}[nb_n-d+(c+d)(-1)^n]\cos nx \tag{10.9}$$

是某个绝对可积函数 $\varphi(x)$ 的傅里叶级数,那么级数(10.8)是函数 $f(x)=\int_0^x \varphi(x)\mathrm{d}x+\frac{\pi d}{2}(0<x<\pi)$ 的傅里叶级数,收敛到这个函数,而且在函数 $\varphi(x)$ 的一切连续点处,显然有 $f'(x)=\varphi(x)$.

证　§7 的定理 2 可以应用到级数

$$\varphi(x)\sim\frac{c}{2}+\sum_{n=1}^{\infty}[nb_n-d+(c+d)(-1)^n]\cos nx$$

上面来,同时对于 $0<x<\pi$,有

---

① 事先并未假定这级数是收敛的.

② 由于级数(10.7)的和是偶函数,所以连续性在区间 $[-\pi,\pi]$ 上成立,因此在全部 Ox 轴上成立.

$$\int_0^x \varphi(x)\mathrm{d}x$$
$$=\sum_{n=1}^{\infty}\frac{[nb_n-d+(c+d)(-1)^n+(-1)^{n+1}c]\sin nx}{n}$$
$$=\sum_{n=1}^{\infty}b_n\sin nx-\sum_{n=1}^{\infty}[1-(-1)^n]d\,\frac{\sin x}{n}$$
$$=\sum_{n=1}^{\infty}b_n\sin nx-d\,\frac{\pi}{2}$$

(参看(10.4)).因此当 $0<x<\pi$ 时

$$\int_0^x \varphi(x)\mathrm{d}x+\frac{\pi d}{2}=\sum_{n=1}^{\infty}b_n\sin nx$$

于是定理就证明了.

下面的定理是这定理的特例.

定理 5 设给出了级数(10.8),如果极限

$$\lim_{n\to\infty} nb_n=h \tag{10.10}$$

存在,且级数

$$-\frac{h}{2}+\sum_{n=1}^{\infty}(nb_n-h)\cos nx \tag{10.11}$$

是某个绝对可积函数 $\varphi(x)$ 的傅里叶级数,那么级数(10.8)是函数 $f(x)=\int_0^x \varphi(x)\mathrm{d}x+\frac{\pi h}{2}(0<x<\pi)$ 的傅里叶级数,它收敛到这个函数,而且在函数 $\varphi(x)$ 的一切连续点处,显然有 $f'(x)=\varphi(x)$.

实际上,在极限(10.10)存在的情况下,公式(10.6)给出:$c=-h,d=h$,且级数(10.9)具有(10.11)的形状,定理5这就证明了.

例 1 级数

$$\sum_{n=1}^{\infty}\frac{n^3\sin nx}{n^4+1}$$

是一个在 $0<x<\pi$ 具有任意多个导函数的傅里叶级数.

实际上,公式(10.10)给出

$$h=\lim_{n\to\infty}\frac{n^4}{n^4+1}=1$$

作出级数(10.11)

$$-\frac{1}{2}+\sum_{n=1}^{\infty}\left(\frac{n^4}{n^4+1}-1\right)\cos nx$$

或

$$-\frac{1}{2}-\sum_{n=1}^{\infty}\frac{\cos nx}{n^4+1}$$

这个级数绝对收敛且均匀收敛,因此具有连续的和 $\varphi(x)$. 根据定理 5,当 $0<x<\pi$ 时

$$f(x)=\sum_{n=1}^{\infty}\frac{n^3\sin nx}{n^4+1}=\int_0^x\varphi(x)\mathrm{d}x+\frac{\pi}{4}$$

$$(0<x<\pi)$$

$$f'(x)=\varphi(x)$$

注意,对于函数 $\varphi(x)$ 的傅里叶系数,有

$$|n^4\alpha_n|=\frac{n^4}{n^4+1}\leqslant 1$$

因此由 §8 定理 3 可知函数 $\varphi(x)$ 具有两个连续导函数,且

$$\varphi'(x)=\sum_{n=1}^{\infty}\frac{n\sin nx}{n^4+1}$$

$$\varphi''(x)=\sum_{n=1}^{\infty}\frac{n^2\cos nx}{n^4+1}$$

对于最后面的一个级数可以应用定理 3. 因此可得

$$\varphi'''(x)=-\sum_{n=1}^{\infty}\frac{n^3\sin nx}{n^4+1}=-f(x)$$

显然有

$$\varphi'''(x)=f^{\mathrm{IV}}(x)$$

由此得到 $f(x)$ 的微分方程

$$f^{\mathrm{IV}}(x)=-f(x)\quad(0<x<\pi)$$

由此可知 $f(x)$ 具有任意阶的导函数.

如同在 §9 一样,§10 的结果可以用来计算某些三角级数的和.

例 2 求级数

$$\sum_{n=1}^{\infty}\frac{\cos nx}{n^2+1}\tag{10.12}$$

的和.这个级数均匀收敛,因此具有连续的和 $F(x)$.

逐项微分得

$$-\sum_{n=1}^{\infty}\frac{n\sin nx}{n^2+1}\tag{10.13}$$

把定理 5 应用到这个级数上面来.实际上,公式(10.10)给出了

$$h=\lim_{n\to\infty}\left(-\frac{n^2}{n^2+1}\right)=-1$$

相当于级数(10.11),有

$$\frac{1}{2}+\sum_{n=1}^{\infty}\left(-\frac{n^2}{n^2+1}+1\right)\cos nx$$

或

$$\frac{1}{2}+\sum_{n=1}^{\infty}\frac{\cos nx}{n^2+1}=\frac{1}{2}+F(x)$$

于是根据定理 5,对于级数(10.13)的和 $f(x)$,有

$$f(x)=\frac{x}{2}+\int_0^x F(x)\mathrm{d}x-\frac{\pi}{2}\quad(0<x<\pi)$$

把定理 3 应用到级数(10.12),如是

$$F'(x)=\frac{x}{2}+\int_0^x F(x)\mathrm{d}x-\frac{\pi}{2}\quad(0<x<\pi)$$

(10.14)

或

$$F''(x)-F(x)=\frac{1}{2}$$

从这个微分方程可以求出

$$F(x)=c_1\mathrm{e}^x+c_2\mathrm{e}^{-x}-\frac{1}{2}\qquad(10.15)$$

因此

$$F'(x)=c_1\mathrm{e}^x-c_2\mathrm{e}^{-x}$$

在这等式里,命 $x=0$,并利用式(10.12)和(10.14)便得

$$\sum_{n=1}^{\infty}\frac{1}{n^2+1}=c_1+c_2-\frac{1}{2}$$

$$-\frac{\pi}{2}=c_1-c_2$$

由此求出

$$c_1=\frac{1}{2}\left(\sum_{n=1}^{\infty}\frac{1}{n^2+1}+\frac{1}{2}-\frac{\pi}{2}\right)$$

$$c_2=\frac{1}{2}\left(\sum_{n=1}^{\infty}\frac{1}{n^2+1}+\frac{1}{2}+\frac{\pi}{2}\right)$$

当常数 c_1,c_2 取这些值时,函数(10.15)给出级数(10.12)的和.

§11　傅里叶级数收敛性的改善

系数递减得快的三角级数在应用上最为方便.实

际上，在这种情况下，只需用级数最初若干项就很够精确地来决定它的和，因为当系数足够快逼近于零时，级数所有以后各项的和是很小的. 同时，系数递减越快，要把级数和近似表达到指定准确度时所需的项就越少.

最简单的事情是系数递减得快的三角级数的微分法的问题（参看 §8 定理 3）.

从所说的事，自然会引出下面的问题.

给出了三角级数（以 $f(x)$ 来记它的和）

$$f(x)=\frac{a_0}{2}+\sum_{n=1}^{\infty}(a_n\cos nx+b_n\sin nx) \quad (11.1)$$

我们需要从这个级数分出另一个具有已知和式 $\varphi(x)$（有尽形式）的级数，使剩下的那个级数，也就是与 $f(x)$ 及 $\varphi(x)$ 有下列关系

$$f(x)=\varphi(x)+\sum_{n=1}^{\infty}\alpha_n\cos nx+\beta_n\sin nx$$

的那个级数，具有递减得足够快的系数.

如果这问题解决了，那么施行于 $f(x)$ 的运算，就变为施行于已知函数 $\varphi(x)$ 及系数递减得很快的级数的运算.

对于实用上所感兴趣的情况，这个问题解决的可能，是基于以下的想法.

设在区间$[-\pi,\pi]$上（或在$[0,\pi]$上），给出了一个几次可微分的函数 $f(x)$. 把这个函数按周期 2π 延续到全部 Ox 轴上，就可能化成间断函数（或化成具有间断导函数的函数），而也就化成具有递减得慢的傅里叶系数的函数. 不难理解，从 $f(x)$ 减去一个适当选择的线性函数，就可以把它化为一个在区间端点具有等值

的函数，因此就连续地延续到全部 Ox 轴上，也就是说把它化为一个函数，具有比原来那个函数递减得快的傅里叶系数. 要是从 $f(x)$ 减去一个适当选择的多项式，那么可能求得一个函数，不但它本身，而且它某几个导数，在区间的端点都具有相等的数值. 于是函数本身以及它这些导数，就可以连续地延续到全部 Ox 轴上，这就意味着 §8 的定理 2 可以用得上，即保证了系数的迅速递减.

由此可见，我们这个问题的解决不是没有希望的. 但是现在的问题，给的是级数，而不是函数. 因此必须从级数来确定函数 $\varphi(x)$ 的形状，而这困难常是可以克服的.

当提出的问题获得解决，就说级数(11.1)的收敛性改善了.

例 1　改善级数

$$f(x)=\sum_{n=2}^{\infty}(-1)^{n}\frac{n^{3}}{n^{4}-1}\sin nx$$

的收敛性.

显然有

$$\frac{n^{3}}{n^{4}-1}=\frac{1}{n}+\frac{1}{n^{5}-n}$$

因此

$$f(x)=\sum_{n=2}^{\infty}(-1)^{n}\frac{\sin nx}{n}+\sum_{n=2}^{\infty}(-1)^{n}\frac{\sin nx}{n^{5}-n}$$

但是(参看第 1 章 §13 式(13.9))

$$\sum_{n=1}^{\infty}(-1)^{n+1}\frac{\sin nx}{n}=\frac{x}{2}\quad(-\pi<x<\pi)$$

因此

Fourier 展式

$$f(x)=-\frac{x}{2}+\sin x+\sum_{n=2}^{\infty}(-1)^n\frac{\sin nx}{n^5-n}$$

$$(-\pi<x<\pi)$$

在最后的那个级数里，显然有

$$|b_n n^5|\leqslant M \quad (M=常数)$$

即傅里叶系数和$\frac{1}{n^5}$同阶.

例 2 改善级数

$$f(x)=\sum_{n=1}^{\infty}\frac{n^4-n^2+1}{n^2(n^4+1)}\cos nx$$

显然有

$$\frac{n^4-n^2+1}{n^2(n^4+1)}=\frac{1}{n^2}-\frac{1}{n^4+1}$$

因此

$$f(x)=\sum_{n=1}^{\infty}\frac{\cos nx}{n^2}-\sum_{n=1}^{\infty}\frac{\cos nx}{n^4+1}$$

但是(参看第 1 章 §13(13.8))

$$\sum_{n=1}^{\infty}\frac{\cos nx}{n^2}=\frac{3x^2-6\pi x+2\pi^2}{12}\quad (0\leqslant x\leqslant 2\pi)$$

因此

$$f(x)=\frac{3x^2-6\pi x+2\pi^2}{12}-\sum_{n=1}^{\infty}\frac{\cos nx}{n^4+1}\quad (0\leqslant x\leqslant 2\pi)$$

对于最后的那个级数，有

$$|a_n n^4|\leqslant 1$$

因此傅里叶系数与$\frac{1}{n^4}$同阶.

§7～§10的结果可以有效地应用到傅里叶级数收敛性的改善上. 读者可以从下述各例搞清楚.

例 3 改善级数

$$f(x)=\sum_{n=1}^{\infty}\frac{n^4}{n^5+1}\sin nx$$

的收敛性. 此时，极限

$$h=\lim_{n\to+\infty}nb_n=\lim_{n\to+\infty}\frac{n^5}{n^5+1}=1$$

是存在的(参看 §10 定理 5)，而级数

$$-\frac{1}{2}+\sum_{n=1}^{\infty}\left(\frac{n^5}{n^5+1}-1\right)\cos nx$$

或

$$-\frac{1}{2}-\sum_{n=1}^{\infty}\frac{\cos nx}{n^5+1}$$

是均匀收敛的，因此表示一个连续函数 $\varphi(x)$. 由 §10 定理 5，有

$$f(x)=\int_0^x\varphi(x)\mathrm{d}x+\frac{\pi}{4}\quad(0<x<\pi)$$

但是

$$\varphi(x)=-\frac{1}{2}-\sum_{n=1}^{\infty}\frac{\cos nx}{n^5+1}$$

因此，逐项积分(由于级数的均匀收敛性，这是许可的)得

$$\int_0^x\varphi(x)\mathrm{d}x=-\frac{x}{2}-\sum_{n=1}^{\infty}\frac{\sin nx}{n(n^5+1)}$$

于是

$$f(x)=-\frac{x}{2}+\frac{\pi}{4}-\sum_{n=1}^{\infty}\frac{\sin nx}{n(n^5+1)}\quad(0<x<\pi)$$

这里的傅里叶系数与$\frac{1}{n^6}$同阶.

这个运算方法的本质是基于下面的事实：在若干情形下，由 §9，§10 中各定理所得级数的系数，比原设级数的系数更快地趋于零. 逐项积分后还可以更加快些.

再指出一个改进收敛性的方法,它是基于把傅里叶系数表成像

$$\frac{A}{n}+\frac{B}{n^2}+\cdots \quad (A=\text{常数},B=\text{常数})$$

这样子的和式.

例 4 改善级数

$$f(x)=\sum_{n=1}^{\infty}\frac{\sin nx}{n+a} \quad (a=\text{常数},a>0)$$

的收敛性. 显然有

$$\frac{1}{n+a}=\frac{1}{n}\cdot\frac{1}{1+\frac{a}{n}}=\frac{1}{n}\left(1-\frac{a}{n}+\frac{a^2}{n^2}-\cdots\right)$$ ①

把括弧内的级数写到$\frac{a^2}{n^2}$这项,把其余的加起来,便有

$$\begin{aligned}\frac{1}{n+a}&=\frac{1}{n}\left(1-\frac{a}{n}+\frac{a^2}{n^2}-\frac{a^3}{n^2(n+a)}\right)\\&=\frac{1}{n}-\frac{a}{n^2}+\frac{a^2}{n^3}-\frac{a^3}{n^3(n+a)}\end{aligned}$$

因此

$$\begin{aligned}f(x)=&\sum_{n=1}^{\infty}\frac{\sin nx}{n}-a\sum_{n=1}^{\infty}\frac{\sin nx}{n^2}+\\&a^2\sum_{n=1}^{\infty}\frac{\sin nx}{n^3}-a^3\sum_{n=1}^{\infty}\frac{\sin nx}{n^3(n+a)}\end{aligned}$$

前三个级数的和,以及一般地形如

---

① 论到的无穷级数只有当$\frac{a}{n}<1$时才能是有限的,我们所需要的结果很容易验证是正确的.

$$\sum_{n=1}^{\infty} \frac{\sin nx}{n^{v}} \text{或} \sum_{n=1}^{\infty} \frac{\cos nx}{n^{p}} \quad (p\text{ 是整数})$$

的级数的和，不难由已知展式求得. 实际上（参考第 1 章 § 13 式(13.7)，(13.8) 和第 3 章 § 14 式(14.1)）

$$\sum_{n=1}^{\infty} \frac{\sin nx}{n} = \frac{\pi - x}{2}$$

$$\sum_{n=1}^{\infty} \frac{\cos nx}{n^{2}} = \frac{3x^{2} - 6\pi x + 2\pi^{2}}{12}$$

$$\sum_{n=1}^{\infty} \frac{\cos nx}{n} = -\ln 2 \sin \frac{x}{2} \quad (0 < x < 2\pi)$$

将第二第三两个级数积分，得$(0 < x < 2\pi)$

$$\sum_{n=1}^{\infty} \frac{\sin nx}{n^{3}} = \int_{0}^{x} \frac{3x^{2} - 6\pi x + 2\pi^{2}}{12} \mathrm{d}x = \frac{x^{3} - 3\pi x^{2} + 2\pi^{2} x}{12}$$

$$\sum_{n=1}^{\infty} \frac{\sin nx}{n^{2}} = -\int_{0}^{x} \ln\left(2\sin \frac{x}{2}\right) \mathrm{d}x$$

因此

$$f(x) = \frac{\pi - x}{2} + a\int_{0}^{x} \ln\left(2\sin \frac{x}{2}\right) \mathrm{d}x + \frac{a^{2}}{12}(x^{3} + 3\pi x^{2} - 2\pi^{2} x) - a^{3} \sum_{n=1}^{\infty} \frac{\sin nx}{n^{3}(n-a)}$$

最后那个级数的系数与$\frac{1}{n^{4}}$同阶.

§ 12　三角函数展式表

要作傅里叶级数的运算时，最好有一个常见三角函数展式的表. 讨论级数收敛性的改善时，这表特别有用.

在下面列出的表里,我们收集起了以上各章得到过的展式,再添上一些新的.

(1) $\sum_{n=1}^{\infty} \frac{\cos nx}{n} = -\ln\left(2\sin \frac{x}{2}\right)$ $(0 < x < 2\pi$,第 3 章式(14.1)).

(2) $\sum_{n=1}^{\infty} \frac{\sin nx}{n} = \frac{\pi - x}{2}$ $(0 < x < 2\pi$,第 1 章式(13.7)).

(3) $\sum_{n=1}^{\infty} \frac{\cos nx}{n^2} = \frac{3x^2 - 6\pi x + 2\pi^2}{12}$ $(0 < x < 2\pi$,第 1 章式(13.8)).

(4) $\sum_{n=1}^{\infty} \frac{\sin nx}{n^2} = -\int_0^x \ln\left(2\sin \frac{x}{2}\right) dx$ $(0 < x < 2\pi$,第 5 章 §11).

(5) $\sum_{n=1}^{\infty} \frac{\cos nx}{n^3} = \int_0^x dx \int_0^x \ln\left(2\sin \frac{x}{2}\right) dx + \sum_{n=1}^{\infty} \frac{1}{n^3}$ $(0 \leqslant x \leqslant 2\pi)$,$\sum_{n=1}^{\infty} \frac{1}{n^3} = \frac{\pi^3}{25.794\ 36\cdots} = 1.202\ 05\cdots$(由前面的级数逐项积分得来).

(6) $\sum_{n=1}^{\infty} \frac{\sin nx}{n^3} = \frac{x^3 - 3\pi x^2 + 2\pi^2 x}{12}$ $(0 \leqslant x \leqslant 2\pi$,第 5 章 §11).

(7) $\sum_{n=1}^{\infty} (-1)^{n+1} \frac{\cos nx}{n} = \ln\left(2\cos \frac{x}{2}\right)$ $(-\pi < x < \pi$,第 3 章式(14.2)).

(8) $\sum_{n=1}^{\infty} (-1)^{n+1} \frac{\sin nx}{n} = \frac{x}{2}$ $(-\pi < x < \pi$,第 1 章式(13.9)).

(9) $\sum_{n=1}^{\infty}(-1)^{n+1}\frac{\cos nx}{n^2}=\frac{\pi^2-3x^2}{12}$($-\pi\leqslant x\leqslant\pi$，第 1 章式(13.10))．

(10) $\sum_{n=1}^{\infty}(-1)^{n+1}\frac{\sin nx}{n^2}=\int_0^x\ln\left(2\cos\frac{x}{2}\right)\mathrm{d}x$($-\pi\leqslant x\leqslant\pi$，由级数(7)逐项积分得来)．

(11) $\sum_{n=1}^{\infty}(-1)^{n+1}\frac{\cos nx}{n^3}=\sum_{n=1}^{\infty}(-1)^{n+1}\frac{1}{n^3}-\int_0^x\mathrm{d}x\int_0^x\ln\left(2\cos\frac{x}{2}\right)\mathrm{d}x$($-\pi\leqslant x\leqslant\pi$，由级数(10)逐项积分得来)．

(12) $\sum_{n=1}^{\infty}(-1)^{n+1}\frac{\sin nx}{n^3}=\frac{\pi^2x-x^3}{12}$($-\pi\leqslant x\leqslant\pi$，由级数(9)逐项积分得来)．

(13) $\sum_{n=0}^{\infty}\frac{\cos(2n+1)x}{2n+1}=-\frac{1}{2}\ln\tan\frac{x}{2}$($0<x<\pi$，由(1)和(7)相加得来)．

(14) $\sum_{n=0}^{\infty}\frac{\sin(2n+1)x}{2n+1}=\frac{\pi}{4}$($0<x<\pi$，第 1 章式(13.11))．

(15) $\sum_{n=0}^{\infty}\frac{\cos(2n+1)x}{(2n+1)^2}=\frac{\pi^2-2\pi x}{8}$($0\leqslant x\leqslant\pi$，第 1 章式(13.12))．

(16) $\sum_{n=0}^{\infty}\frac{\sin(2n+1)x}{(2n+1)^2}=-\frac{1}{2}\int_0^x\ln\tan\frac{x}{2}\mathrm{d}x$($0\leqslant x\leqslant\pi$，由级数(13)逐项积分得来)．

(17) $\sum_{n=0}^{\infty}\frac{\cos(2n+1)x}{(2n+1)^3}=\frac{1}{2}\int_0^x\mathrm{d}x\int_0^x\ln\tan\frac{x}{2}\mathrm{d}x+\sum_{n=0}^{\infty}\frac{1}{(2n+1)^3}$($0\leqslant x\leqslant\pi$，由级数(16)逐项积分得

来).

(18) $\sum_{n=0}^{\infty} \frac{\sin(2n+1)x}{(2n+1)^3} = \frac{\pi^2 x - \pi x^2}{8}$ $(0 \leqslant x \leqslant \pi$, 由级数(15) 逐项积分得来).

如果在公式(13) ~ (18) 里,把 x 换成 t,然后设 $t = \frac{\pi}{2} - x$,那么便得展式:

(19) $\sum_{n=0}^{\infty} (-1)^n \frac{\cos(2n+1)x}{2n+1} = \frac{\pi}{4} \left(-\frac{\pi}{2} < x < \frac{\pi}{2}\right)$.

(20) $\sum_{n=0}^{\infty} (-1)^n \frac{\sin(2n+1)x}{2n+1} = -\frac{1}{2} \ln \tan\left(\frac{\pi}{4} - \frac{x}{2}\right)$ $\left(-\frac{\pi}{2} < x < \frac{\pi}{2}\right)$.

(21) $\sum_{n=0}^{\infty} (-1)^n \frac{\cos(2n+1)x}{(2n+1)^2} = -\frac{1}{2} \int_0^{\frac{\pi}{2}-x} \ln \tan \frac{x}{2} \mathrm{d}x$ $\left(-\frac{\pi}{2} < x < \frac{\pi}{2}\right)$.

(22) $\sum_{n=0}^{\infty} (-1)^n \frac{\sin(2n+1)x}{(2n+1)^2} = \frac{\pi x}{4}$ $(-\frac{\pi}{2} < x < \frac{\pi}{2})$.

(23) $\sum_{n=0}^{\infty} (-1)^n \frac{\cos(2n+1)x}{(2n+1)^3} = \frac{\pi^3 - 4\pi x^2}{32}$ $(-\frac{\pi}{2} < x < \frac{\pi}{2})$.

(24) $\sum_{n=0}^{\infty} (-1)^n \frac{\sin(2n+1)x}{(2n+1)^3} = \sum_{n=0}^{\infty} \frac{1}{(2n+1)^3} + \frac{1}{2} \int_0^{\frac{\pi}{2}-x} \mathrm{d}x \int_0^x \ln \tan \frac{x}{2} \mathrm{d}x \left(-\frac{\pi}{2} < x < \frac{\pi}{2}\right)$.

§13　傅里叶级数的近似计算

在实用问题中，要展成傅里叶级数的函数，经常不是由解析式子，而是由表格或图形给出，即近似地给出的. 这时傅里叶系数不能直接应用通常的公式

$$\begin{cases} a_n = \dfrac{1}{\pi}\displaystyle\int_0^{2\pi} f(x)\cos nx\,\mathrm{d}x \quad (n=0,1,2,\cdots) \\ b_n = \dfrac{1}{\pi}\displaystyle\int_0^{2\pi} f(x)\sin nx\,\mathrm{d}x \quad (n=1,2,\cdots) \end{cases} \tag{13.1}$$

得到，于是产生了关于它们的近似计算的问题. 同时为了实用目的，在大多数情况下，只要知道前几个系数就够了.

要解决由准确公式(13.1)过渡到近似公式这个问题，可以利用近似积分法. 通常是用矩形法或梯形法. 我们这里应用矩形法如下.

设用点

$$0,\frac{2\pi}{m},2\cdot\frac{2\pi}{m},\cdots,(m-1)\frac{2\pi}{m},2\pi \tag{13.2}$$

将区间$[0,2\pi]$分成 m 等份，并设在这些点处 $f(x)$ 的值已知为

$$y_0,y_1,y_2,\cdots,y_{m-1},y_m$$

于是

$$\begin{aligned} a_n &\approx \frac{2}{m}\sum_{k=0}^{m-1} y_k\cdot\cos\frac{2k\pi}{m}n \\ b_n &\approx \frac{2}{m}\sum_{k=0}^{m-1} y_k\cdot\sin\frac{2k\pi}{m}n \end{aligned} \tag{13.3}$$

比方说，设 $m=12$. 于是式(13.2)各数成下列形状

$$0,\frac{\pi}{6},\frac{\pi}{3},\frac{\pi}{2},\frac{2\pi}{3},\frac{5\pi}{6},\pi,\frac{7\pi}{6},\frac{4\pi}{3},\frac{3\pi}{2},\frac{5\pi}{3},\frac{11\pi}{6},2\pi$$

用角度表示便是

$$0°,30°,60°,90°,120°,150°,180°$$

$$210°,240°,270°,300°,330°,360°$$

这时易知(13.3)里与纵坐标相乘那些因子化为

$$0,\pm 1,\pm\sin 30°=\pm 0.5,\pm\sin 60°=\pm 0.866$$

不难验证

$$\begin{cases}6a_0\approx y_0+y_1+y_2+y_3+y_4+y_5+\\ \qquad y_6+y_7+y_8+y_9+y_{10}+y_{11}\\ 6a_1\approx(y_0-y_6)+(y_1+y_{11}-y_5-y_7)\cdot\\ \qquad 0.866+(y_2+y_{10}-y_4-y_8)\cdot 0.5\\ 6a_2\approx(y_0+y_6-y_3-y_9)+(y_1+y_5+\\ \qquad y_7+y_{11}-y_2-y_4-y_8-y_{10})\cdot 0.5\\ 6a_3\approx y_0+y_4+y_8-y_2-y_6-y_{10}\\ 6b_1\approx(y_1+y_5-y_7-y_{11})\cdot 0.5+\\ \qquad (y_2+y_4-y_8-y_{10})\cdot 0.866+(y_5-y_9)\\ 6b_2\approx(y_1+y_2+y_7+y_8-y_4-y_5-\\ \qquad y_{10}-y_{11})\cdot 0.866\\ 6b_3\approx y_1+y_5+y_9-y_3-y_7-y_{11}\end{cases}\tag{13.4}$$

等等.

为了简化计算，列成下面的表格来进行比较便利.

先把纵坐标 $y_0,y_1,y_2,\cdots$ 按照下面的顺序写出来，把写好上下的每一对纵坐标，进行加法和减法

	y_0	y_1	y_2	y_3	y_4	y_5	y_6
		y_{11}	y_{10}	y_9	y_8	y_7	
和差	u_0	u_1	u_2	u_3	u_4	u_5	u_6
		v_1	v_2	v_3	v_4	v_5	v_6

然后再把这些和与差，写成类似的形状，对于它们进行加法和减法

	u_0	u_1	u_2	u_3
	u_6	u_5	u_4	
和差	s_0	s_1	s_2	s_3
	t_0	t_1	t_2	

	v_1	v_2	v_3
	v_5	v_4	
和差	σ_1	σ_2	σ_3
	τ_1	τ_2	

可以用所得的这些数量把(13.4)改写成

$$6a_0=s_0+s_1+s_2+s_3$$

$$6a_1=t_0+0.866t_1+0.5t_2$$

$$6a_2=s_0-s_3+0.5(s_1-s_2)$$

$$6a_3=t_0-t_2$$

$$6b_1=0.5\sigma_1+0.866\sigma_2+\sigma_3$$

$$6b_2=0.866(\tau_1+\tau_2)$$

$$6b_3=\sigma_1-\sigma_3$$

我们对于已知的 12 个纵坐标实行了表格计算. 对于已

知傅里叶系数确值的滑溜函数,应用这种表格,可以得出系数 $a_0,a_1,b_1,a_2,b_2,a_3,b_3$ 的近似值,非常接近于真值.

要得到更精确的结果,或者要知道更多的傅里叶系数,就可以在使用表格时多取一些纵坐标.一般的表格取 24 个纵坐标.

第 5 章思考题

1. 计算数项级数的和:

(1) $\sum\limits_{n=1}^{\infty}\frac{1}{n^4}$;

(2) $\sum\limits_{n=0}^{\infty}\frac{1}{(2n+1)^4}$;

(3) $\sum\limits_{n=1}^{\infty}\frac{(-1)^{n+1}}{n^4}$;

(4) $\sum\limits_{n=1}^{\infty}\frac{1}{n^6}$;

(5) $\sum\limits_{n=1}^{\infty}\frac{1}{(2n+1)^6}$;

(6) $\sum\limits_{n=1}^{\infty}\frac{(-1)^{n+1}}{n^6}$.

提示:利用 §12 的表和李雅普诺夫公式(§3).

答:(1) $\frac{\pi^4}{90}$;

(2) $\frac{\pi^4}{76}$;

(3) $\sum\limits_{n=1}^{\infty}\frac{(-1)^{n+1}}{n^4}=\sum\limits_{n=1}^{\infty}\frac{1}{(2n+1)^4}-\sum\limits_{n=1}^{\infty}\frac{1}{(2n)^4}=\pi^4\left(\frac{1}{90}-\frac{1}{2^4\times 96}\right)=\frac{241\times\pi^4}{23\ 040}$;

(4) $\dfrac{\pi^6}{945}$;

(5) $\dfrac{\pi^6}{960}$;

(6) $\pi^3\left(\dfrac{1}{960}-\dfrac{1}{2^6\times 945}\right)$.

2. 计算积分:

(1) $\displaystyle\int_0^{\pi}\ln^2\left(2\sin\frac{x}{2}\right)dx$;

(2) $\displaystyle\int_0^{\pi}\ln^2\left(2\cos\frac{x}{2}\right)dx$;

(3) $\displaystyle\int_0^{\pi}\ln^2\tan\frac{x}{2}dx$.

提示:利用李雅普诺夫公式和 §2 的表.

答:(1) $\dfrac{\pi^3}{12}$;

(2) $\dfrac{\pi^3}{12}$;

(3) $\dfrac{\pi^3}{4}$.

3. $f(x)$ 连续并在区间 $[0,\pi]$ 上有三个连续导函数,而且 $f(0)=f(\pi)=0$, $f''(0)=f''(\pi)=0$. 证明: $f(x)$ 按正弦的傅里叶级数可以逐项微分两次,并证明级数

$$\sum_{n=1}^{\infty}n^2\mid b_n\mid$$

收敛.

提示: $f(x)$ 在区间 $[-\pi,0]$ 上的奇式延续化成奇函数 $F(x)$,在区间 $[-\pi,\pi]$ 的端点处具有等值(都等于零). $F'(x)$ 显然是连续偶函数, $F''(x)$ 是连续奇函

数，但在区间$[-\pi,\pi]$的端点处还是有等值（都等于零），$F'''(x)$是连续偶函数.

于是把$F(x)$和它前三个导函数连续地延续到全部Ox轴上，并且$F''(x)$是滑溜函数. 但是我们知道，连续函数的傅里叶系数和它的导函数的傅里叶系数是由等式

$$a_n=-\frac{b'_n}{n},b_n=\frac{a'_n}{n}$$

联系着的（参看式(8.3)）.

因此这时有

$$b_n=\frac{a'_n}{n}=-\frac{b''_n}{n^2}$$

但是对于滑溜函数，傅里叶系数绝对值所成的级数是收敛的（参看第3章 §10）. 因为

$$\sum_{n=1}^{\infty}|b''_n|=\sum_{n=1}^{\infty}n^2|b_n|$$

所以可知最后的一个级数是收敛的. 由此可知，把最初的那个级数逐项微分一次和两次所得的级数是均匀收敛的. 这些级数的均匀收敛又保证了逐项微分的合法.

4. 函数由级数

$$f(x)=\sum_{n=1}^{\infty}\left(\frac{\cos nx}{n^3}+(-1)^n\frac{\sin nx}{n+1}\right)$$

给出. 写出它的导函数的傅里叶级数.

提示：利用本章 §9 的定理2.

答

$$f'(x)=-\frac{1}{2}+\sum_{n=1}^{\infty}\left[(-1)^{n+1}\frac{\cos nx}{n+1}-\frac{\sin nx}{n^2}\right]$$

5. 函数在$-\pi<x<\pi$由级数

$$f(x)=\sum_{n=1}^{\infty}(-1)^n\frac{\sin nx}{n(\sqrt{n}+1)}$$

给出,证明它的可微分性并写出它的导函数的展式.

提示:利用本章 §9 的定理 3.

6. 函数在 $0<x<\pi$ 由级数

$$f(x)=\sum_{n=1}^{\infty}\frac{n+1}{n^2+n+1}\sin nx \tag{1}$$

$$f(x)=\sum_{n=1}^{\infty}\frac{n^2}{5n^3+1}\sin nx \tag{2}$$

给出,证明它们的可微分性并写出它们的导函数的展式.

提示:利用本章 §10 的定理 5.

答:(1) $f'(x)=-\dfrac{1}{2}-\displaystyle\sum_{n=1}^{\infty}\frac{\cos nx}{n^2+n+1}$;

(2) $f'(x)=-\dfrac{1}{10}-\dfrac{1}{5}\displaystyle\sum_{n=1}^{\infty}\frac{\cos nx}{5n^3+1}$.

7. 求级数

$$\sum_{n=2}^{\infty}\frac{\cos nx}{n^2-1}$$

的和.

提示:和本章 §10 例 2 一样做.

答

$$F(x)=c_1\cos x+c_2\sin x+\frac{1}{2}\quad(0\leqslant x\leqslant\pi)$$

其中

$$c_1=\sum_{n=2}^{\infty}\frac{1}{n^2-1}+\frac{1}{2}=2$$

$$\left(\text{因为}\frac{1}{n^2-1}=\frac{1}{2}\left(\frac{1}{n-1}-\frac{1}{n+1}\right)\right)$$

$$c_2 = -\frac{\pi}{2}$$

8.改善下面各级数的收敛性.在(3)～(5)求系数和$\frac{1}{n^3}$同阶的级数.

(1) $\sum\limits_{n=1}^{\infty} \frac{n^3+n+1}{n(n^3+1)}\sin nx$;

(2) $\sum\limits_{n=1}^{\infty} \frac{n^3}{n^4+1}\sin nx$;

(3) $\sum\limits_{n=1}^{\infty} \frac{\cos nx}{n+a}$, $a>0$,下仿此;

(4) $\sum\limits_{n=1}^{\infty} \frac{\sin(2n+1)x}{n+a}$;

(5) $\sum\limits_{n=1}^{\infty} \frac{\cos(2n+1)x}{n+a}$.

答(以 $f(x)$ 表示所给级数的和):

(1) $f(x) = \sum\limits_{n=1}^{\infty}\left(\frac{1}{n}+\frac{1}{n^3+1}\right)\sin nx = \frac{\pi - x}{2} + \sum\limits_{n=1}^{\infty} \frac{\sin nx}{n^3+1}$($0<x<2\pi$,参看展式中的公式(2));

(2) $f(x) = -\frac{x}{2}+\frac{\pi}{4}-\sum\limits_{n=1}^{\infty}\frac{\sin nx}{n(n^4+1)}$($0<x<\pi$).

提示:和本章 §11 的例 3 一样做.在(3)里

$$\begin{aligned}\frac{1}{n+a} &= \frac{1}{n}\cdot\frac{1}{1+\frac{a}{n}} \\ &= \frac{1}{n}\left(1-\frac{a}{n}+\frac{a^2}{n^2}-\cdots\right) \\ &= \frac{1}{n}\left(1-\frac{a}{n}+\frac{a^2}{n(n+a)}\right)\end{aligned}$$

$$=\frac{1}{n}-\frac{a}{n^2}+\frac{a^2}{n^2(n+a)}$$

把每个级数分成三个级数并且利用 §12 的表.

(3) $f(x)=-\ln\left(2\sin\frac{x}{2}\right)-\frac{a}{12}(3x^2-6\pi x+2\pi^2)+a^2\sum_{n=1}^{\infty}\frac{\cos nx}{n^2(n+a)}(0<x<2\pi)$.

在(4)和(5)里

$$\frac{1}{2(n+a)}=\frac{1}{2n+1+2a-1}$$

$$=\frac{1}{2n+1}\cdot\frac{1}{1+\frac{2a-1}{2n+1}}$$

$$=\frac{1}{2n+1}\left(1-\frac{2a-1}{2n+1}+\frac{(2a-1)^2}{2(2n+1)(n+a)}\right)$$

把每个级数分成三个级数并且利用展式表.

(4) $f(x)=\frac{\pi}{2}+(2a-1)\int_0^x\ln\tan\frac{x}{2}\mathrm{d}x+(2a-1)^2\sum_{n=1}^{\infty}\frac{\sin(2n+1)x}{(2n+1)^2(n+a)}(0<x<\pi)$.

(5) $f(x)=-\ln\tan\frac{x}{2}+\frac{(2a-1)(2\pi x-\pi^2)}{4}+(2a-1)^2\sum_{n=1}^{\infty}\frac{\cos(2n+1)x}{(2n+1)^2(n+a)}(0<x<\pi)$.

傅里叶三角级数定和法

第6章

§1 问题的提出

设给了我们一个三角级数

$$\frac{a_0}{2}+\sum_{n=1}^{\infty}(a_n\cos nx+b_n\sin nx) \tag{1.1}$$

关于这个级数,只知道它是某个函数 $f(x)$ 的傅里叶级数. 试问能求出这个函数 $f(x)$ 吗? 如果事先知道级数(1.1)收敛于 $f(x)$,那么 $f(x)$ 便可作为这级数的部分和的极限来求. 否则,情形就是这样:或者不能确定级数的收敛性,或者级数是发散的. 这时我们也许不知道部分和的极限是否存在,也许知道这极限是不存在的. 因此必须要寻求一些运算方法,用来通过傅里叶级数以求函数,而不管这个级数是否收敛. 在下面各段里我们便这样来做.

我们要考虑的运算，叫作级数的定和法. 级数的定和不要与已知收敛级数的求和混为一谈，因为级数的定和是可以应用到甚至发散的级数上面去的.

定和的问题可以出现在任意的数项级数或函数项级数上(不只是傅里叶级数！). 定和的运算，要是合理地定义好，当级数收敛时，自然就应该化成级数通常的和.

§2　算术均值法

考察级数

$$u_0+u_1+u_2+\cdots+u_n+\cdots \tag{2.1}$$

并设

$$s_n=u_0+u_1+u_2+\cdots+u_n$$

$$\sigma_n=\frac{s_0+s_1+\cdots+s_{n-1}}{n}\quad(n=1,2,\cdots)$$

可能有这种事情发生：级数(2.1)发散，而量 σ_n(级数部分和的算术均值)当 $n\to\infty$ 时趋于一个确定的极限. 实际上，级数

$$1-1+1-1+\cdots$$

是发散的，但这时 $s_0=1, s_1=0, s_2=1, s_3=0,\cdots$，于是当 n 是偶数时，$\sigma_n=\frac{1}{2}$，当 n 是奇数时，$\sigma_n=\frac{1}{2}+\frac{1}{2n}$，因此

$$\lim_{n\to+\infty}\sigma_n=\frac{1}{2}$$

转向一般情况. 如果极限 $\lim\limits_{n\to+\infty}\sigma_n=\sigma$ 存在，则我们说级

数(2.1) 可用算术均值法定和到值 σ.

这种定和的方法是否满足 §1 所说的要求呢？也就是说，数 σ 是否与级数——如果收敛——的和一致呢？答案是正面的：

定理 如果级数(2.1) 收敛，其和为 σ，那么级数可用算术均值法定和到同一值 σ.

证 根据条件

$$\lim_{n\to+\infty} s_n = \sigma$$

可知：对于一切的 $\varepsilon > 0$，存在着数 m，当 $n \geqslant m$ 时，有

$$|s_n - \sigma| < \frac{\varepsilon}{2} \tag{2.2}$$

考察

$$\sigma_n - \sigma = \frac{s_0 + s_1 + \cdots + s_{n-1} - n\sigma}{n} = \frac{1}{n}\sum_{k=0}^{n-1}(s_k - \sigma)$$

当 $n > m$ 时

$$\sigma_n - \sigma = \frac{1}{n}\sum_{k=0}^{m-1}(s_k - \sigma) + \frac{1}{n}\sum_{k=m}^{n-1}(s_k - \sigma)$$

由是

$$|\sigma_n - \sigma| \leqslant \frac{1}{n}\sum_{k=1}^{m-1}|s_k - \sigma| + \frac{1}{n}\sum_{k=m}^{n-1}|s_k - \sigma|$$

因 m 是固定的，故对于一切足够大的 n，有

$$\frac{1}{n}\sum_{k=0}^{m-1}|s_k - \sigma| < \frac{\varepsilon}{2}$$

另一方面，由于(2.2)，有

$$\frac{1}{n}\sum_{k=m}^{n-1}|s_k - \sigma| < \frac{n-m-1}{n}\cdot\frac{\varepsilon}{2} < \frac{\varepsilon}{2}$$

因此对于一切足够大的 n，有

$$|\sigma_n - \sigma| < \varepsilon$$

于是定理就证明了. 显然，算术均值的方法可以应用到

函数项级数,特别是傅里叶级数上面去.

§3　傅里叶级数部分和的算术均值的积分公式

设

$$f(x) \sim \frac{a_0}{2} + \sum_{k=1}^{\infty}(a_k\cos kx + b_k\sin kx)$$

$$s_n(x) = \frac{a_0}{2} + \sum_{k=1}^{\infty}(a_k\cos kx + b_k\sin kx)$$

对于部分和的算术均值,即对于

$$\sigma_n(x) = \frac{s_0(x) + s_1(x) + \cdots + s_{n-1}(x)}{n}$$

可得

$$\sigma_n(x) = \frac{a_0}{2} + \sum_{k=1}^{n-1}\frac{n-k}{n}(a_k\cos kx + b_k\sin kx) \tag{3.1}$$

对于 $\sigma_n(x)$ 可以求得积分公式. 实际上,我们有(第 3 章式(4.1))

$$s_n(x) = \frac{1}{\pi}\int_{-\pi}^{\pi} f(x+u)\frac{\sin(n+\frac{1}{2})u}{2\sin\frac{u}{2}}\mathrm{d}u$$

于是

$$\sigma_n(x) = \frac{1}{\pi n}\int_{-\pi}^{\pi}\frac{f(x+u)}{2\sin\frac{u}{2}}\sum_{k=0}^{n-1}\sin(k+\frac{1}{2})u\mathrm{d}u$$

我们可以计算上式中的正弦和式. 实际上

$$2\sin\frac{u}{2}\sin(k+\frac{1}{2})u = \cos ku - \cos(k+1)u$$

由此

$$2\sin\frac{u}{2}\sum_{k=0}^{n-1}\sin\left(k+\frac{1}{2}\right)u=\sum_{k=0}^{n-1}(\cos ku-\cos(k+1)u)$$

$$=1-\cos nu=2\sin^2\frac{nu}{2}$$

由是

$$\sum_{k=0}^{n-1}\sin(k+\frac{1}{2})u=\frac{\sin^2\frac{nu}{2}}{\sin\frac{u}{2}}\quad(u\neq 0)\qquad(3.2)$$

所以

$$\sigma_n(x)=\frac{1}{\pi n}\int_{-\pi}^{\pi}f(x+u)\frac{\sin^2\frac{nu}{2}}{2\sin^2\frac{u}{2}}\mathrm{d}u\qquad(3.3)$$

这公式就是我们要得到的.再指出这公式的一个推论.设对于一切的 x,$f(x)=1$.此时 $s_n(x)=1(n=0,1,2,\cdots)$,由是 $\sigma_n(x)=1(n=1,2,\cdots)$.因此由(3.3)可得

$$1=\frac{1}{\pi n}\int_{-\pi}^{\pi}\frac{\sin^2\frac{nu}{2}}{2\sin^2\frac{u}{2}}\mathrm{d}u\quad(n=1,2,\cdots)\qquad(3.4)$$

§4 傅里叶级数用算术均值法定和

定理 1 周期是 2π 的绝对可积函数 $f(x)$ 的傅里叶级数在每个连续点处可以用算术均值法定和到这个函数本身,在第一种间断点处定和到 $\frac{f(x+0)+f(x-0)}{2}$.

证 因为在连续点处

$$\frac{f(x+0)+f(x-0)}{2}=f(x)$$

所以只要建立下式

$$\lim_{n\to+\infty}\sigma_n(x)=\frac{f(x+0)+f(x-0)}{2}$$

要证明这一点,又只要建立下式

$$\lim_{n\to+\infty}\frac{1}{\pi n}\int_0^{\pi}f(x+u)\frac{\sin^2\frac{nu}{2}}{2\sin^2\frac{u}{2}}\mathrm{d}u=\frac{f(x+0)}{2}\tag{4.1}$$

$$\lim_{n\to+\infty}\frac{1}{\pi n}\int_{-\pi}^{0}f(x+u)\frac{\sin^2\frac{nu}{2}}{2\sin^2\frac{u}{2}}\mathrm{d}u=\frac{f(x-0)}{2}\tag{4.2}$$

(参看式(3.3)).

这两个等式的证明是一样的,我们来证明其中的第一个.

因为式(3.4)中积分号下的函数是偶函数,所以

$$\frac{1}{2}=\frac{1}{\pi n}\int_0^{\pi}\frac{\sin^2\frac{nu}{2}}{2\sin^2\frac{u}{2}}\mathrm{d}u\tag{4.3}$$

所以

$$\frac{f(x+0)}{2}=\frac{1}{\pi n}\int_0^{\pi}f(x+0)\frac{\sin^2\frac{nu}{2}}{2\sin^2\frac{u}{2}}\mathrm{d}u$$

由式(4.1)可知,我们必须证明等式

$$\lim_{n\to+\infty}\frac{1}{\pi n}\int_0^{\pi}[f(x+u)-f(x+0)]\frac{\sin^2\frac{nu}{2}}{2\sin^2\frac{u}{2}}\mathrm{d}u=0 \tag{4.4}$$

设 $\varepsilon>0$ 是任意给的. 因为

$$\lim_{\substack{u\to 0\\ u>0}} f(x+u)=f(x+0)$$

所以对于足够小的 $\delta>0$,由不等式 $0<u\leqslant\delta$ 可得

$$|f(x+u)-f(x+0)|<\varepsilon \tag{4.5}$$

把出现在(4.4)的积分分成两个

$$\frac{1}{\pi n}\int_0^{\delta}[f(x+u)-f(x+0)]\frac{\sin^2\frac{nu}{2}}{2\sin^2\frac{u}{2}}\mathrm{d}u+$$

$$\frac{1}{\pi n}\int_{\delta}^{\pi}[f(x+u)-f(x+0)]\frac{\sin^2\frac{nu}{2}}{2\sin^2\frac{u}{2}}\mathrm{d}u=I_1+I_2 \tag{4.6}$$

于是由式(4.5)得

$$|I_1|\leqslant\frac{\varepsilon}{\pi n}\int_0^{\delta}\frac{\sin^2\frac{nu}{2}}{2\sin^2\frac{u}{2}}\mathrm{d}u<\frac{\varepsilon}{\pi n}\int_0^{\pi}\frac{\sin^2\frac{nu}{2}}{2\sin^2\frac{u}{2}}\mathrm{d}u$$

再由式(4.3)可知,对于任意的 n 有

$$|I_1|<\frac{\varepsilon}{2} \tag{4.7}$$

另一方面

$$|I_2|\leqslant\frac{1}{2\pi n\sin^2\frac{\delta}{2}}\int_{\delta}^{\pi}|f(x+u)-f(x+0)|\,\mathrm{d}u$$

由是对于一切足够大的 n，有

$$|I_2|<\frac{\varepsilon}{2} \tag{4.8}$$

(4.8)，(4.7)，(4.6) 等关系式证明了等式(4.4).于是定理证得.

定理 2　周期是 2π 的绝对可积函数 $f(x)$ 的傅里叶级数，在函数的连续区间$[a,b]$内部（在严格意义下）的每一区间$[\alpha,\beta]$上，可用算术均值法均匀定和到 $f(x)$.

在$[\alpha,\beta]$上可均匀定和是指：对于一切的 $\varepsilon>0$，存在着数 N，使对于 $\alpha\leqslant x\leqslant\beta$ 的一切 x，当 $n\geqslant N$ 时，有

$$|f(x)-\sigma_n(x)|\leqslant\varepsilon$$

我们来证明这性质. 设 x 在区间$[\alpha,\beta]$上. 借助于式(3.3) 和(3.4)，我们可以写成

$$\sigma_n(x)-f(x)=\frac{1}{\pi n}\int_{-\pi}^{\pi}[f(x+u)-f(x)]\frac{\sin^2\frac{nu}{2}}{2\sin^2\frac{u}{2}}\mathrm{d}u=J+j \tag{4.9}$$

其中 J 是由 0 到 π 的积分，j 是由 $-\pi$ 到 0 的积分.

设 $\delta>0$ 这样小，只要 $|u|<\delta$，对于区间$[\alpha,\beta]$，不管什么 x 都有

$$|f(x+u)-f(x)|\leqslant\frac{\varepsilon}{2} \tag{4.10}$$

（为了这样的 δ 存在，我们要求区间$[\alpha,\beta]$含在较大的 $f(x)$ 的连续区间$[a,b]$）.

命 M 表示 $|f(x)|$ 在$[\alpha,\beta]$上的最大值. 考察

$$J=\frac{1}{\pi n}\int_{0}^{\delta}[f(x+u)-f(x)]\frac{\sin^{2}\frac{nu}{2}}{2\sin^{2}\frac{u}{2}}\mathrm{d}u+$$

$$\frac{1}{\pi n}\int_{0}^{\pi}[f(x+u)-f(x)]\frac{\sin^{2}\frac{nu}{2}}{2\sin^{2}\frac{u}{2}}\mathrm{d}u$$

$$=I_1+I_2 \tag{4.11}$$

于是由式(4.10)可知,对于$[\alpha,\beta]$的任意的x,有不等式

$$|I_1|<\frac{\varepsilon}{4}$$

(参看不等式(4.7)的证明).另一方面,对于$[\alpha,\beta]$的x,有

$$|I_2|\leqslant\frac{1}{2\pi n\sin^{2}\frac{\delta}{2}}\int_{\delta}^{\pi}|f(x+u)-f(x)|\mathrm{d}u$$

$$\leqslant\frac{1}{2\pi n\sin^{2}\frac{\delta}{2}}\left(\int_{-\pi}^{\pi}|f(x+u)|\mathrm{d}u+\pi M\right)$$

这的括弧里是常量,因此存在着N,对于一切的$n\geqslant N$不等式

$$|I_2|<\frac{\varepsilon}{4}$$

成立.于是由(4.11)可知,对于一切的$n\geqslant N$,不管x是什么($\alpha\leqslant x\leqslant\beta$),都有

$$|J|<\frac{\varepsilon}{2}$$

用同样的方法,可以对于积分j建立类似的不等式.由于(4.9),定理的证明就完成了.

由定理 2 可得一个很好的推论:

定理 3　周期是 2π 的连续函数 $f(x)$ 的傅里叶级数可用算术均值法均匀定和到它自己.

我们着重指出所证定理的力量,再一次提醒读者,甚至连续函数 $f(x)$ 的傅里叶级数也有发散的可能性. 那时傅里叶级数的部分和可能成为 $f(x)$ 的不好的近似值. 但是算术均值的部分和,像(3.1)的和式,当 $f(x)$ 连续时,均匀地逼近 $f(x)$.

建立了的定理可以用来明确傅里叶级数收敛性的一些问题. 借 §2 之助,如是由定理 1 有

定理 4　如果绝对可积函数 $f(x)$ 的傅里叶级数在它的连续点或第一种间断点上收敛,那么它的和必定分别等于 $f(x)$ 或 $\dfrac{f(x+0)+f(x-0)}{2}$.

定理 5　如果绝对可积函数 $f(x)$ 的傅里叶级数除了可能有限个点外处处收敛,那么它的和与 $f(x)$ 相等,也可能有某几个点要除外.

如果注意到可积(在我们的可积性的了解下)函数只可能在有限个点处间断,那么定理 5 就可化到定理 4.

最后,由定理 1 也可以得出这样的事实:算术均值的方法能够通过傅里叶级数,在一切连续点处,也就是在可能除掉有限个点外的一切点处,把原来绝对可积的函数找出来. 由此下述的重要定理成立,推广了第 5 章 §3 的定理 3.

定理 6　任意绝对可积函数完全为它的傅里叶三角级数所确定(最多相差有限个点处的值),不管这个级数是否收敛.

§5 幂因子法

考察级数

$$u_0 + u_1 + u_2 + \cdots + u_n + \cdots \tag{5.1}$$

和级数

$$u_0 + u_1 r + u_2 r^2 + \cdots + u_n r^n + \cdots \tag{5.2}$$

设当 $0 < r < 1$ 时,级数(5.2)收敛(当级数(5.1)各项为有界时,这恰巧是对的),并设它的和 $\sigma(r)$ 的极限存在

$$\lim_{r \to 1} \sigma(r) = \sigma$$

这时我们说:级数(5.1)可用幂因子定和到值 σ. 一些发散级数可用这个方法定和. 例如我们见过的级数

$$1 - 1 + 1 - 1 + \cdots$$

这时可定和到值 $\sigma = \frac{1}{2}$(正像用算术均值法一样). 实际上

$$\sigma(r) = 1 - r + r^2 - r^3 + \cdots = \frac{1}{1+r}$$

由是

$$\lim_{r \to 1} \sigma(r) = \frac{1}{2}$$

如果级数(5.1)收敛,所述的方法是否给出通常的和呢? 答案是正面的:

定理 如果级数(5.1)收敛,其和为 σ,那么级数可用上述方法定和到 σ.

证 如果级数(5.1)收敛,那么由第4章§6的预

备定理，(5.2) 是收敛的，它的和 $\sigma(r)$ 在区间 $0 \leqslant r \leqslant 1$ 上连续. 这表示

$$\lim_{r \to 1} \sigma(r) = \sigma(1) = \sigma$$

定理得证.

§6　泊　松　核

我们来算级数

$$\frac{1}{2} + \sum_{n=1}^{\infty} r^n \cos n\varphi \quad (0 \leqslant r \leqslant 1)$$

的和. 为此目的，考察级数

$$\frac{1}{2} + \sum_{n=1}^{\infty} z^n, z = r(\cos \varphi + \mathrm{i}\sin \varphi)$$

因为 $|z| = r < 1$，所以

$$\begin{aligned}\frac{1}{2} + \sum_{n=1}^{\infty} z^n &= \frac{1}{2} + \frac{z}{1-z} = \frac{1+z}{2(1-z)} \\ &= \frac{1 + r\cos \varphi + \mathrm{i}r\sin \varphi}{2(1 - r\cos \varphi - \mathrm{i}r\sin \varphi)} \\ &= \frac{(1 + r\cos \varphi + \mathrm{i}r\sin \varphi)(1 - r\cos \varphi + \mathrm{i}r\sin \varphi)}{2[(1 - r\cos \varphi)^2 + r^2 \sin^2 \varphi]} \\ &= \frac{1 - r^2 + 2r\mathrm{i}\sin \varphi}{2(1 - 2r\cos \varphi + r^2)}\end{aligned}$$

另一方面

$$\frac{1}{2} + \sum_{n=1}^{\infty} z^n = \frac{1}{2} + \sum_{n=1}^{\infty} r^n (\cos n\varphi + \mathrm{i}\sin n\varphi)$$

因此

$$\frac{1}{2} + \sum_{n=1}^{\infty} r^n \cos n\varphi = \frac{1}{2} \cdot \frac{1 - r^2}{1 - 2r\cos \varphi + r^2} \quad (0 \leqslant r < 1)$$

$$(6.1)$$

顺便又得到公式

$$\sum_{n=1}^{\infty} r^n \sin n\varphi = \frac{r\sin\varphi}{1-2r\cos\varphi+r^2} \quad (0 \leqslant r < 1) \tag{6.2}$$

变量 r 和 φ 的函数

$$\frac{1-r^2}{1-2r\cos\varphi+r^2}$$

叫作泊松核.值得注意,泊松核是正数,因为 $0 \leqslant r < 1$ 时

$$1-r^2 > 0$$

$$1-2r\cos\varphi+r^2 = (1-r)^2 + 4r\sin^2\frac{\varphi}{2} > 0 \tag{6.3}$$

§7　幂因子法在傅里叶级数定和时的应用

设 $f(x)$ 是绝对可积函数,且

$$f(x) \sim \frac{a_0}{2} + \sum_{n=1}^{\infty}(a_n\cos nx + b_n\sin nx) \tag{7.1}$$

对于 $0 \leqslant r < 1$ 考察级数

$$f(x,r) = \frac{a_0}{2} + \sum_{n=1}^{\infty} r^n(a_n\cos nx + b_n\sin nx) \tag{7.2}$$

这级数是收敛的,因为当 $n \to \infty$ 时,$a_n \to 0$,$b_n \to 0$,由此

$$|a_n| \leqslant M,\ |b_n| \leqslant M \quad (n=1,2,\cdots,M=\text{常数})$$

$$|r^n(a_n\cos nx + b_n\sin nx)| \leqslant 2M \cdot r^n$$

(这里右边是收敛级数的项,因为 $r<1$).

如果$\lim\limits_{r\to 1}f(x,r)$存在,这就表示级数(7.2)可用幂因子法定和.为了便于研究这样定和法的性质,我们把函数 $f(x,r)$ 表成积分的形式.

回想起

$$a_n=\frac{1}{\pi}\int_{-\pi}^{\pi}f(t)\cos nt\,\mathrm{d}t\quad(n=0,1,2,\cdots)$$

$$b_n=\frac{1}{\pi}\int_{-\pi}^{\pi}f(t)\sin nt\,\mathrm{d}t\quad(n=1,2,\cdots)$$

我们就可写下

$$f(x,r)=\frac{1}{2\pi}\int_{-\pi}^{\pi}f(t)\mathrm{d}t+\frac{1}{\pi}\sum_{n=1}^{\infty}r^n\int_{-\pi}^{\pi}f(t)\cos n(t-x)\mathrm{d}t\tag{7.3}$$

但是级数

$$\frac{1}{2}+\sum_{n=1}^{\infty}r^n\cos n(t-x)$$

当 $r<1$ 和 x 为固定时,对于 t 均匀收敛,因为它的各项绝对值不超过收敛级数

$$\frac{1}{2}+\sum_{n=1}^{\infty}r^n$$

的对应项.所以它可以逐项积分.因此级数

$$\frac{f(t)}{2}+\sum_{n=1}^{\infty}r^nf(t)\cos n(t-x)$$

也可以逐项积分.由此可知(7.3)可以写成

$$f(x,r)=\frac{1}{\pi}\int_{-\pi}^{\pi}f(t)\left[\frac{1}{2}+\sum_{n=1}^{\infty}r^n\cos n(t-x)\right]\mathrm{d}t$$

如果利用公式(6.1),我们又可写成

$$f(x,r)=\frac{1}{2\pi}\int_{-\pi}^{\pi}f(t)\ \frac{1-r^2}{1-2r\cos(t-x)+r^2}\mathrm{d}t$$

$$(0 \leqslant r < 1) \tag{7.4}$$

对于 $f(x,r)$，我们得到积分，叫作泊松积分. 再建立一个公式. 如果 $f(x) \equiv 1$，那么 $\frac{a_0}{2}=1, a_n=0, b_n=0$，于是 $f(x,r) \equiv 1$. 因此有

$$1=\frac{1}{2\pi}\int_{-\pi}^{\pi}\frac{1-r^2}{1-2r(t-x)+r^2}\mathrm{d}t \quad (0 \leqslant r < 1) \tag{7.5}$$

定理 1 设 $f(x)$ 为周期是 2π 的绝对可积函数. 那么，在函数 $f(x)$ 的每一个连续点处，有

$$\lim_{r \to 1} f(x,r)=f(x)$$

在每个第一种间断点处，有

$$\lim_{r \to 1} f(x,r)=\frac{f(x+0)+f(x-0)}{2}$$

换句话说，函数 $f(x)$ 的傅里叶级数在每个连续点处可用幂因子法定和到 $f(x)$，而在每个第一种间断点处可定和到值 $\frac{f(x+0)+f(x-0)}{2}$.

证 在式(7.4)，命 $t-x=u$，则

$$f(x,r)=\frac{1}{2\pi}\int_{-\pi-x}^{\pi-x}f(x+u)\frac{1-r^2}{1-2r\cos u+r^2}\mathrm{d}u$$

或者由于被积函数有周期性

$$f(x,r)=\frac{1}{2\pi}\int_{-\pi}^{\pi}f(x+u)\frac{1-r^2}{1-2r\cos u+r^2}\mathrm{d}u \tag{7.6}$$

类似于(7.5)，我们可得

$$1=\frac{1}{2\pi}\int_{-\pi}^{\pi}\frac{1-r^2}{1-2r\cos u+r^2}\mathrm{d}u \tag{7.7}$$

因为在连续点处

$$\frac{f(x+0)+f(x-0)}{2}=f(x)$$

所以只要证明，在左右极限存在的一切点处，有

$$\lim_{r\to 1}f(x,r)=\frac{f(x+0)+f(x-0)}{2}$$

要证明这一点，又只要建立等式

$$\lim_{r\to 1}\frac{1}{2\pi}\int_0^{\pi}f(x+u)\frac{1-r^2}{1-2r\cos u+r^2}\mathrm{d}u=\frac{f(x+0)}{2}$$

$$\lim_{r\to 1}\frac{1}{2\pi}\int_{-\pi}^{0}f(x+u)\frac{1-r^2}{1-2r\cos u+r^2}\mathrm{d}u=\frac{f(x-0)}{2}\tag{7.8}$$

两个等式的证明是一样的，因此我们只要证它们中的第一个.

由于(7.7)中被积函数是偶函数(对 u)，关系式

$$1=\frac{1}{\pi}\int_0^{\pi}\frac{1-r^2}{1-2r\cos u+r^2}\mathrm{d}u\tag{7.9}$$

成立，因此

$$\frac{f(x+0)}{2}=\frac{1}{2\pi}\int_0^{\pi}f(x+0)\frac{1-r^2}{1-2r\cos u+r^2}\mathrm{d}u$$

所以我们可以不证(7.8)，转而证明等式

$$\lim_{r\to 1}\frac{1}{2\pi}\int_0^{\pi}[f(x+u)-f(x+0)]\frac{1-r^2}{1-2r\cos u+r^2}\mathrm{d}u=0\tag{7.10}$$

设任意给定 $\varepsilon<0$，因为

$$\lim_{\substack{u\to 0\\ u>0}}f(x+u)=f(x+0)$$

所以对于足够小的 $\delta>0$，只要 $0<u\leqslant\delta$，必有

$$|f(x+u)-f(x+0)|\leqslant\varepsilon\tag{7.11}$$

把(7.10)里的积分写成两个积分的和

$$\frac{1}{2\pi}\int_0^{\delta}[f(x+u)-f(x+0)]\frac{1-r^2}{1-2r\cos u+r^2}\mathrm{d}u+$$
$$\frac{1}{2\pi}\int_{\delta}^{\pi}[f(x+u)-f(x+0)]\frac{1-r^2}{1-2r\cos u+r^2}\mathrm{d}u$$
$$=I_1+I_2 \tag{7.12}$$

由于泊松核是正的,由(7.11)有

$$|I_1|\leqslant\frac{\varepsilon}{2\pi}\int_0^{\delta}\frac{1-r^2}{1-2r\cos u+r^2}\mathrm{d}u$$
$$\leqslant\frac{\varepsilon}{2\pi}\int_0^{\pi}\frac{1-r^2}{1-2r\cos u+r^2}\mathrm{d}u$$

或者,利用等式(7.9),不管 $r(0\leqslant r<1)$ 怎样,有

$$|I_1|\leqslant\frac{\varepsilon}{2} \tag{7.13}$$

另一方面(参看(6.3))

$$|I_2|\leqslant\frac{1-r^2}{8\pi r\sin^2\dfrac{\delta}{2}}\cdot\int_{\delta}^{\pi}|f(x+u)-f(x+0)|\mathrm{d}u \tag{7.14}$$

要是注意到对于一切与 1 足够近的 r 有

$$\lim_{r\to1}\frac{1-r^2}{r}=0$$

我们便得

$$|I_2|\leqslant\frac{\varepsilon}{2} \tag{7.15}$$

由(7.12),(7.13),(7.15)便得等式(7.10).

定理于是就证明了.

定理 2 周期是 2π 的绝对可积函数 $f(x)$ 的傅里叶级数在这函数的连续区间 $[a,b]$(在严格意义下的)内部的每个区间 $[\alpha,\beta]$ 上,可用幂因子法均匀地定和到 $f(x)$.

在$[\alpha,\beta]$上可均匀定和是指：对于每一个$\varepsilon(\varepsilon>0)$，存在着数$r_0(0<r_0<1)$，使由不等式$r_0<r<1$可得不等式

$$|f(x)-f(x,r)|\leqslant\varepsilon \tag{7.16}$$

不管x在区间$[\alpha,\beta]$的什么地方.

证　由于(7.7)，我们可以写下

$$\begin{aligned}&f(x,r)-f(x)\\&=\frac{1}{2\pi}\int_{-\pi}^{\pi}[f(x+u)-f(x)]\frac{1-r^2}{1-2r\cos u+r^2}\mathrm{d}u\\&=J+j\end{aligned} \tag{7.17}$$

其中J是由积分限 0 到π的积分，j是由$-\pi$到 0 的积分.

可以选择$\delta>0$如此之小，只要$|u|<\delta$，不管x在$[\alpha,\beta]$的什么地方，都有

$$|f(x+u)-f(x)|\leqslant\frac{\varepsilon}{2} \tag{7.18}$$

考察

$$\begin{aligned}J=&\frac{1}{2\pi}\int_{0}^{\delta}[f(x+u)-f(x)]\frac{1-r^2}{1-2r\cos u+r^2}\mathrm{d}u+\\&\frac{1}{2\pi}\int_{\delta}^{\pi}[f(x+u)-f(x)]\frac{1-r^2}{1-2r\cos u+r^2}\mathrm{d}u\\=&I_1+I_2\end{aligned}$$

由于(7.18)，对于$[\alpha,\beta]$的任一个x，有

$$|I_1|\leqslant\frac{\varepsilon}{4}$$

(参看等式(7.13)的证明). 另一方面，不管x在$[\alpha,\beta]$的什么地方(比较(7.14))

$$|I_2| \leqslant \frac{1-r^2}{8\pi r\sin^2\dfrac{\delta}{2}}\int_{\delta}^{\pi}|f(x+u)-f(x)|\,\mathrm{d}u$$

$$\leqslant \frac{1-r^2}{8\pi r\sin^2\dfrac{\delta}{2}}\left(\int_{-\pi}^{\pi}|f(x+u)-f(x)|\,\mathrm{d}u+M\cdot\pi\right)$$

其中 M 是常量——$f(x)$ 在 $\alpha\leqslant x\leqslant\beta$ 的界(要知道 $f(x)$ 在$[\alpha,\beta]$上连续).括弧里是常量.因此存在着数 $r_0(0<r_0<1)$,使由不等式 $r_0<r<1$ 可得

$$|I_2|\leqslant\frac{\varepsilon}{4}$$

不管 x 在$[\alpha,\beta]$的什么地方.

于是对于 $r_0<r<1,\alpha\leqslant x\leqslant\beta$,有

$$|J|\leqslant\frac{\varepsilon}{2}$$

对于积分 j,可以建立类似的不等式.于是由(7.17)得(7.16),而定理就证得了.

由这定理可得下面的推论:

定理 3 设 $f(x)$ 是周期为 2π 的连续函数,则当 $r\to1$ 时,$f(x,r)$ 对于一切 x 均匀地趋于 $f(x)$.

换句话说,周期为 2π 的连续函数 $f(x)$ 的傅里叶级数可用幂因子法均匀地定和到 $f(x)$.

我们叙述而不加证明下面出色的定理:

定理 4 如果周期为 2π 的绝对可积函数在点 x 处具有 m 阶导函数 $f^{(m)}(x)$,那么把 $f(x)$ 逐项微分 m 次后的函数的傅里叶级数,可用幂因子法定和到 $f^{(m)}(x)$.

应当注意,把傅里叶级数逐项微分,一般说来,并不得到导函数的傅里叶级数,即使这导函数在 $-\pi<$

$x < \pi$ 存在.再者,逐项微分的结果,照例得到级数,它的系数不趋于零(这种级数可证明为发散),或者甚至变为无穷大.例如我们已知

$$\frac{x}{2} = \sum_{n=1}^{\infty} (-1)^{n+1} \frac{\sin nx}{n} \quad (-\pi < x < \pi)$$

第一次逐项微分的结果,得出级数

$$\sum_{n=1}^{\infty} (-1)^{n+1} \cos nx \tag{7.19}$$

第二次逐项微分的结果,得出级数

$$-\sum_{n=1}^{\infty} (-1)^{n+1} \sin nx \tag{7.20}$$

由于定理 4,级数(7.19) 对于 $-\pi < x < \pi$,应该可定和到 $\frac{1}{2}$,而级数(7.20) 可定和到 0.

根据通常收敛的观点,级数可逐项微分要有足够强的要求作为先决条件,而根据可定和(用幂因子法)的观点,由定理 4 可知,只要函数本身可微分,即使所得级数是发散的,傅里叶级数总是可以逐项微分的.

第 6 章思考题

1.用算术均值法定下列级数的和:

(1) $\frac{1}{2} + \sum_{n=1}^{\infty} \cos nx$;

(2) $\sum_{n=1}^{\infty} \sin nx$.

提示:对于(1),利用第 4 章公式(2.3);对于(2) 利用第 4 章公式(2.1).

答:(1)$\sigma = 0$,当 $-\pi \leqslant x \leqslant \pi, x \neq 0$;

(2)$\sigma=\frac{1}{2}\cot\frac{x}{2}$,当 $-\pi\leqslant x\leqslant\pi, x\neq 0$.

2. 证明对于上题里的级数,用幂因子法定和结果与用算术均值法定和一样.

提示:利用公式(6.1),(6.2)和(6.3).

3. 证明,当 $0\leqslant r<1$ 时,级数

$$\frac{1}{2}+\sum_{n=1}^{\infty}r^n\cos n\varphi,\ \sum_{n=1}^{\infty}r^n\sin n\varphi$$

可以对 r 和对 φ 微分随便多少次.

4. 用幂因子法定和:

(1)$1-2+3-4+\cdots$;

(2)$p-2p^2+3p^3-4p^4+\cdots, |p|<1$.

提示

$$1-2r+3r^2-4r^3+\cdots=-(1-r+r^2-r^3-\cdots)'$$
$$=\frac{1}{(1+r)^2}$$

$$p-2p^2r+3p^3r^2-4p^4r^3+\cdots=\frac{1}{(1+pr)^2}$$

答:(1)$\sigma=\frac{1}{4}$;

(2)$\sigma=\frac{1}{(1+p)^2}$,级数收敛.

5. 计算收敛级数

$$\sum_{n=1}^{\infty}np^n\cos nx\quad(|p|<1)$$

的和(为什么这级数收敛).

提示

$$p\cos x+2rp^2\cos 2x+3r^2p^3\cos 3x+\cdots$$
$$=\frac{\partial}{\partial r}(\frac{1}{2}+rp\cos x+r^2p^2\cos 2x+$$

$r^3 p^3 \cos 3x + \cdots)$

$$= \frac{\partial}{\partial r}\left(\frac{1}{2}\ \frac{1 - r^2 p^2}{1 - 2rp\cos x + r^2 p^2}\right)$$

答：$\frac{1}{2}\ \frac{1 + 2p^3\cos x - 3p^2}{(1 - 2p\cos x + p^2)^2}$.

二重三角级数、傅里叶积分

第7章

§1 双变量正交系、傅里叶级数

设在 xOy 平面上,给出由不等式 $a \leqslant x \leqslant b, c \leqslant y \leqslant d$ 确定的矩形 R,并在这矩形内给出了一个不恒等于零的连续函数系[①]

$$\varphi_n(x,y) \quad (n=0,1,2,\cdots) \tag{1.1}$$

系(1.1)称为在 R 上正交,如果当 $n \neq m$ 时,有

$$\iint_R \varphi_n(x,y)\varphi_m(x,y)\mathrm{d}x\mathrm{d}y = 0$$

数值

$$\|\varphi_n\| = \sqrt{\iint_R \varphi_n^2(x,y)\mathrm{d}x\mathrm{d}y}$$

① 也可以不考察连续函数,而考察像在第2章一样的平方可积函数.

叫作函数

$$\varphi_n(x,y) \tag{1.2}$$

的范数.

系(1.1) 叫作标准化的，如果

$$\|\varphi_n\| = 1 \quad (n=0,1,2,\cdots)$$

或者

$$\iint\limits_R \varphi_n^2(x,y)\,\mathrm{d}x\,\mathrm{d}y = 1$$

也是一样.

一切正交系都是可以标准化的，即总可以挑选常数 $\mu_n(n=0,1,2,\cdots)$，使函数系

$$\mu_n\varphi_n(x,y) \quad (n=0,1,2,\cdots)$$

成为标准的，显然也是正交的. 为此，只要设

$$\mu_n = \frac{1}{\|\varphi_n\|}$$

就可以了.

对于一切在 R 绝对可积的函数，和单变量情形一样(参看第 2 章)，可以作出与它联系的傅里叶级数

$$\begin{aligned} f(x,y) \sim{} & c_0\varphi_0(x,y) + c_1\varphi_1(x,y) + \\ & c_2\varphi_2(x,y) + \cdots + c_n\varphi_n(x,y) + \cdots \end{aligned} \tag{1.3}$$

其中

$$\begin{aligned} c_n &= \frac{\iint\limits_R f(x,y)\varphi_n(x,y)\,\mathrm{d}x\,\mathrm{d}y}{\iint\limits_R \varphi_n^2(x,y)\,\mathrm{d}x\,\mathrm{d}y} \\ &= \frac{\iint\limits_R f(x,y)\varphi_n(x,y)\,\mathrm{d}x\,\mathrm{d}y}{\|\varphi_n\|^2} \end{aligned} \tag{1.4}$$

同时，如果(1.3) 换成等式，而且右边的级数均匀收

敛,那么对于系数,等式(1.4)是必定成立的.

由公式(1.4)计算出的量 c_n 叫作傅里叶系数.

像在单变量的情形一样,对于一切平方可积的函数 $f(x,y)$,用系(1.1)各函数所成多项式来近似表示 $f(x,y)$ 时,误差最小的是傅里叶级数这个性质(在平方偏差意义下)也是正确的,又贝塞尔不等式

$$\iint_R f^2(x,y)\mathrm{d}x\mathrm{d}y \geqslant \sum_{n=0}^{\infty} c_n^2 \| \varphi_n \|^2 \qquad (1.5)$$

也是同样成立的.

如果对于一切平方可积函数 $f(x,y)$,(1.5)只取等号,那么这个函数系称为完备的.

我们在第 2 章里对于单变量函数所建立的一切有关完备系的推论(参看第 2 章 §7,§8),在这里也都是正确的.完备性的准则(参看第 2 章 §9)也正确,也可以应用到我们的情况来.

读者要是细心地读一读第 2 章和本节,就会清楚用什么方法把这里所说关于正交系的一切推广到任意多个变量的情形上去.

§2 双变量的基本三角函数系、二重傅里叶级数

函数

$$\begin{cases} 1,\cos mx,\sin mx,\cos ny,\sin ny,\cdots \\ \cos mx\cos ny,\sin mx\cos ny \\ \cos mx\sin ny,\sin mx\sin ny,\cdots \\ (m=1,2,\cdots;n=1,2,\cdots) \end{cases} \qquad (2.1)$$

组成双变量的基本三角系. 每个函数对于 x 有周期 2π,对于 y 也有同样的周期.

系(2.1)里的各函数在正方形 $K(-\pi\leqslant x\leqslant\pi, -\pi\leqslant y\leqslant\pi)$内成正交,在每个形如 $a\leqslant x\leqslant a+2\pi$, $b\leqslant y\leqslant b+2\pi$ 的正方形内也是一样. 实际上

$$\iint_K 1\cdot\cos mx\,\mathrm{d}x\mathrm{d}y=\int_{-\pi}^{\pi}\mathrm{d}y\int_{-\pi}^{\pi}\cos mx\,\mathrm{d}x=0$$

类似地

$$\begin{aligned}\iint_K 1\cdot\sin mx\,\mathrm{d}x\mathrm{d}y&=\iint_K 1\cdot\cos ny\,\mathrm{d}x\mathrm{d}y\\&=\iint_K 1\cdot\sin ny\,\mathrm{d}x\mathrm{d}y=0\end{aligned}$$

再者,如果 $m\neq r$ 或 $n\neq s$,则有

$$\begin{aligned}&\iint_K(\cos mx\cos ny)(\cos rx\cos sy)\mathrm{d}x\mathrm{d}y\\=&\int_{-\pi}^{\pi}\cos mx\cos rx\left(\int_{-\pi}^{\pi}\cos ny\cos sy\,\mathrm{d}y\right)\mathrm{d}x\\=&\int_{-\pi}^{\pi}\cos mx\cos rx\,\mathrm{d}x\cdot\int_{-\pi}^{\pi}\cos ny\cos sy\,\mathrm{d}y=0\end{aligned}$$

用同样的方法可以证明系(2.1)里任意一对相异函数的正交性.

算出范数

$$\|1\|=2\pi$$

$$\begin{aligned}\|\cos mx\|&=\|\sin mx\|=\|\cos ny\|\\&=\|\sin ny\|=\sqrt{2}\,\pi\end{aligned}$$

$$\begin{aligned}\|\cos mx\cos ny\|&=\|\sin mx\cos ny\|\\&=\|\cos mx\sin ny\|\\&=\|\sin mx\sin ny\|\\&=\pi\end{aligned}$$

函数 $f(x,y)$ 在 K 给出的傅里叶系数是

$$A_{0,0}=\frac{\iint\limits_K f(x,y)\mathrm{d}x\mathrm{d}y}{\|1\|^2}=\frac{1}{4\pi^2}\iint\limits_K f(x,y)\mathrm{d}x\mathrm{d}y$$

$$A_{m,0}=\frac{\iint\limits_K f(x,y)\cos mx\,\mathrm{d}x\mathrm{d}y}{\|\cos mx\|^2}=\frac{1}{2\pi^2}\iint\limits_K f(x,y)\cos mx\,\mathrm{d}x\mathrm{d}y\quad(m=1,2,\cdots)$$

$$A_{0,n}=\frac{\iint\limits_K f(x,y)\cos ny\,\mathrm{d}x\mathrm{d}y}{\|\cos ny\|^2}=\frac{1}{2\pi^2}\iint\limits_K f(x,y)\cos ny\,\mathrm{d}x\mathrm{d}y\quad(n=1,2,\cdots)$$

$$B_{m,0}=\frac{\iint\limits_K f(x,y)\sin mx\,\mathrm{d}x\mathrm{d}y}{\|\sin mx\|^2}=\frac{1}{2\pi^2}\iint\limits_K f(x,y)\sin mx\,\mathrm{d}x\mathrm{d}y\quad(m=1,2,\cdots)$$

$$C_{0,n}=\frac{\iint\limits_K f(x,y)\sin ny\,\mathrm{d}x\mathrm{d}y}{\|\sin ny\|^2}=\frac{1}{2\pi^2}\iint\limits_K f(x,y)\sin ny\,\mathrm{d}x\mathrm{d}y\quad(n=1,2,\cdots)$$

最后，对于 $m=1,2,\cdots,n=1,2,\cdots$ 类似地有

$$\begin{cases} a_{m,n} = \dfrac{1}{\pi^2}\displaystyle\iint_K f(x,y)\cos mx\cos ny\,\mathrm{d}x\mathrm{d}y \\ b_{m,n} = \dfrac{1}{\pi^2}\displaystyle\iint_K f(x,y)\sin mx\cos ny\,\mathrm{d}x\mathrm{d}y \\ c_{m,n} = \dfrac{1}{\pi^2}\displaystyle\iint_K f(x,y)\cos mx\sin ny\,\mathrm{d}x\mathrm{d}y \\ d_{m,n} = \dfrac{1}{\pi^2}\displaystyle\iint_K f(x,y)\sin mx\sin ny\,\mathrm{d}x\mathrm{d}y \end{cases} \tag{2.2}$$

但是,通常把 $A_{0,0}$ 改写成$\dfrac{a_{0,0}}{4}$,$a_{0,0}$ 可以由(2.2)的第一个公式取 $m=0,n=0$ 得出来,又通常分别地用$\dfrac{a_{m,0}}{2}$,$\dfrac{a_{0,n}}{2}$,$\dfrac{b_{m,0}}{2}$,$\dfrac{c_{0,n}}{2}$ 来代替 $A_{m,0}$,$A_{0,n}$,$B_{m,0}$,$C_{0,n}$. 而 $a_{m,0}$,$a_{0,n}$,$b_{m,0}$,$c_{0,n}$ 可以从(2.2)里相应的公式求出来.

$f(x,y)$ 的傅里叶级数于是可以写成下列形状

$$\begin{aligned} f(x,y) \sim \sum_{m,n=0}^{\infty}\lambda_{m,n}[a_{m,n}\cos mx\cos ny + \\ b_{m,n}\sin mx\cos ny + c_{m,n}\cos mx\sin ny + \\ d_{m,n}\sin mx\sin ny] \end{aligned} \tag{2.3}$$

其中

$$\lambda_{m,n} = \begin{cases} \dfrac{1}{4}, & \text{当 } m=n=0 \\ \dfrac{1}{2}, & \text{当 } m>0,n=0 \text{ 或 } m=0,n>0 \\ 1, & \text{当 } m>0,n>0 \end{cases}$$

而系数 $a_{m,n}$,$b_{m,n}$,$c_{m,n}$,$d_{m,n}$ 由公式(2.2)取 $m=0,1,2,\cdots,n=0,1,1,\cdots$ 算得.

傅里叶级数可以更紧凑地写成复数形式

$$f(x,y) \sim \sum_{m,n=-\infty}^{+\infty} c_{m,n} e^{(mx+ny)i} \tag{2.4}$$

其中

$$c_{m,n} = \frac{1}{4\pi^2} \iint_K f(x,y) e^{-(mx+ny)i} dx dy$$

$$(m=0,\pm 1,\pm 2,\cdots;n=0,\pm 1 \pm 2,\cdots) \tag{2.5}$$

这一点让读者去证明(建议由(2.4)化到(2.3)).

现在来证明系(2.1)是完备的.这意味着

$$\begin{aligned}
&\iint_K f^2(x,y) dx dy \\
&= A_{0,0}^2 4\pi^2 + \sum_{m=1}^{\infty} A_{m,0}^2 2\pi^2 + \\
&\quad \sum_{n=1}^{\infty} A_{0,n}^2 2\pi^2 + \sum_{m=1}^{\infty} B_{m,0}^2 2\pi^2 + \\
&\quad \sum_{n=1}^{\infty} C_{0,n}^2 2\pi^2 + \\
&\quad \sum_{m,n=1}^{\infty} (a_{m,n}^2 + b_{m,n}^2 + c_{m,n}^2 + d_{m,n}^2)\pi^2
\end{aligned}$$

即

$$\begin{aligned}
&\frac{1}{\pi^2} \iint_K f^2(x,y) dx dy \\
&= \sum_{m,n=0}^{\infty} \lambda_{m,n} (a_{m,n}^2 + b_{m,n}^2 + c_{m,n}^2 + d_{m,n}^2)
\end{aligned} \tag{2.6}$$

这就得到了双变量的李雅普诺夫公式.

完备三角函数系(2.1)的许多推论,类似于我们在第5章对单变量建立过的一样,都是成立的,只需要把叙述式与公式作相应的修改就可以了.

§3　二重傅里叶三角级数部分和的积分公式、收敛准则

设(2.3)成立,并设 $f(x,y)$ 对 x 和对 y 周期都是 2π. 如果 $f(x,y)$ 只是在 K 上给出来,那么我们就可以周期地(对 x 和对 y)延续到全部 xOy 平面上去.

设

$$s_{m,n}(x,y)=\sum_{\mu=0}^{m}\sum_{\nu=0}^{n}\lambda_{\mu,\nu}[a_{\mu,\nu}\cos\mu x\cos\nu x+ b_{\mu,\nu}\sin\mu x\cos\nu y+c_{\mu,\nu}\cos\mu x\sin\nu y+ d_{\mu,\nu}\sin\mu x\sin\nu y]$$

数量 $s_{m,n}(x,y)(m=0,1,2,\cdots,n=0,1,2,\cdots)$ 叫作傅里叶级数的部分和. 由于(2.2)

$$\begin{aligned}s_{m,n}(x,y)&=\frac{1}{\pi^2}\sum_{\mu=0}^{m}\sum_{\nu=0}^{n}\lambda_{\mu,\nu}\iint_K f(s,t)\cos\mu(s-x)\cdot\cos\nu(t-y)\mathrm{d}s\mathrm{d}t\\&=\frac{1}{\pi^2}\iint_K f(s,t)\left[\frac{1}{2}+\sum_{\mu=1}^{m}\cos\mu(s-x)\right]\cdot\left[\frac{1}{2}+\sum_{\nu=1}^{m}\cos\nu(t-y)\right]\mathrm{d}s\mathrm{d}t\end{aligned}$$

回忆余弦和式的公式(参看第 3 章 §3)便有

$$s_{m,n}(x,y)=\frac{1}{\pi^2}\iint_K f(s,t)\cdot\frac{\sin\left[\left(m+\frac{1}{2}\right)(s-x)\right]\sin\left[\left(n+\frac{1}{2}\right)(t-y)\right]}{4\sin\frac{s-x}{2}\sin\frac{t-y}{2}}\mathrm{d}s\mathrm{d}t$$

若设 $s-x=u, t-y=v$ 并利用被积函数的周期性，则得

$$s_{m,n}(x,y)=\frac{1}{\pi^2}\iint_K f(x+u,y+v)\cdot \frac{\sin\left(m+\frac{1}{2}\right)u\cdot\sin\left(n+\frac{1}{2}\right)v}{4\sin\frac{u}{2}\sin\frac{v}{2}}\mathrm{d}u\mathrm{d}v$$

我们所得到的公式，完全类似于第 3 章中我们对单变量建立的公式(4.1).

用类似于第 3 章 §6，§7 里所使用的方法，可以证明

定理 设 $f(x,y)$ 在 K 上给出，连续并且具有有界偏导数 $\frac{\partial f}{\partial x}$ 和 $\frac{\partial f}{\partial y}$. 若在正方形[①]里每一个内点的某邻域内，都存在着连续的混合偏导数 $\frac{\partial^2 f}{\partial x\partial y}$，则傅里叶级数收敛，而且以函数 $f(x,y)$ 为它的和. 如果 $f(x,y)$ 对 x 和对 y 的周期都是 2π，在全部平面上连续，并且在 K 内具有连续偏导数 $\frac{\partial f}{\partial x}$，$\frac{\partial f}{\partial y}$，$\frac{\partial^2 f}{\partial x\partial y}$，那么傅里叶级数处处收敛到 $f(x,y)$.

对于不熟悉二重级数的读者，为避免引起误解起见，我们要提醒一下：

等式

$$f(x,y)=\sum_{m,n=0}^{\infty}\lambda_{m,n}[a_{m,n}\cos mx\cos ny+$$

① 这是指正方形 K：$-\pi\leqslant x\leqslant\pi$，$-\pi\leqslant y\leqslant\pi$.

$$b_{m,n}\sin mx\cos ny+$$
$$c_{m,n}\cos mx\sin ny+d_{m,n}\sin mx\sin ny]$$

是指

$$\lim_{\substack{m\to\infty\\ n\to\infty}} s_{m,n}(x,y)=f(x,y)$$

或是更精确一点：对于一切的 $\varepsilon>0$，存在着这样的数 N，当 $m\geqslant N, n\geqslant N$ 时，不等式

$$|f(x,y)-s_{m,n}(x,y)|\leqslant\varepsilon$$

成立.

所有上面对于正方形 $K(-\pi\leqslant x\leqslant\pi, -\pi\leqslant y\leqslant\pi)$ 所说的一切，都可以运用到一切正方形

$$Q(a\leqslant x\leqslant a+2\pi, b\leqslant y\leqslant b+2\pi)$$

上面来.

例1　把函数 $f(x,y)=xy, -\pi<x<\pi, -\pi<y<\pi$ 展成二重傅里叶级数. 由公式(2.2)得

$$a_{m,n}=b_{m,n}=c_{m,n}=0$$

$$d_{m,n}=(-1)^{m+n}\cdot\frac{4}{mn}$$

根据上述定理，我们可以写成

$$xy=4\sum_{m,n=1}^{\infty}(-1)^{m+n}\frac{\sin mx\sin ny}{mn}$$
$$(-\pi<x<\pi, -\pi<y<\pi)$$

例2　在正方形 $0<x<2\pi, 0<y<2\pi$ 内展开同一函数. 由公式(2.2)得

$$a_{0,0}=4\pi^2, \text{其他的 } a_{m,n}=0$$

$$b_{m,0}=-\frac{4\pi}{m}, \text{其他的 } b_{m,n}=0$$

$$c_{0,n}=-\frac{4\pi}{n}, \text{其他的 } c_{m,n}=0$$

$$d_{m,n}=\frac{4}{mn}\quad (n=1,2,\cdots,m=1,2,\cdots)$$

因此

$$xy=\pi^2-2\pi\sum_{m=1}^{\infty}\frac{\sin mx}{m}-$$
$$2\pi\sum_{n=1}^{\infty}\frac{\sin ny}{n}+4\sum_{m,n=1}^{\infty}\frac{\sin mx\sin ny}{mn}$$
$$(0<x<2\pi,0<y<2\pi)$$

§4　对 x 和对 y 具有不同周期的函数的二重傅里叶级数

在应用中经常出现,在矩形 $R(-l\leqslant x\leqslant l,-h\leqslant y\leqslant h)$ 内给出的函数 $f(x,y)$,或是对 x 周期为 $2l$ 对 y 周期为 $2h$ 的函数 $f(x,y)$,展开为二重三角级数的问题. 用代换 $u=\frac{\pi x}{l},v=\frac{uy}{h}$ 就可以把问题化到已经讨论过的情况,因为这时函数

$$f\left(\frac{lu}{\pi},\frac{hv}{\pi}\right)=\varphi(u,v)$$

对 u 和对 v 都有周期 2π.

如果我们求出

$$\varphi(u,v)\sim\sum_{m,n=0}^{\infty}\lambda_{m,n}[a_{m,n}\cos mu\cos nv+$$
$$b_{m,n}\sin mu\cos nv+$$
$$c_{m,n}\cos mu\sin nv+d_{m,n}\sin mu\sin nv]$$

那么化回到原来的变量 x 和 y 就可求得

$$f(x,y)\sim\sum_{m,n=0}^{\infty}\lambda_{m,n}\Big[a_{m,n}\cos\frac{\pi mx}{l}\cos\frac{\pi ny}{h}+b_{m,n}\sin\frac{\pi mx}{l}\cos\frac{\pi ny}{h}+c_{m,n}\cos\frac{\pi mx}{l}\sin\frac{\pi ny}{h}+d_{m,n}\sin\frac{\pi mx}{l}\sin\frac{\pi ny}{h}\Big]$$

其中

$$a_{m,n}=\frac{1}{lh}\iint_R f(x,y)\cos\frac{\pi mx}{l}\cos\frac{\pi ny}{h}\mathrm{d}x\mathrm{d}y$$

等等.

写成复数形式便是

$$f(x,y)\sim\sum_{m,n=-\infty}^{+\infty}c_{m,n}\mathrm{e}^{\pi\left(\frac{mx}{l}+\frac{ny}{h}\right)\mathrm{i}}$$

其中

$$c_{m,n}=\frac{1}{4lh}\iint_R f(x,y)\mathrm{e}^{-\pi\left(\frac{mx}{l}+\frac{ny}{h}\right)\mathrm{i}}$$

$$(m=0,\pm1,\pm2,\cdots;n=0,\pm1,\pm2,\cdots)$$

在现在的情形,§2,§3的一切结论都是成立的,只要在叙述和公式中作相应的修改便可以了.

§5　傅里叶积分作为傅里叶级数的极限

设 $f(x)$ 是对于一切实数 x 给出的函数,而且在每一个有限区间 $[-l,l]$ 逐段滑溜(连续或间断),那么在每一个这样的区间,$f(x)$ 可以展成傅里叶级数

$$f(x)=\frac{a_0}{2}+\sum_{n=1}^{\infty}\left(a_n\cos\frac{\pi nx}{l}+b_n\sin\frac{\pi nx}{l}\right) \tag{5.1}$$

（在间断点处应以$\dfrac{f(x+0)+f(x-0)}{2}$代替 $f(x)$），并且

$$a_n=\frac{1}{l}\int_{-l}^{l}f(u)\cos\frac{\pi nu}{l}\mathrm{d}u \quad (n=0,1,2,\cdots)$$

$$b_n=\frac{1}{l}\int_{-l}^{l}f(u)\sin\frac{\pi nu}{l}\mathrm{d}u \quad (n=1,2,\cdots)$$

（参考第 1 章 §15）. 如果把 a_n 和 b_n 的表达式代入(5.1)便得

$$f(x)=\frac{1}{2l}\int_{-l}^{l}f(u)\mathrm{d}u+\sum_{n=1}^{\infty}\frac{1}{l}\int_{-l}^{l}f(u)\cos\frac{\pi n}{l}(u-x)\mathrm{d}u$$

现在设 $f(x)$ 在全部 Ox 由绝对可积，即设积分

$$\int_{-\infty}^{+\infty}|f(x)|\mathrm{d}x \tag{5.2}$$

存在. 那么当 $l\to\infty$ 时（x 固定），有

$$f(x)=\lim_{l\to\infty}\sum_{n=1}^{\infty}\frac{1}{l}\int_{-l}^{l}f(u)\cos\frac{\pi n}{l}(u-x)\mathrm{d}u \tag{5.3}$$

我们试来探求和式左边取极限之后变成什么形式. 为达此目的，设

$$\lambda_1=\frac{\pi}{l},\lambda_2=\frac{2\pi}{l},\cdots,\lambda_n=\frac{n\pi}{l},\cdots$$

$$\Delta\lambda_n=\lambda_{n+1}-\lambda_n=\frac{\pi}{l}$$

那么我们所讨论的和式具有

$$\frac{1}{\pi}\sum_{n=1}^{\infty}\Delta\lambda_n\int_{-l}^{l}f(u)\cos\lambda_n(u-x)\mathrm{d}u \tag{5.4}$$

的形状. 这使我们回忆起,这就是变量 λ 的函数

$$\frac{1}{\pi}\int_{-\infty}^{+\infty} f(u)\cos\lambda(u-x)\,\mathrm{d}u$$

对于区间$[0,+\infty)$ 的积分和式. 因为自然会料到当 $l\to\infty$ 时(5.4) 变为广义二重积分,因此自然会料到有公式(代替(5.3))

$$f(x)=\frac{1}{\pi}\int_{0}^{+\infty}\mathrm{d}\lambda\int_{-\infty}^{+\infty} f(u)\cos\lambda(u-x)\,\mathrm{d}u \quad (5.5)$$

我们的推理当然是不严格的,但是现在至少可以使我们知道会得出什么公式. 下面将要证明,在我们的假设下,甚至在对于 $f(x)$ 较宽的假设下,公式(5.5) 事实上是成立的. 在这里我们要记住,在间断点处函数 $f(x)$ 要换写成$\dfrac{f(x+0)+f(x-0)}{2}$.

(5.5) 右边的积分叫作傅里叶积分,而公式整体叫作傅里叶积分公式. 如果利用差量的余弦公式,(5.5) 又可写成

$$f(x)=\int_{0}^{+\infty}(a(\lambda)\cos\lambda x+b(\lambda)\sin\lambda x)\,\mathrm{d}\lambda \quad (5.6)$$

其中

$$a(\lambda)=\frac{1}{\pi}\int_{-\infty}^{+\infty} f(u)\cos\lambda u\,\mathrm{d}u$$

$$b(\lambda)=\frac{1}{\pi}\int_{-\infty}^{+\infty} f(u)\sin\lambda u\,\mathrm{d}u \quad (5.7)$$

读者立刻会认出这里和傅里叶级数相似:和式符号换成积分符号,整参数 n 换成连续变化的参数 λ. 系数 $a(\lambda)$ 和 $b(\lambda)$ 极像傅里叶系数.

§6　依赖于参数的广义积分

考察积分

$$\int_a^{+\infty} F(x,\lambda)\mathrm{d}x \tag{6.1}$$

并设它当 $\alpha \leqslant \lambda \leqslant \beta$ 时收敛.我们说它对于 $\alpha \leqslant \lambda \leqslant \beta$ 是均匀收敛的,如果对于一切 $\varepsilon > 0$,存在着数 L,对于一切的 $l \geqslant L$,有

$$\left|\int_a^{+\infty} F(x,\lambda)\mathrm{d}x \leqslant \varepsilon\right| \tag{6.2}$$

不管 λ 是什么,$\alpha \leqslant \lambda \leqslant \beta$.

首先注意以下的事实:

积分(6.1)均匀收敛的充要条件是:对于一切数列

$$x_0 = a < x_1 < x_2 < \cdots < x_n < \cdots$$

$$\lim_{n\to\infty} x_n = \infty \tag{6.3}$$

级数

$$\int_a^{+\infty} F(x,\lambda)\mathrm{d}x = \int_{x_0}^{x_1} F(x,\lambda)\mathrm{d}x + \int_{x_1}^{x_2} F(x,\lambda)\mathrm{d}x + \cdots + \int_{x_n}^{x_{n+1}} F(x,\lambda)\mathrm{d}x + \cdots \tag{6.4}$$

当 $\alpha \leqslant \lambda \leqslant \beta$ 时均匀收敛,式中各项是 λ 的函数.

实际上,如果(6.2)成立,那么当 $x_n \geqslant L$ 时,有

$$\left|\int_a^{+\infty} F(x,\lambda)\mathrm{d}x - \sum_{k=1}^{n}\int_{x_{k-1}}^{x_k} F(x,\lambda)\mathrm{d}x\right|$$

$$= \left|\int_a^{+\infty} F(x,\lambda)\mathrm{d}x - \int_a^{x_n} F(x,\lambda)\mathrm{d}x\right|$$

$$= \left| \int_{x_n}^{+\infty} F(x,\lambda) \mathrm{d}x \right| \leqslant \varepsilon \quad (\alpha \leqslant \lambda \leqslant \beta) \tag{6.5}$$

这正表示级数(6.4)一致收敛.

反之,设级数(6.4)对于任意形如(6.3)的数列一致收敛.如果这时积分(6.1)不是一致收敛,那么便有,即使是一个 $\varepsilon > 0$,使有随意大的数值

$$x_1 < x_2 < \cdots < x_n < \cdots$$

存在,对于它们每一个以及对于某个 λ 有

$$\left| \int_{x_n}^{+\infty} F(x,\lambda) \right| > \varepsilon \quad (n=1,2,\cdots)$$

但是这是不可能的,因为从(6.3)取出这些 x_n,对于足够大的 n,必定会有(6.5).所得的矛盾就证明了积分(6.1)一致收敛.

由此得:

定理1　如果 $F(x,\lambda)$ 作为二元函数时是连续的(或是在每个有限区间上的有限多个 x 的值处间断,但对 x 可积,对 λ 连续),并且当 $\alpha \leqslant \lambda \leqslant \beta$ 时积分(6.1)一致收敛,那么这积分便是 λ 的连续函数.

实际上,级数(6.4)的每一项都是 λ 的连续函数(根据具有有限积分限的积分性质),又因为这个级数一致收敛,因此它的和,也就是积分(6.1)是连续函数.

定理2　在定理1的条件下,有

$$\int_{\alpha}^{\beta} \mathrm{d}\lambda \int_{\alpha}^{+\infty} F(x,\lambda) \mathrm{d}x = \int_{\alpha}^{+\infty} \mathrm{d}x \int_{\alpha}^{\beta} F(x,\lambda) \mathrm{d}\lambda$$

实际上,由于级数(6.4)一致收敛,它就可以逐项积分,并且它的每一项都可以调换积分次序(对于有限积分这是可以的).因此有

$$\begin{aligned}
&\int_{a}^{\beta}\mathrm{d}\lambda\int_{a}^{+\infty}F(x,\lambda)\mathrm{d}x\\
=&\int_{x_0}^{x_1}\mathrm{d}x\int_{\alpha}^{\beta}F(x,\lambda)\mathrm{d}\lambda+\int_{x_1}^{x_2}\mathrm{d}x\int_{\alpha}^{\beta}F(x,\lambda)\mathrm{d}\lambda+\cdots\\
=&\lim_{n\to\infty}\int_{a}^{x_n}\mathrm{d}x\int_{\alpha}^{\beta}F(x,\lambda)\mathrm{d}\lambda\\
=&\int_{a}^{+\infty}\mathrm{d}x\int_{\alpha}^{\beta}F(x,\lambda)\mathrm{d}\lambda
\end{aligned}$$

定理 3 如果 $F(x,\lambda)$ 作为二元函数时是连续的，又有连续偏导数$\frac{\partial F(x,\lambda)}{\partial\lambda}$，并且积分

$$\int_{a}^{+\infty}F(x,\lambda)\mathrm{d}x,\int_{a}^{+\infty}\frac{\partial F}{\partial\lambda}(x,\lambda)\mathrm{d}x$$

都存在，而第二个对于 $\alpha\leqslant x\leqslant\beta$ 均匀收敛，那么

$$\frac{\partial}{\partial\lambda}\int_{a}^{+\infty}F(x,\lambda)\mathrm{d}x=\int_{a}^{+\infty}\frac{\partial F(x,\lambda)}{\partial\lambda}\mathrm{d}x\quad(\alpha\leqslant\lambda\leqslant\beta)\tag{6.6}$$

实际上，级数

$$\begin{aligned}
&\int_{x_0}^{x_1}\frac{\partial F(x,\lambda)}{\partial\lambda}\mathrm{d}x+\int_{x_1}^{x_2}\frac{\partial F(x,\lambda)}{\partial\lambda}\mathrm{d}x+\cdots\\
=&\int_{a}^{+\infty}\frac{\partial F(x,\lambda)}{\partial\lambda}\mathrm{d}x
\end{aligned}$$

均匀收敛，并且它的各项是级数(6.4)对应项的导函数(因为对于有限积分限，积分号下微分是允许的)．但是我们又可以把级数(6.4)逐项微分，这就得到等式(6.6)．

下述定理给出了一个很好的准则来判别(6.1)的均匀收敛．

定理 4 如果对于 $\alpha\leqslant\lambda\leqslant\beta$，有

$$|F(x,\lambda)|\leqslant f(x)$$

并且积分

$$\int_{a}^{+\infty} | f(x) | \mathrm{d}x$$

存在，那么积分(6.1) 均匀收敛(由定理 1 可知一定收敛到 $F(x,\lambda)$).

实际上，级数(6.4) 各项的绝对值不超过数项级数

$$\int_{a}^{+\infty} | f(x) | \mathrm{d}x = \int_{x_0}^{x_1} | f(x) | \mathrm{d}x + \int_{x_1}^{x_2} | f(x) | \mathrm{d}x + \cdots$$

的对应项，故定理得证.

代替(6.1)，可以考察形如

$$\int_{-\infty}^{b} F(x,\lambda)\mathrm{d}x, \int_{-\infty}^{+\infty} F(x,\lambda)\mathrm{d}x \tag{6.7}$$

的积分，并且在第一个积分里条件(6.2) 改为

$$\left| \int_{-\infty}^{-l} F(x,\lambda)\mathrm{d}\lambda \right| \leqslant \varepsilon$$

在第二个积分里改为

$$\left| \int_{-\infty}^{-l} F(x,\lambda)\mathrm{d}\lambda \right| \leqslant \varepsilon, \left| \int_{l}^{+\infty} F(x,\lambda)\mathrm{d}\lambda \right| \leqslant \varepsilon$$

以前建立了的定理这时也是对的，对于(6.7) 的第一个积分，用代换 $x=-y$ 就可以把证明化成考虑过的情况；(6.7) 的第二个积分可以分成两个积分

$$\int_{-\infty}^{0} F(x,\lambda)\mathrm{d}x, \int_{0}^{+\infty} F(x,\lambda)\mathrm{d}x$$

§7　两个预备定理

现在把第 3 章 §2 的结果再明确一下.

预备定理 1　如果 $f(x)$ 在 $(a,+\infty)$ 上绝对可积，

那么

$$\lim_{l\to\infty}\int_0^{+\infty} f(u)\sin lu\,\mathrm{d}u=0 \tag{7.1}$$

(l 取任意的值).

证 如果 $\varepsilon>0$ 任意地给出,而 b 足够大,那么

$$\left|\int_b^{+\infty} f(u)\sin lu\,\mathrm{d}u\right|\leqslant\frac{\varepsilon}{2}$$

如果 l 也足够大,那么由第 3 章 §2,有

$$\left|\int_a^b f(u)\sin lu\,\mathrm{d}u\right|\leqslant\frac{\varepsilon}{2}$$

这样一来,对于一切足够大的 l,便有

$$\left|\int_a^{+\infty} f(u)\sin lu\,\mathrm{d}u\right|\leqslant\varepsilon$$

而这正表示公式(7.1)是成立的.

附注 除去在区间$(a,+\infty)$的积分,我们还可以考虑在区间$(-\infty,a)$和$(-\infty,+\infty)$时积分. 除了 $\sin lu$,我们还可以考虑 $\cos lu$. 这时证明是不改变的.

预备定理 2 如果对于在全部 Ox 轴绝对可积的函数 $f(x)$,在点 x 处存在着左右导数,那么

$$\begin{aligned}&\lim_{l\to\infty}\frac{1}{\pi}\int_{-\infty}^{+\infty} f(x+u)\frac{\sin lu}{u}\mathrm{d}u\\&=\frac{f(x+0)+f(x-0)}{2}\end{aligned} \tag{7.2}$$

证 任意给出正数 ε,选择如此小的 $\delta>0$,使不等式

$$\frac{1}{\pi}\int_{-\delta}^{\delta}|f(x+u)|\,\mathrm{d}u<\frac{\varepsilon}{2}$$

函数$\dfrac{f(x+u)}{u}$对于$-\infty<u\leqslant\delta,\delta\leqslant u<+\infty$是绝对可积的. 因此由预备定理 1 可知

$$\lim_{l\to\infty}\frac{1}{\pi}\int_{\delta}^{+\infty}f(x+u)\frac{\sin lu}{u}\mathrm{d}u$$
$$=\lim_{l\to\infty}\frac{1}{\pi}\int_{-\infty}^{-\delta}f(x+u)\frac{\sin lu}{u}\mathrm{d}u=0 \tag{7.3}$$

现在考察第 3 章 §7 证明过的等式

$$\lim_{m\to\infty}\frac{1}{\pi}\int_{-\pi}^{\pi}f(x+u)\frac{\sin mu}{2\sin\frac{u}{2}}\mathrm{d}u=\frac{f(x+0)+f(x-0)}{2}$$

其中 $m=n+\frac{1}{2}$，n 是整数. 这可以写成

$$\lim_{m\to\infty}\frac{1}{\pi}\int_{-\delta}^{\delta}f(x+u)\frac{\sin mu}{2\sin\frac{u}{2}}\mathrm{d}u=\frac{f(x+0)+f(x-0)}{2} \tag{7.4}$$

因为由函数$\frac{f(x+u)}{2\sin\frac{u}{2}}$在区间$[-\pi,\delta]$，$[\delta,\pi]$的绝对可积性，可知在这些区间的积分当 $m\to\infty$ 时趋于零(参考第 3 章 §2).

现在注意，(7.4) 左边的积分和积分

$$\frac{1}{\pi}\int_{-\delta}^{\delta}f(x+u)\frac{\sin mu}{u}\mathrm{d}u \tag{7.5}$$

相差一个数量

$$\frac{1}{\pi}\int_{-\delta}^{\delta}f(x+u)\left[\frac{1}{2\sin\frac{u}{2}}-\frac{1}{u}\right]\sin mu\,\mathrm{d}u \tag{7.6}$$

并且在方括弧里的函数是连续的，如果当 $u=0$ 时把它算作零(这可以用洛必达法则来证明). 但由第 3 章 §2 可知，积分(7.6) 当 $m\to\infty$ 时趋于零. 因此代替(7.4)，可以写成

$$\lim_{m\to\infty}\frac{1}{\pi}\int_{-\delta}^{\delta}f(x+u)\frac{\sin mu}{u}\mathrm{d}u=\frac{f(x+0)+f(x-0)}{2} \tag{7.7}$$

设 $m\leqslant l\leqslant m+1$,那么 $l=m+\theta,0<\theta<1$.应用拉格朗日定理可得

$$\frac{\sin lu-\sin mu}{u}=(l-m)\cos hu=\theta\cos hu$$

其中 h 在 m 和 l 之间.

因此对于任意的 l,有

$$\begin{aligned}&\left|\frac{1}{\pi}\int_{-\delta}^{\delta}f(x+u)\frac{\sin lu}{u}\mathrm{d}u-\right.\\&\left.\frac{1}{\pi}\int_{-\delta}^{\delta}f(x+u)\frac{\sin mu}{u}\mathrm{d}u\right|\\=&\frac{1}{\pi}\left|\int_{-\delta}^{\delta}f(x+u)\theta\cos hu\mathrm{d}u\right|\\\leqslant&\frac{1}{\pi}\int_{-\delta}^{\delta}|f(x+u)|\mathrm{d}u<\frac{\varepsilon}{2}\end{aligned} \tag{7.8}$$

如果 l 很大,则 m 也很大,因此当 l 很大时,对于对应的 m 由于(7.7)有

$$\left|\frac{f(x+0)+f(x-0)}{2}-\frac{1}{\pi}\int_{-\delta}^{\delta}f(x+u)\frac{\sin mu}{u}\right|<\frac{\varepsilon}{2}$$

把这不等式和(7.8)比较,就可知对于足够大的 l,有

$$\left|\frac{f(x+0)+f(x-0)}{2}-\frac{1}{\pi}\int_{-\delta}^{\delta}f(x+u)\frac{\sin lu}{u}\right|<\varepsilon$$

由于(7.3),对于足够大的 l,代替最后的不等式,又可写成

$$\left|\frac{f(x+0)+f(x-0)}{2}-\frac{1}{\pi}\int_{-\infty}^{+\infty}f(x+u)\frac{\sin lu}{u}\right|<\varepsilon$$

这就证明了(7.2).

§8　傅里叶积分公式的证明

设 $f(x)$ 在全部 Ox 轴绝对可积.根据广义积分概念的定义,可知

$$\begin{aligned}&\frac{1}{\pi}\int_{0}^{+\infty}\mathrm{d}\lambda\int_{-\infty}^{+\infty}f(u)\cos\lambda(u-x)\mathrm{d}u\\&=\lim_{l\to\infty}\frac{1}{\pi}\int_{0}^{l}\mathrm{d}\lambda\int_{-\infty}^{+\infty}f(u)\cos\lambda(u-x)\mathrm{d}u\end{aligned}\tag{8.1}$$

这样一来,左边积分的存在,就相当于右边极限的存在.

但积分

$$\int_{-\infty}^{+\infty}f(u)\cos\lambda(u-x)\mathrm{d}u$$

对于 $-\infty<\lambda<+\infty$ 是一致收敛的,因为

$$|f(u)\cos\lambda(u-x)|\leqslant|f(u)|$$

而 $f(u)$ 在全部数轴上是绝对可积的.

因此(参看 §6 的定理 2)

$$\begin{aligned}&\int_{0}^{l}\mathrm{d}\lambda\int_{-\infty}^{+\infty}f(u)\cos\lambda(u-x)\mathrm{d}u\\&=\int_{-\infty}^{+\infty}\mathrm{d}u\int_{0}^{l}f(u)\cos\lambda(u-x)\mathrm{d}\lambda\\&=\int_{-\infty}^{+\infty}f(u)\frac{\sin l(u-x)}{u-x}\mathrm{d}u\\&=\int_{-\infty}^{+\infty}f(x+u)\frac{\sin lu}{u}\mathrm{d}u\end{aligned}$$

(我们作代换 $u-x=v$,然后再把 v 换成 u).由(8.1)可知

$$\begin{aligned}&\frac{1}{\pi}\int_{0}^{+\infty}\mathrm{d}\lambda\int_{-\infty}^{+\infty}f(u)\cos\lambda(u-x)\mathrm{d}u\\&=\lim_{l\to\infty}\frac{1}{\pi}\int_{-\infty}^{+\infty}f(x+u)\frac{\sin lu}{u}\mathrm{d}u\end{aligned}$$

如果函数 $f(x)$ 在点 x 处有左右导数，那么根据 §7 预备定理 2，右边的极限存在，而且等于数 $\frac{f(x+0)+f(x-0)}{2}$. 于是左边的积分存在，且

$$\begin{aligned}&\frac{1}{\pi}\int_{0}^{+\infty}\mathrm{d}\lambda\int_{-\infty}^{+\infty}f(u)\cos\lambda(u-x)\mathrm{d}u\\&=\frac{f(x+0)+f(x-0)}{2}\end{aligned}\tag{8.2}$$

在连续点处，极限值和的一半与 $f(x)$ 一样.

于是：

如果 $f(x)$ 在全部 Ox 轴上绝对可积，那么傅里叶积分公式在 $f(x)$ 具有左右导数的每点 x 处成立.

由此：

如果在全部 Ox 轴绝对可积的函数 $f(x)$ 在每个有限区间上逐段滑溜，那么傅里叶积分公式对于一切 x 成立.

§9　傅里叶积分的各种形式

设 $f(x)$ 在全部 Ox 轴上绝对可积，考虑积分

$$\int_{-\infty}^{+\infty}f(u)\sin\lambda(u-x)\mathrm{d}u$$

这个积分对于 $-\infty<\lambda<+\infty$ 一致收敛，因为

$$|f(u)\sin\lambda(u-x)|\leqslant|f(u)|$$

因此它是连续的，而且显然是 λ 的奇函数. 但是此时

$$\begin{aligned}&\lim_{l\to\infty}\int_{-l}^{l}\mathrm{d}\lambda\int_{-\infty}^{+\infty}f(u)\sin\lambda(u-x)\mathrm{d}u\\=&\int_{-\infty}^{+\infty}\mathrm{d}\lambda\int_{-\infty}^{+\infty}f(u)\sin\lambda(u-x)\mathrm{d}u=0\end{aligned}$$

另一方面，积分

$$\int_{-\infty}^{+\infty}f(u)\cos\lambda(u-x)\mathrm{d}u$$

是 λ 的偶函数. 因此代替(5.5) 可以写成

$$\begin{aligned}f(x)=&\frac{1}{2\pi}\int_{-\infty}^{+\infty}\mathrm{d}\lambda\int_{-\infty}^{+\infty}f(u)[\cos\lambda(u-x)+\mathrm{i}\sin\lambda(u-x)]\mathrm{d}u\\=&\frac{1}{2\pi}\int_{-\infty}^{+\infty}\mathrm{d}\lambda\int_{-\infty}^{+\infty}f(u)\mathrm{e}^{\mathrm{i}\lambda(u-x)}\mathrm{d}x\qquad(9.1)\end{aligned}$$

我们便得到傅里叶积分的复数形式.

现在把公式(5.5) 写成

$$\begin{aligned}f(x)=&\frac{1}{\pi}\int_{0}^{+\infty}\cos\lambda x\left(\int_{-\infty}^{+\infty}f(u)\cos\lambda u\mathrm{d}u\right)\mathrm{d}\lambda+\\&\frac{1}{\pi}\int_{0}^{+\infty}\sin\lambda x\left(\int_{-\infty}^{+\infty}f(u)\sin\lambda u\mathrm{d}u\right)\mathrm{d}\lambda\quad(9.2)\end{aligned}$$

当 $f(x)$ 是偶函数时，有

$$\int_{-\infty}^{+\infty}f(u)\cos\lambda u\mathrm{d}u=2\int_{0}^{+\infty}f(u)\cos\lambda u\mathrm{d}u$$

$$\int_{-\infty}^{+\infty}f(u)\sin\lambda u\mathrm{d}u=0$$

而由等式(9.2) 可知

$$f(x)=\frac{2}{\pi}\int_{0}^{+\infty}\cos\lambda x(\int_{0}^{+\infty}f(u)\cos\lambda u\mathrm{d}u)\mathrm{d}\lambda\qquad(9.3)$$

当 $f(x)$ 是奇函数时，类似地有

$$f(x)=\frac{2}{\pi}\int_{0}^{+\infty}\sin\lambda x(\int_{0}^{+\infty}f(u)\sin\lambda u\mathrm{d}u)\mathrm{d}\lambda\quad(9.4)$$

如果 $f(x)$ 只在$[0,+\infty)$给出,那么公式(9.3)就是把 $f(x)$ 在全部数轴上作了偶式延续;公式(9.4)就是作了奇式延续.对于正的 x,两个公式一致,对于负的 x,它们是不同的.我们要注意,当 $f(x)$ 在 $x=0$ 处连续,公式(9.3)在这点处是成立的,而公式(9.4)只当 $f(0)=0$ 时是成立的(因为对于偶式延续,总有 $\dfrac{f(+0)+f(-0)}{2}=0$,而在(9.4)中当 $x=0$ 时,积分取这个值).

§10 傅里叶变换

设给出 $f(u)$.函数

$$F(\lambda)=\frac{1}{\sqrt{2\pi}}\int_{-\infty}^{+\infty}f(u)\mathrm{e}^{\mathrm{i}\lambda u}\,\mathrm{d}u \tag{10.1}$$

叫作函数 $f(u)$ 的傅里叶变换.如果对于 $f(x)$,傅里叶积分公式成立,那么由(9.1)可知

$$f(x)=\frac{1}{\sqrt{2\pi}}\int_{-\infty}^{+\infty}F(\lambda)\mathrm{e}^{-\mathrm{i}\lambda x}\,\mathrm{d}\lambda \tag{10.2}$$

这函数是函数 $F(\lambda)$ 的逆傅里叶变换.

函数(10.1)可以看成积分方程(10.2)的解:给出了 $f(x)$,求 $F(\lambda)$.

我们来注意一下傅里叶变换

$$F(x)=\frac{1}{\sqrt{2\pi}}\int_{-\infty}^{+\infty}f(u)\mathrm{e}^{\mathrm{i}xu}\,\mathrm{d}u$$

的一些属性.

1.如果 $f(x)$ 在区间$(-\infty,+\infty)$绝对可积,那么

函数 $F(x)$ 对于一切的 x 连续，并且当 $|x|\to\infty$ 时趋于零.

连续性可由积分的均匀收敛性(对 x)得到，因为

$$|\mathrm{e}^{\mathrm{i}xu}|=1,\ |f(u)\mathrm{e}^{\mathrm{i}xu}|=|f(u)|$$

而积分

$$\int_{-\infty}^{+\infty}|f(u)|\mathrm{d}u$$

存在.

再者，由 §7 预备定理1(参看附注)，有

$$\begin{aligned}&\lim_{|x|\to\infty}F(x)\\&=\frac{1}{\sqrt{2\pi}}\left[\lim_{|x|\to\infty}\int_{-\infty}^{+\infty}f(u)\cos xu\mathrm{d}u+\mathrm{i}\lim_{|x|\to\infty}\int_{-\infty}^{+\infty}f(u)\sin xu\mathrm{d}u\right]\\&=0\end{aligned}$$

2. 如果函数 $x^n f(x)$(n 是正整数)在区间 $(-\infty,+\infty)$ 内绝对可积，那么对于 $F(x)$，存在着 n 个导函数，且

$$F^{(k)}(x)=\frac{\mathrm{i}^k}{\sqrt{2\pi}}\int_{-\infty}^{+\infty}f(u)u^k\mathrm{e}^{\mathrm{i}xu}\mathrm{d}u$$

$$(k=1,2,\cdots,n)\tag{10.3}$$

而所有这些导函数当 $|x|\to\infty$ 时都趋于零.

实际上，公式(10.3)可以由积分号下微分得到的，因为每次微分后得到的积分(对 x)都是均匀收敛的，这事实又是从下列的等式得到的

$$|f(u)u^k\mathrm{e}^{\mathrm{i}xu}|=|f(u)u^k|$$

$$(k=1,2,\cdots,n)$$

式中右边的函数绝对可积.

要证明导函数 $F^{(k)}(x)$ 当 $|x|\to\infty$ 时趋于零，必须再次利用 §7 预备定理1(参看附注).

3. 如果 $f(x)$ 连续，且当 $|x|\to\infty$ 时趋于零，而 $f'(x)$ 在区间$(-\infty,+\infty)$内绝对可积，那么

$$\frac{1}{\sqrt{2\pi}}\int_{-\infty}^{+\infty}f'(u)\mathrm{e}^{\mathrm{i}xu}\,\mathrm{d}u=\frac{x}{\mathrm{i}}F(x)$$

4. 如果 $f(x)$ 在区间$(-\infty,+\infty)$内绝对可积，而当 $|x|\to\infty$ 时，$\int_0^x f(u)\mathrm{d}u\to 0$，那么

$$\frac{1}{\sqrt{2\pi}}\int_{-\infty}^{+\infty}\left(\int_0^u f(t)\mathrm{d}t\right)\mathrm{e}^{\mathrm{i}xu}\,\mathrm{d}u=\frac{\mathrm{i}}{x}F(x)$$

最后的两个公式可用分部积分法证明. 这些公式使我们作出下面的有趣结论：

对原来函数 $f(x)$ 的微分，相当于把它的变换函数 $F(x)$ 乘上 $\frac{x}{\mathrm{i}}$，对原来函数的积分，相当于用同样的数量 $\frac{x}{\mathrm{i}}$ 来除. 这种把复杂的数学解析运算化为了变换函数（最后逆变换的结果）的简单代数运算的概念，就是建立运算微积的基础，对于数学各部门的应用，这是十分重要的.

现在转到一些其他形状的变换. 函数

$$F(\lambda)=\sqrt{\frac{2}{\pi}}\int_0^{+\infty}f(u)\cos\lambda u\,\mathrm{d}u \qquad (10.4)$$

称为对于 $f(u)$ 的傅里叶余弦变换. 如果对于 $f(x)$ 傅里叶积分公式成立，那么由(9.3)就有

$$f(x)=\sqrt{\frac{2}{\pi}}\int_0^{+\infty}F(\lambda)\cos x\lambda\,\mathrm{d}\lambda \qquad (10.5)$$

即 $f(x)$ 又是 $F(\lambda)$ 的余弦变换. 换句话说，函数 f 和 F 互为余弦变换.

同样，函数

$$\Phi(\lambda)=\sqrt{\frac{2}{\pi}}\int_{0}^{+\infty} f(u)\sin \lambda u \,\mathrm{d}u \qquad (10.6)$$

叫作函数 $f(u)$ 的傅里叶正弦变换.

由(9.4)可知

$$f(x)=\sqrt{\frac{2}{\pi}}\int_{0}^{+\infty} \Phi(\lambda)\sin x\lambda \,\mathrm{d}\lambda \qquad (10.7)$$

即,和余弦变换一样,f 和 Φ 互为正弦变换.

函数(10.4)可以看成积分方程(10.5)的解(给出了 $f(x)$,求 $F(\lambda)$),函数(10.6)可以看成积分方程(10.7)的解.

我们利用余弦变换和正弦变换,计算一些积分作为练习.

例1　设 $f(x)=\mathrm{e}^{-\alpha x}(\alpha>0,x\geqslant 0)$. 这函数当 $0\leqslant x<+\infty$ 时可积,并处处具有导数. 由分部积分可求得

$$F(\lambda)=\sqrt{\frac{2}{\pi}}\int_{0}^{+\infty} \mathrm{e}^{-\alpha u}\cos \lambda u \,\mathrm{d}u=\sqrt{\frac{2}{\pi}}\cdot\frac{a}{a^{2}+\lambda^{2}}$$

$$\Phi(\lambda)=\sqrt{\frac{2}{\pi}}\int_{0}^{+\infty} \mathrm{e}^{-\alpha u}\sin \lambda u \,\mathrm{d}u=\sqrt{\frac{2}{\pi}}\cdot\frac{\lambda}{a^{2}+\lambda^{2}}$$

于是由公式(10.5)和(10.7)得

$$\mathrm{e}^{-\alpha x}=\frac{2a}{\pi}\int_{0}^{+\infty}\frac{\cos x\lambda \,\mathrm{d}\lambda}{\alpha^{2}+\lambda^{2}}\quad (x\geqslant 0)$$

$$\mathrm{e}^{-\alpha x}=\frac{2}{\pi}\int_{0}^{+\infty}\frac{\lambda\sin x\lambda \,\mathrm{d}\lambda}{\alpha^{2}+\lambda^{2}}\quad (x>0)$$

例2

$$f(x)=\begin{cases}1 & \text{当 } 0\leqslant x<a\\ \dfrac{1}{2} & \text{当 } x=a\\ 0 & \text{当 } x>a\end{cases}$$

显然

$$F(\lambda)=\sqrt{\frac{2}{\pi}}\int_{0}^{a}\cos\lambda u\,\mathrm{d}u=\sqrt{\frac{2}{\pi}}\ \frac{\sin a\lambda}{\lambda}$$

又由(10.5),有

$$f(x)=\frac{2}{\pi}\int_{0}^{+\infty}\frac{\sin a\lambda\cos x\lambda\,\mathrm{d}\lambda}{\lambda}=\begin{cases}1 & \text{当 } 0\leqslant x<a\\ \dfrac{1}{2} & \text{当 } x=a\\ 0 & \text{当 } x>a\end{cases}$$

特别说来,当 $x=a$ 时

$$\frac{1}{2}=\frac{1}{\pi}\int_{0}^{+\infty}\frac{\sin 2a\lambda}{\lambda}\mathrm{d}\lambda$$

如果命 $a=\dfrac{1}{2}$,便得

$$\frac{\pi}{2}=\int_{0}^{+\infty}\frac{\sin\lambda}{\lambda}\mathrm{d}\lambda$$

第8章 贝塞尔函数

§1 欧拉－贝塞尔方程

这是指二阶常微分方程

$$x^2y''+xy'+(x^2-p^2)y=0 \tag{1.1}$$

亦即指

$$y''+\frac{1}{x}y'+\left(1-\frac{p^2}{x^2}\right)y=0$$

其中 p 是常数，叫作方程(1.1)的指标. 方程(1.1)的解，除了对于 p 的很少的一些值外，是不能用初等函数(有尽形式)表示的，因而要引导到所谓的贝塞尔函数，它在工程学和物理学上是有很大的应用的. 对于贝塞尔函数有一些表，用来作实际计算①.

① 例如参考 Л. А. Люстерник, И. Я. Акушский и В. А. Диткин, Таблицы бесселевых функций, 国家技术出版社, 1949.

因为欧拉－贝塞尔方程是线性的，所以它的一般积分可以写成下列形式

$$y = C_1 y_1 + C_2 y_2 \tag{1.2}$$

其中，y_1，y_2 是任意两个线性独立的特定解，而 C_1，C_2 是任意常数．于是要找方程(1.1)的一般积分，只要找它们的任意两个线性独立解．

§2　具非负指标的第一种贝塞尔函数

设 $p \geqslant 0$．要简化以下的计算，在方程(1.1)内作代换

$$y = x^p z \tag{2.1}$$

显然

$$y' = px^{p-1}z + x^p z'$$

$$y'' = p(p-1)x^{p-2}z + 2px^{p-1}z' + x^p z''$$

代入(1.1)，便得到对于 z 的方程

$$z'' + \frac{2p+1}{x}z' + z = 0 \tag{2.2}$$

这个方程可用幂级数

$$z = c_0 + c_1 x + c_2 x^2 + \cdots + c_n x^n + \cdots$$

来求解．计算结果得

$$z' = c_1 + 2c_2 x + 3c_3 x^2 + 4c_4 x^3 + \cdots + (n+2)c_{n+2}x^{n+1} + \cdots$$

$$\frac{z'}{x} = \frac{c_1}{x} + 2c_2 + 3c_3 x + 4c_4 x^2 + \cdots + (n+2)c_{n+2}x^n + \cdots$$

$$z'' = 2c_2 + 2 \cdot 3c_3 x + 3 \cdot 4c_4 x^2 + \cdots +$$

$$(n+1)(n+2)c_{n+2}x^n+\cdots$$

把所得的级数代入(2.2)便有

$$\frac{2p+1}{x}c_1+[2c_2+(2p+1)2c_2+c_0]+$$
$$[2\cdot 3c_3+(2p+1)\cdot 3c_3+c_1]x+$$
$$[3\cdot 4c_4+(2p+1)4c_4+c_2]x^2+\cdots+$$
$$[(n+1)(n+2)c_{n+2}+$$
$$(2p+1)(n+2)c_{n+2}+c_n]x^n+\cdots=0$$

要使这个方程满足，必然要求 x 各次乘幂的系数都是零

$$c_1=0 \tag{2.3}$$

$$(n+1)(n+2)c_{n+2}+(2p+1)(n+2)c_{n+2}+c_n=0$$
$$(n=0,1,2,\cdots)$$

由是

$$c_{n+2}=-\frac{c_n}{(n+2)(n+2p+2)}\quad(n=0,1,2,\cdots) \tag{2.4}$$

由(2.3)和(2.4)有

$$c_1=c_3=c_5=\cdots=c_{2m-1}=\cdots=0$$

$$c_2=-\frac{c_0}{2(2p+2)}$$

$$c_4=-\frac{c_2}{4(2p+4)}=\frac{c_0}{2\cdot 4\cdot(2p+2)(2p+4)}$$

$$c_6=\frac{c_4}{6(2p+6)}=-\frac{c_0}{2\cdot 4\cdot 6\cdot(2p+2)(2p+4)(2p+6)}$$

$$\vdots$$

一般地

$$G_{2m}=(-1)^m\frac{c_0}{2^{2m}\cdot 1\cdot 2\cdot 3\cdot\cdots\cdot m(p+1)(p+2)(p+3)\cdots(p+m)}$$

于是方程(2.2)的解由级数

$$z=c_0\left[1-\frac{x^2}{2(2p+2)}+\frac{x^4}{2\cdot 4(2p+2)(2p+4)}-\cdots\right]$$

$$=c_0\left\{1+\sum_{m=1}^{\infty}\frac{(-1)^m x^{2m}}{2^{2m}\cdot 1\cdot 2\cdot\cdots\cdot m(p+1)(p+2)\cdot\cdots\cdot(p+m)}\right\}$$

表出,其中 c_0 是可以任取的常数.

应用熟知的达朗贝尔准则,不难证明所得到的级数对于一切 x 的值是收敛的.因为幂级数的逐项微分(在收敛区间内)总是可能的,所以 z 确实是方程(2.2)的解.这时,函数

$$y=x^p z=c_0x^p\left[1-\frac{x^2}{2(2p+2)}+\frac{x^4}{2\cdot 4\cdot(2p+2)(2p+4)}-\cdots\right]$$

$$=c_0\left\{1+\sum_{m=1}^{\infty}\frac{(-1)^m x^{p+2m}}{2^{2m}\cdot 1\cdot 2\cdot\cdots\cdot m(p+1)(p+2)\cdots(p+m)}\right\}\tag{2.5}$$

对于常数 c_0 任意的值,都是方程(1.1)的解.通常取

$$c_0=\frac{1}{2^p\Gamma(p+1)}\tag{2.6}$$

其中 Γ 的数学解析上称为伽玛[1]函数(关于它的详细讨论,参看下一段),对于 $\Gamma-$ 函数,有:

(1) $\Gamma(1)=1$;

(2) $\Gamma(p+1)=p\Gamma(p)$,对于任意数 p;

(3) $\Gamma(p+1)=p!$,对于任意数 p.

当常数 c_0 由公式(2.6)决定时,级数(2.5)就给出了指标为 p(暂设 $p\geqslant 0$)的第一种贝塞尔函数,用记号 $J_p(x)$ 来表示.

---

① 希腊字母 Γ 的读音.

于是

$$J_p(x)=\frac{x^p}{2^p\Gamma(p+1)}\left[1-\frac{x^3}{2(2p+2)}+\frac{x^4}{2\cdot 4(2p+2)(2p+4)}-\cdots\right]$$

$$=\left\{\frac{\left(\frac{x}{2}\right)^p}{\Gamma(p+2)}+\sum_{m=1}^{\infty}\frac{(-1)^m\left(\frac{x}{2}\right)^{p+2m}}{1\cdot 2\cdot\cdots\cdot m(p+1)(p+2)\cdots(p+m)\Gamma(p+1)}\right\}$$

(2.7)

但是由 $\Gamma-$ 函数的性质

$$1\cdot 2\cdot\cdots\cdot m=m!\ =\Gamma(m+1)$$

可知

$$(p+1)(p+2)\cdots(p+m)\Gamma(p+1)$$
$$=(p+2)(p+3)\cdots(p+m)\Gamma(p+2)$$
$$=(p+3)(p+4)\cdots(p+m)\Gamma(p+3)$$
$$=\cdots=(p+m)\Gamma(p+m)=\Gamma(p+m+1)$$

因此

$$J_p(x)=\sum_{m=0}^{\infty}\frac{(-1)^m\left(\frac{x}{2}\right)^{p+2m}}{\Gamma(m+1)\Gamma(p+m+1)}\tag{2.8}$$

特别说来，当 $p=0$ 时

$$J_0(x)=1-\frac{x^2}{2^2}+\frac{x^4}{2^2\cdot 4^2}-\frac{x^6}{2^2\cdot 4^2\cdot 6^2}+\cdots$$

$$=\sum_{m=0}^{\infty}\frac{(-1)^m\left(\frac{x}{2}\right)^{2m}}{(m!\ )^2}\tag{2.9}$$

(这里要把 0! 算成 1). 当 $p=1$ 时

$$J_1(x)=\frac{x}{2}\left[1-\frac{x^2}{2\cdot 4}+\frac{x^4}{2\cdot 4\cdot 4\cdot 6}-\frac{x^6}{2\cdot 4\cdot 6\cdot 4\cdot 6\cdot 8}\right]$$

$$=\sum_{m=0}^{\infty}\frac{(-1)^m\left(\frac{x}{2}\right)^{2m+1}}{m!\ (m+1)!}$$

一般说来，对于任意正整数 p，有

$$J_p(x)=\frac{x^p}{2^p p!}\left[1-\frac{x^2}{2(2p+2)}+\frac{x^4}{2\cdot 4\cdot (2p+2)(2p+4)}-\cdots\right]$$

$$=\sum_{m=0}^{\infty}\frac{(-1)^m\left(\frac{x}{2}\right)^{2m+p}}{m!\ (p+m)!} \tag{2.10}$$

由公式(2.9)和(2.10)可证，当 $p=0$ 或 p 是任意偶数时，函数 $J_p(x)$ 是偶函数(因为只是 x 的偶次乘幂)．当 p 是任意奇数时，$J_p(x)$ 是奇函数(因为只是 x 的奇次乘幂出现)．

图 42 表示函数 $J_0(x)$ 和 $J_1(x)$ 的图线．

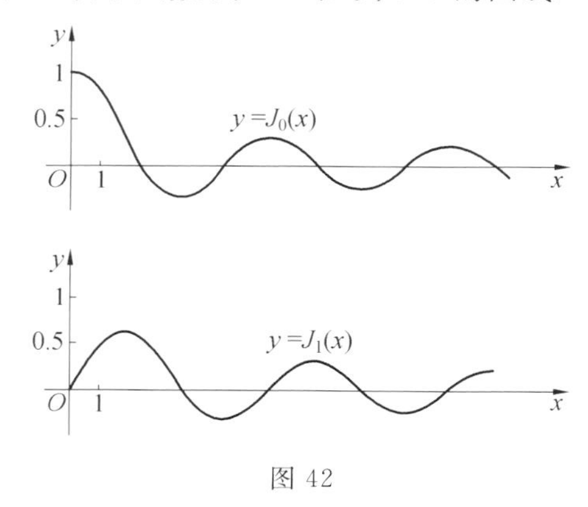

图 42

附注　应当注意，对于 $x<0$，当 p 是分数时，函数 $J_p(x)$ 一般说来取虚数(参看(2.7))．要是不考虑取虚值，我们便只对于 $x\geqslant 0$ 来研究 $J_p(x)$(当 p 是分数时)．

§3　关于Γ－函数

当 $p>0$ 时，Γ－函数通常由公式

$$\Gamma(p)=\int_0^{+\infty} e^{-x}x^{p-1}dx \tag{3.1}$$

来定义(这个广义积分只当 $p>0$ 时有意义). 让我们来证明Γ－函数在§2内提过的性质(1),(2),(3). 实际上,有:

(1) $\Gamma(1)=\int_0^{+\infty} e^{-x}dx=[-e^{-x}]_{x=0}^{x=+\infty}=1$;

(2) $\Gamma(p+1)=\int_0^{+\infty} e^{-x}x^{p}dx$.

分部积分得

$$\Gamma(p+1)=[-e^{-x}x^{p}]_{x=0}^{x=+\infty}+p\int_0^{+\infty} e^{-x}x^{p-1}dx$$

右边式子的第一项等于零(如果 $p>0$,所得的值才有限),而积分不是别的,正是 $\Gamma(p)$,于是得到性质(2).

(3) 如果 p 是正整数,利用性质(2)便得

$$\begin{aligned}\Gamma(p+1)&=p\Gamma(p)=p(p-1)\Gamma(p-1)=\cdots\\&=p(p-1)\cdots2\cdot1\cdot\Gamma(1)\end{aligned}$$

由性质(1)便得 $\Gamma(p+1)=p!$

于是当 $p>0$ 时,函数Γ就确实具有所说的性质.

为了把函数 $\Gamma(p)$ 扩张到 p 的一切值上去,我们要从公式

$$\Gamma(p+1)=p\Gamma(p)$$

或

$$\Gamma(p)=\frac{\Gamma(p+1)}{x} \tag{3.2}$$

出发. 如果 $-1<p<0$,那么这个等式的右边是有意义的,因为 $0<p+1<1$. 因此当 $-1<p<0$ 时,公式(3.2) 可以拿来定义 $\Gamma(p)$. 顺便注意,当 $p\to 0$ 时,(3.2) 右边的分子趋于 1,分母趋于零,因此有

$$\Gamma(0)=\infty$$

现在设 $-2<p<-1$,则 $-1<p+1<0$,(3.2) 右边又有了意义,于是公式(3.2) 又使当 $-2<p<-1$ 时定义 $\Gamma(p)$ 成为可能. 如果 $p\to -1$,则由(3.2) 可知 $\Gamma(p)\to\infty$. 故有

$$\Gamma(-1)=\infty$$

再考察 $-3<p<-2$,等等,这样就可以一步一步地对于一切 p 的负值定义 $\Gamma(p)$,而且当 $p=0,-1,-2,\cdots$ 时,$\Gamma(p)=\infty$.

这样一来,公式(3.1)($p>0$) 和公式(3.2) 就使对于一切的 p 定义 $\Gamma(p)$ 成为可能. 仿照定义的样子,可以指出性质(1),(2),(3) 对于一切的 p 也是正确的.

§4 具负指标的第一种贝塞尔函数

因为在方程(1.1) 中 p^2 出现,自然可以期望,§2 的推理中用 $-p$ 替代 p 时,同样的可以导致方程(1.1) 的解. 在(2.8) 里,把 p 换成 $-p$,便有

$$J_{-p}(x)=\sum_{m=0}^{\infty}\frac{(-1)^m\left(\frac{x}{2}\right)^{-p+2m}}{\Gamma(m+1)\Gamma(-p+m+1)} \tag{4.1}$$

注意,对于整数 p,当 $m=0,1,2,\cdots,p-1$ 时,数量 $-p+m+1$ 要取负整数值和零.因此对于这些 m,$\Gamma(-p+m+1)=\infty$,而级数(4.1)中对应的项,我们都把它们算做零.

这样一来,对于整数 p,有

$$J_{-p}(x)=\sum_{m=p}^{\infty}\frac{(-1)^m\left(\frac{x}{2}\right)^{-p+2m}}{\Gamma(m+1)\Gamma(-p+m+1)}$$

若设 $m=p+k$,又有

$$\begin{aligned}J_{-p}(x)&=(-1)^p\sum_{k=0}^{\infty}\frac{(-1)^m\left(\frac{x}{2}\right)^{-p+2m}}{\Gamma(k+1)\Gamma(p+k+1)}\\&=(-1)^pJ_p(x)\end{aligned} \tag{4.2}$$

如果 p 不是整数,那么在(4.1)里的分母,也不是零也不是无穷大.

用达朗贝尔准则可以证明,当 p 是分数时,对于一切 $x\neq 0$,当 p 是整数时,对于一切的 x,级数(4.1)是收敛的(参看(4.2)).

函数 $J_{-p}(x)$ 也叫作具有指标 $-p$ 的第一种贝塞尔函数.将函数 $J_{-p}(x)$ 代入方程(1.1),便可证明这函数的确是解.这一点由读者自己来验证[①].

---

① 应当注意,对于某些 p(比方说,p 是整数),§2 的推演里有些地方应用到 $-p$ 就会不对,因为会出现分母为零的分数(例如,参看(2.4)).尽管如此,最终的一个公式(2.8),在把 p 换成 $-p$ 之后还是有意义的,并且,如我们指出过,甚至还是方程(1.1)的解.

为了今后的应用，我们指出：公式(2.8)和(4.1)可以合并成一个

$$J_p(x)=\sum_{m=0}^{\infty}\frac{(-1)^m\left(\frac{x}{2}\right)^{p+2m}}{\Gamma(m+1)\Gamma(p+m+1)} \qquad (4.3)$$

其中数 p 可以是正的，也可以是负的.

由 §2 末尾的附注，可以把这一点推广到 p 是正负分数的情况.

§5 欧拉－贝塞尔方程的一般积分

先设 $p>0$ 不是整数. 这时函数 $J_p(x)$ 和 $J_{-p}(x)$ 不是线性相依的，因为当 $x=0$ 时，第一个函数为零，而第二个为无穷大(参看(2.8)和(4.1)). 实际上，线性相依是指存在着常数 C，使

$$J_p(x)=CJ_{-p}(x)$$

而如上所述，这是不可能的.

这样一来，如果 p 不是整数，那么方程(1.1)的一般积分有下列形状

$$J=C_1J_p(x)+C_2J_{-p}(x) \qquad (5.1)$$

其中 C_1 和 C_2 是任意常数(参看(1.2)).

如果 $p\geqslant 0$ 是整数，则由(4.2)可知，函数 $J_p(x)$ 和 $J_{-p}(x)$ 不是线性独立的，故这时(5.1)不曾给出一般积分来. 所以对于整数 p，我们只好另外找一个方程(1.1)的特定解，和 $J_p(x)$ 是线性独立的. 这样的特定解就引出来第二种贝塞尔函数 $Y_p(x)$(参看下一段).

这样一来，在 p 是整数的情形，方程(1.1)的一般

积分取

$$y=C_1J_p(x)+C_2Y_p(x)$$

的形状.

§6　第二种贝塞尔函数

对于分数 p,第二种贝塞尔函数可以自(5.1)予 C_1,C_2 以特别选定的值而得到.这就是

$$\begin{aligned}Y_p(x)&=\cot p\pi\cdot J_p(x)-\csc p\pi\cdot J_{-p}(x)\\&=\frac{J_p(x)\cos p\pi-J_{-p}(x)}{\sin p\pi}\end{aligned}\tag{6.1}$$

当 p 是整数时,公式(6.1)成为不定形,因为分子成为 $J_p(x)\cdot(-1)^p-J_{-p}(x)$,由于(4.2),它等于零,而分母也成为零.于是就会这样想:如果当 p 趋于整数时求得公式的极限,这个不定形是否可以"明确"出来呢?又这极限是否给出当 p 是整数时我们所需要的解呢?这件事正是这样的.

由洛必达法则可知

$$\begin{aligned}Y_n(x)&=\lim_{p\to n}\frac{\dfrac{\partial}{\partial p}[J_p(x)\cos p\pi-J_{-p}(x)]}{\dfrac{\partial}{\partial p}\sin p\pi}\\&=\lim_{p\to n}\frac{\dfrac{\partial}{\partial p}J_p(x)\cos p\pi-\pi J_p(x)\sin p\pi-\dfrac{\partial}{\partial p}J_{-p}(x)}{\pi\cos p\pi}\\&=\left[\frac{\dfrac{\partial}{\partial p}J_p(x)\cdot(-1)^n-\dfrac{\partial}{\partial p}J_{-p}(x)}{\pi(-1)^n}\right]_{p=n}\end{aligned}$$

如果把级数(2.8)和(4.1)代入最后的式子,对 p

微分,并以整数 n 代替 p,那么把级数变换之后(我们不详细推演了,因为比较麻烦,而且联系着 Γ—函数一些特殊性质),便得到

$$Y_n(x)=\frac{2}{\pi}J_n(x)\left(\ln\frac{x}{2}+C\right)-\frac{1}{\pi}\sum_{m=0}^{n-1}\frac{(n-m-1)!}{m!}\left(\frac{x}{2}\right)^{-n+2m}-\frac{1}{\pi}\sum_{m=0}^{\infty}\frac{(-1)^m\left(\frac{x}{2}\right)^{n+2m}}{m!\ (n+m)!}\cdot\left(\sum_{k=1}^{n+m}\frac{1}{k}+\sum_{k=1}^{m}\frac{1}{k}\right)$$

其中 $C=0.577\ 215\ 664\ 901\ 532\cdots$,这就是所谓的欧拉常数.

在 $n=0$ 的特例下

$$Y_0(x)=\frac{2}{\pi}J_0(x)\left(\ln\frac{x}{2}+C\right)-\frac{2}{\pi}\sum_{m=1}^{\infty}\frac{(-1)^m}{(m!)^2}\left(\frac{x}{2}\right)^{2m}\cdot\left(1+\frac{1}{2}+\frac{1}{3}+\cdots+\frac{1}{m}\right)$$

把函数 $Y_n(x)$ 代入方程(1.1)(当 $p=n$)就可证明这个函数实际上是方程的解.

同时函数 $J_n(x)$ 和 $Y_n(x)$ 不是线性相依的,因为当 $x=0$ 时,第一个函数有有限值,第二个变为无穷大.所以 $Y_n(x)$ 正是我们要找的方程(1.1)的第二个特定解(参看 §5 的末尾).

图 43 表示函数 $y=Y_0(x)$ 的图线.

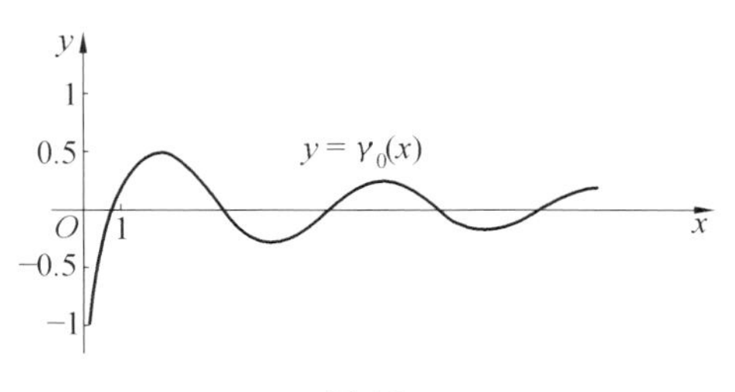

图 43

§7　相异指标的贝塞尔函数间的关系

对于任意的 p,则有公式

$$\frac{\mathrm{d}}{\mathrm{d}x}[x^{p}J_{p}(x)]=x^{p}J_{p-1}(x) \tag{7.1}$$

$$\frac{\mathrm{d}}{\mathrm{d}x}[x^{-p}J_{p}(x)]=-x^{-p}J_{p+1}(x) \tag{7.2}$$

相应的第二种函数的类似公式也是正确的.

证　由(4.3),对于任意的 p,有

$$\begin{aligned}\frac{\mathrm{d}}{\mathrm{d}x}[x^{p}J_{p}(x)]&=\frac{\mathrm{d}}{\mathrm{d}x}\sum_{m=0}^{\infty}\frac{(-1)^{m}x^{2p+2m}}{2^{p+2m}\Gamma(m+1)\Gamma(p+m)}\\&=\sum_{m=0}^{\infty}\frac{(-1)^{m}x^{2p+2m-1}}{2^{p+2m-1}\Gamma(m+1)\Gamma(p+m)}\\&=x^{p}J_{p-1}(x)\end{aligned}$$

这就证明了公式(7.1). 公式(7.2)也可以类似地证得. 要证明对于第二种函数的公式,首先由(7.2)得到(把 p 换成 $-p$)

$$\frac{\mathrm{d}}{\mathrm{d}x}[x^{p}J_{-p}(x)]=-x^{p}J_{-p+1}(x) \tag{7.3}$$

先设 p 是分数,把 $\cot p\pi$ 乘(7.1),$\csc p\pi$ 乘(7.3),把

结果相减. 由是得到

$$\frac{\mathrm{d}}{\mathrm{d}x}\left[x^{p}\frac{J_{p}(x)\cos p\pi-J_{-p}(x)}{\sin p\pi}\right]$$

$$=x^{p}\frac{J_{p-1}(x)\cos p\pi+J_{-p+1}(x)}{\sin p\pi}$$

$$=x^{p}\frac{J_{p-1}(x)\cos (p-1)\pi-J_{-p+1}(x)}{\sin (p-1)\pi}$$

因为

$$\cos(p-1)\pi=-\cos p\pi$$

$$\sin (p-1)\pi=-\sin p\pi$$

换句话说(参看(6.1)),有

$$\frac{\mathrm{d}}{\mathrm{d}x}[x^{p}Y_{p}(x)]=x^{p}Y_{p-1}(x) \tag{7.4}$$

由(7.1)(把 p 换 $-p$ 之后)有

$$\frac{\mathrm{d}}{\mathrm{d}x}[x^{-p}J_{-p}(x)]=x^{-p}J_{-p-1}(x) \tag{7.5}$$

用 $\cot p\pi$ 乘(7.2),用 $\csc p\pi$ 乘(7.5),相减得

$$\frac{\mathrm{d}}{\mathrm{d}x}\left[x^{-p}\frac{J_{p}(x)\cos p\pi-J_{-p}(x)}{\sin p\pi}\right]$$

$$=x^{-p}\frac{-J_{p+1}(x)\cos p\pi-J_{-p-1}(x)}{\sin p\pi}$$

$$=-x^{-p}\frac{J_{p+1}(x)\cos(p+1)\pi-J_{-p-1}(x)}{\sin (p+1)\pi}$$

因为

$$\cos(p+1)\pi=-\cos p\pi$$

$$\sin(p+1)\pi=-\sin p\pi$$

因此对于分数的 p(参看(6.1)),有

$$\frac{\mathrm{d}}{\mathrm{d}x}[x^{-p}Y_{p}(x)]=-x^{-p}Y_{p+1}(x) \tag{7.6}$$

对于整数 p,公式(7.5)和(7.6)可令 p 趋于整数

时取极限得到((7.1) 和(7.2) 类似地得到).

由(7.1) 和(7.2) 可推出

$$xJ'_p(x)+pJ_p(x)=xJ_{p-1}(x) \tag{7.7}$$

$$xJ'_p(x)-pJ_p(x)=-xJ_{p+1}(x) \tag{7.8}$$

$$J_{p-1}(x)-J_{p+1}(x)=2J'_p(x) \tag{7.9}$$

$$J_{p-1}(x)+J_{p+1}(x)=\frac{2p}{x}J_p(x) \tag{7.10}$$

等公式以及对于第二类函数的类似公式.

实际上,由(7.1) 有

$$x^pJ'_p(x)+px^{p-1}J_p(x)=x^pJ_{p-1}(x)$$

由此约去 x^{p-1} 便得(7.7). 公式(7.8) 可以相仿地由(7.2) 得到. 将(7.7),(7.8) 相加,然后约去 x 便得(7.9). 最后,将(7.7),(7.8) 相减,并除以 x 便得(7.10).

我们今后将不止一次地利用所得的公式,因此这里便不说它们的用处了. 我们单指出,公式(7.10) 可以证明:知道了 $J_0(x)$ 和 $J_1(x)$,便可以计算函数 $J_p(x)$,p 是任意的正负整数. 关于第二类函数也可以作类似说明.

§8　具有形如 $p=\frac{2n+1}{2}$(n 是整数) 指标的第一种贝塞尔函数

先考察(参看(2.7))

$$J_{\frac{1}{2}}(x)=\frac{\sqrt{x}}{\sqrt{2}\,\Gamma\left(\frac{3}{2}\right)}\left[1-\frac{x^2}{2\cdot 3}+\frac{x^4}{2\cdot 4\cdot 3\cdot 5}-\right.$$

$$\left.\frac{x^6}{2\cdot 4\cdot 6\cdot 3\cdot 5\cdot 7}+\cdots\right]$$

$$=\frac{1}{\sqrt{2x}\cdot\Gamma\left(\frac{3}{2}\right)}\left[x-\frac{x^3}{3!}+\frac{x^5}{5!}-\frac{x^7}{7!}+\cdots\right]$$

$$=\frac{1}{\sqrt{2x}\cdot\Gamma\left(\frac{3}{2}\right)}\sin x$$

但是(参看(3.1))

$$\Gamma\left(\frac{3}{2}\right)=\frac{1}{2}\Gamma\left(\frac{1}{2}\right)=\frac{1}{2}\int_0^{+\infty}\mathrm{e}^{-x}\cdot\frac{\mathrm{d}x}{\sqrt{x}}=\int_0^{+\infty}\mathrm{e}^{-t^2}\,\mathrm{d}t$$

最后的积分叫作欧拉－泊松积分，它的值等于 $\frac{\sqrt{\pi}}{2}$.

因此

$$J_{\frac{1}{2}}(x)=\sqrt{\frac{2}{\pi x}}\sin x \tag{8.1}$$

完全相仿的可以求得

$$J_{-\frac{1}{2}}(x)=\sqrt{\frac{2}{\pi x}}\cos x \tag{8.2}$$

于是函数 $J_{\frac{1}{2}}(x)$ 和 $J_{-\frac{1}{2}}(x)$ 可以用初等函数来表示. 因此由公式(7.10)不难知道：具有形如 $p=\frac{2n+1}{2}$(n 是整数)指标的任何函数 $J_p(x)$ 都可以用初等函数表达.

于是，比方说，在(7.10)设 $p=\frac{1}{2}$，便有

$$J_{-\frac{1}{2}}(x)+J_{\frac{3}{2}}(x)=\frac{1}{x}J_{\frac{1}{2}}(x)$$

由此

$$J_{\frac{3}{2}}(x)=\frac{1}{x}J_{\frac{1}{2}}(x)-J_{-\frac{1}{2}}(x)$$
$$=\sqrt{\frac{2}{\pi x^{3}}}\sin x-\sqrt{\frac{2}{\pi x}}\cos x$$

在(7.10)设 $p=\frac{3}{2}$,用类似方法可以算出 $J_{\frac{5}{2}}(x)$,余类推.

§9　贝塞尔函数的渐近公式

我们来建立一个公式,用它就不难判别贝塞尔函数当 x 的值很大时的性能(这种公式叫作渐近公式).

首先用代换

$$y=\frac{z}{\sqrt{x}} \tag{9.1}$$

把方程(1.1)变形.这就给出了函数 z 的方程

$$z''+\left(1-\frac{p^{2}-\frac{1}{4}}{x^{2}}\right)z=0 \tag{9.2}$$

设

$$m=\frac{1}{4}-p^{2},\frac{m}{x^{2}}=\rho \tag{9.3}$$

于是方程(9.2)就取得

$$z''+(1+\rho)z=0 \tag{9.4}$$

的形状.

对于很大的 x,函数 $\rho=\rho(x)$ 变成很小.因此自然就会想到,对于很大的 x,方程(9.4)的解和方程

$$z''+z=0$$

的解，即和函数

$$z = A\sin(x+\omega) \quad (A=\text{常数},\omega=\text{常数})$$

相差很小.

设 z 是方程(9.4)异于零的解. 由于所提过的想法，自然要预先假定函数 $\alpha=\alpha(x)$ 和 $\delta=\delta(x)$ 存在，使

$$z=\alpha\sin(x+\delta) \tag{9.5}$$

并且当 $x\to\infty$ 时，α 和 δ 趋于确定的有限的极限. 要确定这些函数的存在，除了(9.5)以外，还要考虑方程

$$z'=\alpha\cos(x+\delta) \tag{9.6}$$

并且方程组(9.5)～(9.6)，其中左边是已知的，要看成未知函数 α 和 δ 的方程组.

由(9.4)和(9.5)可知

$$z''=-(1+\rho)\alpha\sin(x+\delta)$$

又由(9.6)可知

$$z''=\alpha'\cos(x+\delta)-\alpha(1+\delta')\sin(x+\delta)$$

由这些等式易知

$$\tan(x+\delta)=\frac{\alpha'}{\alpha(\delta'-\rho)} \tag{9.7}$$

微分(9.5)

$$z'=\alpha'\sin(x+\delta)+\alpha(1+\delta')\cos(x+\delta)$$

把这方程和(9.6)比较，不难求得

$$\tan(x+\delta)=-\frac{\alpha\delta'}{\alpha'} \tag{9.8}$$

将等式(9.7)和(9.8)相乘，有

$$\tan^2(x+\delta)=-\frac{\delta'}{\delta'-\rho}$$

由此得

$$\delta'=\rho\sin^2(x+\delta) \tag{9.9}$$

于是由(9.8)得

$$\frac{\alpha'}{\alpha}=-\frac{\delta'}{\tan(x+\delta)}=-\rho\sin(x+\delta)\cos(x+\delta) \tag{9.10}$$

要注意,在比值$\frac{\alpha'}{\alpha}$中,分母α不能为零.实际上,要是它可以为零,那么由(9.5)和(9.6)可知z和z'同时为零,这表示在某点$x=x_0$处我们的解满足初始条件$z\Big|_{x=x_0}=0, z'\Big|_{x=x_0}=0$.由于满足所给初始条件的解的唯一性,就会得出$z$恒等于零.这与假设不合.

函数δ要从微分方程(9.9)求得,这个函数的初始条件,可以由z的初始条件,利用方程(9.5)和(9.6)消去α(比方说,用除法)得到.知道了δ,由(9.10)就不难求出α,α的初始条件可由z和δ的初始条件利用(9.5)和(9.6)得到.

剩下的事便是搞清楚函数α和δ的渐近性态了.

显然

$$\delta(x)=\delta(b)-\int_x^b\delta'(t)\mathrm{d}t$$

或由于(9.3)和(9.9)

$$\delta(x)=\delta(b)-m\int_x^b\frac{\sin^2(t+\delta)}{t^2}\mathrm{d}t$$

让$b\to\infty$,取极限.所得到的广义积分显然是收敛的(因为被积函数不超过$\frac{1}{t^2}$).因此当$b\to\infty$时,极限$\delta(b)$存在.

设

$$\lim_{b\to\infty}\delta(b)=\omega$$

那么

$$\delta(x)=\omega-m\int_x^{+\infty}\frac{\sin^2(t+\delta)}{t^2}\mathrm{d}t \qquad (9.11)$$

但是

$$0<\int_x^{+\infty}\frac{\sin^2(t+\delta)}{t^2}\mathrm{d}t<\int_x^{+\infty}\frac{\mathrm{d}t}{t^2}=\left[-\frac{1}{t}\right]_{t=x}^{t=+\infty}=\frac{1}{x}$$

因此

$$0<mx\int_x^{+\infty}\frac{\sin^2(t+\delta)}{t^2}\mathrm{d}t<m$$

换句话说，函数

$$\eta(x)=-mx\int_x^{+\infty}\frac{\sin^2(t+\delta)}{t^2}\mathrm{d}t$$

对于任何的 x 保持有界. 同时等式(9.11)可以写成

$$\delta(x)=\omega+\frac{\eta(x)}{x} \qquad (9.12)$$

再者

$$\frac{\alpha'}{\alpha}=(\ln\alpha)'$$

因此

$$\ln\alpha(x)=\ln\alpha(b)-\int_x^b\frac{\alpha'(t)}{\alpha(t)}\mathrm{d}t$$

或由于(9.10)

$$\ln\alpha(x)=\ln\alpha(b)+m\int_x^b\frac{\sin(t+\delta)\cos(t+\delta)}{t^2}\mathrm{d}t$$

同样地，让 $b\to\infty$ 求极限，并且注意所得右边的广义积分是收敛的. 这就蕴含着，当 $b\to\infty$ 时，数量 $\ln\alpha(b)$ 的极限存在，也就是说量 $\alpha(b)$ 有极限. 设

$$\lim_{b\to\infty}\alpha(b)=A$$

并且 $A\neq 0$，因为不然便有，当 $b\to\infty$ 时，$\ln\alpha(b)\to\infty$，

于是

$$\ln \alpha(x) = \ln A + m\int_x^{+\infty} \frac{\sin(t+\delta)\cos(t+\delta)}{t^2}\mathrm{d}t$$

如同证明函数 $\eta(x)$ 的有界一样，我们可能证明函数

$$\varphi(x) = mx\int_x^{+\infty} \frac{\sin(t+\delta)\cos(t+\delta)}{t^2}\mathrm{d}t$$

有界. 同时

$$\ln \alpha(x) = \ln A + \frac{\varphi(x)}{x}$$

由此

$$\alpha(x) = A\mathrm{e}^{\frac{\varphi(x)}{x}}$$

由泰勒公式可知，对于任何的 t，有

$$\mathrm{e}^t = 1 + t\mathrm{e}^{\theta t} \quad (0 < \theta < 1)$$

因此在这里设 $t = \frac{\varphi(x)}{x}$，便有

$$\mathrm{e}^{\frac{\varphi(x)}{x}} = 1 + \frac{\varphi(x)}{x}\mathrm{e}^{\frac{\theta\varphi(x)}{x}}$$

当 $x \to \infty$ 时，函数 $\mathrm{e}^{\frac{\theta\varphi(x)}{x}}$ 显然是有界的. 因此我们可以写成

$$\mathrm{e}^{\frac{\varphi(x)}{x}} = 1 + \frac{\xi(x)}{x}$$

这意味着

$$\alpha(x) = A\left(1 + \frac{\xi(x)}{x}\right) \qquad (9.13)$$

其中 $\xi(x)$ 当 $x \to \infty$ 时保持有界.

公式(9.12)和(9.13)证实了我们对于函数 α 和 δ 当 $x \to \infty$ 时的特性和方程(9.4)的解(参看(9.5))的特性的推测. 把(9.12)和(9.13)代入(9.5)就有

$$z = A\left(1 + \frac{\xi(x)}{x}\right)\sin\left(x + \omega + \frac{\eta(x)}{x}\right) \qquad (9.14)$$

我们来把后面的因子变换形式. 由泰勒公式，有

$$\sin(\alpha+t)=\sin\alpha+t\cos(\alpha+\theta t)\quad(0<\theta<1)$$

这里设 $\alpha=x+\omega, t=\frac{\eta(x)}{x}$，可得

$$\sin\left(x+\omega+\frac{\eta(x)}{x}\right)=\sin(x+\omega)+\frac{\zeta(x)}{x}$$

其中设 $\zeta(x)=\eta(x)\cos\left(x+\omega+\frac{\theta\eta(x)}{x}\right)$，对于一切 x 的值，它是有界函数.

因此由(9.14) 有

$$z=A\left(1+\frac{\xi(x)}{x}\right)\left[\sin(x+\omega)+\frac{\zeta(x)}{x}\right]$$

$$=A\sin(x+\omega)+A\frac{\xi(x)\sin(x+\omega)+\left(1+\frac{\xi(x)}{x}\right)\zeta(x)}{x}$$

或

$$z=A\sin(x+\omega)+\frac{r(x)}{x}\qquad(9.15)$$

其中 $r(x)$ 当 $x\to\infty$ 时是有界的. 我们就得到对于方程(9.2) 的解的渐近公式. 要转到欧拉－贝塞尔方程，只要记住等式(9.1) 就可以了. 我们得到

$$y=\frac{A}{\sqrt{x}}\sin(x+\omega)+\frac{r(x)}{x\sqrt{x}}\qquad(9.16)$$

其中 $A=$常数，$\omega=$常数，$r(x)$ 当 $x\to\infty$ 时有界. 这公式证明：对于很大的 x，欧拉－贝塞尔方程的解，和“阻尼”正弦

$$y=\frac{A}{\sqrt{x}}\sin(x+\omega)$$

相差甚小.

以上所说，特别说来，和贝塞尔函数 $J_p(x)$，

$Y_p(x)$ 有关.细加计算(我们并不进行演算),可得

$$J_p(x)=\sqrt{\frac{2}{\pi x}}\sin\left(x-\frac{p\pi}{2}+\frac{\pi}{4}\right)+\frac{r_p(x)}{x\sqrt{x}}$$

$$Y_p(x)=\sqrt{\frac{2}{\pi x}}\sin\left(x-\frac{p\pi}{2}-\frac{\pi}{4}\right)+\frac{\rho_p(x)}{x\sqrt{x}} \tag{9.17}$$

其中 $r_p(x)$ 和 $\rho_p(x)$ 当 $x\to\infty$ 时保持有界.

为了以后的用处,除了公式(9.15)之外,还要求得对于 z' 的对应公式.为此目的,把求得的 δ 和 α 的表达式(参看(9.12),(9.13)代入(9.6)).结果是

$$z'=A\left(1+\frac{\xi(x)}{x}\right)\cos\left(x+\omega+\frac{\eta(x)}{x}\right)$$

如果对这个等式进行类似对于公式(9.14)的变换,并化成(9.15),那么便有

$$z'=A\cos(x+\omega)+\frac{s(x)}{x} \tag{9.18}$$

其中函数 $s(x)$ 当 $x\to\infty$ 时是有界的.

§10　贝塞尔函数和有关函数的根

由公式(9.15)易知,欧拉－贝塞尔方程任一个解有无限个正根,并且这些根靠近函数 $\sin(x+\omega)$ 的根,即靠近形如 $k_n=\pi n-\omega$(n 是整数)的数.我们来证明,对于足够大的 n,靠近每一个这些值只能有一个根.

实际上,由于(9.1),函数 y 和 z 有一个而且是同一个正根.因此只需对于函数 z 加以讨论.如果对于随意大的 n,在对应的 k_n 的邻近,可以求出函数 z 的两个

根，那么由洛尔定理可知，靠近这些 k_n，存在着 z' 的根，而由公式(9.18)可知道是不可能的，因为靠近 $k_n=\pi n-\omega$ 时，z' 的值靠近数值 $A\cos\pi n$，只要 n(亦即 x)足够大.

这样一来，对于足够大的 x，函数 y 的一切根靠近实数 k_n，并且靠近每个 k_n 只有一个根. 由此可知，函数 y 接邻的两个根，逐渐远离坐标原点的时候，它们的差将趋于 π.

以上所说，特别说来，和函数 $J_p(x)$ 和 $Y_p(x)$ 有关，并且由于(9.17)，对于这两个函数的数值 k_n 分别有

$$k_n=n\pi+\frac{p\pi}{2}-\frac{\pi}{4}$$

$$k_n=n\pi+\frac{p\pi}{2}+\frac{\pi}{4}$$

的形状.

我们今后只注意函数 $J_p(x)$ 的根，并且只注意正根(顺便提起，由于公式(4.3)，函数 $J_p(x)$ 正负根的分布关于坐标原点是对称的).

根据洛尔定理，由公式(7.2)可知，函数 $x^{-p}J_p(x)$ 任意相邻的两个正根之间，至少有函数 $x^{-p}J_{p+1}(x)$ 的一个根，或者同样的说，在函数 $J_p(x)$ 相邻的两个正根之间，总至少有函数 $J_{p+1}(x)$ 的一个根.

在公式(7.1)，把 p 换成 $p+1$，便得

$$\frac{\mathrm{d}}{\mathrm{d}x}[x^{p+1}J_{p+1}(x)]=x^{p+1}J_p(x)$$

和以前一样，我们可得结论：反过来说，在函数 $J_{p+1}(x)$ 相邻两个根之间，一定至少有函数 $J_p(x)$ 的一

个根.

这样一来,函数 $J_p(x)$ 和 $J_{p+1}(x)$ 的根是那样彼此分开来的.精确地说来,在函数 $J_p(x)$ 任意两根之间,必有一个而至少有一个函数 $J_{p+1}(x)$ 的根.

除此之外,我们来证明,函数 $J_p(x)$ 和 $J_{p+1}(x)$ 不能有公共根.实际上,如果当 $x_0>0$ 时,$J_p(x)$ 和 $J_{p+1}(x)$ 同时为零,那么由于(7.8),$J'_p(x)$ 也为零,这是不可能的,因为根据微分方程解的唯一性定理,由等式 $J'_p(x)=0$ 推得 $J_p(x)\equiv 0$,这显然是不对的.

现在转过来讨论函数 $J'_p(x)$ 的根.根据洛尔定理,在函数 $J_p(x)$ 相邻的每两个根之间,至少有 $J'_p(x)$ 的一根.因此函数 $J'_p(x)$ 和 $J_p(x)$ 一样,有无穷多个正根.

最后,考察函数 $xJ'_p(x)-HJ_p(x)$($H=$常数).这种函数的根会在应用中遇到的.

我们已经知道函数 $J_p(x)$ 和 $J'_p(x)$ 不能同时为零(对于 $x>0$).由此易知,当 x 的值通过使 $J_p(x)$ 为零的值时,它必须要变号.设 $\lambda_1,\lambda_2,\cdots,\lambda_n,\cdots$ 是 $J_p(x)$ 的正根,依小到大的次序排列.对于 $0<x<\lambda_1$,函数 $J_p(x)$ 不变号,并且当 $p>-1$ 时(我们只注意这种 p),$J_p(x)$ 是正(参看(4.3),在那里的第一项决定 $J_p(x)$ 的正负号,当 x 靠近零时是正的).当 x 通过 λ_1 时,$J_p(x)$ 由正值过渡到负值,当 x 通过 λ_2 时,由负值到正值,余类推.于是

$$J'_p(\lambda_1)<0,J'_p(\lambda_2)>0,J'_p(\lambda_3)<0,\cdots$$

但是

$$[xJ'_p(x)-HJ_p(x)]_{x=\lambda_n}=\lambda_nJ'_p(\lambda_n)$$

因此函数 $xJ'_p(x)-HJ_p(x)$ 当 $x=\lambda_1,\lambda_2,\lambda_3,\cdots$ 时，交错的为正为负，所以在各根 $\lambda_1,\lambda_2,\cdots$ 之间的每一个区间至少有一次为零. 由此证得，这函数有无穷多个正根.

可以证明，好像在讨论函数 $J_p(x)$ 的根的情况一样，函数 $J_p(x)$ 或函数 $xJ'_p(x)-HJ_p(x)$ 的相邻两根逐渐远离坐标原点时，它们的差趋于 π，我们不进行证明了.

§11　带参数的欧拉－贝塞尔方程

设函数 $y(x)$ 是方程(1.1)任意的一个解. 考察函数 $y=y(\lambda x)$，并设 $\lambda x=t$.

显然

$$t^2\frac{\mathrm{d}^2y}{\mathrm{d}t^2}+t\frac{\mathrm{d}y}{\mathrm{d}t}+(t^2-p^2)y=0 \qquad (11.1)$$

但是

$$\frac{\mathrm{d}y}{\mathrm{d}t}=\frac{1}{\lambda}\frac{\mathrm{d}y}{\mathrm{d}x},\frac{\mathrm{d}^2y}{\mathrm{d}t^2}=\frac{1}{\lambda^2}\frac{\mathrm{d}^2y}{\mathrm{d}x^2}$$

因此把这代入(11.1)，并注意到等式 $\lambda x=t$，便得

$$x^2\frac{\mathrm{d}^2y}{\mathrm{d}x^2}+x\frac{\mathrm{d}y}{\mathrm{d}x}+(\lambda^2x^2-p^2)y=0 \qquad (11.2)$$

这样一来，如果函数 $y(x)$ 是方程(1.1)的解，那么函数 $y(\lambda x)$ 便是方程

$$x^2y''+xy'+(\lambda^2x^2-p^2)y=0$$

的解. 这个方程就叫作带参数 λ 的欧拉－贝塞尔方程.

§12　函数 $J_p(\lambda x)$ 的正交性

设 λ 和 μ 是两个非负值. 考察两个函数 $y=J_p(\lambda x)$ 和 $z=J_p(\mu x)$, $p>-1$. 根据 §11, 对于这两个函数, 等式

$$x^2y''+xy'+(\lambda^2x^2-p^2)y=0$$
$$x^2z''+xz'+(\mu^2x^2-p^2)z=0$$

或

$$xy''+y'-\frac{p^2}{x}y=-\lambda^2xy$$

$$xz''+z'-\frac{p^2}{x}z=-\mu^2xz$$

是成立的. 后面的两个等式中, 第一个等式乘上 z, 第二个等式乘上 y, 然后由第二个减去第一个, 便得

$$x(yz''-zy'')+(yz'-zy')=(\lambda^2-\mu^2)xyz$$

或

$$x(yz'-zy')'+(yz'-zy')=(\lambda^2-\mu^2)xyz$$

最后得

$$[x(yz'-zy')]'=(\lambda^2-\mu^2)xyz \tag{12.1}$$

把这等式由 0 到 1 积分, 得

$$[x(yz'-zy')]_{x=0}^{x=1}=(\lambda^2-\mu^2)\int_0^1 xyz\,\mathrm{d}x \tag{12.2}$$

在我们的条件下, 即当 $p>-1$ 时, 出现在(12.1)的函数事实上是在区间[0,1]可积的. 为什么呢? 实际看来, 首先记住 $y=J_p(\lambda x)$, $z=J_p(\mu x)$. 于是由公式

(4.3) 得

$$y=x^{p}\varphi(x),z=x^{p}\psi(x) \tag{12.3}$$

其中 $\varphi(x)$ 和 $\psi(x)$ 是幂级数的和,因此是连续而具有连续导函数的函数.因此

$$|xyz|=|x^{2p+1}\varphi(x)\psi(x)|\leqslant Mx^{2p+1}\quad (M=\text{常数})$$

在我们的条件下,$2p+1>-1$,由此可知(12.1)的右边,因而左边是可积的.

由(12.3)易知,当 $p>-1$ 时

$$[x(yz'-zy')]_{x=0}=0$$

因此代替(12.2),我们可以写成

$$[x(yz'-zy')]_{x=1}=(\lambda^{2}-\mu^{2})\int_{0}^{1}xyz\,\mathrm{d}x \tag{12.4}$$

注意

$$[y]_{x=1}=J_{p}(\lambda),[z]_{x=1}=J_{p}(\mu)$$

另一方面

$$y'=\frac{\mathrm{d}}{\mathrm{d}x}J_{p}(\lambda x)=\lambda J'_{p}(\lambda x)$$

$$z'=\frac{\mathrm{d}}{\mathrm{d}x}J_{p}(\mu x)=\mu J'_{p}(\mu x)$$

因此

$$[y']_{x=1}=\lambda J'_{p}(\lambda),[z']_{x=1}=\mu J'_{p}(\mu)$$

所以等式(12.4)就获得下面的形状

$$\begin{aligned}&\mu J_{p}(\lambda)J'_{p}(\mu)-\lambda J_{p}(\mu)J'_{p}(\lambda)\\&=(\lambda^{2}-\mu^{2})\int_{0}^{1}xJ_{p}(\lambda x)J_{p}(\mu x)\mathrm{d}x\end{aligned} \tag{12.5}$$

截至现在,λ 和 μ 都表示任意的非负数.现在对它们加以限制.考虑三种情形.

(1)λ 和 μ 是函数 $J_{p}(x)$ 的不等正根,即 $J_{p}(\lambda)=$

$0, J_p(\mu)=0, \lambda \neq \mu$.

对于这样的λ和μ，关系(12.5)左边变为零.注意$\lambda^2-\mu^2 \neq 0$，便得

$$\int_0^1 x J_p(\lambda x) J_p(\mu x) \mathrm{d}x = 0 \tag{12.6}$$

如果在积分号下没有因子x，那么函数$J_p(\lambda x)$和$J_p(\mu x)$在通常意义下成正交.而在我们目前的情况，就说函数$J_p(\lambda x)$和$J_p(\mu x)$按权x成正交.

但是还是可以说函数$z_1=\sqrt{x}J_p(\lambda x)$和$z_2=\sqrt{x}J_p(\mu x)$在通常意义下成正交.

顺便注意，当$p=\frac{1}{2}$时(由于(8.1))，这些函数变成了$z_1=\sqrt{\frac{2}{\pi}}\sin\lambda x$，$z_2=\sqrt{\frac{2}{\pi}}\sin\mu x$，并且数量$\lambda$和$\mu$具有$\pi n$的形状.当$p=-\frac{1}{2}$时(由于(8.2))，得$z_1=\sqrt{\frac{2}{\pi}}\cos\lambda x$，$z_2=\sqrt{\frac{2}{\pi}}\cos\mu x$，而这时$\lambda$和$\mu$具有$\frac{2n+1}{2}\pi$的形状.这样一来，在这特例我们就得到三角函数：在第一种情形(除却一个常数因子)得到形如$\sin\pi nx$的函数，在$[0,1]$正交；在第二种情形，得到形如$\cos\frac{2n+1}{2}\pi x$的函数，也在$[0,1]$正交.

(2)λ和μ是$J'_p(x)$相异的两根，即

$$J'_p(\lambda)=0, J'_p(\mu)=0, \lambda \neq \mu$$

这时(12.5)的左边变为零.因此我们又得到等式(12.6).

这样，这里的函数$J_p(\lambda x)$，$J_p(\mu x)$按权x成正

交.

(3) 最后,设 λ 和 μ 是函数 $xJ'_p(x)-HJ_p(x)$ 相异的两根,即

$$\lambda J'_p(\lambda)-HJ_p(\lambda)=0$$

$$\mu J'_p(\mu)-HJ_p(\mu)=0$$

等式的第一个乘上 $J_p(\mu)$,第二个乘上 $J_p(\lambda)$,最后由第二个减去第一个,便得

$$\mu J_p(\lambda)J'_p(\mu)-\lambda J_p(\mu)J'_p(\lambda)=0$$

因此这时等式(12.5)左边为零,我们又得到(12.6),即函数 $J_p(\lambda x)$ 和 $J_p(\mu x)$ 按权 x 成正交.

§13 积分$\int_0^1 xJ_p^2(\lambda x)\mathrm{d}x$ 的计算

当 λ 和 μ 相异时,由(12.5)得

$$\int_0^1 xJ_p(\mu x)J_p(\lambda x)\mathrm{d}x$$

$$=\frac{\lambda J_p(\mu)J'_p(\lambda)-\mu J_p(\lambda)J'_p(\mu)}{\mu^2-\lambda^2}$$

如果 $\mu\to\lambda$,那么右边的分式变为不定形,因为分子分母都趋于零. 要求出这个不定形,应用洛必达法则,设 $\lambda=$ 常数,使 $\mu\to\lambda$,便得

$$\int_0^1 xJ_p^2(\lambda x)\mathrm{d}x$$

$$=\lim_{\mu\to\lambda}\frac{\lambda J'_p(\mu)J'_p(\lambda)-\mu J_p(\lambda)J''_p(\mu)-J_p(\lambda)J'_p(\mu)}{2\mu}$$

$$=\frac{\lambda J'^2_p(\lambda)-\lambda J_p(\lambda)J''_p(\lambda)-J_p(\lambda)J'_p(\lambda)}{2\lambda}$$

$$=\frac{1}{2}\left[J'^2_p(\lambda)-J_p(\lambda)J''_p(\lambda)-\frac{J_p(\lambda)J'_p(\lambda)}{\lambda}\right] \quad (13.1)$$

但是$J_p(\lambda)$，看成λ的函数，满足欧拉—贝塞尔方程，即

$$\lambda^2J''_p(\lambda)+\lambda J'_p(\lambda)+(\lambda^2-p^2)J_p(\lambda)=0$$

由此

$$-J_p(\lambda)J''_p(\lambda)-\frac{J_p(\lambda)J'_p(\lambda)}{\lambda}=\left(1-\frac{p^2}{\lambda^2}\right)J^2_p(\lambda)$$

因此由(13.1)有

$$\int_0^1 xJ^2_p(\lambda x)\,\mathrm{d}x=\frac{1}{2}\left[J'^2_p(\lambda)+\left(1-\frac{p^2}{\lambda^2}\right)J^2_p(\lambda)\right] \quad (13.2)$$

这样一来：

(1) 如果λ是函数$J_p(\lambda)$的根，那么

$$\int_0^1 xJ^2_p(\lambda x)\,\mathrm{d}x=\frac{1}{2}J'^2_p(\lambda) \quad (13.3)$$

利用等式(7.8)，设$x=\lambda$，就可把这个公式写成另外一种形式

$$\lambda J'_p(\lambda)-pJ_p(\lambda)=-\lambda J_{p+1}(\lambda)$$

在我们的情况下，$J_p(\lambda)=0$，因此

$$J'_p(\lambda)=-J_{p+1}(\lambda)$$

由是

$$\int_0^1 xJ^2_p(\lambda x)\,\mathrm{d}x=\frac{1}{2}J^2_{p+1}(\lambda) \quad (13.4)$$

(2) 如果λ是函数$J'_p(\lambda)$的根，那么

$$\int_0^1 xJ^2_p(\lambda x)\,\mathrm{d}x=\frac{1}{2}\left(1-\frac{p^2}{\lambda^2}\right)J^2_p(\lambda) \quad (13.5)$$

§14 积分$\int_0^1 xJ_p^2(\lambda x)\mathrm{d}x$ 的估计

为了以后要用，我们证明下面的不等式，它对于足够大的 λ 是成立的

$$\frac{K}{\lambda} \leqslant \int_0^1 xJ_p^2(\lambda x)\mathrm{d}x \leqslant \frac{M}{\lambda} \tag{14.1}$$

其中 $K>0$，M 是常数(可以依赖于 p)．显然

$$\int_0^1 xJ_p^2(\lambda x)\mathrm{d}x = \frac{1}{\lambda^2}\int_0^\lambda tJ_p^2(\lambda t)\mathrm{d}t \tag{14.2}$$

对于足够大的 t，应以渐近公式(9.16)，有

$$|J_p(t)| \leqslant 2A$$

因此

$$\int_0^\lambda tJ_p^2(t)\mathrm{d}t \leqslant M\int_0^\lambda \mathrm{d}t = M\lambda \quad (M=\text{常数})$$

由于等式(14.2)，便得不等式(14.1)的右边．

另一方面，由于同一个渐近公式(9.16)，对于大的 t，即对于 $t>\lambda_0$，有

$$\begin{aligned}
tJ_p^2(t) &= \left(A\sin(t+\omega)+\frac{r}{t}\right)^2 \\
&= A^2\sin^2(t+\omega)+\frac{2A\cdot r\cdot\sin(t+\omega)}{t}+\frac{r^2}{t^2} \\
&\geqslant A^2\sin^2(t+\omega)-\frac{L}{t} \quad (L=\text{常数})
\end{aligned}$$

但是

$$\begin{aligned}
\int_0^\lambda tJ_p^2(t)\mathrm{d}t &> \int_{\lambda_0}^\lambda tJ_p^2(t)\mathrm{d}t \\
&\geqslant \int_{\lambda_0}^\lambda \left(A^2\sin^2(t+\omega)-\frac{L}{t}\right)\mathrm{d}t
\end{aligned}$$

$$
\begin{aligned}
&= A^2\int_{\lambda_0}^{\lambda} \sin^2(t+\omega)\mathrm{d}t - L(\ln\lambda - \ln\lambda_0) \\
&\geqslant K\lambda \\
&(K = \text{常数}, K > 0)
\end{aligned}
$$

因此由(14.2)得到了(14.1)的左边.

第 8 章思考题

1. 求微分方程

$$y'' + \frac{5}{x}y' + y = 0$$

的一般积分.

提示:以 $5 = 2p + 1, p = 2$ 把方程化成(2.2)的形状.然后用代换 $u = x^2 y$(参看(2.1))就可把这方程化到欧拉－贝塞尔方程

$$u'' + \frac{1}{x}\cdot u' + \left(1 - \frac{4}{x^2}\right)u = 0$$

由此易得

$$y = \frac{1}{x^2}(C_1 J_2(x) + C_2 Y_2(x))$$

2. 计算 $\Gamma\left(\frac{2n+1}{2}\right)$($n$ 是正整数).

答

$$
\begin{aligned}
\Gamma\left(\frac{2n+1}{2}\right) &= \frac{2n-1}{2}\cdot\frac{2n-3}{2}\cdot\cdots\cdot\frac{5}{2}\cdot\frac{3}{2}\cdot\Gamma\left(\frac{3}{2}\right) \\
&= \frac{(2n-1)(2n-3)\cdot\cdots\cdot 5\cdot 3\cdot 1}{2^n}\cdot\sqrt{\pi}
\end{aligned}
$$

(参看 §3).

3. 求 $J'_p(x)$ 的渐近公式.

提示:利用公式(7.9)和(9.16).

答

$$J'_p(x)=\frac{B\sin(x+\beta)}{\sqrt{x}}+\frac{\rho(x)}{x\sqrt{x}}$$

其中 $B=$常数，$\beta=$常数，$\rho(x)$ 当 $x\rightarrow\infty$ 时有界.

4. 求 $J''_p(x)$ 的渐近公式.

提示：利用方程(1.1)，公式(9.16)，以及上面的例子.

答

$$J''_p(x)=\frac{A\sin(x+\omega)}{\sqrt{x}}+\frac{\tau(x)}{x\sqrt{x}}$$

其中 A 和 ω 是常数，同时对于 $J_p(x)$，当 $x\rightarrow\infty$ 时，$\tau(x)$ 有界.

5. 证明函数 $J_p(x)(p\geqslant 0)$ 和 $\sqrt{x}J_p(x)\left(p\geqslant -\frac{1}{2}\right)$ 当 $0<x<+\infty$ 时有界.

提示：利用公式(4.3) 和(9.16).

贝塞尔函数作成的傅里叶级数

第9章

§1 傅里叶－贝塞尔级数

设 $\lambda_1,\lambda_2,\cdots,\lambda_n,\cdots$ 是函数 $J_p(x)(p>-1)$ 的正根，排成递升次序. 由上一章 §12 可知，函数

$$J_p(\lambda_1 x),J_p(\lambda_2 x),\cdots,J_p(\lambda_n x),\cdots \tag{1.1}$$

在[0,1]上按权 x 组成正交系.

为了使读者对于系(1.1)的各个函数，有一个几何的概念，我们在图44作出函数 $y=J_1(\lambda_1 x),y=J_1(\lambda_2 x),y=J_1(\lambda_3 x)$ 在[0,1]上的图形来. 函数 $y=J_1(\lambda_n x)(n=3,4,\cdots)$ 在[0,1]上图形的性质越来越复杂，也就是弧“波”的个数越来越增加.

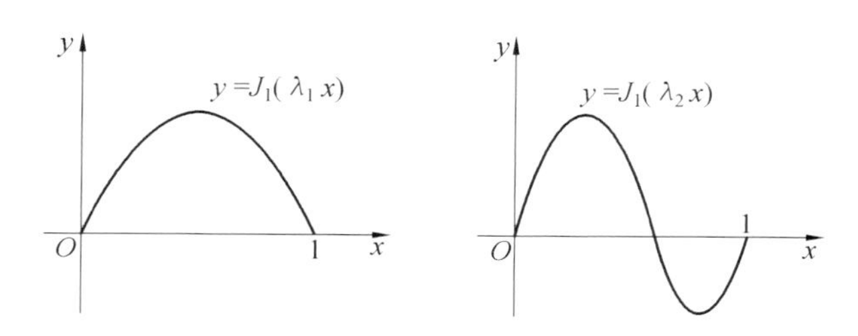

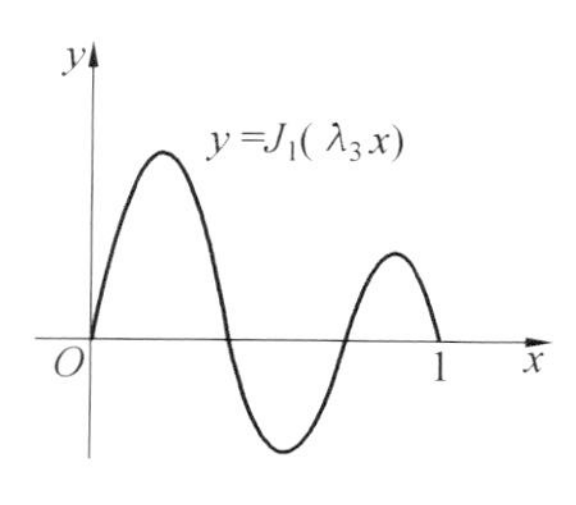

图 44

对于一切在[0,1]上绝对可积的函数 $f(x)$，可以用系(1.1)作出傅里叶级数；简言之，作出傅里叶—贝塞尔级数

$$f(x) \sim c_1 J_p(\lambda_1 x) + c_2 J_p(\lambda_2 x) + \cdots \qquad (1.2)$$

其中常数

$$c_n = \frac{\int_0^1 x f(x) J_p(\lambda_n x) \mathrm{d}x}{\int_0^1 x J_p^2(\lambda_n x) \mathrm{d}x} = \frac{2}{J_{p+1}^2(\lambda_n)} \int_0^1 x f(x) J_p(\lambda_n x) \mathrm{d}x \qquad (1.3)$$

叫作傅里叶—贝塞尔系数. 这些系数可以从下面形式的推演而得到.

我们把(1.2)写成

$$f(x) = c_1 J_p(\lambda_1 x) + c_2 J_p(\lambda_2 x) + \cdots \qquad (1.4)$$

用 $xJ_p(\lambda_n x)$ 乘这个等式的两边，并在区间[0,1]

上取积分，同时权且认为逐项积分是可能的. 由于系(1.1) 有按权 x 的正交性，有

$$\int_0^1 xf(x)J_p(\lambda_n x)\mathrm{d}x = c_n\int_0^x xJ_p^2(\lambda_n x)\mathrm{d}x$$

由此可得(1.3)(并参看上一章(13.4)).

要是等式确实是成立的，而且右边级数的收敛是一致的，那么逐项积分自然合理，因此系数 c_n 当然应该由公式(1.4) 来确定.

我们先用公式(1.3) 作出级数(和通常正交系的情况一样，参看第 2 章 §2)，然后再研究它是否收敛到 $f(x)$.

§2　傅里叶－贝塞尔级数的判断准则

我们不加证明，只叙述一些傅里叶－贝塞尔级数最重要的收敛准则，而级数收敛到的函数正是构成级数的函数. 这些准则和我们所知道的傅里叶三角级数的收敛准则相类似(参看第 3 章 §9，§12). 而傅里叶－贝塞尔级数的情况，证明起来就复杂得多，所以我们把它放弃了.

定理 1　在[0,1] 上逐段滑溜的函数 $f(x)$，连续的或是不连续的，当 $0 < x < 1$ 时，它的傅里叶－贝塞尔级数$\left(p \geqslant -\dfrac{1}{2}\right)$收敛，并且它的和在每个连续点处等于 $f(x)$，而在每个间断点处等于 $\dfrac{f(x+0)+f(x-0)}{2}$.

当 $x=1$ 时级数总是收敛到零，当 $x=0$ 时级数对于 $p>0$ 收敛到零(因为对于这些值，系(1.1)中一切函数都变为零).

注意，对于 $p<0$ 一切函数(1.1)当 $x=0$ 时将取非有限的值(参看上一章的(4.1))，因而在这个点处要谈级数的收敛就无意义了.

附注 无须要求在$[0,1]$上 $f(x)$ 是逐段滑溜，而只需要求它在一切区间$[\delta,1-\delta](\delta>0)$上是逐段滑溜的，并添上 $f(x)$，或者甚至$\sqrt{x}f(x)$，在整个区间$[0,1]$上绝对可积的条件就够了.

定理 2 在$[0,1]$上绝对可积的函数 $f(x)$ 在区间$[a,b](0\leqslant a<b\leqslant 1)$上连续且具有绝对可积导函数，它的傅里叶－贝塞尔级数$\left(p\geqslant-\dfrac{1}{2}\right)$，在每个区间$[a+\delta,b-\delta](\delta>0)$上均匀收敛.

定理 3 在$[0,1]$上绝对可积的函数 $f(x)$ 在区间$[a,1](0\leqslant a<1)$上连续且具有绝对可积的导函数，而满足条件 $f(1)=0$，则它的傅里叶－贝塞尔级数$\left(p\geqslant-\dfrac{1}{2}\right)$在每个区间$[a+\delta,1](\delta>0)$上均匀收敛.

条件 $f(1)=0$ 是十分自然的，因为当 $x=1$ 时，系(1.1)内的一切函数都是零.

附注 在定理 2,3 里只要要求函数$\sqrt{x}f(x)$的绝对可积就够了.

例 把函数 $f(x)=x^p\left(p\geqslant-\dfrac{1}{2}\right)$，$0<x<1$，展成对于系

$$J_p(\lambda_1 x),J_p(\lambda_2 x),\cdots,J_p(\lambda_n x),\cdots$$

的傅里叶－贝塞尔级数.

根据公式(1.3)有

$$c_n=\frac{2}{J_{p+1}^2(\lambda_n)}\int_0^1 x^{p+1}J_p(\lambda_n x)\mathrm{d}x \quad (n=1,2,\cdots)$$

但是

$$\int_0^1 x^{p+1}J_p(\lambda_n x)\mathrm{d}x=\frac{1}{\lambda_n^{p+2}}\int_0^{\lambda_n} t^{p+1}J_p(t)\mathrm{d}t$$

由上一章的(7.1)有(要取 $p+1$ 代替 p)

$$\frac{\mathrm{d}}{\mathrm{d}t}[t^{p+1}J_{p+1}(t)]=t^{p+1}J_p(t)$$

由是有

$$\begin{aligned}\int_0^{\lambda_n} t^{p+1}J_p(t)\mathrm{d}t&=\int_0^{\lambda_n}[t^{p+1}J_{p+1}(t)]'\mathrm{d}t\\&=[t^{p+1}J_{p+1}(t)]_{t=0}^{t=\lambda_n}=\lambda_n^{p+1}J_{p+1}(\lambda_n)\end{aligned}$$

和

$$\int_0^1 x^{p+1}J_p(\lambda_n x)\mathrm{d}x=\frac{1}{\lambda_n}J_{p+1}(\lambda_n) \tag{2.1}$$

因此

$$c_n=\frac{2}{\lambda_n J_{p+1}(\lambda_n)} \quad (n=1,2,\cdots)$$

由于定理1,故当 $p\geqslant-\frac{1}{2}$ 时,对于 $0<x<1$,可以写成

$$x^p=2\left(\frac{J_p(\lambda_1 x)}{\lambda_1 J_{p+1}(\lambda_1)}+\frac{J_p(\lambda_2 x)}{\lambda_2 J_{p+1}(\lambda_2)}+\cdots\right)$$

§3　贝塞尔不等式和它的推论

系(1.1)里的各函数按权 x 的正交性可以看成函

数

$$\sqrt{x}J_p(\lambda_1 x),\sqrt{x}J_p(\lambda_2 x),\cdots,\sqrt{x}J_p(\lambda_n x),\cdots \tag{3.1}$$

的通常正交性.

因此,如果要关于系(1.1)展开函数 $f(x)$,我们就可以先把函数$\sqrt{x}f(x)$关于通常正交系(3.1)展成级数

$$\sqrt{x}f(x)\sim c_1\sqrt{x}J_p(\lambda_1 x)+c_2\sqrt{x}J_p(\lambda_2 x)+\cdots$$

然后由此转到展式(1.2)(不难验证这两个展式的系数是一样的).这些推演可以使我们把第 2 章的结果应用到傅里叶－贝塞尔级数上面来.

设 $F(x)=\sqrt{x}f(x)$ 是平方可积函数(如果 $f(x)$ 是平方可积函数,$F(x)$ 显然也是的),则利用贝塞尔不等式(参看第 2 章 §6)便得

$$\int_0^1 F^2(x)\mathrm{d}x \geqslant \sum_{n=1}^{\infty} c_n^2 \| \sqrt{x}\cdot J_p(\lambda_n x)\|^2$$

或

$$\int_0^1 xf^2(x)\mathrm{d}x \geqslant \sum_{n=0}^{\infty} c_n^2\cdot\int_0^1 xJ_p^2(\lambda_n x)\mathrm{d}x$$

由是

$$\lim_{n\to+\infty}\left[c_n^2\cdot\int_0^1 xJ_p^2(\lambda_n x)\mathrm{d}x\right]=0$$

但由上一章的(14.1)可得:对于一切足够大的 n,有

$$\int_0^1 xJ_p^2(\lambda_n x)\mathrm{d}x \geqslant \frac{K}{\lambda_n}\quad (K>0)$$

因此

$$\lim_{n\to+\infty}\frac{c_n^2}{\lambda_n}=0$$

或

$$\lim_{n\to+\infty}\frac{c_n}{\sqrt{\lambda_n}}=0 \tag{3.2}$$

其次,由上一章渐近公式(9.16)可得:对于一切足够大的 x,有

$$|J_p(x)|<\frac{2A}{\sqrt{x}}$$

因此对于每一个固定的 $x>0$,要是 n 足够大,便有

$$|J_p(\lambda_n x)|<\frac{2A}{\sqrt{\lambda_n x}} \tag{3.3}$$

由此用(3.2)得

$$\lim_{n\to+\infty}|c_n J_p(\lambda_n x)|=0 \tag{3.4}$$

这样一来,平方可积函数的傅里叶－贝塞尔级数的公项总是趋于零的($x>0$).如果 $p>0$,这件事对于 $x=0$ 显然也是对的(因为这时当 $x=0$ 时,系(1.1)的一切函数等于零).

最后,由(1.3)得

$$\int_0^1 xf(x)J_p(\lambda_n x)\mathrm{d}x=c_n\int_0^1 xJ_p^2(\lambda_n x)\mathrm{d}x$$

或由上一章的(14.1)可知,对于足够大的 n,有

$$\left|\int_0^1 xf(x)J_p(\lambda_n x)\mathrm{d}x\right|\leqslant\frac{M|c_n|}{\lambda_n}$$

因此按照(3.2)有

$$\lim_{n\to+\infty}\int_0^1 xf(x)J_p(\lambda_n x)\mathrm{d}x=0 \tag{3.5}$$

我们便得到了与含三角函数的积分类似的性质(参看第 3 章 §2).

等式(3.2),(3.5)不但对于平方可积函数的情况成立,并且对于任意绝对可积函数也成立.我们不证明了.

§4 保证傅里叶－贝塞尔级数均匀收敛的系数的阶

定理 1 如果 $p \geqslant 0$，且对于足够大的 n，有

$$|c_n| \leqslant \frac{c}{\lambda_n^{1+\varepsilon}} \tag{4.1}$$

其中 $\varepsilon > 0$，c 是常数，那么级数

$$c_1 J_p(\lambda_1 x) + c_2 J_p(\lambda_2 x) + \cdots + c_n J_p(\lambda_n x) + \cdots \tag{4.2}$$

在$[0,1]$上绝对收敛而且均匀收敛.

证 当 $p \geqslant 0$ 时，函数 $J_p(x)$ 在靠近 $x=0$ 处是有界的. 由上一章的渐近公式(9.16)可知，它对于大的 x 是有界的. 因此 $J_p(x)$ 对于一切 x 是有界的. 由此可知

$$|c_n J_p(\lambda_n x)| \leqslant |c_n| \cdot L \quad (L = \text{常数})$$

又由(4.1)有

$$|c_n J_p(\lambda_n x)| \leqslant \frac{c \cdot L}{\lambda_n^{1+\varepsilon}}$$

但是由当 $n \to \infty$ 时 $\lambda_{n+1} - \lambda_n \to \pi$ 这条件(参看上一章§9)可知，当 $n > m$ 时(m 是某个固定的数)，$\lambda_n > \lambda_m + (n-m) = n + h$，$h = $ 常数.

因此，如果 n 很大，那么 $\lambda_n \geqslant \frac{1}{2}n$，而

$$\frac{1}{\lambda_n} \leqslant \frac{2}{n} \tag{4.3}$$

所以对于大的 n，有

$$|c_n J_p(\lambda_n x)| \leqslant \frac{H}{n^{1+\varepsilon}} \quad (H = 常数)$$

这里右边是收敛的数项级数的项. 由此可得定理1所说的事.

定理2　如果 $p \geqslant -\frac{1}{2}$,而且对于一切足够大的 n,有

$$|c_n| \leqslant \frac{c}{\lambda_n^{\frac{1}{2}+\varepsilon}} \tag{4.4}$$

其中 $\varepsilon > 0$,c 是常数,那么:

(1) 级数

$$c_1\sqrt{x}J_p(\lambda_1 x) + c_2\sqrt{x}J_p(\lambda_2 x) + \cdots + c_n\sqrt{x}J_p(\lambda_n x) + \cdots \tag{4.5}$$

在$[0,1]$上绝对收敛和均匀收敛,因而:

(2) 级数(4.2)在每一个区间$[\delta,1]$,$\delta > 0$,上绝对收敛和均匀收敛.

证　对于 $p \geqslant -\frac{1}{2}$,函数$\sqrt{x}J_p(x)$当 $x \to 0$ 时是有界的(参看上一章(4.3)). 由渐近公式(参看上一章的(9.16))可知,对于大的 x 它也是有界的. 因此它对于一切 x 有界. 因若

$$|\sqrt{x\lambda_n}J_p(\lambda_n x)| \leqslant L \quad (L = 常数)$$

因此不管 x 是$[0,1]$的什么数,都有

$$|\sqrt{x}J_p(\lambda_n x)| \leqslant \frac{L}{\sqrt{\lambda_n}} \tag{4.6}$$

由此

$$|c_n\sqrt{x}J_p(\lambda_n x)| \leqslant \frac{|c_n| \cdot L}{\sqrt{\lambda_n}} \leqslant \frac{cL}{\lambda_n^{1+\varepsilon}}$$

或由(4.3)得

$$|c_n\sqrt{x}J_p(\lambda_n x)|\leqslant\frac{H}{n^{1+\varepsilon}}\quad(H=\text{常数})\quad(4.7)$$

右边是收敛数项级数的项,故得(1)所断言的事.

定理中的(2)可以由(4.7)所推得的不等式

$$|c_nJ_p(\lambda_n x)|\leqslant\frac{H}{\sqrt{x}\cdot n^{1+\varepsilon}}\leqslant\frac{H}{\sqrt{\delta}\cdot n^{1+\varepsilon}}\quad(\delta\leqslant x\leqslant 1)$$

得到.

定理 3 如果 $p>-1$,而且对于一切足够大的 n,有

$$|c_n|\leqslant\frac{c}{\lambda_n^{\frac{1}{2}+\varepsilon}}$$

其中 $\varepsilon>0$,c 是常数,那么级数(4.2)在每一个区间[δ,1],$\delta>0$,上绝对收敛且均匀收敛.

证 设 $\delta\leqslant x\leqslant 1$. 由渐近公式(参看上一章(9.16))可知,对于一切足够大的 x,即当 $x\geqslant x_0$ 时,有

$$|J_p(x)|\leqslant\frac{2A}{\sqrt{x}}$$

对于一切足够大的 n,不等式 $\lambda_n\delta\geqslant x_0$ 成立. 那么对于 $x\geqslant\delta$,当然就有 $\lambda_n x\geqslant x_0$. 因此,对于 $\delta\leqslant x\leqslant 1$,有

$$|J_p(\lambda_n x)|\leqslant\frac{2A}{\sqrt{\lambda_n x}}\leqslant\frac{2A}{\sqrt{\lambda_n\delta}}$$

由是

$$|c_nJ_p(\lambda_n x)|\leqslant\frac{2A}{\sqrt{\delta}}\cdot\frac{c_n}{\sqrt{\lambda_n}}$$

或

$$|c_nJ_p(\lambda_n x)|\leqslant\frac{2Ac}{\sqrt{\delta}}\cdot\frac{1}{\sqrt{\lambda_n^{1+\varepsilon}}}$$

由此用(4.3),可知对于一切足够大的 n

$$|c_nJ_p(\lambda_nx)|\leqslant\frac{H}{n^{1+\varepsilon}}\quad(H=\text{常数})$$

右边是收敛数项级数的项,故可知定理是正确的.

附注　在定理1～3的条件(4.1)和(4.4)中,可以简单地用 n 代替 λ_n(由于(4.3)).

例1　级数

$$J_1(\lambda_1x)+\frac{J_1(\lambda_2x)}{2^2}+\cdots+\frac{J_1(\lambda_nx)}{n^2}+\cdots$$

在[0,1]上绝对收敛和均匀收敛,因为在这里 $p=1$,$\varepsilon=1$,因此可以应用定理1.

例2　级数

$$J_{-\frac{1}{4}}(\lambda_1x)+\frac{J_{-\frac{1}{4}}(\lambda_2x)}{2}+\cdots+\frac{J_{-\frac{1}{4}}(\lambda_nx)}{n}+\cdots$$

在每个区间$[\delta,1]$,$\delta>0$上绝对收敛和均匀收敛,而级数

$$\sqrt{x}J_{-\frac{1}{4}}(\lambda_1x)+\frac{\sqrt{x}J_{-\frac{1}{4}}(\lambda_2x)}{2}+\cdots+\frac{\sqrt{x}J_{-\frac{1}{4}}(\lambda_nx)}{n}+\cdots$$

在整个区间[0,1]上绝对收敛和均匀收敛.在这里我们应用定理2.

例3　级数

$$J_{-\frac{3}{4}}(\lambda_1x)+\frac{J_{-\frac{3}{4}}(\lambda_2x)}{2}+\cdots+\frac{J_{-\frac{3}{4}}(\lambda_nx)}{n}+\cdots$$

在每个区间$[\delta,1]$,$\delta>0$上绝对收敛和均匀收敛.这里应用定理3.

§5　二次可微函数的傅里叶－贝塞尔系数的阶

预备定理　设 $F(x)$ 在区间 $[0,1]$ 上确定，二次可微，并且 $F(0)=F'(0)=0, F(1)=0, F''(x)$ 有界（这个导数可能在个别点处不存在）. 如果 λ 是函数 $J_p(x)$，$p>-1$ 的根，那么

$$\left|\int_0^1 \sqrt{x}F(x)J_p(\lambda x)\mathrm{d}x\right| \leqslant \frac{R}{\lambda^{\frac{5}{2}}} \quad (R= \text{常数}) \tag{5.1}$$

实际上，由于上一章 §9（参看那里的(9.1)和(9.2)），函数

$$z(t)=\sqrt{t}J_p(t)$$

满足方程

$$z''(t)+\left(1-\frac{p^2-\frac{1}{4}}{t^2}\right)z(t)=0$$

命 $t=\lambda x$. 那么

$$z'(t)=\frac{1}{\lambda}\frac{\mathrm{d}z}{\mathrm{d}x}, z''(t)=\frac{1}{\lambda^2}\frac{\mathrm{d}^2z}{\mathrm{d}x^2}$$

由是

$$\frac{1}{\lambda^2}\frac{\mathrm{d}^2z}{\mathrm{d}x^2}+\left(1-\frac{p^2-\frac{1}{4}}{\lambda^2x^2}\right)z=0$$

或

$$\frac{\mathrm{d}^2z}{\mathrm{d}x^2}+\left(\lambda^2-\frac{p^2-\frac{1}{4}}{x^2}\right)z=0 \tag{5.2}$$

这样一来，函数 $z=\sqrt{\lambda x}\cdot J_p(\lambda x)$ 满足方程(5.2).

那么这个方程也就为函数 $z=\sqrt{x}J_p(\lambda x)$ 所满足(因为它和前一个函数只差一个常数因子).

在(5.2)内设 $p^2-\frac{1}{4}=m$,便可求得

$$z=\frac{1}{\lambda^2}\left(\frac{m}{x^2}z-z''\right)$$

因此

$$I=\int_0^1\sqrt{x}F(x)J_p(\lambda x)\mathrm{d}x=\int_0^1F(x)z\mathrm{d}x=$$

$$=\frac{1}{\lambda^2}\int_0^1F(x)\left(\frac{m}{x^2}z-z''\right)\mathrm{d}x$$

不难验证

$$(F'\cdot z-F\cdot z')'=F''\cdot z-F\cdot z''$$

由是

$$I=\frac{1}{\lambda^2}\int_0^1\left[\left(F(x)\frac{m}{x^2}-F''(x)\right)z+(F'\cdot z-F\cdot z')'\right]\mathrm{d}x$$

$$=\frac{1}{\lambda^2}\int_0^1\left(F(x)\frac{m}{x^2}-F''(x)\right)z\mathrm{d}x+[F'\cdot z-F\cdot z']_{x=0}^{x=1}$$

但是

$$[F'\cdot z-F\cdot z']_{x=0}^{x=1}=[F'(1)z(1)-F(1)z'(1)]-[F'(0)\cdot z(0)-F(0)\cdot z'(0)]=0$$

实际上:

(1) $z(1)=[\sqrt{x}J_p(\lambda x)]_{x=1}=J_p(\lambda)=0$, $F'(1)$ 是有限值;

(2) 根据假设, $F(1)=0$,而 $z'(1)$ 是有限值;

(3) 由泰勒公式,有 $F'(x)=xF''(\theta x)(0<\theta<1)$; $z=\sqrt{x}J_p(\lambda x)=x^{p+\frac{1}{2}}\varphi(x)$,其中 $\varphi(x)$,作为幂级数的和(参看上一章的(4.3)),是连续而可微的

$$F'(0)\cdot z(0)=\lim_{x\to 0}F'(x)z(x)$$
$$=\lim_{x\to 0}x^{p+\frac{3}{2}}\varphi(x)F''(\theta x)=0$$

（因为 F'' 当 $p>-1$ 时有界）；

（4）由泰勒公式，有

$$F(x)=\frac{x^2}{2}F''(\theta x)\quad(0<\theta<1)$$

$$z'(x)=(x^{p+\frac{1}{2}}\varphi(x))'=(p+\frac{1}{2})x^{p-\frac{1}{2}}\varphi(x)+$$
$$x^{p+\frac{1}{2}}\varphi'(x)$$

$$F(0)\cdot z'(0)=\lim_{x\to 0}F(x)z'(x)$$
$$=\frac{1}{2}\lim_{x\to 0}[(p+\frac{1}{2})x^{p+\frac{3}{2}}\varphi(x)+$$
$$x^{p+\frac{5}{2}}\varphi'(x)]F''(\theta x)=0$$

因此

$$I=\frac{1}{\lambda^2}\int_0^1\left(F(x)\frac{m}{x^2}-F''(x)\right)z\mathrm{d}x\qquad(5.3)$$

我们已经说过，由泰勒公式可知，靠近 $x=0$ 处有

$$F(x)=\frac{x^2}{2}F''(\theta x)\quad(0<\theta<1)$$

由此可知在(5.3)积分号内括弧里的函数是有界的.

故此

$$\left|\int_0^1\left(F(x)\frac{m}{x^2}-F''(x)\right)z\mathrm{d}x\right|\leqslant L\int_0^1|z|\mathrm{d}x\quad(L=\text{常数})$$

由蒲仰可夫斯基不等式(参看第 2 章(4.1))可知

$$\left(\int_0^1|z|\mathrm{d}x\right)^2\leqslant\int_0^1z^2\mathrm{d}x=\int_0^1xJ_p^2(\lambda x)\mathrm{d}x$$
$$\leqslant\frac{M}{\lambda}\quad(M=\text{常数})$$

(参看上一章(14.1))，因此

$$\int_0^1 |z| \mathrm{d}x \leqslant \sqrt{\frac{M}{\lambda}} \tag{5.4}$$

既然如此，由(5.3)就有

$$I \leqslant \frac{L\sqrt{M}}{\lambda^{\frac{5}{2}}}$$

这就证明了不等式(5.1).

定理1　设函数 $f(x)$ 在区间$[0,1]$上确定并二次可微，而 $f(0)=f'(0)=0, f(1)=0, f''(x)$ 有界(这个导数可能在个别点处不存在). 那么，对于函数 $f(x)$ 的傅里叶－贝塞尔系数，不等式

$$|c_n| \leqslant \frac{C}{\lambda_n^{\frac{3}{2}}} \quad (C=\text{常数}) \tag{5.5}$$

成立.

证　如果 $f(x)$ 满足定理的条件，那么这条件也就为函数 $F(x)=\sqrt{x}\cdot f(x)$ 所满足. 因此应用预备定理就可得

$$\left|\int_0^1 xf(x)J_p(\lambda_n x)\mathrm{d}x\right| = \left|\int_0^1 \sqrt{x}\cdot F(x)\cdot J_p(\lambda_n x)\mathrm{d}x\right| \leqslant \frac{R}{\lambda_n^{\frac{5}{2}}} \quad (R=\text{常数})$$

由上一章的(14.1)可知

$$\int_0^1 xJ_p^2(\lambda_n x)\mathrm{d}x \geqslant \frac{K}{\lambda_n} \quad (K\neq 0)$$

于是由(1.3)就得

$$|c_n| = \frac{\left|\int_0^1 xf(x)J_p(\lambda_n x)\mathrm{d}x\right|}{\left|\int_0^1 xJ_p^2(\lambda_n x)\mathrm{d}x\right|} \leqslant \frac{R}{K}\cdot\frac{1}{\lambda_n^{\frac{3}{2}}}$$

这个就是要证的不等式(5.5).

附注 如果对于 $f(x)$ 的要求，改为对于函数 $F(x)=\sqrt{x}f(x)$ 的同样的要求，定理还是对的，因为预备定理正是应用到这个函数上的.

由定理 1 可以推出下面的定理，作为 §2 定理 2 的补充：

定理 2 如果函数 $f(x)$ 在 $[0,1]$ 连续而二次可微，且 $f(0)=f'(0)=0$，$f(1)=0$，$f''(x)$ 有界（这导函数可能在个别点处不存在），那么它的傅里叶－贝塞尔级数，当 $p>-1$ 时在区间 $[\delta,1]$ $(0<\delta<1)$ 上，$p\geqslant 0$ 时在整个区间 $[0,1]$ 上绝对收敛和均匀收敛.

证 如果 $p>-1$，则由上面的定理和 §4 的定理 3 就可肯定上述的事实.

如果 $p\geqslant 0$，则在整个区间 $[0,1]$ 上均匀收敛这一件事，可以由前面的定理和 §4 定理 1 推得.

附注 如果利用 §4 定理 2，那么在对 $f(x)$ 所限定的条件下，且当 $p\geqslant -\dfrac{1}{2}$ 时，级数 (4.5) 在整个区间 $[0,1]$ 是绝对收敛和均匀收敛的.

§6 多次可微函数的傅里叶－贝塞尔系数的阶

定理 1 设函数 $f(x)$ 在区间 $[0,1]$ 上确定并可微 $2s$ $(s>1)$ 次，而且：

(1) $f(0)=f'(0)=\cdots=f^{(2s-1)}(0)=0$；

(2) $f^{(2s)}(x)$ 有界（这个导数可能在个别点处不存在）；

(3) $f(1)=f'(1)=\cdots=f^{(2s-2)}(1)=0$.

那么对于函数 $f(x)$ 的傅里叶一贝塞尔系数，不等式

$$|c_n| \leqslant \frac{C}{\lambda^{2s-\frac{1}{2}}} \quad (C = \text{常数}) \qquad (6.1)$$

成立.

实际上，不难理解，函数 $F(x)=\sqrt{x}f(x)$ 也满足定理的条件. 特别说来，它满足 §5 预备定理的条件. 因此对于它，等式(5.3) 成立，即

$$\begin{aligned} I &= \int_0^1 xf(x)J_p(\lambda_n x)\mathrm{d}x \\ &= \int_0^1 \sqrt{x}F(x)J_p(\lambda_n x)\mathrm{d}x \\ &= \int_0^1 F(x)z\mathrm{d}x \\ &= \frac{1}{\lambda_n^2}\int_0^1 \left(\frac{m}{x^2}F - F''\right)z\,\mathrm{d}x \end{aligned}$$

其中 $m=p^2-\frac{1}{4}$，$z=\sqrt{x}J_p(\lambda_n x)$. 命 F_1 表示括弧中的函数，则

$$I = \frac{1}{\lambda_n^2}\int_0^1 F_1 \cdot z\mathrm{d}z$$

对于函数 F_1，预备定理的一切条件是满足的. 因此根据(5.3) 的同一等式，有

$$I = \frac{1}{\lambda_n^4}\int_0^1 F_2 \cdot z\mathrm{d}z$$

其中设 $F_2 = \frac{m}{x^2}F_1 - F''_1$.

如果 $s>2$，对于 F_2，我们又知道它满足预备定理的条件，那么照样的可以推下去. 每一次总可以重复引用我们的推演，恰好 s 次，就得

$$I=\frac{1}{\lambda_n^{2s}}\int_0^1 F_s\cdot z\mathrm{d}x$$

其中 $F_s=\frac{m}{x^2}F_{s-1}-F''_{s-1}$ 是有界函数.

于是

$$\left|\int_0^1 F_s\cdot z\mathrm{d}x\right|\leqslant L\cdot\int_0^1 |z|\,\mathrm{d}x \quad (L=\text{常数})$$

由(5.4)有

$$\int_0^1 |z|\,\mathrm{d}x\leqslant\sqrt{\frac{M}{\lambda_n}} \quad (M=\text{常数})$$

因此

$$I=\frac{L\sqrt{M}}{\lambda_n^{2s+\frac{1}{2}}}$$

但是

$$|c_n|=\frac{\left|\int_0^1 xf(x)J_p(\lambda_n x)\mathrm{d}x\right|}{\left|\int_0^1 xJ_p^2(\lambda_n x)\mathrm{d}x\right|}$$

又因由上一章的(14.1)有

$$\int_0^1 xJ_p^2(\lambda_n x)\mathrm{d}x\geqslant\frac{K}{\lambda_n} \quad (K>0)$$

因此

$$|c_n|\leqslant\frac{L\sqrt{M}}{K}\cdot\frac{1}{\lambda_n^{2s-\frac{1}{2}}}$$

这就证明了不等式(6.1).

由定理 1 推得

定理 2 在定理 1 的条件下,对于 $s\geqslant 1$ 有:

(1) 当 $p\geqslant 0$ 时,对于任意的 $x(0\leqslant x\leqslant 1)$ 有

$$|c_nJ_p(\lambda_n x)|\leqslant\frac{H}{\lambda_n^{2s-\frac{1}{2}}} \quad (H=\text{常数}) \qquad (6.2)$$

(2) 当 $p \geqslant -\frac{1}{2}$ 时，对于一切 $x(0 < x \leqslant 1)$，均匀地

$$|c_n J_p(\lambda_n x)| \leqslant \frac{L}{\sqrt{x} \cdot \lambda_n^{2s}} \quad (L = \text{常数}) \quad (6.3)$$

(3) 当 $p > -1$ 时，等式(6.3)对于每个 $x(0 < x \leqslant 1)$ 成立，如果 $n > n(x)$（对于 x 无均匀性）.

证　在§4(参看定理1的证明)里，我们知道，对于 $p \geqslant 0$，函数 $J_p(x)$ 是有界的. 因此不等式(6.2)立刻可由(6.1)得到.

当 $p \geqslant -\frac{1}{2}$ 时，不等式(4.6)对于 $J_p(\lambda_n x)$ 是成立的. 剩下的事就是利用(6.1).

当 $p > -1$ 时，由上一章渐近公式(9.16)，对于每一个 $x(0 < x \leqslant 1)$，且对于 $n > n(x)$，有

$$|J_p(\lambda_n x)| \leqslant \frac{L}{\sqrt{\lambda_n x}} \quad (L = \text{常数}) \quad (6.4)$$

由此利用不等式(6.1)得(6.3).

§7　傅里叶-贝塞尔级数的逐项微分

设有傅里叶-贝塞尔展式

$$f(x) = \sum_{n=1}^{\infty} c_n J_p(\lambda_n x) \quad (7.1)$$

让我们来建立使等式

$$f'(x) = \sum_{n=1}^{\infty} (c_n J_p(\lambda_n x))' = \sum_{n=1}^{\infty} c_n \lambda_n J'_p(\lambda_n x) \quad (7.2)$$

成立的充分条件. 由上一章的公式(7.8)得

$$
\begin{aligned}
|\lambda_n x J'_p(\lambda_n x)| &= |pJ_p(\lambda_n x) - \lambda_n x J_{p+1}(\lambda_n x)| \\
&\leqslant |pJ_p(\lambda_n x)| + |\lambda_n x J_{p+1}(\lambda_n x)|
\end{aligned} \tag{7.3}
$$

由于我们预先假定 $p > -1$,故 $p+1>0$,因此数量 $|\sqrt{\lambda_n x} J_{p+1}(\lambda_n x)|$ 是有界的. 所以

$$
|\lambda_n x J'_p(\lambda_n x)| \leqslant |pJ_p(\lambda_n x)| + \sqrt{\lambda_n} \cdot H \quad (H = \text{常数}) \tag{7.4}
$$

(考虑的值是当 $0 \leqslant x \leqslant 1$). 如果

$$
|c_n| \leqslant \frac{C}{\lambda_n^{\frac{3}{2}+\varepsilon}} \tag{7.5}
$$

其中 $\varepsilon > 0$,C 是常数,那么当 $x>0$ 时

$$
|c_n \lambda_n J'_p(\lambda_n x)| \leqslant \frac{Cp}{\lambda_n^{\frac{3}{2}+\varepsilon}} \left| \frac{J_p(\lambda_n x)}{x} \right| + \frac{CH}{\lambda_n^{1+\varepsilon} x}
$$

或由(6.4)有

$$
|c_n \lambda_n J'_p(\lambda_n x)| \leqslant \frac{CLp}{\lambda_n^{2+\varepsilon} x\sqrt{x}} + \frac{CH}{\lambda_n^{1+\varepsilon} x}
$$

由此易知(参看(4.3)),级数(7.2)对于 $0 < x \leqslant 1$ 是收敛的,且在每个区间$[\delta,1]$($0<\delta<1$)上是均匀收敛的. 后者导致了当 $0 < x \leqslant 1$ 时等式(7.2)的成立.

至于(7.2)当 $x=0$ 时是否成立呢? 当 $p<1$,$p \neq 0$ 时,不难理解,一切函数 $J'_p(\lambda_n x)$ 当 $x=0$ 时变成无穷大(因为 $J_p(x) = x^p \varphi(x)$,其中 $\varphi(x)$ 可微分,且$\varphi(0) \neq 0$. 参看上一章(4.3)),因此等式(7.2)无意义.

如果 $p \geqslant 1$,那么由上一章公式(7.9),有

$$
J'_p(\lambda_n x) = \frac{1}{2}(J_{p-1}(\lambda_n x) - J_{p+1}(\lambda_n x))
$$

而且右边函数的指标不是负的,因此这些函数是有界

的.于是

$$|c_n\lambda_n J'_p(\lambda_n x)|\leqslant|c_n\lambda_n|\cdot H\quad(H=\text{常数})$$

所以,要是

$$|c_n|\leqslant\frac{C}{\lambda_n^{2+s}}\tag{7.6}$$

那么(7.2)里的级数在[0,1]上变成了均匀收敛(参看(4.3)),即等式(7.2)在[0,1]上处处成立.

最后,如果 $p=0$,那么替代(7.3),有

$$|\lambda_n J'_p(\lambda_n x)|=|\lambda_n J_1(\lambda_n x)|$$

因为函数 J_1 是有界的,那么要是(7.6)成立,就有

$$|c_n\lambda_n J'_0(\lambda_n x)|\leqslant\frac{CH}{\lambda_n^{1+s}}$$

在(7.2)里的级数仍然是均匀收敛的,因此等式(7.2)对于区间[0,1]一切的 x 是成立的.

这样一来,我们就证明了:

定理1　如果 $p>-1$,并且对于 c_n,等式(7.5)成立,那么(7.1)在 $0<x\leqslant1$ 可以逐项微分.如果 $p=0$ 或 $p\geqslant1$,且 c_n 满足条件(7.6),那么级数(7.1)[①]在[0,1]上处处可逐项微分.

现在我们来建立级数(7.1)可逐项微分两次,即等式

$$f''(x)=\sum_{n=1}^{\infty}(c_nJ_p(\lambda_n x))''=\sum_{n=1}^{\infty}c_n\lambda_n^2J''_p(\lambda_n x)\tag{7.7}$$

成立的充分条件.因为 $J_p(x)$ 是欧拉—贝塞尔方程的

① 注意,级数(7.1)本身的收敛由(7.5)和(7.6)利用§4的定理而得到.

解,所以

$$\lambda_n^2 x^2 J''_p(\lambda_n x) + \lambda_n x J'_p(\lambda_n x) + (\lambda_n^2 x^2 - p^2) J_p(\lambda_n x) = 0$$

由此

$$\begin{aligned}|\lambda_n^2 x^2 J''_p(\lambda_n x)| &= |-\lambda_n x J'_p(\lambda_n x) - \lambda_n^2 x^2 J_p(\lambda_n x) + p^2 J_p(\lambda_n x)| \\ &\leqslant |\lambda_n x J'_p(\lambda_n x)| + |\lambda_n^2 x^2 J_p(\lambda_n x)| + |p^2 J_p(\lambda_n x)|\end{aligned}$$

或由(7.4)有

$$|\lambda_n^2 x^2 J''_p(\lambda_n x)| \leqslant |pJ_p(\lambda_n x)| + \sqrt{\lambda_n}\cdot H + |\lambda_n^2 x^2 J_p(\lambda_n x)| + |p^2 J_p(\lambda_n x)|$$

因此

$$|c_n \lambda_n^2 J''_p(\lambda_n x)| \leqslant |c_n| \frac{H\sqrt{\lambda_n}}{x^2} + \left(\frac{|p| + p^2}{x^2} + \lambda_n^2\right) |c_n J_p(\lambda_n x)|$$

如果

$$|c_n| \leqslant \frac{C}{\lambda_n^{\frac{5}{2}+\varepsilon}} \tag{7.8}$$

其中 $\varepsilon > 0$,C 是常数,那么由(6.4)就得

$$|c_n \lambda_n^2 J''_p(\lambda_n x)| \leqslant \frac{CH}{\lambda_n^{2+\varepsilon} x^2} + \frac{CL(|p| + p^2)}{\lambda_n^{3+\varepsilon} x^2 \sqrt{x}} + \frac{CL}{\lambda_n^{1+\varepsilon}\sqrt{x}}$$

于是由(4.3)可知,在(7.7)里的级数在 $0 < x \leqslant 1$ 收敛,且在每个区间$[\delta,1]$($0 < \delta < 1$)上均匀收敛.如果注意到由条件(7.7)得到级数(7.2)的收敛性,那么在(7.7)里的级数在每个区间$[\delta,1]$($\delta > 0$)的均匀收敛

就保证等式(7.7)在 $0<x\leqslant 1$ 成立的.

现在注意到当 $-1<p<2, p\neq 0, p\neq 1$ 时,一切函数 $J''_p(\lambda_n x)$ 当 $x=0$ 时变成无穷大(因为 $J_p(x)=x^p\varphi(x)$,其中 $\varphi(x)$ 是幂级数的和,因此可微分任意多次,且 $\varphi(0)\neq 0$,参看上一章(4.3)).因在这时谈等式(7.7)是没有意义的.

类似于推导定理 1 证明的想法,可以证明,对于 $p\geqslant 2, p=0, p=1$,当

$$|c_n|\leqslant\frac{C}{\lambda_n^{3+\varepsilon}} \tag{7.9}$$

时,其中 ε 和 C 是常数,等式(7.7)在[0,1]上到处成立.

因此可得

定理 2　如果 $p>-1$,并且对于系数 c_n,不等式(7.8)成立,那么级数(7.1)[①] 在 $0<x\leqslant 1$ 可逐项微分.又如果 $p=0, p=1$,或 $p\geqslant 2$,且 c_n 满足条件(7.9),则在[0,1]上处处可以逐项微分.

由这定理可以推出:

定理 3　在 §6 定理 1 当 $s=2$ 时的条件下,函数 $f(x)$ 的傅里叶-贝塞尔级数,当 $p>-1$ 时在 $0<x\leqslant 1$ 上,当 $p=0, p=1$ 或 $p\geqslant 2$ 时在[0,1]上处处可微分两次.

实际上,这时由(6.1)有

$$|c_n|\leqslant\frac{C}{\lambda_n^{\frac{7}{2}}}\quad(C=\text{常数})$$

① 级数(7.1)本身的收敛性由(7.8)或(7.9)利用 §4 的定理而得到.

剩下的事就是应用前面的定理了.

§8 第二类的傅里叶－贝塞尔级数

设实数 $\lambda_1,\lambda_2,\cdots,\lambda_n,\cdots$ 是方程

$$xJ'_p(x)-HJ_p(x)=0 \quad (H=\text{常数}) \tag{8.1}$$

的正根,依增大的次序排列.当 $H=0$ 时,这个方程变成了

$$J'_p(x)=0 \tag{8.2}$$

的形状.方程(8.1)(特别是方程(8.2))有无穷多个正根这一事实已经在上一章 §10 里证明过了.由同章的 §12 可知,当 $p>-1$ 时,函数

$$J_p(\lambda_1 x),J_p(\lambda_2 x),\cdots,J_p(\lambda_n x),\cdots \tag{8.3}$$

在[0,1]上组成按权 x 的正交系.因为(8.2)是(8.1)的特例,我们将采用方程(8.1)的根来进行推演,只要记着:对于由方程(8.2)的根产生的系(8.3)说来,推演所得的一切结果都是正确的.

对于一切在[0,1]上绝对可积的函数 $f(x)$,我们可以对于系(8.3)来作傅里叶级数,这叫作第二类傅里叶－贝塞尔级数

$$f(x)\sim c_1J_p(\lambda_1 x)+c_2J_p(\lambda_2 x)+\cdots \tag{8.4}$$

其中常数

$$c_n=\frac{\int_0^1 xf(x)J_p(\lambda_n x)\mathrm{d}x}{\int_0^1 xJ_p^2(\lambda_n x)\mathrm{d}x}$$

$$=\frac{2\lambda_n^2}{\lambda_n^2 J'^2_p(\lambda_n)+(\lambda_n^2-p^2)J_p^2(\lambda_n)}\int_0^1 xf(x)J_p(\lambda_n x)\mathrm{d}x \tag{8.5}$$

像傅里叶－贝塞尔系数一样(也跟一般的傅里叶系数似的),可以用通常从式子上的推演得到.有下面的命题.

定理 1　在$[0,1]$上逐段滑溜(连续或不连续)的函数 $f(x)$ 的第二类级数($p\geqslant -\frac{1}{2}, p>H$)在 $0<x<1$ 收敛,并且它的和在每个连续点处等于 $f(x)$,在每个间断点处等于$\frac{f(x+0)+f(x-0)}{2}$.

对于 $x=1$,级数收敛到 $f(1-0)$(如果 $f(x)$ 当 $x=1$ 时连续,那么级数的和等于 $f(1)$).

当 $p>0$ 时,级数在点 $x=0$ 处收敛到零(因为这时系(8.3)的一切函数变为零).

因为当 $p<0$ 时,系(8.3)的一切函数在 $x=0$ 取无穷大的值,所以在这点处谈级数的收敛性是没有意义的.

上述的定理和 §2 定理 1 很类似,我们不证明它了.只是要指出,条件 $p>H$(§2 内的定理没有和它类似的)换了 $p\leqslant H$ 就曾引起复杂的结果.在这种情况,必须对系(8.3)增添新的函数.

例如,当 $p=H$ 时,这种新函数便是 x^p,这时必须考虑正交系

$$x^p, J_p(\lambda_1 x), J_p(\lambda_2 x), \cdots$$

以代替(8.3).同时,函数 x^p 和其他函数(按权 x)成正交这一事实是由两种情况推得:

(1)$\lambda=0$ 是方程

$$xJ'_p(x)-pJ_p(x)=0$$

的根(参看上一章(7.8)).

(2)x^p 适合带参数($\lambda=0$)的欧拉一贝塞尔方程,即方程

$$x^2y''+xy'-p^2y=0$$

(不难用代入法验证).因此上一章 §12 的一切推演(指带参数方程的解的正交性)可以应用到函数 x^p 和 $J_p(\lambda_n x)$.

当 $p<H$ 时,所"添加"的函数要有极其复杂的性质.为简单起见,我们只限于考察 $p>H$ 这一种情况.对于定理 1 还可以作一些附注,类似于 §2 定理 1 后面所提到的.

除了定理 1 外,还有两个完全与 §2 中定理 2 和 3 类似的定理,在两个定理中,只是加上 $p>H$ 的条件,而在定理 3 的情形下去掉 $f(1)=0$ 的条件.§2 里对相当的定理所下的附注,也可以用在这些定理上.

例 将函数 $f(x)=x^p(0\leqslant x\leqslant 1)$ 按照系

$$J_p(\lambda_1 x),J_p(\lambda_2 x),\cdots,J_p(\lambda_n x),\cdots \tag{8.6}$$

展成级数,其中 λ_n 是方程 $J'_p(x)=0(p>0)$ 的根.由公式(8.5)得

$$c=\frac{2\lambda_n^2}{(\lambda_n^2-p^2)J_p^2(\lambda_n)}\int_0^1 x^{p+1}J_p(\lambda_n x)\mathrm{d}x$$

由(2.1)有

$$\int_0^1 x^{p+1}J_p(\lambda_n x)=\frac{1}{\lambda_n}J_{p+1}(\lambda_n)$$

由于定理 1,我们可以写成

$$x^p = 2\sum_{n=1}^{\infty} \frac{\lambda_n J_{p+1}(\lambda_n) \cdot J_p(\lambda_n x)}{(\lambda_n^2 - p^2) J_p^2(\lambda_n)} \qquad (8.7)$$

当 $p=0$ 时这个等式是否对呢？答案是否定的，因为当 $p=0$ 时

$$J_{p+1}(\lambda_n) = J_1(\lambda_n) = -J'_0(\lambda_n)$$

（根据上一章的(7.8)），又因 $J'_0(\lambda_n)=0$，所以在(8.7)右边我们得到0，可是左边是 $f(x)=x^0=1$.

以上的推演，对于 $p=0$ 是不适合的. 问题是，在我们的情况下，$H=0$，因此 $p=H$. 所以由对于系(8.6)所作的附注，我们应该加上函数 $x^p=x^0=1$，把对应于这个函数的系数记成 c_0，便有

$$c_0 = \frac{\int_0^1 x \cdot f(x) \cdot 1 \cdot \mathrm{d}x}{\int_0^1 x \cdot 1^2 \cdot \mathrm{d}x} = 1$$

这是因为 $f(x)=1$. 又 $c_n=0, n=1,2,\cdots$，于是代替(8.7)，而得到了无条件成立的等式

$$1 = 1 + 0 + 0 + \cdots$$

§9　§3～§7的结果在第二类傅里叶－贝塞尔级数的推广

在§3和§4的定理里，实际上完全没有用到数 λ_n 是方程 $J_p(x)=0$ 的根这一事实，因此这些定理对于第二类级数也是对的. 至于§5，在预备定理里，证明等式(5.3)时是用到条件 $J(\lambda)=0$ 的，因此必须要有新的预备定理，我们就来证明它.

预备定理　设 $F(x)$ 确定于区间$[0,1]$上，且可二

次微分,并且

$$F(0)=F'(0)=0$$

$$F'(1)-(H+\frac{1}{2})F(1)=0$$

$F''(x)$ 有界(这个导函数可能在个别点处不存在). 如果 λ 是方程 $xJ_p(x)-HJ_p(x)=0$ 的根(其中 $p>-1$),那么

$$I=\left|\int_0^1\sqrt{x}F(x)J_p(\lambda x)\mathrm{d}x\right|\leqslant\frac{R}{\lambda^{\frac{5}{2}}}\quad(R=\text{常数})\tag{9.1}$$

证 和在 §5 的预备定理一样,我们可以化到等式

$$I=\frac{1}{\lambda^2}\int_0^1\left(F\cdot\frac{m}{x^2}-F''\right)z\mathrm{d}x+[F'\cdot z-F\cdot z']_{x=0}^{x=1}$$

一切问题归结于要证明最后一项等于零. 最后一项就是差式

$$[F'(1)z(1)-F(1)z'(1)]-[F'(0)z(0)-F(0)z'(0)]\tag{9.2}$$

我们来计算第一个方括弧. 因为 $z=\sqrt{x}J_p(\lambda x)$,所以

$$z(1)=J_p(\lambda)$$

$$z'(1)=\left[\frac{J_p(\lambda x)}{2\sqrt{x}}+\lambda\sqrt{x}J'_p(\lambda x)\right]_{x=1}$$

$$=\frac{J_p(\lambda)}{2}+\lambda J'_p(\lambda)=(H+\frac{1}{2})J_p(\lambda)$$

(我们利用条件 $\lambda J'_p(\lambda)-HJ_p(\lambda)=0$). 于是我们所注意的方括弧的值是

$$\left[F'(1)-F(1)\cdot(H+\frac{1}{2})\right]\cdot J_p(\lambda)$$

由预备定理的条件可知它等于零.

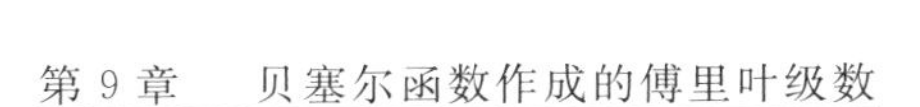

至于(9.2)中的第二个括弧，它等于零的事实可仿§5预备定理同样的证明.

整个的证明可用前述预备定理同样的方法来完成.

由证得的预备定理可得

定理1　设函数 $f(x)$ 确定于区间 $[0,1]$ 上，可微分两次，并且 $f(0)=f'(0)=0$，$f'(1)-Hf(1)=0$[①]，$f''(x)$ 有界(这个导函数可能在个别点处不存在). 那么，对于按照系(8.3)的傅里叶系数，不等式

$$|c_n|\leqslant\frac{C}{\lambda_n^{\frac{3}{2}}}\quad(C=\text{常数})\tag{9.3}$$

是成立的.

证　设 $F(x)=\sqrt{x}f(x)$. 显然，$F(0)=F'(0)=0$，且 $F''(x)$ 有限，并且

$$F'(x)=\frac{f(x)}{2\sqrt{x}}+\sqrt{x}f'(x)$$

因此

$$\begin{aligned}&F'(1)-(H+\frac{1}{2})F(1)\\=&\frac{f(1)}{2}+f'(1)-(H+\frac{1}{2})f(1)\\=&f'(1)-Hf(1)=0\end{aligned}$$

这样一来，把预备定理应用到函数 $F(x)$ 来，便有

① 条件 $f'(1)-Hf(1)=0$ 在这里看来像是勉强的，但在实用上它却是极自然的.

$$\begin{aligned}&\left|\int_0^1 xf(x)J(\lambda_n x)\mathrm{d}x\right|\\=&\left|\int_0^1 \sqrt{x}F(x)J(\lambda_n x)\mathrm{d}x\right|\\\leqslant&\frac{R}{\lambda_n^{\frac{5}{2}}}\quad(R=\text{常数})\end{aligned}$$

由上一章(14.1)可知

$$\int_0^1 xJ_p^2(\lambda_n x)\mathrm{d}x\geqslant\frac{K}{\lambda_n}\quad(K>0)$$

因此记起(8.5)便得(9.3).

由这定理可得(借助于 §4)

定理 2 函数 $f(x)$ 在$[0,1]$上连续,且可两次微分,又 $f(0)=f'(0)=0$,$f'(1)-Hf(1)=0$,$f''(x)$ 有界(这个导函数可能在个别点处不存在),那么它的第二类级数当 $p>-1$ 时在每个区间$[\delta,1]$$(0<\delta<1)$,当 $p\geqslant 0$ 时[①]在整个区间$[0,1]$上绝对收敛且均匀收敛.

§7 的定理 1 和 2 完全可以转用到第二类级数上.

§10 区间$[0,l]$上给出的函数的傅里叶—贝塞尔级数展式

设 $f(x)$ 在区间$[0,l]$上给出,且绝对可积.令 $x=lt$ 或 $t=\frac{x}{l}$.

---

① 如果出现在定理 1 和 2 的条件 $p>H$ 不得满足,那些级数就不能保证以 $f(x)$ 本身为和了.

于是函数 $\varphi(t)=f(lt)$ 就确定于 Ot 轴的区间[0,1]上,而我们可以写

$$\varphi(t)\sim c_1J_p(\lambda_1t)+c_2J_p(\lambda_2t)+\cdots+c_nJ_p(\lambda_nt)+\cdots \tag{10.1}$$

其中在第一类傅里叶－贝塞尔级数的情况下,有

$$c_n=\frac{2}{J_{p+1}^2(\lambda_n)}\int_0^1 t\varphi(t)J_p(\lambda_nt)\mathrm{d}t \quad (n=1,2,\cdots)$$

在第二种的情况下则有

$$c_n=\frac{2\lambda_n^2}{\lambda_n^2J'^2_p(\lambda_n)+(\lambda_n^2-p^2)J_p^2(\lambda_n)}\int_0^1 t\varphi(t)J_p(\lambda_nt)\mathrm{d}t \quad (n=1,2,\cdots)$$

化回到变量 x,便有

$$f(x)\sim c_1J_p\left(\frac{\lambda_1}{l}x\right)+c_2J_p\left(\frac{\lambda_2}{l}x\right)+\cdots+c_nJ_p\left(\frac{\lambda_n}{l}x\right)+\cdots \tag{10.2}$$

其中

$$c_n=\frac{2}{l^2J_{p+1}^2(\lambda_n)}\int_0^l xf(x)J_p\left(\frac{\lambda_n}{l}x\right)\mathrm{d}x \quad (n=1,2,\cdots) \tag{10.3}$$

或

$$c_n=\frac{2\lambda_n^2}{l^2[\lambda_n^2J'^2_p(\lambda_n)+(\lambda_n^2-p^2)J_p^2(\lambda_n)]}\cdot\int_0^l xf(x)J_p\left(\frac{\lambda_n}{l}x\right)\mathrm{d}x \quad (n=1,2,\cdots) \tag{10.4}$$

如果级数(10.1)收敛,那么级数(10.2)也收敛,反过来也对.注意可以不用辅助函数 $\varphi(t)$ 直接地得到展式(10.2),只要注意到系

$$J_p\left(\frac{\lambda_1}{l}x\right),\cdots,J_p\left(\frac{\lambda_n}{l}x\right),\cdots \quad (p>-1)\ (10.5)$$

在区间$[0,l]$上是按权 x 成正交.

实际上

$$\int_0^1 xJ_p\left(\frac{\lambda_m}{l}x\right)\cdot J_p\left(\frac{\lambda_n}{l}x\right)\mathrm{d}x$$

$$=l^2\int_0^1 t\cdot J(\lambda_m t)\cdot J(\lambda_n t)\mathrm{d}t=0 \quad (m\neq n)$$

(在积分里我们作变量替换 $x=lt$).

建立了系(10.5)的正交性后,我们就用寻常计算傅里叶系数的方法,得到(10.3)或是(10.4)就要看λ_n是方程 $J_p(x)=0$ 的根或是 $xJ'_p(x)-HJ_p(x)=0$ 的根.

如同在区间$[0,1]$的情形一样,具有系数(10.3)的级数叫作第一类傅里叶-贝塞尔级数,而具有系数(10.4)的,叫作第二类傅里叶-贝塞尔级数.

由于用代换 $x=lt$ 从级数(10.2)过渡到(10.1)有了可能,凡是以前对于区间$[0,1]$所建立的一切,在区间$[0,l]$的情形都是成立的.特别是就收敛的准则说来,如果在叙述中用区间$[0,l]$代替$[0,1]$的地位,这些准则还是对的.

第 9 章思考题

1.按系

$$J_p(\lambda_1 x),J_p(\lambda_2 x),\cdots$$

将函数 $x^{-p}(0<x<1)$ 展成傅里叶-贝塞尔级数.

提示:我们有

$$c_n=\frac{2}{J_{p+1}^2(\lambda_n)}\int_0^1 x^{-p+1}J_p(\lambda_n x)\mathrm{d}x$$

$$\int_0^1 x^{-p+1} J_p(\lambda_n x)\,\mathrm{d}x = \frac{1}{\lambda_n^{-p+2}}\int_0^{\lambda_n} t^{-p+1} J_p(t)\,\mathrm{d}t$$

由上一章公式(7.2)得(把 p 换成 $p-1$)

$$\frac{\mathrm{d}}{\mathrm{d}t}[t^{-p+1} J_{p-1}(t)] = -t^{-p+1} J_p(t)$$

因此

$$\int_0^{\lambda_n} t^{-p+1} J_p(t)\,\mathrm{d}t = [t^{-p+1} J_{p-1}(t)]_{t=0}^{t=\lambda_n}$$

$$= \lambda_n^{-p+1} J_{p-1}(\lambda_n) - \frac{1}{2^{p-1}\Gamma(p)}$$

(参看上一章的(4.3)),由是

$$c_n = \frac{2}{J_{p+1}^2(\lambda_n)}\left[\frac{J_{p-1}(\lambda_n)}{\lambda_n} - \frac{1}{\lambda_n^{-p+2} 2^{p-1}\Gamma(p)}\right]$$

2. 按系

$$J_p(\lambda_1 x), J_p(\lambda_2 x), \cdots$$

(其中 λ_n 是方程 $xJ'_p(x) - HJ_p(x) = 0$ 的根)将函数 $x^p (0 < x \leqslant 1)$ 展开.

提示:参看 §8 的例子.

答

$$c_n = \frac{2\lambda_n J_{p+1}(\lambda_n)}{\lambda_n^2 J'^2_p(\lambda_n) + (\lambda_n^2 - p^2) J_p^2(\lambda_n)}$$

如果 $p \geqslant -\frac{1}{2}, p > H$,那么级数就收敛到 x^p.

3. 在 $0 < x < 2$ 将函数 x^3(这时 $p = 3$)展成傅里叶－贝塞尔级数.

提示:利用公式(10.3)和 §2 例子里的结果.

答

$$x^3 = 16\sum_{n=1}^{\infty} \frac{J_3\left(\frac{\lambda_n}{2}x\right)}{\lambda_n J_4(\lambda_n)} \quad 0 \leqslant x < 2$$

解决若干数学物理问题的特征函数法

第10章

§1 方法的实质

数学物理的很多问题都归结到线性偏微分方程的问题.这种方程的例子如

$$P\frac{\partial^2 u}{\partial x^2}+R\frac{\partial u}{\partial x}+Qu=\frac{\partial^2 u}{\partial t^2} \quad (1.1)$$

$$P\frac{\partial^2 u}{\partial x^2}+R\frac{\partial u}{\partial x}+Qu=\frac{\partial u}{\partial t} \quad (1.2)$$

其中,P,R,Q 是变量 x 的连续函数,$u(x,t)$ 是变量 x 和 t 的未知函数.

第一个方程就是由弦振动和轴振动的问题化来的,第二个则来自线性热传导的问题.

我们集中注意方程(1.1),因为想理解我们所叙述的方程的实质,这样做完全足够了.

在凡是化到像方程(1.1)的每个具体问题里，是要找这个方程的解 u，能满足一定的条件. 比方说，我们要找解 $u=u(x,t)$，确定于 $a\leqslant x\leqslant b$ 及 $t\geqslant 0$，对于任意的 $t\geqslant 0$，满足边值条件

$$\begin{cases}\alpha u(a,t)+\beta\dfrac{\partial u(a,t)}{\partial x}=0\\ \gamma u(b,t)+\delta\dfrac{\partial u(b,t)}{\partial x}=0\end{cases}\tag{1.3}$$

(其中，$\alpha,\beta,\gamma,\delta$ 是常数)，以及初始条件：对于 $a\leqslant x\leqslant b$

$$u(x,0)=f(x),\frac{\partial u(x,0)}{\partial t}=g(x)\tag{1.4}$$

其中 $f(x)$ 和 $g(x)$ 是已给出的连续函数.

通常 x 表示长度，t 表示时间，边值条件和初值条件因是得名. 我们将假定 α 和 β，以及 γ 和 δ，不同时为零(否则对应的等式(1.3)就变成不说明任何问题的恒等式 $0=0$ 了). 我们的假设可以写成

$$\alpha^2+\beta^2\neq 0,\gamma^2+\delta^2\neq 0\tag{1.5}$$

要解决我们的问题，首先来找方程(1.1)形如

$$u=\Phi(x)\cdot T(t)\tag{1.6}$$

而只满足边值条件(1.3)的特定解，并且我们只注意那些不恒等于零的解. 为此，微分等式(1.6)并代入(1.1)得

$$P\cdot\Phi''\cdot T+R\cdot\Phi'\cdot T+Q\cdot\Phi\cdot T=\Phi\cdot T''$$

由此

$$\frac{P\cdot\Phi''+R\cdot\Phi'+Q\cdot\Phi}{\Phi}=\frac{T''}{T}$$

因为这里左边只是 x 的函数，而右边只是 t 的函数，所以这个等式只当比值是常数时才有可能. 因此可以设

$$\frac{P \cdot \Phi'' + R \cdot \Phi' + Q \cdot \Phi}{\Phi} = \frac{T''}{T} = -\lambda \quad (\lambda = 常数)$$

由此引出了两个二阶线性常微分方程

$$P \cdot \Phi'' + R \cdot \Phi' + Q \cdot \Phi = -\lambda\Phi \tag{1.7}$$

$$T'' + \lambda T = 0 \tag{1.8}$$

要使异于 $u \equiv 0$ 的函数(1.6)满足边值条件(1.3),显然必须且只需函数 $\Phi(x)$ 满足下面的边值条件

$$\begin{cases} \alpha\Phi(a) + \beta\Phi'(a) = 0 \\ \gamma\Phi(b) + \delta\Phi'(b) = 0 \end{cases} \tag{1.9}$$

寻求方程(1.7)满足条件(1.9)的解的问题,叫作对于方程(1.7),条件(1.9)的边界问题.

在一般情况下,二阶线性微分方程的边界问题并不是对于一切 λ 的值都是有解的.特别是方程(1.7),在条件(1.9)下的边界问题并不是对于一切 λ 的值都是有解的.显然如此,在唯一的条件 $P \neq 0$ 下,存在着无穷多个使问题有解的值 $\lambda_0, \lambda_1, \cdots, \lambda_n, \cdots$ 是可以证明的.

使我们的边界问题有异于 $u \equiv 0$ 的解的 λ 每个值叫作特征值,而对应于这个 λ 的解 Φ 叫作特征函数.下面就要证明,在我们的情况下,每一个特征值只对应一个特征函数(差一个常数因子).

这样一来,对于我们的问题,就有无穷多个特征值 $\lambda_0, \lambda_1, \cdots, \lambda_n, \cdots$,并有和它们对应的特征函数

$$\Phi_0(x), \Phi_1(x), \cdots, \Phi_n(x), \cdots \tag{1.10}$$

在§4里将要证明(1.10)内的函数在$[a,b]$上构成一个按某个权的正交系.

解了方程(1.7)之后,我们来对于每个 $\lambda = \lambda_n$ 解方程(1.8),并且求出对应的函数 $T_n(t)$(依赖于两个任

意常数 A_n, B_n). 如果 $\lambda_n > 0$($n=0,1,2,\cdots$,而在具体问题中经常正是这样),那么显然有

$$T_n(t) = A_n \cos\sqrt{\lambda_n}\, t + B_n \sin\sqrt{\lambda_n}\, t \qquad (1.11)$$

其中 A_n 和 B_n 是任意常数.

每个函数

$$u_n(x,t) = \Phi_n(x) \cdot T_n(t) \quad (n=0,1,2,\cdots)$$

是方程(1.1)的解,满足边界条件(1.3).

由于方程(1.1)是线性的和齐次的(对于函数 u 和它的导函数而言),解的一切有尽和式仍是解. 对于级数

$$u = \sum_{n=0}^{\infty} u_n(x,t) = \sum_{n=0}^{\infty} T_n(t)\Phi_n(x) \qquad (1.12)$$

这也是对的,只要它是收敛,并且对 x 和对 t 是可逐项微分两次的. 实际上,这时

$$P\frac{\partial^2 u}{\partial x^2} + R\frac{\partial u}{\partial x} + Qu - \frac{\partial^2 u}{\partial t^2}$$

$$= P\sum_{n=0}^{\infty}\frac{\partial^2 u_n}{\partial x^2} + R\sum_{n=0}^{\infty}\frac{\partial u_n}{\partial x} + Q\sum_{n=0}^{\infty} u_n - \sum_{n=0}^{\infty}\frac{\partial^2 u_n}{\partial t^2}$$

$$= \sum_{n=0}^{\infty}\left(P\frac{\partial^2 u_n}{\partial x^2} + R\frac{\partial u_n}{\partial x} + Qu_n - \frac{\partial^2 u_n}{\partial t^2}\right)$$

因为最后和式中的每一括弧都等于零(要知道,u_n 是方程(1.1)的解),所以整个和式等于零,这就是说函数(1.12)是方程(1.1)的解. 由于级数(1.12)里每一项都满足条件(1.3),因此级数的和,即函数 u,也满足这条件.

但是还要满足初始条件(1.4),这是可以用处理出现在函数 $u_n(x,t)$ 的常数 A_n 和 B_n 的值的相应方法来达到的. 为此目的,我们要求等式

$$u(x,0)=f(x)=\sum_{n=0}^{\infty}\Phi_n(x)\cdot T_n(0)$$

$$\frac{\partial u(x,0)}{\partial t}=g(x)=\sum_{n=0}^{\infty}\Phi_n(x)\cdot T'_n(0) \quad (1.13)$$

成立,这无异于要求函数 $f(x)$ 和 $g(x)$ 可按特征函数展成级数. 在关于方程(1.1)的系数和关于被展函数足够宽的假设条件下,可以证明这样展开是可能的.

设

$$f(x)=\sum_{n=0}^{\infty}C_n\Phi_n(x)$$

$$g(x)=\sum_{n=0}^{\infty}c_n\Phi_n(x) \quad (1.14)$$

那么剩下只需设

$$\begin{cases}T_n(0)=C_n\\T'_n(0)=c_n\end{cases}\quad (n=0,1,2,\cdots) \quad (1.15)$$

由此 A_n 和 B_n 就可求出.

这样,对于(1.11)

$$u(x,0)=f(x)=\sum_{n=0}^{\infty}A_n\Phi_n(x)$$

$$\frac{\partial u(x,0)}{\partial t}=g(x)=\sum_{n=0}^{\infty}B_n\sqrt{\lambda_n}\Phi_n(x)$$

由是

$$A_n=C_n,B_n=\frac{c_n}{\sqrt{\lambda_n}}\quad (n=0,1,2,\cdots) \quad (1.16)$$

我们的结论基于这样的事实:级数(1.12)收敛并且可以对 x 和对 t 逐项微分两次,因此找到的 A_n 和 B_n 应该保证这些事情的可能. 可是在具体问题里,这些系数常常不具有这些性质. 这时级数(1.12)是不是解

呢？关于这一点，可以参看§7，我们先作下面的附注.

我们知道，级数常常会确定一个不连续函数，因此为避免误会起见，关于边值和初始条件，我们要说一些话.

条件(1.3)和(1.4)必须了解成下面的意义

$$\begin{cases}\alpha\lim\limits_{x\to a}u(x,t)+\beta\lim\limits_{x\to a}\dfrac{\partial u(x,t)}{\partial x}=0\\ \gamma\lim\limits_{x\to b}u(x,t)+\delta\lim\limits_{x\to b}\dfrac{\partial u(x,t)}{\partial x}=0\end{cases}$$

(代替(1.3))，又

$$\lim_{t\to 0}u(x,t)=f(x),\lim_{t\to 0}\frac{\partial u(x,t)}{\partial t}=g(x)$$

(代替(1.4)). 换句话说，在(1.3)和(1.4)里，数值 $u(a,t)$，$\dfrac{\partial u(a,t)}{\partial x}$ 等，应该了解为当点 (x,t) 自域 $(a<x<b,t>0)$ 内部趋于边点时，$u(x,t)$，$\dfrac{\partial u(x,t)}{\partial x}$ 等的极限. 同时显然只有这样来了解边值和初始条件才能符合问题的物理内容.

和前面一样，如果我们说到函数 $u(x,t)$ 在域 $(a\leqslant x\leqslant b,t\geqslant 0)$ 连续，就是假定 $u(x,t)$ 在域 $(a<x<b,t>0)$ 连续，且对于每一个在域的边界的点 (x_0,t_0)①存在有限极限

$$\lim_{\substack{x\to x_0\\ t\to t_0}}u(x,t)\quad(a<x<b,t>0)$$

---

① 这时 $u(x,t)$ 的解析表达式，可能不是连续函数，而在边界上发生跳跃.

这时，不难证明，当点(x_0,y_0)沿边界运动时，边界值是连续地变化的.

今后对于方程(1.1)的问题(或其他类似问题)的解，总了解为在所说意义下的连续解.这种解的存在容易了解到，在$(a,0)$和$(b,0)$两点处的边值条件和初始条件必须是“一致的”，才不致使周界上函数值产生间断点[①].

§2 边界问题通常的提法

设函数P不取零值.如果方程(1.7)所有各项同时乘上一个不取零值的函数，它显然不会少掉也不会添上一个新的特征值和特征函数.我们来证明，借助于这样的乘法，方程(1.7)可以变换成

$$(p\Phi')'+q\Phi=-\lambda r\Phi \tag{2.1}$$

的形状，其中，p,q,r是x的函数，连续于$[a,b]$上，并且p是正值函数，具有连续导函数，r不取零值.

实际上，解方程组

$$p=rP,p'=rR \tag{2.2}$$

得

$$\frac{p'}{p}=\frac{R}{P},\ln p=\int_{x_0}^{x}\frac{R}{P}\mathrm{d}x,p=\mathrm{e}^{\int_{x_0}^{x}\frac{R}{P}\mathrm{d}x},r=\frac{p}{P}$$

---

① 若是，比方说，条件(1.3)具有$u(0,t)=0,u(1,t)=0$的形状，条件(1.4)具有$u(x,0)=x+1,\frac{\partial u(x,0)}{\partial t}=x^2$的形状，那么显然在点$(0,0)$和点$(1,0)$处边界上函数值发生间断，而问题当然就没有连续解.

其中 x_0 是区间$[a,b]$的任一点(积分常数取为零).显然,$p>0$,而 p' 连续.剩下的事就是来考察

$$rP\Phi''+rR\Phi'+rQ\Phi=-\lambda r\Phi$$

并设

$$q=rQ \tag{2.3}$$

于是由(2.2)得

$$p\Phi''+p'\Phi'+q\Phi=-\lambda r\Phi$$

这就是方程(2.1).

边界问题通常是对于形如(2.1)而具有满足上述要求的系数的方程提出的.边值条件仍和条件(1.9)一样.

§3　关于特征值的存在问题

我们不打算对我们所感兴趣的边界问题中特征值的存在,进行完全的证明,只是提一下证明的想法.在方程(2.1)里,任意固定一个值 λ(实数或是复数),并求满足条件

$$[\Phi]_{x=a}=\beta,[\Phi']_{x=a}=-\alpha$$

的解.把这解记作 $\Phi(x,\lambda)$.显然

$$\alpha\Phi(a,\lambda)+\beta\Phi'(a,\lambda)=0 \tag{3.1}$$

(对 x 的导数),即 $\Phi(x,\lambda)$ 满足边值条件(1.9)中的第一个等式.$\Phi(x,\lambda)$ 将随 λ 的变化而变化,同时永远满足条件(3.1).这样一来,我们所知道的 x,λ 的函数(在微分方程论里证明 $\Phi(x,\lambda)$ 可以表成 λ 的幂级数,因此对于一切 λ 的值,它是 λ 的解析函数)对于任意的 λ 都

满足条件(1.9)的第一个等式.作函数

$$\gamma\Phi(x,\lambda)+\delta\Phi'(x,\lambda) \tag{3.2}$$

并设

$$D(\lambda)=\gamma\Phi(b,\lambda)+\delta\Phi'(b,\lambda)$$

$D(\lambda)$ 是单变量 λ 的已知函数.一切使

$$D(\lambda)=\gamma\Phi(b,\lambda)+\delta\Phi'(b,\lambda)=0 \tag{3.3}$$

的 λ 的值,显然是我们问题的特征值(这是由于这样的 λ 同时满足(3.1)和(3.3),即,满足(1,9)的两个条件).

这样一来,特征根存在问题就化成函数 $D(\lambda)$ 的根的问题.这可以使我们证明我们的问题有无穷多个特征值,并且它们都是实的,并且可以写成形如

$$\lambda_0<\lambda_1<\cdots<\lambda_n<\cdots$$

$$\lim_{n\to\infty}\lambda_n=+\infty$$

的数列.

§4 特征函数,它们的正交性

设 λ 是特征值.不难了解,既然 $\Phi(\lambda)$ 是对应于这 λ 的特征函数,所以一切形如 $C\Phi(x)$ 的函数其中 C 是异于零的任意常数,也是对应于这同一个特征值的特征函数.这样线性相依的特征函数,我们将认为是没有区别的.在形如 $C\Phi(x)(C\neq 0)$ 的函数系中可以任取一个函数作为"代表".

两个线性独立的特征函数 $\Phi(x)$ 和 $\Psi(x)$ 是否可以对应于同一个特征值呢?在我们的条件下,答案是

否定的. 要是不然的话,根据我们所知微分方程线性独立解的性质,可以在$[a,b]$上处处有,特别在$x=a$也有

$$\begin{vmatrix} \Phi(x) & \Phi'(x) \\ \Psi(x) & \Psi'(x) \end{vmatrix} \neq 0 \tag{4.1}$$

但是由(1.9)的第一个条件,有

$$\alpha\Phi(a)+\beta\Phi'(a)=0$$

$$\alpha\Psi(a)+\beta\Psi'(a)=0$$

由此根据(4.1)就会得出$\alpha=0,\beta=0$,但从假设(1.5)这是不可能的.

这样一来,每个特征值只对应一个特征函数(除掉一个常数因子外).

预备定理 1　设

$$L(\varphi)=\frac{\mathrm{d}}{\mathrm{d}x}\left(p\,\frac{\mathrm{d}\varphi}{\mathrm{d}x}\right)+q\varphi \tag{4.2}$$

其中φ是任一个依赖于x的函数(如果φ还依赖于另一个变量,例如t,便要用偏导数的记号). 那么对于任意可微分函数φ和ψ,恒等式

$$\varphi L(\psi)-\psi L(\varphi)=\frac{\mathrm{d}}{\mathrm{d}x}[p(\varphi\psi'-\varphi'\psi)] \tag{4.3}$$

成立.

将$L(\psi)$和$L(\varphi)$的表达式(4.2)代入公式的左边,便得证明.

预备定理 2　如果φ和ψ满足边值条件(1.9),那么

$$[\varphi\psi'-\varphi'\psi]_{x=a}=[\varphi\psi'-\varphi'\psi]_{x=b}=0 \tag{4.4}$$

证　α和β这两个数,不同时为零(由于(1.5)),满足齐次方程组

$$\alpha\varphi(a)+\beta\varphi'(a)=0$$

$$\alpha\psi(a)+\beta\psi'(a)=0$$

这只是在这方程组的行列式等于零时才能,因此

$$\begin{vmatrix}\varphi(a) & \varphi'(a)\\ \psi(a) & \psi'(a)\end{vmatrix}=[\varphi\psi'-\varphi'\psi]_{x=0}=0$$

等式(4.4)的第二部分可同样证明.

现在来证,每两个对应于不同的特征值 λ 和 μ 的特征函数 $\Phi(x)$ 和 $\Psi(x)$ 在 $[a,b]$ 按权 r 成正交.

实际上,设 Φ 和 Ψ 对于一个相同的边值条件(1.9)满足方程

$$L(\Phi)=-\lambda r\Phi$$

$$L(\Psi)=-\mu r\Psi$$

用 Ψ 乘第一式,Φ 乘第二式,并由第二式减去第一式.由预备定理 1,有

$$[p(\Phi\Psi'-\Phi'\Psi)]'=(\lambda-\mu)r\Phi\Psi$$

因此

$$[p(\Phi\Psi'-\Phi'\Psi)]_{x=a}^{x=b}=(\lambda-\mu)\int_a^b r\Phi\Psi\,\mathrm{d}x \quad (4.5)$$

由预备定理 2 可知

$$[p(\Phi\Psi'-\Phi'\Psi)]_{x=a}^{x=b}=0$$

因此由(4.5)得

$$(\lambda-\mu)\int_a^b r\Phi\Psi\,\mathrm{d}x=0$$

又因 $\mu\neq\lambda$,故

$$\int_a^b r\Phi\Psi\,\mathrm{d}x=0$$

这就是要证明的.

附注 在 §3 我们说到(没有证明)特征值是实数.

这一点可以由已建立的特征函数成正交的事实引导出来.

实际上,如果 $\lambda=\mu+\mathrm{i}v(v\neq 0)$ 是特征值,而

$$\Phi(x)=\varphi(x)+\mathrm{i}\psi(x)$$

是对应于它的特征函数,那么把它代入方程(2.1)便可得

$$[p(\varphi'+\mathrm{i}\psi')]'+q(\varphi+\mathrm{i}\psi)=-(\mu+\mathrm{i}v)r(\varphi+\mathrm{i}\psi)$$

所以等式

$$[p(\varphi'-\mathrm{i}\psi')]'+q(\varphi-\mathrm{i}\psi)=-(\mu-\mathrm{i}v)r(\varphi-\mathrm{i}\psi)$$

成立.这表示 $\bar{\lambda}=(\mu-\mathrm{i}v)$ 也是特征值,而函数 $\bar{\Phi}(x)=\varphi(x)-\mathrm{i}\psi(x)$ 是对应的特征函数.所以有

$$\int_a^b r\Phi\bar{\Phi}\,\mathrm{d}x=\int_a^b r(\varphi^2+\psi^2)\,\mathrm{d}x\neq 0$$

但是这是不可能的.因为 $\lambda\neq\bar{\lambda}$ 时,根据以上所证,就应该得出正交来.

§5　关于特征值的正负号

在我们的条件下,函数 r 不取零时,因此不变号.我们可以设 $r>0$ 而不失普通性,因为要是不这样的话,我们可以考虑 $-r$ 以代 r,这相当于 λ 的变号(参看(2.1)).

下面的定理可使我们对那在应用里常见的情况下的特征值,即 $q\leqslant 0,a\leqslant x\leqslant b$ 时的特征值,有明确的认识.

定理　如果 $r>0,q\leqslant 0$ 且由边值条件可得

$$[p\Phi\Phi']_{x=a}^{x=b}\leqslant 0 \tag{5.1}$$

那么方程(2.1)的边界问题的一切特征值都不是负数.

实际上,设 λ 是任意一个特征值,$\Phi(x)$ 是对应于它的特征函数.由(2.1)乘上 $\Phi(x)$ 并积分,得

$$\int_a^b (p\Phi')'\Phi\,\mathrm{d}x+\int_a^b q\Phi^2\,\mathrm{d}x=-\lambda\int_a^b r\Phi^2\,\mathrm{d}x$$

由此分部积分得

$$[p\Phi\Phi']_{x=a}^{x=b}-\int_a^b p\Phi'^2\,\mathrm{d}x+\int_a^b q\Phi^2\,\mathrm{d}x=-\lambda\int_a^b r\Phi^2\,\mathrm{d}x \tag{5.2}$$

由(5.1)和条件 $q\leqslant 0$ 可知,这个式子左边的量是小于或等于零.因此 $\lambda\geqslant 0$,而且 $\lambda=0$ 的可能,只有在 $q\equiv 0,\Phi'\equiv 0$ 的时候,即当方程(2.1)具有

$$(p\Phi')'=-\lambda r\Phi$$

的形状的时候,且函数 Φ(=常数)是特征函数.

附注 条件(5.1)使人感到是个很勉强的条件.事实上并不如此.能满足这个条件的,恰好正是实用上最常见的边值条件:(1)$\Phi(a)=\Phi(b)=0$,(2)$\Phi'(a)=\Phi'(b)=0$,(3)$\Phi'(a)-h\Phi(a)=0,\Phi'(b)+H\Phi(b)=0$,其中 h 和 H 是非负的常数.对于前两种情况所说的,显然是对的.最后一种

$$\Phi'(a)=h\Phi(a),\Phi'(b)=-H\Phi(b)$$

因此

$$[p\Phi\Phi']_{x=a}^{x=b}=-Hp(b)\Phi^2(b)-hp(a)\Phi^2(a)\leqslant 0$$

§6 按特征函数展开的傅里叶级数

设 $\lambda_0,\lambda_1,\cdots,\lambda_n,\cdots$ 是我们边界问题的一切特征

值，按递增次序排列，并设

$$\Phi_0(x), \Phi_1(x), \cdots, \Phi_n(x), \cdots \tag{6.1}$$

是对应的特征函数，为简便起见，我们认为它们已经标准化了，使得

$$\int_a^b r\Phi_n^2(x)\mathrm{d}x = 1 \quad (n = 0, 1, 2, \cdots) \tag{6.2}$$

于是对于一切在$[a,b]$上绝对可积的函数 $f(x)$，我们可以作出傅里叶级数

$$f(x) \sim c_0\Phi_0(x) + c_1\Phi_1(x) + \cdots + c_n\Phi_n(x) + \cdots$$

其中

$$c_n = \int_a^b rf(x)\Phi_n(x)\mathrm{d}x \quad (n = 0, 1, 2, \cdots) \tag{6.3}$$

下面的命题是正确的，我们只是把它提出来不加证明了.

定理 1　如果 $f(x)$ 连续于$[a,b]$上，具有逐段滑溜（即使是不连续的）导函数，且满足边界问题的边值条件

$$\begin{aligned} \alpha f(a) + \beta f'(a) = 0 \\ \gamma f(b) + \delta f'(b) = 0 \end{aligned} \tag{6.4}$$

那么按特征函数展成的傅里叶级数绝对且均匀收敛到 $f(x)$.

条件(6.4)看起来好像有点不自然，但是如果记得我们问题的起源（参看(1.4)和(1.14)的第一个关系式），同时把 $f(x)$ 看成函数 $u(x,t)$ 的初值，即设 $f(x)=u(x,0)$，那么条件(1.3)当 $t=0$ 时，正好化成等式(6.4).

定理 2　如果 $f(x)$ 是在$[a,b]$上逐段滑溜的函数（连续或是不连续），那么函数 $f(x)$ 按特征函数展成的

傅里叶级数在 $a<x<b$ 收敛，且在每一个连续点处的和是 $f(x)$，在每一个间断点处的和是

$$\frac{f(x+0)+f(x-0)}{2}$$

我们不考察按权 r 成正交的系(6.1)，而考察在通常意义下成正交的系

$$\sqrt{r}\Phi_0(x),\sqrt{r}\Phi_1(x),\cdots \tag{6.5}$$

对于这个系有

$$\|\sqrt{r}\Phi_n(x)\|=\sqrt{\int_a^b r\Phi_n^2(x)\mathrm{d}x}=1\quad(n=0,1,2,\cdots)$$

试考察任意一个平方可积形如$\sqrt{r}f(x)$的函数. 对于新成的系的傅里叶系数具有

$$c_n=\int_a^b rf(x)\Phi_n(x)\mathrm{d}x$$

的形状，即和函数 $f(x)$ 按系(6.1)展成的傅里叶系数一致.

系(6.5)在应用到函数$\sqrt{r}f(x)$时的完备性条件是这样(参看第 2 章(7.1))看出来的

$$\int_a^b rf^2(x)\mathrm{d}x=\sum_{n=0}^{\infty}c_n^2\|\sqrt{r}\Phi_n(x)\|=\sum_{n=0}^{\infty}c_n^2 \tag{6.6}$$

如果这个等式对于任意一个平方可积函数 $f(x)$ 都成立，那么为了把问题归结到(6.5)，便简略地说系(6.1)是按权 r 完备的. 我们立刻来证实这一点.

根据以前所述可以看出，我们只要证明在通常意义成正交的系(6.5)是完备的就够了.

任何一个连续函数 $\Phi(x)$，在均值意义下，都可以用满足边界问题中边值条件的函数 $g(x)$(具有前两阶连续导数)近似地表示，达到任意准确度(例如可以取

函数 $g(x)$ 使 $g(a)=g'(a)=g(b)=g'(b)=0$. 这一点用几何说明是很明显的,我们不加证明了. 设

$$\int_a^b [\Phi(x)-g(x)]^2 \mathrm{d}x \leqslant \frac{\varepsilon}{4} \tag{6.7}$$

其中 ε 是任意小的正数.

由定理1可知,按系(6.1)展成的傅里叶级数均匀收敛到 $g(x)$. 这就是说,存在着一个多项式

$$\sigma_n(x)=\gamma_0\Phi_0(x)+\gamma_1\Phi_1(x)+\cdots+\gamma_n\Phi_n(x) \tag{6.8}$$

使

$$|g(x)-\sigma_n(x)| \leqslant \sqrt{\frac{\varepsilon}{4(b-a)}} \quad (a\leqslant x\leqslant b)$$

由此

$$\int_a^b [g(x)-\sigma_n(x)]^2 \mathrm{d}x \leqslant \frac{\varepsilon}{4} \tag{6.9}$$

利用初等不等式

$$(A+B)^2 \leqslant 2(A^2+B^2)$$

由(6.7)和(6.9)可知

$$\begin{aligned}
&\int_a^b [\Phi(x)-\sigma_n(x)]^2 \mathrm{d}x \\
=&\int_a^b [(\Phi(x)-g(x))+(g(x)-\sigma(x))]^2 \mathrm{d}x \\
\leqslant& 2\int_a^b [\Phi(x)-g(x)]^2 \mathrm{d}x + \\
&2\int_a^b [g(x)-\sigma_n(x)]^2 \mathrm{d}x \leqslant \varepsilon
\end{aligned}$$

同时我们已证明过,任意一个连续函数可以用形如(6.8)的多项式在均值意义下近似表示,使有任意准确度.

设 $F(x)$ 是任意连续函数，那么函数$\dfrac{F(x)}{\sqrt{r}}$是连续的. 设

$$h=\max r$$

由以上所证的可知，存在着多项式 $\sigma_n(x)$ 使

$$\int_a^b\left[\frac{F(x)}{\sqrt{r}}-\sigma_n(x)\right]^2\mathrm{d}x\leqslant\frac{\varepsilon}{h}$$

因此

$$\int_a^b[F(x)-\sqrt{r}\sigma_n(x)]^2\,\mathrm{d}x$$

$$=\int_a^b r\left[\frac{F(x)}{\sqrt{r}}-\sigma_n(x)\right]^2\mathrm{d}x\leqslant\varepsilon$$

但是函数$\sqrt{r}\sigma_n(x)$是按系(6.5)所成的多项式，因此这个系满足通常正交系完备性的准则(参看第2章 §9)，即它是完备系，这就是要证明的.

这样一来，我们就证明了

定理 3 系(6.1)是按权 r 完备的，即对于一切平方可积函数 $f(x)$，等式(6.6)成立.

由此易得

定理 4 对于一切平方可积函数 $f(x)$，有

$$\lim_{n\to\infty}\int_a^b r\left[f(x)-\sum_{k=0}^{\infty}c_k\Phi_k(x)\right]^2\mathrm{d}x=0$$

其中 c_n 是函数 $f(x)$ 按系(6.1)展成的傅里叶系数. 换言之，傅里叶级数总是在均值意义下(按权 r)收敛到 $f(x)$ 的.

要证明这一点，只需把第2章内等式(7.3)应用到函数$\sqrt{r}f(x)$和系(6.5)上来.

定理 5 和系(6.1)内一切函数按权 r 成正交的

（不恒等于零的）连续函数 $f(x)$ 是不存在的.

实际上，由 $f(x)$ 和系中各函数成正交这一事实，可知一切系数等于零. 因此由(6.6)可知

$$\int_a^b r f^2(x)\mathrm{d}x = 0$$

由此得 $f(x) \equiv 0$.

关于按特征函数在足够宽泛的条件下展成级数的定理，以及与它联系着的完备性定理和推论，是杰出的数学家 B. A. 史捷克洛夫首先建立的.

§7　特征函数的方法实际上一定可以引向问题的解决吗?

特征函数的方法显然是可以引向 §1 内所提问题的解答的，如果，第一，函数 $f(x)$ 和 $g(x)$（参看(1.4)）可以按特征函数展成收敛于它们的级数(1.14)，第二，由(1.16)所确定的常量 A_n 和 B_n 可以保证级数(1.12)的收敛和逐项微分两次的可能（建议读者再读一下 §1).

除此以外，不管满足上述条件与否，每当问题一般说来有解时，这个解便可以用 §1 所说的方法求出来写成级数(1.12)的形式.

由此便产生解的唯一性问题，关于这一点常常可以由问题的物理内容出发得到结论. 这些物理内容可以用来判断，问题到底是否可解，因而根据上面所说，也就说明了为什么物理学家和工程师在用特征函数的方法时和逐项微分级数等运算的时候，就像这样做是

合法似的，而且甚至在做这些运算并不合法时，仍然会引导出正确的结果来.

上述命题的更精确的说法是这样的：

定理 设函数 $u(x,t)$，连续于域$(a \leqslant x \leqslant b, t \geqslant 0)$内，是方程(1.1)的解，满足边值条件(1.3)和初始条件(1.4). 那么

$$u(x,t)=\sum_{n=0}^{\infty} T_n(t)\Phi_n(x) \tag{7.1}$$

这里 $\Phi_n(x)$ 是对应于边界问题[①]的特征函数，函数 $T_n(t)$ 可以自方程

$$T''_n+\lambda_n T=0 \quad (n=0,1,2,\cdots) \tag{7.2}$$

求出，其中初始条件是

$$T_n(0)=C_n, T'_n(0)=c_n \quad (n=0,1,2,\cdots)$$

这里面的 C_n 和 c_n 是 $f(x)$ 和 $g(x)$ 按特征函数系的傅里叶系数(参看初始条件(1,4)).

同时假设导函数$\frac{\partial u}{\partial t}$和$\frac{\partial^2 u}{\partial t^2}$在每个形如$(a<x<b, 0<t<t_0)$的域内有界.

证 在方程(1.1)乘上

$$r=\frac{\mathrm{e}^{\int_{x_0}^{x}\frac{R}{P}\mathrm{d}x}}{P}=\frac{p}{P}$$

那么由(2.2)和(2.3)得

$$p\frac{\partial^2 u}{\partial x^2}+p'\frac{\partial u}{\partial x}+qu=r\frac{\partial^2 u}{\partial t^2}$$

或

① 为简单起见，假定这些函数是标准化的(参看(6.2)).

$$\frac{\partial}{\partial x}\left(p\frac{\partial u}{\partial x}\right)+qu=r\frac{\partial^2 u}{\partial t^2}$$

用(4.2)可以把这式写成

$$L(u)=r\frac{\partial^2 u}{\partial t^2} \tag{7.3}$$

又可以把(2.1)写成

$$L(\Phi)=-\lambda r\Phi_0$$

因此对于边界问题的特征函数关系式

$$L(\Phi_n)=-\lambda_n r\Phi_n \quad (n=0,1,2,\cdots) \tag{7.4}$$

是成立的.

由所证定理的条件和§6定理2,对于$a<x<b$,$t>0$,函数$u(x,t)$可以展成形如(7.1)的级数,其中

$$T_n(t)=\int_a^b ru(x,t)\Phi_n(x)\mathrm{d}x \quad (n=0,1,2,\cdots) \tag{7.5}$$

由(7.4)得

$$r\Phi_n=-\frac{1}{\lambda_n}L(\Phi_n)$$

因此有

$$T_n=-\frac{1}{\lambda_n}\int_a^b u(x,t)L(\Phi_n)\mathrm{d}x$$

或由(4.3)得

$$T_n=-\frac{1}{\lambda_n}\int_a^b \Phi_n(x)L(u)\mathrm{d}x+\frac{1}{\lambda_n}\left[p\left(\Phi_n\frac{\partial u}{\partial x}-\Phi'_n\cdot u\right)\right]_{x=a}^{x=b}$$

由§4预备定理2可知最后一项等于零.

于是

$$T_n=-\frac{1}{\lambda_n}\int_a^b \Phi_n(x)L(u)\mathrm{d}x \tag{7.6}$$

由此用(7.4)得

$$T_n=-\frac{1}{\lambda_n}\int_a^b r\,\frac{\partial^2 u}{\partial t^2}\Phi_n(x)\mathrm{d}x \tag{7.7}$$

另一方面,将(7.5)对 t 微分得

$$T''_n(t)=\int_a^b r\,\frac{\partial^2 u}{\partial t^2}\Phi_n(x)\mathrm{d}x \tag{7.8}$$

(在积分号下进行微分是合法的,因为当第一次和第二次施行微分法时,被积函数 $r\dfrac{\partial u}{\partial t}\Phi_n(x)$ 和 $r\dfrac{\partial^2 u}{\partial t^2}\Phi_n(x)$ 是有界的).

比较(7.7)和(7.8)得(7.2). 又因 $u(x,t)$ 在域 $(a\leqslant x\leqslant b,t\geqslant 0)$ 内连续,且 $\lim\limits_{t\to 0}u(x,t)=f(x)$,那么由(7.5)便有

$$\begin{aligned}\lim_{t\to 0}T_n(t)&=\lim_{t\to 0}\int_a^b ru(x,t)\Phi_n(x)\mathrm{d}x\\&=\int_a^b rf(x)\Phi_n(x)\mathrm{d}x=C_n\\&\quad(n=0,1,2,\cdots)\end{aligned} \tag{7.9}$$

其中 C_n 是函数 $f(x)$ 的傅里叶系数. 由于 $T_n(t)$ 连续,所以这和关系式

$$T_n(0)=C_n\quad(n=0,1,2,\cdots)$$

是一样的. 同样可以证明

$$T'_n(0)=c_n\quad(n=0,1,2,\cdots)$$

其中 c_n 是函数 $g(x)$ 的傅里叶级数. 这就完成了定理的证明.

这样一来,要是我们所考虑的一般问题可能解出的话,那么就可以用 §1 的方法把它求出成级数(1.12)的形状. 另一方面,这个方法常常引出不是处处可微分的函数 $u(x,t)$ 来. 这样的函数 $u(x,t)$,在

“解”的确切意义下,决不能看成问题的解(要知道,解是要满足微分方程的). 同时根据已证定理,知道求确切的解是徒劳无功的. 因为如果这样的解存在的话,它就应该重合于 $u(x,t)$. 因之我们得不满意于所谓问题的广义解.

我们可以证明,在级数(1.12)的条件下,用§1的方法,永远可以确定一个函数,级数在通常意义下或均值意义下,收敛到这个函数. 因而如果没有确切的解的话,特征函数法的广义解一定可以得到.

§8　广　义　解

广义解(在上述意义下)有什么实用价值呢?对于物理学或对于工程学会给出什么意义吗?还是仅仅为了单纯数学的兴趣呢?

广义解的实用价值将见于下面定理:

定理　设

$$u(x,t) \sim \sum_{n=0}^{\infty} T_n(t)\Phi_n(x)$$

是方程(1.1)对于条件(1.3)和(1.4)的准确解或广义解. 如果

$$\begin{aligned}&\lim_{m\to\infty}\int_a^b r[f(x)-f_m(x)]^2\,\mathrm{d}x \\ &=\lim_{m\to\infty}\int_a^b r[g(x)-g_m(x)]^2\,\mathrm{d}x=0\end{aligned} \tag{8.1}$$

(换句话说,$f_m(x)$ 和 $g_m(x)$ 当 $m\to\infty$ 时在均值意义

下分别趋于 $f(x)$ 和 $g(x)$[①]，且

$$u_m(x,t)=\sum_{n=0}^{\infty}T_{mn}(t)\Phi_n(x)$$

是方程(1.1)对于边值条件(1.3)和初始条件

$$u_m(x,0)=f_m(x)$$

$$\frac{\partial u_m(x,0)}{\partial t}=g_m(x)$$

的准确解或广义解，那么当 $m\to\infty$ 时，在均值意义下，$u_m(x,t)\to u(x,t)$.

实际上，我们记得

$$T''_n+\lambda_n T_n=0, T_n(0)=C_n, T'_n(0)=c_n$$
$$(n=0,1,2,\cdots)$$
$$T''_{mn}+\lambda_n T_{mn}=0, T_{mn}(0)=C_{mn}, T'_{mn}(0)=c_{mn}$$
$$(n=0,1,2,\cdots) \tag{8.2}$$

其中，C_n, c_n, C_{mn}, c_{mn} 是对应于函数 $f(x), g(x), f_m(x), g_m(x)$ 的傅里叶系数.

因为

$$\lambda_0<\lambda_1<\lambda_2<\cdots<\lambda_n<\cdots$$
$$\lim_{n\to\infty}\lambda_n=+\infty$$

所以只有开始几个 λ_n 可以是负的. 设当 $n\leqslant N$ 时，$\lambda_n<0$；当 $n>N$ 时，$\lambda_n>0$. 由(8.2)，有

① 特别说来，可以假定 $f_m(x)$ 和 $g_m(x)$ 分别均匀地趋于 $f(x)$ 和 $g(x)$.

$$T_n=\frac{1}{2}\left(C_n+\frac{c_n}{\sqrt{-\lambda_n}}\right)e^{\sqrt{-\lambda_n}t}+\frac{1}{2}\left(C_n-\frac{c_n}{\sqrt{-\lambda_n}}\right)e^{-\sqrt{-\lambda_n}t}\quad(n\leqslant N)^{①}$$

$$T_n=C_n\cos\sqrt{\lambda_n}t+\frac{c_n}{\sqrt{\lambda_n}}\sin\sqrt{\lambda_n}t\quad(n>N)\tag{8.3}$$

又类似地有

$$T_{mn}=\frac{1}{2}\left(C_{mn}+\frac{c_{mn}}{\sqrt{-\lambda_n}}\right)e^{\sqrt{-\lambda_n}t}+\frac{1}{2}\left(C_{mn}-\frac{c_{mn}}{\sqrt{-\lambda_n}}\right)e^{-\sqrt{-\lambda_n}t}\quad(n\leqslant N)$$

$$T_{mn}=C_{mn}\cos\sqrt{\lambda_n}t+\frac{c_{mn}}{\sqrt{\lambda_n}}\sin\sqrt{\lambda_n}t\quad(n>N)\tag{8.4}$$

考察

$$\int_a^b r[f(x)-f_m(x)]^2\mathrm{d}x=\sum_{n=0}^{\infty}(C_n-C_{mn})^2$$

$$\int_a^b r[g(x)-g_m(x)]^2\mathrm{d}x=\sum_{n=0}^{\infty}(c_n-c_{mn})^2$$

(参看 §6 定理 3). 由这两个等式用(8.1)便得

$$\lim_{m\to\infty}C_{mn}=C_n,\quad \lim_{m\to\infty}c_{mn}=c_n\tag{8.5}$$

不管 $\varepsilon>0$ 是什么,总有指标 M 存在,对于一切的 $m>M$,都有

---

① 可以把 λ_N 算作 0,于是添加的项便是

$$T_N=C_N+c_Nt$$

$$\sum_{n=0}^{\infty}(C_n - C_{mn})^2 < \frac{\varepsilon}{4}$$

$$\sum_{n=0}^{\infty}(c_n - c_{mn})^2 < \frac{\varepsilon}{4} \tag{8.6}$$

由(8.3),(8.4),(8.5),可知

$$\lim_{m\to\infty}[T_n - T_{mn}] = 0 \tag{8.7}$$

而且对于 $n > N$,有

$$\begin{aligned} &[T_n - T_{mn}]^2 \\ =& \left[(C_n - C_{mn})\cos\sqrt{\lambda_n}t + \frac{c_n - c_{mn}}{\sqrt{\lambda_n}}\sin\sqrt{\lambda_n}t\right]^2 \\ \leqslant& 2\left[(C_n - C_{mn})^2 + \left(\frac{c_n - c_{mn}}{\sqrt{\lambda_n}}\right)^2\right] \end{aligned} \tag{8.8}$$

剩下的事就是要注意到等式

$$\int_a^b r[u(x,t) - u_m(x,t)]^2\mathrm{d}x = \sum_{n=0}^{\infty}(T_n - T_{mn})^2$$

由(8.6),(8.7),(8.8)可知,要是 m 足够大,便有

$$\int_a^b r[u(x,t) - u_m(x,t)]^2\mathrm{d}x < \varepsilon$$

这就是说,函数 $u_m(x,t)$ 当 $m\to\infty$ 时,在均值意义下收敛于 $u(x,t)$. 这就证明了我们的断言.

所证得的事情,可简单综述如下:

如果 $f_m(x)$ 靠近 $f(x)$,而 $g_m(x)$ 靠近 $g(x)$(在均匀靠近或是在均值意义下),那么函数 $u_m(x,t)$ 在均值意义下靠近 $u(x,t)$.

现在来注意,在物理和工程的具体问题里,一般说来,$f(x)$ 和 $g(x)$ 不是准确的,而只是相应函数的某个近似函数. 虽然如此,则所证定理可以知道,方程(1.1)对于条件(1.3)和(1.4)的解,即使它不是准确解而只

是广义解，和问题真正的解的区别是很小的（在均匀靠近或在均值意义下）. 广义解的实用价值就在这里.

再来看看所证定理的下面这个推论：

如果函数 $f_m(x)$ 和 $g_m(x)$ 是这样选择的：函数 $u_m(x,t)$ 将是对应问题的准确的（这样的 $f_m(x)$ 和 $g_m(x)$ 总归可以挑出来的！[①]）解，那么方程(1.1)对于条件(1.3)和(1.4)的准确解或广义解便是准确解 $u_m(x,t)$ 当 $f_m(x)$ 和 $g_m(x)$ 均匀地或在均值意义下分别趋于 $f(x)$ 和 $g(x)$ 时的极限. 由此不难得到广义解的唯一性.

§9　非齐次问题

现在不管(1.1)，而来看对于同样的初始条件和边值条件(1.3)和(1.4)更一般的方程

$$P\frac{\partial^2 u}{\partial x^2}+R\frac{\partial u}{\partial x}+Qu=\frac{\partial^2 u}{\partial t^2}+F(x,t) \tag{9.1}$$

在振动问题里，方程(9.1)对应于具有扰动力的情形，而方程(1.1)则是对应于自由振动的情形.

乘上函数

$$r=\frac{1}{p}\cdot e^{\int_{x_0}^{x}\frac{R}{p}dx}=\frac{p}{P}$$

之后，方程(9.1)可以变换成

① 我们可以取，比方说，这些函数的傅里叶级数的 m 部分和作为 $f_m(x)$ 和 $g_m(x)$.

$$L(u)=r\frac{\partial^2 u}{\partial t^2}+rF(x,t) \tag{9.2}$$

的形状.

设对于方程(9.1),问题是有界的,且设 $F(x,t)$ 可以按方程

$$L(\Phi)=-\lambda r\Phi$$

的边界问题的特征函数展成级数.当 $t>0$ 时,把 $u(x,t)$ 表成级数的形状

$$u(x,t)=\sum_{n=0}^{\infty}T_n(t)\Phi_n(x) \tag{9.3}$$

$$T_n(t)=\int_a^b ru(x,t)\Phi_n(x)\,\mathrm{d}x$$

$$(n=0,1,2,\cdots) \tag{9.4}$$

由于 §6 定理 2 这是可能的.重复 §7 里定理证明所作的推演,便得

$$T_n(t)=-\frac{1}{\lambda_n}\int_a^b\Phi_n(x)L(u)\,\mathrm{d}x$$

(参看(7.6)),又由(9.2)可知

$$T_n(t)=-\frac{1}{\lambda_n}\int_a^b r\frac{\partial^2 u}{\partial t^2}\Phi_n(x)\,\mathrm{d}x-\frac{1}{\lambda_n}\int_a^b rF(x,t)\Phi_n(x) \tag{9.5}$$

设 $\frac{\partial u}{\partial t}$ 和 $\frac{\partial^2 u}{\partial t^2}$ 有界,在把(9.4)对 t 微分两次之后,便可求得

$$T''_n=\int_a^b r\frac{\partial^2 u}{\partial t^2}\Phi_n(x)\,\mathrm{d}x$$

最后,要是设

$$F(x,t)=\sum_{n=0}^{\infty}F_n(t)\Phi_n(x)\mathrm{d}x$$
$$F_n(t)=\int_a^b rF(x,t)\Phi_n(x)\mathrm{d}x \tag{9.6}$$
$$(n=0,1,2,\cdots)$$

那么等式(9.5)就给出

$$T_n=-\frac{1}{\lambda_n}T''_n-\frac{1}{\lambda_n}F_n$$

或

$$T''_n+\lambda_nT_n+F_n=0\quad(n=0,1,2,\cdots) \tag{9.7}$$

如同证明 §7 的定理一样,更进一步求得

$$T_n(0)=C_n,T'_n(0)=c_n\quad(n=0,1,2,\cdots) \tag{9.8}$$

其中 C_n 和 c_n 是函数 $f(x)$ 和 $g(x)$ 的傅里叶系数.

总之,如果问题的解存在,那么它就由级数(9.3)给出,其中 T_n 是由附有条件(9.8)的方程(9.7)确定的.

值得注意:好像在方程(1.1)那里一样,对级数进行形式的演算,不问这些运算是否合法,就可以得到级数(9.3).

实际上,如果在方程(9.2)里,用级数(9.3)来代 u,用级数(9.6)来代 $F(x,t)$,将级数(9.3)逐项微分,然后使 $\Phi_n(x)$ 的系数等于零,我们便得到(9.7).

在(9.3)里设 $t=0$,并使

$$u(x,0)=\sum_{n=0}^{\infty}T_n(0)\Phi_n(x)=f(x)$$

便得(9.8)的第一个等式.将(9.3)逐项微分再设 $t=0$,则得

$$\frac{\partial u(x,0)}{\partial t}=\sum_{n=0}^{\infty}T'(0)\Phi_n(x)=g(x)$$

由此可得(9.8)的第二个等式.

完全和在§7里对于方程(1.1)所做的一样,我们可以对于方程(9.1)引入广义解的概念.这时可以发现,当$F(x,t)$为任意一个连续函数时,级数(9.3)确定了一个函数$u(x,t)$,它在通常或均值意义下,都收敛到该函数$u(x,t)$,因此所论问题总是有解的——准确的解,或是广义的解.并且这解是唯一的,因为要是U和V都是问题的解,那么函数$u=U-V$便是对于附有零值初始条件的方程(1.1)的问题的解.在§7和§8中,我们说过,对于方程(1.1)的问题具有唯一的解(准确的,或是广义的).由于恒等于零的函数是方程(1.1)的问题附有零值初始条件时的解,根据上面所说的,便知$u\equiv 0$,即$U=V$.

至于广义解的实用价值,只要把§8里所说的事重复一遍就可以知道了.

§10 总　　结

我们只是为使问题具体起见才来讨论方程(1.1)的.其实一切的推理都可以用到附有同样边值条件(1.3)和初始条件

$$u(x,0)=f(x) \tag{10.1}$$

的方程(1.2)上.

根据§1的方法,这时便有

$$u(x,t)=\sum_{n=0}^{\infty}T_n(t)\Phi_n(x) \tag{10.2}$$

并且T_n可以由一阶微分方程

$$T'_n + \lambda_n T_n = 0, T_n(0) = C_n \quad (n = 0, 1, 2, \cdots) \tag{10.3}$$

求得，其中 $C_n(n=0,1,2,\cdots)$ 是 $f(x)$ 的傅里叶系数.

在 §7 的定理里只要作相应的修改，这时毋须要求(7.2) 成立，而只要考察(10.3)，并且只要求 $\frac{\partial u}{\partial t}$ 有界. 我们建议读者去证明这一点，作为练习.

广义解的概念也可以在方程(1.2) 的情形下引入. 不过这时和方程(1.1) 的情形有着重大的区别. 这就是，一切的广义解同时也是准确解. 这是由于一切 λ_n，可能除掉几个以外，都是正的，而对于这些 λ_n，由(10.3) 可知

$$T_n = C_n e^{-\lambda_n t}$$

因此级数(10.2) 收敛，而且可以逐项微分任意多次，这就是说它是准确解.

至于附有同样初始条件和边值条件的非齐次方程

$$P\frac{\partial^2 u}{\partial x^2} + R\frac{\partial u}{\partial x} + Qu = \frac{\partial u}{\partial t} + F(x,t)$$

那么也可以应用 §9 的推理. 解之，得级数

$$u(x,t) = \sum_{n=0}^{\infty} T_n(t)\Phi_n(x)$$

其中 T_n 是由方程

$$T'_n + \lambda_n T + F_n = 0$$

$$T_n(0) = C_n \quad (n = 0, 1, 2, \cdots)$$

所确定.

根据 §7 ～ §10 所说的，在下一章要解的问题里，我们不要致力于探讨所得级数的收敛性了，因为我们已知所得的级数总是定义所论问题的(准确或是广

义）解的.其实所论那些问题中,有些个严格说来不属于我们所研究的类型的,不过可以证明,以上所说的也可以用到它们上面去.

第11章 应用

§1 弦振动方程

考察一根在两端扣紧的均匀而紧张着的弦.在静止时,弦具有直线的形状.设这直线在 Ox 轴上,并设弦的两端在点 $x=0$ 和 $x=l$ 处(l 是弦长).如果把弦由平衡位置拨离一下(即给它的各点某个速度),然后听其自然,那么弦就开始振动起来了.我们只限于讨论弦的微小振动的情况.这就是认为弦的长度是不变的.又设振动在一个平面上这样进行,使每点运动在与 Ox 垂直的方向上.

设 $u(x,t)$ 表示弦的横坐标为 x 的点，在瞬时 t 所拨离的大小. 对于每个固定 t 的值，函数 $u=u(x,t)$ 的图形显然给出弦的形状(图 45).

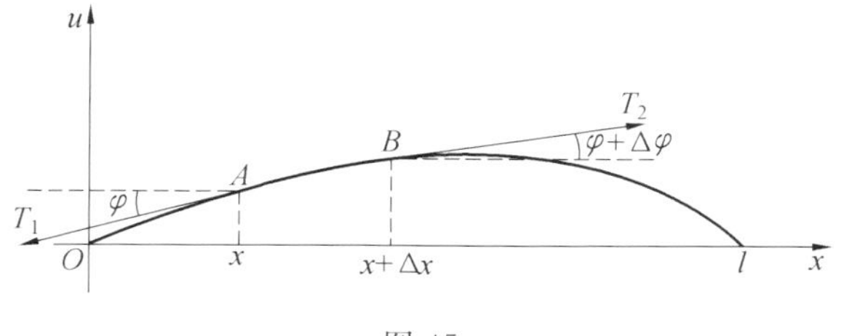

图 45

作用在弦元素 AB 上(图 45)的张力 T_1，T_2 方向与弦相切(暂设没有其他的力作用在弦上). 在静止位置时，弦上各点处的张力是一样的. 这是由于我们已经说过，弦长可以看成不变，所以张力也看成不变. 因此 T_1，T_2 的大小和 T 一样，而它们彼此之间方向是相反的(由于元素是曲的，它们的方向和真正相反的位置还有一点区别). 于是在 Ou 轴的方向上作用于元素 AB 的力是

$$\begin{aligned}
&T[\sin(\varphi+\Delta\varphi)-\sin\varphi]\\
\approx\ &T[\tan(\varphi+\Delta\varphi)-\tan\varphi]\\
=\ &T\left[\frac{\partial u(x+\Delta x,t)}{\partial x}-\frac{\partial u(x,t)}{\partial x}\right]\\
=\ &T\,\frac{\partial^2 u(x+\theta\Delta x,t)}{\partial x^2}\Delta x\quad(0<\theta<1)
\end{aligned}$$

把元素 Δx 看成很小，根据牛顿定律便有

$$\rho\Delta x\,\frac{\partial^2 u}{\partial t^2}=T\,\frac{\partial^2 u}{\partial x^2}\Delta x \tag{1.1}$$

其中 ρ 是弦的线性密度. 设 $\frac{T}{\rho}=a^2$，约去 Δx 便有

$$\frac{\partial^2 u}{\partial t^2}=a^2\frac{\partial^2 u}{\partial x^2} \tag{1.2}$$

我们就得到弦自由振动方程.如果除了张力作用在弦上以外,还有其他的力 $F(x,t)$,这个力是认为取在单位长度上的,那么代替方程(1.1)而有

$$\rho\Delta x\frac{\partial^2 u}{\partial t^2}=T\frac{\partial^2 u}{\partial x^2}\Delta x+F(x,t)\Delta x$$

由此

$$\frac{\partial^2 u}{\partial t^2}=a^2\frac{\partial^2 u}{\partial x^2}+\frac{F(x,t)}{\rho} \tag{1.3}$$

这是弦强迫振动方程.

我们现在从事于这样的问题:已知在开始时刻($t=0$)弦的形状和它各点的速度,求它在任意瞬时 t 的形状.在数学上说来,这问题就化为解方程(1.2)(对于自由振动)或(1.3)(对于强迫振动)的问题,其中边值条件是

$$u(0,t)=u(l,t)=0 \tag{1.4}$$

初始条件是

$$u(x,0)=f(x),\frac{\partial u(x,0)}{\partial t}=g(x) \tag{1.5}$$

这里 $f(x)$ 和 $g(x)$ 是已知的连续函数,当 $x=0$ 和 $x=l$ 时取零值.

方程(1.2)和(1.3)是我们在第10章里所讨论过的特殊情况.

§2　弦的自由振动

我们不利用上一章的现成公式,而按该章§1所讲的方法,重新考虑.

我们来求满足边值条件,形如

$$u(x,t)=\Phi(x)\cdot T(t) \tag{2.1}$$

的特解(异于 $u\equiv 0$). 代入(1.2) 得

$$\Phi T''=a^2\Phi''T$$

由此

$$\frac{\Phi''}{\Phi}=\frac{T''}{a^2T}=-\lambda=\text{常数}$$

于是

$$\Phi''=-\lambda\Phi \tag{2.2}$$

$$T''=-a^2\lambda T \tag{2.3}$$

要想使不恒等于零的函数(2.1) 满足条件(1.4),显然要满足条件

$$\Phi(0)=\Phi(l)=0 \tag{2.4}$$

我们就得出了方程(2.2) 在条件(2.4) 下的边界问题. 由上一章 §5 的定理(并参看附注) 可知,我们问题中的一切特征值都是正的①. 因此我们可以不写 λ 而写 λ^2. 于是方程(2.2) 和(2.3) 就取成

$$\Phi''+\lambda^2\Phi=0 \tag{2.5}$$

$$T''+a^2\lambda^2T=0 \tag{2.6}$$

的形状. 由方程(2.5) 可得出

$$\Phi=C_1\cos\lambda x+C_2\sin\lambda x \quad (C_1=\text{常数},C_2=\text{常数})$$

当 $x=0$ 和 $x=l$ 时,便应有

$$\Phi(0)=C_1=0$$

$$\Phi(l)=C_2\sin\lambda l=0$$

---

① 若考虑方程(2.2) 当 $\lambda\leqslant 0$ 时的解,这事实就可直接验算了. 读者要是这样做了之后,就可以证实条件(2.4) 是不能适合的.

取 $C_2\neq 0$（要不然便有 $\Phi\equiv 0$ 了），便得 $\lambda l=\pi n$（n 是整数）. 设 $C_2=1$

$$\lambda_n=\frac{\pi n}{l}\quad (n=1,2,\cdots)$$

便得特征函数

$$\Phi_n(x)=\sin\frac{\pi nx}{l}\quad (n=1,2,\cdots)$$

（可以不考虑负的 n，因为它们所给的特征函数，和对应正的 n 所给的只差一个常数因子，而在上一章 §4 又说过，每一个特征值 λ^2 在所指的意义下，只对应一个特征函数）.

当 $\lambda=\lambda_n$ 时，方程(2.6)给出

$$\begin{aligned}T_n&=A_n\cos a\lambda_n t+B_n\sin a\lambda_n t\\&=A_n\cos\frac{a\pi nt}{l}+B_n\sin\frac{a\pi nt}{l}\\&\quad (n=1,2,\cdots)\end{aligned}$$

于是

$$u_n(x,t)=\left(A_n\cos\frac{a\pi nt}{l}+B_n\sin\frac{a\pi nt}{l}\right)\sin\frac{\pi nx}{l}\quad (n=1,2,\cdots)\tag{2.7}$$

为了要得到问题的解，我们设

$$\begin{aligned}u(x,t)&=\sum_{n=1}^{\infty}u_n(x,t)\\&=\sum_{n=1}^{\infty}\left(A_n\cos\frac{a\pi nt}{l}+B_n\sin\frac{a\pi nt}{l}\right)\sin\frac{\pi nt}{l}\end{aligned}\tag{2.8}$$

并要求

$$u(x,0)=\sum_{n=1}^{\infty}A_n\sin\frac{\pi nx}{l}=f(x)$$

$$\frac{\partial u(x,0)}{\partial t}=\left[\sum_{n=1}^{\infty}\left(-A_n\frac{a\pi n}{l}\sin\frac{a\pi nt}{l}+\right.\right.$$
$$\left.\left.B_n\frac{a\pi n}{l}\cos\frac{a\pi nt}{l}\right)\sin\frac{\pi nx}{l}\right]_{t=0}$$
$$=\sum_{n=1}^{\infty}B_n\frac{a\pi n}{l}\sin\frac{\pi nx}{l}=g(x)\text{①}$$

因此我们应当把 $f(x)$ 和 $g(x)$ 按系 $\left\{\sin\frac{\pi nx}{l}\right\}$ 展成级数. 由傅里叶系数的公式可知

$$A_n=\frac{2}{l}\int_0^l f(x)\sin\frac{\pi nx}{l}\mathrm{d}x\quad(n=1,2,\cdots)\qquad(2.9)$$
$$B_n=\frac{a\pi n}{l}=\frac{2}{l}\int_0^l g(x)\sin\frac{\pi nx}{l}\mathrm{d}x$$

或

$$B_n=\frac{2}{a\pi n}\int_0^l g(x)\sin\frac{\pi nx}{l}\mathrm{d}x\quad(n=1,2,\cdots)\qquad(2.10)$$

这样一来,我们问题的解由级数(2.8)给出,其中 A_n 和 B_n 由公式(2.9)和(2.10)规定.

我们看出,弦振动的运动是由个别形如(2.7)的谐振动所组成,或即

$$u_n=H_n\cdot\sin\left(\frac{a\pi nt}{l}+\alpha_n\right)\cdot\sin\frac{\pi nx}{l}$$

其中 $H_n=\sqrt{A_n^2+B_n^2}$, $\sin\alpha_n=\frac{A_n}{H_n}$, $\cos\alpha_n=\frac{B_n}{H_n}$.

每点 x 的振幅只取决于这点的位置而都等于

$$H_n\cdot\left|\sin\frac{\pi nx}{l}\right|$$

---

① 根据上一章 §1 的方法,这里对级数施行逐项微分.

$x=0,\frac{l}{n},\frac{2l}{n},\cdots,\frac{(n-1)l}{n}$（$l$ 固定）时的各点都是“节点”. 同时按(2.7)的规律振动的弦，分成 n 段，在每段端点处没有振荡. 在相邻两段处，弦的偏差取不同正负号. 各段的中央，即“腹点”，以最大振幅振动. 这种现象叫作常驻波. 图 46 表示按(2.7)的规律振动的弦，于 $n=1,2,3,4$ 的逐次位置. 在一般情况下，当弦按(2.8)的规律振动时，基音由第一项 u_1 所确定，频率是 $\omega_1=\frac{a\pi}{l}=\frac{\pi}{l}\sqrt{\frac{T}{\rho}}$，周期是 $\tau_1=\frac{2\pi}{\omega_1}=2l\sqrt{\frac{\rho}{T}}$. 弦所发其余各音，亦即，具频率 $\omega_n=\frac{a\pi n}{l}=\frac{\pi n}{l}\sqrt{\frac{T}{\rho}}$ 和周期 $\tau_n=\frac{2\pi}{\omega_n}=\frac{2l}{n}\sqrt{\frac{\rho}{T}}$ 的泛音，标志着声音的音色. 如果固定了弦的中点，凡是以中点为节点的那些偶数的泛音，自然照样保持着. 至于基音和奇数的泛音就立刻消失了. 因为定住了弦的中点，实质上等于我们把长为 l 的弦变成了

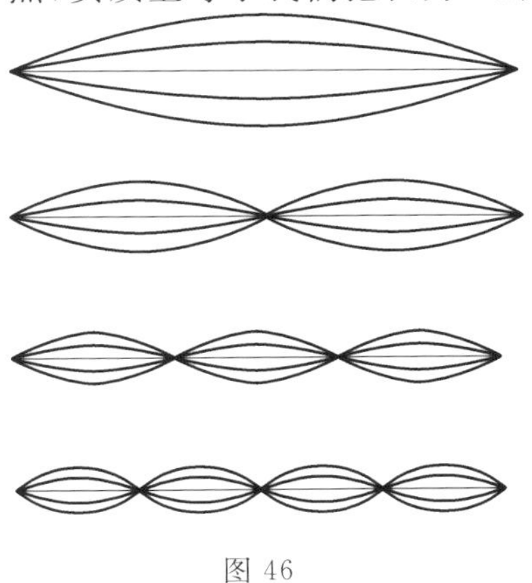

图 46

长为$\frac{l}{2}$的弦，而在(2.8)里以$\frac{l}{2}$代替l之后得到的级数只有偶数项. 周期为$\tau_2=\frac{2\pi}{\omega_2}=\frac{\tau_1}{2}$的泛音就处于基音的地位了.

§3　弦的强迫振动

我们来考察周期扰动力的情况，即设

$$\frac{F(x,t)}{\rho}=A\sin\omega t$$

则

$$\frac{F(x,t)}{\rho}=A\sin\omega t=\sum_{n=1}^{\infty}F_n(t)\sin\frac{\pi nx}{l}\qquad(3.1)$$

其中

$$F_n(t)=\frac{2}{l}\int_0^l A\sin\omega t\sin\frac{\pi nx}{l}\mathrm{d}x$$
$$=\frac{2A}{\pi n}[1-(-1)^n]\sin\omega t$$
$$(n=1,2,\cdots)$$

设

$$u(x,t)=\sum_{n=1}^{\infty}T_n(t)\sin\frac{\pi nx}{l}\qquad(3.2)$$

将(3.2)和(3.1)代入(1.3)，并逐项微分，便得

$$\sum_{n=1}^{\infty}\left(T''_n+\frac{a^2\pi^2n^2}{l^2}T_n-\frac{2A}{\pi n}[1-(-1)^n]\cdot\sin\omega t\right)\cdot\sin\frac{\pi nx}{l}=0$$

由此

$$T''_n+\frac{a^2\pi^2n^2}{l^2}T_n-\frac{2A}{\pi n}[1-(-1)^n]\sin\omega t=0 \tag{3.3}$$

为了使式子简短,我们设

$$\omega_n=\frac{a\pi n}{l}\quad(n=1,2,\cdots)$$

(我们知道这些数是弦的自由振动或固有振动的频率).于是方程(3.3)可以写成

$$T''_n+\omega_n^2T_n=\frac{2A}{\pi n}[1-(-1)^n]\sin\omega t \tag{3.4}$$

解之,得:如果

$$\omega_n\neq\omega$$

$$T_n=A_n\cos\omega_nt+B_n\sin\omega_nt+\frac{2A[1-(-1)^n]}{\pi n(\omega_n^2-\omega^2)}\sin\omega t \tag{3.5}$$

要使条件(1.4)和(1.5)满足,就要使

$$u(x,0)=\sum_{n=1}^{\infty}T_n(0)\sin\frac{\pi nx}{l}=f(x)$$

$$\frac{\partial u(x,0)}{\partial t}=\sum_{n=1}^{\infty}T'_n(0)\sin\frac{\pi nx}{l}=g(x)$$

算出 $f(x)$ 和 $g(x)$ 的傅里叶系数(并参看(3.5))

$$T_n(0)=A_n=\frac{2}{l}\int_0^l f(x)\sin\frac{\pi nx}{l}\mathrm{d}x \tag{3.6}$$

$$T'_n(0)=\omega_nB_n+\frac{2A\omega[1-(-1)^n]}{\pi n(\omega_n^2-\omega^2)}=\frac{2}{l}\int_0^l g(x)\sin\frac{\pi nx}{l}\mathrm{d}x$$

或

$$B_n=\frac{2}{l\omega_n}\int_0^l g(x)\sin\frac{\pi nx}{l}\mathrm{d}x-\frac{2A\omega[1-(-1)^n]}{\pi n\omega_n(\omega_n^2-\omega^2)} \tag{3.7}$$

如果把(3.6)和(3.7)代入(3.5),再把所得到 T_n 的表达式代入(3.2),那么便有

$$u(x,t)=\sum_{n=1}^{\infty}(A_n\cos\omega_n t+\bar{B}_n\sin\omega_n t)\sin\frac{\pi n x}{l}+\frac{4A}{\pi}\sin\omega t\sum_{k=0}^{\infty}\frac{\sin\frac{(2k+1)\pi x}{l}}{(2k+1)(\omega_{2k+1}^2-\omega^2)}-\frac{4A\omega}{\pi}\sum_{k=0}^{\infty}\frac{\sin\omega_{2k+1}t\cdot\sin\frac{(2k+1)\pi x}{l}}{\omega_{2k+1}^2(\omega_{2k+1}^2-\omega^2)}\tag{3.8}$$

其中设

$$\bar{B}_n=\frac{2}{l\omega_n}\int_0^l g(x)\sin\frac{\pi n x}{l}\mathrm{d}x$$

在(3.8)右边的第一个和式里,只要记起 ω_n 的表达式,读者不难认出这个函数表示具有条件(1.4)和(1.5)的弦的自由振动(参看(2.8),(2.9),(2.10)). 于是第二个和第三个和式正是有了扰动力后的修正数. 中间的一个和式通常叫作“纯”强迫振动,因为那里出现了扰动力的频率.

如果 $\omega_n\neq\omega$,等式(3.5)是成立的. 我们来看一看:当 $\omega_n=\omega$ 时,即扰动力的频率和固有振动频率的一个相同时怎么样. 这时方程(3.4)成为

$$T_n=A_n\cos\omega t+B_n\sin\omega t-\frac{At}{\pi n\omega}[1-(-1)^n]\cos\omega t$$

由此可见,在和式(3.2)各项 $T_n(t)\sin\frac{\pi n x}{l}$ 中,当 n 是奇数时,振动的振幅

$$H=\sqrt{\left(A_n-\frac{2At}{\pi n\omega}\right)^2+B_n^2}\cdot\left|\sin\frac{\pi n x}{l}\right|$$

和 t 一道无限增大，这就是说呈现了共振现象.

§4　枢轴纵振动方程

试考察一根长为 l 的均匀枢轴. 如果在它的纵向的轴拉长或压缩一下，然后听其自然，那么它就开始作纵向振动了. 取枢轴的轴作为 Ox 轴，并设在静止状态时枢轴的两端放置在点 $x=0$ 和 $x=l$ 处.

设 x 是当枢轴静止时横截面的横坐标. 命 $u=u(x,t)$ 表示在瞬时 t 这截面位移的大小.

考察枢轴的一段元素 AB，设它在静止状态时两端在点 x 和 $x+\Delta x$ 处. 在瞬时 t 时，这元素的两端 A'，B' 在坐标为 $x+u(x,t)$ 和 $(x+\Delta x)+u(x+\Delta x,t)$ 的点处(图 47). 因此元素 AB 在瞬时 t 时具有长度 $\Delta x+u(x+\Delta x,t)-u(x,t)$. 因此它的绝对伸长是

$$u(x+\Delta x,t)-u(x,t)=$$
$$\frac{\partial u(x+\theta\Delta x,t)}{\partial x}\Delta x \quad (0<\theta<1)$$

而相对伸长是

$$\frac{\partial u(x+\theta\Delta x,t)}{\partial x}$$

当 $\Delta x\to 0$ 时，相对伸长在截面 x 的极限是

$$\frac{\partial u(x,t)}{\partial x}$$

根据虎克定律，在截面 x 的张力是

$$T=Es\,\frac{\partial u}{\partial x}$$

其中 E 是枢轴的材料弹性模数，s 是横截面的面积.

$$A \quad x \qquad B \quad x+\Delta x$$

$$A' \quad x+u(x,t) \qquad B' \quad x+\Delta x+u(x+\Delta x,t)$$

图 47

再回到元素 AB，它在瞬时 t 的位置是 $A'B'$. 作用在这个元素上面，有两个张力 T_1 和 T_2，作用点在 A' 和 B'，方向沿 Ox 轴（其他的力暂不考虑）. 这两个力的合力大小是

$$T_2 - T_1 = Es\left(\frac{\partial u(x+\Delta x, t)}{\partial t} - \frac{\partial u(x,t)}{\partial t}\right)$$

$$= Es\ \frac{\partial^2 u(x+\theta\Delta x, t)}{\partial x^2}\Delta x$$

方向也是沿着 Ox. 把元素 AB 看成很小，就可写成

$$\rho s\Delta x\ \frac{\partial^2 u}{\partial t^2} = Es\ \frac{\partial^2 u}{\partial x^2}\Delta x \qquad (4.1)$$

其中 ρ 是轴的材料密度. 设 $\frac{E}{\rho} = a^2$，并约去 Δx 便得

$$\frac{\partial^2 u}{\partial t^2} = a^2\ \frac{\partial^2 u}{\partial x^2} \qquad (4.2)$$

我们便得到轴的自由振动方程. 这个方程和弦的自由振动方程的形状一样.

如果作用在枢轴上的，还有其他的力 $F(x,t)$，这个力是对单位体积来讲的，那么我们得出

$$\rho s\Delta x\ \frac{\partial^2 u}{\partial t^2} = Es\ \frac{\partial^2 u}{\partial x^2}\Delta x + F(x,t)s\Delta x$$

以替代(4.1)了，由此

$$\frac{\partial^2 u}{\partial t^2}=a^2\frac{\partial^2 u}{\partial x^2}+\frac{F(x,t)}{\rho} \tag{4.3}$$

这是枢轴强迫振动方程(比较(1.3)).

我们来解这样的一个问题:给出初始和边值条件,求在瞬时 t 截面的位移.边界条件可以按下列各情况,以不同方式给出:(1) 枢轴两端固定,即

$$u(0,t)=u(l,t)=0$$

(2) 一端固定,另一端自由,即

$$u(0,t)=0,\frac{\partial u(l,t)}{\partial x}=0 \tag{4.4}$$

(在自由的一端张力等于零,因此$\frac{\partial u}{\partial x}=0$);(3) 两端都自由.

现在考虑第二种情况,即条件(4.4).初始条件我们已知为

$$u(x,0)=f(x),\frac{\partial u(x,0)}{\partial t}=g(x) \tag{4.5}$$

(在开始时刻,轴的截面位移以及位移初速已经给出).

§5　枢轴的自由振动

和在弦振动的情况一样,我们来找形如

$$u(x,t)=\Phi(x)T(t)$$

的特解,并化到方程

$$\Phi''+\lambda^2\Phi=0 \tag{5.1}$$

$$T''+a^2\lambda^2 T=0 \tag{5.2}$$

附上条件

$$\Phi(0)=\Phi'(l)=0 \tag{5.3}$$

由方程(5.1)得

$$\Phi = C_1 \cos \lambda x + C_2 \sin \lambda x \quad (C_1 = 常数, C_2 = 常数)$$

当 $x = 0$ 和 $x = l$ 时,由于(5.3),就必须有

$$\Phi(0) = C_1 = 0$$

$$\Phi'(l) = C_2 \lambda \cos \lambda l = 0$$

C_2 算作不为 0(要不然就会有 $\Phi \equiv 0$),由此求得:$\lambda l = \frac{(2n+1)\pi}{2}$($n$ 是整数). 命

$$\begin{cases} \lambda_n = \dfrac{(2n+1)\pi}{2l} \quad (n = 0, 1, 2, \cdots) \\ \Phi_n(x) = \sin \lambda_n x = \sin \dfrac{(2n+1)\pi x}{2l} \quad (n = 0, 1, 2, \cdots) \end{cases} \tag{5.4}$$

(负的 n 不会给出新的特征函数). 当 $\lambda = \lambda_n$ 时,由方程(5.2)可求得

$$T_n = A_n \cos a\lambda_n t + B_n \sin a\lambda_n t \quad (n = 0, 1, 2, \cdots)$$

于是

$$u_n(x, t) = (A_n \cos a\lambda_n t + B_n \sin a\lambda_n t) \sin \lambda_n x$$
$$(n = 0, 1, 2, \cdots)$$

为解这问题,我们作出级数

$$u(x, t) = \sum_{n=0}^{\infty} u_n(x, t) = \sum_{n=0}^{\infty} (A_n \cos a\lambda_n t + B_n \sin a\lambda_n t) \sin \lambda_n x \tag{5.5}$$

并且要求

$$u(x, 0) = \sum_{n=0}^{\infty} A_n \sin \lambda_n x = f(x)$$

$$\frac{\partial u(x,0)}{\partial t}$$

$$=\left[\sum_{n=0}^{\infty}(-A_n a\lambda_n \sin a\lambda_n t + B_n a\lambda_n \cos a\lambda_n t)\sin \lambda_n x\right]_{t=0}$$

$$=\sum_{n=0}^{\infty} B_n a\lambda_n \sin \lambda_n x = g(x)$$

算出 $f(x)$ 和 $g(x)$ 按系 $\{\sin \lambda_n x\}$ 的傅里叶系数

$$A_n = \frac{\int_0^l f(x)\sin \lambda_n x\,\mathrm{d}x}{\int_0^l \sin^2 \lambda_n x\,\mathrm{d}x} \quad (n=0,1,2,\cdots)$$

$$B_n a\lambda_n = \frac{\int_0^l g(x)\sin \lambda_n x\,\mathrm{d}x}{\int_0^l \sin^2 \lambda_n x\,\mathrm{d}x} \quad (n=0,1,2,\cdots)$$

但是

$$\int_0^l \sin^2 \lambda_n x\,\mathrm{d}x = \frac{1}{2}\int_0^l (1-\cos 2\lambda_n x)\,\mathrm{d}x = \frac{l}{2}$$

因此

$$A_n = \frac{2}{l}\int_0^l f(x)\sin \lambda_n x\,\mathrm{d}x \quad (n=0,1,2,\cdots)$$

$$B_n = \frac{2}{a\lambda_n l}\int_0^l g(x)\sin \lambda_n x\,\mathrm{d}x$$

$$= \frac{4}{(2n+1)a\pi}\int_0^l g(x)\sin \lambda_n x\,\mathrm{d}x$$

$$(n=0,1,2,\cdots) \tag{5.6}$$

这样一来，问题的解就由公式(5.5)给出，其中 A_n 和 B_n 由等式(5.6)确定：于是枢轴的振动运动便由下列谐振动组成

$$u_n = (A_n \cos a\lambda_n t + B_n \sin a\lambda_n t)\sin \lambda_n t \tag{5.7}$$

或

$$u_n = H_n \sin(a\lambda_n t + \alpha_n) \sin \lambda_n x$$

其中

$$H_n = \sqrt{A_n^2 + B_n^2}, \sin \alpha_n = \frac{A_n}{H_n}, \cos \alpha_n = \frac{B_n}{H_n}$$

振动运动(5.7)的振幅只取决于截面x的位置，且都等于

$$H_n \mid \sin \lambda_n x \mid = H_n \left| \sin \frac{(2n+1)\pi x}{2l} \right|$$

至于频率，我们有

$$\omega_n = a\lambda_n = \frac{(2n+1)a\pi}{2l} = \frac{(2n+1)\pi}{2l}\sqrt{\frac{E}{\rho}}$$

因此周期由下面的公式给出

$$\tau_n = \frac{2\pi}{\omega_n} = \frac{4l}{(2n+1)a} = \frac{4l}{2n+1}\sqrt{\frac{\rho}{E}}$$

枢轴振动的基音可命 $n=0$ 来求得. 它有振幅

$$\left| A_0 \sin \frac{\pi x}{2l} \right|$$

频率

$$\omega_n = \frac{\pi}{2l}\sqrt{\frac{E}{\rho}}$$

和周期

$$\tau_0 = 4l\sqrt{\frac{\rho}{E}}$$

因此对于基音，在枢轴固定的一端，即当 $x=0$，出现节点，而在自由的一端，即当 $x=l$ 时，出现腹点(图 48).

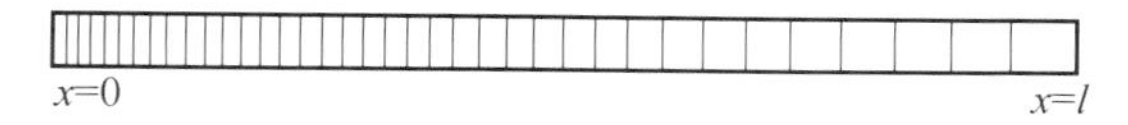

图 48

§6　枢轴的强迫振动

现在来考察下面情况：枢轴在一端 $x=0$ 悬挂着，而扰动的力是重力，即

$$F(x,t)=\rho g$$

（力 $F(x,t)$ 是对于单位体积而言）. 这时振动方程具有

$$\frac{\partial^2 u}{\partial t^2}=a^2\frac{\partial^2 u}{\partial x^2}+g \tag{6.1}$$

的形状（参看(4.3)），附有边值条件(4.4)和初始条件(4.5). 设

$$\begin{cases} u(x,t)=\sum\limits_{n=0}^{\infty}T_n(t)\sin\lambda_n x \\ \dfrac{F(x,t)}{\rho}=g=\sum\limits_{n=0}^{\infty}F_n(t)\sin\lambda_n x \end{cases} \tag{6.2}$$

其中

$$F_n=\frac{\int_0^l g\sin\lambda_n x\,\mathrm{d}x}{\int_0^l \sin^2\lambda_n x\,\mathrm{d}x}=\frac{2g}{l\lambda_n}\quad (n=0,1,2,\cdots)$$

把级数(6.2)代入(6.1)，同时把一切项都移到左边便得

$$\sum_{n=0}^{\infty}\left(T''_n+a^2\lambda_n^2T_n-\frac{2g}{l\lambda_n}\right)\sin\lambda_n x=0$$

由此

$$T''_n+a^2\lambda_n^2T_n-\frac{2g}{l\lambda_n}=0\quad (n=0,1,2,\cdots)$$

这个方程的解具有

$$T_n = A_n \cos a\lambda_n t + B_n \sin a\lambda_n t + \frac{2g}{la^2\lambda_n^3} \quad (n=0,1,2,\cdots)$$

的形状. 要使条件(4.5)满足,我们要求

$$u(x,0) = \sum_{n=0}^{\infty} T_n(0) \sin \lambda_n x = f(x)$$

$$\frac{\partial u(x,0)}{\partial t} = \sum_{n=0}^{\infty} T'_n(0) \sin \lambda_n x = g(x)$$

按系$\{\sin \lambda_n x\}$来计算$f(x)$和$g(x)$的傅里叶系数,得

$$T_n(0) = A_n + \frac{2a}{la^2\lambda_n^2} = \frac{2}{l}\int_0^l f(x)\sin \lambda_n x \,\mathrm{d}x$$

$$T'_n(0) = B_n a\lambda_n = \frac{2}{l}\int_0^l g(x)\sin \lambda_n x \,\mathrm{d}x$$

(比较(5.6)),由此

$$A_n = \frac{2}{l}\int_0^l f(x)\sin \lambda_n x \,\mathrm{d}x - \frac{2}{la^2\lambda_n^3} = \overline{A}_n - \frac{2g}{la^2\lambda_n^3}$$

$$B_n = \frac{2}{al\lambda_n}\int_0^l g(x)\sin \lambda_n x \,\mathrm{d}x \quad (n=0,1,2,\cdots)$$

于是

$$u(x,t) = \sum_{n=0}^{\infty} (\overline{A}_n \cos a\lambda_n t + B_n \sin a\lambda_n t)\sin \lambda_n x - \frac{2g}{la^2}\sum_{n=0}^{\infty} \frac{\cos a\lambda_n t \sin \lambda_n x}{\lambda_n^3} + \frac{2g}{la^2}\sum_{n=0}^{\infty} \frac{\sin \lambda_n x}{\lambda_n^3}$$

读者很容易知道,右边的第一个和式给出了枢轴自由振动问题的解. 因此第二个与第三个和式就给出了在有重力作用时的修正.

§7 矩形膜振动

所谓膜是指紧张在一个边框上而可以自由弯曲的薄片. 当膜在平静状态时,它的一切点在一个平面上,这个平面我们取做 xOy 平面. 如果把膜引离静止状态,然后听其自然,那么它就开始振动了. 我们只考虑膜的微小振动,并把它的面积当作不变的,又设每个点都沿着和 xOy 平面垂直方向振动. 命 $u(x,y,t)$ 表示膜上的点 (x,y) 距离静止面的数量,与对于弦的推理一样,可知膜的自由振动的方程具有

$$\frac{\partial^2 u}{\partial t^2}=c^2\left(\frac{\partial^2 u}{\partial x^2}+\frac{\partial^2 u}{\partial y^2}\right) \tag{7.1}$$

的形状,而对于强迫振动便是

$$\frac{\partial^2 u}{\partial t^2}=c^2\left(\frac{\partial^2 u}{\partial x^2}+\frac{\partial^2 u}{\partial y^2}\right)+\frac{F(x,y,t)}{\rho} \tag{7.2}$$

这里 $c^2=\frac{T}{\rho}$, T 是膜的张力, ρ 是它的表面密度, $F(x,y,t)$ 指单位面积上的力.

关于膜振动的问题这样来提出:

求方程(7.1)和(7.2)的解. 这就是说,求膜上的各点在瞬时 t 的位移,边值条件是:在(固定了膜)的边界上有

$$u=0 \tag{7.3}$$

初始条件是

$$u(x,y,0)=f(x,y) \tag{7.4}$$

(这给出了膜的初始位移)

$$\frac{\partial u(x,y,0)}{\partial t}=g(x,y) \tag{7.5}$$

(这给出了膜上各点的初速).

我们只限于讨论自由振动的膜是矩形 $R(0\leqslant x\leqslant a,0\leqslant y\leqslant b)$ 的情形. 这问题和上一章所讨论的问题的区别,在于函数 u 不是依赖于两个,而是三个变量. 同时我们再应用特征函数的方法,首先寻求形如

$$u=\Phi(x,y)\cdot T(t) \tag{7.6}$$

的特定解,不恒等于零,而在矩形 R 边上满足条件(7.3).

微分(7.6)并把结果代入(7.1),得

$$\Phi T''=c^2\left(\frac{\partial^2\Phi}{\partial x^2}+\frac{\partial^2\Phi}{\partial y^2}\right)\cdot T$$

由此

$$\frac{\dfrac{\partial^2\Phi}{\partial x^2}+\dfrac{\partial^2\Phi}{\partial y^2}}{\Phi}=\frac{T''}{c^2T}=-\lambda^2=\text{常数}^{①}$$

所以

$$\frac{\partial^2\Phi}{\partial x^2}+\frac{\partial^2\Phi}{\partial y^2}+\lambda^2\Phi=0 \tag{7.7}$$

$$T''+c^2\lambda^2T=0 \tag{7.8}$$

并且易知函数 Φ 在矩形边上应该满足条件

$$\Phi=0 \tag{7.9}$$

进而讨论方程(7.7),边值条件是(7.9). 把 λ 固定,求这方程在边界上满足条件(7.9)而形如

---

① 这里的常数不能取成正数是显然的,如果不然的话,方程(7.8)的系数就会是负的,这个方程的解将不能是周期的,我们便得不出振动来,这事和实验相违反.

$$\Phi=\varphi(x)\psi(y) \tag{7.10}$$

的特定解.代入(7.7)得

$$\varphi''\psi+\varphi\psi''+\lambda^2\varphi\psi=0$$

或

$$\frac{\varphi''}{\varphi}=-\frac{\psi''+\lambda^2\varphi}{\psi}=-k^2=\text{常数}$$ ①

由此

$$\varphi''+k^2\varphi=0,\psi''+l^2\psi=0 \tag{7.11}$$

其中设

$$l^2=\lambda^2-k^2 \tag{7.12}$$

方程(7.11)给出

$$\varphi(x)=C_1\cos kx+C_2\sin kx$$

$$\psi(x)=C_3\cos ly+C_4\sin ly$$

C_1,C_2,C_3,C_4 是常数.由在矩形边框上的条件可知

$$\varphi(0)=\varphi(a)=0,\psi(0)=\psi(b)=0$$

所以

$$C_1=C_3=0,C_2\sin ka=C_4\sin lb=0$$

由此 $ka=m\pi,lb=n\pi,m,n$ 是整数.设 $C_2=C_4=1$

$$k_m=\frac{\pi m}{a},l_m=\frac{\pi n}{b}\quad(m=1,2,\cdots;n=1,2,\cdots)$$

便得

$$\varphi_m(x)=\sin k_mx=\sin\frac{\pi mx}{a}$$

$$\psi_n(y)=\sin l_nx=\sin\frac{\pi ny}{b}$$

$$(m=1,2,\cdots;n=1,2,\cdots)$$

① 如果是正常数,边值条件将不得满足.

(负的 m 和 n 不予考虑,因为它们也给出一样的函数 φ_m 和 ψ_n,只是添上一个常数因子而已).

由(7.10)和(7.12),其中的 λ 是

$$\lambda=\lambda_{mn}=\sqrt{k_m^2+l_n^2}=\pi\sqrt{\frac{m^2}{a^2}+\frac{n^2}{b^2}} \tag{7.13}$$

得到方程(7.7)的特定解,在边界上满足条件

$$\Phi_{mn}(x,y)=\varphi_m(x)\psi_n(y)=\sin\frac{\pi mx}{a}\sin\frac{\pi ny}{b}$$

对于每一个 $\lambda=\lambda_{mn}$ 去解方程(7.8),得

$$T_{mn}(t)=A_{mn}\cos c\lambda_{mn}t+B_{mn}\sin c\lambda_{mn}t$$

所以函数

$$u_{mn}(x,y,t)=(A_{mn}\cos c\lambda_{mn}t+B_{mn}\sin c\lambda_{mn}t)\cdot \sin\frac{\pi mx}{a}\sin\frac{\pi ny}{b} \quad (m=1,2,\cdots;n=1,2,\cdots) \tag{7.14}$$

是方程(7.1)满足边界条件(7.3)的特定解.

要得到方程(7.1)满足初始条件的特定解,设

$$\begin{aligned}u(x,y,t)&=\sum_{m,n=1}^{\infty}u_{mn}(x,y,t)\\&=\sum_{m,n=1}^{\infty}(A_{mn}\cos c\lambda_{mn}t+B_{mn}\sin c\lambda_{mn}t)\cdot\\&\quad\sin\frac{\pi mx}{a}\sin\frac{\pi ny}{b}\end{aligned} \tag{7.15}$$

并使

$$u(x,y,0)=\sum_{m,n=1}^{\infty}A_{mn}\sin\frac{\pi mx}{a}\sin\frac{\pi ny}{b}=f(x,y)$$

$$\begin{aligned}\frac{\partial u(x,y,0)}{\partial t}=\Big[\sum_{m,n=1}^{\infty}(-A_{mn}c\lambda_{mn}\sin c\lambda_{mn}t+\\B_{mn}c\lambda_{mn}\cos c\lambda_{mn}t)\cdot\sin\frac{\pi mx}{a}\cdot\sin\frac{\pi ny}{b}\Big]_{t=0}\end{aligned}$$

$$= \sum_{m,n=1}^{\infty} B_{mn} c\lambda_{mn} \sin \frac{\pi m x}{a} \sin \frac{\pi n y}{b}$$

设 $f(x,y)$ 和 $g(x,y)$ 按系 $\left\{\sin \frac{\pi m x}{a} \sin \frac{\pi n y}{b}\right\}$ 展成二重傅里叶级数，由第 7 章 §4 得

$$A_{mn} = \frac{4}{ab} \iint_R f(x,y) \sin \frac{\pi m x}{a} \sin \frac{\pi n y}{b} \mathrm{d}x\mathrm{d}y \tag{7.16}$$

及

$$B_{mn} c\lambda_{mn} = \frac{4}{ab} \iint_R g(x,y) \sin \frac{\pi m x}{a} \sin \frac{\pi n y}{b} \mathrm{d}x\mathrm{d}y$$

或即

$$B_{mn} = \frac{4}{abc\lambda_{mn}} \iint_R g(x,y) \sin \frac{\pi m x}{a} \sin \frac{\pi n y}{b} \mathrm{d}x\mathrm{d}y \text{①} \tag{7.17}$$

这样一来，问题的解由级数(7.15)给出，其中 A_{mn} 和 B_{mn} 按公式(7.16)和(7.17)计算.

矩形膜自由振动的频率具有

$$\omega_{mn} = c\lambda_{mn} = \pi c \sqrt{\frac{m^2}{a^2} + \frac{n^2}{b^2}}$$

$$(m = 1,2,\cdots; n = 1,2,\cdots)$$

的形状(参看(7.13)和(7.14))，而对应的周期是

---

① 在第 7 章 §4，我们曾把函数在形如($-l \leqslant x \leqslant l, -h \leqslant y \leqslant h$)的矩形内展成傅里叶级数. 如果我们要把 $f(x,y)$ 在形如($0 \leqslant x \leqslant a, 0 \leqslant y \leqslant b$)的矩形内，按系 $\left\{\sin \frac{\pi m x}{a} \sin \frac{\pi n y}{b}\right\}$ 展开，就只要把 $f(x,y)$ 先对 x 再对 y 作奇性延续. 因之傅里叶系数的公式就有(7.16)的形式.

$$\tau_{mn}=\frac{2\pi}{\omega_{mn}}=\frac{2}{c\sqrt{\frac{m^2}{a^2}+\frac{n^2}{b^2}}}$$

$$(m=1,2,\cdots;n=1,2,\cdots)$$

膜和弦这两种情况的区别在于，对于弦来讲，每一个自由频率对应于唯一的节点分布，而对于膜来讲，同一个自由频率可能对应于若干个位置的节线，即线上的点没有平移.

用最简单的正方形膜的情形来说明这一点，设 $a=b=1$. 这时频率是

$$\omega_{mn}=c\lambda_{mn}=\pi c\sqrt{m^2+n^2}$$

代替(7.14)，显然有

$$u_{mn}=H_{mn}\sin(\omega_{mn}t+\alpha_{mn})\sin\pi mx\sin\pi ny$$

其中

$$H_{mn}=\sqrt{A_{mn}^2+B_{mn}^2}$$

$$\sin\alpha_{mn}=\frac{A_{mn}}{H_{mn}},\cos\alpha_{mn}=\frac{B_{mn}}{H_{mn}}$$

对于基音，即 $m=n=1$，有

$$\omega_{11}=\pi c\sqrt{2}$$

$$u_{11}=H_{11}\sin(\omega_{11}t+\alpha_{11})\sin\pi x\sin\pi y$$

由此可见节线是没有的. 设 $m=1,n=2$ 或 $m=2,n=1$. 这时同一个频率

$$\omega=\omega_{12}=\omega_{21}=\pi c\sqrt{5}$$

对应于二音

$$u_{12}=H_{12}\sin(\omega t+\alpha_{12})\sin\pi x\sin 2\pi y$$

$$u_{21}=H_{21}\sin(\omega t+\alpha_{21})\sin 2\pi x\sin\pi y$$

这给出两条节线 $y=\frac{1}{2}$ 和 $x=\frac{1}{2}$.

但具频率 ω 的膜振动有"和成音" $u_{12}+u_{21}$，而且一般说来它会引出新的节线. 实际上，为了简化，设 $\alpha_{12}=\alpha_{21}=0$，我们有

$$u_{12}+u_{21}=\sin\omega t(H_{12}\sin\pi x\sin 2\pi y+H_{21}\sin 2\pi x\sin\pi y)$$

由此可知方程

$$H_{12}\sin\pi x\sin 2\pi y+H_{21}\sin 2\pi x\sin\pi y=0 \tag{7.18}$$

所表的线就是节线. 特别说来，当 $H_{12}=H_{21}$ 时，有

$$\sin\pi x\sin 2\pi y+\sin 2\pi x\sin\pi y$$
$$=2\sin\pi x\sin\pi y(\cos\pi x+\cos\pi y)=0$$

这给出节线

$$x+y=1$$

当 $H_{21}=-H_{12}$ 时，类似地求得节线

$$x-y=0$$

这样一来，具有可变系数 H_{12} 和 H_{21} 的"和成音" $u_{12}+u_{21}$ 将给出新的节线，每次都是由方程(7.18)所确定的. 因此可以使给定的频率对应于无穷多个节线. 对应于频率 $\omega=\pi c\sqrt{5}$，我们已得出的最简单的节线，如图49(a)所示.

再设 $m=2,n=2$，得频率

$$\omega_{22}=\pi c\sqrt{8}$$

和唯一的音

$$u_{22}=H_{22}\sin(\omega_{22}t+\alpha_{22})\sin 2\pi x\sin 2\pi y$$

节线是平面上或使 $x=\frac{1}{2}$，或使 $y=\frac{1}{2}$ 一切点的全体(参看图49(b)).

图 49(c) 表示,对应于频率

$$\omega=\omega_{13}=\omega_{31}=\pi c\sqrt{10}$$

的最简单节线.

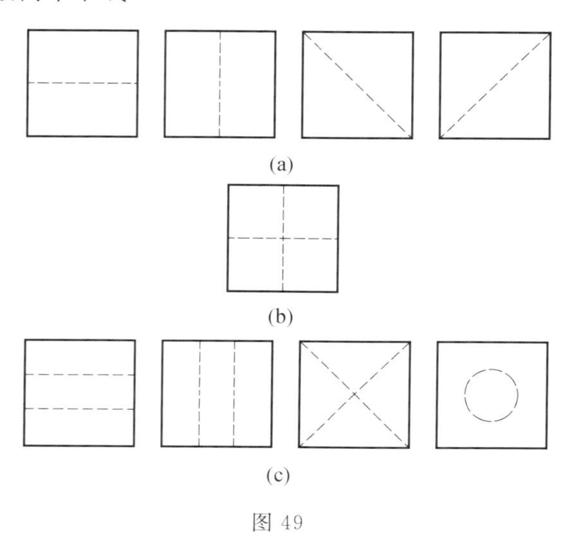

图 49

§8 圆形膜沿半径的振动

考察半径为 l 的圆形膜. 为便利起见,在 xOy 平面引进极坐标,取膜的中心为极点. 按公式 $x=r\cos\theta$, $y=r\sin\theta$ 作变量代换,方程(7.1) 就变为

$$\frac{\partial^2 u}{\partial t^2}=c^2\left(\frac{\partial^2 u}{\partial r^2}+\frac{1}{r}\frac{\partial u}{\partial r}+\frac{1}{r^2}\frac{\partial^2 u}{\partial \theta^2}\right) \qquad (8.1)$$

的形状,而方程(7.2) 就变为

$$\frac{\partial^2 u}{\partial t^2}=c^2\left(\frac{\partial^2 u}{\partial r^2}+\frac{1}{r}\frac{\partial u}{\partial r}+\frac{1}{r^2}\frac{\partial^2 u}{\partial \theta^2}\right)+\frac{F(r,\theta,t)}{\rho} \tag{8.2}$$

的形状.

我们只限于讨论圆形膜自由振动的情形,即方程(8.1)的情形,并设膜上各点的初始位移和初速不取决于角 θ. 这时对于任意的 t,位移不取决于 θ,即 $u=u(r,t)$. 这时的振动叫作沿半径的,而方程(8.1)可简化成

$$\frac{\partial^2 u}{\partial t^2}=c^2\left(\frac{\partial^2 u}{\partial r^2}+\frac{1}{r}\frac{\partial u}{\partial r}\right) \tag{8.3}$$

边值条件取成

$$u(l,t)=0 \tag{8.4}$$

而初始条件成

$$u(r,0)=f(r)$$

$$\frac{\partial u}{\partial t}(r,0)=g(r) \tag{8.5}$$

用从前的方法,我们来找方程(8.3)满足条件(8.4)形如

$$u(r,t)=R(r)T(t)$$

的解.

把它微分,代入(8.3)便得

$$RT''=c^2\left(R''T+\frac{1}{r}R'T\right)$$

由此

$$\frac{R''+\frac{1}{r}R'}{R}=\frac{T''}{c^2 T}=-\lambda^2=\text{常数}$$

于是

$$R'' + \frac{1}{r}R' + \lambda^2 R = 0 \tag{8.6}$$

$$T'' + c^2\lambda^2 T = 0 \tag{8.7}$$

方程(8.6)是带参数的欧拉—贝塞尔方程(参看第8章§11),指标为 $p=0$.它的一般积分,具有

$$R(r) = C_1 J_0(\lambda r) + C_2 Y_0(\lambda r)$$

的形状.由于 $Y(\lambda r)$ 在靠近 $r=0$ 处是无界的,只好设 $C_2=0$.要得到异于 $R\equiv 0$ 的解,就必须使 $C_1 \neq 0$.于是由边值条件(8.4)得

$$J_0(\lambda l) = 0$$

这就是说 $\mu=\lambda l$ 必须是函数 $J_0(\mu)$ 的根.设 $C_1=1$

$$\lambda_n = \frac{\mu_n}{l}$$

$$R_n(r) = J_0(\lambda_n r) = J_0\left(\frac{\mu_0 r}{l}\right) \quad (n=1,2,\cdots) \tag{8.8}$$

其中 $\mu_n = \lambda_n l$ 是函数 $J_0(\mu)$ 的第 n 个正根.

$\lambda=\lambda_n$ 时,方程(8.7)给出

$$T_n(t) = A_n \cos c\lambda_n t + B_n \sin c\lambda_n t \quad (n=1,2,\cdots)$$

因此对于方程(8.3),我们便求得形如

$$u_n(r,t) = (A_n \cos c\lambda_n t + B_n \sin c\lambda_n t) J_0(\lambda_n r) \quad (n=1,2,\cdots) \tag{8.9}$$

的特解(满足条件(8.4)).

要得到方程(8.3),既满足边值条件(8.4)又满足初始条件(8.5)的解,就要设

$$u(r,t) = \sum_{n=1}^{\infty} (A_n \cos c\lambda_n t + B_n \sin c\lambda_n t) J_0(\lambda_n r) \tag{8.10}$$

并要求

$$u(r,0)=\sum_{n=1}^{\infty}A_nJ_0(\lambda_n r)=f(r)$$

$$\frac{\partial u(r,0)}{\partial t}=\left[\sum_{n=1}^{\infty}(-A_nc\lambda_n\sin c\lambda_n t+B_nc\lambda_n\cos c\lambda_n t)J_0(\lambda_n r)\right]_{t=0}$$

$$=\sum_{n=1}^{\infty}B_nc\lambda_nJ_0(\lambda_n r)=g(r)$$

算出 $f(r)$ 和 $g(r)$ 按系 $\{J_0(\lambda_n r)\}$ 的傅里叶系数(参看第9章 §10)

$$A_n=\frac{2}{l^2J_1^2(\mu_n)}\cdot\int_0^l rf(r)J_0(\lambda_n r)\mathrm{d}r \quad (8.11)$$

$$B_nc\lambda_n=\frac{2}{l^2J_1^2(\mu_n)}\cdot\int_0^l rg(r)J_0(\lambda_n r)\mathrm{d}r$$

或即

$$B_n=\frac{2}{cl^2\lambda_n^2J_1^2(\mu_n)}\cdot\int_0^l rg(r)J_0(\lambda_n r)\mathrm{d}r \quad (8.12)$$

这样一来,问题的解就由级数(8.10)给出,其中系数 A_n,B_n 由公式(8.11)和(8.12)确定.

构成复合膜振动的个别谐振动(8.9)可以表成

$$u_n(r,t)=H_n\sin(c\lambda_n t+\alpha_n)J_0(\lambda_n r)$$

的形状,其中

$$H_n=\sqrt{A_n^2+B_n^2},\sin\alpha_n=\frac{A_n}{H_n},\cos\alpha_n=\frac{B_n}{H_n}$$

膜的自由频率有

$$\omega_n=c\lambda_n=c\frac{\mu_n}{l}$$

的形状. 每个音

$$H_n\mid J_0(\lambda_n r)\mid$$

的振幅只取决于 r. 节线由方程

$$J_0(\lambda_n r)=J\left(\frac{\mu_n r}{l}\right)=0 \quad (0\leqslant r<l)$$

得到(参考(8.8)).当$n=1$时没有节线.当$n=2$时对于$r=\frac{\mu_1}{\mu_2}l$求得节线,当$n=3$时,对于$r=\frac{\mu_1}{\mu_3}l$,$r=\frac{\mu_2}{\mu_3}l$求得节线,其余类推.图50表示按规律(8.9)($n=1,2,3$)振动的膜的节线.

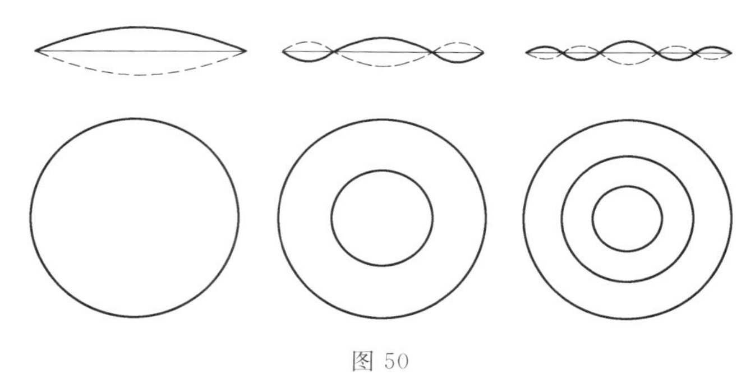

图 50

§9 圆形膜的振动(一般情形)

关于半径为l的圆形膜的自由振动问题,在一般情形下,化到方程

$$\frac{\partial^2 u}{\partial t^2}=c^2\left(\frac{\partial^2 u}{\partial r^2}+\frac{1}{r}\frac{\partial u}{\partial r}+\frac{1}{r^2}\frac{\partial^2 u}{\partial \theta^2}\right) \tag{9.1}$$

(参看 §8 开始的地方),附上边值条件

$$u(l,\theta,t)=0 \tag{9.2}$$

初始条件

$$u(r,\theta,0)=f(r,\theta)$$

$$\frac{\partial u(r,\theta,0)}{\partial t}=g(r,\theta) \tag{9.3}$$

的解. 我们来求,异于 $u\equiv 0$ 而满足边值条件(9.2),而又具乘积

$$u(r,\theta,t)=\Phi(r,\theta)T(t)$$

形状的解. 代入(9.1)得

$$\Phi T''=c^2\left(\frac{\partial^2\Phi}{\partial r^2}+\frac{1}{r}\frac{\partial\Phi}{\partial r}+\frac{1}{r^2}\frac{\partial^2\Phi}{\partial\theta^2}\right)T$$

由此

$$\frac{\dfrac{\partial^2\Phi}{\partial r^2}+\dfrac{1}{r}\dfrac{\partial\Phi}{\partial r}+\dfrac{1}{r^2}\dfrac{\partial^2\Phi}{\partial\theta^2}}{\Phi}=\frac{T''}{c^2T}=-\lambda^2=\text{常数}^{①}$$

于是

$$\frac{\partial^2\Phi}{\partial r^2}+\frac{1}{r}\frac{\partial\Phi}{\partial r}+\frac{1}{r^2}\frac{\partial^2\Phi}{\partial\theta^2}=-\lambda^2\Phi \tag{9.4}$$

$$T''+c^2\lambda^2T=0 \tag{9.5}$$

并且,要使边值条件(9.2)得以满足,就应该要求

$$\Phi(l,\theta)=0 \tag{9.6}$$

因而到达了方程(9.4)的边界问题. 要解这个问题,我们来求方程(9.4)形如

$$\Phi=R(r)F(\theta) \tag{9.7}$$

而异于 $\Phi\equiv 0$ 又满足条件(9.6)的特定解. 代入(9.4),得

$$R''F+\frac{1}{r}R'F+\frac{1}{r^2}RF''+\lambda^2RF=0$$

---

① 我们把常数算作负的,因为不然函数 T 就不会是连续,而我们就不会有振动,这和假设的事矛盾.

$$-\frac{R''+\frac{1}{r}R'+\lambda^2R}{\frac{1}{r^2}R}=\frac{F''}{F}=-v^2=\text{常数}^{①}$$

所以

$$r^2R''+rR'+(\lambda^2r^2-v^2)R=0 \qquad (9.8)$$

$$F''+v^2F=0 \qquad (9.9)$$

最后面的一个方程具有形如 $\cos v\theta$ 和 $\sin v\theta$ 的解. 由于把 θ 加上 2π 时,得到膜上同一个点,所以函数 u,因而,函数 Φ 和 F 应该有周期 2π. 因此 v 应该是整数.

于是

$$v=n \quad (n=0,1,2,\cdots)$$

而方程(9.9)的解将为

$$\cos n\theta,\sin n\theta \quad (n=0,1,2,\cdots)^{②} \qquad (9.10)$$

(负的 n 给出同样的函数,只差一个正负号而已).

方程(9.8)成为

$$r^2R''+rR'+(\lambda^2r^2-n^2)R=0$$

的形状.

这个是整数指标 n 的欧拉－贝塞尔方程(具有参数的). 它的一般积分具有

$$R(r)=C_1J_n(\lambda r)+C_2Y_n(\lambda r)$$

的形状. 由于解应该是有界的,所以非有 $C_2=0$ 不可(因为当 $r\to 0$ 时,$Y_n(\lambda r)\to\infty$). 取 $C_1=1$. 由边值条件(9.6)可知

---

① 常数取成负的,因为根据问题的意思,函数 $F(\theta)$ 应该是周期的(参看(9.9)等).

② 当 $v=0$ 时,方程(9.9)还要有形如 $C\theta$ 的解,这个解必须放弃,因为它是非周期的.

$$R(l)=J_n(\lambda l)=0$$

即 $\lambda l=\mu$ 必须是函数 $J_n(\mu)$ 的根.设

$$\lambda_{nm}=\frac{\mu_{nm}}{l}$$

$$R_{nm}=J_n(\lambda_{nm}r)=J_n\left(\frac{\mu_{nm}r}{l}\right)$$

$$(m=1,2,\cdots;n=0,1,2,\cdots) \qquad (9.11)$$

其中 μ_{nm} 是函数 $J_n(\mu)$ 的第 m 个根.

这样一来,方程(9.4)附上边值条件(9.6)的边界问题有特征值 λ_{nm}(参看(9.11))和特征函数(参看(9.7),(9.10)和(9.11))

$$\Phi_{nm}(r,\theta)=J_n(\lambda_{nm}r)\cos n\theta$$

$$\Phi_{nm}^*(r,\theta)=J_n(\lambda_{nm}r)\sin n\theta$$

$$(n=1,2,\cdots;m=1,2,\cdots)$$

对于 $\lambda=\lambda_{nm}$,方程(9.5)给出

$$T_{nm}=A_{nm}\cos c\lambda_{nm}t+B_{nm}\sin c\lambda_{nm}t$$

因此附有边值条件(9.2)的方程(9.1)的特定解是

$$u_{nm}(r,\theta,t)=(A_{nm}\cos c\lambda_{nm}t+B_{nm}\sin c\lambda_{nm}t)\cdot J_n(\lambda_{nm}r)\cos n\theta$$

$$(m=1,2,\cdots;n=0,1,2,\cdots)$$

$$u_{nm}^*(r,\theta,t)=(A_{nm}^*\cos c\lambda_{nm}t+B_{nm}^*\sin c\lambda_{nm}t)\cdot J_n(\lambda_{nm}r)\sin n\theta$$

$$(m=1,2,\cdots;n=1,2,\cdots)$$

要所得的方程(9.1)满足边值条件(9.3)的解,就要作级数

$$u(r,\theta,t)=\sum_{n=0}^{\infty}\sum_{m=1}^{\infty}[(A_{nm}\cos c\lambda_{nm}t+$$

$$B_{nm}\sin c\lambda_{nm}t)\cos n\theta+(A_{nm}^{*}\cos c\lambda_{nm}t+$$
$$B_{nm}^{*}\sin c\lambda_{nm}t)\sin n\theta]J_{n}(\lambda_{nm}r) \qquad (9.12)$$

并使

$$u(r,\theta,0)=\sum_{n=0}^{\infty}\sum_{m=1}^{\infty}(A_{nm}\cos n\theta+A_{nm}^{*}\sin n\theta)J_{n}(\lambda_{nm}r)=r(r,\theta)$$

$$\frac{\partial u(r,\theta,0)}{\partial t}=\{\sum_{n=0}^{\infty}\sum_{m=1}^{\infty}[(-A_{nm}c\lambda_{nm}\sin c\lambda_{nm}t+B_{nm}c\lambda_{nm}\cos c\lambda_{nm}t)\cos n\theta+(-A_{nm}^{*}c\lambda_{nm}\sin c\lambda_{nm}t+B_{nm}^{*}c\lambda_{nm}\cos c\lambda_{nm}t)\sin n\theta]J_{n}(\lambda_{nm}r)\}_{t=0}$$
$$=\sum_{n=0}^{\infty}\sum_{m=1}^{\infty}(B_{nm}c\lambda_{nm}\cos n\theta+B_{nm}^{*}c\lambda_{nm}\sin n\theta)J_{n}(\lambda_{nm}r)=g(r,\theta) \qquad (9.13)$$

要找这展式的系数,作如下的推演:

设

$$f(r,\theta)=\sum_{n=0}^{\infty}[f_{n}(r)\cos n\theta+f_{n}^{*}(r)\sin n\theta] \qquad (9.14)$$

其中

$$f_{0}(r)=\frac{1}{2\pi}\int_{-\pi}^{\pi}f(r,\theta)\mathrm{d}\theta$$

$$\begin{cases}f_{n}(r)=\dfrac{1}{\pi}\displaystyle\int_{-\pi}^{\pi}f(r,\theta)\cos n\theta\mathrm{d}\theta\\ f_{n}^{*}(r)=\dfrac{1}{\pi}\displaystyle\int_{-\pi}^{\pi}f(r,\theta)\sin n\theta\mathrm{d}\theta\end{cases}\quad(n=1,2,\cdots) \qquad (9.15)$$

(换句话说,我们把函数 $f(r,\theta)$ 按变量 θ 展成傅里叶三角级数). 把每个函数 $f_n(r)$ 和 $f_n^*(r)$ 按系 $\{J_n(\lambda_{nm}r)\}$ 展成傅里叶级数

$$f_n(r)=\sum_{m=1}^{\infty}C_{nm}J_n(\lambda_{nm}r)$$

$$f_n^*(r)=\sum_{m=1}^{\infty}C_{nm}^*J_n(\lambda_{nm}r)$$

其中

$$\begin{cases}C_{nm}=\dfrac{2}{l^2J_{n+1}^2(\mu_{nm})}\displaystyle\int_0^l rf_n(r)J_n(\lambda_{nm}r)\mathrm{d}r\\ C_{nm}^*=\dfrac{2}{l^2J_{n+1}^2(\mu_{nm})}\displaystyle\int_0^l rf_n^*(r)J_n(\lambda_{nm}r)\mathrm{d}r\end{cases}\tag{9.16}$$

代入(9.14),得

$$f(r,\theta)=\sum_{n=0}^{\infty}\sum_{m=1}^{\infty}(C_{nm}\cos n\theta+C_{nm}^*\sin n\theta)J_n(\lambda_{nm}r)$$

把这个式子和(9.13)的第一个等式比较,并利用关系(9.15)和(9.16)便得

$$\begin{aligned}&A_{0m}=C_{0m}=\frac{1}{\pi l^2J_1^2(\mu_{0m})}\int_0^l\mathrm{d}r\int_{-\pi}^{\pi}rf(r,\theta)J_0(\lambda_{0m}r)\mathrm{d}\theta\\&A_{nm}=C_{nm}\\&\quad=\frac{2}{\pi l^2J_{n+1}^2(\mu_{nm})}\int_0^l\mathrm{d}r\int_{-\pi}^{\pi}rf(r,\theta)\cos n\theta J_n(\lambda_{nm}r)\mathrm{d}\theta\\&\quad(n=1,2,\cdots;m=1,2,\cdots)\\&A_{nm}^*=C_{nm}^*\\&\quad=\frac{2}{\pi l^2J_{n+1}^2(\mu_{nm})}\int_0^l\mathrm{d}r\int_{-\pi}^{\pi}rf(r,\theta)\sin n\theta J_n(\lambda_{nm}r)\mathrm{d}\theta\\&\quad(n=1,2,\cdots;m=1,2,\cdots)\end{aligned}\tag{9.17}$$

同样求得

$$B_{0m}c\lambda_{0m}=\frac{1}{\pi l^2 J_1^2(\mu_{0m})}\int_0^l \mathrm{d}r\int_{-\pi}^{\pi} rg(r,\theta)J_0(\lambda_{0m}r)\mathrm{d}\theta$$

$$B_{nm}c\lambda_{nm}$$

$$=\frac{2}{\pi l^2 J_{n+1}^2(\mu_{nm})}\int_0^l \mathrm{d}r\int_{-\pi}^{\pi} rg(r,\theta)\cos n\theta J_n(\lambda_{nm}r)\mathrm{d}\theta$$

$$(n=1,2,\cdots;m=1,2,\cdots)$$

$$B_{nm}^{*}c\lambda_{nm}$$

$$=\frac{2}{\pi l^2 J_{n+1}^2(\mu_{nm})}\int_0^l \mathrm{d}r\int_{-\pi}^{\pi} rg(r,\theta)\cos n\theta J_n(\lambda_{nm}r)\mathrm{d}\theta$$

$$(n=1,2,\cdots;m=1,2,\cdots)$$

(9.18)

这样一来，系数由公式(9.17)和(9.18)确定的级数(9.12)将是我们问题的解.

构成复合振动(9.12)的简谐振动 u_{nm} 与 u_{nm}^{*} 对应着很多种不同位置的节线. 对于 u_{01},u_{02},u_{03} 所得节线如图 50 所示. 图 51 表示 u_{12},u_{22},u_{32} 的节线.

和在矩形膜的情形一样，同一个频率，可以对应无穷多个节线不同的位置(取决于系数 $A_{nm},B_{nm},A_{nm}^{*},B_{nm}^{*}$).

§10　枢轴上热扩散方程

考察均匀的柱形枢轴，侧面与外界空间隔绝. 取枢轴的轴作为 Ox 轴，并以 $u(x,t)$ 表示在坐标为 x 处的横截面，在瞬时 t 的温度. 设 AB 是枢轴上的元素，界于截面 x 和 $x+\Delta x$ 之间(参考图 47). 把时间区间 Δt 取得

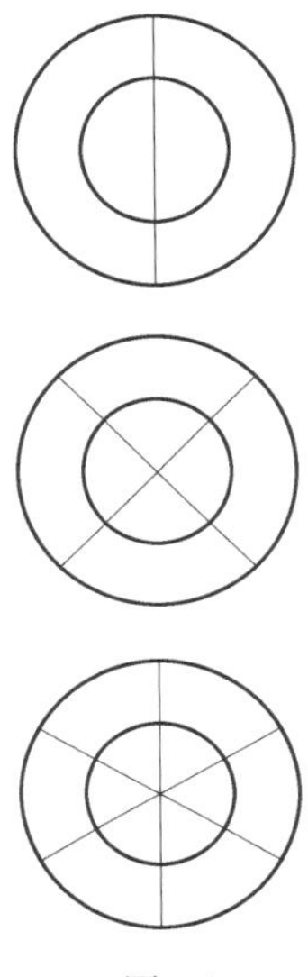

图 51

这样小,使在截面 x 和 $x+\Delta x$ 处的温度看成不变(在同一时间内).实验指出:流过任意枢轴的热量 q,只要两端保持常量,与这两个温度之差,枢轴横截面面积,以及所经时间成正比,而与枢轴的长度成反比.因此对于元素 AB 有

$$q=\frac{K\cdot[u(x+\Delta x,t)-u(x,t)]\cdot s\cdot\Delta t}{\Delta x}$$

$$=K\frac{\partial u(x+\theta\Delta x,t)}{\partial x}\cdot s\cdot\Delta t\quad(0<\theta<1)$$

其中 K 是比例系数,叫作热的内传导系数,s 是横截面的面积.当 $\Delta x\to 0$ 时,我们得到在时间 Δt 流过截面 x 的热量 Q

$$Q(x)=K\frac{\partial u}{\partial x}s\Delta t\qquad(10.1)$$

再来看看元素 AB. 不难理解，这元素在时间 Δt 所得热量 ΔQ 可以表成

$$\begin{aligned}\Delta Q &= Q(x+\Delta x)-Q(x)\\ &= Ks\Delta t\left[\frac{\partial u(x+\Delta x,t)}{\partial x}-\frac{\partial u(x,t)}{\partial x}\right]\\ &= Ks\Delta t\Delta x\,\frac{\partial^2 u(x+\theta_1\Delta x,t)}{\partial x^2}\quad (0<\theta_1<1)\end{aligned}\tag{10.2}$$

(要注意到热的流动方向和温度增加方向相反). 数量 ΔQ 可以用另外的方法来计算.

元素 AB 取成这样小，在所给的每一瞬时，它所有的截面的温度可以当作一样的. 于是

$$\begin{aligned}\Delta Q &= c\rho s\Delta x[u(x,t+\Delta t)-u(x,t)]\\ &= c\rho s\Delta x\Delta t\,\frac{\partial u}{\partial t}(x,t+\theta_2\Delta t)\quad (0<\theta_2<1)\end{aligned}\tag{10.3}$$

其中 c 是枢轴的物质吸热量，ρ 是密度(对单位长度来讲)，而因此 $\rho s\Delta x$ 就是元素 AB 的质量.

比较(10.2)和(10.3)得

$$c\rho\,\frac{\partial u(x,t+\theta_2\Delta t)}{\partial t}=K\,\frac{\partial^2 u(x+\theta_1\Delta x,t)}{\partial x^2}$$

如果让 $\Delta t\to 0$ 和 $\Delta x\to 0$，取极限便有

$$\frac{\partial u}{\partial t}=a^2\,\frac{\partial^2 u}{\partial x^2}\tag{10.4}$$

其中以 $a^2=\dfrac{K}{c\rho}$. 我们就得到枢轴上热扩散方程(在线性情况，或者说，热传导方程).

依据在枢轴两端所要求的条件，可以提出若干问题来.

§11 [illegible]轴两端保持温度为零时热的扩散

问题在于求解方程(10.4),附加的边值条件是

$$u(0,t)=u(l,t)=0 \tag{11.1}$$

(在两端上 $x=0$ 和 $x=l$),以及初始条件是

$$u(x,0)=f(x) \tag{11.2}$$

其中 $f(x)$ 是已给的函数.

方程(10.4) 是上一章里方程(1.2) 的特例,因此在那里所叙述的理由都可应用到这上面来.

我们来求(异于零且满足边值条件(11.1)) 形如

$$u(x,t)=\Phi(x)T(t)$$

的特定解. 代入(10.4) 得

$$\Phi T'=a^2\Phi''T$$

由此

$$\frac{\Phi''}{\Phi}=\frac{T'}{a^2T}=-\lambda^2=\text{常数}$$①

于是

$$\Phi''+\lambda^2\Phi=0 \tag{11.3}$$

$$T'+a^2\lambda^2T=0 \tag{11.4}$$

由方程(11.3) 求出

$$\Phi(x)=C_1\cos\lambda x+C_2\sin\lambda x$$

由(11.1) 可知应当要求

$$\Phi(0)=C_1=0$$

---

① 为什么这里的常数要取成负的,让读者去判断(参看 §2).

$$\Phi(l)=C_2\sin\lambda l=0$$

认为 $C_2\neq 0$，由此就得 $\lambda l=\pi n$（n 是整数）. 设 $C_2=1$，则有

$$\lambda_n=\frac{\pi n}{l}$$

$$\Phi_n(x)=\sin\lambda_n x=\sin\frac{\pi n x}{l}\quad(n=1,2,\cdots)$$

当 $\lambda=\lambda_n$ 时，方程(11.4)给出

$$T_n(t)=A_n e^{-a^2\lambda_n^2 t}=A_n e^{-\frac{a^2\pi^2 n^2}{l^2}t},A_n=\text{常数}$$
$$(n=1,2,\cdots)$$

这样一来，函数

$$u(x,t)=A_n\sin\frac{\pi n x}{l}e^{-\frac{a^2\pi^2 n^2}{l^2}t}$$
$$(n=1,2,\cdots)$$

就是方程(10.4)满足边值条件的特定解.

要使初始条件满足，我们作出级数

$$u(x,t)=\sum_{n=1}^{\infty}A_n\sin\frac{\pi n x}{l}e^{-\frac{a^2\pi^2 n^2}{l^2}t}\qquad(11.5)$$

并要求

$$u(x,0)=\sum_{n=1}^{\infty}A_n\sin\frac{\pi n x}{l}=f(x)$$

所以要把 $f(x)$ 按系 $\left\{\sin\frac{\pi n x}{l}\right\}$ 展开. 计算傅里叶系数的结果，得

$$A_n=\frac{2}{l}\int_0^l f(x)\sin\frac{\pi n x}{l}dx\quad(n=1,2,\cdots)\qquad(11.6)$$

这样，问题的解就由级数(11.5)给出，其中系数 A_n 由公式(11.6)确定. 由于级数(11.5)含有因子

$e^{-\frac{a^2\pi^2n^2}{l^2}t}$,不难验证它对于 $t \geqslant t_0 > 0$,不管 $t_0 > 0$ 是什么值,是均匀收敛的. 由对 x 和对 t 逐项微分(不管多少次)所成的级数也有同样的性质. 因此级数的和是连续的,且逐项微分是合法的(比较上一章 §10).

§12　枢轴两端保持常温时热的扩散

问题在于求解方程(10.4),附加的边值条件是

$$u(0,t) = A = \text{常数}, u(l,t) = B = \text{常数}^{①} \tag{12.1}$$

以及初始条件是

$$u(x,0) = f(x) \tag{12.2}$$

我们来求成级数形状的解

$$u(x,t) = \sum_{n=1}^{\infty} T_n(t) \sin \frac{\pi n x}{l} \tag{12.3}$$

其中

$$T_n(t) = \frac{2}{l}\int_0^l u(x,t) \sin \frac{\pi n x}{l} \mathrm{d}x \tag{12.4}$$

分部积分,得

$$\frac{1}{2}T_n = \left[-\frac{lu(x,t)}{\pi n}\cos\frac{\pi n x}{l}\right]_{x=0}^{x=l} + \left[\frac{l^2}{\pi^2 n^2}\frac{\partial u(x,t)}{\partial x}\sin\frac{\pi n x}{l}\right]_{x=0}^{x=l} - \frac{l^2}{\pi^2 n^2}\int_0^l \frac{\partial^2 u}{\partial x^2}\sin\frac{\pi n x}{l}\mathrm{d}x$$

① 这问题和 §13 的问题的边界条件与以前我们所考虑过的是有不同形状的. 下面将指出,在类似情况也是这样.

因为 $u(x,t)$ 满足方程(10.4)和条件(12.1),故

$$\frac{1}{2}\cdot T_n=\frac{1}{\pi n}[A-(-1)^n B]-\frac{1}{a^2\pi^2 n^2}\int_0^l \frac{\partial u}{\partial t}\sin\frac{\pi n x}{l}\mathrm{d}x$$

把(12.4)对 t 微分,得

$$T'_n=\frac{2}{l}\int_0^l \frac{\partial u}{\partial t}\sin\frac{\pi n x}{l}\mathrm{d}x$$

于是

$$\frac{1}{2}T_n=\frac{1}{\pi n}[A-(-1)^n B]-\frac{l^2}{2a^2\pi^2 n^2}T'_n$$

由此

$$T'_n+\frac{a^2\pi^2 n^2}{l^2}T_n=\frac{a^2\pi n}{l^2}[A-(-1)^n B] \qquad (12.5)$$

解这方程,得

$$T_n=A_n\mathrm{e}^{-\frac{a^2\pi^2 n^2}{l^2}}+2\frac{A-(-1)^n B}{\pi n} \qquad (12.6)$$

要使初始条件(12.2)满足,就要等式

$$u(x,0)=\sum_{n=1}^{\infty}T_n(0)\sin\frac{\pi n x}{l}=f(x)$$

计算出 $f(x)$ 按系 $\left\{\sin\frac{\pi n x}{l}\right\}$ 的傅里叶系数

$$T_n(0)=A_n+2\frac{A-(-1)^n B}{\pi n}=\frac{2}{l}\int_0^l f(x)\sin\frac{\pi n x}{l}\mathrm{d}x$$

因此有

$$A_n=\frac{2}{l}\int_0^l f(x)\sin\frac{\pi n x}{l}\mathrm{d}x-2\frac{A-(-1)^n B}{\pi n} \qquad (12.7)$$

这样,问题的解就由级数(12.3)给出,其中 T_n 由公式(12.6)和(12.7)确定.

§13 枢轴两端为已知变化温度时热的扩散

问题在于求解方程(10.4)附加的边值条件是

$$u(0,t)=\varphi(t), u(l,t)=\psi(t) \tag{13.1}$$

(φ 和 ψ 是给出的)和初始条件

$$u(x,0)=f(x) \tag{13.2}$$

问题的解又是级数(12.3)的形状.重复 §12 中的推理,便得到 T_n 的方程

$$T'_n+\frac{a^2\pi^2n^2}{l^2}T_n=\frac{2a^2\pi n}{l^2}[\varphi(t)-(-1)^n\psi(t)]$$

(这和关系式(12.5)一样,只是把 A 和 B 分别换成 φ 和 ψ 而已).解这方程,得

$$T_n=A_n\mathrm{e}^{-\frac{a^2\pi^2n^2}{l^2}\cdot t}+\frac{2a\pi n}{l^2}\cdot\mathrm{e}^{-\frac{a^2\pi^2n^2}{l^2}\cdot t}\cdot\int_0^l\mathrm{e}^{-\frac{a^2\pi^2n^2}{l^2}\cdot t}\cdot[\varphi(t)-(-1)^n\psi(t)]\mathrm{d}t \tag{13.3}$$

要条件(13.2)满足,就要

$$u(x,0)=\sum_{n=1}^{\infty}T_n(0)\sin\frac{\pi nx}{l}=f(x)$$

算出 $f(x)$ 按系 $\left\{\sin\frac{\pi nx}{l}\right\}$ 的傅里叶系数

$$T_n(0)=A_n=\frac{2}{l}\int_0^l f(x)\sin\frac{\pi nx}{l}\mathrm{d}(x) \tag{13.4}$$

于是,问题的解就是级数(12.3),其中 T_n 由等式(13.3)和(13.4)确定.

§14　在枢轴两端与周围介质有自由交流发生时热的扩散

如果在物体的表面有与周围气体介质的交流通过，那么在时间 Δt 流过面积 s 的热量可以用公式

$$Q = H(u - u_0)s\Delta t \tag{14.1}$$

表示，其中 u 是物体的温度，u_0 是外部介质的温度，H 是常数，叫作热的外传导系数.

如果(侧面是绝热的)轴的热扩散问题，在端点有热的自由交流时，那么比较(10.1)和(14.1)便可以把它化到下述的边值条件：

当 $x=0$ 时

$$H(u - u_0) = K\frac{\partial u}{\partial x}$$

当 $x=l$ 时

$$H(u - u_0) = -K\frac{\partial u}{\partial x}$$

或者，命 $h=\dfrac{H}{K}(h>0)$

$$\left.\left[\frac{\partial u}{\partial x} - h(u - u_0)\right]\right|_{x=0} = 0$$
$$\left.\left[\frac{\partial u}{\partial x} + h(u - u_0)\right]\right|_{x=l} = 0 \tag{14.2}$$

开始就设 $u_0=0$，边值条件就有

$$\left.\left[\frac{\partial u}{\partial x} - hu\right]\right|_{x=0} = 0$$
$$\left.\left[\frac{\partial u}{\partial x} + hu\right]\right|_{x=l} = 0 \tag{14.3}$$

的形状.初始条件还是和以前一样

$$u(x,0)=f(x) \tag{14.4}$$

依照用过的方法，求方程(10.4)，满足条件(14.3)，形如

$$u(x,t)=\Phi(x)T(t)$$

的解.代入(10.4)得

$$\Phi T'=a^2\Phi''T$$

由此

$$\frac{\Phi''}{\Phi}=\frac{T'}{a^2T}=-\lambda=\text{常数} \tag{14.5}$$

于是有

$$\begin{aligned}\Phi''&=-\lambda\Phi\\ T'&=-a^2\lambda T\end{aligned} \tag{14.6}$$

要条件(14.3)满足,显然就要要求

$$\begin{aligned}\Phi'(0)-h\Phi(0)&=0\\ \Phi'(0)+h\Phi(l)&=0\end{aligned} \tag{14.7}$$

我们达到方程(14.6)对于条件(14.7)的边界问题了.

由第10章§5可知,这边界问题的一切特征值是正的.因此可以用λ^2代替λ.代替方程(14.6),有

$$\Phi''+\lambda^2\Phi=0 \tag{14.8}$$

$$T''+a^2\lambda^2\Phi=0 \tag{14.9}$$

由方程(14.8)求得

$$\Phi(x)=C_1\cos\lambda x+C_2\sin\lambda x$$

由于(14.7),故应有

$$C_2\lambda-hC_1=0$$

$$(-C_1\sin\lambda l+C_2\cos\lambda l)\lambda+h(C_1\cos\lambda l+C_2\sin\lambda l)=0$$

由此

$$\frac{C_1}{\lambda}=\frac{C_2}{h} \tag{14.10}$$

所以

$$\tan\lambda l=\frac{2\lambda h}{\lambda^2-h^2} \tag{14.11}$$

求出了这个方程的正根，我们便得到了特征值. 顺便提起，这些根是余切曲线 $\mu=\frac{2}{\tan\lambda l}$ 和变曲线 $\mu=\frac{\lambda^2-h^2}{\lambda h}$ 的交点的横坐标(在坐标系 $O\mu\lambda$ 上).

设 $\lambda=\lambda_n$ 是方程(14.11)的第 n 个正根. 由于(14.10)，可以取 $C_1=\lambda_n$，$C_2=h$. 于是得到特征函数的表达式

$$\Phi_n(x)=\lambda_n\cos\lambda_n x+h\sin\lambda_n x\quad(n=1,2,\cdots)$$

当 $\lambda=\lambda_n$ 时，方程(14.9)给出

$$T_n(t)=A_n\mathrm{e}^{-a^2\lambda_n^2 t}\quad(n=1,2,\cdots)$$

这样一来，我们就找到了特定解

$$u_n(x,t)=A_n(\lambda_n\cos\lambda_n x+h\sin\lambda_n x)\mathrm{e}^{-a^2\lambda_n^2 t}\quad(n=1,2,\cdots)$$

要使初始条件(14.4)满足，我们作出级数

$$u(x,t)=\sum_{n=1}^{\infty}A_n(\lambda_n\cos\lambda_n x+h\sin\lambda_n x)\mathrm{e}^{-a^2\lambda_n^2 t} \tag{14.12}$$

并要求下面等式成立

$$u(x,0)=\sum_{n=1}^{\infty}A_n(\lambda_n\cos\lambda_n x+h\sin\lambda_n x)=f(x)$$

按系$\{\lambda_n\cos\lambda_n x+h\sin\lambda_n x\}$[①]计算函数 $f(x)$ 的傅里叶

① 由上一章可知这系是正交的.

系数,得

$$A_n=\frac{\int_0^l f(x)\Phi_n(x)\mathrm{d}x}{\int_0^l \Phi_n^2(x)\mathrm{d}x}\quad (n=1,2,\cdots)\qquad (14.13)$$

这样一来,问题的解就由级数(14.12)给出,其中系数按公式(14.13)算出.

在(14.13)分母里的积分可以按下面的方法算出.

由等式

$$\Phi''_n+\lambda_n^2\Phi_n=0$$

可知

$$\lambda_n^2\Phi_n^2=-\Phi_n\Phi''_n$$

因此

$$\lambda_n^2\int_0^l \Phi_n^2\mathrm{d}x=-[\Phi_n\cdot\Phi'_n]_{x=0}^{x=l}+\int_0^l \Phi'^2_n\mathrm{d}x\qquad (14.14)$$

但是

$$\Phi_n=\lambda_n\cos\lambda_n x+h\sin\lambda_n x$$

$$\Phi'_n=-\lambda_n^2\sin\lambda_n x+h\lambda_n\cos\lambda_n x$$

这就是说

$$\lambda_n^2\Phi_n^2+\Phi'^2_n=\lambda_n^4+h^2\lambda_n^2\qquad (14.15)$$

由是

$$\lambda_n^2\int_0^l \Phi_n^2\mathrm{d}x+\int_0^l \Phi'^2_n\mathrm{d}x=(\lambda_n^4+h^2\lambda_n^2)l$$

由此并由(14.14)得

$$2\lambda_n^2\int_0^l \Phi_n^2\mathrm{d}x=(\lambda_n^4+h^2\lambda_n^2)l-[\Phi_n-\Phi'_n]_{x=0}^{x=l}\qquad (14.16)$$

另一方面，由边值条件和(14.15)可知，当 $x=0$ 和当 $x=l$ 时，可得

$$\lambda_n^2\Phi_n^2+h^2\Phi_n^2=\lambda_n^4+h^2\lambda_n^2$$

或

$$\Phi_n^2=\lambda_n^2 \tag{14.17}$$

把边值条件写成

$$[\Phi_n\Phi'_n-h\Phi_n^2]_{x=0}=0$$
$$[\Phi_n\Phi'_n+h\Phi_n^2]_{x=l}=0$$

的形状，由(14.17)便可求得

$$[\Phi_n\Phi]_{x=0}^{x=l}=-2h\lambda_n^2$$

代入(14.16)得

$$\int_0^l\Phi_n^2\mathrm{d}x=\frac{(\lambda_n^2+h^2)l+2h}{2}$$

这样，代替(14.13)，便可写成

$$A_n=\frac{2\int_l^2 f(x)(\lambda_n\cos\lambda_n x+h\sin\lambda_n x)\mathrm{d}x}{(\lambda_n^2+h^2)l+2h}\quad(n=1,2,\cdots) \tag{14.18}$$

如果在一端 $x=0$ 上和温度为 u_0 的介质发生热的交流，在另一端 $x=l$ 上和温度为 u_1 的介质发生热的交流，那么用代换

$$u=v+w$$

就可把问题归结到上面的问题去. 在代换中，函数 $v=v(x)$ 只取决于 x，而且满足方程

$$v''=0 \tag{14.19}$$

和条件

$$[v'-h(v-u_0)]_{x=0}=0$$
$$[v'+h(v-u_1)]_{x=l}=0 \tag{14.20}$$

w 则满足方程

$$\frac{\partial w}{\partial t}=a^2\frac{\partial^2 w}{\partial x^2}$$

边值条件

$$\left[\frac{\partial w}{\partial x}-hw\right]_{x=0}=0$$

$$\left[\frac{\partial w}{\partial x}+hw\right]_{x=l}=0$$

和初始条件

$$w(x,0)=f(x)-v(x)$$

由(14.19)可知,函数 $v=v(x)$ 成

$$v=Ax+B$$

的形状,要决定常数 A 和 B,就要利用条件(14.20),由此得方程组

$$A-h(B-u_0)=0$$

$$A+h(Al+B-u_1)=0$$

解它是毫不费力的.

对于函数 w,问题和上面一样.

§15　无界枢轴热的扩散

在这种情形下,边值条件是没有的,而问题化为求解方程(10.4)(对于一切的 x 和 $t>0$),使解满足初始条件

$$u(x,0)=f(x)\quad(-\infty<x<+\infty)\tag{15.1}$$

和通常一样,我们来求形如

$$u=\Phi(x)T(t)$$

的特定解.

代入(10.4),得

$$\Phi T' = a^2 \Phi'' T$$

由此

$$\frac{\Phi''}{\Phi} = \frac{T'}{a^2 T} = -\lambda^2 = 常数 \tag{15.2}$$

于是

$$\Phi'' + \lambda^2 \Phi = 0 \tag{15.3}$$

$$T' + a^2 \lambda^2 T = 0 \tag{15.4}$$

解这两方程

$$\Phi = C_1 \cos \lambda x + C_2 \sin \lambda x$$

$$T = C_3 \mathrm{e}^{-a^2 \lambda^2 t}$$

因此我们所要的特解就可以写成

$$u(x, t; \lambda) = (A\cos \lambda x + B\sin \lambda x)\mathrm{e}^{-a^2 \lambda^2 t}$$ ①

的形状.

常数 A,B 是任意的,把它们当作函数 $A = A(\lambda)$,$B = B(\lambda)$ 的值.对于各个 λ 的值(好像在有限枢轴时一样),我们用特定解来作出级数,系数是这样地选择:使所给解的级数和满足初始条件.这时 λ 是连续变化的,设

$$\begin{aligned} u(x, t) &= \int_0^{+\infty} u(x, t; \lambda) \mathrm{d}\lambda \\ &= \int_0^{+\infty} (A(\lambda) \cos \lambda x + B(\lambda) \sin \lambda x) \mathrm{e}^{-a^2 \lambda^2 t} \mathrm{d}\lambda \end{aligned} \tag{15.5}$$

---

① 如果在(15.2)里我们把常数取成正的,那么这里原来是和 t 一起递减的指数因子就变为无限增大的因子了,这是和问题的物理实质相违反的.

如果此时积分号下求导数(对 t 一次,对 x 两次)是可能的,那么函数 $u(x,t)$ 是方程(10.4)的解.实际上

$$\frac{\partial u}{\partial t}-a^2\frac{\partial^2 u}{\partial x^2}=\int_0^{+\infty}\frac{\partial u(x,t;\lambda)}{\partial t}\mathrm{d}\lambda-a^2\int_0^{+\infty}\frac{\partial^2 u(x,t;\lambda)}{\partial x^2}\mathrm{d}\lambda$$

$$=\int_0^{+\infty}\left(\frac{\partial u(x,t;\lambda)}{\partial t}-a^2\frac{\partial^2 u(x,t;\lambda)}{\partial x^2}\right)\mathrm{d}\lambda=0$$

要使初始条件满足,等式

$$u(x,0)=\int_0^{+\infty}(A(\lambda)\cos\lambda x+B(\lambda)\sin\lambda x)\mathrm{d}\lambda=f(x)$$

就必须成立.如果要求 $f(x)$ 可以表成傅里叶积分,这等式就可以成立了(参看第7章 §5).要使这成立,只要设 $f(x)$ 在全部 Ox 轴逐段滑溜和绝对可积.在所作的假设下

$$A(\lambda)=\frac{1}{\pi}\int_{-\infty}^{+\infty}f(v)\cos\lambda v\mathrm{d}v$$

$$B(\lambda)=\frac{1}{\pi}\int_{-\infty}^{+\infty}f(v)\sin\lambda v\mathrm{d}v \qquad (15.6)$$

(参看第7章(5.5)～(5.7)).

对于这样的 $A(\lambda)$ 和 $B(\lambda)$,积分(15.5)可以对 x 和对 t 微分任意多次.实际上,由于在积分号下因子 $\mathrm{e}^{-a^2\lambda^2 t}$ 的存在,和不等式

$$|A(\lambda)|<\frac{1}{\pi}\int_{-\infty}^{+\infty}|f(v)|\mathrm{d}v=C$$

$$|B(\lambda)|<\frac{1}{\pi}\int_{-\infty}^{+\infty}|f(v)|\mathrm{d}v=C\quad(C=\text{常数})$$

的成立,积分(15.5)本身及在积分号下对 x 与对 t 微分任意多次后所得的结果,对于 $t\geqslant t_0>0$ 时($t_0>0$ 是任意的),是均匀收敛的,因为

$$|A(\lambda)\cos\lambda x+B(\lambda)\sin\lambda x|\mathrm{e}^{-a^2\lambda^2 t}$$
$$\leqslant 2C\mathrm{e}^{-a^2\lambda^2 t}\leqslant 2C\mathrm{e}^{-a^2\lambda^2 t_0}$$
$$\left|\frac{\partial^n}{\partial x^n}[(A(\lambda)\cos\lambda x+B(\lambda)\sin\lambda x)\mathrm{e}^{-a^2\lambda^2 t}]\right|$$
$$\leqslant 2C\lambda^n\mathrm{e}^{-a^2\lambda^2 t}\leqslant 2C\lambda^n\mathrm{e}^{-a^2\lambda^2 t_0}$$
$$\left|\frac{\partial^m}{\partial t^m}[(A(\lambda)\cos\lambda x+B(\lambda)\sin\lambda x)\mathrm{e}^{-a^2\lambda^2 t}]\right|$$
$$\leqslant 2Ca^{2m}\lambda^{2m}\mathrm{e}^{-a^2\lambda^2 t}\leqslant 2Ca^{2m}\lambda^{2m}\mathrm{e}^{-a^2\lambda^2 t_0}$$

而优函数对 λ 由 0 到 ∞ 是可积的，剩下的事便是应用第 7 章 §6 的定理 4 和 3. 虽然上面的推演证明了 $u(x,t)$ 是方程(10.4)的解，可是并未证明

$$\lim_{t\to 0}u(x,t)=f(x)$$

不过可以证明这也是对的.

由(15.6)可知，我们求得的解可以写成

$$u(x,t)=\frac{1}{\pi}\int_0^{+\infty}\mathrm{d}\lambda\int_{-\infty}^{+\infty}f(v)\cos\lambda(x-v)\mathrm{e}^{-a^2\lambda^2 t}\mathrm{d}v \tag{15.7}$$

我们要变换这个公式，首先建立调换积分次序的可能性. 为达到这目的，我们注意到：对于每个 $\varepsilon>0$ 和一切足够大的 l，有

$$\left|\int_l^{+\infty}\cos\lambda(x-v)\mathrm{e}^{-a^2\lambda^2 t}\mathrm{d}\lambda\right|\leqslant\int_l^{+\infty}\mathrm{e}^{-a^2\lambda^2 t}\mathrm{d}\lambda\leqslant\varepsilon$$

($t>0$ 是固定的).

所以

$$\left|\frac{1}{\pi}\int_{-\infty}^{+\infty}\mathrm{d}v\int_l^{+\infty}f(v)\cos\lambda(x-v)\mathrm{e}^{-a^2\lambda^2 t}\mathrm{d}\lambda\right|$$
$$\leqslant\frac{\varepsilon}{\pi}\int_{-\infty}^{+\infty}|f(v)|\mathrm{d}v$$

由此可知,右边的积分当 $l \to \infty$ 时趋于零.因此

$$\frac{1}{\pi}\int_{-\infty}^{+\infty} \mathrm{d}v \int_{0}^{+\infty} f(v)\cos\lambda(x-v)\mathrm{e}^{-a^2\lambda^2 t}\mathrm{d}\lambda$$

$$=\lim_{l\to\infty}\frac{1}{\pi}\int_{-\infty}^{+\infty}\mathrm{d}v\int_{0}^{l} f(v)\cos\lambda(x-v)\mathrm{e}^{-a^2\lambda^2 t}\mathrm{d}\lambda$$

$$=\lim_{l\to\infty}\frac{1}{\pi}\int_{0}^{l}\mathrm{d}\lambda\int_{-\infty}^{+\infty} f(v)\cos\lambda(x-v)\mathrm{e}^{-a^2\lambda^2 t}\mathrm{d}v = u(x,t)$$

(参看(15.7)).调换积分次序是合法的,因为积分

$$\int_{-\infty}^{+\infty} f(v)\cos\lambda(x-v)\mathrm{e}^{-a^2\lambda^2 t}\mathrm{d}v$$

当 $0\leqslant\lambda\leqslant l$ 时,对 λ 是均匀收敛的(因为被积函数不超过 $|f(v)|$(参看第 7 章 §6 的定理 4 和 2)).

这样一来,我们便可写成

$$u(x,t)=\frac{1}{\pi}\int_{-\infty}^{+\infty} f(v)\mathrm{d}v\int_{0}^{+\infty}\cos\lambda(x-v)\mathrm{e}^{-a^2\lambda^2 t}\mathrm{d}\lambda \tag{15.8}$$

我们可以算出里层的积分.实际上,设

$$a\lambda\sqrt{t}=z,\lambda(x-v)=\mu z$$

便有

$$\mathrm{d}\lambda=\frac{\mathrm{d}z}{a\sqrt{t}},\mu=\frac{x-v}{a\sqrt{t}}$$

因此

$$\int_{0}^{+\infty}\cos\lambda(x-u)\mathrm{e}^{-a^2\lambda^2 t}\mathrm{d}\lambda = \frac{1}{a\sqrt{t}}\int_{0}^{+\infty}\mathrm{e}^{-z^2}\cos\mu z\,\mathrm{d}z=\frac{1}{a\sqrt{t}}I(\mu) \tag{15.9}$$

在积分号下对 μ 微分,得

$$I'(\mu)=-\int_{0}^{+\infty}\mathrm{e}^{-z^2}z\sin\mu z\,\mathrm{d}z$$

这样的微分法是合法的,因为所得积分对 μ 是均匀收

敛的.现在来把它分部积分

$$I'(\mu)=\frac{1}{2}\left[\mathrm{e}^{-z^2}\sin\mu z\right]_{z=0}^{z=+\infty}-\frac{\mu}{2}\int_0^{+\infty}\mathrm{e}^{-z^2}\cos\mu z\,\mathrm{d}z$$

$$=\frac{\mu}{2}I(\mu)$$

由此得

$$I(\mu)=C\mathrm{e}^{-\frac{\mu^2}{4}}$$

要求出 C,在这里让 $\mu=0$,得

$$C=I(0)=\int_0^{+\infty}\mathrm{e}^{-z^2}\mathrm{d}z$$

这就是著名的欧拉一泊松积分,它的值是 $\frac{1}{2}\sqrt{\pi}$.因此

$$I(\mu)=\frac{1}{2}\sqrt{\pi}\,\mathrm{e}^{-\frac{\mu^2}{4}}$$

又由(15.9)知

$$\int_0^{+\infty}\cos\lambda(x-v)\mathrm{e}^{-a^2\lambda^2t}\mathrm{d}\lambda=\frac{1}{2a}\sqrt{\frac{\pi}{t}}\,\mathrm{e}^{-\frac{(x-v)^2}{4a^2t}}$$

把这代入(15.8),最后得

$$u(x,t)=\frac{1}{2a\sqrt{\pi t}}\int_{-\infty}^{+\infty}f(v)\mathrm{e}^{-\frac{(x-v)^2}{4a^2t}}\mathrm{d}v$$

这公式一方面证明 $u(x,t)$ 渐渐地趋于零(即是说,好像热沿着枢轴传播);另一方面,它又证明热沿着枢轴瞬息地传播.

实际上,设在 $x_0\leqslant v\leqslant x_1$,初始的温度是正的,而在这区间之外等于零.于是对于热的逐渐扩散,我们得

$$u(x,t)=\frac{1}{2a\sqrt{\pi t}}\int_{x_0}^{x_1}f(v)\mathrm{e}^{-\frac{(x-v)^2}{4a^2t}}\mathrm{d}v$$

由此可见,对于不管多么小的 $t>0$,多么大的 x,有 $u(x,t)>0$.

§16　圆柱面上的热扩散，表面绝热的情况

设半径为 l 的柱面的轴取作 Oz 轴，并设它的两头是绝热的(或设柱面的高无界). 假定柱面温度在开始时的分配以及在边界上的条件不取决于 z. 这时热扩散方程成

$$\frac{\partial u}{\partial t}=a^2\left(\frac{\partial^2 u}{\partial x^2}+\frac{\partial^2 u}{\partial y^2}\right) \tag{16.1}$$

的形状，其中 $a^2=\frac{K}{c\rho}$，K 是柱面物质的热的内传导系数，c 是吸热量，ρ 是密度. 这样一来，温度便不取决于 z(由于上面所作的假设，这是很明显的)，而问题实质上是平面上的问题. 如果变换成极坐标，即设

$$x=r\cos\theta, y=r\sin\theta$$

那么代替方程(16.1)，有

$$\frac{\partial u}{\partial t}=a^2\left(\frac{\partial^2 u}{\partial r^2}+\frac{1}{r}\frac{\partial u}{\partial r}+\frac{1}{r^2}\frac{\partial^2 u}{\partial \theta^2}\right)$$

现在设初始和边值条件都不取决于 θ. 于是 u 显然只是 r 和 t 的函数，而方程成

$$\frac{\partial u}{\partial t}=a^2\left(\frac{\partial^2 u}{\partial r^2}+\frac{1}{r}\frac{\partial u}{\partial r}\right) \tag{16.2}$$

的形状.

我们首先从事于这样的情况：柱的表面和外界介质绝热，即

$$\frac{\partial u(l,t)}{\partial r}=0 \tag{16.3}$$

(没有热流)，而且温度的初始扩散由条件

$$u(r,0)=f(r) \tag{16.4}$$

给出. 我们来求形如

$$u=R(r)T(t)$$

的特定解.

代入(16.2),得

$$RT'=a^2\left(R''T+\frac{1}{r}R'T\right)$$

由此

$$\frac{R''+\frac{1}{r}R'}{R}=\frac{T'}{a^2T}=-\lambda^2=\text{常数}$$

因此

$$R''+\frac{1}{r}R'+\lambda^2R=0 \tag{16.5}$$

$$T'+a^2\lambda^2T=0 \tag{16.6}$$

方程(16.5)是欧拉－贝塞尔方程(带有参数的),指标是 $p=0$,参考第 8 章 §11. 它的一般积分可以写成

$$R(r)=C_1J_0(\lambda r)+C_2Y_0(\lambda r)$$

由于当 $r\to0$ 时,$Y_0(\lambda r)\to\infty$,我们不得不取 $C_2=0$. 设 $C_1=1$,由边值条件可知

$$J'_0(\lambda l)=0$$

因此,$\mu=\lambda l$ 便应是方程 $J'_0(\mu)=0$ 的根. 设

$$\lambda_n=\frac{\mu_n}{l}$$

$$R_n(r)=J_0(\lambda_nr)=J_0\left(\frac{\mu_nr}{l}\right)\quad(n=1,2,\cdots)$$

其中 $\mu_n=\lambda_nl$ 是函数 $J'_0(\mu)$ 的第 n 个正根. 由方程(16.6)可知,当 $\lambda=\lambda_n$ 时,有

$$T_n(t)=A_n e^{-a^2\lambda_n^2 t}\quad(n=1,2,\cdots)\qquad(16.7)$$

这样我们就求得方程(16.2)(对于条件(16.3))形如

$$u_n(r,t)=A_n J_0(\lambda_n r)e^{-a^2\lambda_n^2 t}\quad(n=1,2,\cdots)\qquad(16.8)$$

的特定解.作出级数

$$u(r,t)=\sum_{n=1}^{\infty}A_n J_0(\lambda_n r)e^{-a^2\lambda_n^2 t}\qquad(16.9)$$

要使它满足初始条件(16.4),等式

$$u(r,0)=\sum_{n=1}^{\infty}A_n J_0(\lambda_n r)=f(r)\qquad(16.10)$$

就必须成立.

按系$\{J_0(\lambda_n r)\}$计算$f(r)$的傅里叶系数,得

$$A_n=\frac{2}{l^2 J_0^2(\mu_n)}\int_0^l rf(r)J_0(\lambda_n r)\mathrm{d}r\quad(n=1,2,\cdots)\qquad(16.11)$$

(参看第9章§10).因此问题的解就由级数(16.9)给出,其中系数A_n根据公式(16.11)计算.

§17　圆柱面内部的热扩散,在表面与外界介质有热交流的情况

这问题归结于解方程(16.2),边值条件是

$$\frac{\partial u(l,t)}{\partial r}+hu(l,t)=0\qquad(17.1)$$

初始条件和以前一样

$$u(r,0)=f(r)\qquad(17.2)$$

重复§16的推演,也得到方程(16.5)和(16.6),并得

$$R(r)=J_0(\lambda r)$$

由条件(17.1)得

$$\lambda J'_0(\lambda l)+hJ_0(\lambda l)=0$$

或

$$\lambda l J'_0(\lambda l)+hlJ_0(\lambda l)=0$$

于是 $\mu=\lambda l$ 这一个数就必须是方程

$$\mu J'_0(\mu)+hlJ_0(\mu)=0 \tag{17.3}$$

的根. 我们设

$$\lambda_n=\frac{\mu_n}{l}$$

$$R_n(r)=J_0(\lambda_n r)=J_0\left(\frac{\mu_n r}{l}\right)\quad(n=1,2,\cdots)$$

其中 μ_n 是方程(17.3)的第 n 个正根. 在方程(16.6)中,让 $\lambda=\lambda_n(n=1,2,\cdots)$,便得(16.7). 于是公式(16.8)就确定了方程(16.2)附有条件(17.1)时的特解. 又作级数(16.9)并使等式(16.10)成立. 按系 $\{J_0(\lambda_n r)\}$, $f(r)$ 的傅里叶系数由等式

$$A_n=\frac{2}{l^2[J'^2_n(\mu_n)+J^2_0(\mu_n)]}\cdot\int_0^l rf(r)J_0(\lambda_n r)\mathrm{d}r \tag{17.4}$$

算出(参看第 9 章 §10). 这样一来,方程(16.2)当附上条件(17.1)和(17.2)时,其解由级数(16.9)给出,其中系数按公式(17.4)计算. 同时 μ_n 是方程(17.3)的根.

§18 圆柱内的热扩散,温度稳定的情况

假设在柱的表面上温度保持不变,而且热的扩散

不取决于 z. 过了一个长时间之后，在圆柱的每一点处，温度确定了下来. 换句话说，函数 u 不再取决于 t 了. 于是代替方程(6.1)，有

$$\frac{\partial^2 u}{\partial x^2}+\frac{\partial^2 u}{\partial y^2}=0$$

或用极坐标，这便是

$$\frac{\partial^2 u}{\partial r^2}+\frac{1}{r}\frac{\partial u}{\partial r}+\frac{1}{r^2}\frac{\partial^2 u}{\partial \theta^2}=0 \tag{18.1}$$

设在边上的温度由条件

$$u(l,\theta)=f(\theta) \tag{18.2}$$

给出. 我们来求形如

$$u(r,\theta)=R(r)\cdot\Phi(\theta)$$

的特定解. 代入(18.1)，有

$$R''\Phi+\frac{1}{r}R'\Phi+\frac{1}{r^2}R\Phi''=0$$

由此

$$-\frac{R''+\frac{1}{r}R'}{\frac{1}{r^2}R}=\frac{\Phi''}{\Phi}=-\lambda^2=\text{常数} \tag{18.3}$$

所以

$$r^2R''+rR'-\lambda^2R=0 \tag{18.4}$$

$$\Phi''+\lambda^2\Phi=0 \tag{18.5}$$

由(18.5)，我们求得

$$\Phi(\theta)=A\cos\lambda\theta+B\sin\lambda\theta$$

根据问题的本意，$\Phi(\theta)$ 必须有周期 2π，因此 λ 必须是整数(顺便提起，如果在(18.3)处取的常数是正的，就得不到 $\Phi(\theta)$ 的周期性了).

设

$$\Phi_n(\theta)=A_n\cos n\theta+B_n\sin n\theta \quad (n=0,1,2,\cdots) \tag{18.6}$$

当 $\lambda=n$ 时，方程(18.4)成为

$$r^2R''+rR'-n^2R=0 \tag{18.7}$$

的形状. 这是二阶线性微分方程. 直接验算指出：函数 r^n 和 r^{-n} 满足这方程. 因此当 $n>0$ 时，方程(18.7)的一般积分是

$$R_n=C_nr^n+D_nr^{-n}$$

由于当 $r\to 0$ 时，$r^{-n}\to\infty$，不得不设 $D_n=0$. 当 $n=0$ 时，不难求出

$$R_0=C_0+D_0\ln r \tag{18.8}$$

因此又必须取 $D_0=0$.

由于(18.6)和(18.8)以及条件 $D_n=0(n=0,1,2,\cdots)$，我们可以写成

$$u_n(r,\theta)=(\alpha_n\cos n\theta+\beta_n\sin n\theta)r^n \quad (n=1,2,\cdots)$$

$$u_0=\frac{\alpha_0}{2}$$

作出级数

$$u(r,\theta)=\frac{\alpha_0}{2}+\sum_{n=1}^{\infty}(\alpha_n\cos n\theta+\beta_n\sin n\theta)r^n$$

要使条件(18.2)满足，就要要求等式

$$u(l,\theta)=\frac{\alpha_0}{2}+\sum_{n=1}^{\infty}(\alpha_n\cos n\theta+\beta_n\sin n\theta)l^n=f(\theta)$$

成立. 算出 $f(\theta)$ 的傅里叶系数

$$\alpha_nl^n=\frac{1}{\pi}\int_{-\pi}^{\pi}f(\theta)\cos n\theta\mathrm{d}\theta=a_n \quad (n=0,1,2,\cdots)$$

$$\beta_nl^n=\frac{1}{\pi}\int_{-\pi}^{\pi}f(\theta)\sin n\theta\mathrm{d}\theta=b_n \quad (n=1,2,\cdots)$$

由此

$$\alpha_n = \frac{a_n}{l^n}, \beta_n = \frac{b_n}{l^n}$$

于是

$$u(r,\theta) = \frac{a_0}{2} + \sum_{n=1}^{\infty} (a_n \cos n\theta + b_n \sin n\theta) \left(\frac{r}{l}\right)^n \tag{18.9}$$

当 $r < l$ 时这级数可以对 r 和对 θ 逐项微分任意次，因为每次都得到均匀收敛级数. 由此可知，公式(18.9)的确给出方程(18.1)的解.

如果利用泊松积分(参看第6章§7)，还可以把这个解写成更紧凑的形状

$$u(r,\theta) = \frac{1}{2\pi}\int_{-\pi}^{\pi} f(t) \frac{1-\left(\frac{r}{l}\right)^2}{1-2\frac{r}{l}\cos(t-\theta)+\left(\frac{r}{l}\right)^2} \mathrm{d}t$$

或

$$u(r,\theta) = \frac{1}{2\pi}\int_{-\pi}^{\pi} f(t) \frac{l^2-r^2}{l^2-2lr\cos(t-\theta)+r^2} \mathrm{d}t$$

同时处处有 $\lim\limits_{r\to l} u(r,\theta) = f(\theta)$，其中 $f(\theta)$ 是连续的. 这表示所求得的解满足边界条件(18.2).

三角多项式的实根个数

附录 I

三角多项式是形如

$$T(x)=\frac{1}{2}a_0+\sum_{k=1}^{n}(a_k\cos kx+b_k\sin kx)$$

的表达式.如果 $|a_n|+|b_n|>0$,就说数 n 是 T 的阶.可以证明:一个 n 阶三角多项式在$[0,2\pi]$内不超过 $2n$ 个实根,甚至包括每个重根在内.

证明伯恩斯坦不等式:如果

$$T(x)=\frac{1}{2}a_0+\sum_{k=1}^{n}(a_k\cos kx+b_k\sin kx)$$

且对一切 $x\in[0,\pi]$,$|T(x)|\leqslant M$,那么导数 T' 满足:对一切 $x\in[0,2\pi]$,$|T'(x)|\leqslant nM$.而且,$T(x)=\sin nx$ 是可能达到的最好的结果.

证 假设相反

$$\sup_{0\leqslant x\leqslant 2\pi}|T'(x)|=nK$$

其中 $K>M$. 因 T' 连续,故能取到它的界,从而对某个 c, $T'(c)=\pm nK$. 假定 $T'(c)=nK$. 因为 nK 是 T' 的最大值,故 $T''(c)=0$. 定义 $S(x)=K\sin n(x-c)-T(x)$,则 $R(x)=S'(x)=nK\cos n(x-c)-T'(z)$,且 S 与 R 都是 n 阶的.

考虑下面各点

$$u_0=c+\frac{\pi}{2n}, u_k=u_0+k\frac{\pi}{n}\quad(1\leqslant k\leqslant 2\pi)$$

这时

$$S(u_0)=1-T(u_0)>0$$
$$S(u_1)=-1-T(u_1)<0$$
$$\vdots$$
$$S(u_{2n})=1-T(u_{2n})>0$$

在 $2n$ 个区间

$$(u_0,u_1),(u_1,u_2),\cdots,(u_{2n-1},u_{2n})$$

中,每一个区间都含有 S 的一个根,比方 $S(y_i)=0$,其中 $u_i<y_i<u_{i+1}$, $0\leqslant i\leqslant 2n-1$. 显然, $y_{2n-1}<y_0+2\pi$. 令 $y_{2n}=y_0+2\pi$,则 $S(y_{2n})=S(y_0)=0$. 由 Roll 定理,在每个区间 (y_i,y_{i+1}) 内都存在 R 的一个根 x_i,其中 $0\leqslant i\leqslant 2n-1$. 很明显 $x_{2n-1}<x_0+2\pi$.

现在 $R(c)=nK-T'(c)=0$. 因为 n 阶三角多项式 R 至多有 $2n$ 个实根,所以对某个 k 有

$$c\equiv x_k(\bmod 2\pi)$$

但是 $R(c)=-T''(c)=0$. 因此, c(从而 x_k)至少是 R 的重根. 从而 $x_i(0\leqslant i\leqslant 2n-1)$ 至少构成了 R 的 $2n+1$ 个实根. 唯一可能存在的是 $R=0$,从而 S 是常值函数. 但是 $S(u_0)>0$,而 $S(u_1)<0$,这是一个矛盾.

问题 1　设 P 是 n 次代数多项式,且对一切 $x\in$

$(-1,1)$，$|P(x)|\leqslant M$，证明：对一切 $x\in(-1,1)$ 有

$$|P'(x)|\leqslant\frac{nM}{\sqrt{1-x^2}}$$

证 这显然是伯恩斯坦不等式的代数等价，只要令 $T(\theta)=P(\cos\theta)$，并注意

$$T'(\theta)=-P'(\cos\theta)\sin\theta$$

即得所欲证者.

注 问题 1 给出的 $P'(x)$ 的界在端点 -1 与 1 处无效.

利用傅里叶级数计算积分

附录Ⅱ

证明关系式

$$\int_0^{+\infty} \frac{\sin x}{x} dx = \frac{\pi}{2} \tag{1}$$

证 我们的证明是建立在下述结论基础上的:若 f 在区间 $[a,b]$ 上黎曼可积,则

$$\lim_{p\to\infty}\int_a^b f(x)\sin px\,dx = 0 \tag{2}$$

首先注意:若 $x \neq 2k\pi(k=0,1,2,\cdots)$,则

$$\frac{1}{2}+\cos x+\cos 2x+\cdots+\cos nx$$

$$=\frac{\sin(n+1/2)x}{2\sin\frac{x}{2}} \tag{3}$$

事实上,由于

$$\sin\frac{2n+1}{2}x = \sin\frac{x}{2}+\left(\sin\frac{3}{2}x-\sin\frac{x}{2}\right)+$$

$$\left(\sin\frac{5}{2}x-\sin\frac{3}{2}x\right)+\cdots+$$

$$\left(\sin\frac{2n+1}{2}x-\sin\frac{2n-1}{2}x\right)$$

利用恒等式 $\sin A-\sin B=2\sin\frac{A-B}{2}\cos\frac{A+B}{2}$，得

$$\begin{aligned}&\sin\frac{2n+1}{2}x\\&=\left(\frac{1}{2}+\cos x+\cos 2x+\cdots+\cos nx\right)2\sin\frac{x}{2}\end{aligned}$$

对恒等式(3)两边进行积分得出

$$\int_0^{\pi}\frac{\sin(n+1/2)x}{2\sin x/2}\mathrm{d}x=\frac{\pi}{2}\quad(n=0,1,2,\cdots)\tag{4}$$

令

$$\begin{aligned}g(x)&=\frac{1}{x}-\frac{1}{2\sin x/2}\\&=\frac{2\sin x/2-x}{2x\sin x/2}\quad(0<x\leqslant\pi)\end{aligned}\tag{5}$$

此时函数 g 在 $0<x\leqslant\pi$ 内是连续的. 对(5)两次应用洛必达法则得出 $\lim\limits_{x\to 0}g(x)=0$. 从而，若令 $g(0)=0$，则 g 在 $0\leqslant x\leqslant\pi$ 上连续. 因此，g 确实满足命题的条件；于是，关系式(2)当 $p=n+1/2$ 时得出

$$\lim_{n\to\infty}\int_0^{\pi}\left(\frac{1}{x}-\frac{1}{2\sin x/2}\right)\sin(n+1/2)x\mathrm{d}x=0$$

考虑到(4)，故知

$$\lim_{n\to\infty}\int_0^{\pi}\frac{\sin(n+1/2)x}{x}\mathrm{d}x=\frac{\pi}{2}$$

或者，利用代换 $u=(n+1/2)x$

$$\lim_{n\to\infty}\int_0^{(n+1/2)\pi}\frac{\sin u}{u}\mathrm{d}u=\frac{\pi}{2}\tag{6}$$

如能证明

$$\int_0^{+\infty}\frac{\sin u}{u}\mathrm{d}u$$

收敛,那么由式(6)就得到关系式(1),问题即得证.但是当 $0 < a \leqslant t \leqslant b$ 时,有

$$\int_a^b \frac{\sin u}{u}\mathrm{d}u = \frac{1}{a}\int_a^t \sin u\mathrm{d}u + \frac{1}{b}\int_t^b \sin u\mathrm{d}u$$

由于对任意 α, β, $\left|\int_\alpha^\beta \sin u\mathrm{d}u\right| \leqslant 2$,故得

$$\left|\int_a^b \frac{\sin u}{u}\mathrm{d}u\right| \leqslant 2\left(\frac{1}{a} + \frac{1}{b}\right) \tag{7}$$

于是当 $b > a \geqslant A$ 且 $A > 4/\varepsilon$ 时,式(7)左边的值小于 ε.

注 积分

$$I = \int_0^{+\infty} \frac{\sin x}{x}\mathrm{d}x$$

的另一有趣的算法是:把函数 $1/(\sin t)$ 分解成部分分式,即关系式

$$\frac{1}{\sin t} = \frac{1}{t} + \sum_{n=1}^{\infty}(-1)^n\left(\frac{1}{t - n\pi} + \frac{1}{t + n\pi}\right)$$

其中 t 是任意的,但不取 π 的倍数.为了证明这个关系式,考虑函数 $f(x) = \cos ax$,其中 a 不是一个整数且 $-\pi \leqslant x \leqslant \pi$.由于

$$\frac{1}{2}a_0 = \frac{1}{\pi}\int_0^\pi \cos ax\mathrm{d}x = \frac{\sin a\pi}{a\pi}$$

且对 $n > 0$

$$\begin{aligned} a_n &= \frac{2}{\pi}\int_0^\pi \cos ax\cos nx\mathrm{d}x \\ &= \frac{1}{\pi}\int_0^\pi [\cos(a+n)x + \cos(a-n)x]\mathrm{d}x \\ &= (-1)^n \frac{2a}{a^2 - n^2} \cdot \frac{\sin a\pi}{\pi} \end{aligned}$$

故函数 f 的傅里叶余弦级数展开式得出

$$\frac{\pi}{2}\frac{\cos ax}{\sin a\pi}=\frac{1}{2a}+\sum_{n=1}^{\infty}(-1)^n\frac{a\sin nx}{a^2-n^2}\quad(-\pi\leqslant x\leqslant\pi)$$

令 $x=0$ 得

$$\frac{1}{\sin a\pi}=\frac{1}{a\pi}+2\sum_{n=1}^{\infty}\frac{(-1)^n a\pi}{(a\pi)^2-(n\pi)^2}$$

取 $a\pi=t$，又得

$$\frac{1}{\sin t}=\frac{1}{t}+\sum_{n=1}^{\infty}(-1)^n\frac{2t}{t^2-(n\pi)^2}$$

$$=\frac{1}{t}+\sum_{n=1}^{\infty}(-1)^n\left(\frac{1}{t-n\pi}+\frac{1}{t+n\pi}\right)$$

这里 t 是任意实数，但不是 π 的倍数.

现在记

$$I=\int_0^{+\infty}\frac{\sin x}{x}\mathrm{d}x=\sum_{k=0}^{\infty}\int_{k\pi/2}^{(k+1)\pi/2}\frac{\sin x}{x}\mathrm{d}x$$

当 $k=2m$ 时考虑代换 $x=m\pi+t$，而当 $k=2m-1$ 时考虑代换 $x=m\pi-t$. 这就导出

$$\int_{2m\pi/2}^{(2m+1)\pi/2}\frac{\sin x}{x}\mathrm{d}x=(-1)^m\int_0^{\pi/2}\frac{\sin t}{m\pi+t}\mathrm{d}t$$

$$\int_{(2m-1)\pi/2}^{2m\pi/2}\frac{\sin x}{x}\mathrm{d}x=(-1)^{m-1}\int_0^{\pi/2}\frac{\sin t}{m\pi-t}\mathrm{d}t$$

所以

$$I=\int_0^{\pi/2}\frac{\sin t}{t}\mathrm{d}t+\sum_{m=1}^{\infty}\int_0^{\pi/2}(-1)^m\left(\frac{1}{t-m\pi}+\frac{1}{t+m\pi}\right)\sin t\mathrm{d}t$$

但是级数

$$\sum_{m=1}^{\infty}(-1)^m\left(\frac{1}{t-m\pi}+\frac{1}{t+m\pi}\right)\sin t$$

不超过收敛级数

$$\frac{1}{\pi}\sum_{m=1}^{\infty}\frac{1}{m^2-\frac{1}{4}}$$

故它在区间 $0\leqslant t\leqslant \pi/2$ 内一致收敛,从而可以逐项积分.所以有

$$I=\int_0^{\pi/2}\sin t\left\{\frac{1}{t}+\sum_{m=1}^{\infty}(-1)^m\left(\frac{1}{t-m\pi}+\frac{1}{t+m\pi}\right)\right\}\mathrm{d}t$$

但已知

$$\frac{1}{\sin t}=\frac{1}{t}+\sum_{m=1}^{\infty}\left(\frac{1}{t-m\pi}+\frac{1}{t+m\pi}\right)$$

其中 t 是任意的,但不是 π 的倍数;所以得出

$$I=\int_0^{\pi/2}\sin t\,\frac{1}{\sin t}\mathrm{d}t=\int_0^{\pi/2}\mathrm{d}t=\frac{\pi}{2}$$

(计算积分 I 的优美方法属于 N. I. Lobatshewski).

傅里叶级数与一致分布

附录Ⅲ

由数值 $x_n = \theta n$，mod 1 所构成的序列$\{x_n\}$，也就是由数 θ 的整数倍的小数部分所构成的序列. 当 θ 是无理数时，这个序列在$[0,1]$上是一致分布的. 特别地，由这一结果可以推出，这个序列在$[0,1]$上是稠密的. 后一结果虽不够精确但更初等，可以直接证明它.

问题 用 L 表示在区间$[0,1]$内的一个区间 $a < x < b$. 设 ε 是一个任意小的正数. 考虑两个以 1 为周期的连续函数 $g_1(x)$ 与 $g_2(x)$，它满足

$$\begin{cases} g_2(x)=0, & \text{当 } 0<x<a-\varepsilon, b+\varepsilon<x<1 \\ g_2(x)=1, & \text{当 } a<x<b \\ g_2(x)\text{ 是线性的}, & \text{当 } a-\varepsilon<x<a, b<x<b+\varepsilon \end{cases}$$

$$\begin{cases} g_1(x)=0, & \text{当 } 0<x<a, b<x<1 \\ g_1(x)=1, & \text{当 } a+\varepsilon<x<b-\varepsilon \\ g_1(x)\text{ 是线性的}, & \text{当 } a<x<a+\varepsilon, b-\varepsilon<x<b \end{cases}$$

最后，设 $f(x)$ 是以 1 为周期的函数，当 $a<x<b$ 时，它等于 1；当 $0<x<a$，$b<x<1$ 时，它等于 0.

(1) 画出 g_1，g_2 与 f 的曲线. 证明 g_1 与 g_2 可以展为绝对并一致收敛的傅里叶级数. 关于 f 是否有同样的结果？

(2) 若 $x_1,\cdots,x_q,\cdots$ 是一个一致分布的序列，则由上面叙述的定理可立即推出对每一个非零整数 k，有

$$\lim_{N\to\infty}\frac{1}{N}[\exp(2\mathrm{i}\pi kx_1)+\cdots+\exp(2\mathrm{i}\pi kx_N)]=0 \quad (1)$$

反过来证明，若条件(1) 成立，则序列 $\{x_q\}$ 是一致分布的. 为此，首先证明当 $i=1$ 及 $i=2$ 时，有

$$\lim_{N\to\infty}\frac{1}{N}[g_i(x_1)+\cdots+g_i(x_N)]=\int_0^1 g_i(x)\mathrm{d}x$$

利用不等式 $g_1\leqslant f\leqslant g_2$ 与方程

$$\int_0^1 g_2\mathrm{d}x-\int_0^1 g_1\mathrm{d}x=2\varepsilon$$

证明

$$\lim_{N\to\infty}\frac{1}{N}[f(x_1)+\cdots+f(x_N)]=\int_0^1 f(x)\mathrm{d}x$$

利用一致分布序列解释这一条件.

(3) 设 θ 是一个无理数. 考虑序列 $\{x_q\}$，其中 $x_q=\theta q$，mod 1(换句话说，x_q 是 θq 与它的整数部分的差，即

x_q 是 θq 的小数部分). 证明序列 $\{x_q\}$ 是一致分布的.

解答 (1) 函数 g_2 是以 1 为周期的连续函数,如图 1 所示. 在每个周期内除去四个点外它的导数存在且连续,而这四个点是它的第一类间断点. 于是我们知道,$g_2(x)$ 有形如

$$g_2(x) = \sum_k C_k \mathrm{e}^{2\mathrm{i}\pi kx}$$

的傅里叶展开式,并且存在一个数 M,使得

$$|C_k| < \frac{M}{k^2}$$

因此,这个函数的傅里叶级数绝对且一致收敛. 同样的论证对 g_1 也成立. 因为 f 有间断点,它的展开式系数的阶是 $1/k$,所以它不绝对收敛. 它的级数只在 f 连续的区间上一致收敛.

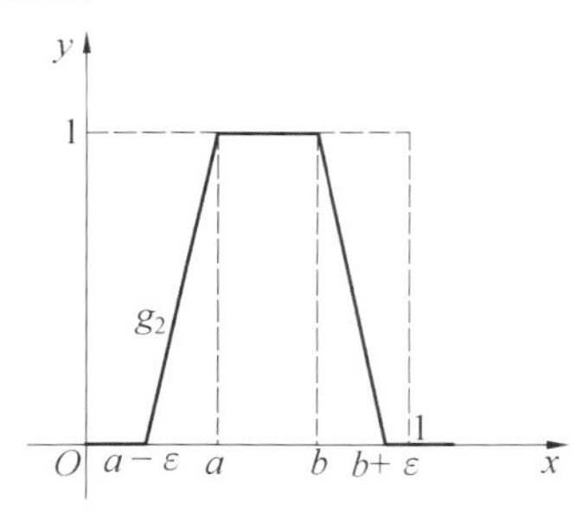

图 1

(2) 函数 g_1, f, g_2 满足

$$g_1 \leqslant f \leqslant g_2, \int_0^1 g_2 \mathrm{d}x - \int_0^1 g_1 \mathrm{d}x = 2\varepsilon$$

我们设

$$S_N(k) = \frac{1}{N}[\exp(2\mathrm{i}\pi kx_1) + \cdots + \exp(2\mathrm{i}\pi kx_N)]$$

根据假设,当 $N \to \infty$ 时,$S_N(k)$ 趋向于 0,当然除

去 $S_N(0)$ 的情况，这时它总等于 1. 若用 $g(x)$ 表示 $g_1(x)$ 或 $g_2(x)$ 中的一个，则有

$$\frac{1}{N}[g(x_1)+\cdots+g(x_N)]=\sum_k C_k S_N(k)$$

因为 $|S_N(k)|<1$，所以右端的级数的一般项有上估计 M/k^2，从而右端的级数是一致收敛的. 因此

$$\lim_{N\to\infty}\sum_k C_k S_N(k)=\sum_k C_k[\lim_{N\to\infty}S_N(k)]=C_0$$

注意：这一极限过程可以对 g_1 与 g_2 进行，但是不能直接对 f 进行，因为 f 的傅里叶级数在整个区间上不是一致收敛的. 由于 g 的第一个傅里叶系数 C_0 等于 $\int_0^1 g(x)\mathrm{d}x$，所以有

$$\lim_{N\to\infty}\frac{1}{N}[g(x_1)+\cdots+g(x_N)]=\int_0^1 g(x)\mathrm{d}x$$

设

$$A_1=\frac{1}{N}[g_1(x_1)+\cdots+g_1(x_N)]$$

$$A_2=\frac{1}{N}[g_2(x_1)+\cdots+g_2(x_N)]$$

$$A=\frac{1}{N}[f(x_1)+\cdots+f(x_N)]$$

因为 $g_1\leqslant f\leqslant g_2$，所以有 $A_1\leqslant A\leqslant A_2$，从而

$$0\leqslant A-A_1\leqslant A_2-A_1$$

类似地，因为

$$\int_0^1 g_2\mathrm{d}x-\int_0^1 g_1\mathrm{d}x=2\varepsilon$$

所以有

$$0<\int_0^1 f\mathrm{d}x-\int_0^1 g_1\mathrm{d}x<\int_0^1 g_2\mathrm{d}x-\int_0^1 g_1\mathrm{d}x=2\varepsilon$$

最后,我们取足够大的 N,使得

$$-\varepsilon < A_1 - \int_0^1 g_1 \mathrm{d}x < \varepsilon, -\varepsilon < A_2 - \int_0^1 g_2 \mathrm{d}x < \varepsilon$$

这时我们有

$$A - \int_0^1 f \mathrm{d}x = (A - A_1) + \left(A_1 - \int_0^1 g_1 \mathrm{d}x\right) + \left(\int_0^1 g_1 \mathrm{d}x - \int_0^1 f \mathrm{d}x\right)$$

和

$$\left| A - \int_0^1 f \mathrm{d}x \right| < A_2 - A_1 + \varepsilon + 2\varepsilon$$

但是

$$A_2 - A_1 < \int_0^1 g_2 \mathrm{d}x + \varepsilon - \left(\int_0^1 g_1 \mathrm{d}x - \varepsilon\right) < 2\varepsilon + 2\varepsilon = 4\varepsilon$$

最后

$$\left| A - \int_0^1 f \mathrm{d}x \right| < 7\varepsilon$$

这样一来,我们可以选择 N,使得

$$\left| \frac{1}{N}[f(x_1) + \cdots + f(x_N)] - \int_0^1 f(x) \mathrm{d}x \right| < 7\varepsilon$$

当 x_q 属于 L 时,$f(x_q)$ 等于 1,否则,它等于 0. 因此,和 $f(x_1) + \cdots + f(x_N)$ 等于点 $x_1, \cdots, x_N$ 当中属于区间 L 的 x_q 的个数 N'. 因为$\int_0^1 f(x) \mathrm{d}x$ 等于 L 的长 l,所以我们知道 N'/N 趋向于极限 l. 因为这一结果对每一个 L 都成立,所以由定义,序列$\{x_q\}$是一致分布的.

(3) 例:$x_q = \theta q$, mod 1,计算和

$$S_N = \frac{1}{N}(\mathrm{e}^{2\mathrm{i}\pi k\theta} + \cdots + \mathrm{e}^{2\mathrm{i}\pi kN\theta})$$

这是一个几何级数. 我们得到

$$S_N=\frac{1}{2\mathrm{i}N}\left\{\frac{\exp\left[2\mathrm{i}\pi k\left(N+\frac{1}{2}\right)\theta\right]-\mathrm{e}^{\mathrm{i}\pi k\theta}}{\sin\ \pi k\theta}\right\}$$

如果 θ 是无理数,那么除去 $k=0$ 外,分母 $\sin\ \pi k\theta$ 永不为零. 因此

$$|S_N|<\frac{1}{N\sin\ \pi k\theta}$$

当 $N\to\infty$ 时,S_N 趋向于 0,序列$\{x_q\}$ 是一致分布的.

如果 θ 是有理数,那么我们已经知道,这个序列只取有限个数. 它在区间[0,1]上不是稠密的. 而且如果 θ 是一个分数(化为最简分数)s/p,那么只要 k 是 p 的整数倍,S_N 就取 1. 这样一来,存在 k 的非零值,使得 S_N 不趋向于 0,从而 B 的判别法在这里是不适用的.

傅里叶级数与傅里叶积分的一致收敛

附录Ⅳ

本附录讨论由级数和积分定义的函数，包括傅里叶级数与傅里叶积分，既考虑点收敛的情况，也考虑一致收敛的情况.

积分一致收敛的问题有时归结为关于反常数值积分的存在和收敛的问题.

我们假定读者熟悉一致收敛的基本定理. 设$\{f_n(x)\}$是一个连续函数的序列，它在闭区间Δ上一致收敛到极限函数$f(x)$. 在这些条件之下，有：

(1) $f(x)$是连续的；

(2) $\int_a^b f(x)\mathrm{d}x$有极限，它的极限为$\int_a^b f(x)\mathrm{d}x$.

设序列$\{f_n(x)\}$收敛到$f(x)$，$f'_n(x)$存在并且对每一个n是连续的，再设序列$\{f'_n(x)\}$在闭区间Δ上一致收敛到极限$g(x)$，那么，序列$\{f_n(x)\}$在Δ上一致收敛到函数$f(x)$，并且在Δ的每一个内点上，$f(x)$有导数，其导数等于$g(x)$.

类似的定理对于依赖于一个参变量的反常积分也成立，这些定理都建立在一致收敛的基础上，它们给出了在积分号下求导数与求积分的合理性.

我们可能会遇到序列$\{f_n(x)\}$在区间$[a,b]$上不一致收敛的情况. 关于这种序列，我们提出这样的问题：下面的等式

$$\lim\int_a^b f_n(x)\mathrm{d}x=\int_a^b f(x)\mathrm{d}x$$

是否成立. 为了回答这一问题，我们可以一连几次运用一致收敛的概念. 一种可能的证法是：先在一个子区间上积分，而序列$\{f_n(x)\}$在这个子区间上是一致收敛的，然后让子区间的端点趋向于a与b，对积分的结果求极限. 也可以用一种特殊的方法，直接证明当$n\to\infty$时，积分

$$\int_a^b [f(x)-f_n(x)]\mathrm{d}x \text{ 趋向于零}$$

最后，我们也可以用勒贝格的著名定理. 在它的一般形式中(这种形式适合于它的证明)，这个定理用于关于一个测度是可和的函数. 但是，它也可以以下述形式用于在黎曼意义下可积的函数：设$\{f_n(x)\}$是在区间Δ上定义的一个函数序列，它点收敛到极限函数$f(x)$. 设存在非负函数$\mu(x)$，使得积分

$$\int_\Delta |f_n(x)|\mu(x)\mathrm{d}x,\int_\Delta |f(x)|\mu(x)\mathrm{d}x$$

存在(可能是反常积分).还假定存在一个非负函数$g(x)$,使得

$$\int_{\Delta} g(x)\mu(x)\mathrm{d}x$$

存在,并使不等式

$$|f_n(x)| \leqslant g(x)$$

对每一个n和每一个x(x在Δ中)成立.在这些条件下

$$\lim_{n\to\infty}\int_{\Delta} f_n(x)\mu(x)\mathrm{d}x = \int_{\Delta} f(x)\mu(x)\mathrm{d}x$$

这个定理的Δ不必是有限区间.与它不同,关于一致收敛序列积分的定理,当积分区间是有限时才成立.但是,在某种情况下,可能将它推广到无穷区间上去.

我们假定读者熟悉幂级数的基本性质.不过,我们仍提醒读者注意下述的阿贝尔定理:设级数$\sum a_n x^n$有有限的收敛半径R,并在点$x=R$处收敛.那么它不仅在开区间$(-R,R)$内的每一个闭区间上一致收敛,而且也在每一个形如$[a,R]$的区间上一致收敛,这里a是开区间$(-R,R)$内的任意一个数.由此可得,表示级数极限的函数在$x=R$的左边是连续的.

对于傅里叶级数,我们既从点收敛的观点进行讨论,也从一致收敛的观点进行讨论.我们要应用约当定理:如果$f(x)$是周期的,并且有有界变差,那么它的傅里叶级数对每一个x都收敛,并且在$f(x)$连续的每一个闭子区间上,它是一致收敛的,在$f(x)$的间断点处,级数的和是

$$\frac{1}{2}[f(x+0)+f(x-0)]$$

可对这个级数进行逐项积分.

一个重要的特殊情况是：除去在每一个周期上的有限个点处，f 与 f' 是连续的，而在这有限个点上，f 与 f' 有有限间断. 上述定理建立在黎曼－勒贝格定理的基础上，对于可积函数 $f(x)$，它指出

$$\lim_{n\to\infty}\int_a^b f(x)\sin nx\,\mathrm{d}x=0$$

如果 $|f|$ 在一个无穷区间上可积，那么这个结果在该无穷区间上也成立.

从这个定理出发，再利用狄利克雷积分，我们可以推出下述的傅里叶积分定理：如果 f 有有界变差，并且在 $(-\infty,+\infty)$ 上绝对可积，则有下述的互反（非对称的）公式

$$g(x)=\int_{-\infty}^{+\infty}f(t)\mathrm{e}^{2\pi \mathrm{i}xt}\,\mathrm{d}t,\ f(x)=\lim_{\lambda\to\infty}\int_{-\lambda}^{\lambda}g(t)\mathrm{e}^{-2\pi \mathrm{i}xt}\,\mathrm{d}t$$

我们假定读者熟悉黎曼的 ζ－函数

$$\zeta(s)=1+\frac{1}{2^s}+\cdots+\frac{1}{n^s}+\cdots$$

并知道 $\zeta(2)=\pi^2/6$.

塞萨罗意义下的求和，模 1 的一致分布

附录 V

本附录讨论最简单的求和法.

设$\{x_n\}$是一个实数序列. 考虑一个“无穷矩阵”(a_{nk})，使得级数

$$u_a = \sum_k a_{nk} x_k$$

对所有的 n 收敛. 提出下面的问题：对每一个收敛序列$\{x_n\}$. 当 $n \to \infty$ 时，序列$\{u_n\}$与序列$\{x_n\}$有相同的极限，这样的情况能发生吗？即使序列$\{x_n\}$不收敛，序列$\{u_n\}$能有极限吗？

通常的收敛对应于

$$a_{nk} = \delta_{nk}, u_n = x_n$$

的情形.

塞萨罗方法在于选取

$$a_{n1} = a_{n2} = \cdots = a_{nn} = \frac{1}{n}$$

$$a_{nk} = 0 \quad (k > n)$$

所以

$$u_n=\frac{x_1+\cdots+x_n}{n}$$

我们首先把它应用到在[0,1]上一致分布的序列上.一致分布的序列可由下述性质来刻画:设发散序列$\{x_n\}$的每一项在 0 与 1 之间取值,那么对每一个可积函数 $f(x)$,序列$\{f(x_n)\}$在塞萨罗意义下都收敛到平均值

$$\int_0^1 f(x)\mathrm{d}x$$

把这一结果应用到连续函数的傅里叶级数,就得出费歇耳定理.

问题　(1) 证明若序列$\{x_n\}$收敛,则由

$$u_n=\frac{x_1+\cdots+x_n}{n}$$

定义的序列$\{u_n\}$也收敛,并且收敛到同一个极限.可能发生序列$\{x_n\}$发散而序列$\{u_n\}$收敛的情况吗?

(2) 设$\{v_n\}$是一个正数序列.试证明如果 v_{n+1}/v_n 趋向于某一极限,那么 $\sqrt[n]{v_n}$ 也趋向于同一极限.

(3) 设$\{x_n\}$是一个数列,其中 x_n 位于 0 与 1 之间.用 L 表示含在开区间(0,1)内部的长度为 l 的任一区间.考虑序列$\{x_n\}$的前 N 项.用 N' 表示落在区间 L 内的那些项的个数.称序列$\{x_n\}$在(0,1)上是一致分布的,如果对每一个 L,当 $N\to\infty$ 时,比 N'/N 趋向于 l.试证明:一个序列在(0,1)上是一致分布的,当且仅当对每一个在(0,1)上的可积函数 $f(x)$,序列$\{f(x_n)\}$在塞萨罗意义下有极限$\int_0^1(f_2-f_1)\mathrm{d}x$.

提示：找 $f(x)$ 的下函数 $f_1 < f$ 及 $f(x)$ 的上函数 $f_2 > f$，使得 $\int_0^1 (f_2 - f_1)\mathrm{d}x < \varepsilon$.

解答 (1) 根据假设，当 n 无限增大时，序列 $\{x_n\}$ 有有限的极限 x，我们希望证明由

$$u_n = \frac{x_1 + x_2 + \cdots + x_n}{n} \tag{1}$$

所定义的序列 $\{u_n\}$ 收敛到同一个极限 x. 我们有

$$u_n - x = \frac{(x_1 - x) + \cdots + (x_n - x)}{n} \tag{2}$$

并把它的右端分成两部分

$$u_n - x = \frac{(x_1 - x) + \cdots + (x_p - x)}{n} + \frac{(x_{p+1} - x) + \cdots + (x_n - x)}{n} \tag{3}$$

根据假设，对任意 $\varepsilon > 0$，都存在一个正整数 N_1，使得 $p > N_1$ 时，$|x_p - x| < \varepsilon/2$. 我们指定式(3)中的 p 是满足这一条件的一个确定的值. 于是有下面的不等式

$$\begin{aligned} |u_n - x| &< \frac{|(x_1 - x) + \cdots + (x_p - x)|}{n} + \frac{\varepsilon}{2} \cdot \frac{n-p}{n} \\ &< \frac{|(x_1 - x) + \cdots + (x_p - x)|}{n} + \frac{\varepsilon}{2} \end{aligned} \tag{4}$$

保持 p 不动，选足够大的 n，使得

$$\frac{|(x_1 - x) + \cdots + (x_p - x)|}{n} < \frac{\varepsilon}{2}$$

事实上，只要取 n 大于

$$N_2 = \frac{2}{\varepsilon}[|(x_1 - x) + \cdots + (x_p - x)|]$$

即可. 然后由不等式(4)推出，对所有的 n

$$n > \max(N_1, N_2)$$

不等式

$$|u_n - x| < \varepsilon$$

成立. 这就证明了$\lim\limits_{n\to\infty} u_n = \infty$.

注意 1　即使序列$\{x_n\}$发散而序列$\{u_n\}$仍收敛的情况可能发生. 我们只需要看一看 $x_n = (-1)^n$ 或更一般地 $x_n = e^{2i\pi\theta n}$ 的例子就知道了,其中 θ 不是一个整数.

注意,在这个例子中,$x_1 + \cdots + x_n$ 是几何级数前 n 项的和

$$\begin{aligned} x_1 + \cdots + x_n &= e^{2\pi i\theta} + e^{4\pi i\theta} + \cdots + e^{2\pi i\theta n} \\ &= \frac{e^{2\pi i\theta}(1 - e^{2\pi i n\theta})}{1 - e^{2\pi i\theta}} \\ &= \frac{e^{\pi i\theta}(1 - e^{2\pi i n\theta})}{-2i\sin \pi\theta} \end{aligned}$$

式中 θ 不是整数,$|nu_n|$ 小于 $1/|\sin \pi\theta|$,而 $1/|\sin \pi\theta|$ 不依赖于 n. 因此,当 $n\to\infty$ 时,$u_n \to 0$.

注意 2　可以把序列的术语改写为级数的术语. 我们只要把 x_n 看作是一个级数的前 n 项之和,这个级数的一般项是 $y_n = x_n - x_{n-1}$. 如果$(x_1 + \cdots + x_n)/n$ 趋向于一个极限,那么我们就说这个级数在塞萨罗意义下是可求和的,或称它是塞萨罗可和的. 会遇到这种情况:级数在通常的意义下是不收敛的,但是在塞萨罗意义下却是可和的.

在傅里叶级数的理论(费歇耳定理)中,塞萨罗可和性是有用的.

(2) 一个应用. 设 $v_0, v_1, \cdots, v_n, \cdots$ 是一个正数序列. 命 $x_n = \log v_n - \log v_{n-1}$. 那么

$$\frac{v_n}{v_{n-1}}=\exp(x_n)$$

$$v_n=v_0\exp(x_1+x_2+\cdots+x_n)$$

$$n\sqrt{v_n}=\sqrt[n]{v_0}\exp\left(\frac{x_1+x_2+\cdots+x_n}{n}\right)$$

如果当 $n\to\infty$ 时，$\frac{v_n}{v_{n-1}}$ 趋向于一个非零的有限极限 L，那么 x_n 趋向于 $\log L$. 因此，$(x_1+\cdots+x_n)/n$ 也趋向于 $\log L$. 因为 $\sqrt[n]{v_n}$ 趋向于 1，所以 $\sqrt[n]{v_n}$ 趋向于 L.

由于上述理由，所以下述定理成立：如果 $\{v_n\}$ 是一个正项序列，当 $n\to\infty$ 时，比 $\frac{v_{n+1}}{v_n}$ 趋向于极限 L，那么，当 $n\to\infty$ 时，$\sqrt[n]{v_n}$ 也趋向于这个极限 L.

注意，在上面的计算中，我们假定了 $L\neq 0$ 及 $L\neq+\infty$. 稍加修改，就可以把这两种情况包含在上面定理的论断之中.

(3) 考虑一个序列 $x_1,\cdots,x_n,\cdots$，其中 x_i 位于 0 与 1 之间. 设 L 是含在 $(0,1)$ 内的长为 l 的任一区间. 考虑这个序列的前 N 个点 $x_1,\cdots,x_N$. 根据定义，N' 是这些点落在 L 中的个数（L 是开的还是闭的无关紧要）. 假定当 $N\to\infty$ 时，比 N'/N 恰好以 l 为极限. 这时我们说：序列 $\{x_n\}$ 在区间 $[0,1]$ 上是一致分布的.

在这种情况下，序列 $\{x_n\}$ 在 $[0,1]$ 内是稠密的：$[0,1]$ 内的每一个区间都至少包含一点 x_n. 事实上，它是“一致”地稠密. 特别地，由此可以推出序列是不收敛的.

现在我们来证明：序列 $\{x_n\}$ 是一致分布的，当且仅当对于在区间 $[0,1]$ 上可积的每一个函数下面的等

式

$$\int_0^1 f(x)\mathrm{d}x = \lim_{N\to\infty}\frac{f(x_1)+\cdots+f(x_N)}{N} \tag{5}$$

成立. 表达式的左边是 $f(x)$ 在 $[0,1]$ 上的平均值. 表达式的右边是 $f(x_n)$ 的算术平均值，它也是 $f(x_n)$ 在塞萨罗意义下的极限.

如果式(5) 成立，那么我们可以这样选取 f，使得它在区间 L 上的值为 1，在其他处为 0. 这时积分等于区间 L 的长 l. 只有 $f \neq 0$ 的那些 $f(x_n)$ 才会在右边出现. 此时 $f=1$. 和 $f(x_1)+\cdots+f(x_N)$ 等于 N'，即 $x_1,\cdots,x_N$ 属于 L 的点的个数. 方程(5) 表示 $N'/N\to l$，所以序列 $\{x_n\}$ 的分布是一致的.

反过来，假定序列 $\{x_n\}$ 是一致分布的. 若 $f(x)$ 在区间 L 上等于 1，在其他处为 0，则式(5) 成立. 由此立刻推出：若 $f(x)$ 是阶梯函数，则式(5) 成立. 现在，因为 $f(x)$ 是可积的，所以存在两个阶梯函数 $f_1(x)$ 与 $f_2(x)$，使得

$$f_1 \leqslant f \leqslant f_2, \int_a^b (f_2 - f_1)\mathrm{d}x \leqslant \varepsilon$$

这里 ε 是任意一个正数. 于是我们有

$$\int_0^1 f_1(x)\mathrm{d}x \leqslant \int_0^1 f(x)\mathrm{d}x \leqslant \int_0^1 f_2(x)\mathrm{d}x \tag{6}$$

傅里叶级数与亚纯函数

附录Ⅵ

将傅里叶级数的基本理论应用到实函数时，函数不必是解析的，甚至不必是连续的．但是，碰巧会出现这样的情况：展为傅里叶级数的函数可以全纯地开拓到某一个包含实轴的区域上．在这种情况下，可以用复平面上的积分计算傅里叶系数．我们也可以把含 x 的傅里叶级数解释为含 e^{ix} 的罗朗级数．这时展开式可以直接求得，不必分别计算每一个傅里叶系数．

函数 $f(z)$ 在原点的邻域中的罗朗展开式在包含原点的两个圆之间的开区域上是合理的．函数 $f(z)$ 在两个圆之间一定是全纯的（因此是单值的）．在这个小圆的内部，它可以有极点或其他的本性奇点，但原点不必是奇点．

问题　(1) 作变量替换 $e^{ix}=z$,计算积分

$$I_n=\int_{-\pi}^{\pi}\frac{\cos nx}{2+\cos x}dx$$

利用这个结果求函数$(2+\cos x)^{-1}$的傅里叶展开式.

(2) 将 $\cos nx/(2+\cos x)$ 作为 $z=e^{ix}$ 的函数,在以 0 为圆心,半径待定的圆环上展为罗朗级数.利用这个方法求问题(1)中的$(2+\cos x)^{-1}$的罗朗展开式.

(3) 不化到复平面上,而利用证明 I_{n-2},I_{n-1},I_n 之间的递推关系重新计算积分 I_n.

解答　(1) 考虑积分

$$I_n=\int_{-\pi}^{\pi}\frac{\cos nx}{2+\cos x}dx\quad(n\text{ 是非负整数})$$

若设 $z=e^{ix}$,则点 z 以正方向描过单位圆 C,因为

$$\int_{-\pi}^{\pi}\frac{\cos nx}{2+\cos x}dx=0$$

(注意被积函数是奇函数),所以有

$$I_n=\int_{-\pi}^{\pi}\frac{e^{inx}}{2+\cos x}dx=\frac{1}{i}\int_C\frac{z^n}{2+\frac{1}{2}\left[z+\frac{1}{z}\right]}\frac{dz}{z}$$

$$=\frac{2}{i}\int_C\frac{z^n}{z^2+4z+1}dz$$

这是一个有理函数的积分.极点是分母的零点

$$z_1=-2+\sqrt{3}$$

$$z_2=-2-\sqrt{3}$$

它们都是负实数,且互为倒数.极点 z_1 在 C 的内部(图1),留数是

$$\frac{2}{i}\frac{z_1^n}{2z_1+4}=\frac{z_1^n}{i\sqrt{3}}$$

因此,我们有

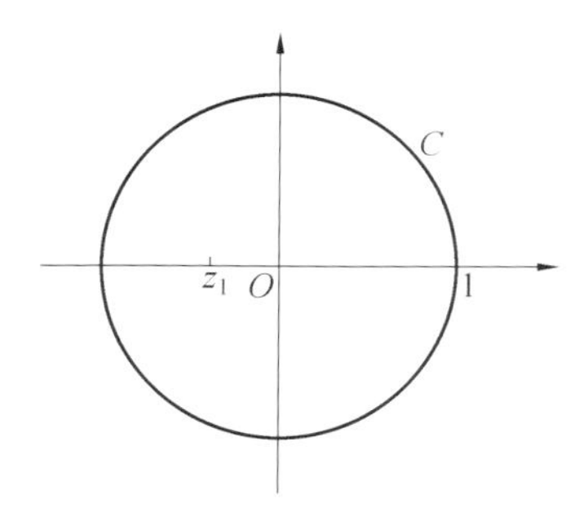

图 1

$$I_n=\frac{2\pi}{\sqrt{3}}z_1^n$$

值 I_n/π 是 $(2+\cos x)^{-1}$ 的傅里叶级数展开式的第 n 项的系数，$(2+\cos x)^{-1}$ 是以 2π 的周期的无穷次连续可微的函数

$$\frac{\pi}{2+\cos x}=\frac{I_0}{2}+I_1\cos x+\cdots+I_n\cos nx+\cdots$$

于是我们有

$$\frac{1}{2+\cos x}=\frac{2}{\sqrt{3}}\left[\frac{1}{2}+z_1\cos x+\cdots+z_1^n\cos nx+\cdots\right]$$

其中

$$z_1=-(2-\sqrt{3})$$

验算：括号中的级数是几何级数

$$\frac{1}{2}+z_1\mathrm{e}^{\mathrm{i}x}+\cdots+z_1^n\mathrm{e}^{\mathrm{i}nx}+\cdots=-\frac{1}{2}+\frac{1}{1-z_1\mathrm{e}^{\mathrm{i}x}}$$

$$=\frac{1}{2}\cdot\frac{1+z_1\mathrm{e}^{\mathrm{i}x}}{1-z_1\mathrm{e}^{\mathrm{i}x}}=\frac{1}{2}\cdot\frac{(1+z_1\mathrm{e}^{\mathrm{i}x})(1-z_1\mathrm{e}^{\mathrm{i}x})}{1-2z_1\cos x+z_1^2}$$

的实部. 因此，对每一个满足 $|z_1|<1$ 的实的 z_1，有

$$\frac{1}{2}+z_1\cos x+\cdots+z_1^n\cos nx+\cdots$$

$$=\frac{1}{2}\cdot\frac{1-z_1^2}{1+z_1^2-2z_1\cos x}$$

当 $z_1=-(2-\sqrt{3})$ 时,从上式的右端求出

$$\frac{-3+2\sqrt{3}}{8-4\sqrt{3}-2z_1\cos x}=\frac{\sqrt{3}z_1}{4z_1+2z_1\cos x}$$

$$=\frac{\sqrt{3}}{2}\ \frac{1}{2+\cos x}$$

(2) 利用罗朗级数求傅里叶展开式,为了把

$$f(x)=\frac{1}{2+\cos x}$$

展为傅里叶级数,我们设 $e^{ix}=z$,由此可得

$$f=\frac{2z}{z^2+4z+1}$$

这个函数可以在以原点为心,以 $|z_1|$,$|z_2|$ 为半径的两圆之间展成罗朗级数(图 2).

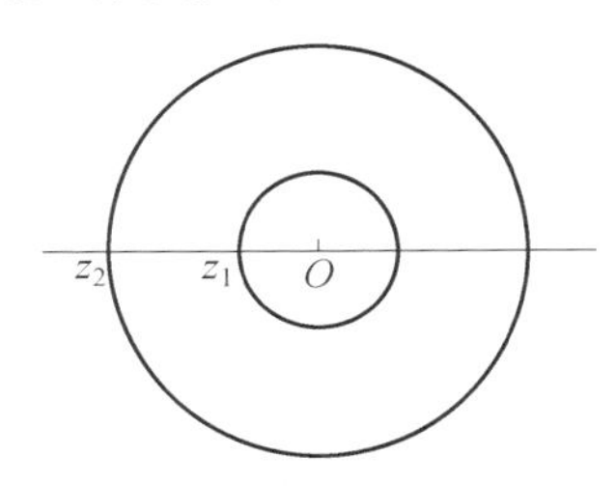

图 2

把有理函数 f 分解为部分分式,我们得到

$$f=\frac{2}{z_1-z_2}\left(\frac{z_1}{z-z_1}-\frac{z_2}{z-z_2}\right)$$

$$=\frac{1}{\sqrt{3}}\left(\frac{z_1}{z-z_1}-\frac{z_2}{z-z_2}\right)$$

因为 $|z_1/z|<1$,所以

$$\frac{z_1}{z-z_1}=\frac{z_1}{z}\ \frac{1}{1-(z_1/z)}=\frac{z_1}{z}+\cdots+\frac{z_1^n}{z^n}+\cdots$$

因为 $|z/z_2|<1$,所以

$$-\frac{z_2}{z-z_2}=\frac{1}{1-(z/z_2)}=1+\cdots+\frac{z^n}{z_2^n}+\cdots$$

因此

$$f=\frac{1}{\sqrt{3}}\left[1+\frac{z}{z_2}+\frac{z_1}{z}+\cdots+\frac{z^n}{z_2^n}+\frac{z_1^n}{z^n}+\cdots\right]$$

因为 $z_2=\dfrac{1}{z_1}$,所以一般项是

$$\left(z^n+\frac{1}{z^n}\right)z_1^n=2z_1^n\cos nx$$

从而

$$f=\frac{2}{\sqrt{3}}\left[\frac{1}{2}+z_1\cos nx+\cdots+z_1^n\cos nx+\cdots\right]$$

注意,这一展开式恰恰对 x 的实值不成立,它在罗朗级数成立的区域,即在

$$|z_1|<|z|<|z_2|$$

内是收敛的.

若设 $x=u+\mathrm{i}v$,则有

$$z=\mathrm{e}^{\mathrm{i}(u+\mathrm{i}v)},\ |z|=\mathrm{e}^{-v}$$

因此

$$\frac{1}{|z_2|}<\mathrm{e}^{-v}<|z_2|$$

$$-\log|z_2|<v<\log|z_2|$$

在复的 x 平面上,收敛区域是关于 x 对称的带形区域(图 3).

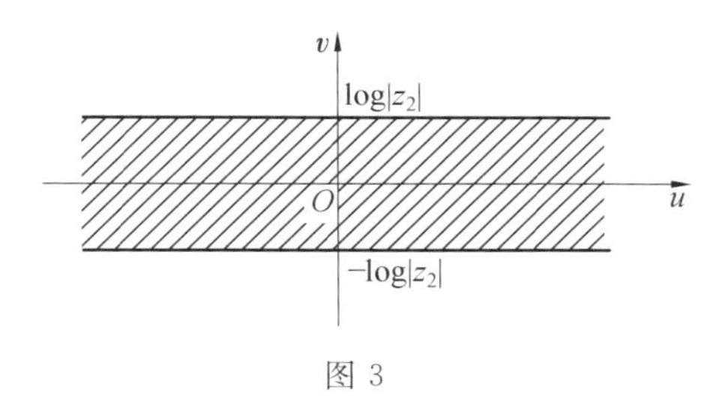

图 3

(3) 在理论上,积分

$$I_n = \int_{-\pi}^{\pi} \frac{\cos nx}{2 + \cos x} dx$$

可以借助于变量替换 $\tan(x/2) = t$ 化为有理函数的积分.但是,下面是一个计算这个积分更为实用的方法:首先,我们有

$$2\cos(n-1)x(2+\cos x)$$
$$= 4\cos(n-1)x + \cos nx + \cos(n-2)x$$

由此可得

$$2\cos(n-1)x = 4\frac{\cos(n-1)x}{2+\cos x} + \frac{\cos nx}{2+\cos x} + \frac{\cos(n-2)x}{2+\cos x}$$

这个公式当 $n \geqslant 2$ 时是合理的.从 $-\pi$ 到 π 积分可得到

$$I_n + 4I_{n-1} + I_{n-2} = 2\int_{-\pi}^{\pi} \cos(n-1)x dx = 0$$

当 $n = 1$ 时

$$1 = \frac{2}{2+\cos x} + \frac{\cos x}{2+\cos x}$$

由此可得

$$2I_0 + I_1 = \int_{-\pi}^{\pi} dx = 2\pi$$

最后

$$I_0 = \int_{-\pi}^{\pi} \frac{\mathrm{d}x}{2+\cos x} = \frac{2}{\sqrt{3}}\left(\arctan\frac{t}{\sqrt{3}}\right)_{-\infty}^{+\infty}$$

$$= \frac{2\pi}{\sqrt{3}} \quad \left(t = \tan\frac{x}{2}\right)$$

及

$$I_1 = \frac{2\pi}{\sqrt{3}}(\sqrt{3}-2) = \frac{2\pi}{\sqrt{3}}z_1$$

我们借助于线性齐次递推公式

$$I_n + 4I_{n-1} + I_{n-2} = 0 \tag{1}$$

计算 I_n. 这样一来,一旦知道了 I_0 与 I_1,I_n 就完全确定了. 现在,解的一种可能形式是

$$I_n = r^n$$

这里 r 是一个未知的实数或复数. 将它代入表达式(1)中,得到

$$r^4 + 4r + 1 = 0$$

我们得到 r 的两个可能值,这就是前面遇到过的 z_1 与 z_2. (1) 的一般解是

$$I_n = \lambda z_1^n + \mu z_2^n \tag{2}$$

这里 λ 与 μ 是两个常数,满足

$$I_0 = \lambda + \mu, I_1 = \lambda z_1 + \mu z_2$$

我们知道,I_n 是一个可微函数的傅里叶系数,所以当 $n \to \infty$ 时,它趋向于 0. 因为 $|z_2| > 1$,由此推出 μ 一定是零. 因此

$$\lambda = I_0 = \frac{2\pi}{\sqrt{3}} \text{ 及 } I_n = \frac{2\pi}{\sqrt{3}}z_1^n$$

可以验证,$\lambda z_1 = 2\pi z_1/\sqrt{3}$ 的确是 I_1 的值.

西辛群上的调和分析——傅里叶级数的球求和[①]

附录Ⅶ

一、引言

本文沿用龚昇在文章《酉群上的富里埃分析Ⅴ》中研究酉群上傅里叶级数球求和的方法,讨论了酉辛群的同一问题,得到了相应的结果.我们证明了:

酉辛群 $USp(2n)$ 上任一连续函数的傅里叶级数,可以 δ 次黎茨球求和于它自己,但 $\delta>\frac{n(2n+1)-1}{2}$;

酉辛群 $USp(2n)$ 上任一连续函数的傅里叶级数,可以按高斯—Sommerfeld 意义的球求和于它自己;

① 原作者陈广晓,贺祖琪.中国科学院应用数学研究所《数学研究与评论》,1983 年 7 月第 3 卷第 3 期.

西辛群 $USp(2n)$ 上任一连续函数的傅里叶级数，可以按阿贝尔意义上球求和于它自己.

二、球平均的积分表达式

设 $\phi(t)$ 为定义在 $0\leqslant t<+\infty$ 的实值连续函数，且 $\phi(0)=1$. $\phi(t)$ 在 $0\leqslant t<+\infty$ 的每一个有限区间都绝对可积，且

$$\int_0^{+\infty} |\phi(t)| t^{\frac{n-1}{2}}\mathrm{d}t<+\infty \tag{1}$$

设 $u(U)$ 为 $USp(2n)$ 的可积函数，若其傅里叶级数依 ϕ 意义的球平均

$$S_R^{\phi}(U)=\sum_{m=0}^{\infty}\phi\left(\frac{\sqrt{m}}{R}\right)\sum_{\substack{f>0\\ l_1^2+\cdots+l_n^2=m}} tr(c_f\phi'_f(U)) \tag{2}$$

当 $R\to+\infty$ 时收敛于 $u(U)$，则称 $u(U)$ 的傅里叶级数依 ϕ 意义上球求和收敛于 $u(U)$ 自身.

我们先建立了西辛群上相应的公式

$$\sum_{f\geqslant 0} r^{l_2+\cdots+l_n}N(f)\chi_f(W)$$

$$=\frac{(-1)^n \mathrm{i}^{n^2}}{(2n-1)!\ \cdots 3!\ 1!}\cdot\frac{\det(\rho_r^{(2j-1)}(\theta_k))_{1\leqslant j,k\leqslant n}}{\det(\mathrm{e}^{\mathrm{i}(n+1-j)\theta_k}-\mathrm{e}^{-\mathrm{i}(n+1-j)\theta_k})} \tag{3}$$

其中 $\rho_r(\theta_k)=\dfrac{1-r^2}{1+r^2-2r\cos\theta_k}$ 为单变元泊松核，$N(f)$，$\chi_f(W)$ 的意义与贺祖琪，陈广晓在文章《西辛群上的调和分析(Ⅰ)》中相同. 利用 S. Bochner 处理多重傅里叶级数和积分的技巧和龚昇教授在文章《西

群上的富里埃分析 V》中处理酉群的傅里叶级数球平均表达式的方法，我们求得了(2)的积分表达式为

$$\frac{(-1)^n \mathrm{i}^{n^2} \Gamma\left(\frac{n}{2}\right) \cdot R}{(2n-1)! \cdots 3!\ 1!\ 2^n n!\ 2\pi^{\frac{n}{2}}} \int_0^{+\infty} \zeta^{n^2+n-1} \left(\frac{1}{\zeta} \frac{\mathrm{d}}{\mathrm{d}\zeta}\right)^{n^2} \cdot \frac{H_\varphi(\zeta R)}{\zeta^{n-1}} \mathrm{d}\zeta \int \det(\mathrm{e}^{\mathrm{i}(n+1-j)\zeta\eta_k} - \mathrm{e}^{-\mathrm{i}(n+1-j)\zeta\eta_k}) \det(\eta_k^{2j-1}) \psi_U(\zeta \boldsymbol{\eta}) \mathrm{d}\sigma \tag{4}$$

$$\sigma: |\boldsymbol{\eta}| = 1$$

其中

$$H_\varphi(\zeta R) = \frac{(\zeta R)^{\frac{n}{2}}}{2^{\frac{n}{2}-1}\Gamma\left(\frac{n}{2}\right)} \int_0^{+\infty} \phi(u) u^{\frac{n}{2}} J_{\frac{n-2}{2}}(u\zeta R) \mathrm{d}u \tag{5}$$

适合

$$\left(\frac{\partial}{\partial \zeta_1}\right)^{j_1} \cdots \left(\frac{\partial}{\partial \zeta_n}\right)^{j_n} \frac{H_\phi(|\zeta| R)}{\zeta^{n-1}}\bigg|_{\xi=\infty} = 0$$

$$(1 \leqslant j_1, \cdots, j_n \leqslant 2n-1) \tag{6}$$

$$\psi_U(\theta_1, \cdots, \theta_n) = \frac{1}{\omega'} \int_{[\mathrm{USp}(2n)]} u(WU)[\dot{W}] \tag{7}$$

为 $u(WU)$ 对 W 的旁系的平均，而 $\mathrm{e}^{\pm \mathrm{i}\theta_1}, \cdots, \mathrm{e}^{\pm \mathrm{i}\theta_n}$ 为 W 的特征根.

三、一条一般收敛定理

定理　设 $u(U)$ 为 $\mathrm{USp}(2n)$ 上的连续函数，函数 $\phi(t)$ 适合(1)，由 ϕ 决定的 H_ϕ 适合(6)，如果当 $\rho \to \infty$ 时

$$\left(\frac{1}{\rho}\ \frac{\mathrm{d}}{\mathrm{d}\rho}\right)^{n^2}\ \frac{H_\phi(\rho)}{\rho^{n-1}}=O(\rho^{-n(2n+1)-\varepsilon})\quad(\varepsilon>0)\quad(8)$$

那么，$u(U)$ 的傅里叶级数的球平均(2) 当 $R\to+\infty$ 时依 ϕ 意义收敛于 $u(U)$ 自身.

连续函数按 ϕ 意义的球求和收敛于自身，是“局部性质”.

四、S. Bochner 型球求和收敛定理

对于 S. Bochner 型阿贝尔求和，$\phi(t)=\mathrm{e}^{-t}$，(5) 等于

$$H_\phi(\rho)=C\cdot\frac{\rho^{n-1}}{(1+\rho^2)^{\frac{n+1}{2}}}$$

$$\left(\frac{1}{\rho}\ \frac{\mathrm{d}}{\mathrm{d}\rho}\right)^{n^2}\left(\frac{H_\phi(\rho)}{\rho^{n-1}}\right)=O(\rho^{-n(2n+1)-1})$$

对于高斯－Sommerfeld 球求和，$\phi(t)=\mathrm{e}^{-t^2}$，(5) 等于

$$H_\phi(\rho)=C\rho^{n-1}\mathrm{e}^{-\frac{1}{4}\rho^2}$$

故

$$\left(\frac{1}{\rho}\ \frac{\mathrm{d}}{\mathrm{d}\rho}\right)^{n^2}\left(\frac{H_\phi(\rho)}{\rho^{n-1}}\right)=O(\mathrm{e}^{-\frac{1}{4}\rho^2})$$

由于 $\phi(t)$，$H_\phi(\rho)$ 适合(1)，(6)，故由一般收敛定理，对这两种意义的 S. Bochner 型求和是收敛的.

对于 δ 次黎茨型求和，即

$$\phi(t)=\begin{cases}(1-t^2)^\delta, & 0\leqslant t<1\\ 0, & t\geqslant 1\end{cases}$$

时

$$H_\phi(\rho)=C\cdot J_{\delta+\frac{n}{2}}(\rho)=C\rho^{n-1}V_{\delta+\frac{n}{2}}(\rho)$$

利用 Bessel 函数 $J_\mu(\rho)$ 的性质

$$\left(\frac{1}{\rho}\ \frac{\mathrm{d}}{\mathrm{d}\rho}\right)V_n(\rho)=-V_{\mu+1}(\rho)$$

得

$$\left(\frac{1}{\rho}\ \frac{\mathrm{d}}{\mathrm{d}\rho}\right)^{n^2}\left(\frac{H_\phi(\rho)}{\rho^{n-1}}\right)=O(V_{\delta+\frac{n}{2}+n^2}(\rho))=O(\rho^{-\frac{2n^2+n+1}{2}})$$

因此，为使(8)得到满足，须 $\delta>\frac{n(2n+1)-1}{2}$. 这就证明了本文的结果.

本文是在华罗庚教授和龚昇教授指导下完成的，作者向他们表示感谢.

一些函数项级数的收敛性改进法

附录Ⅷ

我们要研究下面形状的级数的收敛性改进问题

$$S=\sum_{k=1}^{\infty}x^k\frac{P(k)}{Q(k)}f_k(t)\quad(|x|\leqslant 1)\tag{1}$$

其中 $P(k)$ 与 $Q(k)$ 互质，都是 k 的多项式，并且 $Q(k)$ 没有正整根，而 $P(k)$ 的次数低于 $Q(k)$ 的次数.

由(1)的部分和的一致有界性出发，在某区间 $\alpha<t<\beta$ 内，容易证明，级数(1)在 $|x|\leqslant 1$ 和 $\alpha<t<\beta$ 所决定的域内关于 x 与 t 一致收敛.

以后还要证明这里所讲的收敛性改进法可以用到更一般形状的级数

$$\sum_{k=1}^{\infty}x^k a\left(\frac{1}{k}\right)f_k(t)$$

其中函数$a(\xi)$在$\xi=0$的邻域内是解析的，且$a(0)=0$.

一、关于幂级数的一个变换

设ω^*是方程$\omega^p-1=0$的元根，则显然有

$$\sum_{s=1}^{p}\omega^{*ms}=\begin{cases}p & 当\ m=np\ 时\\ 0 & 当\ m\neq np\ 时\end{cases}\tag{2}$$

其中n为任何正整数.

设幂级数

$$\sum_{k=1}^{\infty}x^k\varphi_k(t)\tag{3}$$

对于$\alpha<t<\beta$当$|x|\leqslant 1$时收敛，并有和$\Phi(x,t)$. 于是，因为对于任何整数s不等式$|\omega^{*s}x|\leqslant 1$成立，故有

$$\sum_{k=1}^{\infty}(\omega^{*s}x)^k\varphi_k(t)=\Phi(\omega^{*s}x,t)$$

把这等式的两边按s自1到p求和并考虑到(1)，我们就有

$$\sum_{k=1}^{\infty}x^{pk}\varphi_{kp}(t)=\frac{1}{p}\sum_{s=1}^{p}\Phi(\omega^{*s}x,t)\tag{4}$$

二、改进收敛性的函数

若t使得级数的部分和有界，则级数

$$\sum_{k=1}^{\infty}x^kf_k(t)=F(x,t)$$

在区间$(-1,+1)$内的任何区间中关于x一致收敛，故

两边乘以 x^{l-1} 并积分,当 $|x|<1$ 时得

$$\sum_{k=1}^{\infty}\frac{x^{k+l}f_k(t)}{k+l}\int_0^x \xi^{l-1}F(\xi,t)\mathrm{d}\xi \tag{5}$$

(l 是某个正整数).我们要指出,由于级数

$$\sum_{k=1}^{\infty}\frac{(\pm 1)^k f_k(t)}{k+l}$$

收敛,所以在公式(5)中可以令 $x=\pm 1$.如我们在下面所验证的,(5)型的积分,对于所研究的函数类 $f_k(t)$ 而言,恒可以用有限形式算出.其次,我们要指出

$$\frac{1}{(k+1)(k+2)\cdots(k+s)}=\frac{1}{(s-1)!}\sum_{l=1}^{s}\frac{(-1)^{l-1}\mathrm{C}_{s-1}^{l-1}}{k+l}$$

其中 C_{s-1}^{l-1} 是二项式的系数,且 $\mathrm{C}_{s-1}^{0}=1$,我们将有

$$\begin{aligned}\zeta_s(x,t)&=\sum_{k=1}^{\infty}\frac{x^k f_k(t)}{(k+1)(k+2)\cdots(k+s)}\\&=\frac{1}{(s-1)!}\sum_{l=1}^{s}(-1)^{l-1}\mathrm{C}_{s-1}^{l-1}U_l(x,t)\end{aligned} \tag{6}$$

这里引入了简单记号

$$U_l(x,t)=x^{-l}\int_0^x \xi^{l-1}F(\xi,t)\mathrm{d}\xi=\sum_{k=1}^{\infty}\frac{x^k f_k(t)}{k+l} \tag{7}$$

函数 ζ_s 将用来改进下面类型级数的收敛性

$$\sum_{k=1}^{\infty}\frac{x^k P(k)}{Q(k)}f_k(t) \text{ 或 } \sum_{k=1}^{\infty}x^k a\left(\frac{1}{k}\right)f_k(t)$$

所以,ζ_s 称为改进所研究级数收敛性的函数,简称改进函数.

三、改进所研究级数的收敛性的一般方法

在前面的假设下,我们来研究级数

$$S_1(x,t)=\sum_{k=1}^{\infty}x^k\frac{P(k)}{Q(k)}f_k(t) \tag{8}$$

或者

$$S_2(x,t)=\sum_{k=1}^{\infty}x^k a\left(\frac{1}{k}\right)f_k(t) \tag{9}$$

的收敛性改进法.

从级数(8)开始. 设多项式 $Q(k)$ 与 $P(k)$ 的次数相差为 $s(s\geqslant 1)$.

引进简略记号

$$(k+1)(k+2)\cdots(k+s)=L_s(k)$$

多项式 $P_i(k)(1\leqslant i\leqslant r)$ 我们用下面方法来定义

$$\begin{cases}P_1(k)=P(k)L_s(k)-c_1Q(k)\\P_2(k)=P_1(k)(k+s+1)-c_2Q(k)\\P_3(k)=P_2(k)(k+s+2)-c_3Q(k)\\\quad\vdots\\P_r(k)=P_{r-1}(k)(k+s+r-1)-c_rQ(k)\end{cases} \tag{10}$$

这里数 c_1 等于 $P(k)$ 最高次项的系数与 $Q(k)$ 最高次项的系数之比值,而数 $c_2,c_3,\cdots,c_r$ 由下面方法来决定:在(10)中第一个等式的右边,由于 c_1 的定义,消去了 k 的最高次项,因此,若多项式 $Q(k)$ 的次数为 p,则多项式 $P_1(k)$ 的次数不高于 $p-1$. 若这个次数恰好为 $p-1$,则设 c_2 为 $P_1(k)$ 与 $Q(k)$ 两个最高次项的系数之比值:若 $P_1(k)$ 低于 $p-1$ 次,则设 $c_2=0$. 现在 $P_2(k)$ 的次数不高于 $p-1$. 若它恰好为 $p-1$,则设 c_3 为 $P_2(k)$ 与 $Q(k)$ 两个最高次项的系数之比值;若 $P_2(k)$ 的次数低于 $p-1$,则设 $c_3=0$.

用同样的方法来定义一切其他的系数 c_n. 不难看出,(10)中所定义的任何多项式 $P_n(k)$ 都不高于 $p-1$

次.

现在,把在(10)中每个等式的两边依次地除以 $Q(k)L_{s+i}(k)(i=0,1,\cdots,r-1)$,然后将所得等式相加,我们得

$$\frac{P(k)}{Q(k)}=\sum_{m=1}^{r}\frac{c_m}{L_{s+m-1}(k)}+\frac{P_r(k_0)}{Q(k)L_{s+r-1}(k)} \tag{11}$$

显然地,表达式

$$\frac{P_r(k)}{Q(k)L_{s+r-1}(k)}$$

对于 $\frac{1}{k}$ 而言,其阶将不低于 $s+r$. 把(11)的两边乘以 $x^k f_k(t)$,并从 $k=1$ 到 ∞ 求和,我们得

$$S_1(x,t)=\sum_{m=1}^{r}c_m\zeta_{s+m-1}(x,t)+\sum_{k=1}^{\infty}\frac{x^kP_r(k)f_k(t)}{Q(k)L_{s+r-1}(k)} \tag{12}$$

其中 ζ_{s+m-1} 是用上面式(6)所定义的改进函数.

公式(12)可以改进(8)型级数的收敛性. 如下面将要证明的,对于所研究的函数类 $f_k(t)$ 的改进函数容易算出,而(12)右端的级数当 r 越大时,级数收敛越快.

类似方法也可以用来改进(9)型级数的收敛性. 把 $a\left(\frac{1}{k}\right)$ 展成级数

$$a\left(\frac{1}{k}\right)=\frac{\alpha_1}{k}+\frac{\alpha_2}{k^2}+\frac{\alpha_3}{k^3}+\cdots$$

对于足够大的 k,这级数收敛(罗朗级数),级数(9)可以表示为

$$S_2(x,t)=\sum_{k=1}^{\infty}x^k\left[\frac{\alpha_1k^{m-1}+\alpha_2k^{m-2}+\cdots+\alpha_m}{k_m}\right]f_k(t)+$$

$$\sum_{k=1}^{\infty} x^k \left\{ a\left(\frac{1}{k}\right) - \left[\frac{\alpha_1}{k} + \frac{\alpha_2}{k^2} + \cdots + \frac{\alpha_m}{k^m}\right] \right\} f_k(t)$$

上面等式中第一个级数属于(8)型,而第二级数的系数对于$\frac{1}{k}$而言,其阶不低于$m+1$.

选取m足够大,对于第一级数应用公式(12),可以很好地改进(9)型级数的收敛性.

注意　在去掉(12)右边级数的余项时,能够指出估计误差的方法.事实上

$$R_N(x,t) = \sum_{k=N}^{\infty} \frac{x^k P_r(k)}{Q(k) L_{s+r-1}(k)} f_k(t) \quad (|x| \leqslant 1)$$

在假设中,有这样的常数C,使得

$$|f_k(t)| \leqslant C \quad (\alpha < t < \beta)$$

故

$$|R_N(x,t)| \leqslant C \sum_{k=N}^{\infty} \frac{|P_r(k)|}{|Q(k)| \cdot L_{s+r-1}(k)} \quad (13)$$

不难证明,式(13)右边级数的收敛性特别是可以由高斯判别法决定.实际上,这个级数内号数为k的项与号数为$k-1$的项之比为

$$\frac{P_r(k)Q(k-1)k}{P_r(k-1)Q(k)[k+(s+r)]}$$

容易验证,多项式$P_r(k)Q(k-1)$的两个最高次项(即k^m和k^{m-1})的系数与$P_r(k-1)Q(k)$的对应项系数相等,因此,所考虑的比成下面形状

$$\frac{(k^m + ak^{m-1} + \cdots)k}{(k^m + ak^{m-1} + \cdots)[k+(s+r)]}$$

$$= \frac{k^{m+1} + ak^m + \cdots}{k^{m+1} + (a+s+r)k^m + \cdots}$$

又因为$s+r>1$,故由高斯判别法就证明了级数收敛.

因此,特别是可以把对应于高斯判别法的估计式用到式(13)的右边.

四、改进幂级数收敛性的函数

若 $f_k(t)=t^k(k=1,2,\cdots)$,则母函数 $F(x,t)$ 具有这样形状:$F(x,t)=\dfrac{xt}{1-xt}$,而级数 $\sum\limits_{k=1}^{\infty}(\pm 1)^k f_k(t)$ 在 $-1<t<1$ 时收敛. 当 $x=1$ 时,利用公式(5)得

$$\sum_{k=1}^{\infty}\frac{t^k}{k+l}=\int_0^l \xi^{l-1}\ \frac{\xi t}{1-\xi t}\mathrm{d}\xi$$

在右边作替换 $\xi t=u$,得

$$\sum_{k=1}^{\infty}\frac{t^k}{k+l}=t^{-l}\int_0^t\frac{u^l}{1-u}\mathrm{d}u \tag{14}$$

计算式(14)中右边的积分后,得到等式

$$\sum_{k=1}^{\infty}\frac{t^k}{k+l}=-t^{-l}\left[\sum_{m=1}^{l}\frac{t^m}{m}+\ln(1-t)\right]$$

由(6)得(当 $x=1$ 时)

$$\zeta_s(1,t)=\sum_{n=1}^{\infty}\frac{t^n}{(n+1)(n+2)\cdots(n+s)}=$$

$$-\frac{1}{(s-1)!}\sum_{l=1}^{s}(-1)^{l-1}\mathrm{C}_{s-1}^{l-1}t^{-l}\left[\sum_{m=1}^{l}\frac{t^m}{m}+\ln(1-t)\right] \tag{15}$$

其次,因为

$$\sum_{l=0}^{s}(-1)^l\mathrm{C}_s^l\frac{1}{t^l}=\left(1-\frac{1}{t}\right)^s$$

所以,在公式(15)中命 $s=1,2,\cdots$,就有

$$\zeta_1(1,t)=-\frac{\ln(1-t)}{t}-1$$

$$\zeta_2(1,t)=-\frac{1}{t}\left(1-\frac{1}{t}\right)\ln(1-t)-\frac{1}{2}+\frac{1}{t}$$

$$\zeta_3(1,t)=-\frac{1}{2t}\left(1-\frac{1}{t}\right)^2\ln(1-t)-\frac{1}{6}+\frac{3}{4t}-\frac{1}{2t^2}$$

$$\zeta_4(1,t)=-\frac{1}{6t}\left(1-\frac{1}{t}\right)^3\ln(1-t)-\frac{1}{24}+\frac{11}{36t}-\frac{5}{12t^2}+\frac{1}{6t^3}$$

$$\zeta_5(1,t)=-\frac{1}{24t}\left(1-\frac{1}{t}\right)^4\ln(1-t)-\frac{1}{120}+\frac{25}{288t}-\frac{13}{72t^2}+\frac{7}{48t^3}-\frac{1}{24t^4}$$

$$\vdots \tag{16}$$

最后,我们要指出,若 $f_k(t)=t^k$,则级数 $\sum\limits_{k=1}^{\infty}A_k x^k f_k(t)$ 用替换 $u=xt$ 就化成了级数 $\sum\limits_{k=1}^{\infty}A_k f_k(t)$. 故只在 $x=1$ 时计算函数 ζ_s,并不会破坏所研究问题的一般性.

现在举几个改进幂级数收敛性的例题.

例 1

$$S=\sum_{n=1}^{\infty}\frac{nx^n}{n^2+1}\quad(-1\leqslant x<1)$$

现在计算(10)中的那些多项式. 在这里 $P(n)=n$, $Q(n)=n^2+1$, $s=1$ 而

$$P_1(n)=n(n+1)-(n^2+1)=n-1$$

$$P_2(n)=(n-1)(n+2)-(n^2+1)=n-3$$

$$P_3(n)=(n-3)(n+3)-(n^2+1)=-10$$

$$P_4(n)=-10(n+4)=-10n-40\quad(\text{因为 } c_4=0)$$

应用公式(12),并把公式中的 x 换为 1,t 换为 x,利用改进函数(16),当 $r=3$① 时,有

$$\sum_{n=1}^{\infty}\frac{nx^n}{n^2+1}=\zeta_1+\zeta_2+\zeta_3-$$

$$10\sum_{n=1}^{\infty}\frac{x^n}{(n+1)(n+2)(n+3)(n^2+1)}$$

$$=-\frac{\ln(1-x)}{x}\left[1+\left(1-\frac{1}{x}\right)+\frac{1}{2}\left(1-\frac{1}{x}\right)^2\right]-$$

$$\frac{5}{3}+\frac{7}{4x}-\frac{1}{2x^2}-$$

$$10\sum_{n=1}^{\infty}\frac{x^n}{(x+1)(x+2)(x+3)(n^2+1)}$$

上面级数的系数与$\frac{1}{n^5}$ 同阶. 取变换后级数的前三项,我们得

$$\sum_{n=1}^{\infty}\frac{nx^n}{n^2+1}=\zeta_1+\zeta_2+\zeta_3-\frac{5x}{24}-\frac{x^2}{30}-\frac{x^3}{120}+R_4$$

当 $|x|<1$ 时,有

$$|R_4|\leqslant 10x^4\sum_{n=4}^{\infty}\frac{1}{(x+1)(x+2)(x+3)(n^2+1)}$$

我们有

$$a_n=\frac{1}{(x+1)(x+2)(x+3)(n^2+1)}$$

$$\frac{a_{n+1}}{a_n}=\frac{(n+1)(n^2+1)}{(n+4)(n^2+2n+2)}=\frac{n^3+n^2+\cdots}{n^3+6n^2+\cdots}$$

$$B_m=-ma_m,A_n=(n+1)\frac{a_{n+1}}{a_n}-n,A=-4$$

当 $m=4$,$l=0$ 时,由

① 因为 $c_1=0$,则(12) 右边在 $r=3$ 时与 $r=4$ 时一样.

$$|R_4| \leqslant 10x^4 \frac{4a_4}{4-\varphi(4,0)}$$

其中

$$\varphi(4,0)=\sup_{n\geqslant 4}|A-A_n|=\sup_{n\geqslant 4}\left|(n+1)\frac{a_{n+1}}{a_n}-n+4\right|$$

$$=\sup_{n\geqslant 4}\left|\frac{16n^2+34n+33}{n^3+6n^2+10n+8}\right|$$

容易证明，当 $n=4$ 时最后这个分式达到最大值，并且

$$\varphi(4,0)=\frac{425}{208}$$

故

$$|R_4| \leqslant \frac{40\times 208}{407}\cdot\frac{x^4}{5\times 6\times 7\times 17}\approx 0.005\ 7x^4$$

例 2

$$S=\sum_{n=1}^{\infty}\ln\left(1+\frac{1}{n}\right)x^n$$

这级数在 $-1\leqslant x<1$ 时收敛.

把函数 $\ln\left(1+\frac{1}{n}\right)$ 展成 $\frac{1}{n}$ 的幂级数，并把级数改写为

$$S=\sum_{n=1}^{\infty}\left(\frac{1}{n}-\frac{1}{2n^2}+\frac{1}{3n^3}-\frac{1}{4n^4}\right)x^n+$$

$$\sum_{n=1}^{\infty}\left[\ln\left(1+\frac{1}{n}\right)-\frac{1}{n}+\frac{1}{2n^2}-\frac{1}{3n^3}+\frac{1}{4n^4}\right]x^n$$

上式右边第二个级数的系数与 $\frac{1}{n^5}$ 同阶. 现在来改进第一级数

$$S_1=\sum_{n=1}^{\infty}(12n^3-6n^2+4n-3)\frac{x^n}{12n^4}$$

的收敛性.作(10)的那些多项式.

在这里

$$P(n)=12n^3-6n^2+4n-3, Q(n)=12n^4$$

从而 $s=1$,并且

$$\begin{aligned}P_1(n)&=(12n^3-6n^2+4n-3)(n+1)-12n^4\\&=6n^3-2n^2+n-3\\P_2(n)&=(6n^3-2n^2+n-3)(n+2)-6n^4\\&=10n^3-3n^2-n-6\\P_3(n)&=(10n^3-3n^2-n-6)(n+3)-10n^4\\&=27n^3-10n^2-9n-18\\P_4(n)&=(27n^3-10n^2-9n-18)(n+4)-27n^4\\&=98n^3-49n^2-54n-72\end{aligned}$$

在这里,$c_1=1, c_2=\frac{1}{2}, c_3=\frac{5}{6}, c_4=\frac{9}{4}$.

由(12)得

$$\sum_{n=1}^{\infty}\ln\left(1+\frac{1}{n}\right)x^n=\zeta_1+\frac{1}{2}\zeta_2+\frac{5}{6}\zeta_3+\frac{9}{4}\zeta_4+\sum_{n=1}^{\infty}a_nx^n$$

其中系数 a_n 为

$$a_n=\frac{98n^3-49n^2-54n-72}{12n^4(n+1)(n+2)(n+3)(n+4)}+\ln\left(1+\frac{1}{n}\right)-\frac{1}{n}+\frac{1}{2n^2}-\frac{1}{3n^3}+\frac{1}{4n^4}$$

且 a_n 与 $\frac{1}{n^5}$ 同阶.

也可以由高斯判别法确定级数 $\sum_{n=1}^{\infty}a_n$ 的收敛性,故对于级数 $\sum_{n=1}^{\infty}\ln\left(1+\frac{1}{n}\right)x^n$ 的余项,可以像在例1中一样,求出估计式.

例 3

$$S=\sum_{n=1}^{\infty}\frac{x^n}{\sqrt{x^2+r^2}}$$

利用展开式

$$(n^2+r^2)^{-\frac{1}{2}}=\frac{1}{n}-\frac{r^2}{2n^3}+\frac{3r^4}{8n^5}-\cdots$$

把所考查的级数改为下列形式

$$S=\sum_{n=1}^{\infty}\frac{2n^2-r^2}{2n^3}x^n+\sum_{n=1}^{\infty}\left[\frac{1}{\sqrt{n^2+r^2}}-\frac{1}{n}+\frac{r^2}{2n^3}\right]x^n$$

第二个级数的系数与$\frac{1}{n^5}$同阶. 现在来改进第一个级数

$$S_1=\sum_{n=1}^{\infty}\frac{2n^2-r^2}{2n^3}x^n$$

的收敛性.

作出(10)的那些多项式.

在这里,$P(n)=2n^2-r^2,Q(n)=2n^3,s=1$.

我们有

$$\begin{aligned}
P_1(n)&=(2n^2-r^2)(n+1)-2n^3\\
&=2n^2-r^2n-r^2\\
P_2(n)&=(2n^2-r^2n-r^2)(n+2)-2n^3\\
&=(4-r^2)n^2-3r^2n-2r^2\\
P_3(n)&=[(4-r^2)n^2-3r^2n-2r^2](n+3)-\\
&\quad(4-r^2)n^3\\
&=6(2-r^2)n^2-11r^2n-6r^2\\
P_4(n)&=[6(2-r^2)n^2-11r^2n-6r^2](n+4)-\\
&\quad 6(2-r^2)n^3\\
&=(48-35r^2)n^2-50r^2n-24r^2
\end{aligned}$$

在这里 $c_1=1,c_2=1,c_3=\frac{4-r^2}{2},c_4=3(2-r^2)$.

由(12)得

$$\sum_{n=1}^{\infty}\frac{x^n}{\sqrt{n^2+r^2}}=\zeta_1+\zeta_2+\frac{4-r^2}{2}\zeta_3+$$

$$3(2-r^2)\zeta_4+\sum_{n=1}^{\infty}a_n x^n$$

其中系数 a_n 为

$$a_n=\frac{(48-35r^2)n^2-50r^2n-24r^2}{2n^3(n+1)(n+2)(n+3)(n+4)}+$$

$$\frac{1}{\sqrt{n^2+r^2}}-\frac{1}{n}+\frac{r^2}{2n^3}$$

且 a_n 与 $\frac{1}{n^5}$ 同阶.

五、改进三角级数收敛性的函数

设 $f_k(t)=\mathrm{e}^{\mathrm{i}kt}$.

首先我们要证明，当 t 在某区间内改变时，$S=\sum_{k=1}^{\infty}(\pm 1)^k\mathrm{e}^{\mathrm{i}kt}$ 形状的级数在有限范围内振动的级数.

事实上

$$S_{m+1}=\sum_{k=1}^{m}\mathrm{e}^{\mathrm{i}kt}=\frac{\mathrm{e}^{\mathrm{i}t}-\mathrm{e}^{\mathrm{i}(m+1)t}}{1-\mathrm{e}^{\mathrm{i}t}}$$

而

$$S'_{m+1}=\sum_{k=1}^{m}(-1)^k\mathrm{e}^{\mathrm{i}kt}=\frac{\mathrm{e}^{\mathrm{i}(t+\pi)}-\mathrm{e}^{\mathrm{i}(m+1)(t+\pi)}}{1-\mathrm{e}^{\mathrm{i}(t+\pi)}}$$

因为对于任何实数 t，$|\mathrm{e}^{\mathrm{i}t}|=1$ 和 $|\mathrm{e}^{\mathrm{i}(m+1)t}|=1$，故

$$|\mathrm{e}^{\mathrm{i}t}-\mathrm{e}^{\mathrm{i}(m+1)t}|\leqslant 2$$

另一方面

$$1-\mathrm{e}^{\mathrm{i}t}=1-(\cos t+\mathrm{i}\sin t)$$
$$=2\sin\frac{t}{2}\left(\sin\frac{t}{2}-\mathrm{i}\cos\frac{t}{2}\right)$$

但

$$\left|\sin\frac{t}{2}-\mathrm{i}\cos\frac{t}{2}\right|=1$$

故

$$|1-\mathrm{e}^{\mathrm{i}t}|=2\left|\sin\frac{t}{2}\right|$$

于是,得

$$|S_{m+1}|\leqslant\frac{1}{\left|\sin\frac{t}{2}\right|}$$

完全类似地有

$$|S'_{m+1}|\leqslant\frac{1}{\left|\sin\frac{t+\pi}{2}\right|}$$

从而得到,在区间

$$2(l-1)\pi+\delta\leqslant t\leqslant 2l\pi-\delta$$

与

$$(2l-1)\pi+\delta\leqslant t\leqslant(2l+1)\pi-\delta$$

其中 $l=0,\pm1,\pm2,\cdots$,而 δ 为任意小正数,级数 $\sum\limits_{k=1}^{\infty}\mathrm{e}^{\mathrm{i}kt}$ 与 $\sum\limits_{k=1}^{\infty}(-1)^k\mathrm{e}^{\mathrm{i}kt}$ 是有限范围内振动的级数.

函数序列 $f_k(t)=\mathrm{e}^{\mathrm{i}kt}$ 的母函数为

$$F(x,t)=\sum_{k=1}^{\infty}x^k\mathrm{e}^{\mathrm{i}kt}=\frac{x\mathrm{e}^{\mathrm{i}t}}{1-x\mathrm{e}^{\mathrm{i}t}}\quad(|x|<1)\tag{17}$$

若 $F_2(x,t)$ 是 $F(x,t)$ 的实部,$F_1(x,t)$ 是 $F(x,t)$ 的虚部,则

$$F_1(x,t)=\sum_{k=1}^{\infty}x^k\sin kt=\frac{x\sin t}{1-2x\cos t+x^2} \quad (18)$$

$$F_2(x,t)=\sum_{k=1}^{\infty}x^k\cos kt=\frac{x\cos t-x^2}{1-2x\cos t+x^2} \quad (19)$$

现在来计算改进三角级数收敛性的函数.

由(6)有

$$U_l(x,t)=\sum_{k=1}^{\infty}\frac{x^k e^{ikt}}{k+l}=x^{-l}\int_0^x\frac{\xi^l e^{it}d\xi}{1-\xi e^{it}} \quad (20)$$

求出积分(20)后,我们得

$$U_l(x,t)$$
$$=(xe^{it})^{-l}\left\{\sum_{m=1}^{l}\frac{C_l^m(-1)^{m-1}}{m}\left[(1-xe^{it})^m-1\right]-\ln(1-xe^{it})\right\} \quad (21)$$

把 $U_l(x,t)$ 的实部与虚部分别记作 $U_l^{(1)}(x,t)$ 与 $U_l^{(2)}(x,t)$,则

$$U_l^{(1)}(x,t)=\sum_{k=1}^{\infty}\frac{x^k\cos kt}{k+l}$$
$$=x^{-l}\left\{\sum_{m=1}^{l}\frac{C_l^m(-1)^{m-1}}{m}\cdot\right.$$
$$\left[\sum_{r=0}^{m}C_m^r(-1)^r x^r\cos(r-l)t-\cos lt\right]-$$
$$\frac{\cos lt}{2}\cdot\ln(1-2x\cos t+x^2)+$$
$$\left.\sin lt\cdot\arctan\frac{x\sin t}{1-x\cos t}\right\} \quad (22)$$

$$U_l^{(2)}(x,t)=\sum_{k=1}^{\infty}\frac{x^k\sin kt}{k+l}$$
$$=x^{-l}\left\{\sum_{m=1}^{l}\frac{C_l^m(-1)^{m-1}}{m}\cdot\right.$$

$$\left[\sum_{r=0}^{m} C_m^r (-1)^r x^r \sin(r-l)t + \sin lt\right] +$$

$$\frac{\sin lt}{2} \cdot \ln(1 - 2x\cos t + x^2) +$$

$$\left.\cos lt \cdot \arctan \frac{x\sin t}{1 - x\cos t}\right\} \tag{23}$$

由式(6) 得

$$\zeta_s^{(p)}(x,t) = \frac{1}{(s-1)!}\sum_{l=1}^{s}(-1)^{l-1}C_{s-1}^{l-1}U_l^{(p)}(x,t)$$

$$(p=1,2;s=1,2,3,\cdots) \tag{24}$$

只有在 $f_k(t)=\cos kt$ 的情况下,利用公式(12),函数 $\zeta_s^{(1)}(x,t)$ 用来改进(8) 型级数的收敛性,而在 $f_k(t)=\sin kt$ 时,用 $\zeta_s^{(2)}(x,t)$.

现在举两个例题.

例 4

$$S=\sum_{k=1}^{\infty}\frac{k\cos kt}{k^2+1}\quad (0<t<2\pi)$$

利用例 1 的计算,有

$$S=\sum_{k=1}^{\infty}\frac{k\cos kt}{k^2+1}=\zeta_1^{(1)}(1,t)+\zeta_2^{(1)}(1,t)+\zeta_3^{(1)}(1,t)-$$

$$10\sum_{k=1}^{\infty}\frac{\cos kt}{(k+1)(k+2)(k+3)(k^2+1)} \tag{25}$$

其中 $\zeta_s^{(1)}(1,t)$ 是由公式(22) 和(25) 在 $x=1$ 时计算的.

例如,取出式(25) 右边级数的前三项,得

$$S=\zeta_1^{(1)}+\zeta_2^{(1)}+\zeta_3^{(1)}-$$

$$10\left(\frac{\cos t}{48}+\frac{\cos 2t}{300}+\frac{\cos 3t}{1\ 200}\right)+R_4$$

其中

$$R_4 = -10\sum_{k=4}^{\infty}\frac{\cos kt}{(k+1)(k+2)(k+3)(k^2+1)}$$

利用例 1 的余项估计式,得

$$|R_4| \leqslant 10\sum_{k=4}^{\infty}\frac{1}{(k+1)(k+2)(k+3)(k^2+1)} < 0.005\ 7$$

例 5

$$S = \sum_{k=1}^{\infty}\sin\frac{1}{k}\sin kt$$

把函数 $\sin\frac{1}{k}$ 展成$\frac{1}{k}$ 的幂级数,并改写级数为

$$S = \sum_{k=1}^{\infty}\frac{6k^2-1}{6k^3}\sin kt + \sum_{k=1}^{\infty}\left(\sin\frac{1}{k}-\frac{1}{k}+\frac{1}{6k^3}\right)\sin kt$$

上式右边第二级数的系数与$\frac{1}{k^5}$ 同阶. 现在来改进第一级数

$$S_1 = \sum_{k=1}^{\infty}\frac{6k^2-1}{6k^3}\sin kt$$

的收敛性. 我们得

$$\begin{aligned} S &= \sum_{k=1}^{\infty}\sin\frac{1}{k}\sin kt \\ &= \zeta_1^{(2)}(1,t)+\zeta_2^{(2)}(1,t)+\frac{11}{6}\zeta_3^{(2)}(1,t)+5\zeta_4^{(2)}(1,t)+ \\ &\quad \sum_{k=1}^{\infty}\left[\frac{109k^2-50k-24}{6k^3(k+1)(k+2)(k+3)(k+4)}+\right. \\ &\quad \left.\sin\frac{1}{k}-\frac{1}{k}+\frac{1}{6k^3}\right]\sin kt \end{aligned}$$

级数的系数与$\frac{1}{k^5}$ 同阶,并且函数 $\zeta_s^{(2)}(1,t)$ 可由公式(23) 与(24) 在 $x=1$ 时算出.

六、改进按照切比雪夫多项式展开的级数收敛性的函数

切比雪夫多项式用等式

$$T_k(t)=\cos k\arccos t \quad (k=0,1,2,\cdots)$$

来定义. 设 $\arccos t=\theta$，由等式(19) 容易求得母函数 $F(x,t)$，而等式(22) 与(6) 确定出改进函数.

因此，用(19) 得

$$F(x,t)=\sum_{k=1}^{\infty}x^kT_k(t)=\sum_{k=1}^{\infty}x^k\cos k\theta$$

$$=\frac{x(\cos\theta-x)}{1-2x\cos\theta+x^2}=\frac{x(t-x)}{1-2xt+x^2}$$

级数 $\sum_{k=1}^{\infty}\cos k\theta$ 与 $\sum_{k=1}^{\infty}(-1)^k\cos k\theta$ 分别地在区间 $\delta\leqslant\theta\leqslant2\pi-\delta$ 与 $-\pi+\delta\leqslant\theta\leqslant\pi-\delta$ 内振动，而 δ 为任意小的正数.

故级数

$$\sum_{k=1}^{\infty}(\pm1)^kT_k(t)$$

也在区间 $|t|\leqslant1-\delta$ 内的有限范围内振动. 利用(22)，对于 $|x|\leqslant1$ 我们有

$$U_l=\sum_{k=1}^{\infty}\frac{x^k\cos k\theta}{k+l}$$

$$=x^{-l}\Big\{\sum_{m=1}^{l}\frac{C_l^m(-1)^{m-1}}{m}\cdot$$

$$\Big[\sum_{r=0}^{m}C_m^r(-1)^rx^r\cos(r-l)\theta-\cos l\theta\Big]-$$

$$\frac{\cos l\theta}{2}\cdot\ln(1-2x\cos\theta+x^2)+$$

$$\left.\sin l\theta\cdot\arctan\frac{x\sin\theta}{1-x\cos\theta}\right\}$$

$$=x^{-l}\left\{\sum_{m=1}^{l}\frac{C_l^m(-1)^{m-1}}{m}\cdot\right.$$

$$\left[\sum_{r=0}^{m}C_m^r(-1)^r x^r T_{l-r}(t)-T_l(t)\right]-$$

$$\frac{T_l(t)}{2}\ln(1-2xT_1(t)+x^2)+$$

$$\left.\arctan\frac{x\sqrt{1-T_1^2(t)}}{1-xT_1(x)}\sqrt{1-T_l^2(t)}\right\}$$

现在可以用公式(6)求按照切比雪夫多项式展成的级数的改进函数 ζ_s.

七、改进按照勒让得多项式展开的级数收敛性的函数

我们已知勒让得多项式 $P_k(t)$ 的母函数为

$$F(x,t)=\sum_{k=0}^{\infty}x^kP_k(t)=\frac{1}{\sqrt{x^2-2xt+1}}$$

$$(|x|<1,\ |t|<1)$$

因为 $P_0(t)\equiv 1$,从而有

$$\sum_{k=1}^{\infty}x^kP_k(t)=\frac{1}{\sqrt{x^2-2xt+1}}-1 \qquad (26)$$

还可以证明,在区间

$$-1+\varepsilon\leqslant t\leqslant 1-\varepsilon\quad(\varepsilon>0)$$

内级数 $\sum\limits_{k=0}^{\infty}(\pm 1)^k P_k(t)$ 收敛,或者在有限范围内振动.

利用(7) 和(26),有

$$U_l(x,t)=\sum_{k=1}^{\infty}\frac{x^k P_k(t)}{k+l}=x^{-l}\int_0^x\frac{\xi^{l-1}\mathrm{d}\xi}{\sqrt{\xi^2-2\xi t+1}}-\frac{1}{l} \tag{27}$$

其中 $l=1,2,3,\cdots,\ |x|\leqslant 1$.

(27) 右边的积分可以用有限形式算出,事实上,当 $l=1$ 时,有

$$\begin{aligned}U_1(x,t)&=\sum_{k=1}^{\infty}\frac{x^k P_k(t)}{k+1}=x^{-1}\int_0^x\frac{\mathrm{d}\xi}{\sqrt{\xi^2-2\xi t+1}}-1\\&=x^{-1}\left[\ln\left(\xi-t+\sqrt{\xi^2-2\xi t+1}\right)\right]\Big|_0^x-1\\&=x^{-1}\ln\frac{x-t+\sqrt{x^2-2xt+1}}{1-t}-1\end{aligned} \tag{28}$$

当 $l\geqslant 2$ 时,则令

$$\begin{aligned}&\int_0^x\frac{\xi^{l-1}\mathrm{d}\xi}{\sqrt{\xi^2-2\xi t+1}}\\&=(a_{1l}x^{l-2}+a_{2l}x^{l-3}+\cdots+a_{l-1,l})\sqrt{x^2-2xt+1}-\\&\quad a_{l-1,l}+a_{ll}\int_0^x\frac{\mathrm{d}\xi}{\sqrt{\xi^2-2\xi t+1}}\end{aligned} \tag{29}$$

上式两边对于 x 求导数,再乘以 $\sqrt{x^2-2xt+1}$,得

$$\begin{aligned}x^{l-1}=&[a_{1l}(l-2)x^{l-3}+a_{2l}(l-3)x^{l-4}+\cdots+a_{l-2,l}]\cdot\\&(x^2-2xt+1)+(x-t)(a_{1l}x^{l-2}+\\&a_{2l}x^{l-3}+\cdots+a_{l-1,l})+a_{ll}\end{aligned}$$

要定出 $a_{kl}(k=1,2,\cdots,l)$,我们有下列方程组

$$(l-1)a_{1l}=1$$

$$-(2l-3)ta_{1l}+(l-2)a_{2l}=0$$

$$\vdots$$

$$(l-k)a_{k-1,l}-(2l-2k-1)ta_{kl}+(l-k-1)a_{k+1,l}=0$$

$$(2\leqslant k<l-2)$$

$$a_{l-2,l}-ta_{l-1,l}+a_{ll}=0$$

当 $l\geqslant 2$ 时,由方程组依次地决定系数 a_{kl}

$$a_{1l}=\frac{1}{l-1},a_{2l}=\frac{2l-3}{(l-1)(l-2)}t,\cdots$$

某些这样的系数,可以在表 1 中找到.

表 1

$k \backslash l$	2	3	4	5	6
1	1	$\frac{1}{2}$	$\frac{1}{3}$	$\frac{1}{4}$	$\frac{1}{5}$
2	t	$\frac{3t}{2}$	$\frac{5t}{6}$	$\frac{7t}{12}$	$\frac{9t}{20}$
3		$\frac{3t^2-1}{2}$	$\frac{15t^2-4}{6}$	$\frac{35t^2-9}{24}$	$\frac{63t^2-16}{60}$
4			$\frac{5t^3-3t}{2}$	$\frac{105t^3-55t}{24}$	$\frac{315t^3-161t}{120}$
5				$\frac{35t^4-30t^2+3}{8}$	$\frac{945t^4-735t^2+64}{120}$
6					$\frac{315t^5-350t^3+75t}{40}$

算出 a_{kl} 以后,用(27),(28),(29) 我们有

$$U_l(x,t)=\sum_{k=1}^{\infty}\frac{x^kP_k(t)}{k+l}$$

$$=(a_{1l}x^{-2}+a_{2l}x^{-3}+\cdots+a_{l-1,l}x^{-l})\sqrt{x^2-2xt+1}-$$

$$a_{l-1,l}x^{-l}+a_{l,l}x^{-l}\ln\frac{x-t+\sqrt{x^2-2xt+1}}{1-t}-\frac{1}{l} \tag{30}$$

其次,用公式(6)计算改进按勒让得多项式展成的级数收敛性的函数 $\zeta_1(x,t)$.

知道函数 $\xi_l(x,t)$,容易算出下面级数和

$$\zeta_l^{(s)}(x,t)=\sum_{k=1}^{\infty}\frac{x^{ks}P_{ks}(t)}{(ks+1)(ks+2)\cdots(ks+l)}\quad |x|\leqslant 1 \tag{31}$$

其中 s 是任何正整数.

事实上,由公式(4)我们得到

$$\zeta_l^{(s)}(x,t)=\frac{1}{s}\sum_{p=1}^{s}\zeta_l(x\omega^p,t)$$

其中 ω 是方程 $\omega^s-1=0$ 的元根.级数(31)可以用来改进级数

$$\sum_{k=1}^{\infty}\frac{x^kP(k)}{Q(k)}P_{ks}(t) \tag{31}$$

或

$$\sum_{k=1}^{\infty}x^ka\left(\frac{1}{k}\right)P_{ks}(t) \tag{32}$$

的收敛性,其中 $|x|\leqslant 1$.

利用傅里叶分析进行近似计算

附录Ⅸ

一、傅里叶分析

设 $f(x)$ 在全实轴 $-\infty < x < +\infty$ 上有定义，具有周期 2π. 要对 $f(x)$ 作逼近，自然会想到利用三角函数系

$$1, \cos x, \sin x, \cos 2x, \sin 2x, \cdots \tag{1}$$

从分析中知道，由于(1)在区间$[0, 2\pi]$上的直交性

$$\int_0^{2\pi} \cos kx \cos mx \, dx = \begin{cases} 0, & k \neq m \\ \pi, & k = m \neq 0 \\ 2\pi, & k = m = 0 \end{cases}$$

$$\int_0^{2\pi} \sin kx \sin mx \, dx = \begin{cases} 0, & k \neq m \\ \pi, & k = m \neq 0 \end{cases}$$

$$\int_0^{2\pi} \sin kx \cos mx \, dx = 0 \tag{2}$$

可得 $f(x)$ 的傅里叶展式

$$f(x) \sim \frac{a_0}{2} + a_1\cos x + b_1\sin x + a_2\cos 2x + b_2\sin 2x + \cdots \tag{3}$$

其傅里叶系数 a_k, b_k 为

$$a_k = \frac{1}{\pi}\int_0^{2\pi} f(x)\cos kx\,\mathrm{d}x$$

$$b_k = \frac{1}{\pi}\int_0^{2\pi} f(x)\sin kx\,\mathrm{d}x$$

有时，为了方便，常把级数(3)写成复数形式，即由

$$\sin x = \frac{\mathrm{e}^{\mathrm{i}x} - \mathrm{e}^{-\mathrm{i}x}}{2}, \cos x = \frac{\mathrm{e}^{\mathrm{i}x} + \mathrm{e}^{-\mathrm{i}x}}{2}$$

可得

$$f(x) \sim \sum_{k=-\infty}^{+\infty} c_k \mathrm{e}^{\mathrm{i}kx}$$

其中

$$c_k = \frac{1}{2\pi}\int_0^{2\pi} f(x)\mathrm{e}^{-\mathrm{i}kx}\,\mathrm{d}x$$

并且容易看到

$$c_k = \begin{cases} \dfrac{a_k - \mathrm{i}b_k}{2}, & k > 0 \\ \dfrac{a_k + \mathrm{i}b_k}{2}, & k < 0 \\ \dfrac{a_0}{2}, & k = 0 \end{cases}$$

从微积分学中知道，在一定的条件下，级数(3)是收敛到 $f(x)$ 的，但是其收敛速度却依赖于函数及其导数的连续性，即使函数 $f(x)$ 在整个区间$[0,2\pi]$上有定义，并且有良好的解析性质，由于 $f(x)$ 及其导数

在端点 $x=0$ 及 2π 处的不连续性，也仍然会影响级数(3)的收敛速度，现对其考察如下.

首先，设 $f(x)$ 在区间 $[0,2\pi]$ 上由连续折线组成

$$f(x)=\alpha_i+\beta_i x \quad (x_{k-1}<x<x_i, i=1,2,\cdots,l)$$

再设 $f(0)=f(2\pi)$(图 1)，则它的傅里叶系数为

$$\begin{aligned} a_k &= \frac{1}{\pi}\int_0^{2\pi} f(x)\cos kx\,\mathrm{d}x \\ &= \frac{1}{\pi}\sum_{i=1}^{l}\int_{x_{i-1}}^{x_i}(\alpha_i+\beta_i x)\cos kx\,\mathrm{d}x \\ &= \frac{1}{\pi}\left\{\sum_{i=1}^{l}(\alpha_i+\beta_i x)\frac{\sin kx}{k}\Bigg|_{x_{i-1}}^{x_i}-\int_{x_{i-1}}^{x_i}\beta\frac{\sin kx}{k}\mathrm{d}x\right\} \end{aligned} \tag{4}$$

因此

$$a_k=-\frac{1}{\pi}\sum_{i=1}^{l}\beta_i\frac{\cos kx}{k^2}\Bigg|_{x_{i-1}}^{x_i}$$

令 $M_1=\max|\beta_i|$，则

$$|a_k|\leqslant\frac{M_1}{\pi}\cdot\frac{2l}{k^2}=\frac{2M_1}{k^2}\cdot\frac{l}{\pi}$$

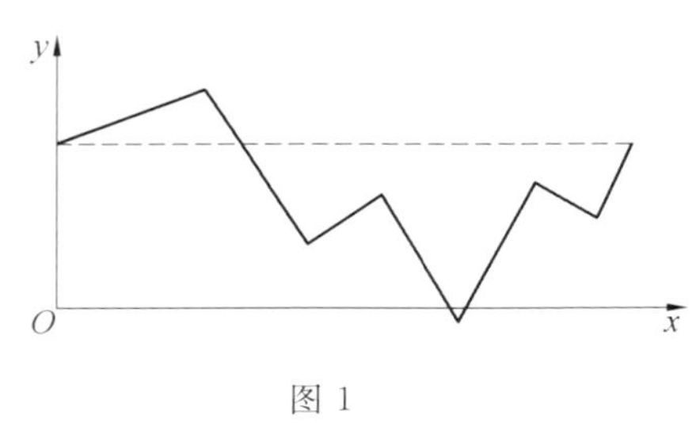

图 1

同理

$$|b_k|\leqslant\frac{2M_1}{k^2}\cdot\frac{l}{\pi}$$

因此,可以看到,此时级数(3) 按$\frac{1}{k^2}$的速度收敛.

如果 $f(x)$ 是由不连续折线组成时(图 2),则(4)第一项不能消去,因此级数(3) 只能按$\frac{1}{k}$的速度收敛.

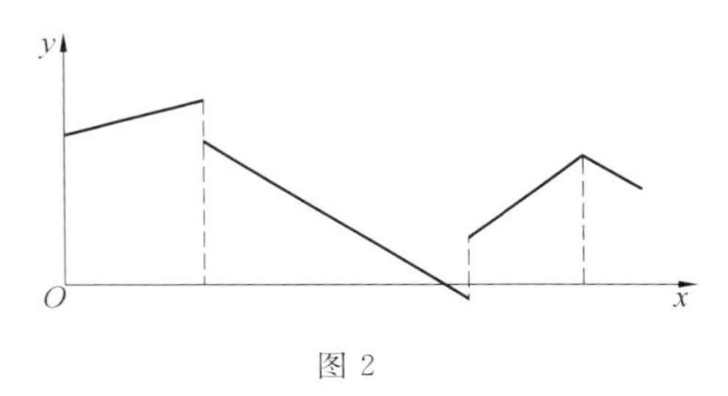

图 2

再进一步,如果 $f(x)$ 具有一阶连续导数,并且除有限多个点 $t_0, t_1, \cdots, t_l$ 外,二阶导数也连续,则

$$a_k=\frac{1}{\pi}\int_{-\pi}^{\pi}f(t)\cos kt\,\mathrm{d}t=-\frac{1}{\pi k}\int_{-\pi}^{\pi}f'(t)\sin kt\,\mathrm{d}t$$
$$=-\frac{1}{\pi k}\sum_{i=1}^{l}\int_{t_{i-1}}^{t_i}f'(t)\sin kt\,\mathrm{d}t$$
$$=-\frac{1}{\pi k^2}\sum_{i=0}^{l}\int_{t_{i-1}}^{t_i}f''(t)\cos kt\,\mathrm{d}t$$

令 $M_2=\max|F''(t)|$,所以

$$|a_k|\leqslant\frac{M_2}{\pi k^2}\cdot 2l=\frac{2M}{k^2}\cdot\frac{l}{\pi}$$

同理

$$|b_k|\leqslant\frac{2M}{k^2}\cdot\frac{l}{\pi}$$

更一般的,如 $f(t)$ 具有$(m-1)$ 阶连续导数,并且除有限多个点以外,m 阶导数也连续,则级数(3) 按$\frac{1}{k^m}$的速度收敛.当 m 阶导数在整个区间上连续时,(3) 按

$\frac{1}{k^{m+1}}$ 的速度收敛.

这就揭示了函数的性质与它的傅里叶展式的内在联系.

二、有限傅里叶展式

如果已知函数 $f(t)$ 在一些离散点上的值，则也可以得到类似于(2),(3) 的直交性与展开式. 这就是将介绍的有限傅里叶展开式.

引理 1 函数系

$$1,\cos x,\sin x,\cos 2x,\sin 2x,\cdots,\cos(n-1)x$$
$$\sin(n-1)x,\cos nx$$

在离散点集

$$0,\frac{\pi}{N},\frac{2\pi}{N},\cdots,\frac{(2N-1)\pi}{N}$$

$$(\text{或简写成 } x_p=\frac{\pi}{N}p,p=0,1,\cdots,2N-1)$$

上直交，即对 $k,m\leqslant N$ 有

$$\begin{cases}\sum_{p=0}^{2N-1}\sin kx_p\sin mx_p=\begin{cases}0, & k\neq m\\ N, & k=m\neq 0\end{cases}\\ \sum_{p=0}^{2N-1}\sin kx_p\cos mx_p=0\\ \sum_{p=0}^{2N-1}\cos kx_p\cos mx_p=\begin{cases}0, & k\neq m\\ N, & k=m\neq 0,N\\ 2N, & k=m=0,N\end{cases}\end{cases}\tag{5}$$

证明 首先，对整数 k，考察级数

$$\sum_{p=0}^{2N-1} e^{ikx_p} = \sum_{p=0}^{2N-1} e^{i\pi kp/N}$$

这是以 $r = e^{i\pi k/N}$ 为公比的几何级数,其和为

$$\begin{cases} \dfrac{1-r^{2N}}{1-r}, & r \neq 1 \\ 2N, & r = 1 \end{cases}$$

因此

$$\sum_{p=0}^{2N-1} e^{ikx_p} e^{-imx_p} = \begin{cases} 0, & |k-m| \neq 0, 2N, 4N, \cdots \\ 2N, & |k-m| = 0, 2N, 4N, \cdots \end{cases} \tag{6}$$

利用欧拉公式:$e^{ix} = \cos x + i\sin x$,从(6)可得

$$\sum_{p=0}^{2N-1} \cos kx_p = \begin{cases} 0, & k \neq 0, \pm 2N, \pm 4N, \cdots \\ 2N, & k = 0, \pm 2N, \pm 4N, \cdots \end{cases}$$

$$\sum_{p=0}^{2N-1} \sin kx_p = 0, \text{对一切 } k$$

因此,由三角恒等式

$$\cos a \cos b = \frac{1}{2}[\cos(a+b) + \cos(a-b)]$$

即可得(5)的第三式

$$\frac{1}{2}\sum_{p=0}^{2N-1}\left[\cos \pi(k+m)\frac{p}{N} + \cos \pi(k-m)\frac{p}{N}\right]$$

$$= \begin{cases} 0, & |k-m| \text{ 和 } |k+m| \neq 0, 2N, 4N, \cdots \\ N, & |k-m| \text{ 和 } |k+m| = 0, 2N, 4N, \cdots \\ 2N, & |k-m| \text{ 和 } |k+m| = 0, 2N, 4N, \cdots \end{cases}$$

同理也可以推出(5)的第一、第二式.

现设 $f(t)$ 可以展成

$$f(t) \sim \frac{a_0}{2} + \sum_{k=1}^{N-1}\left(a_k \cos \frac{\pi}{N}kx + b_k \sin \frac{\pi}{N}kx\right) + \frac{a_N}{2}\cos \pi x \tag{7}$$

则其系数可由直交关系(5)得到,因为在(7)两端乘 $\cos\frac{\pi}{N}mp$,并对 $p=0,1,\cdots,2N-1$ 求和,得

$$\sum_{p=0}^{2N-1}f(p)\cos\frac{\pi}{N}mp=Na_m\quad(1\leqslant m\leqslant N-1)\tag{8}$$

同理可得

$$\sum_{p=0}^{2N-1}f(p)\sin\frac{\pi}{N}mp=Nb_m\quad(1\leqslant m\leqslant N-1)\tag{9}$$

以及

$$\sum_{p=0}^{2N-1}f(p)=2N\cdot\frac{a_0}{2}=Na_0$$

$$\sum_{p=0}^{2N-1}f(p)\cos\pi p=Na_N$$

(9)中的系数 a_k 和 b_k 可以通过 $\cos\frac{\pi}{N}k$ 和 $\sin\frac{\pi}{N}k$ 的值立刻算出来,其方法如下:令

$$\begin{cases}u_0=1\\u_1=f(2N-1)\\u_m=\left(2\cos\frac{\pi}{N}k\right)u_{m-1}-u_{m-2}+f(2N-m)\end{cases}\tag{10}$$

$$m=2,3,\cdots,2N-1$$

则

$$\begin{cases}Na_k=\sum\limits_{p=0}^{2N-1}f(p)\cos\frac{\pi}{N}kp\\\qquad=\left(\cos\frac{\pi}{N}k\right)u_{2N-1}-u_{2N-2}+f(0)\\Nb_k=\sum\limits_{p=0}^{2N-1}f(p)\sin\frac{\pi}{N}kp=\left(\sin\frac{\pi}{N}k\right)u_{2N-1}\end{cases}\tag{11}$$

引理 2　令

$$\begin{cases} v_0 = 0 \\ v_1 = 1 \\ v_m = (2\cos t)v_{m-1} - v_{m-2}, m = 2, 3, \cdots \end{cases} \tag{12}$$

则

$$V_m = \frac{\sin mt}{\sin t} \tag{13}$$

证明　当 $m=0,1$ 时,(13) 显然成立. 当 $m>1$ 时有

$$(2\cos t)v_{m-1} - v_{m-2} = \frac{2\cos t\sin(m-1)t}{\sin t} - \frac{\sin(m-2)t}{\sin t} = \frac{\sin mt}{\sin t} = v_m$$

另一方面

$$\begin{aligned} &(\cos t)v_m - v_{m-1} \\ &= \frac{\cos t\sin mt - \sin(m-1)t}{\sin t} \\ &= \frac{\frac{1}{2}[\sin(m+1)t + \sin(m-1)t] - \sin(m-1)t}{\sin t} \\ &= \frac{\sin(m+1)t - \sin(m-1)t}{2\sin t} = \cos mt \end{aligned} \tag{14}$$

因此,利用(12) 和(14),仅从 $\sin t$ 和 $\cos t$ 的值就可以计算 $\sin 2t,\cos 2t,\sin 3t,\cos 3t,\cdots,\sin kt,\cos kt$,而工作量小于 $3k$ 次乘法和 $2k$ 次加法或 $2k$ 次乘法和 $3k$ 次加法.

现在回过来证明(10).

首先,假设除 $f(p)$ 外,$f(x)$ 的其他值都等于零,则

$$\begin{cases} Na_k = f(p)\cos \frac{\pi}{N}kp \\ Nb_k = f(p)\sin \frac{\pi}{N}kp \end{cases} \tag{15}$$

以及

$$u_0 = u_1 = \cdots = u_{2N-p-1} = 0$$
$$u_{2N-p} = f(p)$$

在(13)和(14)中分别取 $t=\frac{\pi}{N}k$,得

$$\begin{cases} \sin \frac{\pi}{N}kp = v_p \sin \frac{\pi}{N}k \\ \cos \frac{\pi}{N}kp = \left(\cos \frac{\pi}{N}k\right)v_p - v_{p-1} \end{cases} \tag{16}$$

由于

$$u_{2N-p} = f(p) = f(p)v_1$$

因此,由(10)不难推得

$$u_{2N-1} = f(p) = v_p$$

将(16)分别代入(15)中二式得

$$Na_k = f(p)\cos \frac{\pi}{N}kp = f(p)\left[\left(\cos \frac{\pi}{N}k\right)v_p - v_{p-1}\right]$$
$$= \left(\cos \frac{\pi}{N}k\right)u_{2N-1} - u_{2N-2} + f(0)$$

以及

$$Nb_k = f(p)\sin \frac{\pi}{N}kp = \sin \frac{\pi}{N}k \cdot f(p)v_p$$
$$= \left(\sin \frac{\pi}{N}k\right)u_{2N-1}$$

因此,当 $f(t)$ 在上述限制下,(11)成立.对于一般的函数 $f(t)$,由于(10)的线性,(11)显然也是成立的.证毕.

最后，因为 $f(t)$ 在 $2N$ 个点 $x=0,1,\cdots,2N-1$ 上的值决定了 $2N$ 个系数 a_k,b_k，因此，可以期望在这 $2N$ 个点上等式(7)成立. 事实上，任取一点 $x_j\left(=\frac{\pi}{N}j\right)$，把 a_m,b_m 代入(7)的右端，得

$$\frac{1}{N}\sum_p f(p)\left[\frac{1}{2}\sum_{k=1}^{N-1}(\cos kx_p\cos kx_j+\sin kx_p\sin kx_j)+\frac{1}{2}\cos Nx_p\cos Nx_j\right]$$
$$=\frac{1}{N}\sum_p f(p)\left[\frac{1}{2}+\sum_{k=1}^{N-1}\cos k(x_p-x_j)+\frac{1}{2}\cos Nx_p\cos Nx_j\right] \tag{17}$$

由于

$$\sum_{k=1}^{N-1}\cos k(x_p-x_j)=\frac{1}{2}\sum_{k=1}^{N-1}\cos k(x_p-x_j)+\frac{1}{2}\sum_{k=1}^{N-1}\cos k(x_p-x_j)$$

以及

$$\cos k(x_p-x_j)=\cos(2N-k)(x_p-x_j)$$

可得

$$\sum_{k=1}^{N-1}\cos k(x_p-x_j)=\frac{1}{2}\sum_{k=1}^{N-1}\cos k(x_p-x_j)+\frac{1}{2}\sum_{k=N+1}^{2N-1}\cos k(x_p-x_j)$$

因此，从(17)得

$$\frac{1}{2N}\sum_p f(p)\left[\sum_{k=0}^{2N-1}\cos k(x_p-x_j)\right]$$
$$=\frac{1}{2N}f(j)\cdot 2N=f(j) \tag{18}$$

如果 $f_M(x)$ 表示(17)的前 M 项和

$$f_M(x)=\frac{a_0}{2}+\sum_{k=1}^{M}\left(a_k\cos\frac{\pi}{N}kx+b_k\sin\frac{\pi}{N}kx\right)$$

则用 $f_M(x)$ 近似表示 $f(x)$ 的误差为

$$\begin{aligned}&\sum_{p=0}^{2N-1}[f(p)-f_M(p)]^2\\&=\sum_{p=0}^{2N-1}\left[\sum_{k=M+1}^{N-1}\left(a_k\cos\frac{\pi}{N}kp+b_k\sin\frac{\pi}{N}kp\right)+\frac{a_N}{2}\cos\pi p\right]^2\\&=N\left[\sum_{k=M+1}^{N-1}(a_k^2+b_k^2)+\frac{a_N^2}{2}\right]\\&=\sum_{p=0}^{2N-1}[f(p)]^2-N\left[\frac{a_0}{2}+\sum_{k=1}^{M}(a_k^2+b_k^2)\right]\end{aligned}$$

三、快速傅里叶变换

快速傅里叶变换也是一种计算傅里叶系数的方法.它的基本思想是将一个变换 F 分解成两个变换 F_1 和 F_2 的乘积,所谓两个变换 F_1 和 F_2 的乘积是指先作变换 F_1 再作变换 F_2.

设有 N 个观测数据,并设 N 可以分解成 G 与 H 的相乘

$$N=GH$$

我们把 $f(x)$ 在这 N 个点上的有限傅里叶展式写成复数形式,则其傅里叶系数为

$$\begin{aligned}c_k=c(k)&=\frac{1}{N}\sum_{p=0}^{2N-1}f(x_p)\mathrm{e}^{-2\pi\mathrm{i}kx}\\&=\frac{1}{GH}\sum_{p=0}^{GH-1}f\left(\frac{p}{N}\right)\mathrm{e}^{-2\pi\mathrm{i}k\frac{p}{N}}\end{aligned}$$

其中 $x_p=\frac{p}{N}, p=0,1,\cdots,N-1$. 分别用 G 和 H 除 k 和 p 得

$$k=k_1G+k_0$$
$$p=p_1H+p_0$$

其中

$$k_0<G, k_1<H, p_0<H, p_1<G$$

于是

$$\begin{aligned}c_k&=c(k_1G+k_0)\\&=\frac{1}{GH}\sum_{p_0=0}^{H-1}\sum_{p_1=0}^{G-1}f\left(\frac{p_1H+p_0}{GH}\right)e^{-\frac{2\pi i(k_1G+k_0)(p_1H+p_0)}{GH}}\\&=\frac{1}{GH}\sum_{p_0=0}^{H-1}e^{-\frac{2\pi ik_0p_0}{GH}}e^{-\frac{2\pi ik_1p_0}{H}}\cdot\\&\quad\left[\sum_{p_1=0}^{G-1}f\left(\frac{p_1}{G}+\frac{p_0}{GH}\right)e^{-\frac{2\pi ik_0p_1}{G}}\right]\end{aligned}$$

由于 $e^{-2\pi ik_1p_1}=1$,在计算中这类项都消失了.

令

$$\hat{c}(k_0,p_0)=\sum_{p_1=0}^{G-1}f\left(\frac{p_1}{G}+\frac{p_0}{GH}\right)e^{-\frac{2\pi ik_0p_1}{G}}$$

则

$$c(k_1G+k_0)=\frac{1}{GH}\sum_{p_0=0}^{H-1}\hat{c}(k_0,p_0)e^{-2\pi i\left[\frac{k_0}{GH}+\frac{p_1}{H}\right]p_0}\tag{19}$$

如果我们把一个复数乘法和一个复数加法算作一个运算单位,那么按一般的方法计算每一个傅里叶系数需要 N 个运算单位. 因此,计算全部傅里叶系数的工作量为 N^2. 但是利用(19)来计算一个傅里叶系数只需要 $H+G$ 个运算单位,因此全部工作量为

$$N(H+G)$$

再进一步，如果 N 可以分解为

$$N=m_1m_2\cdots m_k$$

则用同样的方法可以推知，计算全部傅里叶系数的工作量为

$$N(m_1+m_2+\cdots+m_k)$$

当 N 是 2 的整幂，即 $N=2^k$ 时，收益更大. 此时，$k=\log_2 N$，计算全部傅里叶系数的工作量为

$$N(2k)$$

因此，快速算法比传统算法提高工效

$$\frac{N^2}{2N\log_2 N}=\frac{N}{2\log_2 N}$$

倍. 当 N 很大时，是巨量的提高. 例如，$N=2^4=16$ 时，提高 2 倍；$N=2^{10}=1\ 000$ 时，提高 50 倍；$N=2^{20}\approx 10^{16}$ 时，提高 25 000 倍. 在实践上，确实可达到近百万的数量级.

初次接触快速傅里叶变换时，可能会感到模糊. 因此我们就 $N=6$ 的情形介绍一种傅里叶系数的古典算法. 这个算法的关键是利用了三角函数的周期性. 它正是快速傅里叶变换在实数域中的一个实际运用.

在 $N=6$ 时

$$6a_k=\sum_{p=0}^{11} f(p)\cos\frac{\pi}{6}kp$$

$$6b_k=\sum_{p=0}^{11} f(p)\sin\frac{\pi}{6}kp$$

把上面的求和式分成两段，得

$$6a_k=\sum_{p=0}^{6} f(p)\cos\frac{\pi}{6}kp+\sum_{p'=1}^{5} f(12-p')\cos\frac{\pi}{6}kp'$$

$$6b_k=\sum_{p=0}^{6} f(p)\sin\frac{\pi}{6}kp-\sum_{p'=1}^{5} f(12-p')\sin\frac{\pi}{6}kp'$$

将 $f(x)$ 的值排列如下：

	$f(0)$	$f(1)$	$f(2)$	$f(3)$	$f(4)$	$f(5)$	$f(6)$
		$f(11)$	$f(10)$	$f(9)$	$f(8)$	$f(7)$	
两式相加得	$s(0)$	$s(1)$	$s(2)$	$s(3)$	$s(4)$	$s(5)$	$s(6)$
两式相减得		$t(1)$	$t(2)$	$t(3)$	$t(4)$	$t(5)$	

因此

$$6a_k = \sum_{p=0}^{6} s(p)\cos\frac{\pi}{6}kp$$

$$6b_k = \sum_{p=1}^{5} t(p)\sin\frac{\pi}{6}kp$$

再把这两个求和式分成两段，又得

$$6a_k = \sum_{p=0}^{3} s(p)\cos\frac{\pi}{6}kp + (-1)^k\sum_{p'=0}^{2} s(6-p')\cos\frac{\pi}{6}kp'$$

$$6b_k = \sum_{p=0}^{3} t(p)\sin\frac{\pi}{6}kp - (-1)^k\sum_{p'=0}^{2} t(6-p')\sin\frac{\pi}{6}kp'$$

将 $s(x)$ 和 $t(x)$ 的值排列如下：

	$s(0)$	$s(1)$	$s(2)$	$s(3)$	$t(1)$	$t(2)$	$t(3)$
	$s(6)$	$s(5)$	$s(4)$		$t(5)$	$t(4)$	
两式相加得	$u(0)$	$u(1)$	$u(2)$	$u(3)$	$p(1)$	$p(2)$	$p(3)$
两式相减得	$v(0)$	$v(1)$	$v(2)$		$q(1)$	$q(2)$	

因此得

$$\begin{aligned}6a_0 &= u(0)+u(1)+u(2)+u(3)\\ &= [u(0)+u(3)]+[u(1)+u(2)]\end{aligned}$$

$$\begin{aligned}6a_1 &= v(0)+\frac{\sqrt{3}}{2}v(1)+\frac{1}{2}v(2)\\ &= \left[v(0)+\frac{1}{2}v(2)\right]+\frac{\sqrt{3}}{2}v(1)\end{aligned}$$

$$6a_2=u(0)+\frac{1}{2}[u(1)-u(2)]-u(3)$$
$$=[u(0)-u(3)]+\frac{1}{2}[u(1)-u(2)]$$
$$6a_3=v(0)-v(2)$$
$$6a_4=u(0)-\frac{1}{2}u(1)-\frac{1}{2}u(2)+u(3)$$
$$=[u(0)+u(3)]-\frac{1}{2}[u(1)+u(2)]$$
$$6a_5=v(0)-\frac{\sqrt{3}}{2}v(1)+\frac{1}{2}v(2)$$
$$=\left[v(0)+\frac{1}{2}v(2)\right]-\frac{\sqrt{3}}{2}v(1)$$
$$6a_6=u(0)-[u(1)-u(2)]-u(3)$$
$$=[u(0)-u(3)]-[u(1)-u(2)]$$
$$6b_1=\frac{1}{2}p(1)+\frac{\sqrt{3}}{2}p(2)+p(3)$$
$$=\left[\frac{1}{2}p(1)+p(3)\right]+\frac{\sqrt{3}}{2}p(2)$$
$$6b_2=\frac{\sqrt{3}}{2}[q(1)+q(2)]$$
$$6b_3=p(1)-p(3)$$
$$6b_4=\frac{\sqrt{3}}{2}[q(1)-q(2)]$$
$$6b_5=\frac{1}{2}p(1)-\frac{\sqrt{3}}{2}p(2)+p(3)$$
$$=\left[\frac{1}{2}p(1)+p(3)\right]-\frac{\sqrt{3}}{2}p(2)$$

其中只需要 60 次简单的加法运算，比起算法(11)需要

$6N^2=216$ 次运算来说是少得多了. 这个程序虽然长一些,但没有复杂逻辑关系,而且只出现了一个无理数 $\frac{\sqrt{3}}{2}=0.866\ 025\ 407\ 5$,这也是易于处理的.

傅里叶分析中的实函数方法[①]

附录X

本文对近年来在傅里叶分析中为研究算子序列的极大算子而展示出的某些实变方法作一概述.

§1 引 言

在傅里叶分析以及其他领域中,有相当多的重要问题都很自然地导出一个算子序列.

(1) 若 $f\in L^1([0,2\pi))$,且以 2π 为周期,则其傅里叶级数的部分和

$$S_k f(x)=\sum_{j=-k}^{k}c_j e^{ijx}$$

$$c_j=\frac{1}{\sqrt{2\pi}}\int_0^{2\pi}f(y)e^{-ijy}dy$$

可以看成是一系列作用于函数 f 的算子 S_k.

① 原作者 Miguel de Guzmán.

(2) 类似地,其 Cesaro 和

$$\sigma_k f(x) = \frac{S_0 f(x) + \cdots + S_k f(x)}{k+1}$$

可以看成一系列作用于 f 的算子 σ_k.

(3) f 的傅里叶级数的阿贝尔和是

$$A_r f(x) = \sum_{j=-\infty}^{+\infty} r^j c_j \mathrm{e}^{\mathrm{i}jx} \quad (0 < r < 1)$$

(4) 若 $f \in L^1(\mathbf{R}^n)$, $B(\boldsymbol{z}, r) = \{\boldsymbol{x} \in \mathbf{R}^n \mid |\boldsymbol{x} - \boldsymbol{z}| \leqslant r\}$ 以及 $\varphi_r(\boldsymbol{x}) = \chi_{B(\mathbf{0},r)} / |B(\mathbf{0}, r)|$,其中 χ_A 表示集合 A 的特征函数,$|A|$ 表示它的勒贝格测度,则

$$\varphi_r(f) = f * \varphi_r(\boldsymbol{x}) = \frac{1}{|B(\mathbf{0}, r)|} \int_{\boldsymbol{y} \in B(\mathbf{0}, r)} f(\boldsymbol{x} - \boldsymbol{y}) \mathrm{d}\boldsymbol{y}$$

就是在积分的微分理论中所考察的 f 在 $B(\boldsymbol{x}, r)$ 上的平均值.

(5) 在更一般的情况下,设

$$k \in L^1(\mathbf{R}^n)$$

$$\int k(\boldsymbol{y}) \mathrm{d}\boldsymbol{y} = 1$$

$$k_\varepsilon(\boldsymbol{x}) = \varepsilon^{-n} k\left(\frac{\boldsymbol{x}}{\varepsilon}\right) \quad (\varepsilon > 0)$$

那么 $K_\varepsilon f(\boldsymbol{x}) = k_\varepsilon * f(\boldsymbol{x})$ 就是在逼近恒等理论研究中所讨论的算子列.

(6) 若 $f \in L^1(\mathbf{R}^n)$,且作

$$h_\varepsilon(\boldsymbol{x}) = \begin{cases} \dfrac{1}{\boldsymbol{x}}, & |\boldsymbol{x}| \geqslant \varepsilon > 0 \\ 0, & |\boldsymbol{x}| < \varepsilon \end{cases}$$

则

$$H_\varepsilon f(\boldsymbol{x}) = h_\varepsilon * f(\boldsymbol{x}) = \int_{|\boldsymbol{y}| \geqslant \varepsilon} \frac{f(\boldsymbol{x} - \boldsymbol{y})}{\boldsymbol{y}} \mathrm{d}\boldsymbol{y}$$

是 ε — 截断希尔伯特变换.

(7) 若 k 是定义在 $\mathbf{R}^n-\{0\}$ 上的一个复值函数，且满足：

①$k(\lambda\boldsymbol{x})=\lambda^{-n}k(\boldsymbol{x}),\lambda>0,\boldsymbol{x}\in\mathbf{R}^n-\{0\}$；

②$\int_{\bar{x}\in\Sigma}|k(\bar{\boldsymbol{x}})|\mathrm{d}\bar{\boldsymbol{x}}<\infty,\int_{\Sigma}k(\bar{\boldsymbol{x}})\mathrm{d}\bar{\boldsymbol{x}}=0$，其中 $\Sigma=\{\bar{\boldsymbol{x}}\in\mathbf{R}^n:|\bar{\boldsymbol{x}}|=1\}$；

③$k_\varepsilon(\boldsymbol{x})=\begin{cases}k(\boldsymbol{x}), & |\boldsymbol{x}|\geqslant\varepsilon>0\\0, & |\boldsymbol{x}|<\varepsilon\end{cases}$.

则对于 $f\in L^1(\mathbf{R}^n),K_\varepsilon f(\boldsymbol{x})=k_\varepsilon*f(\boldsymbol{x})$ 就给出了奇异积分算子理论中所研究的关于 f 的 Calderón — Zygmund 算子的 ε — 截断 C — Z 算子.

我们可以把这些算子列纳入为下述较一般方式的陈述之中.

① 考虑一个测度空间 $(\Omega,\mathscr{F},\mu)$，有时是有限测度，在某些情况下可以是 σ — 有限测度.

② 记 $M(\Omega)$ 为从 Ω 到 $\mathbf{R}$（或 $\mathbf{C}$）的实（或复）值可测函数全体构成的集合.

③ 我们用 X 表示从 Ω 到 $\mathbf{R}$（或 $\mathbf{C}$）的可测函数全体组成的巴拿赫空间.

④$\{T_k\}$ 是从 X 到 $M(\Omega)$ 的普通算子序列. 在许多情形中，假定 k 是连续参数也是没有问题的.

⑤ 每个 T_k 都假定是线性的，但在某些情形中又仅假定满足下述条件：对 $f_1,f_2\in X,\lambda_1,\lambda_2\in\mathbf{R}$ 有

$$|T_k(\lambda_1f_1+\lambda_2f_2)|\leqslant|\lambda_1||T_kf_1(x)|+|\lambda_2||T_kf_2(x)|$$

⑥ 我们用 T^* 表示算子列 $\{T_k\}$ 的极大算子，即定义

$$T^* f(x) = \sup_k |T_k f(x)|$$

⑦ 当算子列在某种意义下存在极限时，记其极限算子为 T.

在这样的表述下，提出下列问题是最自然的：

要查明（或在对 f，对算子列 T_k 附加一些非平凡条件下）算子列 $T_k f(x)$ 是否对 Ω 中的每个 x 或对 Ω 中几乎每个 x 都是收敛的？极限函数 $Tf(x)$ 又有什么性质？

不难说明，这一问题与极大算子 T^* 的性质有着深刻的联系.

下面，我们将不给证明地叙述某些结果，从中可以看到 T^* 的性质是如何支配和影响着算子列 $\{T_k\}$ 的.

§2　极大算子的几乎处处有限性与算子列点收敛

第一个结果是非常一般的定理. 依此，如果我们有了 $T^* f(x)$（对每一个 $f \in X$）的几乎处处有限性，那么为了证明算子列 $\{T_k g\}$ 在整个 X 上是几乎处处收敛的，只需指出它在 X 中的一个性质很好的函数集合上是几乎处处收敛的就足够了.

定理 2.1　设 $(\Omega, \mathscr{F}, \mu)$ 是一个测度空间，$M(\Omega)$ 表示实（或复）值可测函数集合. 设 X 是 $M(\Omega)$ 的一个完备赋范空间，令 $\{T_k\}$ 是从 X 到 $M(\Omega)$ 的线性算子列，且每一个都是依测度连续的，T^* 是它的极大算子.

若对每个 $f \in X$，$T^* f(x) < \infty$，a. e. $x \in \Omega$，则使

$\{T_k f(x)\}$ 在 Ω 上几乎处处收敛的一切函数 $f \in X$ 组成的集合是 X 中的闭集.

同样有趣的事实是,T^* 的依测度连续性总是蕴含下述事实:使 $\{T_k f(x)\}$ 在 Ω 上几乎处处收敛的一切函数 $f \in X$ 组成 X 中的闭集,这里并不需要 X 是巴拿赫空间.

定理 2.2 设 $(\Omega, \mathscr{F}, \mu)$ 是一个测度空间,$M(\Omega)$ 是一切定义在 Ω 上的实(或复)值可测函数组成的集合. 令 $\{T_k\}$ 是从 X 到 M 的线性算子列,T^* 是其极大算子. 若从 X 到 M 的算子 T^* 是依测度连续的,则使 $\{T_k f(x)\}$ 是几乎处处收敛的一切 $f \in X$ 组成的集是 X 中的闭集.

§3 极大算子的几乎处处有限性及其型①

当极限算子存在的时候,为了得到该极限算子的型,了解下述事实是有意义的. 即在许多情况下,我们能够从 T^* 的几乎处处有限性出发,通过考察算子列 $\{T_k\}$ 的特定结构而决定 T^* 的型,这就是下述三个结果的哲理. 第一个结果由 A. P. Calderón 给出,它隐含着其他两个结果中的主要思想,后两个结果属于 Stein 和 Sawyer.

所有这些结果都基于算子 T_k 与某些作用于 Ω 上的变换在下述指定意义下的某种可交换性质.

① 这里型是指后文中所述算子的强、弱 (p,q) 型.

定理 3.1 设 $f\in L^2([0,2\pi))$，且以 2π 为周期，其傅里叶级数的第 N 次部分和记为

$$S_N f(x)=\sum_{-N}^{N}c_k \mathrm{e}^{\mathrm{i}kx}$$

令 S^* 为其相应的极大算子，即

$$S^* f(x)=\sup_N |S_N f(x)|$$

则 $S_N f(x)$ 当 $N\to\infty$ 时是几乎处处收敛的充分且必要条件是：S^* 是弱(2.2)型.

下面两个定理（下面 Stein 定理的表述属于 Sawyer）中基本上相同的约定先陈述如下：

①$(\Omega,\mathscr{F},\mu)$ 是一个测度空间，$\mu(\Omega)=1$.

②$\{T_k\}$ 是从某个 $L^p(\Omega)$ 到 $M(n)$ 的线性算子列，每一个都是依测度连续的.

③ 假定存在着从 Ω 到 Ω 的映射族 $(\xi_a)_{a\in I}$，它们是保测交换.

④ 还假定 $(\xi_a)_{a\in I}$ 是一个在下述意义下的所谓交混变换族：若 $A,B\in\mathscr{F}$ 且 $\rho>1$，则存在 ξ_a，使得 $\mu(A\cap \xi_a^{-1}(B))\leqslant\rho\mu(A)\cdot\mu(B)$.

⑤ 我们假定 $\{T_k\}$ 与 $(\xi_a)_{a\in I}$ 是在下述意义下可交换的：若 $f\in L^p(\Omega)$ 且 $\xi_a f(x)\equiv f(\xi_a x)$，则有

$$T_k\xi_a=\xi_a T_k$$

Stein 的定理是：

定理 3.2 设 $(\Omega,\mathscr{F},\mu)$ 是一个测度空间且 $\mu(\Omega)=1$. $\{T_k\}$ 是从某个 $L^p_{(\Omega)}$ $(1\leqslant p\leqslant 2)$ 到 $M(\Omega)$ 的线性算子列，又令 $(\xi_a)_{a\in I}$ 是从 Ω 到 Ω 的保测变换族，且对 Ω 中的可测集是交混变换族. 假定 $\{T_k\}$ 与 $(\xi_a)_{a\in I}$ 可交换，则下述两个条件是等价的：

① 对任一 $f \in L^p(\Omega)$, $T^* f(x) < +\infty$, 等等.

② T^* 是弱 (p,p) 型的.

在 Sawyer 的定理中,以仅考虑正算子为代价来放宽 Stein 定理中的某些限制.

定理 3.3 设 $(\Omega,\mathscr{F},\mu)$ 是一测度空间且 $\mu(\Omega)=1$, $\{T_k\}$ 是从某 $L^p(\Omega)(1 \leqslant \rho < +\infty)$ 到 $M(n)$ 的线性正算子列. 又设 $(\xi_a)_{a\in I}$ 是从 Ω 到 Ω 的保测变换族,且对 Ω 中可测集是交混变换族. 假定 $\{T_k\}$ 与 $(\xi_a)_{a\in I}$ 可交换,则下述两个条件是等价的.

① T^* 是弱 (p,p) 型.

② 对每个 $f \in L^p(\Omega)$, $T^* f(x) < +\infty$, 等等.

§4 研究极大算子的一般方法

上面所说的结果的哲理是这样的:如果 T^* 是几乎处处有限的,无论 T_k 的构造如何, $T_k f$ 几乎处处收敛. 但是,我们怎样才能求解 $T^* f$ 是否几乎处处有限呢? 让我们把注意力集中到寻求或解答这一问题可采用的某些方法上来.

首先注意到,在许多情况下,我们的讨论可以只限于在一个稠密子空间上进行.

定理 4.1 设 $(\Omega,\mathscr{F},\mu)$ 是一测度空间, $M(\Omega)$ 是实(或复)值可测函数集合, X 是 $M(\Omega)$ 中的一个赋范空间, S 是 X 的一个稠密子空间,令 $\{T_k\}_{k=1}$ 是从 X 到 $M(\Omega)$ 的次线性算子列,每一个都是依测度连续的, T^* 是其极大算子,则若对某个 p, $1 \leqslant p < +\infty$, T^* 是

S 上的弱(p,p)型，那么 T^* 在 X 上是弱(p,p)型的；如果对某个 p，$1\leqslant p<+\infty$，T^* 在 S 上是(p,p)型的，那么 T^* 在 X 上是(p,p)型的.

这里以及下面，我们说 T^* 是弱(p,q)型的，$1\leqslant p\leqslant+\infty$，$1\leqslant q<+\infty$，是指对每个 $\lambda>0$ 与 $f\in L^p(\Omega)$，有

$$\mu\{X \mid T^* f(x)>\lambda\}\leqslant\left(c\frac{\|f\|_p}{\lambda}\right)^q$$

其中 $c>0$ 且与 λ，f 无关，又当我们说 T^* 是(p,q)型时，$1\leqslant p<+\infty$，$1\leqslant q\leqslant+\infty$，这是指

$$\|T^* f\|_q\leqslant c\|f\|_p$$

其中 c 是常数且与 f 无关.

研究极大算子 T^* 最有用的方法是一些覆盖定理，我们仅举出其中由 Besicovitch 所作的一例.

定理 4.2　设 A 是 $\mathbf{R}^n$ 中的一个有界集. 对每个 $x\in A$，给定一个以 x 为心的闭方体 $Q(x)$. 那么我们可以从$(Q(x))_{x\in A}$ 中选出一列$\{Q_k\}$(可能是有限个)，使得：

(1)$\{Q_k\}$ 覆盖集合 A，即 $A\subset\bigcup Q_k$.

(2)$\mathbf{R}^n$ 没有一个点是属于$\{Q_k\}$ 中多于 θ_n(一个仅依赖于 n 的数)个的方体，即对每个 $z\in\mathbf{R}^n$

$$\Sigma\chi_{Q_k}(z)\leqslant\theta_n$$

(3)$\{Q_k\}$ 可分成 ξ_n(一个仅依赖于 n 的数)个由互不相交的方体组成的类.

在讨论极大算子时，某些分解引理仍是极为有用的工具. 下面这一古典结果是 Calderón－Zygmund 提出的.

定理 4.3　设 f 是 $L^1(\mathbf{R}^n)$ 中的函数，$f\geqslant 0$，$\lambda>$

0,则存在可数个(可能是有限个)互不相交半开闭方体列$\{Q_k\}_{k\geqslant 1}$,使得对每个k,有

$$\lambda < \frac{1}{|Q_k|}\int_{Q_k} f \leqslant 2^n\lambda$$

且对$\bigcup Q_k$中的几乎每个$\boldsymbol{x}$,$f(\boldsymbol{x})\leqslant\lambda$.

有时,弱型不等式在某些方面是不够理想的,因为较难把握它的性状,此时我们可以按照下述结论所给的强型不等式来代替.

定理 4.4 设T是从$M(\Omega)$到$M(\Omega)$的次线性算子,假定T是弱(p,s)型,$1\leqslant p,s<+\infty$,若常数是c,则若$0<\sigma<s$,A是Ω中任一测度有限的可测集,那么对每个$f\in M(\Omega)$,我们有下述不等式

$$\int_A |Tf(\boldsymbol{x})|^\sigma \mathrm{d}\mu(\boldsymbol{x}) \leqslant c^\sigma \frac{s}{s-\sigma} |A|^{1-\sigma/s} \| f \|_p^\sigma$$

反之,若对每个σ,$0<\sigma<s$,对每个$f\in L^p(\Omega)$以及每个$A\subset\Omega$,$\mu(A)<\infty$,T满足上述不等式,则T是弱(p,s)型.

§5 内插,外推,线性比

内插与外推技术的共性可叙述如下:假定我们知道一个算子T在某个函数空间族的某些空间上有良好的性质,那么在该族的一些中间空间上(内插)或在两端空间上(外推),关于算子的性质我们能否说些什么呢?

由于泛函分析的某些方法只能应用于所研究的算子是线性的,而极大算子T^*不是线性的,因此在许多

情况下,我们要用所谓线性化技术,即设法由其他线性算子来控制.

著名的内插定理有 Riesz - Thorin 定理和 Marcinkiewicz 定理. 在这里,我们介绍一下 Stein 和 Weiss 的结果. 然后,为了指出线性化技术是如何生效的,我们又把它推广于非线性的极大算子.

在这些定理中,所谓 T 是限制弱 (p,q) 型,是指 T 限于作用在可测集的特征函数上时是弱 (p,q) 型的.

定理 5.1 设 T 是一个从 $M(\Omega)$ 到 $M(\Omega)$ 的线性算子,而且是限制弱 (p_0,q_0) 型和限制弱 (p_1,q_1) 型的,其中 $1\leqslant p_0\leqslant q_0<+\infty$, $1\leqslant p_1\leqslant q_1<+\infty$, $q_0\neq q_1$. 令 $0<s<1$,而且

$$\frac{1}{p_s}=\frac{1}{p_0}(1-s)+\frac{1}{p_1}s,\frac{1}{q_s}=\frac{1}{q_0}(1-s)+\frac{1}{q_1}s$$

则 T 是强 (p_s,q_s) 型.

定理 5.2 设 $\{T_k\}$ 是从 $M(\Omega)$ 到 $M(\Omega)$ 的线性算子列,T^* 是其极大算子. 假定 T^* 是限制弱 (p_0,q_0) 型和限制弱 (p_1,q_1) 型,其中 $1\leqslant p_0\leqslant q_0<+\infty$, $1\leqslant p_1\leqslant q_1<+\infty$, $q_0\neq q_1$,那么 T^* 是强 (p_s,q_s) 型,其中 $0<s<1$,而且

$$\frac{1}{p_s}=\frac{1-s}{p_0}+\frac{s}{p_1},\frac{1}{q_s}=\frac{1-s}{q_0}+\frac{s}{q_1}$$

证明 设 $\psi:\Omega\to N$ 是任一可测函数,对于 $g\in M(\Omega)$ 以及 $x\in\Omega$,我们定义

$$T_\varphi g(x)=T_{\varphi(x)}g(x)$$

显然,T_φ 是从 $M(\Omega)$ 到 $M(\Omega)$ 的线性算子. 易知对每个 $x\in\Omega$ 以及 $g\in M(\Omega)$,有

$$|T_\varphi g(x)|\leqslant T^*g(x)$$

就是说 T^* 控制 T_φ，T_φ 是限制弱 (p_0,q_0) 型和限制弱 (p_1,q_1) 型，其中常数与 T^* 的相同，即带有与 ψ 无关的常数. 从而由定理5.1可知，T_φ 是强 (p_s,q_s) 型，其中常数与 ψ 无关.

现在设 $f\in L^{p_s}$，我们选取可测函数 $\phi:\Omega\to N$，使得对每个 $x\in\Omega$，有 $T^*f(x)\leqslant 2\mid T_\phi f(x)\mid$.（为此，可定义 $\phi(x)$ 在 $\{x\in\Omega\mid 2^{k+1}\geqslant T^*f(x)>2^k\}$ 上的值为自然 j，这里 j 是使 $\mid T_j f(x)\mid>2^k$ 的最小的 j）于是我们有

$$\| T^* f\|_{q_s}\leqslant 2\| T_\phi f\|_{q_s}\leqslant \| f\|_{q_s}$$

其中 c 与 f 无关. 从而知 T^* 是强 (p_s,q_s) 型.

关于外推技术，我们举上面 Yano 的结果为例.

定理 5.3 设 T 是从 $M(\Omega)$ 到 $M(\Omega)$ 的次线性算子，假定 T 是限制 (p,p) 型，$1<p<2$，其中常数 $c(p)$ 满足：对某个 $s>0$，$c(p)\leqslant c/(p-1)^s$，则 T 满足下述条件：对 Ω 中任一可测子集 X 且 $\mu(X)<+\infty$，任一 $f\in L(1+\log^+ L)^s$，有

$$\int_X \mid Tf\mid\leqslant c_1(1+\mid X\mid)+c_2\int_X\mid f\mid(1+\log^+\mid f\mid)^s$$

其中，c_1，c_2 与 X 和 f 无关.

§6 研究卷积算子的特殊方法

傅里叶分析中许多有趣的算子是卷积类型的算子，特别是作为本文整个课题的源例而在引言中举出的全部算子都是属于这一类型的.

我们考虑一个函数列(或广义的函数列[1])$\{k_j\} \subset L^1(\Omega)$(是一系列核),这里的 Ω 或是 $\mathbf{R}^n$ 中的环面 T 或是 $\mathbf{R}^n$(Ω 还可以是局部紧群),对于 $f \in L^p(\Omega)$,$1 \leqslant p < +\infty$,定义

$$K_j f(\boldsymbol{x}) = k_j f(\boldsymbol{x})$$

我们要求解 $K_j f$ 依 L^p 意义的收敛或点收敛问题. 为了讨论依 L^p 意义收敛问题,如在引言中所说的,就导致研究 $\| K_j f \|_p$;而考察点收敛问题,我们就要研究

$$K^* f(\boldsymbol{x}) = \sup_j | k_j^* f(\boldsymbol{x}) |$$

的性质.

从而十分有趣的是,知道这个问题可以归结为算子 K_j 或 K^* 对在 Ω 中的不同点上的 Dirac δ — 函数的有限和的作用的研究(对于弱或强(p,p),$1 < p < \infty$),以及对在 Diarc δ — 函数的线性组合上的作用的研究(对于弱或强(p,p),$1 < p < +\infty$). 这一转化使我们对这些算子的研究可以离散化地进行,正如后文所见它大大地简化了我们的讨论. 此处所述的这两方面结果是第一次发表的.

定理 6.1　设 $\{k_j\}_{j=1}^{\infty} \subset L^1(\Omega)$ 是通常的函数列(核),$\{K_j\}_{j=1}^{\infty}$ 是相应的卷积算子列,K^* 是相应的极大算子.

则 K^* 是弱$(1,1)$ 型的充分且必要条件是:K^* 在 Dirac δ — 函数的有限和上是弱$(1,1)$ 型的.

换句话说(不用 Dirac δ — 函数语言),K^* 是弱$(1,1)$ 型的充分且必要条件是:存在 $c > 0$,使得对任一组

[1] 意指具有连续参数的函数族.

有限个不同点 $a_1, a_2, \cdots, a_H \in \Omega$ 以及每个 $\lambda > 0$，有

$$|\{X \in \Omega \mid \sup_j \left| \sum_{h=1}^{H} k_j(x - a_h) \right| > \lambda\}| \leqslant c\frac{H}{\lambda}$$

对于 $p > 1$ 的情形，我们有下述结果.

定理 6.2 设 $\{k_j\}_{j=1}^{\infty} \subset L^1(\Omega)$，对于 $f \in L^p(\Omega)$，$1 < p < +\infty$，令 $K_j f(x) = k_j^* f(x)$，记

$$K^* f(x) = \sup_j |K_j f(x)|$$

假定 K^* 在 Dirac δ－函数的线性组合上是弱(p,q)型的，即存在 $c > 0$，使得对每个

$$f = \sum_{h=1}^{H} c_h \delta_h$$

以及 $\lambda > 0$，有

$$|\{x \mid K^* f(x) > \lambda\}| = \{x \mid \sup_j \left| \sum_{h=1}^{H} c_h k_j(x \mid a_h) \right| > \lambda\}|$$

$$\leqslant \frac{c \sum_{1}^{H} |c_h|^p}{\lambda^p}$$

则 K^* 是弱(p,p)型.

为了阐明上述方法的效力，我们在这里将对极大希尔伯特变换的弱(1,1)型这一事实给出一个非常简单的证明.

定理 6.3 设 $a_j \in \mathbf{R}, j = 1,2,3,\cdots,N$ 以及 $\lambda > 0$，令

$$f = \sum_{j=1}^{N} \delta_j$$

其中 δ_j 是凝集于 a_j 上的 Dirac δ－函数，则

$$|\{x \mid |Hf(x)| > \lambda\}| = \left|\left\{x \mid \left| \sum_{j=1}^{N} \frac{1}{x - a_j} \right| > \lambda\right\}\right|$$

$$=\frac{2N}{\lambda}$$

证明 从函数

$$y=\sum_{j=1}^{N}\frac{1}{x-a_j}$$

的图形可以清楚地看出

$$\left|\left\{x \mid \sum_{j=1}^{N}\frac{1}{x-a_j}>\lambda\right\}\right|=\sum_{j=1}^{N}(y_j-a_j)$$

其中 $y_j, j=1,2,\cdots,N$ 是方程

$$\sum_{j=1}^{N}\frac{1}{x-a_j}=\lambda$$

即

$$\lambda\prod_{j=1}^{N}(x-a_j)=\sum_{j=1}^{N}\prod_{j\neq k}^{N}(x-a_j)$$

由此易得

$$\sum_{j=1}^{N}y_j=\frac{N}{\lambda}+\sum_{j=1}^{N}a_j$$

因此有

$$\begin{aligned}\sum_{j=1}^{N}(y_j-a_j)&=\left|\left\{x \mid \left|\sum_{j=1}^{N}\frac{1}{x-a_j}\right|>\lambda\right\}\right|\\&=\left|\left\{\sum_{1}^{N}\frac{1}{x-a_j}>\lambda\right\}\right|+\\&\quad\left|\left\{\sum_{1}^{N}\frac{1}{x-a_j}<-\lambda\right\}\right|=\frac{2N}{\lambda}\end{aligned}$$

(这是因为第二项可由第一项控制). 上述引理是 Loomis 给出的.

定理 6.4 极大希尔伯特算子 H^* 是弱(1,1)型.

证明 根据定理 6.1,只需证明 H^* 在 Dirac δ-函数的有限和上是弱(1,1)就可以了. 令 $a_j\in\mathbf{R}, j=1,$

$2,\cdots,N,\lambda>0$ 以及

$$f=\sum_{j=1}^{N}\delta_j$$

其中 δ_j 是凝缩于 a_j 上的 Dirac δ－函数，我们要证明

$$|\{x \mid H^* f(x)>\lambda\}|$$

$$=\left|\left\{x \mid \sup_{\varepsilon>0}\left|\sum_{j=1}^{N}h(x-a_j)\right|>\lambda\right\}\right|\leqslant c\frac{N}{\lambda}$$

其中 c 与 f,λ 无关.

我们取点集 $\{x \mid H^* f(x)>\lambda\}-\{a_1,a_2,\cdots,a_N\}$ 中的一个紧集 K. 若 $x\in K$，则存在 $\varepsilon(x)>0$，使得 $|H_{\varepsilon(x)}f(x)|>\lambda$，作有限个互不相交的区间

$$I_j=[x_j-\varepsilon(x_j),x_j+\varepsilon(x_j)]\quad(j=1,2,\cdots,M)$$

使得

$$|K|\leqslant 2\left|\bigcup_{1}^{M}I_j\right|\quad(j=1,2,\cdots,M)$$

对每一个 $j=1,2,\cdots,M$，令 $f_j=f\cdot\chi_{I_j}$ 以及 $f=f_j+\widetilde{f}_j$.

易知

$$H_{\varepsilon(x_j)}f(x_j)=Hf(x_j)-Hf_j(x_j)=H\widetilde{f}_j(x_j)$$

所以有 $|H\widetilde{f}_j(x_j)|>\lambda$. 现在，由于 $H\widetilde{f}_j(\cdot)$ 在 I_j 上无奇性，故函数 $H\widetilde{f}_j(\cdot)$ 在 I_j 上是递减的. 于是对每个 $y\in[x_j,x_j+\varepsilon(x_j)]$ 或对每个 $y\in[x_j-\varepsilon(x_j),x_j]$，有 $|H\widetilde{f}_j(y)|>\lambda$.

我们得

$$|K|\leqslant 2\left|\bigcup_{1}^{M}I_j\right|\leqslant 4\left|\bigcup_{1}^{M}\left(\frac{1}{2}I_j\right)\right|$$

$$\leqslant 4\left|\bigcup_{1}^{M}\{|H\widetilde{f}_j|>\lambda\}\right|$$

下面来估计上式最后一项. 因为 $H\widetilde{f}_j=Hf=Hf-$

Hf_j，所以有

$$\{|H\tilde{f}_j|>\lambda\}\subset\left\{|Hf|>\frac{\lambda}{2}\right\}\cup\left\{|Hf_j|>\frac{\lambda}{2}\right\}$$

从而得

$$\bigcup_1^N\{|H\tilde{f}_j|>\lambda\}$$

$$\subset\left\{|Hf|>\frac{\lambda}{2}\right\}\cup\left(\bigcup_{j=1}^M\left\{|Hf_j|>\frac{\lambda}{2}\right\}\right)$$

引用引理 6.3，我们有

$$|K|\leqslant 4\left(\frac{4}{\lambda}\|f\|_1+\frac{4}{\lambda}\sum_1^M\|f_j\|_1\right)=\frac{32}{\lambda}\|f\|_1$$

又由于 $|K|$ 可以任意逼近 $|\{H^*f>\lambda\}|$，于是定理得证.

§7 逼 近 核

许多逼近问题都以下列方程式提出：设 $k\in L^1(\mathbf{R}^n)$，$\int k=1$. 作卷积积分 $k_\varepsilon^* f$，其中 $k_\varepsilon(\boldsymbol{y})=\varepsilon^{-n}k(\boldsymbol{x}/\varepsilon)$，$\varepsilon>0$，$f\in L^p(\mathbf{R}^n)$，求解 $(k_\varepsilon^* f)(\boldsymbol{x})$ 是否收敛于 f 或 $k\in L^1(\mathbf{R}^n)$ 在满足什么条件时它收敛于 $f(\boldsymbol{x})$. 比较容易证明的是，当 $\varepsilon\to 0$ 时，k^*f 依 L^p 意义收敛于 f. 而 k^*f 的点收敛问题就稍为棘手一些. Calderón 和 Zygmund 曾给出一个颇为一般的结果.

定理 7.1 设 $k\in L^1(\mathbf{R}^n)$，$k\geqslant 0$，$k_\varepsilon(\boldsymbol{x})=\varepsilon^{-n}k(\boldsymbol{x}/\varepsilon)$. 又设 k 是径向(即当 $|\boldsymbol{x}|=|\boldsymbol{y}|$ 时，$k(\boldsymbol{x})=k(\boldsymbol{y})$)函数而且沿射线是非增的(即当 $|\boldsymbol{x}|\leqslant|\boldsymbol{y}|$ 时，$k(\boldsymbol{x})\geqslant k(\boldsymbol{y})$). 对 $f\in L^p(\mathbf{R}^n)$，$1\leqslant p<+\infty$，作

$$K^* f(\boldsymbol{x}) = \sup_{\varepsilon>0} | k_\varepsilon * f(\boldsymbol{x}) |$$

那么 K^* 是$(+\infty,+\infty)$型且是弱$(1,1)$型的,因而是强(p,p)型的,$1<p<+\infty$. 从而若$\int k=1$,则对 $f\in L^p(\mathbf{R}^n)$,$1\leqslant p<+\infty$,有

$$k_\varepsilon * f(\boldsymbol{x}) \to f(\boldsymbol{x}) \quad (\boldsymbol{x}\in \mathbf{R}^n)$$

在逼近核 k 不是径向函数以及它的径向控制函数不属于 $L^1(\mathbf{R}^n)$ 时,只要对 k 加上适当条件,我们仍然可以得到某些点收敛的一般结果. 这方面工作之一是属于 R. Coifman 的.

定理 7.2 设 $k\in L^1(\mathbf{R}^n)$,$k\geqslant 0$,而且对每个满足 $|\bar{\boldsymbol{X}}|=1$ 的 $\bar{\boldsymbol{X}}$,作为 $r\geqslant 0$ 的函数 $k(r\bar{\boldsymbol{x}})r^{-a}$ 是 r 的非增函数,其中 $a>0$ 与 $\bar{\boldsymbol{x}}$ 无关. 那么,由

$$K^* f(\boldsymbol{x}) = \sup_{\varepsilon>0} | k_\varepsilon * f(\boldsymbol{x}) |$$

$$k_\varepsilon(\boldsymbol{x}) = \varepsilon^{-n} k\left(\frac{\boldsymbol{x}}{\varepsilon}\right)$$

所定义的极大算子 K^* 是强(p,p)型的,$1<p<+\infty$. 从而若$\int k=1$,则对几乎每个 $\boldsymbol{x}\in\mathbf{R}^n$ 以及每个 $f\in L^p(\mathbf{R}^n)$,$1<p<+\infty$,有

$$k_\varepsilon * f(\boldsymbol{x}) \to f(\boldsymbol{x})$$

Calderón 和 Zygmund 定理的另一个推广是 Felipe Zo 得到的.

定理 7.3 设$(k_a)_{a\in I}$是$L^1(\mathbf{R}^n)$中一族函数,如果满足:

(1) 存在 $c_1>0$,使得对每个 a,有

$$\int | k_a(x) | \mathrm{d}x \leqslant c_1 < +\infty$$

(2) 若记 $\phi(\boldsymbol{x},\boldsymbol{y})=\sup\limits_{a\in I}|k_a(\boldsymbol{x}-\boldsymbol{y})-k_a(\boldsymbol{x})|$,则有

$$\int_{|\boldsymbol{x}|\geqslant 4|\boldsymbol{y}|}\phi(\boldsymbol{x},\boldsymbol{y})\mathrm{d}x\leqslant c_2<+\infty$$

其中 c_2 与 $\boldsymbol{y}\in\mathbf{R}^n$ 无关. 令

$$K^*f(\boldsymbol{x})=\sup_{a\in I}|k_a^*f(\boldsymbol{x})|$$

那么 K^* 是弱(1,1)型以及强(p,p)型,当 $1<p<+\infty$.

还有许多新近得到的实函数方法,作者将系统地在最近要出版的书中加以论述. 或许本文所介绍的内容已经给我们描述出了这种实函数方法的富有价值的图景,而这些技术正是这一领域内近十年所创立的.

多重傅里叶级数[①]

附录 XI

本文的目的是要简单介绍一下多重傅里叶级数理论的一些内容．按抽象的观点来看，它只是傅里叶分析在紧阿贝尔群上的一个特例，而我们是要强调在 n 维圆环面上和在 n 维欧氏空间上的分析之间的联系．因此，在 §2 中我们考虑 E_n 上函数的"周期化"过程，它给出了泊松求和公式，在 §3 中，相应地考虑乘子算子的周期化．在 §4，§5 中，讨论另一专题 —— 多重傅里叶级数的可求和问题．我们之所以在现在研究这个课题，而不早在非周期问题时讨论(在那里，许多类似的结果都可得到证明)，主要是为了使

① 摘译自 Elias M. Stein，Guido Weiss 著．欧氏空间上的傅里叶分析引论．张阳春，译．

我们的论述更为完美和恰当.所给出的这些结果只是对 $n>1$ 时成立,而且是用与处理较熟悉的一维情形的类似问题不同的方法得到的.

§1　基本性质

设 Λ 表示由 E_n 中的整坐标点组成的加法群(当然,其加法是按 E_n 的向量加法),并称 Λ 为单位格.我们考虑陪集空间 E_n/Λ,且按通常的办法视 E_n/Λ 上的函数与 E_n 上的周期函数等同.更明确地说,当 $m\in\Lambda$ 时,满足 $f(x+m)=f(x)$ 的函数等同于在由 x 确定的陪集上之值为 $f(x)$ 的函数.Λ 的元素就是这些函数的周期.

E_n/Λ 自然等同于 n 维圆环面

$$T_n=\{(\mathrm{e}^{2\pi\mathrm{i}x_1},\mathrm{e}^{2\pi\mathrm{i}x_2},\cdots,\mathrm{e}^{2\pi\mathrm{i}x_n})\in\mathbf{C}^n\mid (x_1,x_2,\cdots,x_n)\in E_n\}$$

这个等同是由映射

$$(x_1,x_2,\cdots,x_n)\rightarrow(\mathrm{e}^{2\pi\mathrm{i}x_1},\mathrm{e}^{2\pi\mathrm{i}x_2},\cdots,\mathrm{e}^{2\pi\mathrm{i}x_n})$$

给出的,且由它可以得到 E_n 上周期函数与 n 维环面上函数的标准等同.

一个集合 $D\subset E_n$,如果对 E_n 的每一个点,恰有一个关于 Λ 的平移在 D 中,则称 D 是基本域.显然,E_n 上的一个周期函数是由它在一个基本域上的限制唯一确定的.自然,存在着无穷多个基本域,而对我们来说既简单又合适的基本域就是基本立方体

$$Q_n=\{x\in E_n\mid -1/2\leqslant x_j\leqslant 1/2,j=1,2,\cdots,n\}$$

T_n 上的积分可以用Q_n 上的勒贝格积分来定义：当 f 是 T_n 上的函数时，我们令

$$\int_{T_n} f\,\mathrm{d}x = \int_{Q_n} f\,\mathrm{d}x \tag{1.1}$$

并把它做如下解释：任何一个 T_n 上的函数 f，正如我们所指出过的，可产生一个 E_n 上的周期函数，该周期函数在 Q_n 上的限制就是出现在(1.1) 右端的函数. 我们称 T_n 上的函数 f 是可测的，如果它所相应的 Q_n 上的函数是勒贝格可测的. 再若 Q_n 上的相应函数是可积的，则(1.1) 左端的积分就定义为等于右端的积分. 同理，T_n 上的L^p 空间等同于Q_n 上的L^p 空间. 类似地，我们也可以认为 T_n 上的有限 Borel 测度类与把测度集中于基本立方体 Q_n 上的有限 Borel 测度类等同，并用符号 $L^p(T_n)$，$\mathscr{B}(T_n)$ 分别表示 T_n 上的L^p 空间和 T_n 上的 Borel 测度. 但我们应该指出，T_n 上的连续函数类 $C(T_n)$ 并不相应于 Q_n 上的连续函数类，而只相应于当把 Q_n 上函数做周期延拓时，仍在 E_n 上保持连续性的函数类. $C(T_n)$ 是 $L^\infty(T_n)$ 的巴拿赫子空间(即把 $C(T_n)$ 赋予 L^∞ 范数). 这里我们复述一下基本的包含关系

$$\mathscr{B}(T_n) \supset L^p(T_n) \supset C(T_n)$$

并指出，通常可以把 $L^1(T_n)$ 看作等同于 $\mathscr{B}(T_n)$ 的绝对连续测度的子空间.

现在我们来讨论 T_n 中测度和函数的傅里叶级数. 对于每个元素 $\mu \in \mathscr{B}(T_n)$，我们设傅里叶级数为

$$\mathrm{d}\mu \sim \sum_{m\in\Lambda} a_m \mathrm{e}^{2\pi i m\cdot x} \tag{1.2}$$

其中

$$a_m = \int_{T_n} e^{-2\pi i m \cdot x} d\mu(x) \tag{1.3}$$

是 $d\mu$ 的傅里叶－Stieltjes 系数.

为利于形式上计算傅里叶系数,较为方便的是对每个 $\mathscr{B}(T_n)$ 中的测度 μ,考虑定义在 $C(T_n)$ 上的连续线性泛函

$$L_\mu : f \to \int_{T_n} f d\mu \tag{1.4}$$

反之,按照黎茨－马尔可夫表示定理,我们知道,每一个 $C(T_n)$ 上的连续线性泛函,对某一 $\mu \in \mathscr{B}(T_n)$ 都是(1.4)型的,且 $\| L_\mu \| = \| d\mu \|$,其中等式左端的范数是线性泛函 L_μ 的范数,而等式右端的范数是 μ 的全测度. 这就使我们很容易定义 $\mathscr{B}(T_n)$ 中两个测度 μ_1 和 μ_2 的卷积. μ_1 和 μ_2 的卷积是一个测度 μ,它(通过(1.4))表示了线性泛函

$$f \to \int_{T_n} f d\mu = \int_{T_n} \int_{T_n} f(x+y) d\mu_1(x) d\mu_2(y) \tag{1.5}$$

根据这个定义,显然有

$$\| d\mu \| \leqslant \| d\mu_1 \| \| d\mu_2 \|$$

并且 $\mathscr{B}(T_n)$ 对这个卷积运算是一个可交换的巴拿赫代数. 如果我们在(1.5)中令 $f(x) = e^{-2\pi i m \cdot x}$,就得到乘法公式

$$d\mu_1 * d\mu_2 \sim \sum_{m \in \Lambda} a_m b_m e^{2\pi i m \cdot x} \tag{1.6}$$

这里,$\{a_m\}$ 和 $\{b_m\}$ 分别是 $d\mu_1$ 和 $d\mu_2$ 的傅里叶－Stieltjes 系数.

粗略地考察一下(1.5),还可以导出 $d\mu_1 * d\mu_2$ 的另一个定义. 它就是测度 μ,具有性质

$$\mu(E)=\int_{T_n}\mu_1(E-y)\mathrm{d}\mu_2(y)$$

其中 E 是任一 Borel 集. 由此, 当 μ_1(或 μ_2) 绝对连续时, μ 显然也是绝对连续的. 然而我们知道, 当且仅当 μ_1 有 Radon－Nikodym 导数 $f\in L^1(T_n)$ 时, 测度 μ_1 是绝对连续的. 这时, μ 的 Radon－Nikodym 导数就是函数 h

$$h(x)=\int_{T_n}f(x-y)\mathrm{d}\mu_2(y)$$

按照 Fubini 定理, 这个积分对几乎每个 x 绝对收敛. 如果 μ_2 也是绝对连续的, 且其 Radon－Nikodym 导数 $g\in L^1(T_n)$, 则

$$h(x)=\int_{T_n}f(x-y)g(y)\mathrm{d}y$$

于是我们看出, $L^1(T_n)$ 承袭了 $\mathscr{B}(T_n)$ 的卷积结构. 特别地, 乘法公式(1.6) 对 L^1 函数也是成立的.

为了给出关于傅里叶展开完备性的基本公式, 我们可以把任何有限和 $\sum a_m\mathrm{e}^{2\pi\mathrm{i}m\cdot x}$ 称作是一个三角多项式.

定理 1.7 (1) 三角多项式在 $C(T_n)$ 和 $L^p(T_n)$ 中稠密, $1\leqslant p<+\infty$.

(2) 假设对某个 $\mu\in\mathscr{B}(T_n)$

$$\int_{T_n}\mathrm{e}^{-2\pi\mathrm{i}m\cdot x}\mathrm{d}\mu(x)=0$$

对一切 $m\in\Lambda$ 成立, 则 $\mu=0$.

(3) 设 $f\in L^2(T_n)$, $f\sim\sum_{m\in\Lambda}a_m\mathrm{e}^{2\pi\mathrm{i}m\cdot x}$, 则

$$\sum_{m\in\Lambda}|a_m|^2=\|f\|_2^2$$

且对应关系

$$f\leftrightarrow\{a_m\}=\left\{\int_{T_n}\mathrm{e}^{-2\pi\mathrm{i}m\cdot x}f(x)\mathrm{d}x\right\}$$

是 $L^2(T_n)$ 到 $l^2(\Lambda)$ 上的酉映射.

证明 由于三角多项式组成一个代数,它离析出 n 维环面的点,这个代数包含有常数,并对复共轭运算封闭,所以我们可以应用 Stone－Weierstrass 定理来得到三角多项式在 $C(T_n)$ 中的稠密性. 由这个逼近性质再加上 $C(T_n)$ 在 $L^p(T_n)(1\leqslant p<+\infty)$ 的稠密性,就推出三角多项式在 $L^p(T_n)$ 中相应的逼近性质.

为证明(2),我们注意到,性质"$\int_{T_n}\mathrm{e}^{-2\pi\mathrm{i}m\cdot x}\mathrm{d}\mu(x)=0$ 对一切 $m\in\Lambda$ 成立"等价于"$\int_{T_n}p(x)\mathrm{d}\mu(x)=0$ 对每个三角多项式 p 成立". 而由(1)就能推出

$$\int_{T_n}f(x)\mathrm{d}\mu(x)=0$$

对一切 $f\in C(T_n)$ 成立. 从而推出 $\mu=0$.

给定 $f\in L^2(T_n)$,若 N 为一正整数,那么,当 a_m 是 f 的傅里叶系数 $\int_{T_n}\mathrm{e}^{-2\pi\mathrm{i}m\cdot x}f(x)\mathrm{d}x$ 时,$\|f-\sum_{m\leqslant\Lambda}a_m\mathrm{e}^{2\pi\mathrm{i}m\cdot x}\|_2$ 的下确界是可以达到的. 众所周知,这个论断是由函数系 $\{\mathrm{e}^{2\pi\mathrm{i}m\cdot x}\}$ 的相互正交性和正规性(按 L^2 范数)推出的. 由于每个 $f\in L^2(T_n)$ 可以用三角多项式逼近,所以我们知道

$$\lim_{N\to\infty}\|f-\sum_{|m|\leqslant N}a_m\mathrm{e}^{2\pi\mathrm{i}m\cdot x}\|_2=0$$

因而,当 $N\to\infty$ 时

$$\|f\|_2-\|\sum_{|m|\leqslant N}a_m\mathrm{e}^{2\pi\mathrm{i}m\cdot x}\|_2\to 0$$

故

$$\| f \|_2 = \left(\sum_{m \in \Lambda} | a_m |^2 \right)^{1/2}$$

这就表明映射 $f \to \{a_m\}$ 是等距的. 如果它还是映上的,则这个映射一定是酉映射. 事实上,若给定$\{a_m\}$, $\sum_{m \in \Lambda} | a_m |^2 < +\infty$,并设

$$s_N(x) = \sum_{|m| \leqslant N} a_m e^{2\pi i m \cdot x}$$

显然当 $N_1 < N_2$ 时,有

$$\| s_{N_1} - s_{N_2} \|_2 = \left(\sum_{N_1 < |m| \leqslant N_2} | a_m |^2 \right)^{1/2}$$

所以$\{s_N\}$ 是 $L^2(T_n)$ 中的柯西列. 于是它依范数收敛于某个函数 $f \in L^2(T_n)$. 又因

$$a_m = \int_{T_n} s_N(x) e^{-2\pi i m \cdot x} dx \qquad | m | \leqslant N$$

所以有

$$a_m = \int_{T_n} f(x) e^{-2\pi i m \cdot x} dx \qquad 对一切\ m \in \Lambda$$

这就证明了(3),因而定理得证.

我们现在来推导这一定理的几个有用的推论.

推论 1.8 设 $f \in L^1(T_n)$, $\sum_{m \in \Lambda} | a_m | < +\infty$,其中$\{a_m\}$ 是 f 的傅里叶系数,那么,可以在一个零测度集上适当修改 f 的值,使之属于$C(T_n)$,并在一切 $x \in T_n$ 上,等于$\sum_{m \in \Lambda} a_m e^{2\pi i m \cdot x}$.

证明 从假设可推知,值为 $f(x) - \sum_{m \in \Lambda} a_m e^{2\pi i m \cdot x}$ 的函数之傅里叶系数为0. 于是由定理1.7之(2),这个函数必定几乎处处为0.

当 k 是一正整数时,函数类 $C^{(k)}(Q_n)(=C^{(k)}(T_n))$

是由一切 E_n 上属于 $C^{(k)}=C^{(k)}(E_n)$ 类的周期函数[①]在 Q_n 上的限制所组成.

推论 1.9　设 $f\in C^{(k)}(T_n)$，$k>\frac{n}{2}$，则

$$\sum_{m\in\Lambda}|a_m|<+\infty$$

这里 $\{a_m\}$ 是 f 的傅里叶系数.

证明　对 $x=(x_1,x_2,\cdots,x_n)\in E_n$ 和 n 重非负整数组 $\alpha=(\alpha_1,\alpha_2,\cdots,\alpha_n)$，我们定义 x^α 为数 $x_1^{\alpha_1}x_2^{\alpha_2}\cdots x_n^{\alpha_n}$（我们也按惯例约定 $0^0=1$）. 按照这个记法并进行分部积分，我们得到，当 $f\in C^{(k)}(T_n)$，且 $\alpha_1+\alpha_2+\cdots+\alpha_n\leqslant k$ 时，有

$$\begin{aligned}\int_{T_n}(D^\alpha f)(x)\mathrm{e}^{-2\pi\mathrm{i}m\cdot x}\mathrm{d}x&=(2\pi\mathrm{i}m)^\alpha\int_{T_n}f(x)\mathrm{e}^{-2\pi\mathrm{i}m\cdot x}\mathrm{d}x\\&=(2\pi\mathrm{i}m)^\alpha a_m\end{aligned}$$

因 $D^\alpha f$ 是连续的，它必定属于 $L^2(T_n)$，则由定理 1.7 之(3)，有

$$\sum_{\alpha_1+\cdots+\alpha_n=k}\left\{\sum_{m\in\Lambda}|a_m|^2[(2\pi m)^\alpha]^2\right\}<+\infty\quad(1.10)$$

此外，经简单计算可知，存在一个只依赖于维数 n 和 k 的常数 $c=c(k,n)$，使得

$$\sum_{\alpha_1+\cdots+\alpha_n=k}[(2\pi m)^\alpha]^2\geqslant c|m|^{2k}$$

---

①　即指当 $\alpha=(\alpha_1,\alpha_2,\cdots,\alpha_n)$ 是一个 n 重非负整数组，且满足 $\alpha_1+\alpha_2+\cdots+\alpha_n\leqslant k$ 时，处处有连续导数 $D^\alpha f$ 的那些周期函数 f，算子 D^α 定义为

$$\frac{\partial^{\alpha_1}}{\partial x_1^{\alpha_1}}\frac{\partial^{\alpha_2}}{\partial x_2^{\alpha_2}}\cdots\frac{\partial^{\alpha_n}}{\partial x_n^{\alpha_n}}$$

$\alpha_1+\alpha_2+\cdots+\alpha_n$ 记作 $|\alpha|$，而在定理 1.7 的证明中，我们用 $|m|$ 表示格点 m 的欧氏范数.

于是利用施瓦茨不等式,可得

$$\sum_{|m|>0} |a_m| \leqslant \sum_{|m|>0} |a_m| \Big(\sum_{\alpha_1+\cdots+\alpha_n=k} [(2\pi m)^\alpha]^2\Big)^{1/2} \cdot c^{-1/2} |m|^{-k}$$

$$\leqslant \Big(\sum_{|m|>0} |a_m|^2 \sum_{\alpha_1+\cdots+\alpha_n=k} [(2\pi m)^\alpha]^2\Big)^{1/2} \cdot \Big(\sum_{|m|>0} |m|^{-2k}\Big)^{1/2} c^{-1/2}$$

当 $k > n/2$ 时,和式 $\sum_{|m|>0} |m|^{-2k}$ 是有限的. 因此,借助于不等式(1.10),这最后的表达式也是有限的,推论得证.

推论 1.11 若 $f \in L^1(T_n)$,且 $f \sim \sum_{m\in\Lambda} a_m e^{2\pi i m\cdot x}$,则当 $|m| \to \infty$ 时,$a_m \to 0$.

证明 首先设 $f \in L^2(T_n)$. 这时 $a_m \to 0$ 就是 $\sum_{m\in\Lambda} |a_m|^2 < +\infty$ 的直接结果(见定理 1.7 之(3)). 对于一般的 $f \in L^1(T_n)$,我们给定 $\varepsilon > 0$,可以找到 f_1 和 f_2,$f_1 \in L^2(T_n)$,$\| f_2 \|_1 < \varepsilon$,使 $f = f_1 + f_2$. 于是,若 $\{\alpha_m^{(j)}\}$ 表示 f_j 的傅里叶系数,我们就有

$$\lim_{|m|\to\infty} a_m^{(1)} = 0 \text{ 和 } |a_m^{(2)}| \leqslant \| f_2 \|_1 < \varepsilon$$

这样,$\limsup_{|m|\to\infty} |a_m| \leqslant \varepsilon$,其中 $a_m = a_m^{(1)} + a_m^{(2)} (m \in \Lambda)$ 是 f 的傅里叶系数. 又因 $\varepsilon > 0$ 是任意的,这就证明了推论.

§2 泊松求和公式

我们不再去一步步地建立傅里叶级数与傅里叶积

分相类似的性质，而着手讨论主要问题. 我们可以一般地提出这个问题：若给定一个关于 E_n 的函数空间的“元素”(例如，一个 E_n 上的函数，一个作用在 E_n 的函数上的算子，等等)，它的周期模拟是什么？也就是说，在 n 维环面 T_n 上的相应“元素”是什么？我们还感兴趣的是，如何能从已建立的非周期形式中的性质，导出这一相应“元素”在周期形式下的性质.

我们首先对定义在 E_n 上的函数来讨论这些问题. 为了对所讨论的问题有一个更好的理解，我们暂不去管所有的收敛性问题，而仅做形式上的论述.

设 f 是 E_n 上某个(适当的)函数，至少有两种办法可以从 f 得到一个周期函数. 第一种办法是初等的，且不涉及傅里叶分析. 我们简单写为

$$\sum_{m\in\Lambda} f(x+m) \tag{2.1}$$

由于它遍及 Λ 的一切格点来(形式上)求和，显然它是周期的(因为从 x 移到 $x+m'$ 时，在(2.1)中只是置换了各项). 我们把从 f 过渡到和式(2.1)称为 f 的周期化.

为了给出第二种方法，我们记

$$f(x)\sim\int_{E_n}\hat{f}(y)\mathrm{e}^{2\pi\mathrm{i}x\cdot y}\mathrm{d}y \tag{2.2}$$

它就是傅里叶逆变换公式，其中

$$\hat{f}(y)=\int_{E_n}f(x)\mathrm{e}^{-2\pi\mathrm{i}x\cdot y}\mathrm{d}x$$

这时，f 的(由(2.2)给出的)周期模拟就是

$$\sum_{m\in\Lambda}\hat{f}(m)\mathrm{e}^{2\pi\mathrm{i}x\cdot m} \tag{2.3}$$

泊松求和公式的主要效力是说明，由(2.1)和

(2.3) 给出的得到 f 的周期模拟的两种方法基本上是等同的. 这个结论可以有很多种方式精确地表述,其中最简单最直接的叙述如下:

定理 2.4 设 $f \in L^1(E_n)$,则级数 $\sum\limits_{m\in\Lambda} f(x+m)$ 按 $L^1(Q_n)(=L^1(T_n))$ 范数收敛,其在 $L^1(T_n)$ 中的极限函数有傅里叶展开

$$\sum_{m\in\Lambda} \hat{f}(m)\mathrm{e}^{2\pi\mathrm{i}x\cdot m} \tag{2.5}$$

这就意味着 $\{\hat{f}(m)\}$ 是由 $\sum\limits_{m\in\Lambda} f(x+m)$ 定义的 L^1 函数的傅里叶系数,其中,对任何 $y \in E_n$,有

$$\hat{f}(y) = \int_{E_n} f(x)\mathrm{e}^{-2\pi\mathrm{i}y\cdot x}\mathrm{d}x$$

证明 设 $Q_n - m$ 是由格点 m 给出的 Q_n 的平移,我们有

$$\int_{Q_n} \left| \sum_{m\in\Lambda} f(x+m) \right| \mathrm{d}x \leqslant \sum_{m\in\Lambda} \int_{Q_n} |f(x+m)|\mathrm{d}x$$
$$= \sum_{m\in\Lambda} \int_{Q_n - m} |f(x)|\mathrm{d}x$$

由于基本立方体 Q_n 是基本定义域,所以平移 $Q_n - m$ 是互不相交的,并且它们的并就是 E_n,于是

$$\sum_{m\in\Lambda} \int_{Q_n - m} |f(x)|\mathrm{d}x = \int_{E_n} |f(x)|\mathrm{d}x < +\infty$$

这就表明级数 $\sum\limits_{m\in\Lambda} f(x+m)$ 按 $L^1(Q_n)$ 范数(绝对)收敛. 同样利用求和与积分的换序,我们可以算出 $\sum\limits_{m\in\Lambda} f(x+m)$ 的傅里叶系数. 事实上

$$\int_{Q_n} \left(\sum_{m'\in\Lambda} f(x+m')\right)\mathrm{e}^{-2\pi\mathrm{i}m\cdot x}\mathrm{d}x$$

$$= \sum_{m' \in \Lambda} \int_{Q_n - m'} f(x) e^{-2\pi i m \cdot x} dx$$
$$= \int_{E_n} f(x) e^{-2\pi i m \cdot x} dx = \hat{f}(m)$$

上面关于 L^1 收敛性的论证还表明，换序是有根据的，因而就证明了 $\sum_{m' \in \Lambda} f(x + m')$ 有傅里叶展开(2.5).

下面的推论是定理 2.4 的特殊情形，它是很有用的.

推论 2.6 设 $\hat{f}(y) = \int_{E_n} f(x) e^{-2\pi i x \cdot y} dx$，且

$$f(x) = \int_{E_n} \hat{f}(y) e^{2\pi i x \cdot y} dy$$

其中

$$| f(x) | \leqslant A(1 + | x |)^{-n-\delta}$$
$$| \hat{f}(y) | \leqslant A(1 + | y |)^{-n-\delta} \quad (\delta > 0)$$

(这样，f 和 $\hat{f}$ 都可假定是连续的). 那么

$$\sum_{m \in \Lambda} f(x + m) = \sum_{m \in \Lambda} \hat{f}(m) e^{2\pi i m \cdot x} \qquad (2.7)$$

并且特别有

$$\sum_{m \in \Lambda} f(m) = \sum_{m \in \Lambda} \hat{f}(m) \qquad (2.8)$$

这里，(2.7) 和(2.8) 中的四个级数都绝对收敛[①].

证明 由于我们对 $\hat{f}$ 的假定，傅里叶级数

$$\sum_{m \in \Lambda} \hat{f}(m) e^{2\pi i m \cdot x}$$

绝对收敛. 所以，按照推论 1.8 和定理 2.4，我们可以在

---

① 我们称(2.8) 为泊松求和公式，我们也用这一名称称呼(2.7)，且更一般地用此称呼定理 2.4.

零测度集上修改函数 $\sum_{m\in\Lambda} f(x+m)$ 的值，使它处处等于一个连续函数 $\sum_{m\in\Lambda} \hat{f}(m)\mathrm{e}^{2\pi i m\cdot x}$. 但是，与 $\sum_{m\in\Lambda}(1+|m|)^{-n-\delta}$ 比较，我们就看出 $\sum_{m\in\Lambda} f(x+m)$ 是一个一致收敛级数，且它的各项都是连续函数. 因而它的和也是连续的. 所以(2.7) 对每个 x 成立.

我们现在举两例说明如何能使用泊松求和公式. 傅里叶反演问题的模拟，就是说，我们要问，当 $f\in L^1(T_n)$，$a_m=\int_{T_n} f(x)\mathrm{e}^{-2\pi i m\cdot x}\mathrm{d}x$ 时，在什么范围，级数

$$\sum_{m\in\Lambda} a_m \mathrm{e}^{2\pi i m\cdot x}$$

可求和于 $f(x)$. 我们自然试图以极限

$$\lim_{\varepsilon\to 0}\sum_{m\in\Lambda}\Phi(\varepsilon m)a_m\mathrm{e}^{2\pi i m\cdot x} \tag{2.9}$$

来代替上面的和式，其中 Φ 是一个适当的连续函数，且 $\Phi(0)=1$. 由于推论 2.6 的启发，我们对 Φ 做以下假定

$$\begin{cases}(1)\ \Phi(y)=\hat{\varphi}(y),\text{其中}\int_{E_n}\varphi(x)\mathrm{d}x=1\\ (2)\ \text{对某 }\delta>0,\ |\Phi(y)|\leqslant A(1+|y|)^{-n-\delta},\\ |\varphi(x)|\leqslant A(1+|x|)^{-n-\delta}\end{cases} \tag{2.10}$$

定理 2.11 设 Φ 满足条件(2.10)，$f\in L^p(T_n)$，且 $f\sim\sum_{m\in\Lambda}a_m\mathrm{e}^{2\pi i m\cdot x}$，则：

(1) 当 $1\leqslant p<+\infty$ 时，极限(2.9) 按 $L^p(T_n)$ 范数收敛于 f；

(2) 当 $f\in C(T_n)$ 时，极限(2.9) 一致收敛于 f；

(3) 对任一 $f\in L^1(T_n)$，在 f 的勒贝格点集的每

个点 x 上，极限(2.9) 收敛于 f(因而是几乎处处收敛).

证明　记 $\varphi_\varepsilon(x)=\varepsilon^{-n}(x/\varepsilon)$，$\Phi^\varepsilon(y)=\Phi(\varepsilon y)$，$\varepsilon>0$，则我们得知，$\Phi^\varepsilon=(\hat{\varphi_\varepsilon})$. 而且，由于(2.10)，$\varphi_\varepsilon$ 和 Φ^ε 满足推论 2.6 的条件，故有

$$\sum_{m\in\Lambda}\Phi(\varepsilon m)\mathrm{e}^{2\pi\mathrm{i}m\cdot x}=\sum_{m\in\Lambda}\varphi_\varepsilon(x+m)\qquad(2.12)$$

若用 $K_\varepsilon(x)$ 表示(2.12) 之右端，则可得

$$(f*K_\varepsilon)(x)=\sum_{m\in\Lambda}\Phi(\varepsilon m)a_m\mathrm{e}^{2\pi\mathrm{i}m\cdot x}$$

其中卷积是在 §1 引入的(特别参看(1.6)). 根据我们对 Φ 的假定，上述最后的级数绝对收敛. 另一方面，有

$$\int_{T_n}|K_\varepsilon(x)|\,\mathrm{d}x\leqslant\int_{Q_n}\sum_{m\in\Lambda}|\varphi_\varepsilon(x+m)|\,\mathrm{d}x$$

$$=\int_{E_n}|\varphi_\varepsilon(x)|\,\mathrm{d}x=\int_{E_n}|\varphi(x)|\,\mathrm{d}x$$

由于 $\|f*K_\varepsilon\|_p\leqslant\|f\|_p\|K_\varepsilon\|_1$(这里，范数都是空间 $L^p(T_n)(1\leqslant p\leqslant+\infty)$ 的范数)，我们看出，映射

$$M_\varepsilon:f\to\sum_{m\in\Lambda}\Phi(\varepsilon m)a_m\mathrm{e}^{2\pi\mathrm{i}x\cdot m}$$

作为 $L^p(T_n)$ 上的算子，对 $\varepsilon(\varepsilon>0)$ 是一致有界的. 又依 Φ 的连续性和 $\int_{E_n}\varphi(x)\mathrm{d}x=1$，我们有 $\lim\limits_{\varepsilon\to0}\Phi(\varepsilon m)=1$，因而只要 f 是三角多项式，当 $\varepsilon\to0$ 时就有 $M_\varepsilon f\to f$(按 L^p 范数). 最后根据三角多项式在 $L^p(T_n)$ 中 $(p<+\infty)$ 和在 $C(T_n)$ 中的稠密性，以及我们刚才证明的一致有界性，定理的(1) 和(2) 就可得到证明.

在证明(3) 以前，我们先应说明，在 f 被周期延拓后，如果 x 是 E_n 上延拓了的周期函数的勒贝格集的点，我们就说 x 是 f 的勒贝格点. 显然，经适当的平移，

我们可以使 x 成为原点（它是基本立方体 Q_n 的中心）.
设

$$\tilde{f}(x)=\begin{cases}f(x), & 当\ x\in Q_n\\ 0, & 当\ x\in E_n-Q_n\end{cases}$$

因为函数的勒贝格点的性质是局部的，所以 0 也是 $\tilde{f}$ 的勒贝格集的点. 现在

$$\begin{aligned}\sum_{m\in\Lambda}\Phi(\varepsilon m)a_m&=\int_{Q_n}f(x)K_\varepsilon(-x)\mathrm{d}x\\&=\sum_{m\in\Lambda}\int_{Q_n}f(x)\varphi_\varepsilon(-x+m)\mathrm{d}x\\&=\int_{Q_n}f(x)\varphi_\varepsilon(-x)\mathrm{d}x+\\&\quad\sum_{m\neq 0}\int_{Q_n}f(x)\varphi_\varepsilon(-x+m)\mathrm{d}x\end{aligned}$$

根据对 φ 的假定，若 $x\in Q_n$，且 $|m|\geqslant 1$，则有

$$|\varphi_\varepsilon(-x+m)|\leqslant A\left(1+\left|\frac{-x+m}{\varepsilon}\right|\right)^{-n-\delta}\varepsilon^{-n}$$

$$=\varepsilon^\delta A(\varepsilon+|-x+m|)^{-(n+\delta)}$$

$$\leqslant\varepsilon^\delta A'|m|^{-(n+\delta)}$$

所以，当 $\varepsilon\to 0$ 时

$$\left|\sum_{m\neq 0}\int_{Q_n}f(x)\varphi_\varepsilon(-x+m)\mathrm{d}x\right|$$

$$\leqslant\varepsilon^\delta A''\int_{Q_n}|f(x)|\mathrm{d}x\to 0$$

同时，有

$$\int_{Q_n}f(x)\varphi_\varepsilon(-x)\mathrm{d}x=\int_{E_n}\tilde{f}(x)\varphi_\varepsilon(-x)\mathrm{d}x$$

$$|\varphi(x)|\leqslant A(1+|x|)^{-n-\delta}$$

并且得到

$$\lim_{\varepsilon\to 0}\int_{E_n}\tilde{f}(x)\varphi_\varepsilon(-x)\mathrm{d}x=\tilde{f}(0)=f(0)$$

这就证明了(3). 因而定理 2.11 证毕.

这里有必要分别提出这个定理的两个特殊情形. 第一个情形,我们考虑 $\varphi(x)=c_n(1+|x|^2)^{-(n+1)/2}$. 那么,$\Phi(y)=\mathrm{e}^{-2\pi|y|}$. 这时,式(2.9)中的级数变成(若用 t 代替 ε)

$$\sum_{m\in\Lambda}\mathrm{e}^{-2\pi|m|t}a_m\mathrm{e}^{2\pi\mathrm{i}m\cdot x} \tag{2.13}$$

这一级数对 $t>0$ 绝对收敛,并被称为 f 的泊松(或阿贝尔一泊松)积分. 它就是 f 与泊松核

$$P_t(x)=\sum_{m\in\Lambda}\mathrm{e}^{-2\pi|m|t}\mathrm{e}^{2\pi\mathrm{i}m\cdot x}$$

的卷积. 由(2.12)可推出,当 $t>0, x\in Q_n$ 时,$P_t(x)\geqslant 0$. 此外

$$\begin{aligned}\int_{Q_n}P_t(x)&=\int_{Q_n}1\mathrm{d}x+\int_{Q_n}\sum_{m\neq 0}\mathrm{e}^{-2\pi|m|t}\mathrm{e}^{2\pi\mathrm{i}m\cdot x}\mathrm{d}x\\&=1+0=1\end{aligned}$$

第二个例子是

$$\Phi(y)=\begin{cases}(1-|y|^2)^\alpha, & 当\ |y|\leqslant 1\\ 0, & 当\ |y|>1\end{cases}$$

的情况. 我们有

$$\varphi(x)=\hat{\Phi}(x)=\pi^{-\alpha}\Gamma(\alpha+1)|x|^{-(n/2)-\alpha}J_{(n/2)+\alpha}(2\pi|x|)$$

于是,当 $\alpha>(n-1)/2$ 时,Φ(以及 φ)满足假设(2.10). 故此时可得黎兹平均[①]

$$\lim_{R\to\infty}\sum_{|m|<R}\left(1-\frac{|m|^2}{R^2}\right)^\alpha a_m\mathrm{e}^{2\pi\mathrm{i}m\cdot x}\quad\left(\alpha>\frac{n-1}{2}\right) \tag{2.14}$$

---

① 使函数 Φ 和 $\varphi=\hat{\Phi}$ 满足(2.10)的值 α 的下界 $(n-1)/2$ 叫作临界指标(对黎兹平均(2.14)收敛性的临界指标).

的适当的收敛性.综上所述,归结如下:

推论 2.15 对于阿贝尔－泊松平均(2.13)和对于 α 大于临界指标时的黎兹平均(2.14),定理 2.11 的结论成立.

阶数不大于临界指标的黎兹平均的处理方法较复杂,我们将在 §4,§5 中讨论.

我们刚才给出的泊松求和公式的应用涉及正则化算子的周期模拟,这种算子是在傅里叶反演问题中提出来的.泊松求和公式的第二个应用是一种典型情形,在那里,可用泊松求和公式对各种初等(周期)函数进行精确估计.

若 α 是满足 $0<\mathrm{Re}(\alpha)<n$ 的复数,$f(x)=|x|^{\alpha-n}$,则 $\hat{f}(x)=\gamma_\alpha|x|^{-\alpha}$,其中 $\gamma_\alpha=\pi^{-\alpha+n/2}\Gamma(\alpha/2)/\Gamma[(n-2)/2]$.假如不顾所有收敛性问题而应用等式(2.7),我们就会得出

$$\gamma_\alpha^{-1}\sum_{m\in\Lambda}|x+m|^{\alpha-n}=\sum_{m\in\Lambda}|m|^{-\alpha}\mathrm{e}^{2\pi\mathrm{i}m\cdot x}\qquad(2.16)$$

这个关系是不可能成立的,因为右端相应于 $m=0$ 的项是无穷大,左端的级数又发散.但是适当修改后,泊松求和公式就可以在这里应用了.一种应用办法是要涉及黎曼 Zeta 函数的泛函方程及其某些推广,这将在(6.3)中讨论.下述定理给出(2.16)的另一种解释.

定理 2.17 设

$$0<\mathrm{Re}(\alpha)<n$$

则级数 $\sum_{|m|>0}|m|^{-\alpha}\mathrm{e}^{2\pi\mathrm{i}m\cdot x}$ 是 Q_n 上一个可积函数的傅里叶级数,这个函数属于 $Q_n-\{0\}$ 上的 C^∞ 类,且在原点处,这个函数与值为 $\gamma_\alpha^{-1}|x|^{\alpha-n}$ 的函数有相同的奇异

性.就是说

$$\gamma_\alpha^{-1}|x|^{\alpha-n}+b(x)\sim\sum_{|m|>0}|m|^{-\alpha}e^{2\pi i m\cdot x}\quad(x\in Q_n)$$

这里,$b\in C^\infty(Q_n)$.

证明　取一个函数 η 具有下列性质:$\eta\in C^\infty(E_n)$,$\eta(x)$ 在 $|x|\geqslant 1$ 时为 1,在原点的一个邻域中为 0.定义 $F(x)=\eta(x)|x|^{-\alpha}$,$x\in E_n$.我们断言,存在一个函数 $f\in L^1(E_n)$,使得:

(1)$\hat{f}=F$;

(2)$f(x)=\gamma_\alpha^{-1}|x|^{\alpha-n}+b_1(x)$,其中 $b_1\in C^\infty(E_n)$;

(3)对于每个 n 重非负整数组 $\beta=(\beta_1,\beta_2,\cdots,\beta_n)$ 和每一个正整数 N,当 $|x|\to\infty$ 时,有 $|D^\beta f(x)|=O(|x|^{-N})$.

事实上,将 $F(x)$ 写成

$$F(x)=|x|^{-\alpha}+(\eta(x)-1)|x|^{-\alpha}$$

并设 f 是 F 在缓变广义函数意义下的傅里叶逆变换.可知

$$f(x)=\gamma_\alpha^{-1}|x|^{\alpha-n}+b_1(x)$$

这里 $b_1(x)$ 是一个可积函数的傅里叶逆变换,这个可积函数有有界支集,其值为$(\eta(x)-1)|x|^{-\alpha}$.所以 $b_1\in C^\infty(E_n)$,而且性质(1),(2)得证.又因 f 是 F 的傅里叶逆变换,对于任一 n 重非负整数组 β 来说,$-(2\pi i x)^\beta f(x)$ 就是 $D^\beta F$ 的傅里叶逆变换.注意,如果偏导数 $D^\beta F$ 的阶足够大($\beta_1+\beta_2+\cdots+\beta_n>n-\mathrm{Re}(\alpha)$),就有 $D^\beta F\in L^1(E_n)$,因而这时 $-(2\pi i x)^\beta f(x)$ 是有界的.这就证明了当 $|x|\to\infty$ 时,$|f(x)|=O(|x|^{-N})$.性质(3)的其余部分也可以

用同样的办法证明. 另外,从(2) 和刚才证明的结论 $|f(x)|=O(|x|^{-N})(|x|\to\infty)$,可推出 $f\in L^1(E_n)$.

下面,把定理 2.4 给出的变形的泊松求和公式应用到我们上面构造的函数 f 以及 $\hat{f}=F$ 上,得到

$$\sum_{m\in\Lambda}f(x+m)\sim\sum_{m\in\Lambda}F(m)\mathrm{e}^{2\pi\mathrm{i}x\cdot m}=\sum_{|m|>0}|m|^{-\alpha}\mathrm{e}^{2\pi\mathrm{i}x\cdot m}$$

又由于

$$\sum_{m\in\Lambda}f(x+m)=f(x)+\sum_{|m|>0}f(x+m)$$

$$=\gamma_\alpha^{-1}|x|^{\alpha-n}+b_1(x)+\sum_{|m|>0}f(x+m)$$

取 $b(x)=b_1(x)+\sum\limits_{|m|>0}f(x+m)$,就证明了定理.

除级数 $\sum\limits_{|m|>0}|m|^{-\alpha}\mathrm{e}^{2\pi\mathrm{i}x\cdot m}$ 以外,许多其他特殊的级数也可以用这种办法处理,有一些将在(6.1) 中介绍.

§3 乘子变换

我们研究过由 $L^p(E_n)$ 映入 $L^q(E_n)$ 且与平移可交换的有界算子类,并发现每个这种算子 T 实际上是由某一个缓变广义函数 u 确定的,u 对每个 $f\in\mathscr{F}$,有 $Tf=u*f$. 我们对它取傅里叶变换,就得到 $(Tf)\hat{}=\hat{u}\hat{f}$. 所以,经过傅里叶变换后,$T$ 等价于一个算子,它把每一测试函数映射成测试函数的傅里叶变换与广义函数 $\hat{u}$ 的乘积. 一般来说,我们对这种"乘子"$\hat{u}$ 了解得还不太多,然而当 $p=q$ 时,我们能证明除了其他性质外,$\hat{u}$ 是有界可测函数. 当 $p=2=q$ 时,$\hat{u}$ 具有此性质. 如果 $p\neq 2$,且对一切 $f\in\mathscr{F}$,$\|u*f\|_p\leqslant A\|f\|_p$,那么,

对一切 $f\in\mathscr{F}$,有 $\|u*f\|_{p'}\leqslant A\|f\|_{p'}$,此外$(1/p)+(1/p')=1$. 因为 2 必位于 p 与 p' 之间,故由黎兹插值定理知,算子 $T:f\to u*f$ 是(2,2)型的,从而是有界可测函数.

现在我们的目的是要在周期情形中研究类似的乘子算子,并对其中的一个重要的乘子类证明它们的性质是非周期变型的先验推论.

我们规定,当 $p<+\infty$ 时,(L^p,L^q) 表示由 $L^p(E_n)$ 到 $L^q(E_n)$ 的与平移可交换的有界算子 T 的全体(或等价地说,(L^p,L^q) 是如下缓变广义函数 u 的类:u 对某个 $A=A(u)$ 和一切 $\varphi\in\mathscr{F}$,满足 $\|u*\varphi\|_q\leqslant A\|\varphi\|_p$). 为了强调这些算子是作用于 E_n 上的函数的,我们现把这个类记作$(L^p(E_n),L^q(E_n))$. 类似地,对于周期情形,我们引入一切有界算子 $\widetilde{T}$ 的类$(L^p(T_n),L^q(T_n))\widetilde{T}$ 是从 $L^p(T_n)$ 映入 $L^q(T_n)$,并与平移可交换的算子.

与非周期情形类似,我们可以使任何 $\widetilde{T}\in(L^p(T_n),L^q(T_n))$ 等同于由一适当缓变广义函数确定的卷积(在 T_n 上). 但在这时,直接考虑算子会简单得多.

定理 3.1　设 $\widetilde{T}\in(L^p(T_n),L^q(T_n))$,$1\leqslant p,q\leqslant+\infty$,则存在一个有界复值函数 λ:在网络 Λ 上,$m\to\lambda(m)$,使得只要 $f\sim\sum\limits_{m\in\Lambda}a_m\mathrm{e}^{2\pi\mathrm{i}m\cdot x}$,就有

$$\widetilde{T}f\sim\sum_{m\in\Lambda}\lambda(m)a_m\mathrm{e}^{2\pi\mathrm{i}m\cdot x}\tag{3.2}$$

证明　令 $\psi_m(x)=(\widetilde{T}e_m)(x)$,其中 $e_m(y)=\mathrm{e}^{2\pi\mathrm{i}m\cdot y}(m\in\Lambda)$. 于是 $\|\psi_m\|_q\leqslant A\|e_m\|_p=A$. 若用 τ_h

表示由 h 给出的平移变换(即对周期函数 f,就有 $(\tau_h f)(x)=f(x-h)$),则由假设 $\widetilde{T}_{\tau_h}=\tau_h\widetilde{T}$ 推出,对每个 $h\in Q_n$,有

$$\psi_m(x-h)=\mathrm{e}^{-2\pi i m\cdot h}\psi_m(x)$$

对几乎一切 x 成立.那么,由 Fubini 定理可知,若固定某个 $x(=x_0)$,则上式对几乎一切 $h\in Q_n$ 成立.这就意味着对几乎每个 h,有 $\psi_m(h)=\mathrm{e}^{2\pi i m\cdot h}\mathrm{e}^{-2\pi i m\cdot x_0}\psi_m(x_0)$.于是

$$\psi_m(x)=\lambda(m)\mathrm{e}^{2\pi i m\cdot x}$$

对几乎一切 x 成立,其中 $\lambda(m)=\mathrm{e}^{-2\pi i m\cdot x_0}\psi_m(x_0)$.而且

$$\begin{aligned}|\lambda(m)|&=|\lambda(m)|\ \|e_m\|_q=\|\lambda(m)e_m\|_q\\&=\|\psi_m\|_q\leqslant A\end{aligned}$$

通过函数系$\{e_m\}$的有限线性组合,我们可得当 f 是三角多项式时,表达式(3.2)成立,再应用简单的极限手续,就可推广到对一切 $f\in L^p(T_n)$ 也成立.定理得证.

由于有了定理 3.1,我们自然把变换 $\widetilde{T}\in(L^p(T_n),L^q(T_n))$ 称作乘子算子,把相应的序列 $\{\lambda(m)\}$ 称作乘子.

从这个定理和(1.7)之(3),可得到下列推论:

推论 3.3 $\widetilde{T}\in(L^2(T_n),L^2(T_n))$ 当且仅当 $\{\lambda(m)\}$ 是有界序列.而且算子的范数

$$\|\widetilde{T}\|=\sup_{m\in\Lambda}|\lambda(m)|$$

更确切地说,有以下结论:

定理 3.4 $\widetilde{T}\in(L^1(T_n),L^1(T_n))$ 当且仅当存在一个 T_n 上的有限 Borel 测度 μ,满足

$$\mathrm{d}\mu\sim\sum_{m\in\Lambda}\lambda(m)\mathrm{e}^{2\pi i m\cdot x}\tag{3.5}$$

此时，$\| d\mu \| = \| \widetilde{T} \|$.

证明　设 $\| \widetilde{T}f \|_1 \leqslant A \| f \|_1$ 对一切 $f \in L^1(T_n)$ 成立，又对 $t > 0$，令

$$f_t(x) = P_t(x) = \sum_{m \in \Lambda} e^{-2\pi i |m| \cdot t} e^{2\pi i m \cdot x}$$

我们曾经证明（参看(2.13)下面的讨论）$\| f_t \|_1 = 1$. 于是有

$$\| \widetilde{T}f_t \|_1 = \int_{Q_n} \left| \sum_{m \in \Lambda} e^{-2\pi |m| t} e^{2\pi i m \cdot x} \lambda(m) \right| dx \leqslant A$$

因而我们可以找到一个趋于 0 的正数列 $\{t_n\}$，满足 $\{\widetilde{T}f_{t_n}\}$ 弱收敛于测度 μ，即对每个 $g \in C(T_n)$

$$\lim_{j \to \infty} \int_{T_n} \widetilde{T}f_{t_j}(x) g(x) dx = \int_{T_n} g(x) d\mu(x)$$

从而 $\| d\mu \| \leqslant A$. 特别有

$$\begin{aligned} \lambda(m) &= \lim_{j \to \infty} e^{-2\pi i m \cdot x} \widetilde{T}f_{t_j}(x) dx \\ &= \int_{T_n} e^{-2\pi i m \cdot x} d\mu(x) \end{aligned}$$

故

$$d\mu \sim \sum_{m \in \Lambda} \lambda(m) e^{2\pi i m \cdot x}$$

其逆则是卷积算子的定义的直接推论（参看(1.6)及其下面的讨论）.

在建立了这些预备定理以后，我们转入本节所要讨论的主要问题. 设 $T \in (L^p(E_n), L^p(E_n))$. 根据前面的讨论，我们可以认为 T 是一个乘子 $\hat{u}$，这里 $\hat{u}$ 是一个有界可测函数. 一般来说，$\hat{u}$ 不是连续的，故 $\hat{u}$ 不必在网格 Λ 的点上定义. 但是，假如 $\hat{u}$ 是在网格 Λ 的点上连续，而使 $\lambda(m) = \hat{u}(m)$ 在 Λ 上有定义，我们就可以问 $\{\lambda(m)\}$ 是否是类 $(L^p(T_n), L^p(T_n))$ 中的一个乘子.

如果是的话，我们就说由算子 T 的周期化产生了对应的 n 维环面上的算子 $\widetilde{T}$.

在列出一般定理之前，我们先来考察一些较为简单的特殊情形. 在 $p=2$ 时，从 $\hat{u}$ 在 E_n 上有界并在 Λ 的点上连续，就推出 $\sup\limits_{m\in\Lambda}|\hat{u}(m)|=\sup\limits_{m\in\Lambda}|\lambda(m)|<\infty$. 因而依推论 3.3，周期化了的算子就属于 $(L^2(T_n), L^2(T_n))$. 至于 $p=1$ 的情形，我们知道 $\hat{u}(x)=\hat{\mu}(x)$，此处 $\hat{\mu}$ 是测度 $\mu\in\mathscr{B}(E_n)$ 的傅里叶变换. 那么，相应的周期化算子属于 $(L^1(T_n), L^1(T_n))$ 这一点就是定理 3.4 和下面事实的推论（这一事实亦可视为泊松求和公式的另一种变化形式）：

定理 3.6 设 $\mu\in\mathscr{B}(E_n)$，$\hat{\mu}$ 是它的傅里叶变换，则 $\sum\limits_{m\in\Lambda}\hat{\mu}(m)e^{2\pi i m\cdot x}$ 就是 T_n 上一个测度 $\tilde{\mu}$ 的傅里叶级数，而且 $\|d\tilde{\mu}\|\leqslant\|d\mu\|$.

证明 我们考虑把 $f\in C(T_n)$ 映入 $\int_{E_n}f(x)d\mu(x)$ 的线性泛函（这里，我们把 f 的周期延拓仍用 f 来表示）. 根据黎兹表示定理，这个泛函可以认为是某个测度 $\tilde{\mu}\in\mathscr{B}(T_n)$，即

$$\int_{E_n}f(x)d\mu(x)=\int_{T_n}f(x)d\tilde{\mu}(x) \qquad (3.7)$$

对 $f(x)=e^{-2\pi i m\cdot x}$，$m\in\Lambda$，应用(3.7)，就能证明定理 3.6.

由(3.7)可知，对任一 Borel 集 $E\subset Q_n$，都有

$$\tilde{\mu}(E)=\sum_{m\in\Lambda}\mu(E+m)$$

于是，用类似于对函数引进的周期化的方法，我们从 μ 得出了一个测度 $\tilde{\mu}$（见(2.1)及其下面的讨论）.

本节的主要结果可叙述如下：

定理 3.8 设 $T \in (L^p(E_n), L^p(E_n))$，$1 \leqslant p \leqslant +\infty$，$\hat{u}$ 是相应于 T 的乘子，并设 $\hat{u}$ 在网格 Λ 的每个点连续. 令 $\lambda(m) = \hat{u}(m)$，$m \in \Lambda$，则存在唯一的周期化算子 $\widetilde{T}$（是由 (3.2) 定义的），满足 $\widetilde{T} \in (L^p(T_n), L^p(T_n))$，且 $\| \widetilde{T} \| \leqslant \| T \|$.

为证明定理 3.8，我们先给出两个引理.

引理 3.9 设 f 是 E_n 上的连续周期函数，则有

$$\lim_{\varepsilon \to 0} \varepsilon^{n/2} \int_{E_n} f(x) \mathrm{e}^{-\varepsilon\pi|x|^2} \mathrm{d}x = \int_{Q_n} f(x) \mathrm{d}x \qquad (3.10)$$

证明 当 $f(x) = \mathrm{e}^{2\pi i m \cdot x}$ 时，由于对 $\varepsilon > 0$，$m \in \Lambda$，有

$$\varepsilon^{n/2} \int_{E_n} \mathrm{e}^{2\pi i m \cdot x} \mathrm{e}^{-\varepsilon\pi|x|^2} \mathrm{d}x = \mathrm{e}^{-\pi|m|^2/\varepsilon}$$

所以等式(3.10) 是显然成立的. 因而(3.10) 对任一三角多项式也成立. 再用这样的多项式一致逼近 Q_n 上任意一个连续周期函数，便可证明本引理。

下面第二个引理是证明定理 3.8 的主要工具.

引理 3.11 假定 P 和 Q 是两个三角多项式，T 属于$(L^p(E_n), L^p(E_n))$，$\widetilde{T}$ 是按(3.2) 定义在三角多项式类上的算子，对 $\delta > 0$，$y \in E_n$，记 $w_\delta(y) = \mathrm{e}^{-\pi\delta|y|^2}$. 那么，当 $\alpha, \beta > 0$，且 $\alpha + \beta = 1$ 时，有

$$\lim_{\varepsilon \to 0} \varepsilon^{n/2} \int_{E_n} T(P w_{\varepsilon\alpha})(x) \overline{Q(x)} w_{\varepsilon\beta}(x) \mathrm{d}x$$

$$= \int_{Q_n} (\widetilde{T}P)(x) \overline{Q(x)} \mathrm{d}x \qquad (3.12)$$

证明 因为(3.12) 中的各式对 P 和 Q 都是线性

的，所以我们只需对 $P(x)=e^{2\pi i m\cdot x}$ 和 $Q(x)=e^{2\pi i k\cdot x}$，m，$k\in\Lambda$，证明(3.12)即可. 根据 Plancherel 定理和乘子 $\hat{u}$ 的定义，当 φ 和 ψ 分别是函数 $e^{2\pi i m\cdot x}e^{-\pi\varepsilon\alpha|x|^2}$ 和 $e^{2\pi i k\cdot x}e^{-\pi\varepsilon\beta|x|^2}$ 的傅里叶变换时，左端的积分等于 $\varepsilon^{n/2}\int_{E_n}\hat{u}(x)\varphi(x)\overline{\psi(x)}\mathrm{d}x$. 而

$$\varphi(x)=e^{-\pi(|x-m|^2/\alpha\varepsilon)}(\alpha\varepsilon)^{-(n/2)}$$

和

$$\psi(x)=e^{-\pi(|x-k|^2/\beta\varepsilon)}(\beta\varepsilon)^{-(n/2)}$$

现假定 $m\neq k$，从而 $|m-k|\geqslant 1$. 由于对某个适当的常数 A，有 $|\hat{u}(x)|\leqslant A$，所以(3.12)的左端是有界的，其界为

$$\varepsilon^{n/2}A\int_{E_n}e^{-(|x-m|^2/\alpha\varepsilon)\pi}(\alpha\varepsilon)^{-(n/2)}e^{-(|x-k|^2/\beta\varepsilon)\pi}(\beta\varepsilon)^{-(n/2)}\mathrm{d}x$$

$$\leqslant\varepsilon^{n/2}A\left[\int_{|x-m|\geqslant\frac{1}{2}}+\int_{|x-k|\geqslant\frac{1}{2}}\right]$$

考虑在 $\left\{x\in E_n,\ |x-m|\geqslant\frac{1}{2}\right\}$ 上的积分，当 $\varepsilon\to 0$ 时，因子 $\varepsilon^{n/2}e^{-(|x-m|^2/\alpha\varepsilon)\pi}(\alpha\varepsilon)^{-(n/2)}$ 一致趋于 0，而因子 $e^{-(|x-k|^2/\beta\varepsilon)\pi}(\beta\varepsilon)^{-(n/2)}$ 在 E_n 上的积分为 1. 所以当 $\varepsilon\to 0$ 时，$\varepsilon^{(n/2)}\int_{|x-m|\geqslant\frac{1}{2}}$ 趋于 0. 交换 m 和 k 的地位，进行同样的论证，可知 $\lim\limits_{\varepsilon\to 0}\varepsilon^{n/2}\int_{|x-k|\geqslant\frac{1}{2}}=0$. 又因 $m\neq k$ 时有

$$\int_{T_n}(\widetilde{T}P)(x)\overline{Q(x)}\mathrm{d}x=\int_{Q_n}\lambda(m)e^{2\pi i m\cdot x}e^{-2\pi i k\cdot x}\mathrm{d}x=0$$

则(3.12)对 $m\neq k$ 的情形得证.

当 $m=k$ 时，(3.12)之左端等于

$$\lim_{\varepsilon\to 0}(\varepsilon\alpha\beta)^{-n/2}\int_{E_n}\hat{u}(x)\mathrm{e}^{-\pi(|x-m|^2/\varepsilon)(1/\alpha+1/\beta)}\mathrm{d}x \tag{3.13}$$

由于$(1/\alpha)+(1/\beta)=1/\alpha\beta$,(3.13)则是当$\varepsilon\to 0$时$\hat{u}$的高斯－魏尔斯特拉斯积分的极限. 在$m$属于$\hat{u}$的勒贝格集时,这个极限便是$\hat{u}(m)$. 而根据假设,$\hat{u}$在$m$连续,所以上述结论成立. 这样,就对$P(x)=\mathrm{e}^{2\pi \mathrm{i} m\cdot x}=Q(x)$证明了等式(3.12)(因这时$\int_{T_n}(\widetilde{T}P)(x)\cdot\overline{Q(x)}\mathrm{d}x=\lambda(m)$). 因而引理得证.

我们现在来证明定理3.8,为了避免某些无关的技术性问题,我们暂时假定$1<p<+\infty$. 设q是p的共轭指数,则$1/p+1/q=1,1<q<+\infty$. 我们先来证明存在常数$A\leqslant\|T\|$,使一切三角多项式P有

$$\left(\int_{Q_n}|(\widetilde{T}P)(x)|^p\mathrm{d}x\right)^{1/p}\leqslant A\left(\int_{Q_n}|P(x)|^p\mathrm{d}x\right)^{1/p} \tag{3.14}$$

如果Q也是一个三角多项式,则

$$\left|\int_{E_n}(T(Pw_{\varepsilon\alpha}))(x)\overline{Q(x)}w_{\varepsilon\beta}(x)\mathrm{d}x\right| \leqslant \|T\|\,\|Pw_{\varepsilon\alpha}\|_p\,\|Qw_{\varepsilon\beta}\|_q \tag{3.15}$$

其中之范数是关于E_n取的,且$w_\delta(\delta>0)$是引理3.11中引入的函数. 令$\alpha=(1/p),\beta=(1/q)$,并用$\varepsilon^{n/2}$乘两端,再令$\varepsilon\to 0$,则由引理3.11,左端收敛于$\int_{Q_n}(\widetilde{T}P)(x)\overline{Q(x)}\mathrm{d}x$. 另一方面,由引理3.9知

$$\lim_{\varepsilon\to 0}\varepsilon^{n/2}\|Pw_{\varepsilon/p}\|_p\|Qw_{\varepsilon/q}\|_q$$

$$=\lim_{\varepsilon\to 0}\left[\varepsilon^{n/2}\int_{E_n}|P(x)|^p\mathrm{e}^{-\varepsilon\pi|x|^2}\mathrm{d}x\right]^{1/p}\cdot$$

$$\left[\varepsilon^{n/2}\int_{E_n} |Q(x)|^q e^{-\varepsilon\pi|x|^2} dx\right]^{1/q}$$

$$=\left[\int_{Q_n} |P(x)|^p dx\right]^{1/p}\left[\int_{Q_n} |Q(x)|^q dx\right]^{1/q}$$

连同(3.15)一起,可得

$$\left|\int_{Q_n}(\widetilde{T}P)(x)\overline{Q(x)}dx\right|$$

$$\leqslant \|T\|\left(\int_{Q_n} |P(x)|^p dx\right)^{1/p}\left(\int_{Q_n} |Q(x)|^q dx\right)^{1/q}$$

最后,对一切满足$\int_{Q_n} |Q(x)|^q dx \leqslant 1$的多项式$Q$取上确界,则得到(3.14).这就证明了$\widetilde{T}$在三角多项式上的限制是$L^p(T_n)$上的有界算子,其界不超过$\|T\|$.于是,这个限制在全$L^p(T_n)$上有唯一的扩张,且就是此扩张满足定理3.8.

现在来看$p=1$和$p=\infty$的情形.实际上这种极端情形要比我们刚才讨论的一般情形要简单得多.对于$p=1$,其结论(如我们已经指出过的)是定理3.4和3.6的直接推论.当$p=\infty$时,我们做如下论证:若$T\in(L^\infty(E_n),L^\infty(E_n))$,则$T\in(L^1(E_n),L^1(E_n))$,而且定理3.20的证明表明,$T$作为$L^1(E_n)$上的算子,其范数不会超过它作为$L^\infty(E_n)$上算子的范数.于是,从刚才所证明的$p=1$的情形知,$\widetilde{T}\in(L^1(T_n),L^1(T_n))$.再由(3.4)知,存在一个$T_n$上的有限Borel测度$\mu$,满足$\|d\mu\|=\|\widetilde{T}\|$与$\widetilde{T}f=f*d\mu$.但对于$f\in L^\infty(T_n)$,有$\|f\cdot d\mu\|_\infty\leqslant\|f\|_\infty\|d\mu\|$.于是定理对$p=\infty$也得证.

推论3.16 在定理3.8中,若不假定$\hat{u}$在Λ的点上连续,而改为假定对每个$m\in\Lambda$,有

$$\lim_{\varepsilon\to 0}\varepsilon^{-n}\int_{|t|\leqslant\varepsilon}[\hat{u}(m-t)-\hat{u}(m)]\mathrm{d}t=0 \quad (3.17)$$

则定理的结论仍成立.

事实上,条件(3.17)足以保证极限(3.13)存在,且其值为 $\hat{u}(m)$.

我们曾证明,对应于奇异积分算子 T 的乘子是一个零阶齐次函数 Ω_0,它在单位球面上连续(因而,在除原点之外处处连续),并且有性质 $\int_{\Sigma_{n-1}}\Omega_0(x')\mathrm{d}x'=0$. 如果我们设 $x\neq 0$ 时 $\hat{u}(x)=\Omega_0(x)$,及 $\hat{u}(0)=0$,则推论 3.16 的条件(3.17)被满足,因而,当 $f(x)\sim\sum_{m\in\Lambda}a_m\mathrm{e}^{2\pi\mathrm{i}m\cdot x}$ 时,由

$$(\widetilde{T}f)(x)\sim\sum_{m\neq 0}\Omega_0(m)a_m\mathrm{e}^{2\pi\mathrm{i}m\cdot x}$$

定义的算子 $\widetilde{T}$ 属于$(L^p(T_n),L^p(T_n))$,$1<p<+\infty$. 一个特殊的例子是当 $\Omega_0(x)=P^{(k)}(x)/|x|^k$ 时产生的算子,此处 $P^{(k)}$ 是 E_n 上的调和多项式,它是 $k\geqslant 1$ 阶齐次的. $\Omega_0(x)=-\mathrm{i}x_j/|x|(j=1,2,\cdots,n)$ 时的特殊情况,就是通常所说的周期黎兹变换.

现在我们来证明定理 3.8 有逆定理. 设 λ 是 E_n 上的一个连续函数,$\{\lambda(m)\}$ 族,$m\in\Lambda$,是由$(L^p(T_n),L^p(T_n))$中的一个算子的所有乘子组成. 我们能否断定 λ 是$(L^p(E_n),L^p(E_n))$中一个算子的乘子? 容易看出,这是不行的. 因为我们对 λ 的假定只是对它在网格 Λ 上的值有影响,而结论则要涉及它在全 E_n 上的性态. 为要提出一个有意义的逆定理,我们注意到,λ 若是$(L^p(E_n),L^p(E_n))$中一个算子的乘子,那么对每个 $\varepsilon>0$,函数 $\lambda(\varepsilon x)$ 就必定也是一个$(L^p(E_n),L^p(E_n))$

型算子的乘子,其范数只依赖于 λ 而不依赖于 ε. 事实上,对每个 $f \in \mathscr{F}$,我们有 $(Tf)\hat{}(x) = \lambda(x)\hat{f}(x)$. 于是,如果我们定义 T_ε 为算子 $\delta_\varepsilon^{-1}T\delta_\varepsilon$,就又得到一个乘子算子,其乘子是值为 $\lambda(\varepsilon x)$ 的函数. 此外,由于

$$\|\delta_\varepsilon f\|_p = \varepsilon^{-n/p}\|f\|_p \text{ 和 } \|\delta_\varepsilon^{-1} f\|_p = \varepsilon^{n/p}\|f\|_p$$

我们得知 $\|T_\varepsilon\| = \|T\|$. 从这些事实来看,不难理解下面的定理是定理 3.8 的逆定理.

定理 3.18 设 λ 是 E_n 上的连续函数. 假定对每个 $\varepsilon > 0$,存在一个算子 $\widetilde{T}_\varepsilon \in (L^p(T_n), L^p(T_n))$

$$(\widetilde{T}_s f)(x) \sim \sum_{m\in\Lambda}\lambda(\varepsilon m)a_m e^{2\pi i m\cdot x} \tag{3.19}$$

其中 $\{a_m\}$ 是 $f \in L^p(T_n)$ 的傅里叶系数. 若设算子 $\widetilde{T}_s$ 的范数 $\|\widetilde{T}_s\|$ 是一致有界的,则 λ 就是 $(L^p(E_n), L^p(E_n))$ 型乘子,而且若 T 是其相应的算子,则 T 的算子范数不超过 $\sup\limits_{\varepsilon>0}\|\widetilde{T}_\varepsilon\|$.

证明 我们首先把 $p=\infty$ 的情形化为 $p=1$ 的情形来处理. 事实上,当 f 和 g(譬如说)是三角多项式时,从(3.19)立刻推出对偶等式

$$\int_{T_n}(\widetilde{T}_\varepsilon f)(x)g(-x)\mathrm{d}x = \int_{T_n}(\widetilde{T}_\varepsilon g)(x)f(-x)\mathrm{d}x \tag{3.20}$$

并由此推出 $\|\widetilde{T}_\varepsilon\|_1 \leqslant \|\widetilde{T}_\varepsilon\|_\infty$(这里,下标是用以表示 $\widetilde{T}_\varepsilon$ 分别作为 $L^1(T_n)$ 和 $L^\infty(T_n)$ 上的算子范数). 那么,如果对 $p=1$ 证明了本定理,我们就得到一个有乘子 λ 的算子 $T \in (L^1(E_n), L^1(E_n))$,满足

$$\|T\|_1 \leqslant \sup_{\varepsilon>0}\|\widetilde{T}_\varepsilon\|_1 \leqslant \sup_{\varepsilon>0}\|\widetilde{T}_\varepsilon\|_\infty$$

于是得到 $T \in (L^\infty(T_n), L^\infty(T_n))$,以及 $\|\widetilde{T}\|_\infty \leqslant \sup\limits_{\varepsilon>0}\|\widetilde{T}_\varepsilon\|_\infty$.

因此我们假定 $1 \leqslant p < +\infty$，并利用下述适当的单位分解.

引理 3.21　存在一个在 E_n 中有紧支集的非负连续函数 η，满足：

(1) $\eta(0)=1$；

(2) $\sum\limits_{m \in \Lambda} [\eta(x+m)]^p \equiv 1$.

为证明这个引理，我们选取任一在 E_n 中有紧支集的非负连续函数 η_1，满足

$$\begin{cases} \eta_1(0)=1 \\ \eta_1(m)=0, m \in \Lambda - \{0\} \\ \eta_1(x)>0, x \in \bar{Q}_n \end{cases}$$

令 $\eta_2(x)=\eta_1(x) / \sum\limits_{m \in \Lambda} \eta_1(x+m)$. 显然 $\eta_2(0)=1$，$\sum\limits_{m \in \Lambda} \eta_2(x+m) \equiv 1$. 现在我们只需取 $\eta=\eta_2^{1/p}$.

让我们返回来证明定理. 为简单起见，我们假定 $\| \widetilde{T}_\varepsilon \|_p \leqslant 1, \varepsilon>0$. 则当 $m \in \Lambda, \varepsilon>0$ 时，有

$$|\lambda(\varepsilon m)| \leqslant 1 \quad \text{(参看定理 3.1 之证明)}$$

因集合 $\{\varepsilon m, \varepsilon>0, m \in \Lambda\}$ 在 E_n 中稠密，故 λ 有界. 所以当 $f \in L^2(E_n)$ 时，$\lambda \hat{f}$ 也属于 $L^2(E_n)$，因而 $\lambda \hat{f}$ 是一个平方可积函数的傅里叶变换. 这就使我们能够定义这样一个算子 Tf：对于 $f \in \mathscr{D}(\subset \mathscr{F})$，$Tf$ 是一个函数，其傅里叶变换是 $\lambda \hat{f}$，即

$$(Tf)\hat{}(x)=\lambda(x) \hat{f}(x)$$

我们来证明

$$\| Tf \|_p \leqslant \| f \|_p \tag{3.22}$$

为此，对 $\varepsilon>0$，定义 $\widetilde{f}_\varepsilon$ 是 f 的伸缩并周期化的形式，即

$$\widetilde{f}_\varepsilon = \varepsilon^{-n}\sum_{m\in\Lambda} f\left(\frac{x+m}{\varepsilon}\right)$$

于是利用泊松求和公式(2.7)可得

$$\widetilde{f}_\varepsilon(x) = \sum_{m\in\Lambda}\hat{f}(\varepsilon m)\mathrm{e}^{2\pi i m\cdot x} \tag{3.23}$$

现在我们断言,对每个 $x\in E_n$,有

$$\lim_{\varepsilon\to 0}\varepsilon^n[\widetilde{T}_\varepsilon\widetilde{f}_\varepsilon](\varepsilon x) = [Tf](x) \tag{3.24}$$

这是因为,从(3.19)和(3.23)我们得出

$$\varepsilon^n[\widetilde{T}_\varepsilon\widetilde{f}_\varepsilon](\varepsilon x) = \varepsilon^n\sum_{m\in\Lambda}\lambda(\varepsilon m)\hat{f}(\varepsilon m)\mathrm{e}^{2\pi i \varepsilon m\cdot x} \tag{3.25}$$

而因 λ 有界,$\hat{f}$ 在 ∞ 处快速下降(即对一切正整数 k,

$$\lim_{|x|\to\infty}|x|^k|\hat{f}(x)| = 0)$$

且 λ 和 $\hat{f}$ 都连续,所以按黎曼积分的定义,(3.25)的右端在 ε 趋于 0 时趋于

$$\int_{E_n}\lambda(t)\hat{f}(t)\mathrm{e}^{2\pi i x\cdot t}\mathrm{d}t = (Tf)(x)$$

因此等式(3.24)得证.此外,因 η 连续且 $\eta(0)=1$,所以对每个 $x\in E_n$,我们还有

$$\lim_{\varepsilon\to 0}\varepsilon^n[\widetilde{T}_\varepsilon\widetilde{f}_\varepsilon](\varepsilon x)\eta(\varepsilon x) = (Tf)(x) \tag{3.26}$$

由于 $\widetilde{T}_\varepsilon\widetilde{f}_\varepsilon$ 有周期性,故得

$$\begin{aligned}
&\varepsilon^{np}\int_{E_n}|(\widetilde{T}_\varepsilon\widetilde{f}_\varepsilon)(\varepsilon x)\eta(\varepsilon x)|^p\mathrm{d}x\\
&=\varepsilon^{np-n}\int_{E_n}|\widetilde{T}_\varepsilon\widetilde{f}_\varepsilon(x)|^p[\eta(x)]^p\mathrm{d}x\\
&=\varepsilon^{np-n}\sum_{m\in\Lambda}\int_{Q_n}|(\widetilde{T}_\varepsilon\widetilde{f}_\varepsilon)(x)|^p[\eta(x+m)]^p\mathrm{d}x
\end{aligned}$$

于是由引理 3.21 和假设 $\|\widetilde{T}_\varepsilon\|_p\leqslant 1$,就有

$$\begin{aligned}&\int_{E_n}|\varepsilon^n(\widetilde{T}_\varepsilon\widetilde{f}_\varepsilon)(\varepsilon x)\eta(\varepsilon x)|^p\mathrm{d}x\\&\leqslant\varepsilon^{np-n}\int_{Q_n}|\widetilde{f}_\varepsilon(x)|^p\mathrm{d}x\end{aligned}\tag{3.27}$$

对于充分小的 ε，$\varepsilon^{-n}f(x/\varepsilon)$ 的支集全部位于 Q_n 的内部，此时，对于 $x\in Q_n$，有 $\varepsilon^{-n}f(x/\varepsilon)=\widetilde{f}_\varepsilon(x)$. 因而当 ε 很小时，(3.27) 之右端等于

$$\begin{aligned}\varepsilon^{np-n}\int_{Q_n}|\varepsilon^{-n}f(x/\varepsilon)|^p\mathrm{d}x&=\varepsilon^{np-n}\int_{E_n}|\varepsilon^{-n}f(x/\varepsilon)|^p\mathrm{d}x\\&=\int_{E_n}|f(x)|^p\mathrm{d}x\end{aligned}$$

现在对(3.27) 的左端应用(3.26) 和 Fatou 引理，就得到

$$\int_{E_n}|(Tf)(x)|^p\mathrm{d}x\leqslant\int_{E_n}|f(x)|^p\mathrm{d}x$$

这就是要证的不等式(3.22). 又由于类 $\mathscr{D}$ 在 $L^p(E_n)$ 中稠密，$1\leqslant p<+\infty$，则定理得证.

定理 3.18 及其前面的说明和定理 3.8 一起，有下述明显的推论：

推论 3.28　$\|\widetilde{T}_\varepsilon\|$ 和 $\|T\|$ 分别表示定理 3.18 中出现的 $\widetilde{T}_\varepsilon$ 和 T 的算子范数，则 $\sup\limits_{\varepsilon>0}\|\widetilde{T}_\varepsilon\|=\|T\|$.

§4　低于临界指标的可求和性(否定性结论)

设 $\sum\limits_{m\in\Lambda}a_m\mathrm{e}^{2\pi\mathrm{i}m\cdot x}$ 是一个可积函数 f 的傅里叶级数. 推论 2.15 指出，如果 α 大于临界指标 $(n-1)/2$，就成立等式

$$\lim_{R\to\infty}\sum_{|m|<R}\left(1-\frac{|m|^2}{R^2}\right)^{\alpha}a_m e^{2\pi i m\cdot x}=f(x) \quad (4.1)$$

(几乎处处成立，且当极限按 L^1 范数取时亦成立). 我们自然会问，当 $\alpha\leqslant(n-1)/2$ 时情形会怎样. 在这一节我们主要考虑 $\alpha=(n-1)/2$ 以及 $\alpha=0$ 两种情形.

为了对这个问题有透彻的理解，我们先来复习一下 $n=1$ 时的古典结果. 这时，在临界指标($\alpha=0$)的可求和性与通常的收敛性是一致的. Kolmogoroff 曾证明，存在一个 L^1 函数，使得极限(4.1)在 $\alpha=0$ 时对每个 x 都不存在. 但是对 L^1 函数有一个局部化结果，即，对给定的 x，只要 f 在 x 的一个任意小的邻域里是足够正则的，(4.1)就对 x 成立. 而对于 $L^p(T_1)(p>1)$ 中的 f，Carleson 和 Hunt 有一个结果：f 的傅里叶级数几乎处处收敛于 $f(x)$. 另外还有黎兹的一个较早的结果：当 $1<p<+\infty$ 时，依范数收敛是成立的.

现在我们会看到，在 $n>1$ 时情况相当不同. 这从下面三个事实可以看得很清楚.

定理 4.2 存在一个 $f\in L^1(T_n)$，$n>1$，使

$$\limsup_{R\to\infty}\left|\sum_{|m|<R}\left(1-\frac{|m|^2}{R^2}\right)^{(n-1)/2}a_m e^{2\pi i m\cdot x}\right|=\infty$$

对几乎每个 x 成立，且可将这个函数构造得使其支集位于原点的任意一个给定的小邻域中①.

定理 4.3 三角级数

$$\sum_{m\neq 0}|m|^{-(n/2)+1/2}e^{2\pi i m\cdot x} \quad (4.4)$$

① 由这个定理立即可知，对于临界指标，无论是几乎处处可求和还是局部化结论都不能成立.

几乎处处发散. 更具体地说，对几乎每个 $x \in Q_n$，有

$$\limsup_{R\to\infty}\left|\sum_{0<|m|<R} |m|^{-(n/2)+1/2} e^{2\pi i m\cdot x}\right| = \infty$$

又由定理 2.17 知道，级数(4.4) 是一个函数的傅里叶级数，该函数之值为 $\gamma_{(n-1)/2}^{-1}|x|^{-(n+1)/2}+b(x)$，其中 $b\in C^{\infty}(Q_n)$. 这样我们就还有下述推论：

推论 4.5　存在一个属于 $L^p(T_n)$ 的函数，$p<2n/(n+1)$，它的傅里叶级数几乎处处发散.

所以当维数 n 充分大时，对于一般的 $L^p(T_n)$ 函数，$p<2$，几乎处处收敛性不成立. 至于 $p=2$ 的情形如何，则是个没有解决的问题.

上述这三个事实都基于下面的引理：

引理 4.6　若 $n>1$，则对几乎一切 $x\in Q_n$，有

$$\limsup_{R\to\infty}\left|\sum_{|m|<R}\left(1-\frac{|m|^2}{R^2}\right)^{(n-1)/2} e^{2\pi i m\cdot x}\right| = \infty \tag{4.7}$$

我们分成几步来证明(4.6). 在这过程中，我们令

$$K_R^{\alpha}(x)=\sum_{|m|<R}\left(1-\frac{|m|^2}{R^2}\right)^{\alpha} e^{2\pi i m\cdot x}$$

并常把 $K_R^{(n-1)/2}$ 记作 K_R.

引理 4.8　设 x^0 为一点，满足

$$\limsup_{R\to\infty}\left|\sum_{|m|<R}\left(1-\frac{|m|^2}{R^2}\right)^{(n-1)/2} e^{2\pi i m\cdot x}\right| < \infty$$

则

$$\sup_{\alpha>(n-1)/2}\ \sup_{R>0}\left|\sum_{|m|<R}\left(1-\frac{|m|^2}{R^2}\right)^{\alpha} e^{2\pi i m\cdot x^0}\right| = \infty \tag{4.9}$$

这个简单的引理说明，把我们的问题归结为 $\alpha>(n-1)/2$ 的情形可能是有益的，那时就可以直接应用

泊松求和公式了.

为证明引理,我们先注意到等式[①]

$$t^{\delta+\beta}=\frac{\Gamma(\delta+\beta+1)}{\Gamma(\delta+1)\Gamma(\beta)}\int_0^t (t-s)^{\beta-1}s^{\delta}\mathrm{d}s$$

经变量代换 $s=r^2-|m|^2$,推出

$$\int_{|m|}^{R}(R^2-r^2)^{\beta-1}\left(1-\frac{|m|^2}{r^2}\right)^{(n-1)/2}r^n\mathrm{d}r$$

$$=\int_{|m|}^{R}(R^2-r^2)^{\beta-1}(r^2-|m|^2)^{(n-1)/2}r\mathrm{d}r$$

$$=\frac{R^{2\beta+n-1}\Gamma[(n+1)/2]\Gamma(\beta)}{2\Gamma[(n+1)/2+\beta]}\left(1-\frac{|m|^2}{r^2}\right)^{\beta+(n-1)/2}$$

令

$$\beta=\alpha-\frac{n-1}{2}>0, c_\alpha=\frac{2\Gamma(\alpha+1)}{\Gamma[(n+1)/2]\Gamma(\beta)}$$

并交换求和与求积分的次序,就得到

$$K_R^\alpha(x)=\sum_{|m|<R}\left(1-\frac{|m|^2}{R^2}\right)^{\alpha}\mathrm{e}^{2\pi\mathrm{i}m\cdot x}$$

$$=\sum_{|m|<R}\left\{c_\alpha R^{-2\alpha}\int_{|m|}^{R}(R^2-r^2)^{\beta-1}\cdot\left(1-\frac{|m|^2}{R^2}\right)^{(n-1)/2}r^n\mathrm{d}r\right\}\mathrm{e}^{2\pi\mathrm{i}m\cdot x}$$

$$=c_\alpha R^{-2\alpha}\int_0^R\left\{\sum_{|m|<r}\left(1-\frac{|m|^2}{r^2}\right)^{(n-1)/2}\mathrm{e}^{2\pi\mathrm{i}m\cdot x}\right\}\cdot(R^2-r^2)^{\beta-1}r^n\mathrm{d}r$$

就是说

---

① 从著名的 beta 函数和 gamma 函数的关系

$$\int_0^1 t^{x-1}(1-t)^{y-1}\mathrm{d}t=\Gamma(x)\Gamma(y)/\Gamma(x+y)$$

经变量代换,立即可得这一等式.

$$K_R^{\alpha}(x)=c_{\alpha}R^{-2\alpha}\int_0^R K_r(x)(R^2-r^2)^{\beta-1}r^n\mathrm{d}r \tag{4.10}$$

现在,若

$$\limsup_{R\to+\infty}|K_R(x^0)|<+\infty$$

则

$$\sup_{R>0}|K_R(x^0)|=A<+\infty$$

于是由(4.10)就有

$$|K_R^{\alpha}(x^0)|\leqslant A\left\{c_{\alpha}R^{-2\alpha}\int_0^R(R^2-r^2)^{\beta-1}r^n\mathrm{d}r\right\}$$

而式中括号内部的式子恒等于1(易从(4.10)中考虑常数项而看出).因而

$$\sup_{\alpha>(n-1)/2}\sup_{R>0}|K_R^{\alpha}(x^0)|\leqslant\sup_{R>0}|K_R(x^0)|$$

引理4.8得证.

现在我们来描述(我们认为)使(4.7)成立的点集S.设S是如下点x的集合,它使可数实数集$\{|x-m|\,|\,m\in\Lambda\}$对有理数线性无关.显然,在一维情形$S$是空的,而我们将证明,当$n>1$时,$S$的余集是零测度集.

引理4.11　若$x^0\in S$,则

$$\limsup_{R\to\infty}\left|\sum_{|m|<R}\left(1-\frac{|m|^2}{R^2}\right)^{(n-1)/2}\mathrm{e}^{2\pi\mathrm{i}m\cdot x}\right|=\infty$$

证明　若$\alpha>(n-1)/2$,则按(2.14)前面的说明,我们可以应用泊松求和公式而得到

$$K_R^{\alpha}(x)=\pi^{-\alpha}\Gamma(\alpha+1)R^{(n/2)-\alpha}\cdot\sum_{m\in\Lambda}J_{(n/2)+\alpha}(2\pi R|x-m|)/|x-m|^{(n/2)+\alpha} \tag{4.12}$$

根据

$$||x^0-m|^{-\alpha+(n+1)/2}-|m|^{-\alpha+(n+1)/2}|\leqslant A|m|^{-\alpha+(n+3)/2}$$

以及

$$\sum_{|m|>0}|m|^{-n-1}<+\infty$$

利用对 Bessel 函数的渐近估计（也可参看脚注），对 $x^0\notin\Lambda$，我们得到

$$K_R^\alpha(x^0)=c_\alpha R^{\frac{n-1}{2}-\alpha}\sum_{m\neq 0}\frac{\cos(2\pi R\gamma_m+\delta_\alpha)}{\gamma_m^{x+(n+1)/2}}+E(R,\alpha) \tag{4.13}$$

其中 $\gamma_m=|x^0-m|$，并且

$$\sup_{\alpha>(n-1)/2}\sup_{R>1}R|E(R,\alpha)|<\infty$$

由恒等式(4.13)又推出，当 $\lambda\geqslant 0$ 时，极限

$$\lim_{T\to\infty}\frac{1}{T}\int_1^T K_R(x^0)e^{2\pi i\lambda R}dR \tag{4.14}$$

存在$(=a(\lambda))$，此处

$$a(\lambda)=\begin{cases}c\gamma_m^{-n}, & 当\ \lambda=\gamma_m\\ 0, & 当\ \lambda\ 为其他值\end{cases}$$

（为证明(4.14)，先将(4.13)对 R 积分，再令 $\alpha\to(n-1)/2$，最后再令 $T\to\infty$）. 下面的引理表明，当 $x^0\in S$ 时，(4.14)与 $\limsup_{R\to\infty}|K_R(x^0)|<\infty$ 是不相容的.

引理 4.15 设 K 是$[1,+\infty)$上一个有界实函数，对任何 $\lambda\geqslant 0$，$\lim_{T\to\infty}\frac{1}{T}\int_1^T K(t)e^{2\pi i\lambda t}dt=a(\lambda)$ 存在. 令$\{\lambda_j\}$是使 $a(\lambda)\neq 0$ 的 λ 的集合，并假定这个集合对有理数线性无关. 那么

$$\sum|a(\lambda_j)|<+\infty \tag{4.16}$$

证明 设 $\lambda_1,\cdots,\lambda_n$ 是$\{\lambda_j\}$的任一有限子集. 记

$$a(\lambda_j)=|a(\lambda_j)|e^{i\mu_j},A(t)=\prod_1^N(1+\cos(2\pi\lambda_j t-\mu_j))$$

由$\{\lambda_j\}$的线性无关性可知，$\lim\limits_{T\to\infty}\frac{1}{T}\int_1^T A(t)\mathrm{d}t=1$，而且

$$\lim_{T\to\infty}\frac{1}{T}\int_1^T K(t)A(t)\mathrm{d}t=\sum_1^N|a(\lambda_j)|$$

由此可推出$\sum\limits_1^N|a(\lambda_j)|\leqslant\sup\limits_{t\geqslant 1}|K(t)|$.（4.16）和引理 4.15 得证.

因为

$$\sum_m\gamma_m^{-n}\approx\sum_{m\neq 0}|m|^{-n}=\infty$$

可见当$x^0\in S$时，$\lim\limits_{R\to\infty}\sup|K_R(x^0)|=\infty$. 于是引理 4.11 得证.

为了证明我们的主要引理（引理 4.6），只需证明下面的结论：

引理 4.17　若$n>1$，则S的余集有零测度.

证明　假定$a_{m_1},a_{m_2},\cdots,a_{m_k}$是非零有理数（与格点$m_1,m_2,\cdots,m_k$相关联）. 令

$$\Phi(x)=\sum_{j=1}^k a_{m_j}|x-m_j|$$

则因Φ在m_j有奇异性，$j=1,2,\cdots,k$，故$\Phi(x)\neq 0$，而且Φ在连通集$E_n-\Lambda$上是实解析的. 但是一个非零实解析函数只能在一个勒贝格零测度集上为零，因而

$$\Phi(x)=\sum_{j=1}^k a_{m_j}|x-m_j|=0\qquad(4.18)$$

只能在零测度集上成立. 又由于只有可数多个这种点集（每个这种点集与非零有理数$a_{m_1},\cdots,a_{m_k}$的一种选取相关），所以它们的并集仍是零测度集. 而这个并集

显然就是 $\bar{E}_n - S$①. 这就证明了引理 4.17.

现在来看看我们已得到的结果. 设 μ_0 是 Dirac 测度,则

$$d\mu_0 \sim \sum_{m\in\Lambda} e^{2\pi i m\cdot x}$$

所以根据引理 4.6 知, $d\mu_0$ 的傅里叶—Stieltjes 级数,在临界指标对几乎每个 $x \in Q_n$ 不能用黎兹平均求和. 为完成定理 4.2 的证明,我们用"尖峰"L^1 函数代替 μ_0.

设 ψ 是一个 E_n 中的非负 C^∞ 函数,其支集在 E_n 的单位球 $|x| \leqslant 1$ 内,并满足 $\int_{E_n}\psi(x)dx = 1$. 又设

$$\Phi(y) = \int_{E_n}\psi(x)e^{-2\pi i x\cdot y}dx$$

$$\varphi_\varepsilon(x) = \varepsilon^{-n}\sum_{m\in\Lambda}\psi((x-m)/\varepsilon)$$

于是由泊松求和公式得到

$$\varphi_\varepsilon(x) \sim \sum_{m\in\Lambda}\Phi(\varepsilon m)e^{2\pi i m\cdot x} \tag{4.19}$$

我们来证明,可以找到两个由正数组成的零序列 $\{\varepsilon_k\}$ 和 $\{\delta_k\}$,使得函数

$$f(x) = \sum_{k=1}^{\infty} 2^{-k}(\varphi_{\varepsilon_k}(x) - \varphi_{\delta_k}(x)) \tag{4.20}$$

属于 $L^1(T_n)$,并满足定理 4.2 之结论.

设 S_R 是如下定义的算子:当 $f \sim \sum_{m\in\Lambda} a_m e^{2\pi i m\cdot x}$ 时

$$(S_R f)(x) = \sum_{|m|\in R}\left(1 - \frac{|m|^2}{R^2}\right)^{(n-1)/2} a_m e^{2\pi i m\cdot x}$$

---

① 读者应注意,这个证明对 $n=1$ 不成立,因为那时 Φ 由若干"段"不同的线性函数合成. 换句话说,当 $n=1$ 时, $E_n - \Lambda$ 是不连通的.

首先我们有

$$\sup_{0<R} |(S_R\varphi_\varepsilon)(x)| \leqslant A\varepsilon^{-n} \tag{4.21}$$

事实上

$$\sup_{0<R} |(S_R\varphi_\varepsilon)(x)| \leqslant \sum_{m\in\Lambda} |\Phi(\varepsilon m)|$$

$$= \sum_{|m|<1/\varepsilon} |\Phi(\varepsilon m)| + \sum_{|m|>1/\varepsilon} |\Phi(\varepsilon m)|$$

而因函数 $|\Phi(x)|$ 和 $|x|^{n+1}|\Phi(x)|$ 都是有界的，所以我们有

$$\sum_{|m|\geqslant 1/\varepsilon} |\Phi(\varepsilon m)| \leqslant \|\Phi\|_\infty \sum_{|m|<1/\varepsilon} 1 = \|\Phi\|_\infty N_\varepsilon$$

这里 N_ε($\leqslant \varepsilon^{-n}$ 的常数倍)是满足 $|m|<1/\varepsilon$ 的格点数；并有

$$\sum_{|m|\geqslant 1/\varepsilon} |\Phi(\varepsilon m)| \leqslant \{\sup_{x\in E_n} |x|^{n+1} |\Phi(x)|\} \sum_{|m|\geqslant 1/\varepsilon} |\varepsilon m|^{-(n+1)}$$

$$= \{\sup_{x\in E_n} |x|^{n+1} |\Phi(x)|\}\varepsilon^{-n-1} \cdot \sum_{|m|\geqslant 1/\varepsilon} |m|^{-(n+1)}$$

$$\leqslant B\varepsilon^{-n}$$

从这两个不等式就可得出(4.21).

我们再构造子集 $\mathscr{E}_k \subset Q_n$，其测度为 $|\mathscr{E}_k| \geqslant 1 - 1/k$，且取一个正的递增序列 $\{R_k\}$，使 $x \in \mathscr{E}_k$ 时

$$\sup_{R\leqslant R_k} |(S_R f)(x)| \geqslant k \tag{4.22}$$

易知，一旦这样做好以后，就证明了定理 4.2. 显然定理 4.2 的第一个结论从(4.22)立刻可以推出. 而第二个结论，则是下述事实的推论：φ_ε 的支集在 Q_n 内，且位于以原点为心，ε 为半径的球内，因而从 f 减去级数(4.20)的部分和，就得到满足(4.2)的两个结论的函数.

现在假定对于 $1\leqslant j\leqslant k-1$，$\varepsilon_j$，$\delta_j$，$R_j$ 和 $\mathscr{E}_j$ 都已确定，我们来说明如何选取 ε_k，δ_k，R_k 和 $\mathscr{E}_k$. 我们总是选取 $\varepsilon_k\leqslant\delta_k$，且取 δ_k 足够小，使得

$$\sup_{R\leqslant R_{k-1}}|S_R(\varphi_{\varepsilon_k}-\varphi_{\delta_k})|\leqslant 1 \tag{4.23}$$

如果对每个 k 都能做到这一点，自然当 $k'>k$ 时，就有

$$\sup_{R\leqslant R_k}|S_R(\varphi_{\varepsilon_{k'}}-\varphi_{\delta_{k'}})|\leqslant 1 \tag{4.23$'$}$$

而由于

$$\begin{aligned}\sup_{R\leqslant R_{k-1}}|S_R(\varphi_{\varepsilon_k}-\varphi_{\delta_k})| &\leqslant \sum_{|m|<R_{k-1}}|\Phi(\varepsilon_k m)-\Phi(\delta_k m)|\\ &\leqslant A(\delta_k-\varepsilon_k)\sum_{|m|<R_{k-1}}|m|\\ &\leqslant A'\delta_k(R_{k-1})^{n+1}\end{aligned}$$

故(4.23)在 δ_k 足够小时是可以实现的.

再令 A_k 是一个正数，满足

$$A_k\geqslant\sup_{0<R<+\infty}\{|S_R(\sum_{j<k}2^{-j}(\varphi_{\varepsilon_j}-\varphi_{\delta_j})(x)-2^{-k}\varphi_{\delta_k}(x))|\} \tag{4.24}$$

因有(4.21)，所以这样的有限常数 A_k 是存在的.

至此，A_k 和 δ_k 已经取好，对 ε_k 只是限制了 $\varepsilon_k\leqslant\delta_k$. 我们现在再给 ε_k 加上一个条件，它能使 φ_{ε_k} 实质上充分接近于 $\mathrm{d}\mu_0$. 就是说，我们知道，在 R_k 足够大时，根据引理 4.6 的几乎处处发散性，有

$$\sup_{R\leqslant R_k}2^{-k}|(S_R\mathrm{d}\mu_0)(x)|>A_k+k+2 \tag{4.25}$$

在集 $\mathscr{E}_k\subset Q_n$ 上成立，其测度为 $|\mathscr{E}_k|\geqslant 1-1/k$. 而 φ_ε 的傅里叶级数当 $\varepsilon\to 0$ 时逐项收敛于 $\mathrm{d}\mu_0$ 的项. 故选充分小的 ε_k，就得到对 $x\in\mathscr{E}_k$，有

$$\sup_{R\leqslant R_k}2^{-k}|(S_R\varphi_{\varepsilon_k})(x)|>A_k+k+1 \tag{4.26}$$

这样，由(4.25)和(4.26)就可确定出 ε_k，R_k 和 $\mathscr{E}_k$.

我们现在来证明(4.22)，将 f 写为

$$f=\left\{\sum_{j<k}2^{-j}(\varphi_{\varepsilon_j}-\varphi_{\delta_j})-2^{-k}\varphi_{\delta_k}\right\}+2^{-k}\varphi_{\varepsilon_k}+\left\{\sum_{j<k}2^{-j}(\varphi_{\varepsilon_j}-\varphi_{\delta_j})\right\}$$

对于 $x\in\mathscr{E}_k$，考虑 $\sup\limits_{R\leqslant R_k}|(S_Rf)(x)|$. 因有(4.24)，所以第一个括号里的值最大是 A_k. 由(4.26)，中间一项的值至少是 A_k+k+1. 而最后一项的值不超过 1(由(4.23)). 这就证明了(4.22). 于是定理 4.2 证毕.

现在来证明定理 4.3. 首先我们断言，若是对某个 x^0，有

$$\sup_{0<R<+\infty}\left|\sum_{0<|m|<R}|m|^{-(n/2)+1/2}\mathrm{e}^{2\pi\mathrm{i}m\cdot x^0}\right|<+\infty$$

则有

$$\sup_{0<R<+\infty}R^{-(n/2)+1/2}\left|\sum_{0<|m|<R}\mathrm{e}^{2\pi\mathrm{i}m\cdot x^0}\right|<+\infty \tag{4.27}$$

这是因为，若令 $\sigma_R=\sum\limits_{0<|m|<R}|m|^{-(n/2)+1/2}\mathrm{e}^{2\pi\mathrm{i}m\cdot x^0}$，则得

$$\begin{aligned}\sum_{0<|m|<R}\mathrm{e}^{2\pi\mathrm{i}m\cdot x^0}&=\int_1^R t^{(n/2)-1/2}\,\mathrm{d}\sigma_t\\&=R^{(n/2)-1/2}\sigma_R-(n/2-1/2)\int_1^R\sigma_t t^{(n/2)-3/2}\,\mathrm{d}t\end{aligned}$$

由此可见，$\sup\limits_{0<R<+\infty}|\sigma_R|<+\infty$ 蕴含(4.27).

其次我们证明，对每个使

$$\sup_{0<R<+\infty}\left|\sum_{|m|<R}\left(1-\frac{|m|^2}{R^2}\right)^{(n-1)/2}\mathrm{e}^{2\pi\mathrm{i}m\cdot x^0}\right|=\infty$$

成立的 x^0(由引理 4.6，几乎一切 $x^0\in Q_n$ 都满足这一关系)，有

$$\sup_{0<R<+\infty}R^{-(n/2)+1/2}\left|\sum_{0<|m|<R}\mathrm{e}^{2\pi\mathrm{i}m\cdot x^0}\right|=\infty$$

这就是说，我们要证明，对满足

$$\sup_{0<R<+\infty}|K_R(x^0)|=\sup_{0<R<+\infty}|K_R^{(n-1)/2}(x^0)|=\infty$$

的每个 x^0，成立着

$$\sup_{0<R<+\infty}R^{-(n/2)+1/2}|K_R^0(x^0)-1|=\infty$$

当 n 是奇数时，这是容易做到的. 事实上，最简单的情形是 $n=3$. 我们就来考虑这种情形，这时临界指标为 $(n-1)/2=1$. 对固定的 x^0，我们记

$$F_\alpha(t)=t^\alpha K_{\sqrt{t}}^\alpha(x^0)=\sum_{|m|^2<t}(t-|m|^2)^\alpha e^{2\pi i m\cdot x^0}$$

显然在 $\alpha\geqslant 1$ 时，有 $(\mathrm{d}/\mathrm{d}t)F_\alpha(t)=\alpha F_{\alpha-1}(t)$. 我们断言

$$|F_2(t)|\leqslant At^{3/2},1\leqslant t<+\infty \tag{4.28}$$

事实上，当 $\alpha>(n-1)/2$ 时，可以对 $K_R^\alpha(x^0)$ 应用泊松求和公式来得出(4.12). 由此，并利用估计式

$$|J_{(n/2)+\alpha}(2\pi R)|\leqslant AR^{-(1/2)},R\geqslant 1$$

就得到

$$|K_R^\alpha(x^0)|\leqslant AR^{(n-1)/2-\alpha},1\leqslant R<+\infty$$

而根据 F_2 的定义，此不等式等价于(4.28).

若 $|R^{-(n/2)+1/2}K_R^0(x^0)|\leqslant A$，则(因 $n=3$)有

$$\frac{1}{2}\left|\frac{\mathrm{d}^2F_2(t)}{\mathrm{d}t^2}\right|=|F_0(t)|\leqslant At^{1/2},1\leqslant t<+\infty \tag{4.29}$$

再利用 F_2 的到二阶导数的泰勒展开，我们就看出

$$|F_2(t+h)-F_2(t)-hF'_2(t)|\leqslant\frac{h^2}{2}\sup_{t\leqslant t'\leqslant t+h}|F''_2(t')|$$

若令 $h=t^{1/2}$，则由(4.28)和(4.29)就推得 $|F'_2(t)|\leqslant Bt$，$1\leqslant t<+\infty$. 这样，就有 $|F_1(t)|\leqslant Bt/2$，因而

$$\sup_{1\leqslant R<+\infty}|K_R(x^0)|\leqslant B$$

这就证明了，只要 $\sup\limits_{R>0}|K_R(x^0)|=\infty$，就有

$$\sup_{R>0} R^{-(n/2)+1/2} \mid K_R^0(x^0) - 1 \mid = \infty$$

于是对于 $n=3$ 的情形证明了定理 4.3. $n>1$ 的其他情形是类似的，但更复杂一些，所需用的方法将在(6.10)给出.

§5 低于临界指标的可求和性

设 $\sum_{m\in\Lambda} a_m e^{2\pi i m\cdot x}$ 是函数 f 的傅里叶级数，且

$$S_R^\alpha(f)(x) = \sum_{|m|<R}\left(1 - \frac{|m|^2}{R^2}\right)^\alpha a_m e^{2\pi i m\cdot x}$$

是它的 α 阶黎兹平均. 我们用 $S_*^\alpha(f)(x)$ 表示相应的"极大函数"，即

$$S_*^\alpha(f)(x) = \sup_{0<R<+\infty} \mid S_R^\alpha(f)(x) \mid$$

在这一节里我们会看到，当 $f\in L^p(T_n)$，$1<p<+\infty$ 时，对于临界指标以下的可求和性有一些肯定的结果. 所给出的定理，从第 4 节的反例看来，并未完全解决多重傅里叶级数的可求和问题. 但就现有知识来讲，它确实给出了最深入的结果.

定理 5.1 设 $1<p<+\infty$，$n>1$，$\alpha>(n+1)\left|\frac{1}{2}-\frac{1}{p}\right|$，则：

(1) $\| S_*^\alpha(f) \|_p \leqslant A_{p,\alpha} \| f \|_p$；

(2) 对几乎每个 x，$\lim_{R\to\infty} S_R^\alpha(f)(x) = f(x)$；

(3) 当 $R\to\infty$ 时，$\| S_R^\alpha(f) - f \|_p \to 0$.

这个定理将由两个引理以及由线性算子之模的复凸性得到的两个引理中的估计式的综合推出. 第一个

引理是第 2 节中 α 大于临界指标的一些结果的重述，第二个引理则是 α 接近于 0 时的一个 L^2 结果. 第一个引理如下：

引理 5.2 当 $\alpha > (n-1)/2$ 时，定理 5.1 之(1) 成立.

我们提醒读者，当 $\alpha > (n-1)/2$ 时，定理 5.1 之(1) 和(2) 都包含在定理 2.11 中，特别是包含在它的推论 2.15 中.

证明 设 $f \in L^p(T_n)$. 我们把 f 对 E_n 的周期延拓仍记作 f. 由推论 2.15(和它前面的评论)，我们知道，对一个适当的 φ，有

$$S_R^\alpha(f)(x) = \int_{Q_n} \sum_{m \in A} \varphi_\varepsilon(y+m) f(x-y) \mathrm{d}y$$
$$= \int_{E_n} \varphi_\varepsilon(y) f(x-y) \mathrm{d}y$$

其中 $\varphi_\varepsilon(x) = \varepsilon^{-n}\varphi(x/\varepsilon)$，$\varepsilon = 1/R$.

在对 $S_*^\alpha(f) = \sup\limits_{0<R<+\infty} |S_R^\alpha(f)|$ 证明(1) 时，我们只需考虑 $R \geqslant 1$ 的情形(即 $\varepsilon \leqslant 1$)，因为当 $R < 1$ 时，就会有 $S_R^\alpha(f) = a_0$，且 $|a_0| \leqslant \|f\|_1 \leqslant \|f\|_p$. 现在令

$$\tilde{f}(x) = \begin{cases} 0, & \text{当 } |x| > 1 \\ f(x), & \text{当 } |x| \leqslant 1 \end{cases}$$

显然有

$$\left(\int_{E_n} |\tilde{f}(x)|^p \mathrm{d}x\right)^{1/p} \leqslant A\left(\int_{Q_n} |f(x)|^p \mathrm{d}x\right)^{1/p}$$

并且

$$(f * \varphi_\varepsilon)(x) = \int_{|y| \leqslant 1} \varphi_\varepsilon(x-y) f(y) \mathrm{d}y +$$

$$\int_{|y|>1}\varphi_\varepsilon(x-y)f(y)\mathrm{d}y$$

我们已经知道(见(2.14)前面的一段),此时

$$\varphi(x)=\pi^{-\alpha}\Gamma(\alpha+1)|x|^{-(\alpha+n/2)}J_{\alpha+n/2}(2\pi|x|)$$

$$|\varphi(x)|\leqslant A(1+|x|)^{-n-\delta}$$

其中 $\delta=\alpha-(n-1)/2$. 因而,有如定理 2.11 的证明所示,我们有

$$\left|\int_{|y|>1}\varphi_\varepsilon(x-y)f(y)\mathrm{d}y\right|$$

$$\leqslant A'\varepsilon^\delta\Big(\sum_{m\neq 0}|m|^{-n-\delta}\Big)\int_{Q_n}|f(x)|\mathrm{d}x$$

而

$$\int_{|y|<1}\varphi_\varepsilon(x-y)f(y)\mathrm{d}y=\int\varphi_\varepsilon(x-y)\tilde{f}(y)\mathrm{d}y$$

当 $p>1,\alpha>(n-1)/2$ 时

$$\|S_*^\alpha(f)\|_p\leqslant A_{p,\alpha}\|f\|_p$$

我们来对黎兹平均 S_R^α 做些一般的说明. 在引入黎兹平均时,我们作了一个隐含的假定,即指标 α 是非负的. 然而在所给的定义中,并没有限制不能考虑 α 是负的或甚至是复的情况. 事实上,S_R^α 作为 α 的解析函数的性态,将是我们应用的主要工具之一,下面的 L^2 结果就包含了负阶平均的情形.

引理 5.3　设

$$M^\alpha(f)(x)=\sup_{0<R<+\infty}\left(\frac{1}{R}\int_0^R|S_t^\alpha(f)(x)|^2\mathrm{d}t\right)^{1/2}$$

则当 $f\in L^2(T_n),\alpha>-\dfrac{1}{2}$ 时

$$\| M^{\alpha}(f) \|_2 \leqslant A\alpha \| f \|_2 \text{①} \tag{5.4}$$

证明　我们引进辅助函数 $G^{\alpha}(f)$

$$G^{\alpha}(f)(x) = \left(\int_0^{+\infty} | S_R^{\alpha+1}(f)(x) - S_R^{\alpha}(f)(x) |^2 \frac{\mathrm{d}R}{R}\right)^{1/2}$$

我们断言，当 $f \in L^2(T_n)$，$\alpha > -\frac{1}{2}$ 时

$$\| G^{\alpha}(f) \|_2 \leqslant A_{\alpha} \| f \|_2 \tag{5.5}$$

事实上，由 Parseval 公式和 Fubini 定理，可得

$$\begin{aligned}
&\| G^{\alpha}(f) \|_2^2 \\
&= \int_0^{+\infty} \left(\sum_{|m|<R} \left| \left(1 - \frac{|m|^2}{R^2}\right)^{(\alpha+1)} - \right.\right. \\
&\left.\left. \left(1 - \frac{|m|^2}{R^2}\right)^{\alpha} \right|^2 | a_m |^2 \right) \frac{\mathrm{d}R}{R} \\
&= \sum_{m \neq 0} | a_m |^2 \int_{|m|}^{+\infty} \frac{|m|^4}{R^4} \left[1 - \frac{|m|^2}{R^2}\right]^{2\alpha} \frac{\mathrm{d}R}{R} \\
&= C_{\alpha} \sum_{m \neq 0} | a_m |^2
\end{aligned}$$

这第三个等式是由下述事实推出的

$$\begin{aligned}
&\int_{|m|}^{+\infty} \frac{|m|^4}{R^4} \left[1 - \frac{|m|^2}{R^2}\right]^{2\alpha} \frac{\mathrm{d}R}{R} \\
&= \int_1^{+\infty} s^{-5}(1 - s^{-2})^{2\alpha} \mathrm{d}s = C_{\alpha} \\
&= [2(2\alpha + 1)(2\alpha + 2)]^{-1}
\end{aligned}$$

其中最后一个积分在 $\alpha > -\frac{1}{2}$ 时收敛，于是得

$$\| G^{\alpha}(f) \|_2^2 = C_{\alpha} \{ \| f \|_2^2 - | a_0 |^2 \}$$

这当然是(5.5)的一个更精确的形式. 而从(5.5)则很容易推得引理. 首先注意到由 $G^{\alpha}(f)$ 的定义，有

① 注意，量 $M^{\alpha}(f)$ 表示我们最终要去控制的那种表达式的平均.

$$\sup_{0<R<+\infty} \frac{1}{R}\int_0^R | S_t^{\alpha+1}(f)(x) - S_t^{\alpha}(f)(x) |^2 \mathrm{d}t$$
$$\leqslant [G^{\alpha}(f)(x)]^2$$

于是

$$M^{\alpha}(f)(x) \leqslant M^{\alpha+1}(f)(x) + G^{\alpha}(f)(x) \quad (5.6)$$

因而重复应用(5.6)就得到

$$M^{\alpha}(f) \leqslant M^{\alpha+k}(f) + G^{\alpha}(f) + G^{\alpha+1}(f) + \cdots + G^{\alpha+k-1}(f) \quad (5.7)$$

现在,我们若取 $k > n/2$,则 $a + k > (n-1)/2$,由于 $M^{\alpha+k}(f)$ 小于或等于 $S_*^{\alpha+k}(f)$,我们就可以应用引理 5.2(取 $p=2$)而得到 $\| M^{\alpha+k}(f) \|_2 \leqslant A \| f \|_2$. 此不等式连同(5.5)(应用到 $G^{\alpha}(f), G^{\alpha+1}(f), \cdots, G^{\alpha+k-1}(f)$ 上),就得出(5.4),引理得证.

只要我们能得到一个公式,把给定阶的黎兹平均表示成更低阶的黎兹平均的平均,我们就能应用引理 5.3. 这里所要进行的运算都已在引理 4.8 的证明中做过了. 实际上,由等式

$$\left(1 - \frac{|m|^2}{R^2}\right)^{\beta+\delta} = C_{\beta,\delta} R^{-2\beta-2\delta} \cdot \int_{|m|}^R (R^2 - t^2)^{\beta-1} t^{2\delta+1} \left(1 - \frac{|m|^2}{t^2}\right)^{\delta} \mathrm{d}t$$

(其中 $C_{\beta,\delta} = 2\Gamma(\delta+\beta+1)/\Gamma(\delta+1)\Gamma(\beta)$) 立即给出所要的表达式,即

$$S_R^{\beta+\delta} = C_{\beta,\delta} R^{-2\beta-2\delta} \int_0^R (R^2 - t^2)^{\beta-1} t^{2\delta+1} S_t^{\delta} \mathrm{d}t \quad (5.8)$$

于是可得

$$| S_R^{\beta+\delta}(f)(x) | \leqslant C_{\beta,\delta} R^{-2\beta-2\delta} \cdot \left(\int_0^R | (R^2 - t^2)^{\beta-1} t^{2\delta+1} |^2 \mathrm{d}t\right)^{1/2} \cdot$$

$$R^{1/2}R^{-1/2}\left(\int_0^R \mid S_l^{\beta}(f)(x) \mid^2 \mathrm{d}t\right)^{1/2}$$

因而,对一切 $R>0$ 取上确界,便得

$$S_*^{\beta+\delta}(f)(x) \leqslant C'_{\beta,\delta}M^{\delta}(f)(x),\text{当 }\beta > \frac{1}{2}\text{①} \tag{5.9}$$

最后,给定 $\alpha>0$,取 β 和 δ 使得 $\beta+\delta=\alpha$,$\delta>-\frac{1}{2}$,$\beta>\frac{1}{2}$. 则结合(5.9) 和引理 5.3,我们就得出下述 L^2 中的基本不等式:

引理 5.10 若 $\alpha>0$,则对 $L^2(T_n)$ 中之一切 f,有

$$\| S_*^{\alpha}(f) \|_2 \leqslant A_{\alpha} \| f \|_2$$

我们现在暂时中断定理 5.1 的证明,而先来看看我们已经得到了的结论. 定理 5.1 的主要部分是极大不等式(定理之(1)). 只要有了它,其余的则都是常规的结果. 当 p 接近于 1 或 ∞ 时,(1) 实际上已经包含在引理 5.2 中. 此外,引理 5.10 给出了在 $p=2$ 时的不等式. 从这些特殊情形再利用插值定理,就能得出一般的情况. 虽然这种做法的思路很简单,但详细做起来却有些复杂. 首先需要的是把刚才谈到的两个特殊情形推广到复数阶 α 上去. 这种推广是一个非常简单的一般原理的直接结果,这个原理是说,若在 $\alpha \geqslant 0$ 时,对 $S_*^{\alpha}(f)$ 有一估计式成立,则对 $S_*^{\alpha}(f)$(其中 α' 是满足

---

① 注意,当 $\beta>\frac{1}{2}$,则

$$R^{1-4\beta-4\delta}\int_0^R \mid (R^2-t^2)^{\beta-1}t^{2\delta+1} \mid^2 \mathrm{d}t = \int_0^1 \mid (1-t^2)^{\beta-1}t^{2\delta+1} \mid^2 \mathrm{d}t < \infty$$

$\mathrm{Re}(\alpha') > \alpha$ 的复数),亦有一个相应的估计. 这是从公式(5.8)取 $\delta=\alpha,\beta+\delta=\alpha'$ 推出的(这时 $\mathrm{Re}(\beta)>0$). 事实上,我们有

$$S_*^{\alpha'}(f) \leqslant S_*^{\alpha}(f) C_{\beta,\delta}\int_0^1 (1-s^2)^{\mathrm{Re}(\beta)-1} s^{2\alpha+1}\mathrm{d}s$$

$$= \frac{|\Gamma(\alpha'+1)|\Gamma(\mathrm{Re}(\beta))}{\Gamma(\mathrm{Re}(\alpha')+1)|\Gamma(\beta)|} S_*^{\alpha}(f)$$

而由于 $\Gamma(\alpha'+1) \leqslant |\Gamma(\mathrm{Re}(\alpha')+1)|$,则得

$$S_*^{\alpha'}(f) \leqslant D_\beta S_*^{\alpha}(f) \tag{5.11}$$

其中 $D_\beta = \Gamma(\mathrm{Re}(\beta))/|\Gamma(\beta)|$.

因为算子 $f \to S_*^{\alpha}(f)$ 是非线性的,而我们又希望对线性算子使用插值定理,所以就需要引入另一个技术手段. 为此,我们设 $\mathscr{C}$ 表示 T_n 上只取有限多个不同函数值的非负可测函数类. 假定 $R \in \mathscr{C}$,则

$$|S_{R(x)}^{\alpha}(f)(x)| \leqslant S_*^{\alpha}(f)(x) \tag{5.12}$$

而我们说这个不等式之如下的逆也成立

$$\sup_{R\in\mathscr{C}} \| S_{R(x)}^{\alpha}(f)(x)\|_p = \| S_*^{\alpha}(f)(x)\|_p \tag{5.13}$$

这是因为,我们可以在 $\mathscr{C}$ 中找到一个序列 $R_1(x)$, $R_2(x),\cdots,R_j(x),\cdots$,使得对一切 $x\in T_n$,有

$$\lim_{j\to\infty} |S_{R_j(x)}^{\alpha}(f)(x)| = \sup_{0<R<+\infty} |S_R^{\alpha}(f)(x)|$$

$$= S_*^{\alpha}(f)(x)$$

我们现在固定一个元素 $R\in\mathscr{C}$,考虑线性算子

$$f \to S_{R(x)}^{\alpha}(f)(x) \tag{5.14}$$

和它们对参数 α 的解析依赖关系. 假定 f 是可积的,并且 $f(x) \sim \sum_{m\in\Lambda} a_m \mathrm{e}^{2\pi i m\cdot x}$. 由于 $R(x)$ 只取有限个值(因而有界),容易看出

$$S_{R(x)}^{\alpha}(f)(x)=\sum_{|m|\leqslant R(x)}\left(1-\frac{|m|^2}{R^2(x)}\right)^{\alpha}a_m\mathrm{e}^{2\pi\mathrm{i}m\cdot x}$$

对 α 解析，而且它在复 α 平面的任何垂直带域中，有容许增量.

设 $\alpha=\mu+\mathrm{i}v,\mu_0>0,\mu_1>(n-1)/2$. 那么由(5.12)，(5.11)和(5.10)，取 $\alpha'=\mu_0+\mathrm{i}v,\alpha=\mu_0/2,\beta=(\mu_0/2)+\mathrm{i}v$，则对一切简单函数 f，我们有

$$\| S_{R(x)}^{\mu_0+\mathrm{i}v}(f)(x)\|_2\leqslant A_0(v)\| f\|_2 \tag{5.15}$$

其中

$$A_0(v)\leqslant A_0\frac{\Gamma(\mu_0/2)}{|\Gamma((\mu_0/2)+\mathrm{i}v)|}\leqslant A'_0\mathrm{e}^{\pi|v|}\text{[1]}$$

重要的是要看到 $A_0(v)$ 的界是不依赖于 $R\in\mathscr{C}$ 的选择的. 类似地，由(5.12)，(5.11)和(5.2)，取 $\alpha'=\mu_1+\mathrm{i}v$，$\alpha=\frac{1}{2}[\mu_1+(n+1)/2]$，$\beta=\frac{1}{2}[\mu_1-(n-1)/2]+\mathrm{i}v$，则对一切简单函数 f 和 $1<p_1<+\infty,\mu_1>(n-1)/2$，有

$$\| S_{R(x)}^{\mu_1+\mathrm{i}v}(f)(x)\|_{p_1}\leqslant A_{1,p_1}(v)\| f\|_{p_1} \tag{5.16}$$

其中 $A_{1,p_1}(v)\leqslant A'_{1,p_1}\mathrm{e}^{\pi|v|}$. 这里的常数也不依赖于 $R(x)$.

设 $0<t<1,p_0=2$，以及 p_1 是(5.16)中的指标，如果

$$\mu=\mu_0(1-t)+\mu_1 t$$

$$1/p=[(1-t)/p_0]+(t/p_1)=(1-t)/2+(t/p_1)$$

那么我们得到

---

[1] 可以利用渐近公式 $|\Gamma(\mu/2)+\mathrm{i}v|\sim\sqrt{2\pi}\,|v|^{(\mu-1)/2}\mathrm{e}^{-\pi|v|/2}(v\to\infty)$ 来得到 $A_0(v)$ 的更精确的估计.

$$\| S^{\mu}_{R(x)}(f)(x) \|_p \leqslant A_p \| f \|_p \tag{5.17}$$

A_p 也与 $R(x)$ 在 $\mathscr{C}$ 中的选择无关. 而由(5.17)和(5.13)可得

$$\| S^{\mu}_{*}(f) \|_p \leqslant A_p \| f \|_p \tag{5.18}$$

我们断言,(5.18)中对 p 和 μ 的限制正是定理 5.1 的条件,即 $1 < p < +\infty, \mu > (n-1)\left|\frac{1}{2} - \frac{1}{p}\right|$. 我们回想一下,$\mu_0 > 0, \mu_1 > (n-1)/2$ 和 $1 < p_1 < +\infty$ 在其限制取值的范围内是任意的,而 $\mu = \mu_0(1-t) + t\mu_1$, $1/p = (1-t)/2 + (t/p_1)$. 首先在 $p \leqslant 2$ 时,若取 $p_1 = 1, \mu_0 = 0, \mu_1 = (n-1)/2$,则经简单计算可知 $\mu = (n-1)\left[\frac{1}{p} - \frac{1}{2}\right]$. μ 显然是 p_1, μ_0 和 μ_1 的连续函数(把 t 用这些参数表示出来,就可看出). 那么取 $p_1 > 1, \mu_0 > 0, \mu_1 > (n-1)/2$,则由连续性,我们总是可以认为任一 μ 都是满足 $\mu > (n-1)\left(\frac{1}{p} - \frac{1}{2}\right)$. 若 $p \geqslant 2$,只要开始时取 $p_1 = \infty$,其证明就完全类似,这就完成了定理 5.1 之(1)的证明.

由此,根据算子族收敛性的一般原理,就可推出(2)和(3). 因为那时,若取 f 是三角多项式(三角多项式类在 $L^p(T_n)$ 中稠密,$p < +\infty$),则对每个 $\alpha \geqslant 0$, $\lim\limits_{R \to \infty} S^{\alpha}_R(f)(x)$ 就一致收敛于 f.

§6　进一步的结果

6.1　应用证明定理 2.17 时所用的类似的方法可

以证明，下述各级数都是各函数的傅里叶级数，这些函数在除原点外的基本立方体上是周期性的和连续可微的. 而且这些级数具有性质：

(1) 当 $|x| \to 0$ 时，$\sum_{m \neq 0} |m|^{-n} e^{2\pi i m \cdot x}$ 渐近趋向于 $c \cdot \log(1/|x|)$；

(2) 若 P_k 是 $k \geqslant 1$ 阶齐次调和多项式，则

$$\sum_{m \neq 0} |m|^{-n-k} P_k(m) \cdot e^{2\pi i m \cdot x}$$

是有界函数；

(3) 当 P_k 是 $k \geqslant 0$ 阶齐次调和多项式，$0 < \alpha < n$，且 $b(x)$ 是一个缓慢地趋向 ∞ 的适当的函数时（例如，在 $|x|$ 较大时，b 可取作 $(\log|x|)^{\alpha}$，等等，也可以是这些函数的乘积或商，则对 $|x| \to 0$，有

$$\sum_{m \neq 0} |m|^{-\alpha-k} b(|m|) P_k(m) e^{2\pi i m \cdot x}$$

渐近趋向于

$$c|x|^{-(n-\alpha)-k} b(1/|x|) P_k(x)$$

6.2　还可借助泊松求和公式得到一些不同特性的例子：

(1) 若 $c \neq 0$，$\varepsilon > 0$，则

$$\sum_{m \neq 0} e^{ci|m|\log|m|} |m|^{-\varepsilon-n/2} e^{2\pi i m \cdot x}$$

是一个连续周期函数的傅里叶级数；

(2) 当维数 n 是偶数时

$$\sum_{|m|>1} |m|^{-n} (\log|m|)^{-1} e^{ci|m|\log(|m|)a} e^{2\pi i m \cdot x}$$

是一个 $C^{n/2}$ 类函数的傅里叶级数，其中 $c \neq 0$，$0 < a < 2/n$. 但它不是绝对收敛的.

在一维情形时，例(1) 是 Hardy－Littlewood 给出

的. 顺便提一下,例(2)表明,推论 1.9 不能再有多大改进.

6.3　下面所述的给出启发性公式(2.16)的一个解释. 设 $P_k(x)$ 是 k 阶齐次调和多项式. 固定 x,考虑 α 的下面两个函数

$$\sum_{m\neq 0}\frac{P_k(m)}{|m|^{k+\alpha}}e^{2\pi i m\cdot x}, \mathrm{Re}(\alpha)>n$$

和

$$\gamma_{\alpha,k}^{-1}\sum_{m\neq 0}\frac{P_k(x+m)}{|x+m|^{k+n-\alpha}}, \mathrm{Re}(\alpha)<0$$

其中 $\gamma_{\alpha,k}=i^{-k}\pi^{n/2-\alpha}\Gamma((k+\alpha)/2)/\Gamma((n+k-\alpha)/2)$. 这两个 α 的函数在它们互为解析延拓的意义下是相等的.

6.4　设 $S\subset E_n$ 是凸的、对称的、开的和有界的. 假定 $|S|>2^n$,则 S 至少包含一个异于 0 的格点. 这个古典的闵可夫斯基定理可以利用泊松求和公式按下述方法证明,令 $S_{1/2}=\{x\mid 2x\in S\}$,$\varphi$ 是 $S_{1/2}$ 的特征函数. 令 $f=\varphi*\varphi$. 于是 $\hat{f}=|\hat{\varphi}|^2\geqslant 0$. 可以证明,如果原点是 S 内仅有的格点,则当 $m\neq 0$ 时,$f(m)=0$. 而且泊松求和公式 $\sum f(m)=\sum\hat{f}(m)$ 成立. 所以当 0 是 S 内仅有的格点时,$f(0)=\sum\hat{f}(m)\geqslant\hat{f}(0)$. 但这与

$$f(0)=\int\varphi(x)\mathrm{d}x=|S_{1/2}|$$

以及

$$\hat{f}(0)=\int f(x)\mathrm{d}x=|S_{1/2}|^2$$

矛盾. 证明概述可追溯于 Siegel.

6.5　设 $\sum\limits_{m\in\Lambda}a_m e^{2\pi i m\cdot x}$ 是给定的形式三角级数,n 个

级数

$$-\mathrm{i}\sum_{m\neq 0} a_m \frac{m_k}{|m|} \mathrm{e}^{2\pi \mathrm{i} m\cdot x} \quad (k=1,\cdots,n)$$

是给定级数的黎兹变换，设

$$u_0(x,t)=\sum_{m\in\Lambda} a_m \mathrm{e}^{-2\pi|m|t}\mathrm{e}^{2\pi \mathrm{i} m\cdot t} \quad (t>0)$$

$$u_k(x,t)=-\mathrm{i}\sum_{m\neq 0} a_m \frac{m_k}{|m|}\mathrm{e}^{-2\pi|m|t}\mathrm{e}^{2\pi \mathrm{i} m\cdot t} \quad (t>0)$$

（假定定义 $u_k(k=0,\cdots,n)$ 的级数是收敛的）. 我们看到，$(n+1)$ 元组 $F=(u_0,u_1,\cdots,u_n)$ 满足广义柯西—黎曼方程. 我们称，当 $\sup\limits_{t>0}\int_{T_n}|F(x,t)|^p\mathrm{d}x<\infty$ 时，$F\in \boldsymbol{H}^p(T_n)$.

(1) $F\in \boldsymbol{H}^p(T_n)$, $1<p<+\infty$，当且仅当 $\sum\limits_{m\in\Lambda} a_m \mathrm{e}^{2\pi \mathrm{i} m\cdot x}$ 是 $L^p(T_n)$ 中一个函数的傅里叶级数. 可利用 §3 中的结果证明之.

(2) 设 $(n-1)/n<p<+\infty$，$F\in \boldsymbol{H}^p(T_n)$，则

$$\int_{T_n}\sup_{t>0}|F(x,t)|^p\mathrm{d}t<\infty$$

并且 $\lim\limits_{t\to 0}F(x,t)$ 几乎处处以及在 $L^p(T_n)$ 的度量中存在.

(3) 由 $p=1$ 的特殊情形可推出古典 F. 黎兹和 M. 黎兹定理的下述推广. 假设 $\sum\limits_{m\in\Lambda} a_m \mathrm{e}^{2\pi \mathrm{i} m\cdot x}$ 和 $\sum\limits_{m\neq 0} a_m \frac{m_k}{|m|}\mathrm{e}^{2\pi \mathrm{i} m\cdot x}(k=1,2,\cdots,n)$ 是有限测度的傅里叶级数，那么这些测度是绝对连续的.

(4) 补充最后结果的一个事实是（在 $n=1$ 时无类似事实）：设 $\sum\limits_{m\in\Lambda} a_m \mathrm{e}^{2\pi \mathrm{i} m\cdot x}$ 和 $\sum\limits_{m\neq 0} a_m \frac{m_k}{|m|}\mathrm{e}^{2\pi \mathrm{i} m\cdot x}(k=1,$

$2,\cdots,n$）是有限测度的傅里叶－Stieltjes 级数，那么，对每个齐次（r 阶）调和多项式 $P_r(x)$（$r=0,1,2,\cdots$）来说，级数 $\sum\limits_{m\neq 0}\dfrac{P_r(m)}{|m|^r}a_m e^{2\pi i m\cdot x}$ 是 $L^1(T_n)$ 中一个函数的傅里叶级数.

6.6　定理 2.11 和引理 5.2 有以下更一般的形式. 假定 $\varphi\in L^1(E_n)$，且 $\int_{E_n}\varphi(x)\mathrm{d}x=0$. 设 $\varphi_\varepsilon(x)=\varepsilon^{-n}\varphi(x/\varepsilon)$，$K_\varepsilon(x)=\sum\limits_{m\in\Lambda}\varphi_\varepsilon(x+m)$. 考虑

$$(f*K_\varepsilon)(x)=\int_{T_n}f(x-y)K_\varepsilon(y)\mathrm{d}y$$

则有：

（1）若 $f\in L^p(T_n)$，$1\leqslant p<+\infty$，则当 $\varepsilon\to 0$ 时，按 $L^p(T_n)$ 范数，$f*K_s\to f$.

（2）若再设 $\psi(x)=\sup\limits_{|x|\leqslant|x'|}|\varphi(x')|$ 在 E_n 上可积，则在 f 的勒贝格集的每个点上，有 $(f*K_\varepsilon)(x)\to f(x)$. 而且，若

$$\tilde{f}(x)=\begin{cases}f(x), & 当\ |x|\leqslant 1\\ 0, & 当\ |x|>1\end{cases}$$

则成立

$$\sup_{\varepsilon>0}|(f*K_\varepsilon)(x)|\leqslant Am_{\tilde{f}}(x)$$

6.7　设 λ 是定义在 E_n 上的复值函数，并且除原点以外，它属于 C^n. 又假定存在一个常数 A，使得在 $0\leqslant|\alpha|\leqslant n$ 时，有

$$|D^\alpha\lambda(x)|\leqslant A/|x|^{|\alpha|}$$

那么序列 $\{\lambda(m)\}$，$m\in\Lambda$，（$\lambda(0)=0$）对 $1<p<+\infty$ 是 $(L^p(T_n),L^p(T_n))$ 型乘子序列. 这个定理当初是 Marcinkiewicz 给出的. 在同样的条件下，λ 也是非周

期情形的乘子(即 $\lambda \in (L^p(E_n), L^p(E_n))$, $1 < p < +\infty$),但由于历史原因,这种类型的结果很晚才出现. 非周期时的结论也可以直接从周期情形利用定理 3.18 得到.

6.8　定理 5.1 表明,当 $f \in L^p(T_n)$ 时,有

$$\| S_*^{(n-1)/2}(f) \|_p \leqslant A_p \| f \|_p \quad (1 < p < +\infty)$$

对临界指标的这个结果,可以通过考虑 $p \to 1$ 或 $p \to +\infty$ 时 A_p 的增长而得到推广. 事实上,把定理 5.1 的证明精细化后,可得当 $1 < p < 2$ 时,有 $A_p \leqslant A(p-1)^{-2}$,而当 $2 \leqslant p < +\infty$ 时,有 $A_p \leqslant Ap$.

(1) 利用 p 接近于 1 时对 A_p 的估计,我们可得不等式

$$\| S_*^{(n-1)/2}(f) \|_1 \leqslant A \int_{T_n} |f| (\log^+ |f|)^2 \mathrm{d}x + B$$

因而若 $|f| (\log^+ |f|)^2$ 可积,则

$$\lim_{R \to \infty} S_R^{(n-1)/2}(f)(x) = f(x)$$

对几乎一切 x 成立.

(2) 由在 p 取大值时对 A_p 的估计可知,若 f 是有界的,则存在 $a > 0$,使得

$$\int_{T_n} \exp\{a S_*^{(n-1)/2}(f)(x)\} \mathrm{d}x < +\infty$$

6.9　我们已经看到,对任意 $L^1(T_n)$ 中函数,临界指标的局部化性质是不成立的(见定理 4.2 及其脚注). 但在较强的假定下,局部化定理则是成立的. 例如,若我们假定 $\int_{Q_n} |f| \log^+ |f| \mathrm{d}x < +\infty$,局部化定理就成立. 特别地,如果在给定的 x_0 点,f 满足 Dini 条件

$$\int_{Q_n} |f(x_0-t)-f(x_0)||t|^{-n}\mathrm{d}t<+\infty$$

则当 $R\to\infty$ 时，有 $S_R^{(n-1)/2}(f)(x_0)\to f(x_0)$. 这是下面结果的推论

$$\sup_{R>0}\left(\int_{Q_n}|\Delta_R(x)|^p\mathrm{d}x\right)^{1/p}\leqslant Ap\quad(1\leqslant p<+\infty)$$

此处

$$\Delta_R(x)=K_R^{(n-1/2)}(x)-\pi^{(n-1)/2}\Gamma\left(\frac{n+1}{2}\right)R^{1/2}\cdot$$
$$|x|^{-n+(1/2)}\cdot J_{n-(1/2)}(2\pi R|x|)$$

6.10 下面对于数值级数的黎兹平均的凸性定理可用来证明定理 4.3. 考虑一个数值级数 $\sum_{k\geqslant 0}c_k$ 和它的黎兹平均 $\sigma_R^\alpha=\sum_{0\leqslant k<R}(1-k/R)^\alpha c_k,\alpha\geqslant 0$. 假定 $\sigma_R^{\alpha_j}=O(R^{\alpha_j}),R\to\infty,j=0,1$. 那么，当 $0<\theta<1,\alpha=a_0(1-\theta)+a_1\theta$ 以及 $\alpha=a_0(1-\theta)+a_1\theta$ 时，可以断定 $\sigma_R^\alpha=O(R^\alpha),R\to\infty$. 为了把这一结果用于证明定理 4.3，我们对 $x_0\notin\Lambda$，记

$$\sigma_R^\alpha=K_{R^{1/2}}^\alpha(x^0)=\sum_{|m|^2<R}\left(1-\frac{|m|^2}{R}\right)^\alpha e^{2\pi i m\cdot x^0}$$

（其中 $c_k=\sum_{|m|^2=k}e^{2\pi i m\cdot x^0}$）. 我们知道（见(4.28)后面的不等式），当 $\alpha>(n-1)/2$ 时，$\sigma_R^\alpha=O(R^{(1/2)[(n-1)/2-\alpha]})$. 若再成立 $\sigma_R^0=O(R^{(1/2)[(n-1)/2]})$，就可以从刚才引述的凸性定理推出 $\sigma_R^{(n-1)/2}=O(1)$. 但这对几乎一切 x^0，与引理 4.6 是矛盾的.

三角级数论在中国①

附录 XII

§0 总说及记号

这里专讲三角级数 $\sum A_n(x)$

$$A_0(x)=\frac{1}{2}a_0$$

$$A_n(x)=a_n\cos nx+b_n\sin nx$$

a_n 和 b_n 是 $\sum A_n(x)$ 的系数.但如

$$f(x+2\pi)\equiv f(x)\in L(0,2\pi)$$

$\sum A_n(x)$ 是 $f(x)$ 的傅里叶级数,那么我们写

$$\mathfrak{S}[f,x]=\sum A_n(x)$$

又记 $B_n(x)=-a_n\sin nx+b_n\cos nx$,称 $\widetilde{\mathfrak{S}}[f(x)]=\sum B_n(x)$ 是 $\mathfrak{S}[f,x]$ 的共轭级数,$\mathfrak{S}'(f,x)=\sum nB_n(x)$ 是 $\mathfrak{S}[f,x]$ 的导级数.一般地说,$\mathfrak{S}[f,x]$ 的 r 次导数是

① 本文是 1964 年 9 月上海函数论会议上陈建功先生发表的一篇综述.

$$\mathfrak{S}^r[f,x]=\sum\left(\frac{\mathrm{d}}{\mathrm{d}x}\right)^r A_n(x)$$

对于周期函数 $f(x)$ 以及定点 x，作 t 的偶函数

$$\phi_x(t)=\frac{1}{2}\{f(x+t)+f(x-t)-2S_x\}$$

和奇函数

$$\psi_x(t)=\frac{1}{2}\{f(x+t)-f(x-t)\}\quad(0\leqslant t<\pi)$$

S_x 与 t 无关，又作函数

$$g_x(t)=t^{-1}\psi_x(t)-d_x$$

下面将用到 $g_x(t)$ 的平均函数

$$[g_x(t)]_r=r\cdot t^{-r}\int_0^t(t-u)^{r-1}g_x(u)\mathrm{d}n$$

这是 $g_x(t)$ 的 r 次（$r\geqslant 0$，r 可能不是整数），$[g_x(t)]_0=g_x(t)$.

§1　$\mathfrak{S}'[f,x]$ 的和

1.1　亚光滑函数

设 $b-a<2\pi$，当 $x\in(a,b)$ 时，假如等式

$$f(x+h)+f(x-h)-2f(x)=o(h)\quad(h\to+0)\tag{1}$$

成立，那么说：$f(x)$ 在 (a,b) 中是局部光滑的. 假如 $(a,b)=(-\infty,+\infty)$，(1) 对于任何 x 成立，那么 $f(x)$ 是全面光滑的，是一个光滑函数.

福罗伊特（Freud）于 1958 年在国际数学会指出：假如 $f(x)$ 在 (a,b) 中是局部光滑的，那么当 $x\in(a,$

b) 时,$\mathfrak{S}[f,x]$ 可用算术平均法求和的充要条件是 $f'(x)$ 存在.用记号来说

$$\mathfrak{S}'[f,x]=d_x(C,1) \tag{2}$$

的条件是 $f'(x)$ 的存在,d_x 是所求得的和.下面我们将遇到更一般的记号等式

$$\mathfrak{S}^r[f,x]=d_x^{(r)}(C,\alpha) \tag{3}_r$$

特别是$(3)_1$.设 $\alpha>-1$

$$(\alpha)_n=\Gamma(n+\alpha+1)/\Gamma(n+1)\Gamma(\alpha+1)$$

当 $n\to\infty$ 时,假如

$$\left(\frac{\mathrm{d}}{\mathrm{d}x}\right)^r\sigma_n^{\alpha}(f,x)=\left(\frac{\mathrm{d}}{\mathrm{d}x}\right)^r\frac{1}{(\alpha)_n}\sum_{v=0}^{n}(\alpha)_{n-v}A_n(x)$$
$$=d_x^{(r)}+o(1)$$

成立,那么写成$(3)_r$.

设 $0<b-a<2\pi$,当 $x\in(a,b)$ 时,假如

$$f(x+h)+f(x-h)-2f(x)=O(h)\quad(h\to+0)$$

则称 $f(x)$ 在(a,b) 中是局部亚光滑的,(a,b) 是 $f(x)$ 的一个局部亚光滑区间.如果上式对于 $-\infty<x<+\infty$ 的任一 x 成立,那么 $f(x)$ 是一个亚光滑函数,它是全面亚光滑的.

1963 年王斯雷将上述福罗伊特定理作如下的改进:设 x 是 $f(x)$ 的局部亚光滑区间中的一点,那么当 $f'(x)$ 存在时(2) 成立;但是对于更深刻的蔡查罗求和

$$\mathfrak{S}'[f,x]=d_x(C,1-\varepsilon)\quad(0<\varepsilon<1) \tag{4}$$

还需添加条件

$$B_n(x)=o(n^{-\varepsilon}) \tag{5}$$

在这个情况,(5) 对于(4) 也是必要的.另一方面,王斯雷指出:假如 $f(x)$ 是一个亚光滑函数,那么当 $f'(x)$ 存在时,(4) 就成立.

叶章钊最近证明：设 x 是 $f(x)$ 的局部亚光滑区间中的一点，则(2) 成立的充要条件是对称导数

$$\lim_{t\to 0} g_x(t)=0$$

或是

$$\lim_{t\to 0}\frac{f(x+t)-f(x-t)}{2t}=d_x$$

的存在. 这个结果可以称为福罗伊特定理的一个“全面改进”. 叶章钊又证：x 是 $f(x)$ 的亚光滑点的话，那么当某(r) 次平均导数存在，也就是说，$[g_x(t)]_r=o(1)$ 时，(4) 成立的充要条件是(5). 另一方面，1964 年杨义群指出：假如 $f(x)$ 是一个亚光滑函数，那么(2) 成立的充要条件是$[g_x(t)]_r=o(1)(r>0)$.

1.2　**平均对称导数**

1960 年池上(Ikegami) 证明：假如

$$[g_x(t)]_1=o(1) \tag{6}$$

那么 $\mathfrak{S}'[f,x]=d_x(\mathrm{A})$ 或是 $\lim\limits_{\rho\to 1-0}\sum nB_n(x)\rho^n=d_x$. 王斯雷最近证明：当(6) 成立时，$\mathfrak{S}'[f,x]$ 不只是(A) 可和，实际上，$(3)_1$ 当 $\alpha>2$ 时成立；但是，当 $\alpha=2$ 时，$(3)_1$ 不一定成立. 这样，王斯雷完全解决了池上的 $\mathfrak{S}'[f,x]$ 在条件(6) 下的求和问题.

另一方面，嵇耀明最近指出：当酋劲(Gergen) 条件

$$\lim_{B\to\infty}\overline{\lim_{\eta\to+0}}\ \eta^{\alpha-1}\int_{B\eta}^{\pi}\frac{|\psi_x(u+\eta)-\psi_x(u)|}{u^{(1+\alpha)}}\mathrm{d}u=0$$

成立时，(6) 含有$(3)_1$，但 $\alpha>0$.

1.3　**导级数的收敛**

盛淑云最近在条件

$$\int_0^{\pi} | \mathrm{d}g_x(t) | < \infty \tag{7}$$

下探求 $\mathfrak{S}'[f,x]$ 的和，他证明此时$(3)_1$ 当 $\alpha > 0$ 时成立. 不仅如此，在(7) 成立的情况，$\mathfrak{S}'[f,x]$ 可用波雷尔(Borel) 方法求和，等等. 盛淑云还证明：当(7) 成立时，$\mathfrak{S}'[f,x]$ 收敛的充要条件是 $\mathfrak{S}[g_x(t)]$ 的傅里叶系数等于 $o\left(\frac{1}{n}\right)$.

1.4　近似导数

设 $P(x)$ 是和点 x 有关系的一个陈述，$\{x, P(x)\}$ 表示 $P(x)$ 成真事或真理的 x 的全体，这是一个点集，如果这个点集是可测的，那么用 $\| \{x, P(x)\} \|$ 表示它的测度. 对于任一正数 ε，假如

$$\lim_{x \to x_0} \frac{1}{| x - x_0 |^{\alpha}} \left\| \left\{ x, \left| \frac{f(x) - f(x_0)}{x - x_0} - d_{x_0} \right| \geqslant \varepsilon \right\} \right\| = 0$$

那么说 $f(x)$ 在点 x_0 具有 α 级的近似导数 d_{x_0}. 池上还证明：假如 $f(x)$ 在点 x 具有级高于 4 的近似导数 d_x，那么 $\mathfrak{S}'[f,x]$ 可用(A) 求和法求和，和是 d_x.

王斯雷最近将池上的结果推进一步，他证明：当 $f(x)$ 在点 x 只具有级高于 3 的近似导数 d_x 时，那么可用适当的求和法求得 $\mathfrak{S}'[f,x]$ 的和. 事实上，在这个情况

$$\lim_{n \to \infty} \sum_{v=1}^{n} \frac{(n!)^2}{(n-v)!\,(n+v)!} vB_v(x) = d_x$$

成立. 但是，假如 $f(x)$ 在 x 只具有一级近似导数，那么一般地说，无线性求和法能求 $\mathfrak{S}'[f,x]$ 的积.

1.5　高次导级数

设 r 是一自然数

$$G_r(x,u)=\frac{f(x+u)+(-1)^r f(x-u)}{2}-$$
$$\frac{1+(-1)^r}{2}\left[\beta_0+\frac{\beta_2}{2!}u^2+\cdots+\frac{\beta_r}{r!}u^r\right]-$$
$$\frac{1-(-1)^r}{2}\left[\beta_1+\frac{\beta_3}{3!}u^3+\cdots+\frac{\beta_r}{r!}u^r\right]$$

嵇耀明最近证明：假如

$$\int_0^t u^{-r}G_r(x,u)\mathrm{d}u=o(t) \tag{8}$$

那么$\mathfrak{S}^r(f,x)=\beta_r(C,r+1+\varepsilon)$，$\mathfrak{S}^{r-2}(f,x)=\beta_{r-2}(C,r-1+\varepsilon)$，…，这里$\varepsilon>0$. 香港大学的陈永明 1962 年发表了如下的定理：条件

$$\int_0^t |G_r(x,u)|\mathrm{d}u=o(t^{r+1}) \tag{8′}$$

含有

$$\mathfrak{S}^r(f,x)=\beta_r(x)(C,r+\varepsilon)\quad(\varepsilon>0) \tag{9}$$

王斯雷最近证明：假如(8′)在 x 的正测度的点集 E 上成立，那么

$$\mathfrak{S}^r(f,x)=\beta_r(x)(C,r)$$

在 E 上几乎处处成立.

§2　特殊三角级数所表示的函数与其系数间的关系

2.1　缺项级数

设$\lambda>1$，$n_k\geqslant\lambda n_{k-1}(k=1,2,\cdots)$，形如

$$\sum_{k=1}^{\infty}(a_k\cos n_kx+b_k\sin n_kx) \tag{10}$$

的级数称为缺项三角级数. 1962 年, 多密其(Tomié)证明:假如(10) 是 $f(x)$ 的傅里叶级数,记

$$\omega_f(t,x)=\max_{|h|\leqslant t}|f(x+h)-f(x)|$$

那么当存在如下的一点 x_0:$\omega_f(t,x_0)=O(t^\alpha)(0\leqslant\alpha\leqslant 1)$ 时,a_n 和 b_n 都是 $O(n^{-\alpha/\alpha+2})$. 1964 年,谢庭藩指出:多密其的条件 $\omega_f(t,x_0)=O(t^\alpha)$ 含有

$$a_k=O(n_k^{-\alpha}),b_k=O(n_k^{-\alpha})$$

并且 $\omega_f(t,x)=O(t^\alpha)$ 在任何点 x 成立:$f\in\mathrm{Lip}\,\alpha$.

记 $C_{2\pi}$ 为以 2π 为周期的连续周期函数的全体,当 $f(x)\in C_{2\pi}$ 时,我们知道:有三角多项式(固定阶数 n)$T_n(x)=\sum_0^n(\alpha_v\cos vx+\beta_v\sin vx)$ 适合于

$$\max_x|f(x)-T_n(x)|=\min_{T_n(x)}\max_x|f(x)-T_n(x)|$$

左端是 n 阶的三角多项式对于 $f(x)$ 的最佳迫近,记它作 $E_n(f)$. 我们又知道 $\mathfrak{S}[f,x]$ 的最初 $n+1$ 项的和 $S_n(x)$ 对于 $f(x)$ 的迫近程度是

$$S_n(x)-f(x)=O(\log n\cdot E_n(f))\qquad(11)$$

斯杰奇金(Стечкин) 于 1951 年指出:假如(10) 是 $\mathfrak{S}[f,x]$,那么(11) 中的 $\log n$ 可以除去. 于是在其他(不是缺项级数) 的情况,$\log n$ 的除去需要怎样的条件呢?

2.2 正系数级数

陈天平最近证明:假如连续函数 $f(x)$ 的 $\mathfrak{S}[f,x]$ 的一切系数 $\geqslant 0$,那么(11) 中的 $\log n$ 可以除去.

对于正系数的正弦级数 $\sum b_n\sin nx$,1961 年多密其证明:条件

$$\int_0^{\varepsilon} |S_n(x)| \mathrm{d}x = O(1) \quad (\varepsilon > 0) \tag{12}$$

含有 $\sum n^{-1} b_n < \infty$,这里

$$S_n(x) = b_1 \sin x + \cdots + b_n \sin nx$$

波斯(Boas)将这个定理中的条件减轻为

$$\int_0^{\varepsilon} |S_1(x) + \cdots + S_n(x)| \mathrm{d}x = O(n)$$

1964 年王斯雷证明:设 $b_n \geqslant 0 (n = 1, 2, \cdots)$,$E$ 是一正测度的点集.假如当 $x \in E$ 时

$$\sup_n \int_0^x S_n(x) \mathrm{d}x < \infty$$

那么级数 $\sum n^{-1} b_n$ 收敛.另一方面,陈天平最近证明:当 $b_n \geqslant 0$ 时

$$\sum_{n=1}^{\infty} \frac{1}{n} \int_0^{1/n} S_n(x) \mathrm{d}x < \infty \text{ 含有} \sum_1^{\infty} \frac{1}{n} a_n < \infty$$

对于正系数的余弦级数 $\sum a_n \cos nx$,陈天平证明 $\sum n^{-1} a_n < \infty$ 的充要条件是

$$\sum_1^{\infty} n^{-2} [S_n(0) - S_n(1/n)] < \infty$$

现在假设下面两个正系数的余弦级数和正弦级数都是傅里叶级数

$$f(x) \sim \sum a_n \cos nx, g(x) \sim \sum b_n \sin nx$$

当 $a \geqslant 0$ 时,$\sum n^{\alpha} a_n < \infty$ 以及 $\sum n^{\alpha} b_n < \infty$ 的充要条件是怎样的?陈天平证明:当 $0 < \alpha < 1$ 时,$\sum n^{\alpha} b_n < \infty$ 的充要条件是

$$\omega_g(t) = O(t^{\alpha}) \text{ 和} \int_{+0}^{\pi} x^{-1-\alpha} g(x) \mathrm{d}x$$

存在. 当 $0 \leqslant \alpha < 2$ 时, $\sum n^{\alpha} a_n < \infty$ 的充要条件是

$\omega_2(f,t) = O(t^{\alpha})$ 和 $\sup\limits_{0<\varepsilon<\pi, 0<x<2\pi} \int_{\varepsilon}^{\pi} t^{-(1+\alpha)} \varphi_x(t) \mathrm{d}t < +\infty$

这里

$$\varphi_x(t) = f(x+t) + f(x-t) - 2f(x)$$
$$\omega_2(f,t) = \max_{|u| \leqslant t, 0 \leqslant x \leqslant \pi} |\varphi_x(u)|$$

2.3 **柯西傅里叶级数**

设对于任意小的正数 ε, $g(x) \in L(\varepsilon, \pi)$, 那么当积分的极限

$$b_n = \lim_{\varepsilon \to 0} \frac{2}{\pi} \int_{\varepsilon}^{\pi} g(x) \sin nx \, \mathrm{d}x$$

存在时, 称 $\sum b_n \sin nx$ 为 $g(x)$ 的柯西傅里叶级数. 1962 年, 黑乌特(Heywood)证明: 设 $-1 < \gamma \leqslant 1$, 假如 $x^{-\gamma} g(x) \in L(0, \pi)$, 那么级数 $\sum n^{\gamma-1} b_n$ 收敛. 杨义群最近把这个定理改进, 他指出: 当 $-1 < \gamma < 0$ 时, 只要极限

$$\lim_{\varepsilon \to +0} \int_{\varepsilon}^{\pi} x^{-\gamma} g(x) \mathrm{d}x \tag{13}$$

存在, 级数 $\sum n^{\gamma-1} b_n$ 就会收敛. 他还指出: 这个结果不能推广到 $\gamma \geqslant 0$. 事实上, 存在 $g(x)$ 使(13) 当 $\gamma = 0$ 时收敛, 但是级数 $\sum n^{-1} b_n$ 发散.

2.4 **以系数的平均值为系数作新的三角级数**

从傅里叶级数

$$f(x) \sim \sum a_n \cos nx, g(x) \sim \sum b_n \sin nx$$

的系数作数列

$$A_n = n^{-1}\sum_1^n a_v, B_n = n^{-1}\sum_1^n b_v,$$

$$A_n^* = \sum_{v=n}^{\infty} v^{-1} a_v, B_n^* = \sum_{v=n}^{\infty} v^{-1} b_v$$

分别记三角级数

$$\sum A_n \sin nx, \sum A_n^* \sin nx,$$

$$\sum B_n \cos nx, \sum B_n^* \cos nx$$

为 $F_s(x), F_s^*(x), G_c(x), G_c^*(x)$. 1949 年卢庆骏证明:当

$f(x)\log f(x) \in L(0,2\pi), g(x)\log g(x) \in L(0,2\pi)$ 时,$F_s(x), F_s^*(x), G_c(x), G_c^*(x)$ 都成为傅里叶级数

$$F_s(x) \sim \sum A_n \sin nx, G_c(x) \sim \sum B_n \cos nx$$

$$F_s^*(x) \sim \sum A_n^* \sin nx, G_c^*(x) \sim \sum B_n^* \cos nx$$

1964 年王斯雷证明:$f(x) \in C(0,\pi)$ 含有 $F^*(x) \in C(0,\pi)$. 但是,当 $f(x) \in C(0,\pi)$ 时,$F(x) \in C(0,\pi)$ 的充要条件是 $f(0) = 0$. 当 $g(x) \in C(0,\pi)$ 时,$G_c(x) \in C(0,\pi)$ 的充要条件是 $\sum B_n$ 可用(A)求和法求和,此时 $G_c^*(x) \in C(0,\pi)$ 的充要条件是级数 $\sum B_n$ 收敛. 日本的泉昌子(M. Izumi)和泉信一(S. Izumi)1962 年在匈牙利的杂志上宣称:$g(x)$ 的有界性含有 $G_c^*(x)$ 的有界性. 王斯雷指出:泉昌子和泉信一的结果不是真理. 事实上,当 $g(x)$ 有界时,$G_c^*(x)$ 具有有界性的充要条件是

$$B_1^* + \cdots + B_n^* = O(1)$$

§3 迫近的程度

3.1 蔡查罗迫近

1958 年叶非莫夫(Ефимов)证明:当 $f(x)\in C_{2\pi}$ 时

$$\sigma_n^1(f,x)-f(x)=\frac{1}{n+1}I_n(f,x)+O\left(\omega_2\left(f,\frac{1}{n}\right)\right)$$

这里

$$I_n(f,x)=\pi^{-1}\int_{1/n}^{\pi}\varphi_x(t)\left(2\sin\frac{t}{2}\right)^{-2}\mathrm{d}t$$

1962 年郭竹瑞把它拓广成如下的定理:当 $f(x)\in C_{2\pi}$ 时,等式

$$\sigma_n^{\alpha}(f,x)-f(x)=(n+1)^{-1}\alpha I_n(f,x)+O\left(\omega_2\left(f,\frac{1}{n}\right)\right)$$

对于任一正数 α 成立.

类似地,当 $f(x)\in C_{2\pi}$ 时,1963 年孙永生将斯杰奇金的估计式

$$|\sigma_n^1(f,x)-f(x)|\leqslant(n+1)^{-1}C(E_0(f)+\cdots+E_n(f))$$

拓广成

$$|\sigma_n^{\alpha}(f,x)-f(x)|\leqslant\frac{C_\alpha}{(\alpha)_n}\sum_{v=0}^{n}(\alpha-1)_{n-v}E_v(f)$$

这里 $\alpha>0$,左端可以写成

$$\left|\sum_{v=0}^{n}(\alpha)_n^{-1}(\alpha-1)_{n-v}(S_v(f,x)-f(x))\right|$$

当 $\alpha>\frac{1}{2}$ 时,施咸亮最近把孙永生的不等式改进成

$$\sum_{v=0}^{n}(\alpha)_n^{-1}(\alpha-1)_{n-v}\mid S_v(f,x)-f(x)\mid$$

$$\leqslant C_\alpha\sum_{v=0}^{n}(\alpha)_n^{-1}(\alpha-1)_{n-v}E_v(f)$$

当 $\alpha=1$ 时，施咸亮还将上面估计式“局部化”：假如

$$f(x)\in L_p(0,2\pi)(1\leqslant p\leqslant 2),f(x)\in C[a,b]$$

那么在区间 $a+\varepsilon\leqslant x\leqslant b-\varepsilon$ 上有

$$(n+1)^{-1}\sum_{v=0}^{n}\mid S_v(f,x)-f(x)\mid$$

$$\leqslant(n+1)^{-1}C_\varepsilon(a,b)\sum_{v=0}^{n}E_v(f;a,b)+o(n^{\frac{1}{p}-1})$$

$E_v(f;a,b)$ 是 $f(x)$ 在 $[a,b]$ 上的 v 阶最佳迫近；末项的 $o(n^{\frac{1}{p}-1})$ 不可以改成 $o(\varepsilon_n n^{\frac{1}{p}-1})$ 如果 $\varepsilon_n\downarrow 0$ 的话.

我们知道，孙永生的不等式对于黎兹平均也成立

$$\left|\sum_{v=0}^{n}(v+1)^\lambda(S_v(f,x)-f(x))\right|$$

$$\leqslant C_\lambda\sum_{v=0}^{n}(v+1)^\lambda E_v(f)\quad(\lambda>0)$$

这是济曼(Тиман)的不等式. 施咸亮把它加强如下：设 $f(x)\in C_{2\pi}$，则当 $\lambda\geqslant-1,q\geqslant 1$ 时

$$\sum_{v=0}^{n}(v+1)^\lambda\mid S_v(f,x)-f(x)\mid^q$$

$$\leqslant C_{\lambda,q}\sum_{v=0}^{n}(v+1)^\lambda E_v^q(f)$$

3.2　**一般的线性迫近法**

对于 $\mathfrak{S}[f,x]$ 的线性迫近法，一般地说，是由三角多项式的序列

$$A_n(f,x)=\pi^{-1}\int_{-\pi}^{\pi}f(t)K_n(t-x)\mathrm{d}t$$

作成的，这里 $K_n(t)$ 的形式是 $\frac{1}{2}+\lambda_1^{(n)}\cos t+\cdots+\lambda_n^{(n)}\cos nt$. 从而 $A_n(f,x)$ 满足下面两个关系

$$A_n(f(t+h),x)=A_n(f(t),x+h)\quad(h\text{ 为常数})$$

$$A_n(f(-t),0)=A_n(f(t),0)$$

前者是 $A_n(f,x)$ 的平移不变性，后者是对称性.

对于 $f(x)$ 和自然数 k，作

$$\omega_k(t)\equiv\omega_k(f,t)$$
$$=\sup_{0\leqslant h\leqslant t}\max_x\left|\sum_{v=0}^{k}(-1)^{k-v}\binom{k}{v}f(x+vh)\right|$$

现在要问：具有平移不变性和对称性的 $A_n(f,x)$，当 $\rho_n\uparrow\infty$ 时，在怎样条件下，迫近等式

$$A_n(f,x)-f(x)=O(\omega_k(\rho_n^{-1}))\quad(n=1,2,\cdots)\tag{14}$$

成立？1959 年福罗伊特证明：设 $A_n(f,x)(n=1,\cdots)$ 是一列具有平移不变性和对称性的正变换，则

$$A_n(f,x)-f(x)=O(\omega_2(n^{-1}))\quad(n=1,2,\cdots)$$

成立的充要条件是 $A_n(1,0)=1$ 和 $A_n(\cos t,0)=1+O(n^{-2})$. 他并且预料，对于更一般的变换序列 A_1，A_2，…，只要两个或三个函数适合一定的迫近条件，(14) 就能对 $C_{2\pi}$ 的一切函数 $f(x)$ 成立. 1964 年曹家鼎证实了福罗伊特的预料，他证明：设 $A_1,A_2,\cdots$ 都具有平移不变性，$f\in C_{2\pi}$ 含有 $A_n(f,x)\in C_{2\pi}$

$$A_n(f,x)=O(\max|f(x)|)$$

那么(14) 成立的充要条件是 $A_n(1,0)=1(n=1,2,\cdots)$ 以及

$$\min_c\int_0^{2\pi}|A_n(D_k(t),x)-D_k(x)-c|\,dx=O(\rho_n^{-k})$$

这里 $D_k(t)=\sum_{1}^{\infty} v^{-k}\cos\left(vt-\frac{1}{2}k\pi\right)$，$k$ 是正整数.

3.3　幂级数与黎兹迫近法

设幂级数 $\sum c_n z^n$ 的收敛半径等于 1，λ 是一正整数. 对于黎兹平均

$$\rho_n^{\lambda}(f,z)=\sum_{v=0}^{n}[1-(k/(n+1))^{\lambda}]c_v z^v$$

斯杰奇金于 1953 年证明：假如 $|f^{(p)}(z)|\leqslant 1$（p 不小于 2），那么

$$f(z)-\rho_n^1(f,z)=(n+1)^{-1}zf'(z)+O(1/n^p)$$

郭竹端在 1963 年指出：假如 $f^{(p)}(z)\in \mathrm{Lip}\,\alpha(0<\alpha<1)$，那么上式末项可以改进为 $O(n^{-p-\alpha})$. 1964 年江金生将郭竹瑞的定理拓广成如下的形式：当 $f^{(p)}(z)\in \mathrm{Lip}\,\alpha$ 时（$p>1$），对于不大于 p 的 λ，存在常数 $k_v(\lambda)$ 适合于

$$f(z)-\rho_n^1(f,z)=n^{-\lambda}\{zf'(z)+k_2(\lambda)z^2f''(z)+\cdots+k_{\lambda}(\lambda)z^{\lambda}f^{(\lambda)}(z)\}+O(n^{-a-\lambda})$$

3.4　迫近系数

用 $\mathfrak{S}[f,x]$ 的部分和的算术平均 $\sigma_n(f,x)=\sigma'_n(f,x)$ 来迫近 $f(x)$ 的话，只能得到

$$f(x)-\sigma_n(f,x)=O(\omega_f(n^{-1}\log n))$$

详细地说，上式右端不可以无条件地乘上 ε_n，但 $\varepsilon_n\downarrow 0$. 那汤松于 1950 年指出：适合于不等式（对于一切 $f(x)\in C_{2\pi}$）

$$|f(x)-\sigma_n(f,x)|\leqslant A_n(C_{2\pi})\omega_f((1+\log n^2)\pi/4n)$$

的最小常数 $A_n(C_{2\pi})$ 不大于 3. 1963 年王兴华准确地算出 $A_n(C_{2\pi})$，他证明

$$A_1(C_{2\pi}) = 3/2$$

$$A_n(C_{2\pi}) = 1 + \left(\frac{2}{\pi}\right)^2\left[1 - \frac{\log\log n}{\log n}\right] + O\left(\frac{1}{\log n}\right) \quad (n > 1)$$

对于阿贝尔迫近，王兴华证明：当 $r \to 1-0$ 时

$$\sup_{f\in C_{2\pi}} \frac{\left| f(x) - \sum A_n(x) r^n \right|}{\omega_f[(1-r)\log(1-r)^{-1}]}$$

$$= 1 + \frac{1}{\pi}\left[1 - \frac{\log\log(1-r)^{-1}}{\log(1-r)^{-1}}\right] + \log\frac{1}{1-r}$$

1964 年王兴华又求关于杰克森(Jackson)积分

$$J_n(f,x) = \frac{3}{2\pi n(2n^2+1)}\int_{-\pi}^{\pi} f(t)\left[\frac{\sin n(t-x)/2}{\sin(t-x)/2}\right]^4 \mathrm{d}t$$

的迫近系数

$$\sup_{f\in C_{2\pi}} \left| f(x) - J_{\left[\frac{n}{2}\right]+1}(f,x) \right| / \omega_f(\pi/(n+1)) = 3/2$$

他指出：当 $f(x)$ 不全等于常数时

$$\left| f(x) - J_{\left[\frac{n}{2}\right]+1}(f,x) \right| < \frac{3}{2}\omega_f(\pi/(n+1))$$

3.5　从 $C_{2\pi}$ 中的函数看它的共轭函数

叶非莫夫(Ефимов)于 1960 年证明：当 $f \in C_{2\pi}$ 时

$$\tilde{\sigma}_n(f,x) - \tilde{f}(x)$$

$$= \frac{1}{\pi}\int_0^a \left[f\left(x - \frac{t}{n+1}\right) - f\left(x + \frac{t}{n+1}\right)\right]\frac{\sin t}{t^2}\mathrm{d}t + O\left(\omega\left(\frac{1}{n}\right)\right)$$

这里 $\tilde{\sigma}_n(f,x)$ 表示 $\tilde{\mathfrak{S}}[f,x]$ 的算术平均，a 是适合 $\int_0^a \frac{\sin t}{t}\mathrm{d}t = \frac{\pi}{2}$ 的正数，$\omega(t)$ 是一连续模 $\geqslant \omega_2(f,t)$.

今设 $f(x) \in L_p(0,2\pi)$，置

$$\| x(t) \|_{L_p} = \left[\int_0^{2\pi} | x(t) |^p \mathrm{d}t\right]^{\frac{1}{p}}$$

$$\omega(f,t)_{L_p} = \max_{|h|\leqslant t} \| f(x+h) - f(t) \|_{L_p}$$

施咸亮最近证明：当 $0 < \alpha < \beta$ 时

$$\| \tilde{\sigma}_n^{\alpha}(f,x) - \tilde{\sigma}_n^{\beta}(f,x) \|_{L_p} \leqslant C_p(\alpha,\beta)\omega\left(f,\frac{1}{n}\right)_{L_p}$$

另一方面，通过 $\widetilde{f}(x)$ 的连续性，用 $\widetilde{A}_r(f,x) = \sum B_n(x) r^n$ 迫近 $\widetilde{f}(x)$，最近潘承毅获得估计式

$$\begin{aligned}\widetilde{A}_r(f,x) - \widetilde{f}(x) = &\int_0^{\pi} \{ f(x+(1-r)t) - \\ & f(x-(1-r)t)\} \mathrm{d}t + \\ & O(\omega_2(\widetilde{f},(1-r)))\end{aligned}$$

3.6　插值三角多项式

设 $f \in C_{2\pi}$

$$x_v = 2v\pi(2n+1)^{-1}\quad (v=0,\pm 1,\cdots,\pm n)$$

从方程组

$$\begin{aligned} t_n(f,x_v) &= \frac{a_0^{(n)}}{2} + \sum_{v=1}^{n} (a_v^{(n)} \cos vx + b_v^{(n)} \sin vx) \\ &= f(x_v) \\ &\quad (v=0,\pm 1,\cdots,\pm n)\end{aligned}$$

可以决定 $f(x)$ 的插值多项式 $t_n(f,x)$，从

$$1 = \lambda_0^{(n)}, \lambda_1^{(n)}, \cdots, \lambda_n^{(n)}\quad (n=0,1,2,\cdots)$$

作迫近多项式

$$A_n(f,x) = \frac{1}{2}a_0^{(n)} + \sum_{v=0}^{n} \lambda_v^{(n)} (a_v^{(n)} \cos vx + b_v^{(n)} \sin vx)$$

冈士布尔克(Ганзбург)于1963年证明：设

$$\lambda_1^{(n)} = 1 + O(1/n)$$

$$\Delta^2 \lambda_v^{(n)} \leqslant O(v=0,1,\cdots,n), \lambda_{n+1}^{(n)} = 0 \tag{15}$$

则当 $f \in \mathrm{Lip}\,\alpha(0<\alpha<1)$ 时

$$\sup_{f\in \mathrm{Lip}\,\alpha} |f(x)-\Lambda_n(f,x)|$$
$$=n^{-\alpha}\pi^{1-\alpha}\left|\sin\left(n+\frac{1}{2}\right)x\right|\left|\sum_{v=0}^{n}(n-v+1)^{-1}\lambda_v^{(n)}\right|+$$
$$O(n^{-\alpha})$$

最近谢庭藩把它拓广，事实上，他放弃了(15). 记适合条件 $t\int_t^{\pi}\omega(u)u^{-2}\mathrm{d}u=O(\omega(t))$，$\omega(f,t)\leqslant\omega(t)$ 的函数为 $f(x)\in H_1(\omega)$，谢庭藩证明

$$\sup_{f\in H_1(\omega)} |f(x)-\Lambda_n(f,x)|$$
$$=\frac{1}{\pi}\left|\sin\left(n+\frac{1}{2}\right)x\right|\omega\left(\frac{2\pi}{2n+1}\right)\cdot$$
$$\sum_{v=0}^{n}\frac{|\lambda_v^{(n)}|}{n-v+1}+O\left(\omega\left(\frac{1}{n}\right)\right)$$

3.7 $E_n(f)$ 与 $E_n(f^{(r)})$ 的关系

当 f 的 $f^r\in C_{2\pi}$ 时，1956 年巴里(Бари)和斯杰奇金试用 $E_n(f^{(r)})$ 来估计 $E_n(f)$. 当 r 不是整数时，1963 年谢庭藩用外尔(Weyl)的导函数 $f^{(r)}(x)$ 证明：若 $f^{(r)}(x)\in C_{2\pi}$，则

$$E_n(f)\leqslant\frac{1}{n^r}C_rE_n(f^{(r)})$$

$$E_n(\widetilde{f})\leqslant\frac{1}{n^r}C_rE(f^{(r)})$$

3.8 函数类 $W^{(r)}(\alpha)$ 中函数的最佳迫近

固定正数 r 和实数 α，由下式

$$f(x)=\frac{1}{2}a_0+\frac{1}{\pi}\int_0^{2\pi}\varphi(t)\sum_{k=1}^{\infty}k^{-r}\cos\left(k(t-x)-\frac{\alpha\pi}{2}\right)\mathrm{d}t$$

$$\left(|\varphi(t)|\leqslant 1,\int_0^{2\pi}\varphi(t)\mathrm{d}t=0\right)$$

所定义的一切 $f(x)$ 组成 $W^{(r)}(\alpha)$. 这是斯杰奇金引入的函数族. 斯杰奇金证明：当 $0<r<1, r<\alpha<2-r$ 时，有常数 $K_{r,\alpha}$ 满足

$$\sup_{f\in W^{(r)}(\alpha)} E_n(f)=4\pi^{-1}K_{r,\alpha}n^{-\alpha}\quad(n=1,2,\cdots)\quad(16)$$

并且算出 $K_{r,\alpha}$ 的值，1961 年，孙永生证明：当 $r>1$，α 是任一实数时

$$K_{r,\alpha}=\left|\sum_{v=0}^{\infty}(2v+1)^{-1-r}\sin[(2v+1)\beta\pi-\alpha\pi/2]\right|$$

这里 $\beta\in\left(\frac{1}{2},1\right)$，并且

$$H(\beta\pi)\equiv\sum_{v=0}^{\infty}(2v+1)^{-r}\cos[(2v+1)\beta\pi-\alpha\pi/2]=0$$

1962 年孙永生证明：当

$$0<\alpha<r\leqslant 1 \text{ 或 } 2-r<\alpha<2$$

时，上记的 $K_{r,\alpha}$ 仍满足(16)，$H(\beta\pi)=0$. 但当 $0<\alpha<r\leqslant 1$ 时，$\beta\in(1/2,1)$，当 $2-r<\alpha<2$ 时，$\beta\in(0,1/2)$. 孙永生还研究了有关 $E_n(f)$ 的其他情形.

§4 求和的加强

4.1 负阶蔡查罗求和

当 $f(x)$ 和 $\tilde{f}(x)$ 都属于 $C_{2\pi}$ 时，1964 年齐夏许维利(Жижиашвили)发表了如下的定理：设 $\alpha>-1$，则当 $f(x)$ 和 $\tilde{f}(x)$ 都属于 $C_{2\pi}$ 时

$$\sigma_n^{\alpha}(f,x)=f(x)+o(1)$$

含有

$$\tilde{\sigma}_n^{\alpha}(f,x)=\tilde{f}(x)+o(1)$$

施咸亮和余祥明最近证明了

$$\begin{aligned}&\left|\,|\sigma_n^{\alpha}(f,x)-f(x)|-|\tilde{\sigma}_n^{\alpha}(f,x)-\tilde{f}(x)|\,\right|\\&=O(\omega(f,1/n))+O(\omega(\tilde{f},1/n))\end{aligned}$$

他们并且证明：当 $-1<\alpha<0$ 时

$$\begin{aligned}&\sup_{f\in H_1(\omega)}|\sigma_n^{\alpha}(f,x)-f(x)|\\&=\pi^{-1}(n+1)^{-\alpha}\Gamma(1+\alpha)C_n(\omega)\int_0^{\pi}\left(2\sin\frac{t}{2}\right)^{-1-\alpha}\mathrm{d}t+\\&\quad O(\omega(1/n))\end{aligned}\tag{17}$$

这里

$$t\int_0^{\pi}\omega^{-2}\omega(u)\mathrm{d}u=O(\omega(t))$$

$$C_n(\omega)=\sup_{f\in H_1(\omega)}\left|\pi^{-1}\int_0^{2\pi}f(t)\cos nt\,\mathrm{d}t\right|$$

另一方面，谢庭藩最近证明：(17) 的左端等于

$$\begin{aligned}&n^{-\alpha}C_{\alpha}\int_0^{\frac{\pi}{2}}\omega(4u(2n+L+\alpha)^{-1})\sin u\mathrm{d}u+\\&O\left(n^{-1}\int_{\frac{1}{n}}^{1}t^{-2}\omega(t)\mathrm{d}t\right)\end{aligned}$$

但是，以上两个结果，若无更强的条件加到 $\omega(t)$，我们不能保证当 $n\to\infty$ 时，(17) 的左端趋向于 0.

4.2 蔡查罗绝对求和

设 $\alpha>-1$，当级数 $\sum_{n=0}^{\infty}[\sigma_n^{\alpha}(f,x)-\sigma_{n-1}^{\alpha}(f,x)]$ $(\sigma_{-1}^{\alpha}(f,x)=0)$ 绝对收敛时，简写成

$$\mathfrak{S}[f,x]=\lim_{n\to\infty}\sigma_n^{\alpha}(f,x)\;|\,C,\alpha\,|\tag{18}$$

设 $\varepsilon>0,\lambda<1-(\alpha-[\alpha])$，1964 年陈建功证明：

当(18)成立时,两个函数

$$t^{\lambda+\varepsilon}[t^{-\lambda}(f(x+t)+f(x-t))]_{1+\alpha}$$

和

$$t^{\lambda}[t^{-\lambda}(f(x+t)+f(x-t))]_{1+\alpha+\varepsilon}$$

在区间 $0\leqslant t\leqslant \pi$ 中都是有界变差的,并且逐项积分级数

$$\sum_{n=0}^{\infty} A_n(x)\int_0^{\pi} t^{-\lambda} g(t)\cos nt\,\mathrm{d}t$$

收敛于积分极限

$$\lim_{\varepsilon\to+0}\int_0^{\pi} t^{-\lambda} g(t)[f(x+t)+f(x-t)](1-\varepsilon^{-1}t)^{c}\,\mathrm{d}t$$

这里 c 是一正的常数,$g(t)$ 在$[0,\pi]$上是解析的.

在 $f(x)$ 的勒贝格点 x,就是$\int_0^t |\phi_x(t)|\,\mathrm{d}t=o(t)$ 的点 x,级数 $\sum(\log n)^{-1-\varepsilon}\cdot A_n(x)(\varepsilon>0)$ 是否 $|C,1|$ 可知?这个问题还没有人能完全回答.帕帝(Pati)于1963年指出,上述问题等价于:在 $f(x)$ 的勒贝格点 x,级数

$$\sum_{n=2}^{\infty} n^{-1}(\log n)^{-1-\varepsilon} S_n(f,x) \tag{19}$$

是否绝对收敛.王斯雷利用帕帝的结果证明:当 $0<\varepsilon<\frac{1}{2}$ 时,级数(19)在 $f(x)$ 的勒贝格点未必绝对收敛,从而 $\sum(\log n)^{-1-\varepsilon}A_n(x)$ 未必 $|C,1|$ 可知.尚未解决的问题是:当 $\varepsilon=\frac{1}{2}$ 时,(19)在 f 的勒贝格点 x,是否绝对收敛?更一般地问,设$\{\lambda_n\}$是使 $\sum n^{-1}\lambda_n$ 收敛的凸性数列,要了解 $\sum\lambda_n A_n(x)$ 在 $f(x)$ 的勒贝格点

x 是否 $|C,1|$ 可和?

假如 $g(z)=\sum c_n z^n$ 是一幂级数,收敛半径等于1,那么当 $g(z)$ 的函数 $g(e^{i\theta})$ 存在而且属于 $L(0,2\pi)$ 时,在 $g(e^{i\theta})$ 的勒贝格点 $z_0=e^{i\theta_0}$

$$\sum \lambda_n c_n z_0^n = s(z_0)\ |C,1|$$

这里 $\Delta^2\lambda_n \geqslant 0$, $\sum n^{-1}\lambda n<+\infty$, $s(z_0)$ 表示"和". 这是帕帝得到的定理. 施咸亮与陈天平最近证明:当积分

$$\int_0^{2\pi} |g(re^{i\theta})|^{\delta} d\theta \quad (1\leqslant\delta\leqslant 2)$$

有界($0<r<1$)时,在 $g(e^{i\theta})$ 的勒贝格点 $z_0=e^{i\theta_0}$

$$\sum \lambda_n c_n z_0^n = s(z_0)\ |C,1/\delta|$$

4.3 $|C,\alpha|_q$

1964 年施咸亮把蔡查罗求和加强如下:设 $q\geqslant 1$, $\alpha>0$,当级数

$$R_N(x)\equiv\sum_{n=N}^{\infty}|\sigma_n^{\alpha}(f,x)-\sigma_{n-1}^{\alpha}(f,x)|^q n^{q-1}$$

收敛时,记 $\sum A_n(x)=\lim \sigma_n^{\alpha}(f,x)\ |C,\alpha|_q$. 施咸亮证明:当 $\sum A_n(x)$ 可以 $|C,\alpha|_q$ 求和时

$$R_N(x)\leqslant C(\alpha,q)\sum_{n=N}^{\infty}n^{-1}(q,\alpha)_n E_n^q(f)+$$
$$(N+1)^{-1}C(\alpha,q)\sum_{n=0}^{N}E_n^{\alpha}(f)$$

这里 $(q,\alpha)_n<n^{1-\eta}(\eta>0)$. 若级数 $\sum n^{-1}(q,\alpha)_n E_n^q(f)$ 收敛,那么 $\sum A_n(x)$ 可用 $|C,\alpha|_q$ 求和.

§5　极度迫近

5.1　蔡查罗平均的极度迫近

设 $f(x)\in L(0,2\pi)$，$f(x)\in C(a,b)$. 假如有正数 α，使得

$$\max_{a<x<b}|\sigma_n^{\alpha}(f,x)-f(x)|=o(1/n) \qquad (20)$$

洲内(G. Sunonchi) 于 1962 年指出：除非 $\widetilde{f}(x)$ 在 (a,b) 中是常数，(20) 是不会成立的. 这可以说是“迫近的极度”.

陈天平最近证明：在上面的情况下，假如(20) 的右端是 $o\left(\frac{1}{n^2}\right)$，那么当 $\alpha>0$ 时 $f(x)\equiv$ 常数. 详细地说，$[a,b]$ 上达到如上极度迫近 $o\left(\frac{1}{n^2}\right)$ 的 $f(x)$，必然在 $(-\infty,+\infty)$ 上是常数.

5.2　阿贝尔求和的极度迫近

从 $\mathfrak{S}[f,x]$ 作成阿贝尔的平均函数

$$A_r(f,x)=\frac{1}{2}a_0+\sum_{n=1}^{\infty}A_n(x)r^n \quad (0<r<1)$$

叶章钊最近证明：假如等式 $A_r(f,x)-f(x)=o(1-r)$ 在 $a<x<b$ 中成立，那么 $\widetilde{f}(x)$ 在 (a,b) 中是常数. 假如上式右端是 $O(1-r)$，那么 $\widetilde{f}'(x)$ 在 (a,b) 中有界. 假如有连续函数 $\varphi(x)$ 适合于

$$A_r(f,x)-f(x)=(1-r)\varphi(x)+o(1-r)$$
$$(a<x<b)$$

那么在 (a,b) 中 $\widetilde{f}(x)=\varphi(x)$ 成立. 这个结果是从李训经证明的一个定理导出的.

5.3 一般平均函数的极度迫近

前面定义了 $\| \chi \|_{L_p}$ 的意义.假如用方法 q 来定义 $\chi(\xi)$ 的范数,那么我们写 $\| \chi \|_q$,例如当 $\chi \in C(0,\pi)$ 时

$$\| \chi \|_q = \max_{0 \leqslant x \leqslant \pi} \| \chi(x) \|$$

假如当 $\xi \to \omega$ 时极限 $\lim \gamma_n(\xi)(n=1,2,\cdots)$ 都存在,那么我们利用 $\gamma = \{\gamma_n(\xi)\}$ 作 $\mathfrak{S}[f,x]$ 的平均数

$$F_\xi(f,x) = \frac{1}{2}a_0 + \sum_{n=1}^{\infty} \gamma_n(\xi) A_n(x)$$

设当 $\| f \| \leqslant 1$ 时,$\| F_\xi(f,x) \|_q \leqslant K$,对于 γ,假如有正值函数 $\varphi_\gamma(\xi)$ 具有下述两个性质

$$\varphi_\gamma(\xi) = o(1) \quad (\xi \to \omega)$$

$$\| F_\xi(f,x) - f(x) \|_q = o(\varphi_\gamma(\xi))$$

的话,$f(x)$ 是常数,那么适合

$$\| F_\xi(f,x) - f(x) \|_q = O(\varphi_\gamma(\xi))$$

的一切 $f(x)$,成一函数类(γ,q).称(γ,q) 为 γ 关于 q 的饱和族,$\varphi_\gamma(\xi)$ 为其饱和度.

土列兹基(Турецкий)于 1961 年证明:假如

$$\lim_{\xi \to \omega} \frac{1 - \gamma_n(\xi)}{\varphi_\gamma(\xi)} = d_0 n^k + d_1 n^{k-1} + \cdots + d_n$$

$$(n = 1,2,\cdots)$$

那么(γ,c) 是适合

$$\frac{1+(-1)^k}{2} f^{(k-1)}(x) + \frac{1-(-1)^k}{2} f^{(k-1)}(x) \in \text{Lip } 1 \tag{21}$$

的一切 $f(x)$ 所成的函数族,这里

$$\| \chi \|_c = \max | \chi(x) |$$

最近曹家映证明：设 $p \geqslant 1$，则满足

$$\| F_{\xi}(f,x) - f(x) \|_{L_p} = O(\varphi_{\gamma}(x))$$

的 $f(x)$ 使(21) 左端所表示的函数属于 $\mathrm{Lip}(1,p)$.

5.4　**求和法(L_k)，(L'_k)**

设 $0 < r < 1$，k 是正整数

$$P_k(r) = \sum_{n=0}^{\infty} (n+1)^{-1} [\log(n+1)]^{k-1} r^n$$

$$(\log(1-r)^{-1})^k = \sum_{n=k}^{\infty} L_n^{(k)} r^n$$

$$L_k(r,f,x) = (\log(1-r)^{-1})^{-k} \sum_{n=k}^{\infty} L_n^{(k)} S_n(f,x) r^n$$

$$L_k^*(r,f,x) = (P_k(r))^{-1} \sum_{n=0}^{\infty} (n+1)^{-1} \cdot [\log(n+1)]^{k-1} S_n(f,x) r^n$$

当 $r \to 1$ 时，假如

$$L_k(r,f,x) \to S(x)$$

或是

$$L_k^*(r,f,x) \to S(x)$$

那么分别写成

$$\mathfrak{S}[f,x] = S(x)(L_k)$$

或

$$L^*(r,f,x) = s(x)(L_k^*) \tag{22}$$

这些都是施咸亮定义的. 施咸亮证明：当 $t \to +0$ 时，假如

$$\int_t^{\pi} (f(x+n) + f(x-n) - 2S) n^{-1} \mathrm{d}n = 0(\log 1/t)$$

那么(22) 的两个求和等式都成立. 关于求和法 L_k 和 L_k^* 的极度迫近，施咸亮证明：等式

$$L_k(r,f,x)-f(x)=o(\log(1-r)^{-1})^{-k}$$

成立的话，$f(x)$ 是一个常数. L_k 以及 L_k^* 的饱和度都是$[\log(1-r)^{-1}]^{-k}$，饱和族是适合

$$\int_{+0}^{\pi}(f(x+t)+f(x-t)-2f(x))t^{-1}[\log t]^{k-1}\mathrm{d}t=O(1)$$

的一切 $f(x)$ 所成之函数集，这里 $k\geqslant 1$，当 $k>1$ 时 $f(x)$ 还要满足

$$\omega(f,t)=O(\log 1/t)^{-k}$$

5.5　黎兹平均

作 $\mathfrak{S}[f,x]$ 的黎兹平均

$$R_n^1(f,x)=\sum_{v=0}^{n}\left[1-\left(\frac{v}{n+1}\right)^{\lambda}\right]A_v(x)\quad(\lambda\geqslant 0)$$

陈天平最近证明：假如

$$\| R_n^{\lambda}(f,x)-f(x)\|_{L_p}=O(n^{-\lambda})\qquad(23)$$

那么$\sum n^{\lambda}A_n(x)\in L_p(0,2\pi)$，后者也包含前者. 陈天平又证明：当(23)在$[a,b](b-a<2\pi)$上成立时，$\lambda$ 是整数的话

$$\frac{1+(-1)^{\lambda}}{2}f^{(\lambda)}(x)+\frac{1-(-1)^{\lambda}}{2}\tilde{f}^{(\lambda)}(x)=O(1)$$

$$(a+\varepsilon<x<b-\varepsilon)$$

并且 a_n 和 b_n——$\mathfrak{S}[f,x]$ 的系数——都是 $O(n^{1-\lambda})$. 从这些结论也能导出(23)，但 $a<x<b$，ε 是任意小的正数.

傅里叶分析在微波天线中的一点初步运用

附录XIII

1972年,大部分数学研究工作均处于停滞状态,只有一些特殊的研究工作仍在工作,中国科学院数学研究所的张维弢研究员应用傅里叶分析,证明了微波天线方向图的两个基本性质,分析了一类整函数的零点分布,提出了几个尚待解决的实际问题.

一、实际意义

在有限区间上的傅里叶变换是实际意义的.我们考查一个直径为 D 的微波线形天线 A.(图1)在天线 A 上,振子的振幅分布是连续变化的,假定这个分布是充分光滑的正值偶函数 $\varphi(y)$.天线 A 的正法线方向是 $\boldsymbol{N}$,在与 $\boldsymbol{N}$ 夹角为 θ 的 $\boldsymbol{P}$ 方向,我们来计算天线 A 的辐射强度.在微波理论中,电磁波通常是当作光波来处理的. 在 y 到 $y+\mathrm{d}y$ 这一充分小的线段上，振子的振幅强度是 $\varphi(y)\mathrm{d}y$. y 点的振子与 0 点的振子有光程差 $\Delta y=y\sin\theta$，这个光程差产生了 $\mathrm{e}^{-\mathrm{i}\Delta y\frac{2\pi}{\lambda}}$ 的相位延迟. 其中，λ 是电磁波的波长，$\frac{2\pi}{\lambda}$ 称为波数因子. 因此，$[y, y+\mathrm{d}y]$ 段，在 $\boldsymbol{P}$ 方向产生的振幅强度是 $\mathrm{d}E=\varphi(y)\mathrm{e}^{-\mathrm{i}y\frac{2\pi}{\lambda}\sin\theta}\mathrm{d}y$。整个天线 A 产生的振幅强度是

$$E=\int_{-\frac{D}{2}}^{\frac{D}{2}}\varphi(y)\mathrm{e}^{-\mathrm{i}\frac{2\pi}{\lambda}\sin\theta}\mathrm{d}y \tag{1}$$

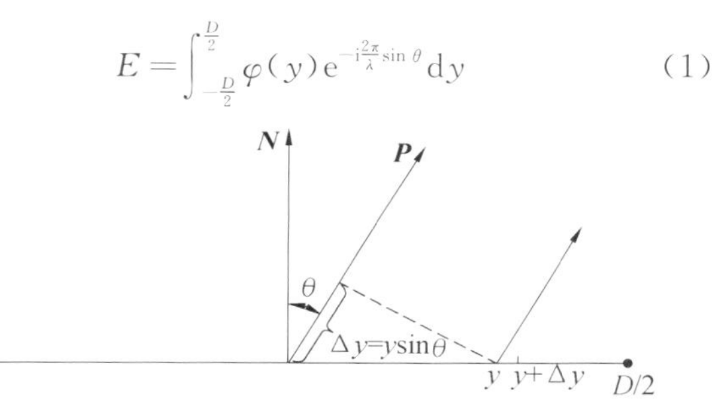

图 1　天线 A

令

$$y=\frac{D}{2\pi}x, u=\frac{D}{\lambda}\sin\theta, f(x)=\varphi\left(\frac{D}{2\pi}x\right)\frac{D}{2\pi}$$

代入(1)，则

$$E=\int_{-\pi}^{\pi}f(x)\mathrm{e}^{-\mathrm{i}ux}\mathrm{d}x \tag{2}$$

记

$$F(u)=\frac{\int_{-\pi}^{\pi}f(x)\mathrm{e}^{-\mathrm{i}ux}\mathrm{d}x}{\int_{-\pi}^{\pi}f(x)\mathrm{d}x} \tag{3}$$

则 $|F(u)|$ 称为方向图.

要指出 u 在微波理论中实际变化范围是区间 $\left[-\frac{D}{\lambda},\frac{D}{\lambda}\right]$. 在微波应用中 $\frac{D}{\lambda}$ 是相当大的数,因而在 u 的实用变化范围内,$F(u)$ 已有相当多的零点. 一个微波天线的设计指标是方向图的主瓣宽度、方向系数和副瓣比等项. 方向图的零点分布也是天线设计中要注意到的一个问题. 我们在本文中提到的感性材料是指:工作实验和数值计算. 主瓣宽度,方向系数,副瓣比与雷达的作用距离,抗干扰性能,跟踪灵敏度等项技术指标有关.

二、几个概念

微波理论中应用的一种方向图,在数学中表达为

$$F(u)=\frac{1}{\int_{-\pi}^{\pi}f(x)\mathrm{d}x}\int_{-\pi}^{\pi}f(x)\mathrm{e}^{-\mathrm{i}ux}\mathrm{d}x \tag{4}$$

$f(x)$ 是$[-\pi,\pi]$上充分光滑的正值偶函数,它通常被称为分布. $|F(u)|$ 是方向图. $F(u)$ 表示在图 2 中,$\pm r_n$ 是 $F(u)$ 的零点.

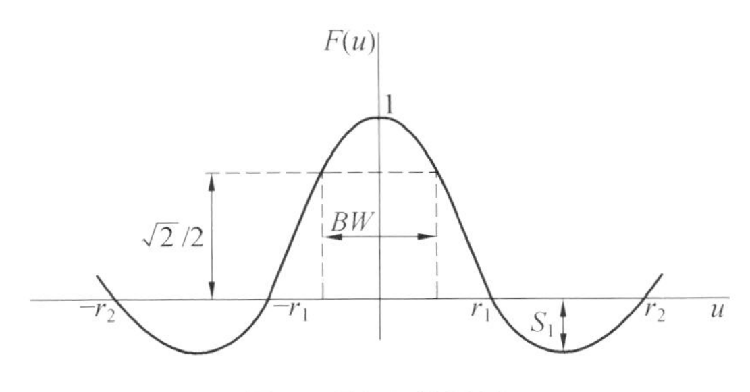

图 2　$F(u)$ 的图示

（一）主瓣宽度

在 $-r_1$ 和 r_1 之间，使 $|F(u)|\geqslant\frac{\sqrt{2}}{2}$ 的 u 的范围，我们表成 $\left\{u\,\middle|\,|F(u)|\geqslant\frac{\sqrt{2}}{2}\right\}$，我们记

$$BW=\left\{u\,\middle|\,|F(u)|\geqslant\frac{\sqrt{2}}{2}\right\}\text{的直径}\tag{5}$$

BW 我们叫作以 $f(x)$ 为分布的方向图的主瓣宽度.

（二）方向系数

设 η 为常数，我们引入

$$DG=\eta\frac{\left[\int_{-\pi}^{\pi}f(x)\mathrm{d}x\right]^2}{\int_{-\pi}^{\pi}f^2(x)\mathrm{d}x}\tag{6}$$

DG 表明了方向图的辐射特性. 通常，把它称为以 $f(x)$ 为分布的方向图的方向系数.

（三）副瓣比

设

$$s_1=\max_{u\in[r_1,r_2]}|F(u)|\tag{7}$$

我们记 $SL=\frac{1}{s_1}$. SL 叫作以 $f(x)$ 为分布的方向图的副瓣比.

三、分布函数族

我们所说的分布函数族是指一些定义在 $[-\pi,\pi]$ 上的二阶连续导数的正值偶函数的集合，这些函数都作为分布函数，我们记分布函数族为 C. 对任意 $f(x)\in\mathbf{C}$，$g(x)\in\mathbf{C}$，满足如下的性质：

(1) $f(0)=g(0)$；

(2)$f''(x)<0, g''(x)<0$;

(3) 当 $x\neq 0$ 时,$f(x)<g(x)$,且对任何 $x\in[-\pi,\pi]$ $f''(x)-g''(x)<0$,我们称 $g(x)$ 强于 $f(x)$.

四、实践经验

微波工程工作者经过工作实践,发现了以下三条基本性质:

(1) 分布越强,BW(主瓣宽度)越小.

(2) 分布越强,DG(方向系数)越大.

(3) 分布越强,SL(副瓣比)越小.

五、几条引理

引理1　若 $f(x)$ 是$[-\pi,\pi]$上的任意严格下凸函数①,a_n 为 $f(x)$ 的傅里叶系数,则 $a_n=(-1)^{n-1}|a_n|$,且 $|a_n|\neq 0, n=1,2,3,\cdots$

证　由

$$a_n=\frac{1}{\pi}\int_{-\pi}^{\pi}f(x)\cos nx\,\mathrm{d}x$$

$$=\frac{1}{\pi}\sum_{k=0}^{n-1}\left\{\int_{-\pi+\frac{2k\pi}{n}}^{-\pi+\frac{2k\pi}{n}+\frac{\pi}{2n}}+\int_{-\pi+\frac{2k\pi}{n}+\frac{\pi}{2n}}^{-\pi+\frac{2k\pi}{n}+\frac{\pi}{n}}+\right.$$

$$\left.\int_{-\pi+\frac{2k\pi}{n}+\frac{\pi}{n}}^{-\pi+\frac{2k\pi}{n}+\frac{\pi}{n}+\frac{\pi}{2n}}+\int_{-\pi+\frac{2k\pi}{n}+\frac{\pi}{n}+\frac{\pi}{2n}}^{-\pi+\frac{2k\pi}{n}+\frac{2\pi}{n}}\right\}f(x)\cos nx\,\mathrm{d}x \tag{8}$$

进一步

$$a_n=(-1)^n\frac{1}{\pi}\sum_{k=0}^{n-1}\int_0^{\frac{\pi}{2n}}\left[f\left(-\pi+\frac{2k\pi}{n}+t\right)-\right.$$

① 这里严格$\binom{\text{下}}{\text{上}}$凸函数是指:$f(\alpha_1x_1+\alpha_2x_2)\binom{>}{<}\alpha_1f(x_1)+\alpha_2f(x_2)$,且 $\alpha_1>0,\alpha_2>0,\alpha_1+\alpha_2=1$.

$$f\left(-\pi+\frac{2k\pi}{n}+\frac{\pi}{n}-t\right)-$$
$$f\left(-\pi+\frac{2k\pi}{n}+\frac{\pi}{n}+t\right)+$$
$$f\left(-\pi+\frac{2k\pi}{n}+\frac{2\pi}{n}-t\right)\Big]\cos nt\,\mathrm{d}t$$

记

$$h=\frac{\pi}{n},x_1=-\pi+\frac{2k\pi}{n}+t$$
$$x_2=-\pi+\frac{2k\pi}{n}+\frac{\pi}{n}-t$$

则

$$-\pi+\frac{2k\pi}{n}+\frac{\pi}{n}+t=x_1+h$$
$$-\pi+\frac{2k\pi}{n}+\frac{2\pi}{n}-t=x_2+h$$

当 $t\in\left[0,\frac{\pi}{2n}\right)$，有 $x_2>x_1$. 因为 $f(x)$ 是严格下凸函数，所以，对每个 $h>0$，$f(x)-f(x+h)$ 是 x 的严格单调增函数. 于是

$$a_n=\frac{(-1)^{n-1}}{\pi}\sum_{k=0}^{n-1}\int_0^{\frac{\pi}{2n}}\{[f(x_2)-f(x_2+h)]-$$
$$[f(x_1)-f(x_1+h)]\}\cos nt\,\mathrm{d}t$$

其中积分都大于零. 所以，$a_n=(-1)^{n-1}|a_n|$，且 $|a_n|\neq 0$.

若 $f(x)\in\mathbf{C}$，引理 1 自然成立.

引理 2 $g(x)$，$f(x)$ 是$[-\pi,\pi]$上的正值严格下凸函数，且满足：

(1) 对某个 $x_0\in[-\pi,\pi]$，有 $f(x_0)=g(x_0)$，当 $x\neq x_0$ 时，$g(x)>f(x)$.

(2) 记$\Delta(x)=g(x)-f(x)$,$\Delta(x)$是x的严格上凸函数,则

$$\frac{\bar{a}_n}{\bar{a}_0}-\frac{a_n}{a_0}=(-1)^n\left|\frac{\bar{a}_n}{\bar{a}_0}-\frac{a_n}{a_0}\right|$$

且

$$\left|\frac{\bar{a}_n}{\bar{a}_0}-\frac{a_n}{a_0}\right|\neq 0$$

$n=1,2,3,\cdots$,其中$\bar{a}_n$和a_n分别为$g(x)$和$f(x)$的傅里叶系数.

证　由

$$\begin{aligned}
&a_0\bar{a}_n-\bar{a}_0a_n\\
&=\left[\frac{1}{\pi}\int_{-\pi}^{\pi}f(x)\mathrm{d}x\right]\cdot\\
&\quad\left[\frac{1}{\pi}\int_{-\pi}^{\pi}g(x)\cos nx\,\mathrm{d}x\right]-\\
&\quad\left[\frac{1}{\pi}\int_{-\pi}^{\pi}g(x)\mathrm{d}x\right]\cdot\\
&\quad\left[\frac{1}{\pi}\int_{-\pi}^{\pi}f(x)\cos nx\,\mathrm{d}x\right]\\
&=\frac{1}{\pi^2}(-1)^n\left\{\left\{\sum_{k=0}^{n-1}\int_0^{\frac{\pi}{2n}}\left[f\left(-\pi+\frac{2k\pi}{n}+s\right)+\right.\right.\right.\\
&\quad f\left(-\pi+\frac{2k\pi}{n}+\frac{\pi}{n}-s\right)+\\
&\quad f\left(-\pi+\frac{2k\pi}{n}+\frac{\pi}{n}+s\right)+\\
&\quad\left.\left.f\left(-\pi+\frac{2k\pi}{n}+\frac{\pi}{n}-s\right)\right]\mathrm{d}s\right\}\cdot\\
&\quad\left\{\sum_{j=0}^{n-1}\int_0^{\frac{\pi}{2n}}\left[g\left(-\pi+\frac{2j\pi}{n}+t\right)-\right.\right.\\
&\quad g\left(-\pi+\frac{2j\pi}{n}+\frac{\pi}{n}-t\right)-
\end{aligned}$$

$$g\left(-\pi+\frac{2j\pi}{n}+\frac{\pi}{n}+t\right)+$$

$$g\left(-\pi+\frac{2j\pi}{n}+\frac{2\pi}{n}-t\right)\Big]\cos nt\,\mathrm{d}t\Big\}-$$

$$\left\{\sum_{k=0}^{n-1}\int_0^{\frac{\pi}{2n}}\Big[g\left(-\pi+\frac{2k\pi}{n}+s\right)+\right.$$

$$g\left(-\pi+\frac{2k\pi}{n}+\frac{\pi}{n}-s\right)+$$

$$g\left(-\pi+\frac{2k\pi}{n}+\frac{\pi}{n}+s\right)+$$

$$\left.g\left(-\pi+\frac{2k\pi}{n}+\frac{2\pi}{n}-s\right)\Big]\mathrm{d}s\right\}\cdot$$

$$\left\{\sum_{j=0}^{n-1}\int_0^{\frac{\pi}{2n}}\Big[f\left(-\pi+\frac{2j\pi}{n}+t\right)-\right.$$

$$f\left(-\pi+\frac{2j\pi}{n}+\frac{\pi}{n}-t\right)-$$

$$f\left(-\pi+\frac{2j\pi}{n}+\frac{\pi}{n}+t\right)+$$

$$\left.f\left(-\pi+\frac{2j\pi}{n}+\frac{2\pi}{n}-t\right)\Big]\cos nt\,\mathrm{d}t\right\}\Big\} \tag{9}$$

记

$$F_0(k,s)=f\left(-\pi+\frac{2k\pi}{n}+s\right)+$$

$$f\left(-\pi+\frac{2k\pi}{n}+\frac{\pi}{n}-s\right)+$$

$$f\left(-\pi+\frac{2k\pi}{n}+\frac{\pi}{n}+s\right)+$$

$$f\left(-\pi+\frac{2k\pi}{n}+\frac{2\pi}{n}-s\right)$$

$$G(j,t)=g\left(-\pi+\frac{2j\pi}{n}+t\right)-$$

$$g\left(-\pi+\frac{2j\pi}{n}+\frac{\pi}{n}-t\right)-$$
$$g\left(-\pi+\frac{2j\pi}{n}+\frac{\pi}{n}+t\right)+$$
$$g\left(-\pi+\frac{2j\pi}{n}+\frac{2\pi}{n}-t\right)$$

$$G_0(k,s)=g\left(-\pi+\frac{2k\pi}{n}+s\right)+$$
$$g\left(-\pi+\frac{2k\pi}{n}+\frac{\pi}{n}-s\right)+$$
$$g\left(-\pi+\frac{2k\pi}{n}+\frac{\pi}{n}+s\right)+$$
$$g\left(-\pi+\frac{2k\pi}{n}+\frac{2\pi}{n}-s\right)$$

$$F(j,t)=f\left(-\pi+\frac{2j\pi}{n}+t\right)-$$
$$f\left(-\pi+\frac{2j\pi}{n}+\frac{\pi}{n}-t\right)-$$
$$f\left(-\pi+\frac{2j\pi}{n}+\frac{\pi}{n}+t\right)+$$
$$f\left(-\pi+\frac{2j\pi}{n}+\frac{2\pi}{n}-t\right)$$

$$a_0\bar{a}_n-\bar{a}_0a_n=(-1)^n\frac{1}{\pi^2}\sum_{k,j=0}^{n-1}\int_0^{\frac{\pi}{2n}}\int_0^{\frac{\pi}{2n}}[F_0(k,s)G(j,t)-G_0(k,s)F(j,t)]\cos nt\,\mathrm{d}t\mathrm{d}s \tag{10}$$

记

$$h=\frac{\pi}{n}$$
$$y_1=-\pi+\frac{2j\pi}{n}+t$$
$$y_2=-\pi+\frac{2j\pi}{n}+\frac{\pi}{n}-t$$

则有

$$-\pi+\frac{2j\pi}{n}+\frac{\pi}{n}+t=y_1+h$$

$$-\pi+\frac{2j\pi}{n}+\frac{2\pi}{n}-t=y_2+h$$

当 $t\in\left[0,\frac{\pi}{2n}\right)$ 时

$$y_1<y_2$$

$$\begin{aligned}G(j,t)-F(j,t)=&[g(y_1)-g(y_2)-\\&g(y_1+h)+g(y_2+h)]-\\&[f(y_1)-f(y_2)-\\&f(y_1+h)+f(y_2+h)]\\=&\Delta(y_1)-\Delta(y_2)-\\&\Delta(y_1+h)+\Delta(y_2+h)\\=&[\Delta(y_1)-\Delta(y_1+h)]-\\&[\Delta(y_2)-\Delta(y_2+h)]\end{aligned}$$

由于 $\Delta(y)$ 是 y 的严格上凸函数，则 $\Delta(y)-\Delta(y+h)$ 是 y 的严格单调减函数. 因为 $y_2>y_1$，所以

$$G(j,t)>F(j,t)$$

由于 $g(y)$ 是 y 的严格下凸函数，则 $g(y)-g(y+h)$ 是 y 的严格单调增函数

$$\begin{aligned}G(j,t)=&g(y_1)-g(y_2)-g(y_1+h)+g(y_2+h)\\=&[g(y_1)-g(y_1+h)]-\\&[g(y_2)-g(y_2+h)]\\<&0\end{aligned}$$

同样

$$F(j,t)<0$$

由 $G(j,t)>F(j,t)$，有

$$-G(j,t)<-F(j,t)$$

因为 $F_0(k,s)<G_0(k,s)$,所以

$$-F_0(k,s)G(j,t)<-G_0(k,s)F(j,t)$$

即

$$F_0(k,s)G(j,t)-G_0(k,s)F(j,t)>0$$

因此

$$\frac{\bar{a}_n}{\bar{a}_0}-\frac{a_n}{a_0}=(-1)^n\left|\frac{\bar{a}_n}{\bar{a}_0}-\frac{a_n}{a_0}\right|$$

$$\left|\frac{\bar{a}_n}{\bar{a}_0}-\frac{a_n}{a_0}\right|\neq 0\quad(n=1,2,3,\cdots)$$

若 $g(x),f(x)\in\mathbf{C}$,且 $g(x)$ 强于 $f(x)$,则引理 2 自然成立.

引理 3　若引理 2 的条件成立,则

$$\frac{|\bar{a}_n|}{\bar{a}_0}<\frac{|a_n|}{a_0}$$

证　由

$$|\bar{a}_n|=(-1)^{n-1}\bar{a}_n,\ |a_n|=(-1)^{n-1}a_n\quad(\text{引理 }1)$$

$$\begin{aligned}\frac{|\bar{a}_n|}{\bar{a}_0}-\frac{|a_n|}{a_0}&=(-1)^{n-1}\left(\frac{\bar{a}_n}{\bar{a}_0}-\frac{a_n}{a_0}\right)\\&=(-1)^{2n-1}\left|\frac{\bar{a}_n}{\bar{a}_0}-\frac{a_n}{a_0}\right|\quad(\text{引理 }2)\\&=-\left|\frac{\bar{a}_n}{\bar{a}_0}-\frac{a_n}{a_0}\right|<0\end{aligned}$$

即

$$\frac{|\bar{a}_n|}{\bar{a}_0}<\frac{|a_n|}{a_0}\tag{11}$$

若 $g(x),f(x)\in\mathbf{C}$,且 $g(x)$ 强于 $f(x)$,引理 3 自然成立. 之所以在比分布函数族广的函数类中,考虑以上几个引理,是因为在实际中由于种种因素,分布函数

很难实现真正的偶函数.

引理 4 若 $f(x) \in \mathbf{C}$,则以 $f(x)$ 为分布的 $F(u)$ 满足

$$\int_{-\infty}^{+\infty} F^2(u)\mathrm{d}u = 1 + \sum_{n=1}^{\infty} \frac{2a_n^2}{a_0^2}$$

证 设

$$\tilde{f}(x) = \begin{cases} f(x) & |x| \leqslant \pi \\ 0 & |x| > \pi \end{cases}$$

考虑 $\tilde{f}(x)$ 的傅里叶变换 $\hat{F}(u)$

$$\hat{F}(u) = \frac{1}{\sqrt{2\pi}}\int_{-\infty}^{+\infty} \hat{f}(x)\mathrm{e}^{-\mathrm{i}ux}\,\mathrm{d}x = \frac{\pi a_0}{\sqrt{2\pi}}F(u)$$

$\hat{f}(x)$ 与 $\hat{F}(u)$ 有关系

$$\int_{-\infty}^{+\infty} \hat{F}^2(u)\mathrm{d}u = \int_{-\infty}^{+\infty} \hat{f}^2(x)\mathrm{d}x$$

$$\frac{\pi a_0^2}{2}\int_{-\infty}^{+\infty} F^2(u)\mathrm{d}u = \int_{-\pi}^{\pi} f^2(x)\mathrm{d}x = \pi\left(\frac{a_0^2}{2} + \sum_{n=1}^{\infty} a_n^2\right)$$

所以

$$\int_{-\infty}^{+\infty} F^2(u)\mathrm{d}u = 1 + \sum_{n=1}^{\infty} \frac{2a_n^2}{a_0^2} \tag{12}$$

引理 5 若 $f(x)$ 为常数,方向系数 DG 为最大.

证 可得

$$DG = \eta \frac{\left[\int_{-\pi}^{\pi} f(x)\mathrm{d}x\right]^2}{\int_{-\pi}^{\pi} f^2(x)\mathrm{d}x} = \eta \frac{\pi^2 a_0^2}{\pi\left[\frac{a_0^2}{2} + \sum_{n=1}^{\infty} a_n^2\right]}$$

$$=2\pi\eta\frac{1}{1+\sum_{n=1}^{\infty}\frac{2a_n^2}{a_0^2}}$$

$$=2\pi\eta\frac{1}{\int_{-\infty}^{+\infty}F^2(u)\mathrm{d}u}\quad（引理4）$$

$DG_{\max}=2\pi\eta$，当 $a_n=0, n=1,2,3,\cdots$ 时

此即 $f(x)$ 为常数.

引理6　若 $f(x)\in\mathbf{C}$，则

$$\frac{a_1}{a_0}<\frac{1}{2}$$

证　由

$$f(x)=\frac{a_0}{2}+\sum_{n=1}^{\infty}a_n\cos nx$$

$$f(\pi)=\frac{a_0}{2}+\sum_{n=1}^{\infty}a_n\cos nx=\frac{a_0}{2}-\sum_{n=1}^{\infty}|a_n|\quad（引理1）$$

$$\frac{a_0}{2}-\sum_{n=1}^{\infty}|a_n|>0$$

$$\sum_{n=1}^{\infty}\frac{|a_n|}{a_0}<\frac{1}{2}$$

特别

$$\frac{a_1}{a_0}<\frac{1}{2}\tag{13}$$

六、零点分布

当 $f(x)\in\mathbf{C}$ 时，$F(u)$ 也是偶函数，把 u 开拓到复平面，$u=r+\mathrm{i}s$，可知 $F(u)$ 是整函数. 设 $f(x)\in\mathbf{C}$，且表为

$$f(x)=\frac{a_0}{2}+\sum_{n=1}^{\infty}a_n\cos nx$$

代入式(4),则有

$$F(u)=\frac{\sin \pi u}{\pi u}+\sum_{n=1}^{\infty}\frac{a_n}{a_0}\left[\frac{\sin(u+n)\pi}{(u+n)\pi}+\frac{\sin(u-n)\pi}{(u-n)\pi}\right]$$

$$=\frac{\sin \pi u}{\pi u}\left[1-\sum_{n=1}^{\infty}\frac{|a_n|}{a_0}\frac{2u^2}{u^2-n^2}\right]\quad（引理 1）$$

$$=\frac{\sin \pi u}{\pi u}\varphi(u)\tag{14}$$

其中

$$\varphi(u)=1-\sum_{n=1}^{\infty}\frac{|a_n|}{a_0}\frac{2u^2}{u^2-n^2}\tag{15}$$

$$F(k)=\frac{a_k}{a_0}$$

$$F(k+1)=\frac{a_{k+1}}{a_0}$$

由引理 1,知 $F(u)$ 在$[k,k+1]$中至少有一个零点.由引理 1 知 $F(u)$ 与 $\varphi(u)$ 有相同的零点分布.当 $u\in(k,k+1)$ 时,$\varphi'(u)=\sum_{n=1}^{\infty}\frac{|a_n|4un^2}{a_0[u^2-n^2]^2}>0$,所以 $F(u)$ 在$[k,k+1]$之间只有一个零点.$F(u)$ 的零点全部分布在实轴上?回答是肯定的.

定理 若 $f(x)\in \mathbf{C}$,则以 $f(x)$ 为分布的 $F(u)$ 的零点全部分布在实轴上.

证 由式(4)分部积分后

$$F(u)=\frac{2f(\pi)}{\pi a_0}\frac{\sin \pi u}{u}+\frac{2f'(\pi)\cos u\pi}{\pi a_0 u^2}-\frac{1}{\pi a_0 u^2}\int_{-\pi}^{\pi}f''(x)\mathrm{e}^{-iux}\mathrm{d}x$$

$$F\left(2n+\frac{1}{2}\right)=\frac{2f(\pi)}{\pi a_0\left(2n+\frac{1}{2}\right)}-$$

$$\frac{1}{\pi a_0\left(2n+\frac{1}{2}\right)^2}\int_{-\pi}^{\pi} f''(x)\mathrm{e}^{-\mathrm{i}\left(2n+\frac{1}{2}\right)x}\mathrm{d}x$$

当 n 充分大时，$F\left(2n+\frac{1}{2}\right)>0$. $F(2n)<0$(引理 1).

因此在 $\left[-\left(2n+\frac{1}{2}\right),\left(2n+\frac{1}{2}\right)\right]$ 中 $\frac{\sin \pi u}{\pi u}$ 与 $F(u)$ 的零点成一一对应. 记

$$\begin{aligned}F(u)&=\frac{2f(\pi)\sin \pi u}{\pi a_0 u}+g_1(u)+g_2(u)\\&=\frac{2f(\pi)\sin \pi u}{\pi a_0 u}+g(u)\end{aligned}$$

其中

$$g_1(u)=\frac{2f'(\pi)\cos u\pi}{\pi a_0 u^2}$$

$$g_2(u)=-\frac{1}{\pi a_0 u^2}\int_{-\pi}^{\pi} f''(x)\mathrm{e}^{-\mathrm{i}ux}\mathrm{d}x$$

令

$$u=r+\mathrm{i}s$$

$$|g_1(u)|\leqslant\frac{|f'(\pi)|}{\pi a_0}\frac{\mathrm{e}^{-\pi s}+\mathrm{e}^{\pi s}}{r^2+s^2}$$

$$\begin{aligned}|g_2(u)|&\leqslant\frac{\mathrm{e}^{\pi s}}{\pi a_0(r^2+s^2)}\int_{-\pi}^{\pi}[f''(x)]\mathrm{d}x\\&=\frac{2\mathrm{e}^{\pi s}}{\pi a_0(r^2+s^2)}|f'(\pi)|\end{aligned}$$

即

$$|g(u)|\leqslant\frac{|f'(\pi)|}{\pi a_0}\frac{3\mathrm{e}^{\pi s}+\mathrm{e}^{-\pi s}}{r^2+s^2}$$

当 s 充分大时，有

$$\left|\frac{2f(\pi)\sin \pi u}{\pi a_0 u}\right|=\frac{f(\pi)}{\pi a_0}\frac{\mathrm{e}^{\mathrm{i}\pi(r+\mathrm{i}s)}-\mathrm{e}^{-\mathrm{i}\pi(r+\mathrm{i}s)}}{\sqrt{r^2+s^2}}$$

$$\geqslant \frac{f(\pi)}{\pi a_0} \frac{e^{\pi s} - e^{-\pi s}}{\sqrt{r^2 + s^2}}$$

$$> \frac{f'(\pi)}{\pi a_0} \frac{3e^{\pi s} + e^{-\pi s}}{r^2 + s^2}$$

$$\geqslant | g(u) |$$

当 s 小,而 $r = 2n + \frac{1}{2}$,n 充分大时

$$\frac{2f(\pi)\sin \pi u}{\pi a_0 u} = \frac{2f(\pi)\sin\left(2n + \frac{1}{2} + \mathrm{i}s\right)\pi}{\pi a_0\left(2n + \frac{1}{2} + \mathrm{i}s\right)}$$

$$= \frac{2f(\pi)\cos \mathrm{i}\pi s}{\pi a_0\left(2n + \frac{1}{2} + \mathrm{i}s\right)}$$

$$= \frac{f(\pi)(e^{\pi s} + e^{-\pi s})}{\pi a_0\left(2n + \frac{1}{2} + \mathrm{i}s\right)}$$

仍然有

$$\left|\frac{2f(\pi)\sin \pi u}{\pi a_0 u}\right| > \frac{| f'(\pi) | [3e^{\pi s} + e^{-\pi s}]}{\pi a_0(r^2 + s^2)} \geqslant | g(u) |$$

因此,当 n 充分大,以原点为中心,以 $2 \times \left(2n + \frac{1}{2}\right)$ 为边长作正方形,在这个正方形的边界上

$$\left|\frac{2f(\pi)\sin \pi u}{\pi a_0 u}\right| > | g(u) | \tag{16}$$

由 Rouché 定理,知 $F(u)$ 与 $\frac{\sin \pi u}{\pi u}$ 有相同个数的零点,即 $F(u)$ 的零点全部分布在实轴上.

这个定理是北京大学闵嗣鹤同志证明的.

推论 若 $f(x) \in \mathbf{C}$,a,b 为实数,记 $g(x) = f(x)e^{-ax}$,$h(x) = f(x)e^{bx}$,则:

整函数 $G(u)=\int_{-\pi}^{\pi} g(x)e^{-iux}dx$ 的零点全部分布在 $u=r+ia$ 上.

整函数 $H(u)=\int_{-\pi}^{\pi} h(x)e^{-xu}dx$ 的零点全部分布在 $u=b+is$ 上.

更进一步,我们提出一个零点分布问题. 同引理1的证法类似,可以证明$[-\pi,\pi]$上的任意严格单调增函数的傅里叶系数,$b_n=(-1)^{n-1}|b_n|$,且$|b_n|\neq 0$. 我们设 $f(x)$ 为$[-\pi,\pi]$上的正值二次连续可微的严格下凸函数,它的傅里叶系数为 a_n,b_n. 设 $f(x)=f_e(x)+f_0(x)$,其中 $f_e(x)=\frac{1}{2}[f(x)+f(-x)]$ 为偶数,$f_0(x)=\frac{1}{2}[f(x)-f(-x)]$ 为奇函数. 假定 $f_0(x)$ 为 x 的严格单调函数,且很接近于零,在表达式

$$F(u)=\frac{1}{\int_{-\pi}^{\pi} f(x)dx}\int_{-\pi}^{\pi} f(x)e^{-iux}dx \text{ 中} \qquad (17)$$

令 u 为非0整数,则 $F(n)=\frac{a_n}{a_0}-i\frac{b_n}{a_0}\mathrm{sgn}(n)$. 有趣的是:在 u 依次为负整数时(正整数时,完全相似),$F(u)$ 的实部和虚部都是正负交替变化的. 考查 $F(u)$ 的零点分布是一个值得注意的问题. $F(u)$ 的零点还是全部分布在实轴上? 从感性材料说来,或许恰恰相反,$F(u)$ 的任何零点都不在实轴上.

七、*BW* 的证明

设 $g(x),f(x)\in \mathbf{C}$,且 $g(x)$ 强于 $f(x)$. 当 $u\in[-r_1,r_1]$时,$F(u)=|F(u)|$. 以 $g(x),f(x)$ 为分布的

$F_g(u)$ 和 $F_f(u)$ 分别为

$$F_g(u)=\frac{\sin \pi u}{\pi u}\left[1-\sum_{n=1}^{\infty}\frac{|\bar{a}_n|}{\bar{a}_n}\frac{2u^2}{u^2-n^2}\right]$$

$$F_f(u)=\frac{\sin \pi u}{\pi u}\left[1-\sum_{n=1}^{\infty}\frac{|a_n|2u^2}{a_n[u^2-n^2]}\right]$$

$$F_g(u)-F_f(u)=\frac{\sin \pi u}{\pi u}\left\{-\sum_{n=1}^{\infty}\left[\frac{|\bar{a}_n|}{\bar{a}_n}-\frac{|a_n|}{a_n}\right]\frac{2u^2}{u^2-n^2}\right\} \tag{18}$$

当 $0<|u|<1$ 时

$$\frac{2u^2}{u^2-n^2}<0 \quad (n=1,2,3,\cdots)$$

$$\frac{|\bar{a}_n|}{\bar{a}_n}-\frac{|a_n|}{a_n}<0 \quad (\text{引理 } 3)$$

所以，当 $0<|u|<1$ 时

$$F_g(u)-F_f(u)<0$$

当 $u=\pm 1$ 时

$$F_g(\pm 1)-F_f(\pm 1)=\frac{\bar{a}_1}{\bar{a}_0}-\frac{a_1}{a_0}<0 \quad (\text{引理 } 2)$$

即 $0<|u|\leqslant 1$ 时，$F_g(u)-F_f(u)<0$.

当 $u\in[0,1]$ 时，可以证明 $F(u)$ 是 u 的严格单调减函数

$$\min_{|u|\leqslant 1}F_g(u)=F_g(\pm 1)=\frac{\bar{a}_1}{\bar{a}_0}<\frac{\sqrt{2}}{2} \quad (\text{引理 } 6)$$

同样地，$\min\limits_{|u|\leqslant 1}F_f(u)<\frac{\sqrt{2}}{2}$.

所以 $BW_g<BW_f$，即分布越强，主瓣宽度越小.

八、DG 的证明

由引理 5，DG_g 和 DG_f 分别为

$$
\begin{aligned}
DG_g &= 2\pi\eta \frac{1}{1+\sum\limits_{n=1}^{\infty}\frac{2\bar{a}_n^2}{\bar{a}_0^2}} \\
DG_f &= 2\pi\eta \frac{1}{1+\sum\limits_{n=1}^{\infty}\frac{2a_n^2}{a_0^2}}
\end{aligned}
\tag{19}
$$

由于 $g(x)$ 强于 $f(x)$,由引理 3 有

$$
\sum_{n=1}^{\infty}\frac{2\bar{a}_n^2}{\bar{a}_0^2} < \sum_{n=1}^{\infty}\frac{2a_n^2}{a_0^2}
$$

所以 $DG_g > DG_f$,即分布越强,方向系数越大.

九、二维问题

要声明的是:关于 SL 的证明现在还没有找到,如果进一步考虑二维情况,即

$$
F(u,v)=\frac{1}{\iint\limits_D f(x,y)\,\mathrm{d}x\,\mathrm{d}y}\iint\limits_D f(x,y)\mathrm{e}^{-\mathrm{i}[ux+vy]}\,\mathrm{d}x\,\mathrm{d}y
$$

其中 D 是单位圆,$f(x,y)$ 是 f''_{xx} 小于零而 Gauβ 曲率大于零的正值偶函数.从感性材料说来,上述的三条基本性质也应该是成立的,$F(u,v)$ 的零点通常形成封闭曲线族.考察这样的问题不能认为是无益的.